Die Grundlehren der mathematischen Wissenschaften

in Einzeldarstellungen
mit besonderer Berücksichtigung
der Anwendungsgebiete

Band 64

Herausgegeben von

J. L. Doob · E. Heinz · F. Hirzebruch · E. Hopf · H. Hopf
W. Maak · S. MacLane · W. Magnus · D. Mumford
M. M. Postnikov · F. K. Schmidt · D. S. Scott · K. Stein

Geschäftsführende Herausgeber

B. Eckmann und B. L. van der Waerden

R. Nevanlinna

Uniformisierung

Zweite Auflage

Springer-Verlag Berlin Heidelberg GmbH

ISBN 978-3-642-88562-4 ISBN 978-3-642-88561-7 (eBook)

DOI 10.1007/978-3-642-88561-7

Ursprünglich erschienen bei Springer-Verlag Berlin Heidelberg New York 1967

Softcover reprint of the hardcover 2nd edition 1967

Library of Congress Catalog Card Number 67-27725

Titel-Nr. 5047

Dem Andenken an
ERNST LINDELÖF

Vorwort zur ersten Auflage.

Die vorliegende zusammenfassende Darstellung der Theorie der Uniformisierung ist auf der Grundlage von Vorlesungen entstanden, die ich an den Universitäten Helsinki und Zürich gehalten habe. Nach Möglichkeit sind auch die Fortschritte der geometrischen Funktionentheorie der letzten Jahre berücksichtigt worden, vor allem in der Richtung der Theorie der offenen RIEMANNschen Flächen.

An dieser Stelle möchte ich meinen Dank aussprechen für wertvolle Unterstützung, die mir während meiner Arbeit von verschiedenen Seiten zuteil geworden ist. Wichtige Anregungen verdanke ich meinem Bruder FRITHIOF NEVANLINNA und meinem Freund LARS V. AHLFORS. Bei der Abfassung der zwei ersten Kapitel hat mir Dr. HORST SCHUBERT wertvolle Hilfe geleistet. Vor allen anderen jedoch gilt mein Dank Dr. WERNER GREUB. Mit unermüdlichem Interesse hat er an der Redaktionsarbeit teilgenommen, und seine Kritik, seine Anregungen und Verbesserungsvorschläge sind mir von größter Bedeutung gewesen. Die Fassung, in welcher diese Monographie dem Inhalt und der Form nach jetzt vorliegt, ist zu wesentlichen Teilen ein Resultat der Mitarbeit von Dr. GREUB.

Für freundliche Hilfe und verschiedene nützliche Bemerkungen bei der Arbeit der Korrektur schulde ich Dank KURT STREBEL, EVA WIRTH, FRIEDL ULLRICH und GUIDO KARRER.

Herrn Professor Dr. F. K. SCHMIDT und dem Springer-Verlag danke ich für bereitwilliges Entgegenkommen während meiner Arbeit, die durch verschiedene Umstände verzögert worden ist.

Helsinki, im September 1952.

ROLF NEVANLINNA.

Vorwort zur zweiten Auflage.

Die Darstellung der Theorie der Uniformisierung, die ich in der ersten Auflage des vorliegenden Werkes gegeben habe, scheint dem Stand der Theorie bis zu 1953 gut zu entsprechen. Bei dieser neuen Auflage habe ich nur einige kleine Korrekturen vorgenommen, ohne auf neuere Beiträge zu Fragen der Uniformisierung einzugehen. In dieser Hinsicht verweise ich die Leser auf die zwei nachstehenden zusammenfassenden neueren Darstellungen der Theorie:

Albert Pfluger: Theorie der Riemannschen Flächen. Springer 1957.

Lars Ahlfors — Leo Sario: Riemann Surfaces. Princeton University Press 1960.

Helsinki, im Juni 1967. Rolf Nevanlinna

Inhaltsverzeichnis.

Sechstes Kapitel.

Der RIEMANNsche Abbildungssatz.

Siebentes Kapitel.

Gruppen von linearen Transformationen.

Achtes Kapitel.

Uniformisierung.

Neuntes Kapitel.

Schlichtartige Flächen.

Zehntes Kapitel.

Offene RIEMANNsche Flächen.

Einleitung.

1. Die Theorie der Uniformisierung befaßt sich mit der Frage, wie eine *mehrdeutige Relation* (x, y) zwischen den Objekten x und y von zwei Mengen R_x bzw. R_y *eindeutig* dargestellt (uniformisiert) werden kann. Unter dem Uniformisierungsproblem im eigentlichen Sinn, so wie es auch in der vorliegenden Arbeit zur Darstellung kommen wird, versteht man die enger und präzise abgegrenzte, freilich immer noch sehr allgemeine Aufgabe, eine mehrdeutige *analytische* Relation (x, y) zwischen den Punkten x und y von zwei komplexen Zahlenebenen oder allgemeiner von zwei „RIEMANNschen Flächen" R_x und R_y zu uniformisieren, indem für die gegebene Relation (x, y) eine „Parameterdarstellung"

$$x = x(t), \quad y = y(t) \tag{1}$$

gesucht wird, durch welche die Gesamtheit der durch die Relation (x, y) gebundenen Punktepaare x, y den Punkten t einer dritten RIEMANNschen Fläche R_t *eindeutig* und *analytisch* zugeordnet werden. Besonderes Interesse bietet hierbei der Fall, wo R_t „schlichtartig" ist, d.h. wo diese Fläche als Teilgebiet der Ebene der komplexen Zahlen t dargestellt werden kann. Sind dazu auch die Flächen R_x und R_y die komplexe x- und y-Ebene, so ist die Relation (x, y) ein sog. *analytisches Gebilde* und es gilt also, dieses Gebilde durch zwei eindeutige analytische Funktionen $x = x(t)$, $y = y(t)$ nicht nur im kleinen (lokal), sondern im großen (global) zu uniformisieren.

2. Man begegnet dieser Frage schon in den ersten Anfängen der Analysis, sobald man (reelle oder komplexe) Funktionen $y = y(x)$ in Betracht zieht, die nebst ihren Inversen $x = x(y)$ mehrdeutig sind. Die einfachste Klasse solcher Relationen sind die *algebraischen Funktionen*, welche durch eine algebraische Gleichung

$$f(x, y) = \sum_{\mu, \nu} a_{\mu\nu} x^\mu y^\nu = 0 \tag{2}$$

definiert sind, wo $a_{\mu\nu}$ eine endliche Matrix aus reellen oder komplexen Zahlen ist. Das klassische Problem der Integration einer solchen Funktion $y = y(x)$ oder, etwas allgemeiner, einer algebraischen Funktion der Form $R(x, y)$, wo R eine rationale Funktion der durch die Gleichung (2) gebundenen Variabeln x und y ist, d. h. das Studium eines sog. zu der Gleichung (2) gehörigen ABEL*schen Integrals*

$$\int R(x, y)\, dx,$$

legt die Frage nach der Möglichkeit einer eindeutigen Parameterdarstellung (1) der Kurve (2) nahe. Die Entwicklung der Uniformisierungslehre wurzelt in der Bestrebung, die *einfachsten* Uniformisierenden einer algebraischen Kurve zu finden, aus denen sich dann alle anderen herleiten lassen. Als Ergebnis einer enormen Entwicklung, zu der die meisten großen Mathematiker der zweiten Hälfte des vorigen Jahrhunderts wesentlich beigetragen haben (RIEMANN, KLEIN, POINCARÉ, SCHWARZ, NEUMANN u. a.), wurde das Uniformisierungsproblem fast gleichzeitig von KOEBE und POINCARÉ endgültig gelöst (1908). Die Lösung für den

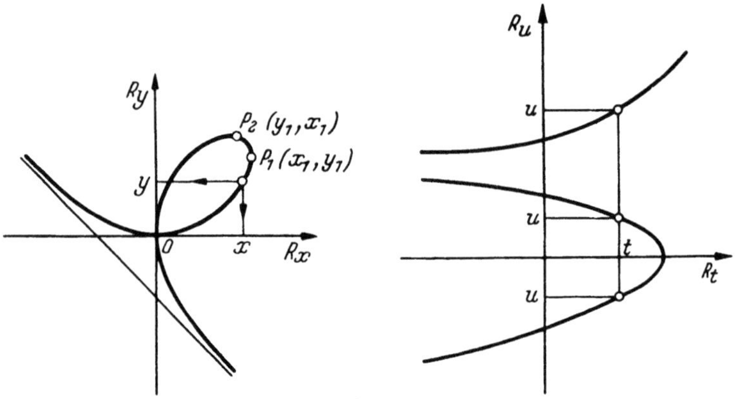

Abb. 1.

speziellen Fall einer algebraischen Kurve hatte die Ausbildung von weittragenden Hilfsmitteln aus der Topologie und der Theorie der konformen Abbildung inspiriert, mit denen die Uniformisierung nicht nur im algebraischen Fall, sondern in der oben skizzierten allgemeinen Fassung (speziell für das allgemeinste analytische Gebilde) ermöglicht wurde.

3. Wollen wir die obigen Bemerkungen mit einem ganz elementaren Beispiel etwas näher beleuchten. Nehmen wir für die Kurve (2) das „CARTESIsche Blatt"

$$f(x, y) = x^3 + y^3 - 3xy = 0,$$

und schränken wir uns zunächst auf die Betrachtung reeller Werte x, y ein. Dann entsprechen einem Wert x je ein, zwei oder drei Werte $y = y(x)$.

Diese lassen sich zu lokal eindeutigen, stetigen Zweigen der Funktion $y = y(x)$ zusammenfassen, welche in jedem Monotonieintervall des betreffenden Zweiges sogar *umkehrbar* eindeutig sind. In einem solchen Intervall Δ_x ist das entsprechende Kurvenelement durch die Variable x lokal uniformisiert, so daß das Kurvenelement als topologisches, d. h. eineindeutiges und umkehrbar stetiges Bild von x in Δ_x erscheint. Als lokal und stetig uniformisierende Variable kann man, statt x, ebensowohl jede Variable t benutzen, die stetig und monoton von x in Δ_x abhängt.

Eine solche Beziehung $t = t(x)$, $x = x(t)$ bildet Δ_x auf ein t-Intervall Δ_t topologisch ab, und man hat mit einem derartigen Uniformisator t für das betreffende Kurvenelement die eindeutige und stetige Darstellung

$$x = x(t), \quad y = y(t)$$

in Δ_t. Speziell kann man als lokale Uniformisierende hier x oder auch y wählen.

Anders verhält es sich in der Umgebung derjenigen Kurvenpunkte, die Endpunkte der betrachteten Monotonieintervalle sind; das sind die Punkte $O(0, 0)$, $P_1(x_1, y_1)$, $P_2(y_1, x_1)$, wo $x_1 = \sqrt[3]{4}$, $y_1 = \sqrt[3]{2}$. Der Punkt P_1 z.B. ist ein „Verzweigungspunkt" der Kurve relativ zur x-Achse R_x. Ein Kurvenelement um den Punkt P_1 läßt sich hier nicht mehr mit x, wohl aber mit der Quadratwurzel $\sqrt{x_1 - x}$ (bei passender Wahl des Vorzeichens) lokal uniformisieren. Dasselbe gilt allgemeiner für jede Veränderliche t, die monoton und stetig von $\sqrt{x_1 - x}$ abhängt; eine solche spezielle Variable ist im vorliegenden Fall auch y (wovon ein Blick auf die Figur auch unmittelbar überzeugt). Mit jeder solchen Veränderlichen t wird das betreffende Kurvenelement um P_1 topologisch uniformisiert in der Form (1), wo also x und y wieder eindeutige und stetige Funktionen von t in einem gewissen Intervall Δ_t sind.

4. Die Uniformisierung des Cartesischen Blattes ist soweit *lokal* gelöst, während doch das Problem die *globale* Uniformisierung verlangt: gerade im Übergang vom kleinen zum großen liegt die Pointe und die Schwierigkeit der Uniformisierungstheorie. Im vorliegenden einfachen Beispiel läßt sich eine globale Uniformisierende sofort angeben. Eine solche ist die Variable $t = \frac{y}{x}$, mit welcher man die eindeutige Parameterdarstellung

$$x = \frac{3t}{1+t^3}, \qquad y = \frac{3t^2}{1+t^3}$$

des Cartesischen Blattes findet. Als topologische Uniformisierende kann man aber neben t jede monotone, stetige Funktion $u = u(t)$, $t = t(u)$ benutzen, welche also die t-Achse R_t auf die u-Achse R_u topologisch bezieht (Abb. 1 rechts oben). Durchläuft u einmal stetig die R_u-Achse, so beschreibt der Punkt $x = x(t(u))$, $y = y(t(u))$ genau das Cartesische Blatt.

Neben diesen „Hauptuniformisierenden" t kann man zum Zweck der Uniformisierung allgemeiner jede Variable u verwenden, von der $t = t(u)$ *eindeutig* und stetig abhängt. Dies ist in Abb. 1 (rechts) dadurch zum Ausdruck gebracht, daß u eine *monotone* (eventuell aber vieldeutige) Funktion von t ist, wodurch die Eindeutigkeit der inversen Abbildung $t = t(u)$ erreicht wird. Auch in diesem Fall wird $x = x(t(u)) = \bar{x}(u)$, $y = y(t(u)) = \bar{y}(u)$ eine eindeutige und stetige Darstellung unserer Kurve geben.

5. Das Wesentliche und Verallgemeinerungsfähige der obigen Beobachtungen kann folgendermaßen zusammengefaßt werden. Durch die Konstruktion der Kurve $f = 0$ als eineindeutiges und stetiges Bild einer t-Achse R_t, welche eine Hauptuniformisierende darstellt, erscheint R_t als eine *Überlagerungsmannigfaltigkeit* sowohl der Achse R_x als der Achse R_y: jedem Punkt t von R_t ist eindeutig und stetig ein Spurpunkt x auf R_x und ein Spurpunkt y auf R_y zugeordnet, und dabei ist die wesentliche Bedingung erfüllt, daß jene zwei Spurpunkte x und y stets durch die gegebene Relation (x, y) [d.h. durch die Gleichung $f(x, y) = 0$] einander zugeordnet sind. Unter allen Uniformisierenden erklärt die Hauptuniformisierende t die „schwächste" simultane Überlagerung (R_t) obiger Art von R_x und R_y: jede andere Uniformisierende $u = u(t)$ stellt nämlich ihrerseits eine Überlagerung R_u von R_t dar.

6. Gehen wir jetzt bei unserem besonderen Beispiel oder allgemeiner, bei einer von einer algebraischen Gleichung $f(x, y) = 0$ definierten Relation (x, y), zu komplexen Werten von x und y über. Statt der x- bzw. y-Achse haben wir es jetzt mit den zweidimensionalen Mannigfaltigkeiten oder Flächen R_x und R_y zu tun, welche durch die abgeschlossenen komplexen x- bzw. y-Ebenen repräsentiert werden. Die Hauptuniformisierende ist ebenfalls eine Fläche, nämlich eine *Überlagerungsfläche* R_t von sowohl R_x als R_y, wobei also die Spurpunkte x und y stets durch die Relation (x, y) aufeinander bezogen sind. Handelt es sich, wie es vorläufig vorausgesetzt worden ist, lediglich um eine *stetige* Uniformisierung, so kann man als Hauptuniformisierende, neben R_t, überhaupt jede Fläche (R_u) verwenden, welche umkehrbar eindeutig und stetig auf R_t abgebildet werden kann oder, wie man in der Topologie sagt, die zu R_t *homöomorph* ist; alle Hauptuniformisierenden bilden also eine topologische Äquivalenzklasse (Klasse von homöomorphen Flächen). Neben diesen schwächsten Uniformisierenden gibt es aber eine unendliche Menge von nicht-äquivalenten Uniformisierenden R_u, nämlich alle Flächen, welche ihrerseits die Hauptuniformisierende R_t *überlagern*[1]. Hat man eine solche Überlagerungsfläche R_u konstruiert, so leisten die Spurrelationen

$$u \to t \begin{smallmatrix}\nearrow x \\ \searrow y\end{smallmatrix}$$

den erwünschten eindeutigen und stetigen Übergang von u nach (x, y), und die topologische Uniformisierung ist vollzogen.

[1] Unter den Überlagerungen R_u einer Fläche R_t betrachtet man in der Topologie entweder solche, die relativ zu R_t *unverzweigt* sind, so daß die eindeutige Spurabbildung $u \to t$ *lokal* eineindeutig ist, oder die relativ zu R_t verzweigt sind, so daß isolierte Verzweigungspunkte (von derselben Art wie bei einer Potenzabbildung) zugelassen werden, bei denen die lokale Eineindeutigkeit in leicht übersehbarer Weise verletzt ist.

7. In unserem Beispiel wird die Hauptuniformisierende einfach die (abgeschlossene) t-Ebene R_t sein, also eine Fläche vom *Geschlecht Null* (topologische Homöomorphieklasse der Kugel). Im allgemeinen wird aber die Hauptuniformisierende Fläche R_t einer algebraischen Gleichung $f(x, y) = 0$ nicht zu dieser Klasse gehören: sie ist geschlossen, ihr Geschlecht aber wird im allgemeinen nicht Null sein. Tatsächlich kommt hier, wie schon das klassische Beispiel einer elliptischen oder hyperelliptischen Kurve

$$f(x, y) = y^2 - (x - a_1) \dots (x - a_{2p+2})$$

zeigt, bei verschiedenen Werten $p = 0, 1, 2, \dots$ jeder mögliche topologische Typ einer (orientierbaren) geschlossenen Fläche vor. Die Zahl p

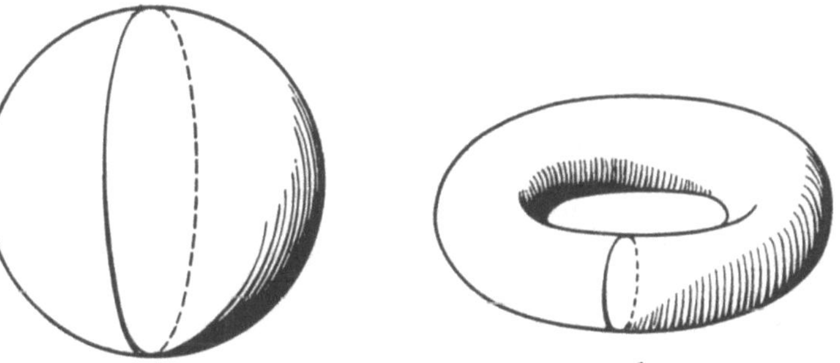

$p=0$ Abb. 2. $p=1$

ist gleich dem Geschlecht der Fläche R_t. Das ist die maßgebende topologische Invariante, welche die Homöomorphieklasse einer geschlossenen (orientierbaren) Fläche festlegt. Für $p = 0$ hat man als Modellfläche die Kugelfläche, für $p = 1$ den Torus, für $p = 2, \dots$ die p-fache Ringfläche (Oberfläche einer Kugel mit p punktfremden „Tunneln").

8. Hieraus ergibt sich eine bemerkenswerte Folgerung über die topologische Uniformisierung einer algebraischen Gleichung $f(x, y) = 0$ vom Geschlecht $p \geq 1$. In diesem Fall ist die Fläche R_t *nicht schlichtartig*, d.h. sie ist zu keinem Teilgebiet G_u einer komplexen u-Ebene homöomorph[1]. Dasselbe gilt aber auch für jede relativ verzweigte oder

[1] Dies ist anschaulich evident; ein strenger Beweis ergibt sich mittels folgender Eigenschaft einer schlichtartigen Fläche, welche sogar als *Definition* der Schlichtartigkeit dienen kann: das ist das Bestehen des JORDANschen Kurvensatzes auf der Fläche, die Eigenschaft also, daß die Fläche von jeder einfachen geschlossenen Kurve auf ihr in zwei getrennte Teile zerlegt wird. Daß diese Bedingung hinreichend ist dafür, daß die Fläche zu einem Teilgebiet der Zahlenkugel homöomorph ist, läßt sich mit topologischen Mitteln beweisen; die Notwendigkeit jener Bedingung ergibt sich daraus, daß der JORDANsche Kurvensatz für Teilgebiete der Zahlenkugel richtig ist und daß das Bestehen dieses Satzes offensichtlich topologisch invariant ist. — Da jede geschlossene p-fache ($p \geq 1$) Ringfläche von einer Meridiankurve nicht zerlegt wird, so ist eine solche Fläche nicht schlichtartig.

unverzweigte Überlagerungsfläche R_u (die ja als Uniformisierende ebenfalls in Frage kommt), sofern sie *geschlossen* ist. Alle diese Flächen haben nämlich ebenfalls ein Geschlecht $p \geqq 1$; dies ist eine einfache Folgerung aus der mit der EULERschen Polyederformel verknüpften sog. RIEMANN-HURWITZschen Relation. Um also zu einer *schlichtartigen* Uniformisierenden R_u zu kommen, muß man bis zu *unendlich* vielblättrigen, offenen Überlagerungen der Hauptuniformisierenden R_t gehen. Unter diesen gibt es tatsächlich schlichtartige. Eine solche ist jedenfalls die *universelle Überlagerungsfläche* $\hat{R}_u$ von R_t. Das ist die stärkste aller relativ unverzweigten Überlagerungen von R_t, indem sie nicht nur R_t, sondern gleichzeitig *alle* unverzweigten Überlagerungsflächen von R_t überlagert; sie ist nicht nur schlichtartig, sondern sogar *einfach zusammenhängend*. So nennt man eine Fläche, auf welcher jede geschlossene Kurve in einen Punkt stetig deformierbar (nullhomotop) ist; eine solche Fläche ist entweder zur vollen oder zur einfach punktierten Zahlenkugel homöomorph. Es ist eine wichtige Aufgabe der Flächentopologie zu zeigen, daß jede geschlossene oder offene Fläche R eine wohlbestimmte einfach zusammenhängende universelle Überlagerungsfläche $\hat{R}$ besitzt. Diese ist (und das ist für eine geschlossene Grundfläche R vom Geschlecht $p \geqq 1$ stets der Fall) im allgemeinen unendlich vielblättrig über R; die einzige Ausnahme bilden die offenen einfach zusammenhängenden Flächen und die geschlossene Fläche R vom Geschlecht Null: für diese Flächen fällt $\hat{R}$ mit der Grundfläche R zusammen.

Außer dieser stärksten Uniformisierenden $\hat{R}_u$ gibt es für jede mehrfach zusammenhängende Fläche R_t eine Anzahl von schwächeren, schlichtartigen, aber mehrfach zusammenhängenden Überlagerungsflächen R_u von R_t.

9. Die schlichtartigen Überlagerungsflächen spielen eine besonders wichtige Rolle bei der *analytischen* oder *konformen* Uniformisierung. Eine algebraische Kurve $f(x, y) = 0$, wo x und y also Punkte der Zahlenebenen R_x bzw. R_y sind, definiert zwischen R_x und R_y nicht nur eine stetige, sondern eine *analytische* Abbildung, die mit Ausnahme isolierter Windungspunkte endlicher Ordnung konform ist. Dementsprechend verlangt das Uniformisierungsproblem die Herstellung einer eindeutigen *analytischen* Darstellung $x = x(t)$, $y = y(t)$, wo also die Spurabbildungen $R_t \rightarrow R_x$, $R_t \rightarrow R_y$ *konform* sind, bis auf isolierte Verzweigungsstellen. Diese Aufgabe ist nur dann sinnvoll, wenn nicht nur auf R_x und R_y, sondern auch auf der uniformisierenden Fläche R_t der Begriff der *Konformität* erklärt ist. Eine solche Fläche heißt eine RIEMANN*sche Fläche*. Eine topologische Fläche ist „stetig zusammenhängend", eine RIEMANNsche Fläche nicht nur stetig, sondern sogar „konform zusammenhängend". Bei einer topologischen Fläche gibt es zu jedem Punkte P

eine Klasse von lokal uniformisierenden komplexen Zahlenparametern, die eine Umgebung U_P von P auf ein schlichtes Gebiet der z-Ebene abbilden, so daß zwei verschiedene Parameter z und z' *topologisch* aufeinander bezogen sind (relativ zu dem elementaren Stetigkeitsbegriff der Zahlenebene). Bei einer RIEMANNschen Fläche kommt für die lokalen Parameter die wesentlich einschränkende metrische Bedingung hinzu, daß die zu U_P gehörigen zulässigen Parameter (direkt) *konform* voneinander abhängen sollen (wobei der Begriff der Konformität wieder der elementare, für die komplexe Zahlenebene definierte ist).

10. Dementsprechend hat man bei der Durchführung der Uniformisierung einer analytischen oder konformen mehrdeutigen Relation (x, y) zwischen zwei RIEMANNschen Flächen R_x und R_y uniformisierende Überlagerungsflächen (R_t, R_u usw.) zu konstruieren, die ebenfalls RIEMANNsche Flächen sind. Die Lösung der Aufgabe zerfällt demnach in zwei Teile.

1°. *Topologischer Teil.* Konstruktion einer uniformisierenden Überlagerungsfläche R_t (oder R_u usw.) von R_x und R_y nach dem oben erklärten Vorgang.

2°. *Konformer Teil.* Nachweis, daß die Homöomorphieklasse von R_t (R_u usw.) durch eine *RIEMANNsche Fläche* R_t(R_u usw.) dargestellt werden kann.

11. Mit der Konstruktion einer solchen Fläche $R_t(R_u)$ ist die analytische Uniformisierungsaufgabe in der allgemeinen Fassung von Nr. 1 prinzipiell gelöst. Verlangt man hierzu (was für die Uniformisierung einer algebraischen Kurve oder eines analytischen Gebildes besonders interessant ist), daß die Uniformisierende R_u ein Teilgebiet einer komplexen u-Ebene ist, so hat man nach obigem, falls die Hauptuniformisierende R_t nicht schlichtartig ist (was in den wenigsten Fällen zutrifft), zunächst zu R_t eine schlichtartige Überlagerungsfläche R_u zu konstruieren; eine solche Fläche ist zum mindesten die universelle RIEMANNsche Überlagerungsfläche $\hat{R}$. Diese Konstruktion ist aber zunächst nur abstrakt durchführbar: ausgehend von der gegebenen Relation (x, y) konstruiert man zunächst R_t, dann die schlichtartige RIEMANNsche Überlagerungsfläche R_u als eine zweidimensionale, lokal konform zusammenhängende Mannigfaltigkeit. Nun wünscht man aber diese abstrakt definierte RIEMANNsche Fläche R_u speziell als Teil einer *komplexen Zahlenebene* (u) darzustellen. Man wird so zu dem großen Problem der Theorie der konformen Abbildung geführt:

3°. *Hauptaufgabe der Theorie der konformen Abbildung.* Beweis dafür, daß jede schlichtartige RIEMANNsche Fläche konform äquivalent zu einem Gebiet G_z der komplexen z-Ebene ist, auf welches sie also eineindeutig und konform abbildbar ist.

12. Dieser Beweis ist in den zentralen Theoremen der Theorie der konformen Abbildung enthalten, deren strenge Begründung die Uniformisierung einer algebraischen Kurve oder des allgemeinsten analytischen Gebildes durch einen komplexen Parameter u ermöglicht hat. Für *einfach zusammenhängende* Flächen R (also speziell für die universelle Überlagerung $\hat{R}$) handelt es sich um den sog. RIEMANN*schen Abbildungssatz*, nach dem eine solche Fläche topologisch und konform äquivalent ist zu einem der drei Normaltypen von Gebieten G_z:

1. *Die Vollebene* $|z| \leq \infty$. 2. *Die punktierte Ebene* $|z| < \infty$. 3. *Der Einheitskreis* $|z| < 1$.

Zu einer *schlichtartigen*, mehrfach zusammenhängenden RIEMANNschen Fläche R läßt sich stets ein konform äquivalentes Teilgebiet G_z der z-Ebene finden, das z.B von lauter parallelen Strecken (oder Punkten) begrenzt wird (Parallelschlitztheorem).

Die Kombination der Schritte 1°., 2°., 3°. erlaubt jede mehrdeutige analytische Relation (x, y) zwischen den Punkten von zwei gegebenen RIEMANNschen Flächen R_x und R_y analytisch zu uniformisieren, so daß der uniformisierende Parameter u in einem Teilgebiet R_u der komplexen Zahlenebene variiert[1].

13. Die Einführung der Idee der RIEMANNschen Fläche durch RIEMANN in seinen grundlegenden Untersuchungen über die Theorie der algebraischen Funktionen und ihrer Integrale bedeutet den Anfang einer enormen Entwicklung der geometrischen Funktionentheorie, der von analytischen Funktionen vermittelten Abbildungen und der Topologie. Die Konzeption RIEMANNS, die Betonung der mit der Theorie der analytischen Funktionen verknüpften geometrischen Momente, besonders die klare Trennung der topologischen und der metrisch-konformen Eigenschaften der RIEMANNschen Flächen hat die analytische Funktionentheorie in ungeahnter Weise gefördert, und ihre Wirkung erstreckt sich weit außerhalb des Gebietes dieser besonderen mathematischen Disziplin. Für die Entwicklung der geometrischen Funktionentheorie nach RIEMANN war es wichtig, daß der Begriff einer RIEMANNschen Fläche von den anfangs daran gebundenen Vorstellungen einer Einbettung oder Überlagerung in oder über einer anderen Mannigfaltigkeit allmählich befreit wurde.

[1] Vom Standpunkt der allgemeinen Fassung des Uniformisierungsproblems (vgl. Nr. 1) ist allerdings die Forderung, daß R_u in der *Zahlenebene* (u) „eingebettet" ist, als eine spezielle Einschränkung zu betrachten. Man könnte allgemeiner fragen, ob die Uniformisierung der Relation (x, y) so ausführbar ist, daß die uniformisierende Fläche R_u nicht zu einem Teilgebiet G_u der u-Ebene, sondern zu einem (schlichten) Teilgebiet G_v einer *beliebig* vorgegebenen RIEMANNschen Fläche R_v konform äquivalent wäre. Die Rolle der schlichtartigen Flächen R_u wird dann von den „relativ zu R_v schlichtartigen" Flächen R_u übernommen. Das führt zu Aufgaben der Theorie der konformen Abbildung, die kaum noch untersucht worden sind.

Bei der Ausbildung des abstrakten Begriffs einer RIEMANNschen Fläche, ganz im Sinne der allgemeinen absoluten RIEMANNschen Differentialgeometrie, ist der Beitrag von KLEIN als wesentlich zu betrachten. Erst die neuzeitliche Entwicklung hat hier endgültige Klarheit gebracht. Dabei ist vor allem das in vielen Hinsichten bedeutungsvolle Werk „Die Idee der RIEMANNschen Fläche" von HERMANN WEYL (1913) zu nennen. Von späteren Untersuchungen über die Grundlagen dieses Begriffes möchte ich die Beiträge von TIBOR RADÓ und S. STOILOW besonders hervorheben.

14. Noch heute, nach vier Jahrzehnten, kann die Darstellung der Theorie der RIEMANNschen Flächen von WEYL als vorbildlich gelten. Es lag mir deshalb bei der Ausarbeitung der vorliegenden Monographie daran, bei einer möglichst lückenlosen Darstellung der Hauptzüge der Uniformisierungstheorie besonders auf diejenigen Fragen ausführlich einzugehen, in denen die Entwicklung der Theorie nach dem Erscheinen des WEYLschen Werkes wesentliche Fortschritte aufzuweisen hat. Das gilt einerseits den begrifflichen Grundlagen der Theorie. Andererseits schienen die besonders im Laufe der letzten Jahre erzielten Fortschritte der Theorie der offenen RIEMANNschen Fläche eine gebührende Beachtung zu erfordern. Gerade in dieser wenig erforschten und allgemeinen Richtung scheint der Funktionentheorie eine vielversprechende Zukunft vorbehalten zu sein. Hingegen habe ich die klassische, allgemein bekannte und durch viele ausgezeichnete Darstellungen zugängliche Theorie der ABELschen Integrale auf geschlossenen Flächen nur in ihren allerwichtigsten Hauptzügen behandelt.

Schließlich einige Worte über die Methodik. Hier hat man in der Uniformisierungslehre keinen Mangel an verschiedenen Möglichkeiten. Die fundamentalen Existenzbeweise habe ich im Anschluß an das klassische alternierende Verfahren von SCHWARZ und NEUMANN geführt. Für einen konstruktiven Aufbau der Theorie scheint diese Methode, verglichen mit manchen anderen (DIRICHLETsches Prinzip, Balayage-Methode von POINCARÉ, PERRONsches Verfahren der sub- und superharmonischen Approximation usw.), gewisse prinzipielle Vorteile zu bieten, die im folgenden genauer zur Sprache kommen werden. Die Anwendung des Auswahlsprinzips ist, so weit möglich, vermieden worden. Die Konvergenzbeweise beruhen auf dem allgemeinen Prinzip der Monotonie (insbesondere auf dem wichtigen HARNACKschen Prinzip) und auf einer systematischen Anwendung des Prinzips des Maximums der Potentialtheorie.

I. Kapitel.

Algebraische Funktionen.

Um eine anschauliche Grundlage der allgemeinen Theorie der RIEMANNschen Flächen zu gewinnen, sollen im vorliegenden Kapitel die wichtigsten Eigenschaften der algebraischen Funktionen einer komplexen Veränderlichen untersucht werden. Historisch wurzelt das allgemeine Uniformisierungsproblem in der klassischen Aufgabe, für eine gegebene algebraische Kurve eine eindeutige Parameterdarstellung zu finden. Die Betrachtung der algebraischen Funktionen führt überhaupt in natürlicher Weise zu den allgemeinen Begriffen und Problemstellungen der Theorie der RIEMANNschen Flächen, welche den Gegenstand unserer Untersuchung bilden. Für diese Fragen, welche in den nachfolgenden Kapiteln eingehend und von einem allgemeinen Standpunkt aus untersucht werden sollen, bildet der vorliegende Abschnitt eine orientierende Vorbereitung.

§ 1. Algebraische Funktionselemente.

1.1. Definition. Es sei

$$\left.\begin{aligned} F(z,w) &= z^n P_0(w) + z^{n-1} P_1(w) + \cdots + z P_{n-1}(w) + P_n(w) \\ &= w^m Q_0(z) + w^{m-1} Q_1(z) + \cdots + w\, Q_{m-1}(z) + Q_m(z) \end{aligned}\right\} \qquad (1.1)$$

ein Polynom in z und w über dem Körper der komplexen Zahlen, das in z vom Grade n, in w vom Grade m ist. Das Polynom wird als *irreduzibel* vorausgesetzt: Es gibt keine Zerlegung $F \equiv F_1 F_2$, in der F_1 und F_2 nichtkonstante Polynome sind. Wir stellen uns die Aufgabe, die Funktionselemente zu untersuchen, die zur Gleichung

$$F(z,w) = 0$$

gehören.

Dabei verstehen wir unter einem *regulären Funktionselement* $w = w(z)$ eine Funktion, die in einem Kreisgebiet C der z-Ebene als eindeutige, reguläre analytische Funktion definiert ist.

Als *gebrochenes analytisches Funktionselement* $w = w(z)$ bezeichnet man eine Funktion, die in einem Kreisgebiet C der z-Ebene als eine bis auf einen Pol reguläre, eindeutige analytische Funktion definiert ist.

Wir sagen: Das im Kreisgebiet C definierte *Funktionselement* $w = w(z)$ *gehört zur Gleichung* $F(z,w) = 0$, wenn in C die Identität $F(z, w(z)) = 0$ besteht.

1.2. Existenzsatz. Für die folgende Untersuchung ist der nachstehende Existenzsatz grundlegend:

Satz 1. *Es seien a, b zwei endliche komplexe Zahlen derart, daß $F(a, b) = 0$ und $F_w(a, b) \neq 0$ ist*[1]. *Dann gibt es eine Kreisumgebung von $z = a$ mit dem Mittelpunkt a, in der ein und nur ein reguläres Funktionselement $w = w(z)$ existiert, das zur Gleichung $F(z, w) = 0$ gehört und für welches $b = w(a)$ ist.*

Dieser Satz erinnert an den Satz über die Auflösbarkeit impliziter reeller Funktionen und er läßt sich auch durch Trennung von Real- und Imaginärteil mit Hilfe dieses Satzes beweisen. Es soll hier jedoch ein rein funktionentheoretischer Beweis gegeben werden.

Wir ordnen dazu das Polynom $F(z, w)$ nach steigenden Potenzen von $w - b$:

$$F(z, w) = H_0(z) + H_1(z)(w - b) + \cdots + H_m(z)(w - b)^m. \qquad (1.2)$$

Nach Voraussetzung ist dann

$$F(a, b) = H_0(a) = 0, \qquad F_w(a, b) = H_1(a) \neq 0. \qquad (1.3)$$

Um die Punkte $z = a$ und $w = b$ grenzen wir zwei so kleine Kreisscheiben $|z - a| \leq R_0$, $|w - b| \leq \varrho_0$ ab, daß für jedes Wertepaar (z, w), für welches z und w diesen Kreisscheiben angehören, gilt:

$$1°. \quad F_w(z, w) \neq 0,$$

$$2°. \quad |H_1(z)| > \frac{|H_1(a)|}{2},$$

$$3°. \quad |H_2(z)(w - b) + \cdots + H_m(z)(w - b)^{m-1}| < \frac{|H_1(a)|}{4}.$$

Dies ist möglich wegen der Voraussetzungen (1.3) und der Stetigkeit der unter 1°., 2°., 3°. betrachteten Polynome. Nachdem wir die positiven Zahlen $R_0; \varrho_0$ in dieser Weise festgelegt haben, wählen wir noch eine Zahl $0 < r_0 \leq R_0$ derart, daß für $|z - a| \leq r_0$ gilt

$$4°. \quad |H_0(z)| < \frac{|H_1(a)|}{4} \varrho_0.$$

Die Existenz einer solchen Zahl r_0 folgt ebenfalls aus (1.3). Die Bedingungen 1°. bis 4°. sind nunmehr für jedes Wertepaar (z, w) der Kreisscheiben $|z - a| \leq r_0$, $|w - b| \leq \varrho_0$ erfüllt.

Nach dieser Vorbereitung zeigen wir, daß es zu jedem z aus $|z - a| \leq r_0$ ein und nur ein w aus $|w - b| \leq \varrho_0$ gibt, so daß $F(z, w) = 0$ gilt. Gleichbedeutend damit ist: Ist z_0 ein beliebiger Punkt der Kreisscheibe $|z - a| \leq r_0$, so besitzt das Polynom $F(z_0, w)$ im Kreise $|w - b| \leq \varrho_0$ genau eine einfache Nullstelle.

[1] $F_w(z, w)$ bezeichnet die partielle Ableitung von $F(z, w)$ nach w.

Zum Beweise benutzen wir den Satz über die Variation des Argumentes[1]. Auf der Peripherie des Kreises $|w-b|=\varrho_0$ ist das Polynom $F(z_0,w)$ von Null verschieden. Nach (1.2) ist nämlich

$$F(z_0,w)$$
$$=(w-b)\left\{H_1(z_0)+\left[H_2(z_0)(w-b)+\cdots+H_m(z_0)(w-b)^{m-1}\right]+\frac{H_0(z_0)}{w-b}\right\}.$$

Für $|w-b|=\varrho_0$ sind nun nach 3°. und 4°. der Betrag von

$$H_2(z_0)(w-b)+\cdots+H_m(z_0)(w-b)^{m-1}$$

und der Betrag von

$$\frac{H_0(z_0)}{w-b}$$

kleiner als $\frac{|H_1(a)|}{4}$. Also ist der Betrag der Summe dieser beiden Ausdrücke kleiner als $\frac{|H_1(a)|}{2}$. Somit ist für $|w-b|=\varrho_0$

$$F(z_0,w)=(w-b)\left\{H_1(z_0)+\left\langle\frac{|H_1(a)|}{2}\right\rangle\right\}, \tag{1.4}$$

wobei wir für eine positive reelle Zahl M mit $\langle M\rangle$ jede komplexe Zahl bezeichnen, deren Betrag kleiner als M ist. Der Ausdruck in der geschweiften Klammer von (1.4) ist von Null verschieden, denn wegen 2°. besitzt das erste Glied einen größeren Betrag als das zweite. Also ist $F(z_0,w)\neq 0$ für $|w-b|=\varrho_0$.

Die Nullstellenanzahl μ des Polynoms $F(z_0,w)$ im Kreise $|w-b|<\varrho_0$ ergibt sich nun aus dem Argumentenprinzip. Bezeichnet c die Peripherie des Kreises $|w-b|\leq\varrho_0$, so gilt nach (1.4)

$$2\pi\mu=\Delta_c\arg F(z_0,w)=\Delta_c\arg(w-b)+\Delta_c\arg\{\},$$

wobei die Ausdrücke Δ_c den Zuwachs des Argumentes der betreffenden Funktion für einen positiven Umlauf des Punktes w auf c angeben. Um zu beweisen, daß $\mu=1$ ist, muß wegen $\Delta_c\arg(w-b)=2\pi$ gezeigt werden, daß $\Delta_c\arg\{\}$ verschwindet. Dies ergibt sich aus nachstehender bekannter Schlußweise (Satz von ROUCHÉ), wobei der Wert $\xi=\{\}$ als Punkt einer besonderen ξ-Ebene dargestellt werden möge. Im Ausdruck

$$\xi=H_1(z_0)+\left\langle\tfrac{1}{2}|H_1(a)|\right\rangle$$

hat das zweite Glied einen kleineren Betrag als das erste. Der Punkt ξ liegt somit in dem Kreise $|\xi-H_1(z_0)|<|H_1(z_0)|$. Wird $\psi=\arg H_1(z_0)$ gesetzt, so folgt, daß stets

$$\psi-\frac{\pi}{2}<\arg\xi<\psi+\frac{\pi}{2} \tag{1.5}$$

ist, wenn wir für einen beliebigen Punkt w der Kreislinie c einen passenden Zweig von $\arg\xi$ nehmen und danach w einen Umlauf auf c vollführen

[1] Dieser Satz wird im Kap. III genau diskutiert werden in der allgemeinen Fassung, die für die Funktionentheorie auf einer RIEMANNschen Fläche nötig ist.

lassen. Bei diesem Umlauf kehrt der Punkt ξ zu seiner Anfangslage zurück. Also erhält arg ξ einen Zuwachs von der Form $2\pi\,\nu$, wo ν ganz ist. Aus (1.5) ist aber zu sehen, daß die Schwankung von arg ξ (d.h. größter Wert — kleinster Wert) bei diesem Umlauf kleiner als π ist, woraus $\nu = 0$ folgt.

Damit ist gezeigt: Zu jedem z_0 aus $|z-a| \leq r_0$ gibt es ein und nur ein w aus $|w-b| < \varrho_0$ derart, daß diese zwei Werte der Gleichung $F(z,w) = 0$ genügen. Für $|z-a| \leq r_0$ ist hiermit w als eindeutige Funktion $w(z)$ so erklärt, daß

$$F(z, w(z)) = 0 \quad \text{und} \quad b = w(a)$$

ist. Der Funktionswert von $w(z)$ liegt im Kreise $|w-b| < \varrho_0$.

Es gilt noch zu zeigen, daß die so konstruierte Funktion $w(z)$ in $|z-a| \leq r_0$ regulär analytisch ist. Nach der CAUCHYschen Definition einer solchen Funktion genügt es, die Differenzierbarkeit von $w(z)$ nachzuweisen.

Wir beweisen zunächst die Stetigkeit von $w(z)$. Die Stetigkeit im Punkte $z = a$ ergibt sich aus dem Vorangehenden: Wir haben die Zahlen ϱ_0 und r_0 oben in einer bestimmten Weise mit Rücksicht auf die für den Beweis wesentlichen Bedingungen 1°. bis 4°. festgelegt. Es ist aber klar, daß diese Bedingungen erfüllt bleiben, wenn man ϱ_0 und entsprechend (mit Rücksicht auf 4°.) die Zahl r_0 verkleinert. Aus dem obigen Resultat, $|w-b| < \varrho_0$ für $|z-a| \leq r_0$, folgt damit die Stetigkeit von $w(z)$ im Punkte $z = a$.

Nun läßt sich der ganze obige Beweisgang wiederholen, so daß man nicht von dem Paare (a, b), sondern von einem beliebigen Wertepaar (z_0, w_0) ausgeht, für welches $|z_0 - a| < r_0$ und $w_0 = w(z_0)$ ist, denn die beiden Voraussetzungen unseres Satzes $F(z_0, w_0) = 0$, $F_w(z_0, w_0) \neq 0$ sind wegen 1°. für dieses Wertepaar erfüllt. Die Kreisumgebungen von z_0 bzw. w_0, die man dabei zur Erfüllung der Bedingungen 1°. bis 4°. anzugeben hat, können so klein gewählt werden, daß sie in $|z-a| \leq r_0$ bzw. $|w-b| < \varrho_0$ liegen. Man erhält dann in einer Umgebung von z_0 eine Funktion, die dort mit der oben für $|z-a| \leq r_0$ konstruierten Funktion $w(z)$ übereinstimmt. Dies ergibt sich ohne weiteres aus dem oben Bewiesenen. Also ist $w(z)$ für $z = z_0$ stetig, und damit ist die Stetigkeit von $w(z)$ in $|z-a| < r_0$ erwiesen.

Die Existenz der Ableitung $w'(z)$ zeigen wir zunächst wieder für den Punkt $z = a$. Nach (1.2) ist für $|z-a| \leq r_0$

$$F(z, w(z)) \equiv H_0(z) + (w(z) - b)\left[H_1(z) + (w(z) - b)\, H_2(z) + \cdots\right] = 0$$

und daher

$$\frac{w(z) - b}{z - a} = \frac{H_0(z)}{z - a} \cdot \frac{-1}{H_1(z) + (w - b)\, H_2(z) + \cdots}. \tag{1.6}$$

Nun gilt für $z \to a$ nach (1.3):

$$\frac{H_0(z)}{z-a} = \frac{H_0(z) - H_0(a)}{z-a} \to H_0'(a) = F_z(a, b).$$

Wegen der Stetigkeit von $w(z)$ geht $w \to b$ für $z \to a$, und es ist nach (1.3)

$$\lim_{z \to a} \left[H_1(z) + (w(z) - b) H_2(z) + \cdots + (w(z) - b^{m-1}) H_m(z)\right]$$
$$= H_1(a) = F_w(a, b).$$

Damit ergibt sich aus (1.6), daß der Grenzwert

$$w'(a) = \lim_{z \to a} \frac{w(z) - b}{z-a} = -\frac{F_z(a, b)}{F_w(a, b)}$$

existiert. Dieser Schluß läßt sich wie oben beim Beweise der Stetigkeit wiederholen, wenn man von $z_0, w_0 = w(z_0)$ anstatt von (a, b) ausgeht. Man schließt damit auf die Existenz der Ableitung

$$w'(z) = -\frac{F_z(z, w(z))}{F_w(z, w(z))} \tag{1.7}$$

für alle z in $|z-a| < r_0$. Damit ist gezeigt, daß $w(z)$ für $|z-a| < r_0$ ein reguläres Funktionselement ist, welches zu der gegebenen Gl. (1.1) gehört.

Es ist noch die eindeutige Bestimmtheit dieses Funktionselementes $w(z)$ nachzuweisen. Sei $w^*(z)$ ein für $|z-a| < r_0$ definiertes, reguläres Funktionselement, das zu $F(z, w) = 0$ gehört und für welches $w^*(a) = b$ ist. Da $w^*(z)$ stetig ist, gibt es eine Umgebung von $z = a$, die durch $w^*(z)$ in den Kreis $|w - b| < \varrho_0$ abgebildet wird. Aus dem ersten Teile des Beweises folgt, daß $w^*(z)$ in dieser Umgebung von $z = a$ mit $w(z)$ übereinstimmen muß. Also sind $w(z)$ und $w^*(z)$ identisch. Damit ist der Satz vollständig bewiesen.

1.3. Kritische Stellen. Um den Existenzsatz anwenden zu können, ist zu untersuchen, für welche Wertepaare (a, b), die der Gleichung $F(a, b) = 0$ genügen, die Voraussetzungen dieses Satzes erfüllt sind, nämlich, daß a und b endliche komplexe Zahlen sind, so daß $F_w(a, b) \neq 0$ ist. Es wird sich ergeben, daß bis auf endlich viele Ausnahmen alle Wertepaare (a, b), die der Gleichung $F(a, b) = 0$ erfüllen, diesen Voraussetzungen genügen. Es ist daher einfacher, die Ausnahmen zu untersuchen. Es bestehen drei Möglichkeiten dafür, daß ein Wertepaar (a, b) der Gleichung $F(a, b) = 0$ genügt, nicht aber den angegebenen Voraussetzungen, nämlich:

1. Es sind a und b endlich, aber es ist $F_w(a, b) = 0$.
2. Es ist a endlich, aber $b = \infty$.
3. Es ist $a = \infty$.

Dabei wird noch zu präzisieren sein, was darunter zu verstehen ist, daß ein Wertepaar (a, b), in dem eines oder beide Glieder unendlich sind, die Gleichung $F(a, b) = 0$ erfüllt.

1.4. Wir untersuchen zunächst den ersten Fall. Für welche endlichen Werte $z = a$ kann es eintreffen, daß ein endliches $w = b$ so existiert, daß $F(a, b) = F_w(a, b) = 0$ ist? Zur Beantwortung dieser Frage ordnen wir die Polynome $F(z,w)$ und $F_w(z,w)$ nach fallenden Potenzen von w und setzen den Euklidischen Algorithmus an. Als Reste erhalten wir dabei Polynome in w, deren Koeffizienten rationale Funktionen von z sind. Der Algorithmus kann nicht abbrechen, ehe man zu einem von w unabhängigen Rest $R(z)$ gelangt. Andernfalls hätten nämlich $F(z,w)$ und $F_w(z,w)$ als gemeinsamen Teiler ein Polynom in w, dessen Grad $\geqq 1$ ist und dessen Koeffizienten rationale Funktionen von z sind. Nun ist $F(z,w)$ ein Polynom in w, dessen Koeffizienten Polynome in z sind. Besäße es als Teiler ein Polynom in w, dessen Koeffizienten rationale Funktionen von z sind, so hätte es nach einem bekannten Satz der Algebra auch ein Polynom in w als Teiler, dessen Koeffizienten Polynome in z sind. Der Grad dieses Polynoms in w wäre derselbe wie derjenige des gemeinsamen Teilers von $F(z,w)$ und $F_w(z,w)$, also kleiner als der Grad m von $F(z,w)$ in w. Damit erhielten wir einen Widerspruch gegen die vorausgesetzte Irreduzibilität von $F(z,w)$.

Der Euklidische Algorithmus für $F(z,w)$ und $F_w(z,w)$ als Polynome in w führt also zu einem von w unabhängigen Rest $R(z)$, der eine rationale Funktion von z ist. Ist nun $F(a, b) = F_w(a, b) = 0$ für das endliche Wertepaar (a, b), so haben die Polynome $F(a,w)$, $F_w(a,w)$ den gemeinsamen Teiler $w - b$; a muß dann Nullstelle oder Pol von $R(z)$ sein. [Ein Pol von $R(z)$ kann dadurch entstehen, daß im Euklidischen Algorithmus mit einem Polynom in w dividiert wird, dessen Koeffizienten für $z = a$ sämtlich verschwinden.] Da nun $R(z)$ nicht identisch verschwindet und eine rationale Funktion von z ist, gibt es nur endlich viele solche Werte a und damit nur endlich viele Paare (a, b), für die $F(a, b) = F_w(a, b) = 0$ ist. Damit ist der erste Ausnahmefall erledigt[1].

1.5. Wir kommen zum zweiten Fall. Für welche endlichen a genügt das Paar $z = a$, $w = \infty$ der Gleichung $F(z,w) = 0$? Zunächst ist zu sagen, was wir darunter verstehen wollen. Führt man als neue Veränderliche

$$u = \frac{1}{w}$$

ein, so ist nach (1.1)

$$F(z, w) = \left(\frac{1}{u}\right)^m G(z, u)$$

mit

$$G(z, u) \equiv u^m Q_m(z) + u^{m-1} Q_{m-1}(z) + \cdots + Q_0(z). \tag{1.8}$$

[1] Die Irreduzibilität von $F(z,w)$ ist eine notwendige Voraussetzung dieses Schlusses. Setzt man etwa $F(z,w) = z w^2$, so ist $F = F_w = 0$ für $w = 0$ und alle z.

Ist nun $G(a, 0) = 0$, so sagen wir, daß das Paar $z = a$, $w = \infty$ der Gleichung $F(z,w) = 0$ genügt. Aus (1.8) erkennt man, daß für jedes solches Paar $Q_0(a) = 0$ sein muß. Andererseits ist $Q_0(z) \not\equiv 0$, da sonst $F(z,w)$ nach (1.1) nicht vom Grade m in w wäre. Also gibt es nur endlich viele Paare (a, ∞) mit endlichem a, die der Gleichung $F(z,w)$ genügen.

Der dritte Fall läßt sich entsprechend behandeln. Es genügt zunächst festzustellen, daß ihm nur ein Wert von z (nämlich $z = \infty$) entspricht.

1.6. Wertepaare (a, b), die der Gleichung $F(z,w) = 0$ genügen und die nicht die Voraussetzung des Satzes 1 erfüllen, können also nur auftreten, wenn a einer der folgenden drei Punktmengen angehört:

1. Diejenigen Werte $z = a$, für die ein $w = b$ so existiert, daß $F(a,b) = F_w(a,b) = 0$ ist, für die also $F(a,w) = 0$ eine mehrfache Wurzel besitzt. Diese Werte $z = a$ sind Nullstellen und Pole der oben eingeführten rationalen Funktion $R(z)$.

2. Die Wurzeln $z = a$ der Gleichung $Q_0(z) = 0$, wobei $Q_0(z)$ der Koeffizient der höchsten Potenz von w in $F(z,w)$ ist.

3. Der Wert $a = \infty$.

Diese „*kritischen Stellen*" $z = a$ sind nur in endlicher Anzahl vorhanden. Ihr Komplement bezüglich der z-Ebene ist eine offene, zusammenhängende Punktmenge. Wir bezeichnen dieses Gebiet mit T_z. Ist z_0 irgendein Punkt aus T_z, so hat die Gleichung

$$F(z_0, w) \equiv w^m Q_0(z_0) + \cdots + Q_m(z_0) = 0 \qquad (1.9)$$

genau m verschiedene einfache Wurzeln. Denn da z_0 in T_z liegt, ist $Q_0(z_0) \neq 0$, und es hat diese Gleichung keine mehrfachen Wurzeln, da für eine solche $F_w(z_0, w) = 0$ wäre. Für $z = z_0$ gibt es also genau m verschiedene Wertepaare (z_0, b_1), $(z_0, b_2), \ldots, (z_0, b_m)$, welche die Voraussetzungen von Satz 1 erfüllen, wobei $b_1, b_2, \ldots, b_m$ die Wurzeln von (1.9) sind. Aus Satz 1 erhalten wir somit:

Satz 2. *Zu jedem Punkt z_0 des Gebietes T_z gibt es eine Kreisumgebung mit dem Mittelpunkt z_0, in der genau m verschiedene, reguläre Funktionselemente $w_1(z), w_2(z), \ldots, w_m(z)$ existieren, die zur Gleichung $F(z,w) = 0$ gehören.*

Beispiel. Für

$$F(z, w) \equiv w^3 - 3z^2 w + 2z^3 - z$$

ist $F_w(z,w) = 3w^2 - 3z^2$. Der Euklidische Algorithmus führt auf

$$R(z) = -3 + \frac{3}{4z^2}.$$

Nullstellen und Pole von $R(z)$ sind: $\frac{1}{2}, -\frac{1}{2}, 0$. Für $z = \frac{1}{2}$ hat $F(z,w) = 0$ die Doppelwurzel $w = -\frac{1}{2}$, für $z = -\frac{1}{2}$ die Doppelwurzel $w = \frac{1}{2}$, für $z = 0$

hat $F(z,w)=0$ die dreifache Wurzel $w=0$. Da $Q_0(z)\equiv 1$ ist, sind Wurzeln von $Q_0(z)=0$ nicht vorhanden.

1.7. Analytische Fortsetzung. Als nächstes wollen wir zeigen, daß die nach Satz 2 in T_z existierenden regulären Funktionselemente in T_z unbeschränkt analytisch fortsetzbar sind. Wir stellen dazu zunächst gewisse Begriffe und Sätze über analytische Fortsetzung zusammen, die wir als bekannt voraussetzen[1].

A. Unmittelbare analytische Fortsetzung. Es seien f_1 und f_2 reguläre oder gebrochene analytische Funktionselemente, die in den Kreisscheiben C_1 bzw. C_2 definiert sind. C_1 und C_2 sollen innere Punkte gemein haben. Die Elemente f_1 und f_2 heißen dann unmittelbare analytische Fortsetzungen voneinander, falls in jedem Punkte des Durchschnittes von C_1 und C_2 gilt: $f_1=f_2$. Die unmittelbare analytische Fortsetzung des Funktionselementes f_1 von C_1 nach C_2 ist eindeutig bestimmt.

B. Mittelbare analytische Fortsetzung. Es seien gegeben n reguläre oder gebrochene analytische Funktionselemente $f_1, f_2, \ldots, f_n$, die in den Kreisscheiben C_1, bzw. $C_2, \ldots, C_n$ definiert sind. Ferner sei $f_{\nu+1}$ unmittelbare analytische Fortsetzung von f_ν $(\nu=1, 2, \ldots, n-1)$. Dann heißt f_n die mittelbare analytische Fortsetzung von f_1 längs der „Kreiskette" $C_1, C_2, \ldots, C_n$. Das Endelement f_n ist durch das Anfangselement f_1 und die Kreiskette $C_1, C_2, \ldots, C_n$ eindeutig bestimmt.

C. Fortsetzung längs eines Weges. Es sei $z=z(t)$ eine stetige (komplexwertige) Funktion des reellen Parameters t für das abgeschlossene Intervall $t_0 \leq t \leq T_0$. Sie erklärt in der z-Ebene einen Weg, welcher die Punkte $P_0(z=z(t_0))$ und $P(z=z(T_0))$ verbindet[2]. In einer Kreisumgebung C_0 von P_0 sei ein reguläres oder gebrochenes analytisches Funktionselement $f_0(z)$ gegeben[3]. Man sagt, $f_0(z)$ ist längs des Weges $z(t)$ bis zum Punkte P analytisch fortsetzbar, falls man eine nach steigenden Parameterwerten geordnete Folge $P_0, P_1, \ldots, P_{n-1}, P_n=P$ von Punkten des Weges und eine Kreiskette $C_0, C_1, \ldots, C_{n-1}, C_n$ so finden kann, daß erstens das Stück $P_\nu P_{\nu+1}$ des Weges $z(t)$ innerhalb C_ν liegt $(\nu=0, 1, \ldots, n-1)$, zweitens der Punkt $P_n=P$ in C_n liegt und drittens das Funktionselement $f_0(z)$ längs dieser Kreiskette $C_0, C_1, \ldots, C_{n-1}, C_n$ bis zum Kreise C_n analytisch fortsetzbar ist. Die analytische Fortsetzung

[1] Wir werden in Kap. III noch den allgemeinen Begriff der analytischen Fortsetzung genau analysieren. Bei der vorliegenden vorbereitenden Untersuchung begnügen wir uns mit den nachstehenden Tatsachen aus der ebenen Funktionentheorie.

[2] Wege, die durch eine stark monoton wachsende, stetige Parametertransformation ineinander übergehen, werden als nicht verschieden betrachtet.

[3] Unter einer Kreisumgebung C eines Punktes P verstehen wir jedes Kreisgebiet, das P im Inneren enthält. Wir verlangen nicht, daß P Mittelpunkt von C ist.

ist durch das Anfangselement $f_0(z)$ und den Weg $z(t)$ eindeutig bestimmt in folgendem Sinne: Wenn man, von C_0 und $f_0(z)$ ausgehend, die analytische Fortsetzung von $f_0(z)$ bis P längs des Weges P_0P auf zwei verschiedene Arten vollführt hat, d.h. einmal mit der Kreiskette C_0, $C_1, \ldots, C_n$ und den entsprechenden Funktionselementen $f_0, f_1, \ldots, f_n$, das andere Mal mittels der Kreiskette $C_0, C_1^*, \ldots, C_m^*$ und den entsprechenden Funktionselementen $f_0, f_1^*, \ldots, f_m^*$, so sind die Elemente f_n und f_m^* unmittelbare analytische Fortsetzungen voneinander. Die analytische Fortsetzung ist ferner unabhängig von der Wahl des Parameters für den Weg P_0P.

Unter Verwendung der gleichen Bezeichnungen ergibt sich aus dieser Definition unmittelbar: Ist das Funktionselement $f_0(z)$ längs des Weges $z(t)$ $(t_0 \leq t \leq T_0)$ analytisch fortsetzbar bis zu einem Punkte P^*, wobei P^* zum Parameterwert t^* gehört und $t_0 \leq t^* < T_0$ ist, so kann es noch ein Stück weiter über t^* hinaus längs des Weges fortgesetzt werden. Es gibt daher nur zwei Möglichkeiten: Entweder ist das Funktionselement $f_0(z)$ längs des Weges $z(t)$ analytisch fortsetzbar bis zum Endpunkte $z(T_0)$, oder es gibt einen wohlbestimmten Punkt $z(t_1)$ $(t_0 < t_1 \leq T_0)$ mit der Eigenschaft, daß die analytische Fortsetzung von $f_0(z)$ längs $z(t)$ möglich ist bis zu jedem Punkte $z(t)$, für den $t_0 \leq t < t_1$ ist, nicht aber bis zum Punkte $z(t_1)$.

D. Unbeschränkte Fortsetzbarkeit in einem Gebiete. Es sei P_0 innerer Punkt eines Gebietes G der z-Ebene. Ein reguläres oder gebrochenes analytisches Funktionselement, das in einer Kreisumgebung von P_0 definiert ist, heißt in diesem Gebiete G unbeschränkt analytisch fortsetzbar, wenn es längs jedes innerhalb G verlaufenden Weges P_0P bis zum Endpunkt P des Weges fortgesetzt werden kann.

1.8. Fortsetzung eines algebraischen Funktionselementes. Es gilt nun der

Satz 3. *Es sei z_0 ein Punkt des Gebietes T_z, und es sei $w_0(z)$ ein reguläres Funktionselement, das in einer Kreisumgebung von z_0 definiert ist und zur Gleichung $F(z,w)=0$ gehört. Dann läßt sich $w_0(z)$ in T_z unbeschränkt analytisch fortsetzen, und die bei der Fortsetzung erhaltenen Funktionselemente gehören alle zu $F(z,w)=0$.*

Zum Beweise des Satzes stellen wir zunächst fest: Sind die Funktionselemente $f_1(z)$ und $f_2(z)$ unmittelbare analytische Fortsetzungen voneinander und gehört $w=f_1(z)$ zu $F(z,w)=0$, so gehört auch $w=f_2(z)$ zu $F(z,w)=0$. In der Tat, sind die Funktionselemente $f_1(z)$ bzw. $f_2(z)$ in den Kreisen C_1 bzw. C_2 definiert, so ist der Durchschnitt von C_1 und C_2 nicht leer, weil $f_1(z)$ und $f_2(z)$ unmittelbare analytische Fortsetzungen voneinander sind, und es gilt für jedes z des Durchschnittes von C_1 und C_2: $F(z, f_1(z)) = F(z, f_2(z)) = 0$. Daraus folgt, daß die Funktion $F(z, f_2(z))$ im ganzen Kreise C_2 verschwindet. Nun ergibt sich weiter: Sind $f_1(z)$ und $f_2(z)$ mittelbare analytische Fortsetzungen voneinander und gehört $f_1(z)$ zu $F(z, w) = 0$, so gehört auch $f_2(z)$ zu $F(z, w) = 0$[1]. Damit erhalten wir die letzte Behauptung des Satzes: Jedes Funktionselement, das aus $w_0(z)$ durch analytische Fortsetzung entsteht, gehört zur Gleichung $F(z, w) = 0$.

Für den ersten Teil des Satzes ist (nach 1.7. D.) zu beweisen: Ist $\widehat{z_0 z_1}$ ein beliebiger in T_z verlaufender Weg, der in z_0 beginnt und in z_1 endet, so ist $w_0(z)$ längs dieses Weges bis zum Punkte z_1 analytisch fortsetzbar. Der Beweis wird indirekt geführt: Wir nehmen an, daß es in T_z einen Weg $\widehat{z_0 z_1}$ gibt, dessen Endpunkt z_1 bei analytischer Fortsetzung von $w_0(z)$ längs $\widehat{z_0 z_1}$ nicht erreicht werden kann. Nach 1.7. C. gibt es dann auf $\widehat{z_0 z_1}$ einen wohlbestimmten Punkt, der (im Sinne zunehmenden Parameters) der erste ist, der durch analytische Fortsetzung von $w_0(z)$ längs des Weges $\widehat{z_0 z_1}$ nicht erreichbar ist. Es bedeutet keine Einschränkung der Allgemeinheit anzunehmen, daß der Endpunkt z_1 dieser erste nichterreichbare Punkt ist.

Nach Satz 2 gibt es eine Kreisumgebung C_1 von z_1 mit dem Mittelpunkt z_1 derart, daß in ihr genau m zu $F(z, w) = 0$ gehörende, reguläre Funktionselemente $w_1(z), w_2(z), \ldots, w_m(z)$ existieren. Sei nun $z^* \neq z_1$ ein Punkt des Weges $\widehat{z_0 z_1}$, für welchen das Wegstück $\widehat{z^* z_1}$ ganz innerhalb C_1 liegt. Nach Annahme über den Weg $\widehat{z_0 z_1}$ ist das Element $w_0(z)$ längs $\widehat{z_0 z_1}$ bis zum Punkte z^* analytisch fortsetzbar. Bei dieser analytischen Fortsetzung möge man das Funktionselement $w^*(z)$ erhalten, das in einer Kreisumgebung C^* von z^* definiert ist. Nach dem oben Bewiesenen gehört $w^*(z)$ zu $F(z, w) = 0$; z^* ist innerer Punkt des Durchschnittes von C^* und C_1 und innerer Punkt von T_z. Es gibt daher eine abgeschlossene Kreisscheibe $|z - z^*| \leq r^*$, die ganz in T_z und im Durchschnitt von C^* mit C_1 liegt. In dieser abgeschlossenen Kreisscheibe können je zwei der Funktionselemente $w_1(z), w_2(z), \ldots, w_m(z)$ nur an höchstens endlich vielen Stellen gleiche Werte annehmen, da sie voneinander verschieden sind. Für fast alle z der Kreisscheibe sind also die Werte von $w_1(z), w_2(z), \ldots, w_m(z)$ voneinander verschieden. Da nun $w^*(z), w_1(z), w_2(z), \ldots, w_m(z)$ zu $F(z, w) = 0$ gehören und $F(z, w) = 0$ für jedes z aus T_z genau m verschiedene Wurzeln hat, muß $w^*(z)$ für unendlich viele z der Kreisscheibe mit (mindestens) einem der Funktionselemente $w_1(z), w_2(z), \ldots, w_m(z)$ übereinstimmen. Daraus folgt sofort, daß eines dieser Elemente unmittelbare analytische Fortsetzung von $w^*(z)$ ist. Sei dieses Element etwa $w_1(z)$. Da nun C^* und C_1 das Wegstück $\widehat{z^* z_1}$ überdecken, entsteht $w_1(z)$ auch durch analytische Fortsetzung von

[1] Dies ist ein Spezialfall des Satzes von der Permanenz der Funktionalgleichungen.

$w^*(z)$ längs des Wegstückes $\widehat{z^* z_1}$ und damit durch analytische Fortsetzung von $w_0(z)$ längs des Weges $\widehat{z_0 z_1}$. Dies steht im Widerspruch zur vorausgesetzten Nichterreichbarkeit von z_1. Der Satz ist damit bewiesen.

Wir merken noch an, daß die Funktion, die durch analytische Fortsetzung von $w_0(z)$ in T_z entsteht, in T_z regulär ist, da das Wertepaar (z, ∞) für kein z aus T_z die Gleichung $F(z,w) = 0$ erfüllt.

1.9. Funktionselemente der kritischen Stellen. Wir betrachten nun die in 1.6. aufgeführten kritischen Stellen, die das Gebiet T_z begrenzen, und zwar zunächst diejenigen, für die, bei endlichem $z = a$, ein $w = b$ so existiert, daß $F(a, b) = F_w(a, b) = 0$ und $Q_0(a) \neq 0$ ist. Da nur endlich viele kritische Stellen vorhanden sind, läßt sich ein Gebiet $G: 0 < |z-a| < R$ angeben, das ganz in T_z liegt und für welches noch die Punkte $|z-a| = R$ zu T_z gehören. Wir zerlegen den Kreis $|z-a| \leq R$ durch einen beliebigen Durchmesser in zwei Halbkreise G_1 und G_2, die wir als offen betrachten wollen. Der benutzte Durchmesser wird von zwei Radien gebildet, die wir mit r_1 und r_2 bezeichnen. Sei nun z_0 ein beliebiger Punkt aus G_1. Nach Satz 2 gibt es in einer Umgebung von ihm genau m reguläre Funktionselemente $w_1(z), w_2(z), \ldots, w_m(z)$, die zur Gleichung $F(z, w) = 0$ gehören. Nach Satz 3 läßt sich jedes dieser Elemente in G_1 unbeschränkt analytisch fortsetzen. Der Monodromiesatz, für den wir einen Beweis in Kap. III, § 3 geben werden, besagt, daß ein Funktionselement, das in einem einfach zusammenhängendem Gebiete unbeschränkt analytisch fortsetzbar ist, dort eine *eindeutige* analytische Funktion erzeugt. Danach erhalten wir aus den m zu z_0 gehörigen Funktionselementen bei analytischer Fortsetzung in G_1 m eindeutige analytische Funktionen, die wir wieder mit $w_1(z), w_2(z), \ldots, w_m(z)$ bezeichnen. Geht man statt von z_0 von einem anderen Punkte von G_1, etwa z_1, aus, so erhält man in G_1 dieselben Funktionen $w_1(z), w_2(z), \ldots, w_m(z)$. Denn es ergibt sich ebenso wie im Beweise von Satz 3, daß jedes der m Funktionselemente, die nach Satz 2 dem Punkte z_1 zugeordnet sind, im Durchschnitt seines Definitionsbereiches mit G_1 mit einer der Funktionen $w_1(z), w_2(z), \ldots, w_m(z)$ übereinstimmen muß, und verschiedene zu z_1 gehörige Funktionselemente können in diesem Durchschnitt nicht mit derselben Funktion zusammenfallen. Die Funktionen $w_1(z), w_2(z), \ldots, w_m(z)$ sind also durch G_1 und die Gleichung $F(z, w) = 0$ eindeutig bestimmt. Entsprechend erhält man für G_2 m eindeutige analytische Funktionen $w_1^*(z), w_2^*(z), \ldots, w_m^*(z)$. Das Element $w_1(z)$ läßt sich von G_1 über r_1 hinweg (unter Ausschluß des Punktes $z = a$) nach G_2 analytisch fortsetzen. Diese Fortsetzung ist eindeutig bestimmt, denn es läßt sich der Monodromiesatz noch auf dasjenige Gebiet anwenden, das man erhält, wenn man G durch r_2 aufschneidet. Die Fortsetzung muß mit einer der Funktionen $w_1^*(z), w_2^*(z), \ldots, w_m^*(z)$ in G_2 übereinstimmen, etwa mit $w_1^*(z)$. Entsprechendes gilt für $w_2(z), \ldots, w_m(z)$, und wir können die Numerierung der Funktionen $w_1^*(z), w_2^*(z), \ldots, w_m^*(z)$ so vornehmen, daß die analytische Fortsetzung von $w_\nu(z)$ über r_1 nach G_2 in G_2 mit $w_\nu^*(z)$ übereinstimmt $(\nu = 1, 2, \ldots, m)$. Jede der Funktionen $w_1^*(z), w_2^*(z), \ldots, w_m^*(z)$ läßt sich über r_2 hinweg nach G_1 analytisch fortsetzen, wobei wieder die analytische Fortsetzung eindeutig bestimmt ist und in G_1 mit einer der Funktionen $w_1(z), w_2(z), \ldots, w_m(z)$ übereinstimmt. Jedoch wird jetzt die analytische Fortsetzung von $w_\nu^*(z)$ $(\nu = 1, 2, \ldots m)$ über r_2 nach G_1 im allgemeinen nicht mit $w_\nu(z)$ übereinstimmen, sondern mit einer anderen dieser Funktionen. Mit anderen Worten: Setzt man z.B. $w_1(z)$ über r_1 nach G_2 analytisch fort und dann weiter über r_2 nach G_1, so gelangt man unter Umständen nicht wieder zu $w_1(z)$ zurück, sondern zu einer gewissen anderen der Funktionen $w_1(z), w_2(z), \ldots, w_m(z)$. Durch analytische Fortsetzung von $w_1(z)$ in G erhält man dann eine mehrdeutige Funktion. Gehen wir nun von einer beliebigen Stelle in G_1 aus und umlaufen wir die Stelle $z = a$ wiederholt in G (etwa auf einem Kreise mit dem Mittelpunkt a), beginnend mit dem Funktionszweig $w_1(z)$, so gelangen wir bei jeder Rückkehr nach G_1 zu einer der Funktionen $w_1(z), w_2(z), \ldots, w_m(z)$. Die so erhaltenen Funktionen müssen sich bei fortgesetztem Umlauf periodisch wiederholen. Sei μ die kleinste dieser Perioden $(1 \leq \mu \leq m)$. Wir können die Funktionen $w_1(z), w_2(z), \ldots, w_m(z)$ so numerieren, daß man bei μ-maligem Umlauf um $z = a$ von $w_1(z)$ ausgehend der Reihe nach erhält: $w_2(z)$, $w_3(z), \ldots, w_\mu(z), w_1(z)$. Durch analytische Fortsetzung von $w_1(z)$ in G entsteht also eine μ-deutige Funktion.

Wir setzen nun

$$z - a = t^\mu.$$

Hierdurch wird dasjenige μ-blättrige Flächenstück, das entsteht, wenn man das Gebiet G längs eines Radius, etwa r_2, aufschlitzt und solche Exemplare zu einem zusammenhängenden Flächenstück G zusammenfügt, auf die punktierte schlichte Kreisscheibe $0 < |t| < r = \sqrt[\mu]{R}$ konform abgebildet.

Bei einem vollen Umlauf von t um den Ursprung wird der Bildpunkt z den Punkt a μ-mal umlaufen. Die zusammengesetzte Funktion

$$w_1(z) = w_1(a + t^\mu)$$

bleibt somit bei analytischer Fortsetzung im punktierten Kreise $0 < |t| < r$ eindeutig.

Es gilt nun, die isolierte kritische Stelle $t = 0$ bzw. $z = a$ zu untersuchen. Nach der Bemerkung am Schlusse von 1.8. sind die Funktionen $w_1(z), w_2(z), \ldots, w_m(z)$ bzw. $w_1^*(z), w_2^*(z), \ldots, w_m^*(z)$ in G_1 bzw. G_2 regulär. Die Funktion $w_1(a + t^\mu)$ besitzt daher für $t = 0$ entweder eine wesentliche Singularität oder einen Pol oder eine reguläre Stelle.

Es tritt hier der letzte Fall ein. Um dies nachzuweisen, genügt es bekanntlich zu zeigen, daß $w_1(a+t^\mu)$ in $0<|t|<r$ beschränkt ist, oder gleichbedeutend damit, daß $w_1(z)$ bei analytischer Fortsetzung in G beschränkt bleibt.

Für den Beweis bemerken wir, daß die Polynome $Q_1(z), Q_2(z), \ldots, Q_m(z)$ in Gl. (1.1) für $|z-a|\leq R$ beschränkt sind, etwa

$$|Q_i(z)|<M \qquad (i=1,2,\ldots,m),$$

während $|Q_0(z)|$ von Null verschieden ist [in $|z-a|\leq R$ liegen keine kritischen Stellen, für die $Q_0(z)=0$ ist] und somit ein positives Minimum m_0 besitzt:

$$|Q_0(z)|\geq m_0>0 \quad \text{für} \quad |z-a|\leq R.$$

Für $|z-a|\leq R$, $|w|>1$ wird daher

$$|Q_1(z)\,w^{m-1}+\cdots+Q_m(z)|<\sum_{i=1}^{m}|Q_i(z)|\,|w|^{m-1}<m\,M\,|w|^{m-1}$$

und

$$|Q_0(z)\,w^m|\geq m_0\,|w|^m.$$

Wählt man zudem w noch so, daß $m_0|w|^m>m\,M\,|w|^{m-1}$ oder

$$|w|>\frac{m\,M}{m_0},$$

so ist das Polynom $F(z,w)\equiv Q_0(z)\,w^m+(Q_1(z)\,w^{m-1}+\cdots+Q_m(z))$ von Null verschieden. Wenn also z in G und w außerhalb des Kreises

$$|w|=M_0=\operatorname{Max}\left(1,\frac{m\,M}{m_0}\right)$$

gewählt wird, so ist $F(z,w)\neq 0$. Nun genügt die Funktion $w_1(z)$ und ihre analytische Fortsetzung in G der Gleichung $F(z,w)=0$. Daher muß gelten

$$|w_1(z)|=|w_1(a+t^\mu)|\leq M_0.$$

Dies sollte gezeigt werden.

Es ist also die Funktion $w_1(a+t^\mu)$ eine im Kreise $|t|<r=\sqrt[\mu]{R}$ eindeutige, reguläre Funktion von t. Sie hat hier eine konvergente Entwicklung

$$w_1(a+t^\mu)=b_0+b_\nu t^\nu+b_{\nu+1}t^{\nu+1}+\cdots \qquad (b_\nu\neq 0).$$

Wir haben damit die betrachtete Funktion, die durch analytische Fortsetzung von $w_1(z)$ in G entstand und für $\mu>1$ mehrdeutig ist, *uniformisiert*, d.h. wir haben für die Funktion eine Parameterdarstellung gefunden, bei der z und w eindeutige analytische Funktionen dieses Parameters sind:

$$\left.\begin{aligned} z&=a+t^\mu,\\ w&=b_0+b_\nu t^\nu+b_{\nu+1}t^{\nu+1}+\cdots\ (b_\nu\neq 0). \end{aligned}\right\} \tag{1.10}$$

1.10 Lokale Uniformisierung. Die Funktion $w(z)$, die durch das Gleichungspaar (1.10) in dem Kreise $|t| < r$ gegeben ist, bezeichnet man als *reguläres algebraisches Funktionselement*, den Parameter t als *uniformisierende Variable des Elementes.* Es stellt eine μ-deutige Funktion dar, die in μ eindeutige Zweige zerfällt, wenn man den Kreis $|z-a| < r^\mu$ durch einen Radius aufschneidet. Bei einem Umlauf um $z=a$ permutieren sich die Zweige zyklisch untereinander. Die Stelle $z=a$ heißt Windungspunkt von der Ordnung $\mu-1$. Für $\mu=1$ liegt ein reguläres Funktionselement im bisherigen Sinne vor.

Die Funktion (1.10) läßt sich noch über $|z-a| = r^\mu$ hinaus analytisch fortsetzen. Im allgemeinen wird dann jedoch die Darstellung (1.10) nicht mehr gültig bleiben. Für die so fortgesetzte Funktion $w(z)$ gilt also die Darstellung (1.10) nur lokal, d.h. in einer Umgebung von $z=a$. Man bezeichnet daher t als *lokaluniformisierende Variable der Funktion* $w(z)$.

Das Funktionselement (1.10) gehört zur Gleichung $F(z,w)=0$, d.h. für jedes t des Kreises $|t|<r$ gilt $F(z(t), w(t)) = 0$. Nach der Herleitung ist dies nämlich für jedes t aus $0<|t|<r$ der Fall, und es gilt dies noch für $t=0$, da $F(z(t), w(t))$ für $|t|<r$ eine analytische Funktion von t ist; b_0 ist daher eine Wurzel der Gleichung $F(a, w) = 0$.

1.11. Die von einem regulären Element vermittelte Abbildung. Die durch ein reguläres algebraisches Funktionselement (1.10) vermittelte Abbildung $z \to w$ läßt sich leicht überblicken. Konstruiert man wie oben über $|z-a|<r^\mu$ ein μ-blättriges Flächenstück G_μ, das sich um $z=a$ windet, so wird dies durch die erste Gleichung von (1.10) auf die schlichte Kreisscheibe $|t|<r$ abgebildet. Die Abbildung ist konform mit alleiniger Ausnahme des Windungspunktes $z=a$ (falls $\mu>1$). Durch die zweite Gleichung von (1.10) wird das Gebiet $|t|<r$ auf eine Umgebung von $w=b_0$ abgebildet. Ist dabei $\nu=1$ und wählt man r hinreichend klein, so wird der Kreis $|t|<r$ umkehrbar eindeutig und konform auf eine Umgebung des Punktes $w=b_0$ abgebildet. Ist dagegen $\nu>1$, so ist (für hinreichend kleines r) das Bildgebiet ein ν-blättriges Flächenstück G_ν, das sich um den Punkt $w=b_0$ windet. Das algebraische Funktionselement (1.10) bildet also das Flächenstück G_μ um $z=a$ auf das Flächenstück G_ν um $w=b_0$ ab. Die Abbildung ist umkehrbar eindeutig (für hinreichend kleines r) und konform, außer etwa für $z=a$. Für $z=a$ ist die Abbildung offenbar noch stetig.

1.12. Zur Gewinnung von (1.10) sind wir ausgegangen von den Funktionen $w_1(z), w_2(z), \ldots, w_m(z)$. Die Funktionen $w_1(z), w_2(z), \ldots, w_\mu(z)$ ergaben das algebraische Element (1.10). Falls $\mu<m$, lassen sich die entsprechenden Überlegungen für $w_{\mu+1}(z), \ldots, w_m(z)$ anstellen. Man erhält so k $(1 \leq k \leq m)$ algebraische Funktionselemente, die zur Glei-

chung $F(z,w)=0$ gehören und die sich mit Hilfe der uniformisierenden Parameter $t_i=\sqrt[\mu_i]{z-a}$ darstellen lassen in der Form

$$z = a + t_i^{\mu_i},$$
$$w = b_0^{(i)} + b_{\nu_i}^{(i)} t_i^{\nu_i} + \cdots \qquad (b_{\nu_i}^{(i)} \neq 0,\ i = 1, 2, \ldots, k).$$

Dabei ist $\sum_{i=1}^{k}\mu_i = m$. Die Zahlen $b_0^{(1)}, b_0^{(2)}, \ldots, b_0^{(k)}$ sind Wurzeln der Gleichung $F(a,w)=0$. Aus dem bisherigen geht nicht hervor, ob dies *alle* Wurzeln der Gleichung $F(a,w)=0$ sind. Dies ist zu bejahen. Genauer gilt: Erteilt man $b_0^{(i)}$ die Vielfachheit μ_i $(i=1, 2, \ldots, k)$, wobei, falls einige der $b_0^{(i)}$ gleich sind, die entsprechenden Vielfachheiten μ_i zu addieren sind, so erhält man die Wurzeln von $F(a,w)=0$ mit ihrer richtigen Vielfachheit.

Zum Beweise greifen wir auf die oben im Gebiet G_1 eingeführten Funktionen $w_1(z), w_2(z), \ldots, w_m(z)$ zurück und bemerken, daß in G_1 gilt

$$F(z,w) = Q_0(z)\,(w - w_1(z))\,(w - w_2(z)) \cdots (w - w_m(z)). \tag{1.11}$$

Denn es hat $F(z,w)=0$ für jedes z aus G_1 nur einfache Wurzeln, und es können je zwei der Funktionen $w_1(z), w_2(z), \ldots, w_m(z)$ für kein z aus G_1 den gleichen Wert annehmen, da sie sonst nach Satz 1 ein reguläres Funktionselement gemein hätten[1]. Wie aus (1.10) ersichtlich, lassen sich die Funktionen $w_1(z), w_2(z), \ldots, w_m(z)$ noch für $z=a$ stetig durch die entsprechenden Werte $b_0^{(i)}$ definieren. Läßt man nun z in G_1 gegen a streben, so liest man aus (1.11) die Behauptung unmittelbar ab, da die linke Seite ein Polynom in w ist, dessen Koeffizienten stetig von z abhängen.

1.13. Dieses letzte Resultat gestattet es in vielen Fällen, die Zahlen μ_i zu bestimmen. Es gilt nämlich: Ist $w=b$ eine μ-fache Wurzel der Gleichung $F(a,w)=0$ und ist $F_z(a,b)\neq 0$, so gibt es ein algebraisches Funktionselement der Gestalt

$$\left.\begin{aligned} z &= a + t^{\mu}, \\ w &= b + b_1 t + b_2 t^2 + \cdots, \end{aligned}\right\} \tag{1.12}$$

das zur Gleichung $F(z,w)=0$ gehört, und es ist das einzige, das die konstanten Glieder a und b besitzt.

Zum Beweise bemerken wir, daß die bisherigen Betrachtungen unverändert gelten, wenn man die Rollen von z und w vertauscht. Satz 1 besagt dann wegen $F_z(a,b)\neq 0$, daß es (bis auf unmittelbare analytische Fortsetzung) genau ein reguläres Funktionselement $z=z(w)$ gibt, das zur Gleichung $F(z,w)=0$ gehört und für welches $a=z(b)$ ist. Der Beweis

[1] Dies steht in keinem Widerspruch zur vorausgesetzten Irreduzibilität von $F(z,w)$, denn die $w_i(z)$ sind für $m>1$ keine rationalen Funktionen von z.

von Satz 1 zeigt, daß es auch das einzige algebraische Funktionselement dieser Art ist. Daraus folgt, daß es nicht zwei verschiedene algebraische Elemente der Gestalt (1.12) geben kann, die zu $F(z,w)=0$ gehören und die konstanten Glieder a und b besitzen, da man aus ihnen durch eine analytische Parametertransformation entsprechende Darstellungen für zwei verschiedene algebraische Elemente herleiten könnte, in denen z als Funktion von w aufgefaßt ist. Aus dem vorangehenden Resultat ergibt sich nun, daß der Exponent in (1.12) die Vielfachheit der Wurzel $w=b$ der Gleichung $F(a,w)=0$ ist. Man bemerkt noch, daß in (1.12) $b_1 \neq 0$ ist.

1.14. In 1.6. wurden für

$$F(z,w)=w^3-3z^2w+2z^3-z$$

als kritische Stellen, außer $z=\infty$, die Werte $z=\frac{1}{2}$, $z=-\frac{1}{2}$, $z=0$ festgestellt. Für $z=\frac{1}{2}$ besitzt $F(z,w)=0$ die Doppelwurzel $w=-\frac{1}{2}$ und die einfache Wurzel $w=1$, für $z=-\frac{1}{2}$ die Doppelwurzel $w=\frac{1}{2}$ und die einfache Wurzel $w=-1$, für $z=0$ die dreifache Wurzel $w=0$. Für keines der Paare ist $F_z(z,w)=0$. Zu $z=\frac{1}{2}$ existiert also ein (unverzweigtes) reguläres Funktionselement und ein reguläres algebraisches, für das $z=\frac{1}{2}$ Windungspunkt erster Ordnung ist; entsprechendes gilt für $z=-\frac{1}{2}$. Für $z=0$ gibt es nur ein reguläres algebraisches Funktionselement, für das $z=0$ Windungspunkt zweiter Ordnung ist.

Auf die Diskussion der Verhältnisse bei endlichen Wertepaaren (a, b), für die $F(a,b)=F_w(a,b)=F_z(a,b)=0$ ist, gehen wir hier nicht ein, da wir dies nicht benötigen werden. Wir merken nur an, daß es vorkommen kann, daß einem solchen Paar lauter eindeutige Funktionselemente entsprechen. Ein Beispiel hiefür gibt die Gleichung $F(z,w)\equiv w^2-z^2-z^4=0$, zu der für $z=0$, $w=0$, wo $F(0,0)=F_w(0,0)=F_z(0,0)=0$ ist, zwei verschiedene eindeutige, reguläre Funktionselemente $w=\pm z\sqrt{1+z^2}$ ($|z|<1$) gehören.

1.15. Die Stelle $w=\infty$. Wir wenden uns nun denjenigen kritischen Stellen $z=a$ zu, für die bei endlichem a gilt $Q_0(a)=0$. Wie in 1.5. benutzen wir die Substition $w=1/u$, die auf die Gleichung führt:

$$F(z,w)=\left(\frac{1}{u}\right)^m G(z,u),$$

$$G(z,u)=u^m Q_m(z)+u^{m-1}Q_{m-1}(z)+\cdots+Q_0(z).$$

Sei nun $Q_0(a)=0$. Wir müssen die beiden Fälle $Q_m(a)\neq 0$ und $Q_m(a)=0$ unterscheiden und behandeln zunächst den ersten Fall. Wegen der Stetigkeit des Polynoms $Q_m(z)$ läßt sich zu $z=a$ eine Kreisumgebung angeben, in der $Q_m(z)\neq 0$ ist und damit auch $F(z,0)\neq 0$. Jedem Wertepaar (z,w), das der Gleichung $F(z,w)=0$ genügt und für welches z dieser Umgebung von $z=a$ angehört, entspricht dann umkehrbar eindeutig ein endliches Wertepaar (z, u), das der Gleichung $G(z, u) = 0$ genügt. Die Untersuchung ist damit auf die Gleichung $G(z, u) = 0$ zurückgeführt, und es lassen sich die Resultate von 1.9. und 1.10. anwenden: In der Umgebung von $z = a$ gibt es für jedes $z \neq a$ m reguläre Funktionselemente $u_1(z), u_2(z), \ldots, u_m(z)$, die sich zu $k \leq m$ regulären, ein- oder mehrdeutigen algebraischen Funktionselementen zusammensetzen. Diese besitzen Darstellungen der Gestalt

$$z = a + t_i^{\mu_i}, \qquad u = \frac{1}{w} = c^{(i)} + c_{\nu_i}^{(i)} t_i^{\nu_i} + \cdots \qquad (c_{\nu_i}^{(i)} \neq 0,\ i = 1, 2, \ldots, k).$$

Da jede Wurzel von $G(a, u) = 0$ als $c^{(i)}$ auftritt und $Q_0(a) = 0$ ist, gibt es mindestens ein $c^{(i)}$, das gleich Null ist. Für ein solches i wird w unendlich für $t_i = 0$; $w(t_i)$ hat einen Pol ν_i-ter Ordnung:

$$w = \frac{1}{c_{\nu_i}^{(i)} t_i^{\nu_i}} + b_{\nu_i - 1}^{(i)} t_{(i)}^{-\nu_i + 1} + \cdots.$$

Für alle i hingegen, für die $c^{(i)}$ nicht verschwindet, ist $w(t_i)$ um $t_i = 0$ regulär:

$$w = \frac{1}{c^{(i)}} + b_{\nu_i}^{(i)} t_i^{\nu_i} + \cdots \qquad (b_{\nu_i}^{(i)} \neq 0).$$

Der einzige Unterschied gegenüber den früheren Ergebnissen besteht darin, daß man für die betreffende Stelle $z = a$, außer gewissen regulären algebraischen Funktionselementen, noch „*gebrochene algebraische Funktionselemente*" erhält, bei denen $w(t_i)$ für $t_i = 0$ einen Pol besitzt und die ein μ_i-blättriges Flächenstück, das sich um $z = a$ windet, auf ein ν_i-blättriges Flächenstück abbilden, mit $w = \infty$ als Windungsstelle.

Es ist nun der Fall $Q_0(a) = Q_m(a) = 0$ zu betrachten. Er läßt sich leicht auf den behandelten Fall zurückführen. Das Polynom $F(a, w) = Q_0(a) w^m + Q_1(a) w^{m-1} + \cdots + Q_m(a)$ kann nicht identisch in w verschwinden, denn sonst wäre $Q_0(a) = Q_1(a) = \cdots = Q_m(a) = 0$ und damit $z - a$ Teiler des Polynoms $F(z, w)$, was der vorausgesetzten Irreduzibilität von $F(z, w)$ widerspricht. Sei nun $w = \beta$ ein Wert für den $F(a, \beta) \neq 0$ ist. Setzt man $w = w_1 + \beta$ und

$$F(z, w) = F_1(z, w_1) \equiv \overline{Q}_0(z) w_1^m + \overline{Q}_1(z) w_1^{m-1} + \cdots + \overline{Q}_m(z),$$

so ist $\overline{Q}_m(a) = F_1(a, 0) = F(a, \beta) \neq 0$. Die obigen Resultate sind also anwendbar auf die Gleichung $F_1(z, w_1) = 0$ und man findet für $w = w_1 + \beta$ schließlich Entwicklungen, die aus den oben betrachteten durch Addition einer Konstanten entstehen, was für die charakteristischen Eigenschaften der entsprechenden Funktionselemente ohne Bedeutung ist.

1.16. Die Stelle $z = \infty$. Die Untersuchung wird für $z = \infty$ durch die Transformation $z = 1/\xi$ auf die bereits betrachteten Fälle zurückgeführt. Für die Elemente der Funktion $w(z)$ ist dann $t = \sqrt[\mu]{\xi}$ als uniformisierende

Variable einzuführen, und man erhält Darstellungen der Gestalt

$$z = \frac{1}{t^\mu},$$

$$w = b_0 + b_\nu t^\nu + \cdots \quad \text{bzw.} \quad w = b_\nu t^{-\nu} + b_{\nu-1} t^{-\nu+1} + \cdots,$$

wobei im allgemeinen $\mu = \nu = 1$ sein wird. Als Fläche G_μ hat man jetzt ein μ-blättriges Flächenstück, das sich um $z = \infty$ windet.

1.17. Zusammenfassung. Die algebraische Gleichung $F(z, w) = 0$ erklärt für jedes $z = a (\neq \infty$ oder $= \infty)$ eine Anzahl $k \leq m$ (regulärer oder gebrochener) algebraischer Funktionselemente $w(z)$, die sich je mittels eines lokaluniformisierenden Parameters $t = \sqrt[\mu]{z-a}$ (μ eine natürliche Zahl) durch eine für hinreichend kleine $|t|$ konvergente Entwicklung

$$\left.\begin{aligned} z - a &= t^\mu, \\ w - b &= b_\nu t^\nu + b_{\nu+1} t^{\nu+1} + \cdots \qquad (b_\nu \neq 0) \end{aligned}\right\} \tag{1.13}$$

darstellen lassen. Für a oder b gleich ∞ hat dabei $z - a$ bzw. $w - b$ durch $1/z$ bzw. $1/w$ zu ersetzen[1]. Durch ein solches Element wird ein μ-blättriges RIEMANNsches Flächenstück über der z-Ebene mit $z = a$ als Windungspunkt $(\mu - 1)$-ter Ordnung auf ein ν-blättriges RIEMANNsches Flächenstück über der w-Ebene mit $w = b$ als Windungspunkt $(\nu - 1)$-ter Ordnung umkehrbar eindeutig abgebildet. Die Summe $\sum_{i=1}^{k} \mu_i$ der Exponenten μ_i, die der Stelle $z = a$ entsprechen, ist stets gleich m. Im allgemeinen ist $\mu = \nu = 1$. Die durch das algebraische Element vermittelte lokale Abbildung zwischen der z- und der w-Ebene ist dann eineindeutig. Nur für *endlich* viele Punkte $z = a$ kann es eintreten, daß entweder μ oder ν oder beide größer als 1 sind.

Wie bereits bemerkt, lassen sich sämtliche bisherigen Betrachtungen auch in umgekehrter Richtung, mit w als unabhängiger Variablen, anstellen. Man erhält dann statt der Entwicklungen der Gestalt (1.13) solche mit $u = \sqrt[\nu]{w-b}$ als uniformisierende Variable. Diese können auch unmittelbar aus den Darstellungen (1.13) gewonnen werden, indem man $w - b = u^\nu$ setzt. Aus der zweiten Gleichung von (1.13) erhält man damit eine umkehrbare eindeutige analytische Funktion $t(u)$ in der Umgebung von $t = u = 0$. Setzt man dann $t(u)$ in die erste Gleichung von (1.13) ein, so erhält man für $z - a$ eine konvergente Potenzreihe in u, deren erstes nicht verschwindendes Glied die Potenz u^μ enthält.

1.18. Algebraische Funktionselemente. Eine völlig symmetrische lokale Darstellung des algebraischen Funktionselementes (1.13) erhält man, wenn man statt t eine neue lokaluniformisierende Variable τ

[1] Falls a dem Gebiete T_z angehört, lassen sich die zugehörigen m regulären eindeutigen Elemente offenbar in der Gestalt (1.13) darstellen mit $\mu = 1$.

einführt durch

$$t = d_1(\tau - c) + d_2(\tau - c)^2 + \cdots \qquad (d_1 \neq 0),$$

wodurch eine genügend kleine Kreisumgebung von $t = 0$ in ein Gebiet mit dem inneren Punkte $\tau = c$ übergeführt wird. Dieser Parameterwechsel ergibt nach (1.13) für das betrachtete Element eine in der Umgebung von $\tau = c$ konvergente Darstellung der Gestalt

$$\left.\begin{aligned} z - a &= a_\mu (\tau - c)^\mu + a_{\mu+1} (\tau - c)^{\mu+1} + \cdots \\ w - b &= b_\nu (\tau - c)^\nu + b_{\nu+1} (\tau - c)^{\nu+1} + \cdots \end{aligned}\right\} \qquad (a_\mu \neq 0,\ b_\nu \neq 0).$$

Die Darstellung eines algebraischen Funktionselementes ist also, je nach Wahl des Parameters, auf mannigfache Weise möglich. Umgekehrt wird man zwei algebraische Elemente, bei denen $z - a$ und $w - b$ (bzw. $1/z$, $1/w$) als Potenzreihen in $(\tau_1 - c_1)$ bzw. $(\tau_2 - c_2)$ dargestellt sind, als nicht verschieden betrachten, wenn sie auseinander durch eine Transformation

$$\tau_1 - c_1 = d_1(\tau_2 - c_2) + d_2(\tau_2 - c_2)^2 + \cdots \qquad (d_1 \neq 0)$$

entstehen, wobei die rechts stehende Potenzreihe in einer gewissen Umgebung von $\tau_2 = c_2$ konvergiert und, wegen $d_1 \neq 0$, eine umkehrbar eindeutige Funktion darstellt. Es ist jedoch zu bemerken, daß man dabei absieht von der Größe und Gestalt der Umgebungen von $z = a$ bzw. $w = b$ auf den entsprechenden RIEMANNschen Flächenstücken G_μ um $z = a$ bzw. G_ν um $w = b$, in denen das algebraische Element dargestellt wird. Die Fixierung dieser Umgebungen ist nur für den jeweils benutzten Parameter möglich. Insbesondere sind zwei eindeutige reguläre oder gebrochene Funktionselemente $w(z)$ und $w^*(z)$ als nicht verschieden zu betrachten, wenn sie in konzentrischen Kreisen definiert und unmittelbare analytische Fortsetzungen voneinander sind.

Es ist noch zu bemerken, daß nicht jedes Paar von konvergenten Potenzreihen für $z - a$ und $w - b$ ein algebraisches Funktionselement darstellt. Wie man aus der Herleitung von (1.13) unmittelbar ersieht, entsprechen dort in einer gewissen Umgebung von $t = 0$ verschiedenen Werten von t verschiedene Paare $(z(t), w(t))$. Diese Eigenschaft bleibt bei den zugelassenen Parametertransformationen (für eine gewisse Umgebung von $\tau = c$) erhalten. Unter Hinzunahme dieser Eigenschaft ergibt sich für ein *algebraisches Funktionselement* folgende *Definition*:

In einer Umgebung von $\tau = c$ seien z und w als Funktionen von τ definiert. Diese Funktionen stellen ein algebraisches Funktionselement dar, wenn folgende Bedingungen erfüllt sind.

1. *z und w (bzw. $1/z$, $1/w$) sind in dieser Umgebung von $\tau = c$ reguläre analytische Funktionen von τ.*

2. *Verschiedenen Werten von τ dieser Umgebung entsprechen verschiedene Paare $z(\tau)$, $w(\tau)$.*

Ein so definiertes algebraisches Funktionselement braucht natürlich nicht zu einer *algebraischen Gleichung* zu gehören.

1.19. Fortsetzung algebraischer Elemente. Nachdem wir im Vorangehenden auch für eindeutige algebraische Elemente Parameterdarstellungen eingeführt haben, ist der Begriff der analytischen Fortsetzung neu zu fassen. Es reicht dazu aus, die unmittelbare analytische Fortsetzung zu erklären.

Es seien $z(\tau_1), w(\tau_1)$ und $z(\tau_2), w(\tau_2)$ zwei algebraische Funktionselemente, die für $|\tau_1 - c_1| < r_1$ bzw. $|\tau_2 - c_2| < r_2$ definiert sind. Die so dargestellten Funktionselemente sollen unmittelbare analytische Fortsetzungen voneinander heißen, falls es in $|\tau_1 - c_1| < r_1$ eine Stelle τ_1^* gibt, für die sich eine ganz zu $|\tau_1 - c_1| < r_1$ gehörige Umgebung durch eine umkehrbar eindeutige analytische Funktion $\tau_2(\tau_1)$ so in $|\tau_2 - c_2| < r_2$ abbilden läßt, daß

$$z(\tau_1) = z(\tau_2(\tau_1)), \qquad w(\tau_1) = w(\tau_2(\tau_1)).$$

Eine solche unmittelbare analytische Fortsetzung kann man sich ausgeführt denken durch

1. Umbildung der Potenzreihen in $(\tau_1 - c_1)$ für z und w in Potenzreihen von $(\tau_1 - \tau_1^*)$.

2. Transformationen auf dem Parameter τ_2.

3. Umbildung der erhaltenen Potenzreihen für z und w nach Potenzen von $(\tau_2 - c_2)$.

Für den Fall, daß bei beiden Funktionselementen z selbst als Parameter benutzt wird, ist die hier angegebene Definition der unmittelbaren analytischen Fortsetzung mit der früheren (1.7., A.) gleichwertig. Darüber hinaus können jetzt aber mehrdeutige algebraische Funktionselemente analytisch fortgesetzt werden. Aus (1.13) entnimmt man unmittelbar, daß sich die algebraischen Funktionselemente, die zur Gleichung $F(z,w) = 0$ gehören, durch unmittelbare analytische Fortsetzung aus eindeutigen, regulären Funktionselementen erhalten lassen.

Zwei algebraische Funktionselemente, die durch die Parameter τ_1 bzw. τ_2 dargestellt sind und in dieser Darstellung unmittelbare analytische Fortsetzungen voneinander sind, brauchen nicht mehr unmittelbare analytische Fortsetzungen voneinander zu sein, wenn man zu anderen Parameterdarstellungen übergeht. Man erkennt jedoch, daß sie dann noch mittelbare analytische Fortsetzungen voneinander sind. Die Aussage, daß zwei algebraische Funktionselemente auseinander durch (unmittelbare oder mittelbare) analytische Fortsetzung entstehen, ist daher von der Wahl der benutzten Parameter unabhängig.

§ 2. Konstruktion der algebraischen Funktion aus ihren Elementen.

1.20. Algebraische Funktion als analytisches Gebilde. Nachdem wir die zur Gleichung $F(z,w)=0$ gehörigen algebraischen Funktionselemente betrachtet haben, gehen wir dazu über, diese Funktionselemente zu einer vollständigen analytischen Funktion, einem *analytischen Funktionsgebilde*, zusammenzufassen[1]. Unter einem analytischen Funktionsgebilde versteht man eine Menge von algebraischen Funktionselementen mit den Eigenschaften:

1°. Gehört ein algebraisches Funktionselement zu dieser Menge, so gehören auch alle diejenigen algebraischen Funktionselemente zur Menge, die aus dem ersten durch analytische Fortsetzung entstehen.

2°. Je zwei Funktionselemente der Menge lassen sich auseinander durch analytische Fortsetzung erhalten.

Wir wollen also zeigen, daß die Menge der zur irreduziblen Gleichung $F(z,w)=0$ gehörigen Funktionselemente diesen beiden Bedingungen genügt. Die erste Eigenschaft ergibt sich ohne weiteres aus 1.8. und 1.9. Ein algebraisches Element, das durch analytische Fortsetzung aus einem zur Gleichung $F(z,w)=0$ gehörigen Element entsteht, gehört ebenfalls zu $F(z,w)=0$. Es bleibt die zweite Eigenschaft nachzuweisen.

Zu diesem Zweck betrachten wir das in 1.6. erklärte Gebiet T_z, das von den endlich vielen kritischen Stellen $z=a$ berandet wird. Wie aus den Ausführungen in § 1 hervorgeht, läßt sich jedes zur Gleichung $F(z,w)=0$ gehörige algebraische Funktionselement, das einer solchen kritischen Stelle $z=a$ entspricht, durch unmittelbare analytische Fortsetzung aus einem eindeutigen regulären Funktionselement erhalten, das zur Gleichung $F(z,w)=0$ gehört und einer Stelle z_0 aus T_z entspricht. Es reicht daher hin nachzuweisen, daß je zwei Funktionselemente, die zu $F(z,w)=0$ gehören und Stellen aus T_z entsprechen, auseinander durch analytische Fortsetzung in T_z erhalten werden können. Dann hängen irgend zwei zu $F(z,w)=0$ gehörige Elemente miteinander durch analytische Fortsetzung zusammen. Die Beschränkung auf T_z hat den Vorteil, daß dort überall z als Parameter benutzt werden kann.

1.21. Die über T_z liegenden Elemente. Unsere Behauptung, daß je zwei zu $F(z,w)=0$ gehörige Funktionselemente, die Stellen aus T_z entsprechen, auseinander durch analytische Fortsetzung T_z erhalten werden können, läßt sich noch vereinfachen. Sei z_0 irgendeine, aber weiterhin feste Stelle aus T_z. Nach § 1, Satz 2 gibt es in einer Umgebung C von z_0 genau m verschiedene Funktionselemente $w_1(z), w_2(z), \ldots, w_m(z)$, die zu $F(z,w)=0$ gehören. Die Behauptung besagt insbesondere,

[1] Auf den allgemeinen Begriff des analytischen Gebildes werden wir noch in Kap. III zurückkommen.

daß sich jedes dieser Funktionselemente aus $w_1(z)$ durch analytische Fortsetzung in T_z erreichen läßt. Ist dies der Fall, so trifft auch unsere Behauptung zu. Sind nämlich z_1 und z_2 zwei beliebige Stellen aus T_z und $w^{(1)}(z)$ bzw. $w^{(2)}(z)$ zwei zu $F(z, w) = 0$ gehörige Funktionselemente, die diesen Stellen entsprechen, so kann man z_1 durch einen in T_z verlaufenden Weg c_1 mit z_0 verbinden und $w^{(1)}(z)$ nach § 1, Satz 3 längs dieses Weges analytisch fortsetzen. Man erhält dabei ein Funktionselement, das zu $F(z, w) = 0$ gehört und somit (bis auf unmittelbare analytische Fortsetzung) mit einem der Elemente $w_1(z), w_2(z), \ldots, w_m(z)$ übereinstimmt, etwa mit $w_i(z)$. Entsprechend kann man z_2 durch einen in T_z verlaufenden Weg c_2 mit z_0 verbinden, und man findet bei analytischer Fortsetzung von $w^{(2)}(z)$ längs c_2 eines der Funktionselemente $w_1(z), w_2(z), \ldots, w_m(z)$, etwa $w_k(z)$. Läßt sich nun $w_i(z)$ durch analytische Fortsetzung längs eines in T_z verlaufenden Weges c_i aus $w_1(z)$ erhalten und ebenso $w_k(z)$ durch analytische Fortsetzung von $w_1(z)$ längs eines in T_z verlaufenden Weges c_k, so gibt sich $w^{(2)}(z)$ durch analytische Fortsetzung von $w^{(1)}(z)$ längs des Weges $c_1 c_i^{-1} c_k c_2^{-1}$, der ganz in T_z verläuft[1].

Es bleibt somit nur noch zu zeigen, daß man die Elemente $w_1(z)$, $w_2(z), \ldots, w_m(z)$ durch analytische Fortsetzung von $w_1(z)$ in T_z erhalten kann.

1.22. Nach § 1, Satz 3 läßt sich $w_1(z)$ längs jedes geschlossenen Weges, der in z_0 beginnt und in T_z verläuft, analytisch fortsetzen. Bei analytischer Fortsetzung von $w_1(z)$ längs eines solchen Weges ergibt sich als Endelement eines der Elemente $w_1(z), w_2(z), \ldots, w_m(z)$ (bis auf unmittelbare analytische Fortsetzung). Bei analytischer Fortsetzung von $w_1(z)$ längs aller möglichen solcher wege erhält man als Endelemente also gewisse unter den Elementen $w_1(z), w_2(z), \ldots, w_m(z)$, etwa

$$w_1(z), w_2(z), \ldots, w_\nu(z) \qquad (\nu \leq m).$$

Unsere Behauptung ist $\nu = m$. Wir werden sehen, daß die Annahme $\nu < m$ zum Widerspruch gegen die vorausgesetzte Irreduzibilität von $F(z,w)$ führt.

Wir bilden aus den Elementen $w_i(z)$ $(i = 1, 2, \ldots)$ die elementarsymmetrischen Funktionen

$$\left.\begin{aligned} s_1(z) &= -(w_1(z) + w_2(z) + \cdots + w_\nu(z)), \\ s_2(z) &= w_1(z)\,w_2(z) + w_1(z)\,w_3(z) + \cdots + w_{\nu-1}(z)\,w_\nu(z), \\ &\cdots\cdots\cdots\cdots\cdots\cdots\cdots\cdots \\ s_\nu(z) &= (-1)\;w_1(z)\,w_2(z)\ldots w_\nu(z). \end{aligned}\right\} \quad (1.14)$$

[1] Ist a ein gerichteter (orientierter) Weg, so ist a^{-1} der entgegengesetzt orientierte. Ist der Endpunkt des Weges a Anfangspunkt des Weges b, so ist ab derjenige Weg, den man erhält, wenn man zuerst a und danach b durchläuft.

Jedes dieser Funktionselemente $s_i(z)$ $(i = 1, 2, \ldots, \nu)$ ist in der Umgebung C von z_0 definiert und nach § 1, Satz 3 in T_z unbeschränkt analytisch fortsetzbar[1]. Setzt man $s_i(z)$ längs eines beliebigen geschlossenen Weges c_1, der in z_0 beginnt und in T_z verläuft, analytisch fort, so kommt man zu dem Anfangselement $s_i(z)$ zurück. Die verschiedenen Elemente $w_1(z), w_2(z), \ldots, w_\nu(z)$ ergeben nämlich bei analytischer Fortsetzung längs c verschiedene Endelemente, und es muß jedes dieser Endelemente mit einem der Elemente $w_1(z), w_2(z), \ldots, w_\nu(z)$ übereinstimmen, da sich ein solches offenbar auch durch analytische Fortsetzung von $w_1(z)$ längs eines geschlossenen, in T_z verlaufenden Weges erhalten läßt. Hieraus und aus der Symmetrie von $s_i(z)$ in den $w_1(z), w_2(z), \ldots, w_\nu(z)$ folgt, daß die analytische Fortsetzung von $s_i(z)$ längs c zum Endelement $s_i(z)$ führt.

Da c ein beliebiger geschlossener Weg war, der in z_0 beginnt und in T_z verläuft, ergibt sich, daß $s_i(z)$ bei unbeschränkter analytischer Fortsetzung in T_z eine eindeutige Funktion erzeugt. Es gilt nämlich allgemein folgender Satz:

1.23. Es sei T ein Gebiet der z-Ebene und $f(z)$ ein reguläres analytisches Funktionselement, das in einer Umgebung eines Punktes z_0 aus T definiert ist. $f(z)$ sei in T unbeschränkt analytisch fortsetzbar, und man erhalte bei analytischer Fortsetzung von $f(z)$ längs jedes geschlossenen Weges, der in z_0 beginnt und in T verläuft, als Endelement wieder $f(z)$ (bis auf unmittelbare analytische Fortsetzung). Dann ergibt die analytische Fortsetzung von $f(z)$ in T eine eindeutige analytische Funktion.

Zum Beweise betrachten wir einen beliebigen Punkt z_1 aus T und zwei beliebige Wege c_1 und c_2, die in T verlaufen, in z_0 beginnen und in z_1 enden. Bei analytischer Fortsetzung von $f(z)$ längs c_1 und c_2 möge man als Endelemente in z_1 die Elemente $f_1(z)$ bzw. $f_2(z)$ erhalten. Setzt man $f_2(z)$ längs c_1^{-1} analytisch fort, so ist dies gleichbedeutend damit, daß man $f(z)$ längs des geschlossenen Weges $c_2\, c_1^{-1}$ analytisch fortsetzt. Daraus folgt aber, daß man $f_2(z)$ auch durch analytische Fortsetzung von $f(z)$ längs c_1 erhalten kann. Da bei analytischer Fortsetzung längs eines Weges das Endelement durch das Anfangselement eindeutig bestimmt ist, ergibt sich, daß $f_1(z)$ und $f_2(z)$ unmittelbare analytische Fortsetzungen voneinander sind, und damit die Behauptung des Satzes.

1.24. Die kritischen Randstellen. Es hat sich nun ergeben, daß die analytische Fortsetzung von $s_1(z), s_2(z), \ldots, s_\nu(z)$ in T_z eindeutige analytische Funktionen erzeugt, die wir mit denselben Buchstaben bezeichnen wollen. Diese Funktionen sind in T_z regulär, da die analytischen Fortsetzungen von $w_1(z), w_2(z), \ldots, w_\nu(z)$ in T_z regulär sind, wie wir am

[1] Die analytische Fortsetzung einer Summe von Funktionselementen ist gleich der Summe der entsprechenden analytischen Fortsetzungen der Summanden (falls diese Fortsetzungen existieren). Entsprechendes gilt für das Produkt.

Schlusse von 1.8. bemerkt haben. Es bleibt noch das Verhalten der Funktionen $s_i(z)$ in den Randpunkten von T_z zu untersuchen; das sind die endlich vielen kritischen Stellen $z=a$. Da $s_i(z)$ in T_z eindeutig und regulär ist, sind diese Stellen wesentliche Singularitäten, Pole oder reguläre Stellen von $s_i(z)$. Es können keine wesentlichen Singularitäten auftreten. Betrachtet man nämlich die analytische Fortsetzung von $w_i(z)$ $(i=1, 2, \ldots, \nu)$ in einer genügend kleinen Umgebung einer solchen Stelle $z=a$, so bleibt diese dort entweder beschränkt [falls $Q_0(a) \neq 0$, $a \neq \infty$, 1.6.] oder sie bleibt beschränkt, falls sie mit einer genügend hohen Potenz von $z-a$ $(a \neq \infty,\ Q_0(a)=0$, 1.15.) bzw. von $1/z$ für $a=\infty$ (1.16.) multipliziert wird. Hieraus und aus Gl. (1.14) folgt das entsprechende für $s_i(z)$. Die eindeutigen Funktionen $s_i(z)$ $(i=1, 2, \ldots, \nu)$ sind daher an den Stellen $z=a$ entweder regulär oder besitzen dort Pole. Dies gilt auch für $z=\infty$. Nach einem elementaren funktionentheoretischen Satz sind die Funktionen $s_i(z)$ also *rationale* Funktionen von z. Wir können schreiben

$$s_i(z) = \frac{p_i(z)}{p_0(z)} \qquad (i=1, 2, \ldots, \nu), \tag{1.15}$$

wobei $p_0(z), p_1(z), \ldots, p_\nu(z)$ Polynome sind, die den größten gemeinsamen Teiler 1, also keine gemeinsame Nullstelle haben.

1.25. Die algebraische Gleichung $F_1=0$. In der Umgebung C von z_0 bilden wir nun das Produkt

$$\left.\begin{aligned}(w-w_1(z))\ldots(w-w_\nu(z)) &= w^\nu + s_1(z)\,w^{\nu-1} + \cdots + s_\nu(z)\\ &= \frac{p_0(z)\,w^\nu + p_1(z)\,w^{\nu-1} + \cdots + p_\nu(z)}{p_0(z)} = \frac{F_1(z,w)}{p_0(z)},\end{aligned}\right\} \tag{1.16}$$

wobei wir die Gl. (1.14) und (1.15) benutzt haben. $F_1(z,w)$ ist nach (1.16) ein Polynom in z und w vom Grade ν in w.

Die Funktionselemente $w_1(z), w_2(z), \ldots, w_\nu(z)$ gehören zu der algebraischen Gleichung $F_1(z,w)=0$, denn nach (1.16) ist $F_1(z, w_i(z))=0$ für jedes $i=1, 2, \ldots, \nu$ und jedes z aus C.

1.26. Zusammenhang zwischen F und F_1. Wir haben somit gefunden: Die Funktionselemente $w_1(z), w_2(z), \ldots, w_\nu(z)$ genügen gleichzeitig den algebraischen Gleichungen $F(z,w)=0$ und $F_1(z,w)=0$. Unter Benutzung der Irreduzibilität von $F(z,w)$ werden wir hieraus folgern, daß sich $F(z,w)$ und $F_1(z,w)$ nur um einen konstanten Faktor unterscheiden, woraus insbesondere $\nu=m$ folgt.

Wie in 1.4. fassen wir $F(z,w)$ und $F_1(z,w)$ als Polynome in w auf und setzen für sie den Euklidischen Algorithmus an. Dieser Algorithmus kann nicht auf einen von w unabhängigen Rest führen; denn in diesem Falle könnte man wie in 1.4. schließen, daß es nur endlich viele Wertepaare $z=a$, $w=b$ gibt, für die $F(a,b)=F_1(a,b)=0$ ist, während es doch unendlich viele solche Paare gibt, da das Funktionselement $w_1(z)$ sowohl zu $F(z,w)=0$ als zu $F_1(z,w)=0$ gehört. $F(z,w)$ und $F_1(z,w)$ müssen also als Polynome in w einen gemeinsamen Teiler haben, der ein Polynom in w mit rationalen Koeffizienten in z ist. Der Grad dieses Teilers in w kann nicht kleiner als m sein, da sich sonst wie in 1.4. ein Widerspruch gegen die Irreduzibilität von $F(z,w)$ ergäbe. Andererseits kann der Grad des Teilers in w nicht größer sein als ν, und wegen $\nu \leq m$ folgt hieraus $\nu = m$. Ferner ergibt sich, daß die Division von $F(z, w)$ durch $F_1(z, w)$ auf eine rationale Funktion von z führt. Sie läßt sich durch Vergleich der Koeffizienten von w^m in $F(z,w)$ und $F_1(z, w)$ sofort angeben:

$$\frac{Q_0(z)}{p_0(z)}.$$

Aus der Identität

$$p_0(z)\, F(z, w) \equiv Q_0(z)\, F_1(z, w)$$

folgt noch $p_0(z) = c\, Q_0(z)$, wobei c eine Konstante ist. Es verschwindet hierin nämlich für jede Nullstelle von $p_0(z)$ die linke Seite identisch in w, nicht jedoch $F_1(z, w)$, da die Polynome $p_0(z), p_1(z), \ldots, p_\nu(z)$, die nach (1.16) als Koeffizienten der Potenzen von w in $F_1(z, w)$ auftreten, keine gemeinsame Nullstelle besitzen sollten. Jede Nullstelle von $p_0(z)$ ist also Nullstelle von $Q_0(z)$. Die Umkehrung hiervon folgt entsprechend aus der Irreduzibilität von $F(z, w)$. Es unterscheiden sich also $p_0(z)$ und $Q_0(z)$ nur um einen konstanten Faktor.

Mit dem Resultat $\nu = m$ ist der Beweis dafür zu Ende geführt, daß die zu der irreduziblen algebraischen Gleichung $F(z, w) = 0$ gehörigen algebraischen Funktionselemente ein analytisches Gebilde darstellen. Dies ist die algebraische Funktion $w(z)$, die durch $F(z, w) = 0$ definiert wird. Gleichzeitig hat sich ergeben: Genügt ein Funktionselement gleichzeitig zwei irreduziblen algebraischen Gleichungen $F(z, w) = 0$ und $F_1(z, w) = 0$, so unterscheiden sich $F(z, w)$ und $F_1(z, w)$ nur um einen konstanten Faktor.

1.27. Durch reduzible Gleichungen definierte Funktionen. Wir können nun auch den Fall betrachten, in dem $F(z, w)$ ein reduzibles Polynom in z und w ist. Ein solches Polynom gestattet eine Zerlegung

$$F(z, w) = Q(z)\, P(w)\, F_1(z, w)^{\alpha_1} \ldots F_k(z, w)^{\alpha_k}, \tag{1.17}$$

wobei $Q(z)$ und $P(w)$ Polynome in z bzw. w allein, $F_1(z, w), \ldots F_k(z, w)$ irreduzible Polynome in z und w und $\alpha_1, \ldots, \alpha_k$ natürliche Zahlen sind. $F_1(z, w), \ldots, F_k(z, w)$ sind dabei als verschieden vorausgesetzt, d.h. es sollen nicht zwei dieser Polynome auseinander durch Multiplikation mit einer Konstanten entstehen. Nach einem bekannten Satz der Algebra ist diese Zerlegung von $F(z, w)$ eindeutig bis auf konstante Faktoren für die Glieder der Zerlegung.

Ein (nicht konstantes) algebraisches Element, das der Gleichung $F(z, w) = 0$ genügt, genügt bereits einer Gleichung $F_i(z, w) = 0$ $(i = 1, 2, \ldots, k)$. Setzt man nämlich für z und w dieses Element in (1.17) ein, so muß auf der rechten Seite mindestens ein Faktor für unendlich viele Wertepaare (z, w) des Elementes, und damit aus Gründen der Analytizität identisch für das Element verschwinden. Aus 1.26. folgt, daß dies nur für einen der irreduziblen Faktoren der Fall ist. Man erhält also alle (nicht konstanten) algebraischen Elemente, die der Gleichung $F(z, w) = 0$ genügen, indem man die irreduziblen Faktoren $F_1(z, w)$, $F_2(z, w), \ldots, F_k(z, w)$ gleich Null setzt. Durch Nullsetzen eines solchen Faktors erhält man eine algebraische Funktion. Die algebraischen Funktionen, die zu verschiedenen dieser Faktoren gehören, stehen miteinander in keinem Zusammenhang: Sie können nicht auseinander durch analytische Fortsetzung gewonnen werden, da es sonst ein Element gäbe, das gleichzeitig zu verschiedenen Faktoren gehört.

Jeder Linearfaktor von $P(w)$ kann aufgefaßt werden als konstante Funktion $w(z)$, entsprechend jeder Linearfaktor von $Q(z)$ als konstante Funktion $z(w)$. Durch eine reduzible algebraische Gleichung werden also gleichzeitig mehrere algebraische bzw. konstante Funktionen definiert, die miteinander in keinem Zusammenhang stehen. Man wird noch jeder durch einen irreduziblen Faktor definierten algebraischen Funktion die Vielfachheit zuschreiben, die durch den entsprechenden Exponenten $\alpha_1, \alpha_2, \ldots, \alpha_k$ angezeigt wird, entsprechend wenn $Q(z)$ bzw. $P(w)$ mehrere gleiche Linearfaktoren enthalten.

1.28. Algebraische Gebilde. Ein analytisches Gebilde, dessen Elemente einer algebraischen Gleichung genügen, heißt *algebraisch* (algebraisches Gebilde, algebraische Funktion). Ist eine solche Gleichung reduzibel, so genügen die Elemente des Gebildes bereits einem irreduziblen Faktor. Nach 1.27. genügt nämlich jedes Element einem solchen Faktor, und es müssen alle Elemente dem gleichen Faktor entsprechen, da sonst die Eigenschaft des Zusammenhanges (Eigenschaft 2°. in 1.20.) für die Elemente des Gebildes verletzt wäre. Die Elemente eines algebraischen Gebildes genügen also stets einer irreduziblen Gleichung, die nach 1.26. bis auf einen konstanten Faktor eindeutig bestimmt ist. Ihr Polynom ist Teiler jedes Polynoms, dessen zugehöriger Gleichung die Elemente des Gebildes genügen.

Wir sind bisher von einer (irreduziblen) algebraischen Gleichung ausgegangen und haben das zugehörige analytische Gebilde konstruiert. Es erhebt sich die umgekehrte Frage: Welche Eigenschaften muß ein analytisches Gebilde besitzen, damit seine Elemente einer algebraischen Gleichung genügen?

Nach dem bisherigen sind jedenfalls folgende Eigenschaften notwendig:

1°. Jedes algebraische Funktionselement des Gebildes ist über der geschlossenen z-Ebene (einschließlich $z=\infty$) unbeschränkt analytisch fortsetzbar mit dem Charakter eines regulären oder gebrochenen algebraischen Elementes.

2°. Die Anzahl der einem festen Punkt z_0 zugeordneten verschiedenen Elemente ist endlich.

Wegen des Zusammenhanges der Elemente eines analytischen Gebildes durch analytische Fortsetzung reicht es hin, die Eigenschaft 1°. für nur eines der Elemente zu fordern. Sie ist dann für alle Elemente erfüllt. Wegen Eigenschaft 1°. reicht es ferner aus, die Eigenschaft 2°. nur von einem bestimmten Punkt zu fordern, sie folgt dann für alle Punkte. Aus der Darstellung durch Gl. (1.10) für ein algebraisches Element sieht man nämlich unmittelbar, daß es für jede Stelle $z=a$, der ein bezüglich z mehrdeutiges algebraisches Element entspricht, eine Umgebung gibt, in der die unmittelbaren analytischen Fortsetzungen dieses Elementes eindeutig und regulär sind. Jedem von a verschiedenen Punkte dieser Umgebung entsprechen nur endlich viele Elemente, die unmittelbare analytische Fortsetzung des betrachteten mehrdeutigen Elementes sind. Das gleiche gilt offenbar auch für eindeutige Elemente. Sei nun $z=z^*$ ein Punkt, dem nur endlich viele Elemente zugeordnet sind. Er besitzt eine Umgebung, die von jedem ihm zugeordneten Element überdeckt wird und in der jedem von z^* verschiedenen Punkte endlich viele Elemente zugeordnet sind, die unmittelbare analytische Fortsetzung eines zu z^* gehörigen Elementes sind. Diese unmittelbaren analytischen Fortsetzungen sind sämtlich eindeutig und regulär, und sie umfassen *alle* Elemente, die einem solchen Punkte der Umgebung von z^* zugeordnet sind. Denn gäbe es noch ein weiteres, so ließe es sich wegen Eigenschaft 1°. in der betreffenden Umgebung von z^* noch analytisch fortsetzen, und man erhielte damit ein weiteres zu z^* gehöriges Element. Die Anzahl der Elemente, die einem von z^* verschiedenen Punkte der Umgebung zugeordnet sind, ist daher durch die Anzahl der zu z^* gehörigen Elemente und die Ordnungen ihrer Verzweigung bezüglich z eindeutig bestimmt.

Aus dem Vorangehenden folgt: Die Menge der Punkte, denen endlich viele Elemente zugeordnet sind, ist offen. Ferner: In dieser offenen Punktmenge können die Punkte, denen bezüglich z verzweigte Elemente entsprechen, keinen Häufungspunkt besitzen.

Betrachten wir nämlich eine zusammenhängende Teilmenge dieser offenen Punktmenge und in ihr zwei beliebige Stellen, denen nur reguläre eindeutige Elemente zugeordnet sind. Sie lassen sich in der zusammenhängenden Teilmenge durch einen Weg verbinden, dessen Punkten nur eindeutige Elemente entsprechen. Daraus folgt wegen Eigenschaft 1°., daß jedem solchen Punkte gleich viele Elemente zugeordnet sind.

Nehmen wir nun an, daß die bezeichnete offene Punktmenge Randpunkte besitzt. Einem solchen Randpunkt müßten unendlich viele Elemente zugeordnet sein. Andererseits wäre er gleichzeitig Randpunkt einer offenen zusammenhängenden Teilmenge der gesamten offenen Menge. In jeder seiner Umgebung gäbe es noch Punkte der zusammenhängenden offenen Teilmenge, denen nur eindeutige Elemente zugeordnet sind, und die Anzahl dieser Elemente ist unabhängig vom betrachteten Punkt. Nun könnte man aber eine Umgebung des Randpunktes angeben, in der eine größere Anzahl ihm zugeordneter Elemente definiert ist, und erhielte damit einen Widerspruch.

Also ergibt sich: Die offene Menge der Punkte, denen nur endlich viele Elemente zugeordnet sind, besitzt keinen Randpunkt. Da die Menge wegen Eigenschaft 2°. nicht leer ist, macht sie also die abgeschlossene z-Ebene (einschließlich $z = \infty$) aus. Dies sollte gezeigt werden.

Gleichzeitig hat sich ergeben, daß diejenigen Punkte, denen bezüglich z mehrdeutige Elemente entsprechen, keinen Häufungspunkt besitzen. Es gibt also nur endlich viele solche Punkte. Aus dem obigen folgt ferner, daß auch die Punkte, denen gebrochene Elemente zugeordnet sind, keinen Häufungspunkt besitzen. Auch ihre Anzahl ist endlich.

Nunmehr können wir zeigen, daß die oben angegebenen Eigenschaften nicht nur notwendig sondern auch hinreichend dafür sind, daß ein analytisches Gebilde algebraisch ist. Schließen wir nämlich aus der z-Ebene die endlich vielen Punkte aus, denen verzweigte oder gebrochene Elemente zugeordnet sind, so können wir für das entstehende Gebiet die Betrachtungen von 1.3. bis 1.6. wiederholen. Die dort angegebene Schlußweise für die Randpunkte des Gebietes bleibt erhalten, da sich jedes Element, das einem Punkte des Gebietes zugeordnet ist, in die Randpunkte hinein mit regulärem oder gebrochenem algebraischem Charakter analytisch fortsetzen läßt. Auf diese Weise sieht man, daß jedenfalls eine Teilmenge der Elemente des analytischen Gebildes einer algebraischen Gleichung genügt. Wegen des Zusammenhanges durch analytische Fortsetzung gilt dies für alle Elemente des Gebildes. *Die oben angegebenen Eigenschaften 1°. und 2°. sind also notwendig und hinreichend dafür, daß ein analytisches Gebilde algebraisch ist.*

1.29. Die RIEMANNschen Flächen $\tilde{R}_z$ und $\tilde{R}_w$. Durch die vorangehende Untersuchung haben wir einen vollständigen Überblick gewonnen sowohl über den Charakter der einzelnen algebraischen Elemente, welche durch eine Gleichung $F(z, w) = 0$ erklärt sind, als über die Art und Weise, in welcher diese Elemente zu einer algebraischen Funktion $w = w(z)$ bzw. $z = z(w)$ zusammengefaßt werden können. Diese zwei zueinander inversen algebraischen Funktionen sind mehrdeutig, sobald die Gradzahlen m und $n > 1$ sind; die Funktion $w = w(z)$ hat

m verschiedene, die Umkehrfunktion $z = z(w)$ hat n verschiedene Zweige, die sich in der Umgebung der Windungspunkte permutieren.

Für die gesamte Entwicklung der Funktionentheorie bedeutete es eine entscheidende Wendung, als RIEMANN, gerade im Zusammenhang mit seinen grundlegenden Untersuchungen über die Theorie der algebraischen Funktionen und ihrer Integrale, die Idee konzipierte, eine mehrdeutige Funktion $w = w(z)$ eindeutig zu machen, indem er als Träger der Funktionswerte w nicht die komplexe z-Ebene, sondern eine über dieser Ebene konstruierte mehrblättrige Fläche erklärte, deren Blätter eineindeutig den verschiedenen Zweigen von $w(z)$ zugeordnet sind.

Die vorhergehenden Betrachtungen enthalten das nötige für die Konstruktion der über der z-Ebene liegenden RIEMANNschen Fläche $\widetilde{R}_z$, auf welcher die algebraische Funktion $w = w(z)$ eindeutig ist. $\widetilde{R}_z$ setzt sich, entsprechend den m Zweigen dieser Funktion, aus m verschiedenen Blättern zusammen; die Überlegungen von 1.20. bis 1.26. geben den Weg an, wie diese Blätter zu der zusammenhängenden Fläche $\widetilde{R}_z$ zusammengefaßt werden sollen. Die m Blätter der Fläche liegen über jedem Punkt des Gebietes T_z getrennt; Ausnahmepunkte sind die Randstellen von T_z, über denen die (endlich vielen) Windungspunkte von $\widetilde{R}_z$ liegen.

Entsprechendes gilt für die Umkehrfunktion $z = z(w)$. Träger der n Zweige dieser mehrdeutigen Funktion sind die n Blätter einer über der w-Ebene liegenden RIEMANNschen Fläche $\widetilde{R}_w$.

1.30. Konforme Äquivalenz von $\widetilde{R}_z$ und $\widetilde{R}_w$. Die algebraische Gleichung $F(z, w) = 0$ und die äquivalenten expliziten analytischen Beziehungen $w = w(z)$ bzw. $z = z(w)$ vermitteln eine *eineindeutige* und *konforme*[1] Abbildung zwischen den zwei entsprechenden RIEMANNschen Flächen $\widetilde{R}_z$ und $\widetilde{R}_w$; zwei solche Flächen nennt man daher *konform äquivalent*. Die Betrachtung des speziellen Beispiels einer algebraischen Funktion führt so in natürlicher Weise zu der Hauptfrage der allgemeinen Theorie der konformen Abbildung, der Frage nach der konformen Äquivalenz von zwei gegebenen RIEMANNschen Flächen.

Zwei konform äquivalente Flächen sind vom Standpunkt der Begriffe, welche *konform invariant* sind, d.h. welche sich bei eineindeutigen, konformen Abbildungen erhalten, eigentlich nicht unterscheidbar, und man pflegt sie, nach dem Vorgang von RIEMANN, auch zu „identifizieren", indem man sie in ein und dieselbe *konforme Klasse* führt, welche allen

[1] Die Konformität dieser Abbildung scheint auf den ersten Blick an den Windungsstellen der Flächen gestört zu sein. Es ist aber zu bemerken, daß der Begriff der Konformität (Winkelmessung) an diesen Stellen nicht in Bezug auf die Veränderlichen z und w, sondern in bezug auf die lokal uniformisierende Variable t zu erklären ist, worauf wir noch näher zurückkommen werden.

untereinander konform äquivalenten RIEMANNschen Flächen zugeordnet ist; die einzelnen Flächen der Klasse hat man demnach als besondere Darstellungen oder Repräsentanten der durch die Klasse gegebenen abstrakten Fläche R zu betrachten. Dies gilt insbesondere für die der algebraischen Gleichung $F=0$ zugeordneten Flächen $\widetilde{R}_z$ und $\widetilde{R}_w$.

1.31. Die Flächen $\widetilde{R}_z$ und $\widetilde{R}_w$ als Überlagerungsflächen. Gemäß dem obigen allgemeinen Gesichtspunkt, nach welchem die Flächen $\widetilde{R}_z$ und $\widetilde{R}_w$ ein und dieselbe abstrakte RIEMANNsche Fläche R repräsentieren, ist es als eine nebensächliche Eigenschaft jener Flächen zu betrachten, daß sie speziell als eine *mehrblättrige Überlagerungsfläche* der z-Ebene bzw. der w-Ebene gegeben sind; hierdurch sind sie in Beziehung zu je einer *anderen* RIEMANNschen Fläche, nämlich zu der geschlossenen z-Ebene bzw. w-Ebene gesetzt worden. Damit sind wir freilich zu einem wichtigen neuen Moment gekommen, welches für die allgemeine Theorie der Flächen ebenfalls von grundlegender Bedeutung ist, nämlich zu der Relation zwischen zwei Flächen, welche die eine als eine Überlagerungsfläche der anderen Fläche (der Grund- oder Spurfläche) erklärt.

1.32. Programm für die nachfolgende Untersuchung. Alle diese geometrischen Zusammenhänge ließen sich an Hand der speziellen, an ein algebraisches oder analytisches Gebilde knüpfenden Fragestellungen weiter studieren. Bei einer solchen Untersuchung wird man aber bald zu Problemen geführt, deren wahre Bedeutung erst dann klar hervortritt, wenn man die Theorie der RIEMANNschen Flächen als eine selbständige, geometrische Disziplin entwickelt, zunächst ganz unabhängig von den Problemen der Theorie der algebraischen oder analytischen Funktionen; diese letzteren Probleme lassen sich dann als besondere Anwendungen der geometrischen Theorie behandeln.

Unsere Aufgabe wird demnach zunächst sein, die Grundbegriffe der konformen Flächentheorie, unabhängig von der Theorie der analytischen Funktionen, zu definieren und zu untersuchen; dies wird im folgenden Kapitel II geschehen.

1.33. Uniformisierung. Wir haben im vorliegenden Kapitel gesehen, wie ein algebraisches oder allgemeiner analytisches Gebilde (z, w) *lokal* uniformisiert werden kann, indem jedes Element (z, w) des Gebildes durch eine eindeutige lokale analytische Parameterdarstellung

$$z = z(t), \qquad w = w(t) \tag{1.18}$$

gegeben wird. Das allgemeine Uniformisierungsproblem gilt nun der Bestimmung einer solchen eindeutigen analytischen Darstellung *im großen*: Es sollen zwei in irgendeinem Gebiet G_t der komplexen t-Ebene eindeutige analytische Funktionen (1.18) gefunden werden, so daß das Wertepaar (z, w) alle Elemente des gegebenen Gebildes umfaßt.

Die fundamentalen Untersuchungen von SCHWARZ, POINCARÉ und KLEIN haben dieses Problem in Zusammenhang mit den Hauptfragen der Theorie der konformen Abbildung gebracht, die oben angedeutet worden sind. So wurde der Weg zu einer allgemeinen Lösung des Uniformisierungsproblems aufgezeigt. Damit erscheint die Uniformisierungstheorie als ein spezielles Anwendungsgebiet der fundamentalen Fragen aus der Theorie der konformen Abbildung, welche in der folgenden Darstellung einem eingehenden Studium unterzogen werden sollen.

II. Kapitel.

Begriff der RIEMANNschen Fläche.

§ 1. Umgebungsraum, Mannigfaltigkeit, RIEMANNsche Fläche.

2.1. Komplexe Ebene. Bereits in den Anfängen der Funktionentheorie wird man dazu geführt, neben der offenen Zahlenebene $z \neq \infty$ auch die durch den Punkt $z = \infty$ abgeschlossene komplexe Ebene (Zahlenkugel) zu betrachten; von diesem Begriff wurde im ersten Kapitel ausgiebig Gebrauch gemacht. Die offene und die geschlossene Ebene sind einfache Beispiele für den allgemeinen topologischen Begriff eines *Umgebungsraumes*, und wir wollen zunächst gewisse Eigenschaften der Ebene zusammenstellen, welche hierfür wesentlich sind.

Eine Punktmenge (z) der durch den Punkt $z = \infty$ abgeschlossenen Ebene heißt *offen*, wenn sie mit jedem ihrer Punkte $a \neq \infty$ gleichzeitig eine volle Kreisscheibe $|z-a| < r$ $(r > 0)$, und mit dem Punkt $a = \infty$ ein Kreisäußeres $0 < r < |z| \leq \infty$ enthält. Die Vereinigungsmenge von beliebig vielen und der Durchschnitt von endlich vielen offenen Mengen ist wieder offen.

Als *Umgebung* eines Punktes $z = a$ wird jede den Punkt a enthaltende offene Punktmenge U erklärt. Die Vereinigungsmenge von beliebig vielen und der Durchschnitt von endlich vielen Umgebungen eines Punktes ist also wieder eine Umgebung dieses Punktes.

2.2. Die RIEMANNschen Flächen $\tilde{R}_z$ und $\tilde{R}_w$. Eine analoge Konstruktion ist für die im ersten Kapitel betrachtete, über der z-Ebene ausgebreitete „RIEMANNsche Fläche" $\tilde{R}_z$ möglich, auf welcher die durch die Gleichung $F(z, w) = 0$ definierte algebraische Funktion $w = w(z)$ eindeutig ist.

Nach den Ergebnissen von Kap. I läßt sich jedem Punkte $z = a$ ($\neq \infty$ oder $= \infty$) der komplexen z-Ebene eine Zahl $r = r_a$ $(0 < r < \infty)$ so zuordnen, daß die Elemente $w_\nu(z, a)$ $(\nu = 1, \ldots, \mu \leq m)$ der algebraischen Funktion $w(z)$, welche die Gesamtheit der Lösungen von $F(z, w) = 0$ in der Umgebung von $z=a$ liefern, eine für $|z-a|<r$ (bzw. $|z|>\frac{1}{r}$, falls $a=\infty$) konvergente Darstellung

$$w_\nu(z, a) = c_0^\nu + c_1^\nu t + \cdots \qquad (\nu = 1, \ldots, \mu)$$

gestatten, wo t die lokale Uniformisierende $t = \sqrt[\mu_\nu]{z-a}$ $\left(\text{bzw. } z^{-\frac{1}{\mu_\nu}}\right)$ bezeichnet $\left(\sum_\nu \mu_\nu = m\right)$. Für $w_\nu(a, a) = \infty$ hat man w_ν durch $1/w_\nu$ zu ersetzen.

Man erklärt nun die Elemente $w_\nu(z, a)$ als „Punkte" der „Fläche" $\widetilde{R}_z$. Zwei verschiedene Elemente werden dabei auch als verschiedene Punkte betrachtet. Der Punkt $z=a$ heißt der Spurpunkt von P $(=w_\nu(z, a))$. Als eine „Kreisumgebung" K eines „Punktes" P führt man jede Menge von Funktionselementen (P) ein, welche folgende Eigenschaften hat:

1. Die Spurpunkte z der Punkte P von K bilden eine offene Kreisscheibe $|z-a|<\varrho$ (bzw. $|z|>\varrho$).

2. Die Punkte von (P) werden aus dem Punkte P durch unmittelbare analytische Fortsetzung erhalten.

Versteht man unter einer offenen Menge auf $\widetilde{R}_z$ eine Teilmenge von $\widetilde{R}_z$, die mit jedem ihrer Punkte eine ganze Kreisumgebung dieses Punktes enthält, so ist die Vereinigungsmenge von beliebig vielen und der Durchschnitt von endlich vielen offenen Mengen wieder offen.

Als eine Umgebung eines Punktes P_0 von $\widetilde{R}_z$ erklärt man nun jede offene Menge, welche diesen Punkt enthält.

Eine ähnliche Konstruktion läßt sich allgemein für jede Fläche $\widetilde{R}_z$ (bzw. $\widetilde{R}_w$) durchführen, auf welcher eine beliebig gegebene (nicht notwendig algebraische) *analytische* Funktion $w(z)$ eindeutig ist. Dabei kommt man, falls die Anzahl der über einem Punkte $z=a$ liegenden Elemente nicht endlich ist, im allgemeinen nicht mit einer festen Zahl $r=r_a$ aus, sondern muß jedem einzelnem Element einen besonderen Radius r zuordnen.

2.3. Topologische Räume. Nach dieser vorbereitenden Betrachtung gehen wir zum allgemeinen Begriff eines topologischen Raumes über.

Es sei eine beliebige Menge R von Elementen P gegeben; die Menge R nennen wir einen „Raum", die Elemente P die „Punkte" von R. Die Menge R wird dadurch zu einem *topologischen Raum* gemacht, daß man in ihr gewisse Teilmengen von Punkten, die *offene Mengen* benannt werden, auszeichnet und zwar so, daß folgendes Axiom erfüllt ist:

A. Die Vereinigungsmenge beliebig vieler und der Durchschnitt endlich vieler offener Mengen ist wieder offen.

Aus Gründen der Einheitlichkeit und um eine kurze Terminologie zu ermöglichen, sollen der ganze Raum R und die leere Menge als offene Mengen postuliert werden, was möglich ist, ohne das Axiom A zu verletzen.

Als *Umgebung* $U(P)$ eines Punktes P definiert man jede offene Punktmenge, die den Punkt P enthält. Jeder Punkt hat also mindestens eine Umgebung, nämlich den ganzen Raum R. Die Umgebungen eines Punktes haben offensichtlich folgende Eigenschaften:

A_1. Jeder Punkt ist in allen seinen Umgebungen enthalten.

A_2. Der Durchschnitt zweier Umgebungen eines Punktes ist wieder eine Umgebung dieses Punktes.

A_3. Jeder Punkt Q einer Umgebung U eines Punktes P hat eine Umgebung, die in U enthalten ist.

Die offenen Mengen sind dann dadurch gekennzeichnet, daß sie mit jedem ihrer Punkte eine Umgebung dieses Punktes enthalten[1].

Die komplexe Ebene und die RIEMANNschen Flächen $\widetilde{R}_z$ und $\widetilde{R}_w$ sind topologische Räume, allerdings sehr besonderer Natur. Wie weitumfassend der Begriff des topologischen Raumes ist, erhellt schon aus folgender Bemerkung: Jede beliebige Menge R wird zu einem topologischen Raum, dadurch daß man alle ihre Teilmengen als offen erklärt, oder auch so, daß man als offene Mengen nur R selbst und die leere Menge zuläßt.

2.4. Metrische Räume. Unter einem *metrischen Raum* versteht man eine Punktmenge R (die noch keine Topologie zu tragen braucht), in welcher je zwei Punkten P und Q eine „Entfernung", d.h. eine Zahl $\overline{PQ}$ zugeordnet ist, welche folgenden Bedingungen genügt:

1. Es ist stets $\overline{PQ} \geq 0$ und $\overline{PQ} = 0$ genau dann, wenn $P = Q$.
2. Es ist $\overline{PQ} = \overline{QP}$.
3. Für je drei Punkte O, P, Q gilt die Dreiecksungleichung

$$\overline{OQ} \leq \overline{OP} + \overline{PQ}.$$

Unter einem r-Kreis ($r > 0$) um einen Punkt P_0 versteht man alle Punkte P von R, die der Ungleichung $\overline{PP_0} < r$ genügen.

In einen metrischen Raum kann man dadurch eine Topologie einführen, daß man eine Teilmenge als offen definiert, wenn sie mit jedem ihrer Punkte einen r-Kreis (bei hinreichend kleinem r) enthält. Bei dieser Erklärung ist das Axiom A erfüllt.

Ist der Raum R von als topologischer Raum gegeben, so wird die von der Metrik bestimmte Topologie im allgemeinen mit der ursprünglichen

[1] Bei HAUSDORFF [1*] wird im Anschluß an WEYL [1*] der topologische Raum anstatt durch Auszeichnung der offenen Mengen durch Auszeichnung der Umgebungen eines Punktes definiert; dabei werden die Eigenschaften A_1, A_2, A_3 als Axiome postuliert (A_2 allerdings mit der Modifikation, daß der Durchschnitt zweier Umgebungen eine Umgebung nur *enthält*); hierzu kommt noch ein „Trennungsaxiom", das wir später einführen werden. Die offenen Mengen werden dadurch gekennzeichnet, daß sie mit jedem ihrer Punkte eine Umgebung dieses Punktes enthalten; sie haben dann die Eigenschaft A. Für unsere Zwecke ist jedoch die im Text gegebene Definition des topologischen Raumes einfacher.

nicht übereinstimmen. Notwendig und hinreichend für die Äquivalenz dieser beiden Topologien ist folgende Bedingung:

Jede (im Sinne der ursprünglichen Topologie) offene Menge enthält mit jedem ihrer Punkte einen Kreis, und umgekehrt.

Hier entsteht die Frage, ob man einen gegebenen topologischen Raum „metrisieren" kann, d.h. ob man in ihm eine Metrik einführen kann, welche die gegebene Topologie bestimmt. Dies ist im allgemeinen nicht der Fall; wohl aber gilt dies für eine „RIEMANNsche Fläche", wie wir später sehen werden (Kap. IV).

2.5. Induzierte Topologie. Es sei wieder ein topologischer Raum R gegeben. Ist R' eine Teilmenge von R, so kann man jeder offenen Menge M von R die Durchschnittsmenge $M' = R'M$ zuordnen. Erklärt man die so erhaltenen Teilmengen von R' als offen (bezüglich R'), so ist das Axiom A erfüllt und die ganze Menge R' ist offen (bezüglich R'). Damit ist R' zu einem topologischen Raum geworden. Man sagt, R *induziert* in R' eine Topologie.

Ist R' insbesondere eine offene Teilmenge von R, so ist eine Teilmenge M' von R' genau dann offen bezüglich R', wenn sie in R offen ist.

2.6. Weitere topologische Grundbegriffe. Eine Punktmenge V eines topologischen Raumes R heißt *abgeschlossen*, wenn ihr Komplement $R-V$ offen ist. Der Durchschnitt beliebig vieler und die Vereinigungsmenge endlich vieler abgeschlossener Mengen ist wieder abgeschlossen. Der ganze Raum R und die leere Menge sind gleichzeitig offen und abgeschlossen. Zu jedem Punkte P, der nicht zu V gehört, existiert eine Umgebung, die zu V fremd ist.

Es sei M eine beliebige Punktmenge auf R. Ein Punkt P von R heißt *Häufungspunkt* von M, wenn in jeder seiner Umgebungen ein von P verschiedener Punkt der Menge liegt. Eine Menge ist genau dann abgeschlossen, wenn sie alle ihre Häufungspunkte enthält. Fügt man zu einer Menge M ihre Häufungspunkte hinzu, so erhält man eine abgeschlossene Menge $\overline{M}$, die *abgeschlossene Hülle* von M.

Ein Punkt P von R heißt *Begrenzungspunkt* einer Menge M in R, wenn in jeder seiner Umgebungen sowohl Punkte von M als auch Punkte von $R-M$ liegen. Unter der *Begrenzung* von M versteht man die Menge ihrer Begrenzungspunkte.

Ein topologischer Raum heißt *kompakt*, wenn jede unendliche Punktmenge in ihm mindestens einen Häufungspunkt besitzt. Eine abgeschlossene Punktmenge eines kompakten Raumes, mit der induzierten Topologie versehen, ist selbst ein kompakter Raum.

Eine unendliche Punktfolge (P_ν) *konvergiert* gegen einen Punkt P, $P_\nu \to P$, falls jede Umgebung von P sämtliche Punkte P_ν mit Ausnahme von höchstens endlich vielen enthält. Bei der großen Allgemeinheit des

Umgebungsbegriffes ist es nicht ausgeschlossen, daß eine Folge gegen mehrere Punkte gleichzeitig konvergiert.

2.7. Abbildungen. Wird jedem Punkte P eines topologischen Raumes R ein Punkt P' eines topologischen Raumes R' zugeordnet, so spricht man von einer Abbildung von R *in* R'; P' ist der *Bildpunkt* von P und P der *Urbildpunkt* von P'. Falls hierbei jeder Punkt von R' als Bildpunkt auftritt, sagt man, R sei *auf* R' abgebildet. Wenn außerdem verschiedenen Punkten von R stets verschiedene Punkte von R' entsprechen, so heißt die Abbildung eineindeutig.

Es sei f eine Abbildung von R in R' und g eine Abbildung von R' in R; dann ist gf eine Abbildung von R in sich. Ist diese die Identität, so ist die Abbildung f eineindeutig und g ist eine Abbildung *auf* R. Falls auch fg die Identität ist, so ist f eine eineindeutige Abbildung von R *auf* R' und g die Umkehrung, $g = f^{-1}$.

Eine Abbildung von R in R' heißt *stetig*, wenn das Urbild jeder offenen Menge von R' offen in R ist. Es gilt der Satz:

Eine Abbildung von R in R' ist dann und nur dann stetig, wenn es zu jedem Punkte $P \in R$ und zu jeder Umgebung U' des Bildpunktes P' eine Umgebung U von P gibt, deren Bild ganz in U' liegt.

Wir zeigen zunächst, daß diese Bedingung für jede stetige Abbildung φ erfüllt ist. Es sei also P ein beliebiger Punkt von R, P' sein Bildpunkt, und U' eine beliebige Umgebung von P'. Die Urbildmenge $\varphi^{-1}(U')$ ist dann nach Voraussetzung offen und enthält den Punkt P; sie ist also eine Umgebung von P. Das Bild dieser Umgebung liegt ganz in U'.

Ist umgekehrt die obige Bedingung erfüllt, so sei M' eine beliebige offene Menge von R'. Wir betrachten zu jedem Punkte $P' \in M'$ die Menge $\varphi^{-1}(P')$ seiner Urbilder. Da M' Umgebung jedes ihrer Punkte ist, gibt es nach Voraussetzung zu jedem Punkte P der Menge $\varphi^{-1}(P')$ eine Umgebung U_P, deren Bild ganz in M' liegt. Die Vereinigungsmenge aller U_P, wo P bei festem P' alle Urbilder von P' und P' die Menge M' durchläuft, ist die Urbildmenge von M'; andererseits ist sie als Vereinigung von offenen Mengen offen. Damit ist der Beweis erbracht.

Ist M eine Teilmenge von R und f eine stetige Abbildung von R in R', so gilt für die abgeschlossene Hülle $\overline{M}$ von M die Beziehung $f(\overline{M}) = \overline{f(M)}$.

Ist insbesondere der Bildraum R' die komplexe w-Ebene, spricht man von einer *Funktion* f auf R. Die Funktion heißt stetig, wenn die durch sie vermittelte Abbildung in dem oben erklärten Sinne stetig ist.

2.8. Wege, Gebiete. Unter einem *Weg* in einem topologischen Raum R versteht man das stetige Bild $P(t)$ einer orientierten Strecke $a \leq t \leq b$. Der Punkt $P(a)$ heißt der *Anfangspunkt*, der Punkt $P(b)$ der *Endpunkt* des Weges. Ein Raum R heißt *zusammenhängend*, wenn man je zwei Punkte von R durch einen Weg verbinden kann.

Unter einem *Gebiet* versteht man eine offene, zusammenhängende Punktmenge in R.

2.9. Weitere Eigenschaften stetiger Abbildungen. Es sei φ eine stetige Abbildung einer beschränkten, abgeschlossenen Punktmenge (P) der Zahlenebene in einen topologischen Raum R. Jedem Bildpunkt P' sei eine beliebige Umgebung $U_{P'}$ zugeordnet. Dann gibt es eine Zahl $\delta > 0$, so daß das Bild der δ-Umgebung eines *jeden* Punktes von (P) ganz in der Umgebung eines passend gewählten Punktes P' liegt.

Zum Beweis nehmen wir entgegen der Behauptung an, es gebe zu jedem $\delta_\nu (\delta_\nu \to 0)$ einen Punkt P_ν von (P), dessen δ_ν-Umgebung nicht in eine der Umgebungen $U_{P'}$ abgebildet wird. Die Folge P_ν besitzt wegen der Abgeschlossenheit und Beschränktheit von (P) einen Häufungspunkt Q in (P). Sei Q' sein Bildpunkt in R und $U_{Q'}$ die zugehörige Umgebung. Wegen der Stetigkeit der Abbildung φ gibt es eine Umgebung U_Q von Q, deren φ-Bild ganz in $U_{Q'}$ liegt. Da die Umgebung U_Q unendlich viele Punkte der Folge P_ν enthält, gibt es ein so großes ν, daß die δ_ν-Umgebung von P_ν ganz in U_Q liegt. Ihr Bild ist dann in der Umgebung $U_{Q'}$ enthalten, im Widerspruch zur Konstruktion der Folge P_ν. Damit ist die Behauptung bewiesen.

2.10. In einem topologischen Raum R sei eine offene Punktmenge M und in dieser eine abgeschlossene Punktmenge B gegeben. Sei φ wieder eine stetige Abbildung einer beschränkten, abgeschlossenen Punktmenge A der Zahlenebene in den Raum R. *Dann gibt es eine Zahl $\varepsilon > 0$, so daß das Bild jeder Teilmenge von A mit einem Durchmesser kleiner als ε ganz in M liegt, sobald es einen Punkt mit B gemeinsam hat.*

Wir nehmen entgegen der Behauptung an, es gäbe zu jedem $\varepsilon_\nu > 0$ $(\varepsilon_\nu \to 0)$ eine Teilmenge $A_\nu < A$ mit einem Durchmesser $< \varepsilon_\nu$, deren Bild einen Punkt mit B gemeinsam hat und trotzdem nicht ganz in M liegt. Sei P_ν ein Punkt von A_ν, dessen Bildpunkt zu B gehört. Die Menge P_ν hat in A einen Häufungspunkt Q. Wir unterscheiden zwei Fälle:

1. Gehört der Punkt $Q' = \varphi(Q)$ nicht zu B, so gibt es wegen der Abgeschlossenheit von B eine Umgebung $U_{Q'}$ von Q', die zu B fremd ist. Weiter existiert wegen der Stetigkeit von φ eine Umgebung U_Q des Punktes Q, deren Bild ganz in $U_{Q'}$ liegt. Für hinreichend große ν ist dann A_ν in U_Q, und damit $\varphi(A_\nu)$ in $U_{Q'}$ enthalten und ist daher zur Menge B fremd, im Widerspruch zur Wahl der Folge ε_ν.

2. Gehört der Punkt $Q' = \varphi(Q)$ zu B, so ist M eine Umgebung von Q'. Wegen der Stetigkeit von φ liegt daher $\varphi(A_\nu)$ für hinreichend großes ν in M, ebenfalls im Widerspruch zur Wahl von ε_ν. Damit ist der Satz bewiesen.

2.11. Einführung einer Topologie durch eine Abbildung. Es sei R ein topologischer Raum und φ eine eindeutige Abbildung von R *auf* eine Punktmenge R', die noch keine Topologie trägt. Man kann R' zu einem topologischen Raum machen, indem man eine Teilmenge M' von R' als offen erklärt, sobald ihre Urbildmenge M in R offen ist. Die so erklärten offenen Mengen erfüllen das Axiom A, und die ganze Menge R' ist offen. R' ist also ein topologischer Raum. Die gegebene Abbildung φ ist dann eine *stetige* Abbildung von R auf R'.

2.12. Topologische Abbildungen. Es seien R und R' zwei topologische Räume und τ eine Abbildung von R auf R'. Die Abbildung τ heißt *topologisch*, wenn sie eineindeutig und samt ihrer Umkehrung stetig ist. Bei einer topologischen Abbildung geht jede offene Menge von R in eine offene Menge von R', und jede abgeschlossene Menge von R in eine abgeschlossene Menge von R' über. Die Begriffe „offen" und „abgeschlossen" sind also topologisch invariant.

Umgekehrt ist eine eineindeutige Abbildung von R auf R', die samt ihrer Umkehrung offene Mengen in offene überführt, topologisch.

Zwei Räume, die sich topologisch aufeinander abbilden lassen, heißen *homöomorph*. Die Homöomorphie ist eine Äquivalenz, d.h. sie ist eine reflexive, symmetrische und transitive Relation. Die Gesamtheit der topologischen Räume zerfällt somit in elementfremde Klassen zueinander homöomorpher Räume.

2.13. Identifizieren. Die Punkte eines topologischen Raumes R seien in Klassen (P) so eingeteilt, daß jeder Punkt zu genau einer Klasse gehört; die Punkte einer Klasse mögen *äquivalente Punkte* heißen. Wir bilden eine neue Menge R_1, deren „Punkte" $\pi = (P)$ die Äquivalenzklassen von R sind. Ordnet man jedem Punkte P von R seine Klasse (P) zu, so ist dadurch eine eindeutige Abbildung φ von R auf R_1 gegeben. Man kann daher nach 2.11. R_1 so zu einem topologischen Raum machen, daß φ eine stetige Abbildung von R auf R_1 wird. Man sagt, der Raum R_1 entstehe aus R durch *Identifizieren* äquivalenter Punkte. Eine Punktmenge (π) von R_1 ist nach Konstruktion der Topologie genau dann offen, wenn die Menge der Punkte von R, die zu einer der Klassen von (π) gehören, in R offen ist.

Die Abbildung φ hat, neben der Stetigkeit, noch folgende Eigenschaft: Sie führt jede offene Menge von R, die mit jedem ihrer Punkte alle zu ihm äquivalenten enthält, in eine offene Menge von R' über.

Es sei nun umgekehrt eine stetige Abbildung φ eines Raumes R auf einen Raum R' gegeben. Sie erzeugt in R eine Klasseneinteilung, wenn man alle Punkte mit demselben Bildpunkt in eine Klasse zusammenfaßt. Von der Abbildung φ setzen wir weiter voraus, daß sie jede offene Menge von R, die mit jedem ihrer Punkte alle zu diesem äquivalenten (d.h. also, alle Punkte mit demselben Bildpunkt) enthält, in eine offene Menge von R' überführt. Dann ist der Raum R_1, der aus R durch Identifizieren der äquivalenten Punkte entsteht, zu R' homöomorph.

Ordnet man nämlich jeder Klasse (P) ihren Bildpunkt in R' zu, so ist dadurch eine eineindeutige Abbildung τ von R_1 auf R' gegeben. Diese Abbildung ist samt ihrer Umkehrung stetig: ist M' eine offene Menge von R', so ist wegen der Stetigkeit von φ die Urbildmenge $M = \varphi^{-1}(M')$ in R offen; diese Menge enthält ferner mit jedem Punkte alle zu ihm äquivalenten. Nach Konstruktion der Topologie von R_1 ist daher auch die Bildmenge in R_1, das ist die Menge $\tau^{-1}(M')$, offen in R_1.

Ist umgekehrt M_1 eine offene Menge auf R_1, so ist die Vereinigungsmenge M der Punkte von R, die zu einer der Klassen von M_1 gehören, offen, und diese enthält mit jedem Punkte alle zu ihm äquivalenten. Nach unserer Voraussetzung über die Abbildung φ ist dann auch die Menge $\varphi(M)$ offen; das ist aber die Menge $\tau(M_1)$.

2.14. HAUSDORFFsche Räume. Ein topologischer Raum heißt ein HAUSDORFFscher Raum, wenn er neben dem Axiom A folgendem, von HAUSDORFF [1*] eingeführten *Trennungsaxiom* genügt:

B. Zwei verschiedene Punkte haben stets punktfremde Umgebungen.

Eine Teilmenge eines HAUSDORFFschen Raumes mit der induzierten Topologie ist wieder ein HAUSDORFFscher Raum.

Das stetige Bild A einer abgeschlossenen und beschränkten Menge $\bar{A}$ der Zahlenebene in einen HAUSDORFFschen Raum R ist abgeschlossen, d.h. die Menge $R-A$ ist offen. Ist nämlich P ein Punkt von $R-A$ und Q ein beliebiger Punkt von A, so gibt es nach dem Trennungsaxiom punktfremde Umgebungen U_P bzw. U_Q von P bzw. Q. Wegen der Stetigkeit der Abbildung hat jeder Urbildpunkt $\bar{Q}$ von Q eine Umgebung $U_{\bar{Q}}$, deren Bild ganz in U_Q liegt. Nach dem HEINE-BORELschen Satz überdecken dann bereits *endlich viele* Umgebungen $U_{\bar{Q}_\nu}$ die ganze Menge $\bar{A}$; ihre Bilder U_{Q_ν} überdecken somit die ganze Menge A. Der Durchschnitt der entsprechenden (endlich vielen) Umgebungen U_P^ν ist eine Umgebung von P, die zu A fremd ist. Das bedeutet, daß die Menge $R-A$ offen ist, w. z. b. w.

2.15. Zweidimensionale Mannigfaltigkeiten. Auch der Begriff des HAUSDORFFschen Raumes ist noch sehr allgemein und läßt Komplikationen zu, die bei den von der Anschauung gebotenen Fällen ausgeschlossen sind. Für die Zwecke der Funktionentheorie ist es nötig, diese Allgemeinheit weiter einzuschränken. Eine solche stark einschränkende Bedingung besteht in der Forderung, daß der Raum *lokal euklidisch* sein soll, d.h. in der Umgebung jedes Punktes eine topologische Struktur besitzt, die ihn den elementaren linearen Räumen der euklidischen Geometrie nahebringt. Für den uns interessierenden zweidimensionalen Fall lautet diese Bedingung:

C. Jeder Punkt P des Raumes R hat eine Umgebung K_P, die (als Teilraum betrachtet) zu einer offenen Kreisscheibe der Zahlenebene homöomorph ist.

Ein zusammenhängender Raum R, der den Axiomen A, B, C genügt, heißt *zweidimensionale Mannigfaltigkeit* oder *Fläche*[1]. Ist R kompakt, so spricht man auch von einer *geschlossenen Fläche.* Die dem Punkte P zugeordnete Umgebung K_P heißt *Parameterumgebung* von P und der Urbildkreis K_z in der Zahlenebene *Parameterkreis.* Die topologische Abbildung ϱ_P $(K_P \to K_z)$ nennen wir kurz die *Parameterabbildung.*

Sind P und Q zwei Punkte einer Fläche, deren Parameterumgebungen K_P und K_Q „benachbart" sind, d.h. einen nichtleeren Durchschnitt haben, so entsprechen diesem Durchschnitt in den Parameterkreisen $K_z(P)$ bzw. $K_z(Q)$ zwei offene Mengen $D_{z,P}$ bzw. $D_{z,Q}$, und $\varrho_Q \varrho_P^{-1}$ ist eine topologische Abbildung von $D_{z,P}$ auf $D_{z,Q}$, die *Nachbarrelation* der Umgebungen K_P und K_Q.

Eine Teilmenge M einer Fläche R ist dann und nur dann offen, wenn sie mit jedem ihrer Punkte P eine Umgebung von P bezüglich der Parameterumgebung K_P enthält.

Die Fläche R heißt *orientierbar,* wenn man die Parameterabbildungen so wählen kann, daß alle Nachbarrelationen orientierungserhaltende Abbildungen sind[2].

Ein Teilgebiet G einer Fläche R ist wieder eine Fläche.

2.16. Wir zeigen jetzt umgekehrt, daß man eine Punktmenge R, die noch keine Topologie trägt, deren Punkten aber „Parameterumgebungen" mit topologischen „Nachbarrelationen" zugeordnet sind, zu einem Raum machen kann, welcher den *Axiomen A und C* genügt, indem man die Topologie dieser Parameterumgebungen auf die ganze Punktmenge R überträgt.

Es sei R eine Punktmenge; jedem Punkte P sei eine Teilmenge T_P $(P \in T_p)$ zugeordnet, die sich mit einer eineindeutigen Abbildung ϱ_P auf die Punkte einer Kreisscheibe $K_z(P)$ beziehen läßt. Über diese Abbildungen setzen wir folgendes voraus: Sind T_P und T_Q zwei Teilmengen mit einem nichtleeren Durchschnitt D, so entspricht diesem Durchschnitt in der Kreisscheibe $K_z(P)$ [bzw. $K_z(Q)$] eine *offene* Menge $D_{z,P}$ (bzw. $D_{z,Q}$) und $\varrho_Q \varrho_P^{-1}$ ist eine topologische Abbildung von $D_{z,P}$ auf $D_{z,Q}$.

Wir machen nun zunächst jede Teilmenge T_P zu einem topologischen Raum, indem wir die Topologie der zugehörigen Kreisscheibe mittels der Abbildung ϱ_P^{-1} übertragen; ϱ_P ist dann eine topologische Abbildung

[1] Es ist zu bemerken, daß das Trennungsaxiom B nicht aus C folgt.

[2] Diese Definition ist sinnvoll, denn die Nachbarrelationen sind topologische Abbildungen von Gebieten der z-Ebene; der elementare Begriff der orientierungserhaltenden Abbildung wird für die *Zahlenebene* als bekannt vorausgesetzt (ALEXANDROFF-HOPF [1], XII, § 2).

von T_P auf $K_z(P)$. Der Durchschnitt $D = T_P T_Q$ zweier Teilmengen ist als Bild von $D_{z,P}$ bzw. $D_{z,Q}$ sowohl in T_P als auch in T_Q offen.

Ist nun A eine offene Menge in T_P und B eine offene Menge in T_Q, so ist der Durchschnitt AB offen in T_P (und auch in T_Q). Denn da A offen ist in T_P, ist AD offen in D; ebenso ist BD offen in D und damit auch der Durchschnitt $(AD)(BD) = AB$; da aber D selbst in T_P offen ist, folgt daraus die Offenheit von AB in T_P.

2.17. Nunmehr wird die ganze Menge R zu einem topologischen Raum gemacht. Eine Teilmenge M von R sei als offen erklärt, wenn für jeden Punkt Q von M der Durchschnitt MT_Q in T_Q offen ist. Die so erklärten offenen Mengen erfüllen offensichtlich Axiom A; R ist somit zu einem topologischen Raum geworden.

In der so erklärten Topologie von R sind die ausgezeichneten Teilmengen T_P offen; denn ist Q ein beliebiger Punkt von T_P, so ist der Durchschnitt $T_P T_Q$, wie oben gezeigt, offen in T_Q. Hieraus folgt, daß die von R in T_P induzierte Topologie mit der in T_P schon bestehenden übereinstimmt. Denn nach 2.5. ist eine Teilmenge von T_P genau dann offen bezüglich R, wenn sie bezüglich T_P offen ist. Jeder Punkt P von R besitzt somit eine Umgebung T_P, die (mit der induzierten Topologie) zu einer Kreisscheibe homöomorph ist. Der Raum R erfüllt somit das Axiom C.

2.18. Abzählbarkeitsaxiom. Eine zweidimensionale Mannigfaltigkeit läßt sich nach Definition mit einem System von Parameterumgebungen überdecken. Es ist eine wichtige Frage, ob sich eine Mannigfaltigkeit bereits mit *abzählbar* vielen Parameterumgebungen überdecken läßt. RADÓ [1] hat gezeigt, daß dies für beliebige zweidimensionale Mannigfaltigkeiten nicht richtig zu sein braucht.

Man beweist dies durch Konstruktion geeigneter Gegenbeispiele. Ein solches von RADÓ angegebenes[1], auf PRÜFER zurückgehendes Beispiel, das auch vom Standpunkt der Theorie der konformen Abbildungen aufschlußreich ist, soll (in modifizierter Form) in der nächsten Nummer besprochen werden.

Wir betrachten in diesem Kapitel fortan nur solche Flächen, welche die obige Abzählbarkeitseigenschaft haben, und führen sie als zusätzliche Bedingung, als ein „*Abzählbarkeitsaxiom*" ein.

D. Es gibt eine abzählbare Menge von Parameterumgebungen, welche die ganze Mannigfaltigkeit überdecken.

Eine Mannigfaltigkeit, die diesem Axiom genügt und überdies kompakt ist, läßt sich sogar durch endlich viele Parameterumgebungen überdecken[2].

[1] Siehe RADÓ [1].

[2] Siehe ALEXANDROFF-HOPF [1*], II, § 1, Satz V.

2.19. Auf einer zweidimensionalen Mannigfaltigkeit R, welche dem Abzählbarkeitsaxiom genügt, hat jede überabzählbare Punktmenge (P) einen Häufungspunkt. Denn ist (K_ν) ein System von überdeckenden Parameterumgebungen, so müssen in mindestens einer Umgebung überabzählbar viele Punkte von (P) liegen. Diese Parameterumgebung läßt sich durch abzählbar viele kompakte Mengen überdecken; in einer dieser Mengen müssen dann unendlich viele Punkte von (P) liegen, und damit auch ein Häufungspunkt.

2.20. Abzählbarkeitskriterium. Wir werden in Kap. IV zeigen, daß jede RIEMANNsche Fläche die Abzählbarkeitseigenschaft besitzt (Satz von RADÓ [1]). Als eine Vorbereitung dafür beweisen wir hier einen allgemeinen Satz (ALEXANDROFF-HOPF [1*], I, § 7, Satz IV).

Eine metrisierbare Fläche R, auf der eine abzählbare, überall dichte Punktmenge existiert, läßt sich durch abzählbar viele Parameterumgebungen überdecken.

Beweis. Es sei P ein beliebiger Punkt von R und $K(P, r)$ ein r-Kreis um P im Sinne der Metrik (vgl. 2.4.). Wir betrachten die Zahlenmenge (r), für welche der Kreis $K(P, r)$ durch abzählbar viele Parameterumgebungen überdeckbar ist. Sie ist nicht leer, denn für hinreichend kleines r liegt $K(P, r)$ in der Parameterumgebung von P. Die Menge (r) enthält ferner mit jeder Zahl r alle kleineren positiven Zahlen. Nun sei $\bar{r}$ die obere Grenze von (r). Dann läßt sich auch noch der „maximale" Kreis $K_P = K(P, \bar{r})$ durch abzählbar viele Parameterumgebungen überdecken. Denn es gibt eine Folge $r_\nu \to \bar{r}$, so daß dies für die Kreise $K(P, r_\nu)$ zutrifft, und daher gilt es auch für die Vereinigungsmenge dieser Kreise, das ist aber K_P.

Es genügt somit zu zeigen, daß die Fläche R durch abzählbar viele „maximale" Kreise überdeckbar ist. Hierzu betrachten wir zunächst einen festen solchen Kreis $K_P = K(P, \bar{r}_P)$ und einen Punkt Q aus K_P. Dann ist $\overline{PQ} < \bar{r}_P$ und daher die Differenz $\varrho = \bar{r}_P - \overline{PQ}$ positiv. Aus der Dreiecksungleichung folgt, daß der ϱ-Kreis um Q in K_P liegt. Dieser ist somit durch abzählbar viele Parameterumgebungen überdeckbar, und daher ist der zu Q gehörige maximale Radius $\bar{r}_Q$ mindestens gleich ϱ. Es gilt somit für jeden Punkt Q von K_P die Ungleichung

$$\bar{r}_Q \geq \bar{r}_P - \overline{PQ}.$$

Nun sei (P_ν) eine abzählbare, überall dichte Menge auf R. Zu jedem Punkte P_ν gehört ein „maximaler" Kreis K_{P_ν}. Diese (abzählbar vielen) Kreise überdecken ganz R. Ist nämlich P ein beliebiger Punkt von R und $\bar{r}_P$ sein „maximaler" Radius, so gibt es einen Punkt P_ν mit $\overline{PP_\nu} < \frac{\bar{r}_P}{2}$. Für seinen maximalen Radius $\bar{r}_{P_\nu}$ gilt dann nach der obigen Ungleichung $\bar{r}_{P_\nu} > \frac{\bar{r}_P}{2}$, d.h. P liegt in K_{P_ν}. Damit ist der Satz bewiesen.

2.21. Das PRÜFERsche Beispiel. Um von einer zweidimensionalen Mannigfaltigkeit zu zeigen, daß sie das Abzählbarkeitsaxiom nicht erfüllt, genügt es nach 2.19., auf ihr eine überabzählbare Punktmenge ohne Häufungspunkt anzugeben.

Dies vorausgeschickt nehmen wir jetzt folgende Konstruktion vor[1]. Wir betrachten den linken Halbkreis H $(x<0)$ des Einheitskreises $|z|<1$ und bilden ihn durch nachstehende Vorschrift topologisch auf den vollen Einheitskreis der t-Ebene ab: Als Bildpunkt $t=\varphi(z)$ von z nehme man denjenigen Punkt t des durch die Punkte $+1$, z, -1 bestimmten Kreisbogens, für welchen der Bogen $(-1, t)$ doppelt so lang ist wie der Bogen $(-1, z)$.

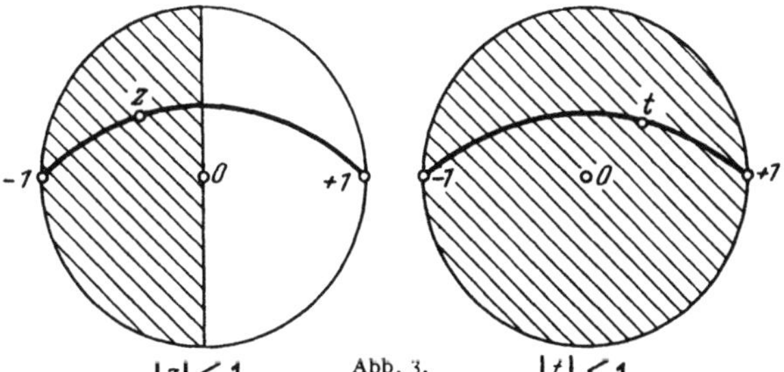

Abb. 3.

Es sei nun α eine Zahl des Intervalles $0 \leq \alpha < 2\pi$; jedem α ordnen wir eine Kreisscheibe K_α: $|z_\alpha|<1$ der z_α-Ebene zu. Durch die Transformation

$$t = e^{i\alpha}\, \varphi(z_\alpha)$$

wird der Halbkreis $H_\alpha (x_\alpha < 0, |z_\alpha| < 1)$ auf die volle Kreisscheibe $|t|<1$ topologisch abgebildet. Dabei geht der Durchmesser $x_\alpha = 0$, $|y_\alpha|<1$ in den einzigen Punkt $t=e^{i\alpha}$ und der linke Halbkreisbogen $x_\alpha \leq 0$, $|z_\alpha|=1$ in die Kreislinie $|t|=1$ über.

Wir erklären nun für zwei beliebige Werte α_1 und α_2 diejenigen Punkte z_{α_1} und z_{α_2} der Halbkreise H_{α_1} und H_{α_2} als äquivalent, welchen derselbe Punkt t zugeordnet ist, während die Punkte der rechten Halbkreise $x_\alpha \geq 0$, $|z_\alpha|<1$ nur zu sich selbst äquivalent sein sollen.

Identifiziert man in dem System der Kreise $K_\alpha (0 \leq \alpha < 2\pi)$ die so erklärten äquivalenten Punkte, so entsteht nach 2.13. ein topologischer Raum R, welcher dem Axiom A genügt[2]. Wir zeigen, daß R auch die Axiome B und C erfüllt, also eine Fläche ist.

Wir beweisen zunächst, daß jeder „Punkt" von R eine kreishomöomorphe Umgebung besitzt. Für die Punkte eines rechten offenen Halb-

[1] Sie ist eine Modifikation der Konstruktion von PRÜFER-RADÓ [1].

[2] Die Identifikation bewirkt, daß die zu konstruierende Fläche zusammenhängend wird.

kreises ist dies ohne weiteres klar. Es sei zweitens z_α^0 ein Punkt des linken offenen Halbkreises H_α. Zu ihm gibt es in jedem Halbkreis H_β genau einen äquivalenten Punkt z_β^0. Dabei repräsentiert z_α^0 den „Punkt" z_τ^0 $(0 \leq \tau < 2\pi)$ von R. Nun sei $k_\alpha(|z_\alpha - z_\alpha^0| < \varrho)$ ein Kreis um z_α^0, der ganz im Halbkreis H_α liegt. Dann gehört zu jedem Punkte z_α von k_α in jedem Halbkreis $H_\beta (0 \leq \beta < 2\pi)$ ein äquivalenter Punkt z_β, und die Menge der Punkte z_β, wenn β fest bleibt und z_α den Kreis k_α durchläuft, ist offen in H_β. Daher ist auch die Vereinigungsmenge (z_β) $(0 \leq \beta < 2\pi)$ offen in der Vereinigungsmenge (H_β) $(0 \leq \beta < 2\pi)$; dies bedeutet nach Konstruktion der Topologie von R (vgl. 2.13.), daß die durch die Punkte von k_α repräsentierte „Punktmenge" von R offen ist. Diese Menge ist also eine Umgebung des „Punktes" (z_τ^0), welche kreishomöomorph ist; denn ordnet man jedem „Punkte" d.h. jeder Klasse ihren Repräsentanten in k_α zu, so hat man eine topologische Abbildung dieser Umgebung auf den Kreis k_α.

Ist schließlich z_α^0 ein Punkt des Durchmessers $x_\alpha = 0$, $|y_\alpha| < 1$, so wähle man wieder um z_α^0 einen Kreis $|z_\alpha - z_\alpha^0| < \varrho$; dann bilden die Punkte des Halbkreises $|z_\alpha - z_\alpha^0| < \varrho$, $x_\alpha \geq 0$ zusammen mit den Klassen äquivalenter Punkte des Halbkreises $|z_\alpha - z_\alpha^0| < \varrho$, $x_\alpha < 0$ eine kreishomöomorphe Umgebung von z_α^0.

Der Raum R erfüllt auch das Trennungsaxiom. Für zwei Punkte eines rechten offenen Halbkreises ist dies wieder ohne weiteres klar. Zweitens seien $z_{\alpha_1}^1$ und $z_{\alpha_2}^2$ zwei Punkte zweier linker offener Halbkreise H_{α_1} bzw. H_{α_2}. Wir können annehmen, daß $\alpha_1 \neq \alpha_2$, denn andernfalls kann man unmittelbar punktfremde Umgebungen angeben. Da $z_{\alpha_1}^1$ und $z_{\alpha_2}^2$ verschiedene Punkte von R repräsentieren sollen, ist $t(z_{\alpha_1}^1) \neq t(z_{\alpha_2}^2)$. Ist $z_{\alpha_1}^2$ der zu $z_{\alpha_2}^2$ äquivalente Punkt von H_{α_1}, so ist $t(z_{\alpha_1}^2) = t(z_{\alpha_2}^2)$ und damit $t(z_{\alpha_1}^2) \neq t(z_{\alpha_1}^1)$. Man kann daher um $z_{\alpha_1}^1$ und $z_{\alpha_1}^2$ zwei so kleine Kreisscheiben K_1 bzw. K_2 abgrenzen, daß kein Punkt von K_1 zu einem Punkt von K_2 äquivalent ist. Diese Kreisscheiben repräsentieren damit punktfremde Umgebungen der Klassen $(z_{\alpha_1}^1)$ und $(z_{\alpha_2}^2)$.

Sind drittens $z_{\alpha_1}^1$ und $z_{\alpha_2}^2$ zwei Punkte des Durchmessers $x_{\alpha_1} = 0$, $|y_{\alpha_1}| < 1$ bzw. $x_{\alpha_2} = 0$, $|y_{\alpha_2}| < 1$, so besitzen sie im Falle $\alpha_1 = \alpha_2$ sicher punktfremde Umgebungen; ist dagegen $\alpha_1 \neq \alpha_2$, so betrachte man die Funktion $t = e^{i\alpha} \varphi(z_\alpha)$ im *abgeschlossenen* Halbkreis $x_\alpha \leq 0$, $|z_\alpha| < 1$. Sie hat auf $x_\alpha = 0$ den Wert $e^{i\alpha}$; daher wird $t(z_{\alpha_1}^1) \neq t(z_{\alpha_2}^2)$, und man konstruiert die punktfremden Umgebungen wie im zweiten Falle. Ebenso findet man für einen Punkt des Durchmessers $x_{\alpha_1} = 0$, $|y_{\alpha_1}| < 1$ und für einen Punkt des linken offenen Halbkreises $x_{\alpha_2} < 0$ fremde Umgebungen.

Damit ist gezeigt, daß der Raum R den Axiomen A, B und C genügt. Da man ferner offensichtlich je zwei Punkte von R durch einen Weg verbinden kann, ist R auch zusammenhängend und damit eine zweidimensionale Mannigfaltigkeit. Auf dieser Mannigfaltigkeit gibt es überabzählbare Mengen ohne Häufungspunkt, z. B. die Menge $z_\alpha = \frac{1}{2}$ $(0 \leq \alpha < 2\pi)$. Die Mannigfaltigkeit genügt daher nicht dem Abzählbarkeitsaxiom.

2.22. RIEMANNsche Flächen. Die in Kap. I betrachteten „RIEMANNschen Flächen" sind nach 2.2. zweidimensionale Mannigfaltigkeiten. Die Axiome A und B sind offensichtlich erfüllt, und dasselbe gilt für Axiom C, denn die in 2.2. eingeführten „Kreisumgebungen" sind zu den „Spurkreisen" der z-Ebene homöomorph. Diese „RIEMANNschen Flächen" $\widetilde{R}$ und $\widetilde{R}_w$ (und speziell die z-Ebene) besitzen aber außer ihren topologischen Eigenschaften gewisse speziellere metrischer Natur, die eine besondere Einschränkung für die oben besprochenen Nachbarrelationen bedeuten. Diese Spezialisierung hängt mit der Forderung zusammen, daß es möglich sein soll, auf einer RIEMANNschen Fläche *analytische Funktionen* zu definieren.

Es sei R eine zweidimensionale Mannigfaltigkeit und (K) das System der Parameterumgebungen. Auf einer Punktmenge M von R möge eine Funktion $f(P)$ erklärt sein, indem jedem Punkte P eine (reelle oder komplexe) Zahl $f(P)$ zugeordnet ist. Dieser Funktion entsprechen in den Parameterkreisen K gewisse „Funktionselemente", die in äquivalenten Punkten gleiche Werte annehmen. Wenn nun die Nachbarrelation lediglich topologisch angenommen wird, hat es im allgemeinen keinen Sinn, von Differenzierbarkeitseigenschaften der Funktion $f(P)$ zu sprechen. Denn wenn auch ein Element von $f(z)$ in Bezug auf die entsprechenden Variablen x und y $(z = x + i\,y)$ differenzierbar ist, wird dies in Bezug auf einen anderen Parameter nicht mehr der Fall sein, falls nicht die Nachbarrelation differenzierbar ist.

2.23. Noch mehr wird verlangt, wenn die Analytizität einer komplexwertigen Funktion $f(P)$ auf R sinnvoll sein soll. Denn diese Eigenschaft bleibt nur bei *analytischen* Parametertransformationen erhalten und ist somit für eine Funktion auf der Fläche R nur dann sinnvoll, wenn die Nachbarrelationen *analytisch* sind, so daß sie nicht nur eine topologische, sondern sogar eine direkt konforme Abbildung vermitteln. Es ist daher motiviert, folgende Erklärung aufzustellen:

Definition. *Eine RIEMANNsche Fläche ist eine zweidimensionale Mannigfaltigkeit mit direkt konformen Nachbarrelationen.*

Da die Nachbarrelationen einer RIEMANNschen Fläche als direkt konforme Abbildungen die Orientierung erhalten, ist eine RIEMANNsche Fläche stets orientierbar.

Die komplexe z-Ebene und jedes Gebiet der z-Ebene ist eine RIEMANNsche Fläche. Hier kann man z selbst als Parameter einführen, und die Nachbarrelationen sind einfach durch die Identität oder durch die Abbildung $w = 1/z$ (für die Umgebung von $z = \infty$) gegeben.

Eine eindeutige Abbildung einer RIEMANNschen Fläche R auf eine RIEMANNsche Fläche R' heißt *konform* in einem Punkt P von R, wenn die zugehörige Abbildung des Parameterkreises im Punkte P_z konform ist. Dies hat wegen der Konformität der Nachbarrelationen einen von der Wahl der Parameterumgebung unabhängigen Sinn.

Zwei RIEMANNsche Flächen heißen *konform äquivalent*, wenn sie sich topologisch und konform aufeinander abbilden lassen.

2.24. Der Begriff der RIEMANNschen Fläche, den RIEMANN im Zusammenhang mit seiner bahnbrechenden Untersuchung über algebraische Funktionen und ihre Integrale einführte, ist von fundamentaler Bedeutung für die gesamte Entwicklung der geometrischen Funktionentheorie und der Topologie gewesen. Die Theorie der konformen Abbildung von Flächen ist vor allem durch die Untersuchungen von SCHWARZ, NEUMANN, KLEIN, POINCARÉ, HILBERT, KOEBE, CARATHÉODORY und COURANT gefördert worden. In dem grundlegenden Werk „Die Idee der RIEMANNschen Fläche" von WEYL ist der abstrakte Flächenbegriff zum erstenmal formuliert worden[1]. Die neuzeitliche Entwicklung der Topologie hat erlaubt, diesen Begriff in definitiver Form auszukristallisieren. Hier ist vor allem eine in vieler Hinsicht bemerkenswerte Arbeit von RADÓ [1] zu nennen, wo die topologisch-metrischen Eigenschaften der RIEMANNschen Fläche unabhängig vom Begriff des analytischen Gebildes mit endgültiger Klarheit hervorgehoben worden sind.

2.25. Abzählbarkeitseigenschaft RIEMANNscher Flächen. Wie RADÓ [1] gezeigt hat, ist das Abzählbarkeitsaxiom für jede RIEMANNsche Fläche erfüllt. Der Beweis dieser Behauptung fordert eine tiefergehende Analyse; wir werden ihn mit Hilfe gewisser Existenzsätze der Potentialtheorie führen, wie im vierten Kapitel näher ausgeführt werden soll[2].

In dem Beispiel von PRÜFER ist, wie RADÓ bemerkt hat, der springende Punkt, daß bei den Äquivalenzbeziehungen, welche die Halbkreise einander topologisch (und sogar unbeschränkt differenzierbar) zuordnen, der begrenzende Durchmesser in je *einen* Randpunkt übergeführt wird. Eine solche Erscheinung ist bei einer *konformen* Abbildung des Inneren

[1] Bei WEYL [1*] wird die RIEMANNsche Fläche an Hand des Begriffes des analytischen Gebildes eingeführt (vgl. hierzu die obigen Betrachtungen von 2.2., die sich von den WEYLschen nur dadurch unterscheiden, daß wir die Eigenschaft der Fläche, *Überlagerungsfläche* der z-Ebene zu sein, betont haben, was für eine absolute Definition der Fläche im Sinne von WEYL, die mit beliebigen uniformisierenden Parametern arbeitet, nicht zweckmäßig ist).

[2] Bei RADÓ [1] wird der Beweis als eine Folgerung des Uniformisierungstheorems gegeben.

bekanntlich ausgeschlossen. Es kann also nicht gelingen, ein derartiges Beispiel für eine RIEMANNsche Fläche zu finden.

§ 2. Homologiegruppen.

2.26. Geradlinige Simplexe. Unter einem geradlinigen *2-Simplex* (PQR) der Zahlenebene versteht man das abgeschlossene Dreieck mit den Ecken P, Q, R. Ein solches 2-Simplex wird orientiert, indem man unter seinen Ecken eine bestimmte Reihenfolge auszeichnet. Zwei Orientierungen eines 2-Simplexes werden als gleich betrachtet, wenn man die beiden Eckpunktreihenfolgen durch eine gerade Permutation ineinander überführen kann. Ein 2-Simplex kann demnach auf zwei verschiedene Arten orientiert werden.

Ein geradliniges 1-Simplex der Zahlenebene ist eine abgeschlossene Strecke (PQ). Es wird orientiert, indem einer der beiden Randpunkte als Anfangs- und der andere als Endpunkt ausgezeichnet wird.

Orientierte Simplexe bezeichnen wir mit geschweiften Klammern, z.B. $\{PQR\}$ oder $\{PQ\}$. Durch ein orientiertes 2-Simplex $\{PQR\}$ sind auf seinen Seiten bestimmte Orientierungen festgelegt, nämlich $\{PQ\}$, $\{QR\}$ und $\{RP\}$, die von $\{PQR\}$ *induzierten* Orientierungen.

Der Vollständigkeit halber führen wir noch das *0-Simplex* ein, worunter man einen Punkt versteht. Ein 0-Simplex wird nicht orientiert.

2.27. Singuläre Simplexe. Es sei $'\sigma^k$ (wo k einen der Werte 0, 1 oder 2 hat) ein geradliniges Simplex der Zahlenebene und f eine stetige Abbildung von $'\sigma^k$ in eine Fläche R, so daß das Bild $f('\sigma^k)$ ganz in einer Parameterumgebung liegt. Die Menge $\sigma^k = f('\sigma^k)$ heißt ein *singuläres k-Simplex.* Zwei singuläre k-Simplexe sind *gleich*, wenn sie auf R dieselbe Punktmenge ausmachen und man die Urbildsimplexe *affin* so aufeinander abbilden kann, daß zugeordnete Punkte demselben Punkt auf R entsprechen. Nach 2.14. ist ein k-Simplex abgeschlossen.

Durch ein singuläres 2-Simplex sind drei singuläre 1-Simplexe bestimmt, die Bilder der Seiten des Urbildsimplexes. Sie heißen die *Seiten* des singulären 2-Simplexes. Unter den *Ecken* eines singulären 2- bzw. 1-Simplexes versteht man die 0-Simplexe, in die die Ecken des Urbilddreiecks bzw. die Randpunkte der Urbildstrecke übergehen.

Ein *orientiertes* singuläres k-Simplex ($k = 1, 2$) ist das stetige Bild eines *orientierten* k-Simplexes der Zahlenebene. Zwei orientierte k-Simplexe, die auf R dieselbe Punktmenge ausmachen heißen gleich, wenn man die Urbildsimplexe affin und mit Erhaltung der Orientierung ineinander überführen kann, so daß zugeordnete Punkte demselben Punkte auf R entsprechen. Es ist nicht ausgeschlossen, daß ein singuläres Simplex σ^k seinem entgegengesetzt orientierten gleich ist. Dies ist dann der Fall, wenn man das Urbildsimplex affin und mit Umkehrung der

Orientierung so auf sich abbilden kann, daß zugeordneten Punkten derselbe Punkt von σ^k entspricht. Das Simplex σ^k heißt dann *ausgeartet.*

Nimmt man auf den Seiten des Urbildsimplexes $'\sigma^2$ die von $'\sigma^2$ induzierte Orientierung und bildet diese dann mittels der zu $'\sigma^2$ gehörigen Abbildung in R ab, so erhält man die Seiten von σ^2 mit bestimmten, den von σ^2 *induzierten* Orientierungen.

2.28. Singuläre Ketten. Wir betrachten die Menge der singulären Simplexe. Unter einer singulären *k-Kette* ($k=0, 1, 2$) versteht man eine ganzzahlige Funktion auf den singulären k-Simplexen: jedem singulären k-Simplex ist also eine ganze (positive oder negative) Zahl oder Null zugeordnet. Dabei sollen entgegengesetzt orientierten Simplexen entgegengesetzte Zahlen entsprechen; hieraus folgt, daß jedes ausgeartete Simplex den Funktionswert Null erhält. Ferner betrachten wir nur *endliche* singuläre Ketten, d.h. solche, bei welchen nur endlich viele Simplexe einen von Null verschiedenen Funktionswert besitzen.

Zwei singuläre k-Ketten heißen *gleich,* wenn sie jedem singulären k-Simplex dieselbe ganze Zahl zuordnen.

Unter der Summe zweier singulärer k-Ketten α^k und β^k versteht man die singuläre k-Kette, welche jedem k-Simplex die Summe seiner beiden Funktionswerte bezüglich α^k und β^k zuordnet. Sie ist wieder eine endliche singuläre k-Kette. Durch diese Verknüpfung wird die Menge aller k-Ketten (bei festem k) zu einer ABELschen Gruppe C^k. Das Nullelement wird von der Kette gebildet, die jedem k-Simplex die Zahl Null zuordnet. Das zu einer gegebenen Kette α^k inverse Element ist die Kette $-\alpha^k$, welche jedem Simplex die entgegengesetzte Zahl zuordnet wie α^k. Ist m eine natürliche Zahl, so versteht man unter der Kette $m\,\alpha^k$ die Kette, die durch m-malige Addition von α^k zu sich selbst entsteht.

Jedem nichtausgearteten k-Simplex σ^k kann man eineindeutig eine singuläre k-Kette (σ^k) zuordnen, nämlich diejenige, welche auf σ^k den Wert $+1$, auf dem entgegengesetzt orientierten Simplex $\bar{\sigma}^k$ den Wert -1 und auf allen anderen k-Simplexen den Wert Null hat. Dem entgegengesetzt orientierten Simplex $\bar{\sigma}^k$ entspricht dann die Kette $-(\sigma^k)$. Da wir in der Folge jedes Simplex σ^k mit der entsprechenden Kette (σ^k) identifizieren, schreiben wir $-\sigma^k$ anstatt $\bar{\sigma}^k$. Nimmt man diese Identifikation vor, so kann man jede singuläre k-Kette α^k als Summe schreiben

$$\alpha^k = \sum_\nu a_\nu \sigma_\nu^k,$$

wobei a_ν der Funktionswert des Simplexes σ_ν^k ist.

2.29. Ränder, Zyklen. Unter dem *Rand* $\partial\sigma^2$ eines orientierten singulären 2-Simplexes $\sigma^2 = \{P\,Q\,R\}$ versteht man die 1-Kette, die von seinen Seiten mit den induzierten Orientierungen gebildet wird:

$$\partial\sigma^2 = \varepsilon_1\{PQ\} + \varepsilon_2\{QR\} + \varepsilon_3\{RP\}, \tag{2.1}$$

wobei $\varepsilon_\nu = 1$ oder $= 0$ ist, je nachdem das entsprechende 1-Simplex nichtausgeartet oder ausgeartet ist[1].

Der Rand eines orientierten 1-Simplexes $\sigma^1 = \{PQ\}$ ist die 0-Kette

$$\partial\sigma^1 = Q - P. \tag{2.2}$$

Der Rand einer singulären k-Kette $\alpha^k = \sum_\nu a_\nu \sigma_\nu^k$ $(k = 1, 2)$ wird linear definiert $\partial\alpha^k = \sum_\nu a_\nu \partial\sigma_\nu^k$ $(k = 1, 2)$. Hieraus folgt unmittelbar, daß

$$\partial(\alpha^k \pm \beta^k) = \partial\alpha^k \pm \partial\beta^k. \tag{2.3}$$

Eine k-Kette $(k = 1, 2)$ heißt *geschlossen* oder ein *k-Zyklus*, wenn ihr Rand die $(k-1)$-Kette Null ist. Ferner soll jede 0-Kette nach Definition geschlossen sein. Die k-Zyklen $(k = 1, 2)$ bilden eine Untergruppe Z^k der Gruppe C^k.

Eine k-Kette α^k $(k = 0, 1)$ heißt *nullhomolog*, $\alpha^k \sim 0$, wenn sie Rand einer singulären $(k+1)$-Kette ist. Eine 2-Kette soll nach Definition genau dann nullhomolog heißen, wenn sie die Kette Null ist.

Der Rand einer singulären 2-Kette ist stets ein Zyklus. Um dies einzusehen, genügt es mit Hinblick auf die Linearität des Randoperators zu zeigen, daß für ein singuläres 2-Simplex gilt $\partial\partial\sigma^2 = 0$. In der Tat ist nach (2.1)

$$\partial\partial\sigma^2 = \varepsilon_1(Q - P) + \varepsilon_2(R - Q) + \varepsilon_3(P - R).$$

Sind hier alle $\varepsilon_1 = 1$, so ist die Behauptung $\partial\partial\sigma^2 = 0$ evident. Wenn etwa $\varepsilon_1 = 0$, $\varepsilon_2 = \varepsilon_3 = 1$, so ist $\{PQ\}$ ausgeartet und daher $Q = P$, somit wieder $\partial\partial\sigma^2 = 0$. Ist schließlich $\varepsilon_1 = 1$, $\varepsilon_2 = \varepsilon_3 = 0$, so sind $\{QR\}$ und $\{RP\}$ ausgeartet, also $Q = R$, $R = P$, somit $\partial\partial\sigma^2 = Q - P = 0$.

Damit ist gezeigt, daß für jede 2-Kette

$$\partial\partial\alpha^2 = 0.$$

Eine nullhomologe 1-Kette ist daher stets ein 1-Zyklus. Ferner ist eine nullhomologe 0-Kette — wie jede 0-Kette — ein 0-Zyklus. Die nullhomologen k-Ketten $(k = 0, 1)$ bilden mithin eine Teilmenge der k-Zyklen. Diese Teilmenge ist sogar eine Untergruppe R^k von Z^k, denn nach (2.3) sind Summe und Differenz nullhomologer Ketten wieder nullhomolog.

2.30. Homologiegruppen. Zwei singuläre k-Zyklen z_1^k und z_2^k $(k, 0, 1, 2)$ heißen *homolog*,

$$z_1^k \sim z_2^k,$$

---

[1] Unter den 1-Simplexen können ausgeartete vorkommen, auch wenn σ^2 nicht ausgeartet ist.

wenn ihre Differenz nullhomolog ist. Aus $z_1^k \sim z_2^k$ und $z_2^k \sim z_3^k$ folgt, daß $z_1^k \sim z_3^k$. Da die Homologie somit eine Äquivalenzrelation, d.h. reflexiv, symmetrisch und transitiv ist, stiftet sie eine Einteilung aller k-Zyklen in elementfremde Klassen homologer Zyklen, die *Homologieklassen*. Insbesondere bilden die nullhomologen Zyklen eine solche Klasse.

Man kann die k-dimensionalen Homologieklassen (für festes k) zu einer Gruppe, der k-ten *Homologiegruppe*, machen, indem man je zwei Klassen (z_1^k) und (z_2^k) durch folgende Vorschrift eine dritte als ihre Summe zuordnet: Ist z_1^k ein Zyklus aus (z_1^k) und z_2^k einer aus (z_2^k), so gehört der Zyklus $z_1^k + z_2^k$ einer bestimmten Klasse an, und diese hängt nicht von den Repräsentanten z_1^k und z_2^k, sondern nur von den Klassen (z_1^k) und (z_2^k) ab. Diese Klasse wird als die Summe $(z_1^k) + (z_2^k)$ erklärt.

Ist (z_0^k) die Klasse der nullhomologen Zyklen, so gilt für jede Klasse

$$(z^k) + (z_0^k) = (z^k).$$

(z_0^k) spielt mithin die Rolle des Nullelementes. Zu jeder Klasse (z^k) gibt es ferner eine Inverse, nämlich die durch $-z^k$ repräsentierte. Die Summenverknüpfung der Klassen erfüllt also in der Tat die Gruppenaxiome.

In der Ausdrucksweise der Gruppentheorie ist die Homologiegruppe H^k die Faktorgruppe der Zyklengruppe Z^k nach der Untergruppe R^k der nullhomologen k-Ketten und wird mit Z^k/R^k bezeichnet.

2.31. Topologische Invarianz der Homologiegruppen. Ist f eine stetige Abbildung einer Fläche R in eine Fläche R', so entspricht jeder singulären Kette $\sum a_\nu \sigma_\nu^k$ auf R eine Kette $\sum a_\nu f(\sigma_\nu^k)$ auf R'. Dabei geht ein Zyklus auf R in einen Zyklus auf R' und eine nullhomologe Kette auf R in eine nullhomologe Kette auf R' über. Durch die Abbildung f wird daher eine homomorphe Abbildung h der Homologiegruppe H^k von R in die Homologiegruppe $'H^k$ von R' bestimmt. Ist f insbesondere eine topologische Abbildung von R *auf* R', so bestimmt entsprechend ihre Umkehrung einen Homomorphismus h' von $'H^k$ in die Gruppe H^k. Die Zuordnung $h' \, h$ führt jede Homologieklasse von H^k in sich über, ist also die Identität. Ebenso läßt $h \, h'$ jede Homologieklasse von $'H^k$ invariant; daraus folgt, daß h ein *Isomorphismus* von H^k *auf* die Gruppe $'H^k$ ist. Homöomorphe Flächen haben somit isomorphe Homologiegruppen.

§ 3. Fundamentalgruppe.

2.32. Wege. Es sei $\overline{w} = \overline{A}\,\overline{B}$ eine orientierte Strecke der Zahlenebene und φ eine stetige Abbildung von $\overline{w}$ in eine Fläche R. Die Bildmenge $w = \varphi(\overline{w})$ heißt ein *Weg* auf R (vgl. 2.8.). Der Punkt $A = \varphi(\overline{A})$ ist der Anfangspunkt, der Punkt $B = \varphi(\overline{B})$ der Endpunkt des Weges.

Zwei Wege $\varphi(\overline{w})$ und $\varphi_1(\overline{w}_1)$ heißen *gleich*, wenn sie auf R dieselbe Punktmenge ausmachen und wenn man die Urbildstrecken topologisch so aufeinander abbilden kann, daß einander zugeordnete Punkte demselben Punkte auf R entsprechen und die Orientierung erhalten wird[1]. Gleiche Wege haben also denselben Anfangs- und denselben Endpunkt. Ein Weg heißt *geschlossen*, wenn Anfangs- und Endpunkt zusammenfallen. Es ist nicht ausgeschlossen, daß die ganze Urbildstrecke in einen Punkt, den *Punktweg*, übergeht.

Ist u ein von P nach Q und v ein von Q nach R führender Weg, so erhält man einen von P nach R führenden Weg, indem man die Urbildstrecken aneinandersetzt und dann wie vorhin abbildet. Der so erhaltene Weg heißt der *Produktweg* der Wege u und v und wird mit $u\,v$ bezeichnet. Der *reziproke* Weg w^{-1} eines Weges w entsteht dadurch, daß man die Urbildstrecke umorientiert und dann wie vorhin abbildet. Der inverse Weg eines Produktes $u\,v$ ist der Weg $v^{-1}\,u^{-1}$.

2.33. Deformation von Wegen. Zwei Wege $\varphi(\overline{w})$ und $\psi(\overline{w})$ mit demselben Anfangs- und demselben Endpunkt A bzw. B heißen *homotop*, wenn es eine stetige Schar von stetigen Abbildungen $\varphi_t(\overline{w})$ $(0 \leqq t \leqq 1)$ der Urbildstrecke $\overline{w} = \overline{A}\,\overline{B}$ in die Fläche R gibt, so daß $\varphi_0(\overline{w}) = \varphi(\overline{w})$ und $\varphi_1(\overline{w}) = \psi(\overline{w})$ und daß $\varphi_t(\overline{A}) = A$ und $\varphi_t(\overline{B}) = B$ für jedes t gilt $(0 \leqq t \leqq 1)$. Nimmt man als Urbild des Weges φ_t, anstatt der Strecke $\overline{w}$, eine Parallele im Abstande t, so kann man die Abbildungsschar φ_t als eine stetige Abbildung des über $\overline{w}$ liegenden Rechteckes der Höhe eins, des *Deformationsrechteckes*, in die Fläche R auffassen. Dabei gehen die beiden zu $\overline{w}$ parallelen Seiten des Rechteckes in die Wege $\varphi(\overline{w})$ bzw. $\psi(\overline{w})$ über, während die beiden anderen Seiten auf den gemeinsamen Anfangs- bzw. Endpunkt der Wege abgebildet werden.

Ist der Weg u zu v und v zu w homotop, so ist auch u zu w homotop. Wenn u zu u' und v zu v' homotop ist, und der Endpunkt von u mit dem Anfangspunkt von v zusammenfällt, so ist auch $u\,v$ zu $u'\,v'$ homotop. Ist in dem Produktweg $u\,v$ ein Faktor ein Punktweg, so ist das Produkt zum anderen Faktor homotop.

Ein geschlossener Weg heißt *nullhomotop*, wenn er zu seinem Anfangspunkt (der als Punktweg aufgefaßt wird) homotop ist. Jedes Produkt $w\,w^{-1}$ ist nullhomotop.

2.34. Wegeklassen. Fundamentalgruppe. Da die Homotopie reflexiv, symmetrisch und transitiv ist, erklärt sie eine Einteilung aller Wege, welche zwei feste Punkte miteinander verbinden, in Klassen homotoper Wege. Wir betrachten insbesondere die von einem festen Punkt O ausgehenden geschlossenen Wege auf R. Sie zerfallen in elementfremde Klassen homotoper Wege. Eine dieser Klassen wird von den nullhomotopen Wegen gebildet.

---

[1] Man bemerke den Unterschied gegen Gleichheit von 1-Simplexen.

Für diese Wegeklassen wird folgendermaßen eine Multiplikation erklärt: Je zwei Klassen (u) und (v) wird als Produkt die Klasse des Weges $u\,v$ zugeordnet, wobei u ein Weg aus (u) und v ein Weg aus (v) ist. Die Klasse $(u\,v)$ hängt nicht von den speziellen Wegen u und v, sondern nur von den Klassen (u) und (v) ab.

Die so erklärte Multiplikation erfüllt die Gruppenaxiome: Die Klasse der nullhomotopen Wege spielt die Rolle des Einselementes, und zu jeder Klasse (u) gibt es eine Inverse, nämlich die durch den Weg u^{-1} repräsentierte Klasse. Die Wegeklassen bilden somit eine Gruppe F_O.

Nimmt man anstatt O einen anderen Punkt O' als Anfangspunkt der geschlossenen Wege, so erhält man entsprechend eine Gruppe $F_{O'}$. Wir zeigen, daß F_O zu $F_{O'}$ isomorph ist. Dazu verbinde man O mit O' durch einen beliebigen Weg l und ordne jedem von O ausgehenden geschlossenen Weg w den von O' ausgehenden Weg $l^{-1}\,w\,l$ zu. Sind w und w_1 zwei von O ausgehende homotope Wege, so sind auch die Wege $l^{-1}\,w\,l$ und $l^{-1}\,w_1\,l$ homotop. Jeder Wegeklasse von F_O ist also eine Wegeklasse von $F_{O'}$ zugeordnet. Dabei tritt jede Klasse von $F_{O'}$ als Bildklasse auf. Ist nämlich (w') eine beliebige Klasse von $F_{O'}$, so ist der Weg w' zu $l^{-1}\,l w'\,l^{-1}\,l$ $= l^{-1}\,(l\,w'\,l^{-1})\,l$ homotop, und dieser ist das Bild des Weges $l\,w'\,l^{-1}$. — Ferner geht bei der Abbildung das Produkt zweier Klassen in das Produkt der Bildklassen über. Ist nämlich u ein Weg aus (u) und v ein Weg aus (v), so ist dem Produkt $u\,v$ der Weg $l^{-1}\,u\,v\,l$ zugeordnet, und dieser ist zu $(l^{-1}\,u\,l)\,(l^{-1}\,v\,l)$ homotop. Es liegt also ein Homomorphismus von F_O *auf* $F_{O'}$ vor.

Die Abbildung ist überdies eineindeutig. Sind nämlich die Bilder $l^{-1}\,w\,l$ und $l^{-1}\,w_1\,l$ zweier Wege w und w_1 homotop, so ergibt sich durch Multiplikation links mit l, rechts mit l^{-1}, daß auch w und w_1 homotop sind. Verschiedene Wegeklassen gehen also, wie behauptet, in verschiedene Bildklassen über. Der Homomorphismus $F_O \rightarrow F_{O'}$ ist also eine Isomorphie.

Die Gruppe $F = F_O$, die bis auf Isomorphie von der Wahl des Anfangspunktes O unabhängig ist, heißt die *Fundamentalgruppe* der Fläche R.

Die Fundamentalgruppe ist im allgemeinen nicht abelsch. Zum Beispiel ist die Fundamentalgruppe der zweifach punktierten Ebene die freie Gruppe von zwei Erzeugenden, wie sich in 3.24. ergeben wird.

Besteht F nur aus dem 1-Element, so heißt die Fläche R *einfach zusammenhängend*. Zum Beispiel sind die Zahlenkugel und die Zahlenebene einfach zusammenhängend. Man kann zeigen, daß dies die einzigen einfach zusammenhängenden Flächen sind[1].

---

[1] Für RIEMANNsche Flächen ist dies eine unmittelbare Folgerung aus dem RIEMANNschen Abbildungssatz (Kap. VI). Daraus ergibt sich derselbe Satz allgemeiner für jede topologische, orientierbare, triangulierbare Fläche nach 2.91.

2.35. Topologische Invarianz der Fundamentalgruppe. Ist φ eine stetige Abbildung einer Fläche R in eine Fläche R', so ist vermöge dieser Abbildung jedem Wege w auf R ein Weg w' auf R' zugeordnet, so daß homotope Wege auf R in homotope Wege auf R' überführt werden. Die Abbildung φ bewirkt daher eine homomorphe Abbildung h der Fundamentalgruppe F von R in die Fundamentalgruppe F' von R'. Ist die Abbildung φ topologisch, so erzeugt die inverse Abbildung φ^{-1} entsprechend einen Homomorphismus h' von F' in F. Dieser ist die Umkehrung des ersten, denn das Produkt $h' h$ führt jede Wegeklasse von F in sich über. Ebenso erhält $h h'$ jede Wegeklasse von F'. Daraus folgt, daß h ein Isomorphismus ist, und zwar auf die ganze Gruppe F'. Die Fundamentalgruppen homöomorpher Flächen sind also isomorph.

2.36. Zusammenhang der Fundamentalgruppe mit der ersten Homologiegruppe. Jedem geschlossenen Weg w auf einer Fläche R kann man einen singulären 1-Zyklus z^1 zuordnen, indem man seine Urbildstrecke beliebig in endlich viele Intervalle teilt, so daß das Bild jedes Teilintervalles ganz in einer Parameterumgebung liegt, und diese mittels der definierenden Abbildung in die Fläche R überführt. Der Zyklus z^1 ist durch den Weg w — entsprechend den verschiedenen Unterteilungen der Urbildstrecke — nicht eindeutig bestimmt, wohl aber seine Homologieklasse. Wir zeigen allgemeiner, daß zwei Zyklen z_1^1 und z_2^1, die zu zwei homotopen Wegen w_1 und w_2 gehören, homolog sind.

Zum Beweis nehmen wir die Urbildstrecken $\overline{w}_1$ und $\overline{w}_2$ von w_1 bzw. w_2 als Parallelseiten eines Deformationsrechteckes. Hierauf ergänzen wir die auf diesen Parallelseiten (vermöge der Zyklen z_1^1 und z_2^1) schon bestehende Zerlegung zu einer Dreieckszerlegung des ganzen Rechtecks; diese kann man so fein wählen, daß das Bild jedes Dreiecks auf R ganz in einer Parameterumgebung liegt. Die Dreiecke kann man auf zwei verschiedene Arten so orientieren, daß in jeder gemeinsamen Seite von den zwei angrenzenden Dreiecken entgegengesetzte Orientierungen induziert werden (kohärente Orientierung). Wir entschließen uns z.B. für diejenige, welche auf $\overline{w}_1$ die hier ursprünglich gegebene Orientierung induziert. Die so orientierten Dreiecke, mittels der Deformationsabbildung in die Fläche R übergeführt, ergeben eine singuläre 2-Kette, deren Rand der Zyklus $z_1^1 - z_2^1$ ist. Dies bedeutet aber, daß z_1^1 zu z_2^1 homolog ist.

Die obige Zuordnung $w \to z^1$ vermittelt somit eine eindeutige Abbildung der Fundamentalgruppe F in die erste Homologiegruppe H^1 von R. Diese ist ein Homomorphismus; denn dem Produkt zweier Wege entspricht die Summe der zugeordneten Zyklen, wie unmittelbar aus der Konstruktion folgt. Insbesondere gehen also die nullhomotopen Wege in nullhomologe 1-Zyklen über.

Die Zuordnung $w \to z^1$ ist eine Abbildung auf die ganze Gruppe H^1. Nach dem in 2.39. nachzutragenden Hilfssatz läßt sich nämlich jeder 1-Zyklus z^1 in der Form $z^1 = \sum_{r=1}^{m} \sigma_r^1$ schreiben, wobei der Anfangspunkt von $\sigma_{\mu+1}^1$ mit dem Endpunkt von σ_μ^1 übereinstimmt ($\mu = 1, \ldots, m \pmod m$). Faßt man jedes 1-Simplex σ_μ^1 als einen Weg w_μ auf, so geht der Produktweg $w = w_1 \ldots w_m$ in den gegebenen 1-Zyklus z^1 über.

2.37. Wir fragen nach dem *Kern* dieses Homomorphismus, d.h. nach derjenigen Untergruppe von F, deren Wegeklassen in die nullhomologen 1-Zyklen übergehen. Dies gilt sicher für die Wegeklassen, die der Kommutatorgruppe[1] C von F angehören, denn jeder als Kommutator darstellbare Weg geht in den 1-Zyklus Null über und damit auch die Produkte solcher Wege. Wir zeigen umgekehrt, daß dies bereits alle Wegeklassen sind, welche in nullhomologe 1-Zyklen übergehen.

Es sei also w ein Weg, so daß der entsprechende 1-Zyklus $z^1 = \sum_{\nu=1}^{n} \sigma_\nu^1$ nullhomolog ist. Nach Voraussetzung gibt es eine singuläre 2-Kette $\alpha^2 = \sum_1^m c_\mu \sigma_\mu^2$, so daß $\partial \alpha^2 = z^1$. Nun wähle man in jedem 2-Simplex σ_μ^2 einen Eckpunkt P_μ und verbinde den Anfangspunkt O von w mit P_μ durch einen (von O nach P_μ orientierten) Weg p_μ. Bezeichnet s_μ den geschlossenen Weg, der von den drei Seiten von σ_μ^2 (mit der von σ_μ^2 induzierten Orientierung) gebildet wird, so ist der Weg $p_\mu s_\mu p_\mu^{-1}$ nullhomotop, und daher ist w zum Wege $w_1 = w (p_1 s_1 p_1^{-1})^{-c_1} \ldots (p_m s_m p_m^{-1})^{-c_m}$ homotop. Der diesem Wege entsprechende 1-Zyklus ist aber (nach Konstruktion von w_1) der Zyklus $z^1 = 0$. Es genügt daher Wege zu betrachten, denen der 1-Zyklus $z^1 = 0$ entspricht.

2.38. Es sei w ein solcher Weg. Dieser besitzt eine Zerlegung der Form

$$w = w_1 \ldots w_n,$$

wobei jeder Faktor insgesamt mit der Exponentensumme Null auftritt. Wir konstruieren zunächst eine andere derartige Produktdarstellung, wobei jeder Faktor ein von O ausgehender geschlossener Weg ist. Hierzu verbinden wir den Endpunkt jedes Weges w_ν mit dem Punkte O durch einen beliebigen Weg p_ν. Sind die Endpunkte von w_ν und w_μ gleich, so sollen auch die Wege p_ν und p_μ gleich sein. Dabei soll der zu O gehörige Weg der Punkt O selbst sein. Schaltet man dann in der obigen Zerlegung nach jedem Faktor w_ν den entsprechenden hin- und zurückdurchlaufenen Weg $p_\nu p_\nu^{-1}$ ein, so erhält man den zu w homotopen Weg

$$w^* = (w_1 p_1)(p_1^{-1} w_2 p_2) \ldots (p_{n-1}^{-1} w_n)$$

[1] Das ist die von den Kommutatoren $a\,b\,a^{-1}\,b^{-1}$ erzeugte Untergruppe von F; sie ist stets Normalteiler.

oder, wenn man $u_1 = w_1 p_1$, $u_\nu = p_{\nu-1}^{-1} w_\nu p_\nu$ und $u_n = p_{n-1}^{-1} w_n$ setzt,

$$w^* = u_1 u_2 \ldots u_n.$$

Jetzt sind die Faktoren u_ν von O ausgehende geschlossene Wege. Ferner tritt jeder Weg mit der Exponentensumme Null auf. Ist nämlich $w_\nu = w_\mu$ in der Zerlegung von w für zwei bestimmte Stellen ν, μ, so stimmen die Anfangs- und ebenso die Endpunkte von w_ν und w_μ überein und daher ist auch $p_{\nu-1} = p_{\mu-1}$ und $p_\nu = p_\mu$, d.h. $u_\nu = u_\mu$. Ebenso folgt $u_\nu = u_\mu^{-1}$ aus $w_\nu = w_\mu^{-1}$.

Nun soll w^* in ein Kommutatorprodukt übergeführt werden. Da u_1 mit der Exponentensumme Null auftritt, muß in w^* einmal u_1^{-1} vorkommen. Bezeichnet U den Teil zwischen u_1 und u_1^{-1} (der auch aus keinem Faktor bestehen kann), so hat w^* die Form $u_1 U u_1^{-1} V$, und dieser Weg ist zum Wege $u_1 U u_1^{-1} U^{-1} UV$ homotop. Hier steht an erster Stelle bereits ein Kommutator und der Rest UV enthält zwei Faktoren weniger als w^*. Ferner tritt in ihm wieder jeder Faktor mit dem Gesamtexponenten Null auf, da dies für den ganzen Weg w^* und den gefundenen Kommutator gilt. Man kann daher dieses Verfahren fortsetzen, bis man schließlich nur noch Kommutatoren hat.

Damit ist gezeigt, daß der Kern des Homomorphismus von F auf H^1 die Kommutatorgruppe C von F ist. Nach dem Homomorphiesatz ist H^1 zur Faktorgruppe F/C isomorph.

2.39. Beweis des Hilfssatzes. Wir haben noch den in 2.36. erwähnten Hilfssatz nachzutragen. Er soll in der allgemeineren Form bewiesen werden:

Eine singuläre Kette α^1, deren Rand die Differenz zweier (nicht notwendig zusammenfallender) Nullsimplexe ist, $\partial\alpha^1 = {}'\sigma^0 - \sigma^0$, läßt sich in der Form $\alpha^1 = \sum \tau_\mu^1$ schreiben, wobei der Endpunkt eines Simplexes τ_μ^1 mit dem Anfangspunkt von $\tau_{\mu+1}^1$ übereinstimmt ($\mu = 1, \ldots, m-1$).

Zum Beweis sei $\alpha^1 = \sum_{\nu=1}^{n} c_\nu \sigma_\nu^1$; zunächst kann man α^1 so schreiben, daß alle c_ν positiv sind, denn dies läßt sich durch Umorientierung einzelner Simplexe erreichen. Nach dieser Normierung führen wir den Beweis durch Induktion nach der Koeffizientensumme $s = \sum_{\nu=1}^{n} c_\nu$. Ist $s = 1$, so besteht α^1 nur aus einem Simplex und hat schon die gewünschte Form. Der Satz sei also für $s \leq N$ richtig und α^1 eine Kette mit $s = N+1$. Da nach Voraussetzung gilt $\partial\alpha^1 = {}'\sigma^0 - \sigma^0$, muß unter den 1-Simplexen σ_ν^1 eines vorkommen, etwa σ^1, dessen Endpunkt das 0-Simplex ${}'\sigma^0$ ist. Bezeichnen wir mit ${}''\sigma^0$ seinen Anfangspunkt, so ist also

$$\partial\sigma^1 = {}'\sigma^0 - {}''\sigma^0.$$

Wir betrachten nun die Kette $\beta^1 = \alpha^1 - \sigma^1$. Für ihren Rand gilt

(a) $$\partial\beta^1 = \partial\alpha^1 - \partial\sigma^1 = ('\sigma^0 - \sigma^0) - ('\sigma^0 - ''\sigma^0) = ''\sigma^0 - \sigma^0$$

und ihre Koeffizientensumme hat den Wert N. Nach Induktionsvoraussetzung kann man daher β^1 in der Form

$$\beta^1 = \sum_{\mu=1}^{m} \tau_\mu^1$$

schreiben, wobei der Endpunkt von τ_μ^1 mit dem Anfangspunkt von $\tau_{\mu+1}^1$ übereinstimmt ($\mu = 1, \ldots, m-1$). Daher ist, wenn $'\tau_m^0$ den Endpunkt von τ_m^1 und τ_1^0 den Anfangspunkt von τ_1^1 bezeichnet,

(b) $$\partial\beta^1 = {}'\tau_m^0 - \tau_1^0.$$

Wir vergleichen jetzt die rechten Seiten von (a) und (b). Ist erstens $''\sigma^0 \neq \sigma^0$, so ergibt sich, daß $'\tau_m^0 = {}''\sigma^0$. Der Endpunkt von τ_m^1 stimmt also mit dem Anfangspunkt von σ^1 überein, und

$$\alpha^1 = \sum_{\mu=1}^{m} \tau_\mu^1 + \sigma^1$$

ist dann die verlangte Darstellung der Kette α^1.

Ist zweitens $''\sigma^0 = \sigma^0$, so folgt $\partial\beta^1 = 0$ und damit $'\tau_m^0 = \tau_1^0$. In diesem Falle verbinde man den Punkt $'\sigma^0$ mit τ_1^0 durch einen beliebigen Weg γ^1 und schreibe α^1 in der Form

$$\alpha^1 = \sigma^1 + \gamma^1 + \sum_{\mu} \tau_\mu^1 + (-\gamma^1)$$

(wobei γ^1 als singuläre 1-Kette aufzufassen ist). Dies ist offensichtlich eine verlangte Darstellung von α^1.

§ 4. Überlagerungsflächen.

2.40. Unverzweigte Überlagerung. Es seien $\tilde{R}$ und R zwei (kompakte oder nichtkompakte) Flächen und σ eine eindeutige Abbildung von $\tilde{R}$ auf R mit folgender Eigenschaft, welche die Eineindeutigkeit der Abbildung im Kleinen beschreibt:

Zu jedem Punkte $\tilde{P}$ von $\tilde{R}$ gibt es eine Umgebung $\tilde{U}$, die topologisch auf eine Umgebung U des Bildpunktes P abgebildet wird[1].

Unter einer *ausgezeichneten Umgebung* von $\tilde{P}$ verstehen wir eine kreishomöomorphe Umgebung von $\tilde{P}$, welche mittels der obigen Abbildung σ topologisch abgebildet wird. Die obige Definition ist dann gleichbedeutend damit, daß jeder Punkt von $\tilde{R}$ eine ausgezeichnete Umgebung hat. Wenn in der Folge von *der* ausgezeichneten Umgebung eines Punktes $\tilde{P}$ die Rede ist, so ist damit eine beliebige aber fest gewählte solche Umgebung gemeint.

---

[1] Dabei wird *nicht* verlangt, daß die Umgebung U von P bezüglich aller Urbildpunkte $\tilde{P}$ *dieselbe* sei.

Man sagt, der Punkt $\tilde{P}$ liegt *über* P; $\tilde{R}$ heißt eine *unverzweigte Überlagerungsfläche* von R. Die Abbildung σ heißt die *Spurabbildung* und der Punkt P der *Spurpunkt* von $\tilde{P}$.

Die Menge $(\tilde{P})$ der Urbilder eines Punktes P von R kann auf $\tilde{R}$ keinen Häufungspunkt besitzen. Denn wäre $\tilde{P}^*$ ein solcher, so wäre die Spurabbildung in keiner Umgebung von $\tilde{P}^*$ eineindeutig. Hieraus folgt, falls $\tilde{R}$ dem Abzählbarkeitsaxiom genügt, daß die Menge $(\tilde{P})$ höchstens abzählbar ist. Über jedem Punkt von R liegen dann höchstens abzählbar viele Punkte von $\tilde{R}$.

2.41. Die Spurabbildung σ ist stetig. Zum Beweis sei $\tilde{P}$ ein Punkt von $\tilde{R}$, P sein Bildpunkt und V eine beliebige Umgebung von P. Ist U das Bild der ausgezeichneten Umgebung $\tilde{U}$ von $\tilde{P}$, so ist der Durchschnitt UV eine Umgebung von P bezüglich U, und daher gibt es eine Umgebung $\tilde{V}$ von $\tilde{P}$ bezüglich $\tilde{U}$, deren σ-Bild in UV liegt. $\tilde{V}$ ist aber auch Umgebung von $\tilde{P}$ bezüglich $\tilde{R}$. Ihr σ-Bild liegt ganz in V, was nach 2.7. die Stetigkeit der Abbildung σ bedeutet.

2.42. Die Abbildung σ führt jede offene Menge $\tilde{M}$ von $\tilde{R}$ in eine offene Menge von R über. Zum Beweis sei P ein Punkt der Bildmenge M und $\tilde{P}$ ein über P liegender Punkt von $\tilde{M}$. Ist $\tilde{U}$ die ausgezeichnete Umgebung von $\tilde{P}$, so ist der Durchschnitt $\tilde{U}\tilde{M}$ offen in $\tilde{U}$ und, da die Abbildung $\tilde{U} \to U$ topologisch ist, damit auch sein Bild offen in U. Andererseits gehört dieses Bild zu M; diese Menge enthält also mit jedem ihrer Punkte P eine Umgebung von P bezüglich der Umgebung U. Das bedeutet nach 2.15., daß M offen ist in R.

Die stetige Abbildung σ erfüllt mithin a fortiori die Bedingungen von 2.13. Damit ist die Fläche R zu dem Raum homöomorph, der aus $\tilde{R}$ durch Identifizieren der Punkte mit demselben Spurpunkt entsteht, und zwar wird diese Homöomorphie dadurch gegeben, daß man jeder Klasse $(\tilde{P})$ den gemeinsamen Spurpunkt P zuordnet; mit anderen Worten: die Fläche R entsteht aus der Überlagerungsfläche $\tilde{R}$ durch Identifizieren der Punkte mit demselben Spurpunkt.

Hieraus folgt, wenn die Abbildung σ insbesondere eineindeutig ist, so daß also über jedem Punkt von R nur *ein* Punkt von $\tilde{R}$ liegt, daß σ eine topologische Abbildung von $\tilde{R}$ auf R ist[1].

2.43. Durchdrücken von Wegen. Jedem Wege $\tilde{w}$ auf $\tilde{R}$ entspricht vermöge der Spurabbildung ein bestimmter Weg $w = \sigma\tilde{w}$ auf R, der *Spurweg* von $\tilde{w}$. Wir fragen umgekehrt, ob man einen gegebenen Weg w auf R nach $\tilde{R}$ „durchdrücken" kann; genau gesagt: Ist w ein Weg auf R und

[1] Das Nichttriviale bei diesem Schluß ist, daß auch die Umkehrung der Abbildung stetig ist.

$\tilde{A}$ ein beliebiger über dem Anfangspunkt A gelegener Punkt von $\tilde{R}$, gibt es dann einen von $\tilde{A}$ ausgehenden Weg $\tilde{w}$, der w zum Spurweg hat?

Wir zeigen zunächst, daß der Weg $\tilde{w}$, falls er existiert, durch w und den Punkt $\tilde{A}$ *eindeutig bestimmt* ist. Zum Beweis seien $\tilde{w}$ und $\tilde{w}_1$ zwei über w liegende Wege mit dem Anfangspunkt $\tilde{A}$. Wir fassen beide als stetige Bilder der Einheitsstrecke $0 \leq t \leq 1$ auf: $\tilde{w} = \tilde{P}(t)$, $\tilde{w}_1 = \tilde{P}_1(t)$ $(0 \leq t \leq 1)$. Nach Voraussetzung stimmen die Spurwege $\sigma\tilde{w}$ und $\sigma\tilde{w}_1$ überein, d.h. es gibt eine topologische Selbstabbildung $\tau(t)$ der Einheitsstrecke, welche die Endpunkte festläßt, so daß $\sigma\tilde{P}_1(t) = \sigma\tilde{P}(\tau(t))$. Setzt man $\tilde{Q}(t) = \tilde{P}(\tau(t))$, so lautet diese Gleichung

$$\sigma\tilde{P}_1(t) = \sigma\tilde{Q}(t)\,; \tag{2.4}$$

ferner gilt $\tilde{P}_1(0) = \tilde{Q}(0) = \tilde{A}$. Es ist zu zeigen, daß $\tilde{P}_1(t) = \tilde{Q}(t)$ für $0 \leq t \leq 1$. Es bezeichne $\{t\}$ die Menge der t-Werte, für die diese Gleichung gilt. Ist t_0 ein Punkt von $\{t\}$, so gibt es eine Zahl $\delta > 0$, so daß auch die δ-Umgebung von t_0 (bezüglich der Einheitsstrecke) zu $\{t\}$ gehört; man braucht nur δ so klein zu wählen, daß $\tilde{P}_1(t)$ und $\tilde{Q}(t)$ für alle Punkte der δ-Umgebung von t_0 der ausgezeichneten Umgebung des Punktes $\tilde{P}_1(t_0)$ angehören.

Ist ferner t^* ein Häufungspunkt von $\{t\}$, so gehört auch t^* zu $\{t\}$. Da schließlich die Menge $\{t\}$ nicht leer ist (denn sie enthält den Punkt $t = 0$), folgt aus den beiden obigen Eigenschaften, daß sie das ganze Intervall ausmachen muß, w. z. b. w.

2.44. Zwei Überlagerungen $\tilde{R}_1$ und $\tilde{R}_2$ einer Fläche R werden als gleich angesehen, wenn es eine topologische Abbildung von $\tilde{R}_1$ auf $\tilde{R}_2$ gibt, so daß einander zugeordnete Punkte über demselben Spurpunkt liegen.

Aus dem obigen Eindeutigkeitssatz folgt, daß jede solche Abbildung τ durch einen Punkt $\tilde{P}_1$ von $\tilde{R}_1$ und seinen Bildpunkt $\tilde{P}_2$ *eindeutig* bestimmt ist.

Es sei $\tilde{Q}_1$ ein beliebiger Punkt von $\tilde{R}_1$ und $\tilde{w}_1$ ein Weg von P_1 nach $\tilde{Q}_1$. Ihm entspricht auf $\tilde{R}_2$ ein von $\tilde{P}_2$ ausgehender Weg $\tilde{w}_2$, dessen Endpunkt der Bildpunkt $\tilde{Q}_2$ von $\tilde{Q}_1$ ist. Nach der Voraussetzung über die Abbildung τ liegen $\tilde{w}_1$ und $\tilde{w}_2$ über demselben Weg w auf R. Der Weg $\tilde{w}_2$ ist also der von $\tilde{P}_2$ aus nach $\tilde{R}_2$ durchgedrückte Überlagerungsweg von w und als solcher durch den Punkt $\tilde{P}_2$ und den Weg w eindeutig bestimmt. Damit ist $\tilde{Q}_2$ durch $\tilde{Q}_1$ eindeutig festgelegt, und da $\tilde{Q}_1$ ein beliebiger Punkt war, gilt dies für die ganze Abbildung τ.

Dieser Satz besagt für den besonderen Fall, daß die Flächen $\tilde{R}_1$ und $\tilde{R}_2$ zusammenfallen, folgendes: Bei gegebener Grundfläche R ist eine topologische Selbstabbildung einer Überlagerungsfläche $\tilde{R}$, welche die

Spurpunkte auf R invariant erhält, durch Vorgabe *eines* Punktes und seines Bildpunktes eindeutig bestimmt. Läßt eine solche Abbildung also einen Punkt fest, so ist sie die Identität.

2.45. Unbegrenzte Überlagerungsflächen. Es bleibt die Frage zu untersuchen, ob man jeden Weg w von R nach $\tilde{R}$ durchdrücken kann. In 2.52. wird sich zeigen, daß dies im allgemeinen nicht der Fall ist, daß vielmehr die Spurabbildung σ folgenden verschärften Bedingungen genügen muß:

I. Ist P ein Punkt von R, so kann man die ausgezeichneten Umgebungen $\tilde{U}$ der Urbildpunkte $\tilde{P}$ so wählen, daß der Durchschnittt ihrer Bilder $\sigma(\tilde{U})$ eine Umgebung U von P enthält[1].

II. Ist Q ein Punkt von U, so gehören alle über Q liegenden Punkte der Vereinigungsmenge $\sum \tilde{U}$ an.

Sind diese Bedingungen erfüllt, so heißt $\tilde{R}$ eine *unbegrenzte* Überlagerungsfläche von R.

Es sei $\tilde{R}$ eine Überlagerung von R und R' eine Teilfläche von R. Die Menge der Urbildpunkte von R' auf $\tilde{R}$ ist[2] eine Fläche $\tilde{R}'$, die R' mittels der Spurabbildung $\tilde{R} \to R$ überlagert. Ist dann insbesondere die Überlagerung $\tilde{R} \to R$ *unbegrenzt*, so gilt dasselbe von der Überlagerung $\tilde{R}' \to R'$. Man kontrolliert nämlich leicht, daß sich beide Unbegrenztheitsbedingungen auf die Teilfläche R' übertragen.

2.46. Daß die Unbegrenztheit für das unbeschränkte Durchdrücken der Wege von R nach $\tilde{R}$ notwendig ist, wird sich, wie schon erwähnt, in 2.52. ergeben. Wir zeigen zunächst umgekehrt, daß man jeden Weg w von R nach der unbegrenzten Überlagerungsfläche $\tilde{R}$ durchdrücken kann oder, genauer gesagt:

Ist $\tilde{R}$ eine unbegrenzte Überlagerung von R, w ein beliebiger Weg auf R und $\tilde{A}$ ein über seinem Anfangspunkt A liegender Punkt, so gibt es einen von $\tilde{A}$ ausgehenden Weg $\tilde{w}$, dessen Spurweg w ist.

Beweis. a) Wir nehmen zunächst an, der Weg w liege in der ausgezeichneten Umgebung U eines Punktes Q. Dann liegt der über A gewählte Punkt $\tilde{A}$ nach Bedingung II in der ausgezeichneten Umgebung $\tilde{U}$ eines passend gewählten Urbildpunktes von Q, und man kann den Weg w topologisch von U nach $\tilde{U}$ übertragen.

b) Ist zweitens w ein beliebiger Weg, so gehört nach Bedingung I zu jedem seiner Punkte P eine ausgezeichnete Umgebung. Um jeden Punkt $\bar{P}$ der Urbildstrecke $\bar{w}$ gibt es daher ein Intervall, dessen Bild

[1] Ersetzt man jede Umgebung $\tilde{U}$ durch $\sigma^{-1}(U)$, so läßt sich die Bedingung I so formulieren: Zu jedem Urbildpunkt $\tilde{P}$ von P gibt es eine Umgebung $\tilde{U}$, die topologisch auf eine *feste* Umgebung U von P abgebildet wird.

[2] sofern sie zusammenhängend ist.

ganz in der ausgezeichneten Umgebung des Punktes P enthalten ist. Nach dem HEINE-BORELschen Satz kann man also die Urbildstrecke in so kleine Intervalle teilen, daß das Bild jedes Intervalles ganz in der ausgezeichneten Umgebung eines (passend gewählten) Punktes von w liegt. Der Weg w zerfällt dementsprechend in endlich viele Teilwege: $w = w_1 w_2 \dots w_n$.

Sei P_ν der Endpunkt von w_ν $(\nu = 1, \dots, n)$. Ist $\tilde{A}$ ein beliebiger über A liegender Punkt, so kann man den Weg w_1 nach a) in einen von $\tilde{A}$ ausgehenden Weg $\tilde{w}_1$ durchdrücken. Sein Endpunkt $\tilde{P}_1$ liegt über P_1. Nun drücke man w_2 in einen von $\tilde{P}_1$ ausgehenden Weg $\tilde{w}_2$ durch, was nach a) möglich ist. Nach n Schritten erhält man einen von $\tilde{A}$ ausgehenden, über w liegenden Weg.

2.47. Blätterzahl. Es sei $\tilde{R}$ eine unbegrenzte Überlagerung der Fläche R. Seien P und Q zwei Punkte von R und $\tilde{P}_\nu$ bzw. $\tilde{Q}_\mu$ die über ihnen liegenden. Die Punkte $\tilde{P}_\nu$ lassen sich folgendermaßen eineindeutig den Punkten $\tilde{Q}_\mu$ zuordnen. Man verbinde P und Q durch einen Weg w und ordne jedem Punkte $\tilde{P}_\nu$ den Endpunkt des von $\tilde{P}_\nu$ aus durchgedrückten Weges w zu. Umgekehrt ordne man jedem Punkte $\tilde{Q}_\mu$ den Endpunkt des von $\tilde{Q}_\mu$ aus durchgedrückten Weges w^{-1} zu. Diese Abbildung ist offenbar die Umkehrung der ersten, womit die verlangte Zuordnung hergestellt ist.

Liegen über einem Punkte P von R *endlich viele* Punkte von $\tilde{R}$, so gilt dies nach Obigem für *alle* Punkte von R, und die Anzahl der über P liegenden Punkte ist von P unabhängig; sie heißt die *Blätterzahl* der Überlagerung. Ist die Anzahl der über den einzelnen Punkten von R liegenden Punkte unendlich, so heißt die Überlagerung $\tilde{R}$ *unendlichblättrig*.

2.48. Ist $\tilde{R}$ unbegrenzte Überlagerungsfläche von R und liegen über einem Punkte P von R endlich viele Punkte von $\tilde{R}$, so hängt ihre Anzahl nach 2.47. nicht von P ab. Es sei nun umgekehrt $\tilde{R}$ eine (nicht notwendig unbegrenzte) Überlagerung von R, so daß die Anzahl g der über einem Punkte P liegenden Punkte von $\tilde{R}$ endlich und von P unabhängig ist. Dann ist $\tilde{R}$ eine unbegrenzte Überlagerung.

Zum Beweis seien $\tilde{U}_r$ $(r = 1, \dots, g)$ die zu $\tilde{P}_r$ gehörigen ausgezeichneten Umgebungen, die wir punktfremd voraussetzen, und V eine kreishomöomorphe Umgebung von P, welche im Durchschnitt der Bilder $\sigma(\tilde{U}_r)$ $(r = 1, \dots, g)$ enthalten ist. Ihr entspricht in $\tilde{U}_r$ eine kreishomöomorphe Teilmenge $\tilde{V}_r$. Es ist also V eine von r unabhängige kreishomöomorphe Umgebung von P und damit ist die erste Bedingung erfüllt. — Ist Q ein Punkt von V, so liegt in jeder Umgebung $\tilde{V}_r$ ein Urbildpunkt $\tilde{Q}_r$ von Q. Da nach Voraussetzung nur g Urbildpunkte existieren, müssen diese bereits alle umfassen, d.h. jeder Urbildpunkt von Q liegt in der Vereinigungsmenge $\sum_r V_r$. Das ist die zweite Unbegrenztheitsbedingung.

2.49. Es sei $\tilde{R}$ eine (nicht notwendig unbegrenzte) Überlagerungsfläche von R. Wir setzen $\tilde{R}$ insbesondere ***kompakt*** voraus; dann ist auch R kompakt. Wir zeigen, daß unter dieser Voraussetzung die Überlagerung von selbst ***unbegrenzt*** ist.

Zunächst folgt aus der Kompaktheit von $\tilde{R}$, daß über jedem Punkte P von R nur endlich viele Punkte $\tilde{P}_\nu$ liegen. Es sei also P ein Punkt von R und $\tilde{P}_\nu$ $(\nu = 1, \ldots, n)$ seien seine Urbildpunkte. Zu jedem $\tilde{P}_\nu$ gehört eine ausgezeichnete Umgebung $\tilde{U}_\nu$, die topologisch auf eine Umgebung U_ν von P abgebildet wird. Wir zeigen: Es gibt eine Umgebung U von P, so daß *alle* Urbilder eines Punktes Q von U der Vereinigungsmenge $\tilde{V} = \sum \tilde{U}_\nu$ angehören.

Zum Beweis nehmen wir entgegen der Behauptung an, in jeder Umgebung von P liege ein Punkt Q, so daß einer seiner Urbildpunkte, den wir $\tilde{Q}$ nennen, in $\tilde{R} - \tilde{V}$ liegt. Ist dann Q_ν eine derartige Punktfolge, die nach P konvergiert, so muß die entsprechende Folge $\tilde{Q}_\nu$, da sie auf der kompakten Teilmenge $\tilde{R} - \tilde{V}$ von R liegt, auf dieser einen Häufungspunkt $\tilde{P}_0$ haben. Dieser muß bei der stetigen Spurabbildung in P übergehen und daher einer der über P liegenden Punkte $\tilde{P}_\nu$ sein; andererseits liegt er in der Komplementärmenge $\tilde{R} - \tilde{V}$, womit ein Widerspruch hergestellt ist.

Es gibt daher, wie behauptet, eine Umgebung U von P, so daß die Urbildmenge $\sigma^{-1}(U)$ in $\tilde{V}$ liegt. Es bezeichne dann U^* eine kreishomöomorphe Umgebung von P, die im Durchschnitt $U U_1 \ldots U_n$ enthalten ist. Ihr entspricht in jedem $\tilde{U}_\nu$ eine kreishomöomorphe Umgebung $\tilde{U}_\nu^*$ von $\tilde{P}_\nu$. Die erste Unbegrenztheitsbedingung ist also erfüllt.

Ist nun Q ein beliebiger Punkt von U^*, so liegt jeder Urbildpunkt von Q in einem $\tilde{U}_\nu$ und, da die Beziehung $\tilde{U}_\nu \to U_\nu$ eineindeutig ist, damit notwendig in $\tilde{U}_\nu^*$. Das bedeutet, daß auch die zweite Unbegrenztheitsbedingung erfüllt ist.

2.50. Da die Unbegrenztheit der Überlagerung nach obigem aus der Kompaktheit der Überlagerungsfläche $\tilde{R}$ folgt, so hat die Überlagerung eine bestimmte endliche Blätterzahl. Umgekehrt gilt, daß eine unbegrenzte endlichblättrige Überlagerungsfläche einer kompakten Fläche R selbst kompakt ist. Zum Beweis sei $\tilde{P}^\nu$ eine beliebige unendliche Punktfolge auf $\tilde{R}$. Die Folge der Spurpunkte P^ν hat wegen der Kompaktheit vom R einen Häufungspunkt P. Über P liegen endliche viele Punkte $\tilde{P}_1, \ldots, \tilde{P}_m$. Von der Folge P^ν können wir annehmen, daß sie gegen P

konvergiert. Die Punkte P^ν liegen dann für hinreichend großes $\nu > N$ in der ausgezeichneten Umgebung U von P. Alle m Urbildpunkte eines solchen Punktes müssen daher in den über U liegenden ausgezeichneten Umgebungen $\tilde{U}_1, \ldots, \tilde{U}_m$ enthalten sein, und damit auch die Punkte $\tilde{P}^\nu (\nu > N)$. Daher muß eine dieser (endlich vielen) Umgebungen, etwa $\tilde{U}_1$, unendlich viele der Punkte $\tilde{P}^\nu$ enthalten, und da die Abbildung $\tilde{U}_1 \to U$ topologisch ist, wird dann die Folge $\tilde{P}^\nu$ nach $\tilde{P}_1$ konvergieren. Die Folge $\tilde{P}^\nu$ hat also einen Häufungspunkt auf $\tilde{R}$, d.h. die Fläche $\tilde{R}$ ist kompakt.

2.51. Durchdrücken von Deformationen. Es sei $\tilde{R}$ eine (nicht notwendig unbegrenzte) Überlagerungsfläche von R. Sind $\tilde{w}_0$ und $\tilde{w}_1$ zwei auf $\tilde{R}$ liegende homotope Wege, so sind wegen der Stetigkeit der Spurabbildung auch ihre Spurwege homotop. Wir zeigen umgekehrt:

Es seien w_0 und w_1 zwei von A nach B führende homotope Wege auf R. Sei $\tilde{A}$ ein über A liegender Punkt und alle Wege w_τ $(0 \leq \tau \leq 1)$ der Deformation $w_0 \to w_1$ seien von $\tilde{A}$ aus durchdrückbar. Dann führen die von $\tilde{A}$ aus durchgedrückten Überlagerungswege $\tilde{w}_0$ und $\tilde{w}_1$ zu demselben Endpunkt auf $\tilde{R}$ und sie sind auf $\tilde{R}$ homotop.

Nach Voraussetzung gibt es eine stetige Abbildung $P(t, \tau)$ des Rechteckes $0 \leq t \leq 1$, $0 \leq \tau \leq 1$ in die Fläche R, welche die Deformation $w_0 \to w_1$ bewirkt. Ferner läßt sich nach Voraussetzung für jedes feste $\tau = \tau_0$ der Weg $P(t, \tau_0)$ von $\tilde{A}$ aus nach $\tilde{R}$ durchdrücken, d.h. es gibt eine stetige Abbildung $\tilde{P}(t, \tau_0)$, so daß $\sigma \tilde{P}(t, \tau_0) = P(t, \tau_0)$. Hiermit ist eine eindeutige Abbildung $\tilde{P}(t, \tau)$ des Deformationsrechteckes in die Fläche $\tilde{R}$ gegeben. Wir zeigen, daß diese Abbildung stetig ist.

Es sei (t_0, τ_0) ein Punkt des Rechteckes. Wir betrachten den Weg $\tilde{P}(t, \tau_0)$ $(0 \leq t \leq 1)$; zu jedem Punkte $\tilde{P}(t, \tau_0)$ gehört eine ausgezeichnete Umgebung $\tilde{U}_t$. Da die Abbildung $\tilde{P}(t, \tau_0)$ (bei festem τ_0) stetig ist, kann man die Strecke $0 \leq t \leq 1$ in endlich viele Intervalle $t_\nu \leq t \leq t_{\nu+1}$ teilen, so daß das Bild jedes Intervalles ganz in der ausgezeichneten Umgebung $\tilde{U}_\nu$ eines passend gewählten Punktes $\tilde{P}(t_\nu^*, \tau_0)$ liegt. Der Punkt t_0 gehört einem dieser Intervalle an und es ist keine Einschränkung anzunehmen, daß er innerer Punkt dieses Intervalles ist, daß also $t_\nu < t_0 < t_{\nu+1}$.

Wir betrachten nun das Bild U_ν von $\tilde{U}_\nu$ auf R. Der Weg $P(t, \tau_0)$ $(t_\nu \leq t \leq t_{\nu+1})$ liegt in U_ν; wegen der Stetigkeit der Abbildung $P(t, \tau)$ kann man daher eine Zahl $\varepsilon > 0$ so klein wählen, daß das Bild des Rechteckes $t_\nu \leq t \leq t_{\nu+1}$, $|\tau - \tau_0| < \varepsilon$ auch noch in U_ν liegt. Wir behaupten, daß ebenso das $\tilde{P}$-Bild dieses Rechteckes in $\tilde{U}_\nu$ liegt. Hat man dies einmal gezeigt, so ist der ganze Beweis zu Ende geführt. Denn da die

Abbildung $P(t, \tau)$ stetig und die Abbildung σ in $\tilde{U}_\nu$ topologisch ist, folgt daraus die Stetigkeit von $\tilde{P}(t, \tau)$ in (t_0, τ_0).

Um die obige Behauptung zu beweisen, beginnen wir mit $\nu = 1$. Der Weg $\tilde{P}(t, \tau)$ $(t_1 \leq t \leq t_2, \; |\tau - \tau_0| < \varepsilon)$ muß, da er von $\tilde{A}$ ausgeht, zunächst in $\tilde{U}_1$ verlaufen. Andererseits liegt sein Spurweg $P(t, \tau)$ ganz in der Spurumgebung U_1. $\tilde{P}(t, \tau)$ muß daher mit dem (eindeutig bestimmten) von $\tilde{A}$ aus durchgedrückten Wege $P(t, \tau)$ $(t_1 \leq t \leq t_2)$ übereinstimmen und daher *ganz* in $\tilde{U}_1$ liegen. So fortfahrend erkennt man der Reihe nach, daß der Weg $\tilde{P}(t, \tau)$ $(t_\nu \leq t \leq t_{\nu+1})$ ganz in $\tilde{U}_\nu$ liegt. Insbesondere muß also das $\tilde{P}$-Bild des Rechteckes $t_\nu \leq t \leq t_{\nu+1}, |\tau - \tau_0| < \varepsilon$ in $\tilde{U}_\nu$ liegen, w. z. b. w.

Die Abbildung $\tilde{P}(t, \tau)$ ist somit stetig. Ferner führt sie die Seite $\tau = 0$ in den Weg $\tilde{w}_0$ und die Seite $\tau = 1$ in den Weg $\tilde{w}_1$ über, während die Seite $t = 0$ in den Punkt $\tilde{A}$ übergeht. Da schließlich der Punkt $\tilde{P}(1, \tau)$ $(0 \leq \tau \leq 1)$ stets über B liegt und stetig von τ abhängt, muß er mit dem Endpunkt $\tilde{B}$ des Weges $\tilde{P}(t, 0)$ übereinstimmen. $\tilde{P}(t, \tau)$ ist somit eine Deformation von $\tilde{w}_0$ nach $\tilde{w}_1$.

Ist die Überlagerung $\tilde{R}$ insbesondere unbegrenzt, so ist die Durchdrückbarkeit der Wege von R nach $\tilde{R}$ von selbst erfüllt und kann in der Voraussetzung von 2.51. weggelassen werden. Der Satz lautet dann:

Sind w_0 und w_1 zwei homotope Wege auf R, so sind auch die von einem Punkte $\tilde{A}$ aus nach der unbegrenzten Überlagerungsfläche durchgedrückten Wege $\tilde{w}_0$ und $\tilde{w}_1$ homotop.

2.52. Notwendigkeit der Unbegrenztheitsbedingung für das Durchdrücken von Wegen. Nunmehr können wir zeigen, daß die Unbegrenztheitsbedingungen von 2.45. für die unbeschränkte Durchdrückbarkeit der Wege von R nach $\tilde{R}$ notwendig sind.

Es sei also $\tilde{R}$ eine Überlagerung von R, und jeder Weg von R sei von jedem über seinem Anfangspunkt liegenden Punkt nach $\tilde{R}$ durchdrückbar. P sei ein Punkt von R, K seine Parameterumgebung und $\tilde{P}$ ein beliebiger über P liegender Punkt von $\tilde{R}$. Wir verbinden P mit jedem Punkt Q von K durch einen in K verlaufenden Weg q und drücken diesen von $\tilde{P}$ aus nach $\tilde{R}$ durch, was nach Voraussetzung möglich ist. Der Endpunkt $\tilde{Q}$ dieses Weges hängt nach 2.51. nicht von der Wahl des Weges q in K ab und er liegt über Q. Durch die Zuordnung $Q \to \tilde{Q}$ ist eine eindeutige Abbildung τ von K in die Fläche $\tilde{R}$ gegeben. Ihre Umkehrung ist die Spurabbildung σ, und τ ist also eineindeutig. Um zu zeigen, daß die Abbildung τ topologisch ist, haben wir noch ihre Stetigkeit nachzuweisen. Dazu stellen wir folgende zwei Eigenschaften der Abbildung τ fest:

1. Ist Q ein Punkt von K und $\widetilde{Q}$ sein Bildpunkt, so gibt es eine Umgebung von Q, deren Bild in der ausgezeichneten Umgebung $U_{\widetilde{Q}}$ von $\widetilde{Q}$ liegt.

Zum Beweis sei U_Q das Bild von $U_{\widetilde{Q}}$ und V eine kreishomöomorphe Umgebung von Q, die im Durchschnitt KU_Q liegt. Ist dann S ein Punkt von V, so erhält man den Punkt $\tau(S)$, indem man Q mit S durch einen Weg in V verbindet und diesen von $\widetilde{Q}$ aus nach $\widetilde{R}$ durchdrückt. Der durchgedrückte Weg liegt aber in $U_{\widetilde{Q}}$ und damit auch sein Endpunkt, der Punkt $\tau(S)$. Damit ist zum Punkte Q die verlangte Umgebung gefunden.

2. Die zusammengesetzte Abbildung $\sigma\tau$ ist die Identität. Dies folgt unmittelbar aus der Konstruktion von τ.

Aus den Eigenschaften 1. und 2. ergibt sich auf Grund des Hilfssatzes, den wir sogleich nachtragen, die Stetigkeit von τ. Diese Abbildung ist somit eineindeutig und in beiden Richtungen stetig, d. h. topologisch.

Das Bild $\tau(K)$ von K ist somit eine Parameterumgebung auf $\widetilde{R}$. Damit ist die feste Parameterumgebung K von P topologisch auf eine Parameterumgebung $\widetilde{K}$ des gewählten Urbildpunktes $\widetilde{P}$ von P abgebildet, und die Umkehrung dieser Abbildung ist σ. Bedingung (I) von 2.45. ist also erfüllt. Um die zweite Bedingung (II) zu prüfen, sei Q ein beliebiger Punkt von K und $\widetilde{Q}$ ein über ihm liegender Punkt von $\widetilde{R}$. Man verbinde Q mit P durch einen Weg q in K und drücke diesen von $\widetilde{Q}$ aus durch. Der Endpunkt des so erhaltenen Weges liegt dann über P, ist also ein wohlbestimmter Urbildpunkt $\widetilde{P}$ von P. Der Punkt $\widetilde{Q}$ muß daher in der zu $\widetilde{P}$ gehörigen ausgezeichneten Umgebung $\widetilde{K}$ liegen, nach Konstruktion von $\widetilde{K}$.

Damit ist gezeigt, daß beide Bedingungen von 2.45. erfüllt sind, d. h. $\widetilde{R}$ ist eine unbegrenzte Überlagerung von R.

2.53. Wir haben noch den oben in 2.52. erwähnten Hilfssatz nachzutragen, den wir wegen seiner allgemeinen Gültigkeit und mit Rücksicht auf spätere Anwendungen so formulieren:

Hilfssatz. — *Es sei $\widetilde{R}$ eine beliebige Überlagerung einer Fläche R und $\widetilde{\varphi}$ eine eindeutige Abbildung eines beliebigen topologischen Raumes R_1 in die Fläche $\widetilde{R}$, mit den Eigenschaften:*

1. Zu jedem Punkt P_1 von R_1 gibt es eine Umgebung U_1, deren Bild in der (zur Spurabildung $\sigma: \widetilde{R} \to R$ gehörigen) ausgezeichneten Umgebung $\widetilde{U}$ des Punktes $\widetilde{P} = \widetilde{\varphi}(P_1)$ liegt.

2. Die zusammengesetzte Abbildung $\sigma\widetilde{\varphi}$ ist stetig.

Dann ist auch die Abbildung $\widetilde{\varphi}$ stetig.

Beweis. Es sei P_1 ein Punkt von R_1, $\widetilde{P}$ der Bildpunkt auf $\widetilde{R}$ und $\widetilde{V}$ eine beliebige Umgebung von $\widetilde{P}$. Dann ist $\widetilde{U}\widetilde{V}$ offen in $\widetilde{R}$, und mithin ist $\sigma(\tilde{U}\tilde{V})$ offen in R, also eine Umgebung des Punktes $P = \sigma\tilde{\varphi}(P_1)$. Wegen der Stetigkeit der Abbildung $\sigma\tilde{\varphi}$ gibt es eine Umgebung V_1 von P_1, deren $\sigma\tilde{\varphi}$-Bild in $\sigma(\tilde{U}\tilde{V})$ liegt. Wir betrachten den Durchschnitt $U_1 V_1$. Sein $\sigma\tilde{\varphi}$-Bild liegt in $\sigma(\tilde{U}\tilde{V})$ und sein $\tilde{\varphi}$-Bild in $\tilde{U}$. Wegen der Eineindeutigkeit von σ in $\tilde{U}$ muß daher das letzte Bild sogar im Durchschnitt $\tilde{U}\tilde{V}$ enthalten sein. Damit ist zum Punkte P_1 eine Umgebung gefunden, nämlich $U_1 V_1$, deren $\tilde{\varphi}$-Bild in $\tilde{V}$ liegt, und das bedeutet nach 2.7. gerade die Stetigkeit von $\tilde{\varphi}$.

2.54. Zusammenhang der Fundamentalgruppen. Es sei $\tilde{R}$ eine unbegrenzte Überlagerung von R. Wir wählen in R einen Punkt O und in $\tilde{R}$ einen darüberliegenden Punkt $\tilde{O}$ als Anfangspunkt der geschlossenen Wege. Vermöge der Spurabbildung entspricht jedem geschlossenen Weg auf $\tilde{R}$ ein geschlossener Weg auf R und homotope Wege von $\tilde{R}$ gehen in homotope Wege von R über. Jeder Wegeklasse auf $\tilde{R}$ ist somit eine Wegeklasse auf R zugeordnet. Nach 2.51. entsprechen verschiedenen Klassen auf $\tilde{R}$ verschiedene Klassen auf R. Die Spurabbildung bewirkt somit einen Isomorphismus der Fundamentalgruppe $\tilde{F}$ von $\tilde{R}$ in die Fundamentalgruppe F von R. Es ist somit $\tilde{F}$ zu einer Untergruppe G von F isomorph.

Ein von O ausgehender geschlossener Weg, von $\tilde{O}$ aus durchdrückt, geht genau dann in einen geschlossenen Weg über, wenn seine Wegeklasse der Untergruppe G angehört. Ist nämlich erstens der Überlagerungsweg geschlossen, so gehört er zu einer bestimmten Wegeklasse von $\tilde{F}$; daher gehört der Spurweg w zu einer Wegeklasse des Bildes von $\tilde{F}$, also der Untergruppe G. Gehört umgekehrt die Wegeklasse von w zu G, so gibt es in $\tilde{F}$ einen von $\tilde{O}$ ausgehenden geschlossenen Weg $\tilde{w}_1$, dessen Spurweg w_1 zu w homotop ist. Dann haben nach 2.51. die Wege $\tilde{w}_1$ und $\tilde{w}$ denselben Endpunkt, d. h. $\tilde{w}$ ist geschlossen.

2.55. Wir betrachten die Zerlegung der Gruppe F in Nebenklassen nach der Untergruppe G. Zwei Elemente (u) und (v) von F (also zwei Wegeklassen) liegen genau dann in derselben Nebenklasse, wenn das Element $(u)(v)^{-1}$ der Untergruppe G angehört. Jedes Element (w) liegt in genau einer Nebenklasse.

Es seien nun u und v zwei von O ausgehende geschlossene Wege. Der in $\tilde{O}$ beginnende Überlagerungsweg von uv^{-1} ist nach 2.54. genau dann geschlossen, wenn seine Wegeklasse [das Produkt der Klassen (u) und $(v)^{-1}$] zu G gehört, wenn also (u) und (v) in derselben Nebenklasse liegen. Die von $\tilde{O}$ ausgehenden Überlagerungswege von u und v führen also dann und nur dann zu demselben (über O liegenden) Punkte, wenn (u) und (v) in derselben Nebenklasse liegen. Die Nebenklassen entsprechen mithin eineindeutig den über O liegenden Punkten. Ihre Anzahl, der

Index der Untergruppe G, ist also gleich der Blätterzahl der Überlagerung. Der Index von G kann somit endlich oder unendlich sein. Ist die Untergruppe G mit der ganzen Gruppe F identisch, so ist der Index und damit die Blätterzahl gleich eins; die Spurabbildung σ ist dann eineindeutig, also topologisch.

2.56. Abhängigkeit vom Anfangspunkt. Wählt man als Anfangspunkt der Wege auf $\widetilde{R}$ einen anderen über O liegenden Punkt $\widetilde{O}'$, so drückt sich die zu $\widetilde{O}'$ gehörige Fundamentalgruppe $\widetilde{F}'$ im allgemeinen in eine andere Untergruppe G' von F durch. Aus den Isomorphien $G \cong \widetilde{F}$, $\widetilde{F} \cong \widetilde{F}'$, $\widetilde{F}' \cong G'$ folgt, daß $G \cong G'$. Dieser Isomorphismus $G \rightarrow G'$ läßt sich in einfacher Weise herstellen: Ist $\tilde{a}$ ein beliebiger von $\widetilde{O}$ nach $\widetilde{O}'$ führender Weg auf $\widetilde{R}$, so ist durch die Zuordnung

$$\widetilde{w} \rightarrow \tilde{a}^{-1} \widetilde{w}\, \tilde{a}$$

nach 2.34. ein Isomorphismus von $\widetilde{F}$ auf $\widetilde{F}'$ gegeben. Setzt man die drei Isomorphismen $G \rightarrow \widetilde{F}$, $\widetilde{F} \rightarrow \widetilde{F}'$, $\widetilde{F}' \rightarrow G'$ zusammen, so erhält man einen Isomorphismus $G \rightarrow G'$, der dadurch bestimmt ist, daß man jedem Element (w) von G das Element $(a)^{-1}(w)(a)$ von G' zuordnet, wobei (a) die Klasse des Weges a bezeichnet. Es gilt somit

$$G' = (a)^{-1} G (a),$$

d.h. die Untergruppe G' entsteht aus G durch Transformation mit dem Element (a). Man nennt die Untergruppen G und G' zueinander *konjugiert.*

Ist insbesondere G *Normalteiler* von F, so stimmen alle zu G konjugierten Untergruppen mit G überein, und die Fundamentalgruppe $\widetilde{F}$ drückt sich immer in die Untergruppe G durch, gleichgültig welchen der über O liegenden Punkte man als Anfangspunkt der Wege nimmt. Daraus folgt nach 2.54. daß ein geschlossener Weg von R, von einem über O liegenden Punkt $\widetilde{O}$ aus nach $\widetilde{R}$ durchgedrückt, entweder für alle Punkte $\widetilde{O}$ geschlossen oder für alle $\widetilde{O}$ nicht geschlossenen ist. In diesem Fall wird $\widetilde{R}$ eine *reguläre Überlagerung* von R genannt.

2.57. Durchdrücken von Abbildungen. Es sei $\widetilde{R}$ eine unbegrenzte Überlagerung der Fläche R; $\widetilde{O}$ sei ein fester Punkt auf $\widetilde{R}$, O sein Bildpunkt und $\widetilde{F}$ bzw. F die Fundamentalgruppen von $\widetilde{R}$ bzw. R zu diesen Anfangspunkten. Bei der Spurabbildung σ wird $\widetilde{F}$ nach 2.54. auf eine Untergruppe G von F isomorph abgebildet. Es sei nun R_1 eine dritte Fläche und φ eine stetige Abbildung von R_1 auf R; O_1 sei ein Urbildpunkt von O und F_1 die Fundamentalgruppe von R_1 zum Anfangspunkt O_1. Bei der Abbildung φ geht F_1 nach 2.35. in eine Untergruppe G_1 von F über. Wir setzen jetzt weiter voraus, daß G_1 sogar Untergruppe von G ist, und zeigen, daß man dann die Abbildung φ nach $\tilde{R}$ durchdrücken kann, d.h., daß es eine stetige Abbildung $\tilde{\varphi}$ von R_1 auf $\tilde{R}$ gibt, so daß die zusammengesetzte Abbildung $\sigma\tilde{\varphi}$ gleich der Abbildung φ ist.

Es sei P_1 ein beliebiger Punkt auf R_1 und w_1 ein Weg von O_1 nach P_1. Sei w der Bildweg auf R und $\tilde{w}$ der von $\tilde{O}$ aus nach $\tilde{R}$ durchgedrückte Weg w. Sein Endpunkt $\tilde{P}$ hängt nicht von der Auswahl des Weges w_1 ab; ist nämlich w_1' ein anderer von O_1 nach P_1 führender Weg auf R_1, so ist der Weg $w_1 w_1'^{-1}$ geschlossen, die Wegeklasse des Bildweges gehört daher zur Untergruppe G_1 und damit auch zur Untergruppe G. Der nach $\tilde{R}$ durchgedrückte Weg $\tilde{w}\tilde{w}'^{-1}$ ist also auch geschlossen, d.h. $\tilde{w}$ und $\tilde{w}'$ haben denselben Endpunkt.

Die Zuordnung $P_1 \to \tilde{P}$ bestimmt eine eindeutige Abbildung $\tilde{\varphi}$ von R_1 auf $\tilde{R}$. Diese Abbildung ist *stetig*. Um dies zu zeigen, beachte man, daß die Abbildung $\tilde{\varphi}$ folgende beiden Eigenschaften hat, welche unmittelbare Folgen ihrer Konstruktion sind:

1. Zu jedem Punkte P_1 von R_1 gibt es eine Umgebung, deren Bild ganz in der ausgezeichneten Umgebung des Bildpunktes $\tilde{P} = \tilde{\varphi}(P_1)$ liegt[1].

2. Die zusammengesetzte Abbildung $\sigma\tilde{\varphi}$ ist gleich der Abbildung φ und damit stetig. Aus diesen beiden Eigenschaften folgt die Stetigkeit von $\tilde{\varphi}$ auf Grund von Hilfssatz 2.53. Damit ist die Abbildung φ nach $\tilde{R}$ „*durchgedrückt*".

2.58. Wir setzen jetzt weiter voraus, daß R_1 eine (nicht notwendig unbegrenzte) Überlagerungsfläche von R ist, daß also die Abbildung φ der Bedingung der lokalen Eineindeutigkeit genügt (vgl. 2.40.). Dann genügt auch die durchgedrückte Abbildung $\tilde{\varphi}$ dieser Bedingung; R_1 ist also dann sogar Überlagerungsfläche von $\tilde{R}$. Dies folgt aus dem allgemeinen

Hilfssatz. *Es sei $\tilde{R}$ eine (nicht notwendig unbegrenzte) Überlagerung einer Fläche R und $\tilde{\varphi}$ eine eindeutige Abbildung einer dritten Fläche R_1 auf $\tilde{R}$ mit den Eigenschaften:*

1. Zu jedem Punkte P_1 von R_1 gibt es eine Umgebung U_1^*, deren Bild in der ausgezeichneten Umgebung $\tilde{U}$ des Bildpunktes $\tilde{P} = \tilde{\varphi}(P_1)$ liegt[1].

2. Die zusammengesetzte Abbildung $\sigma\tilde{\varphi} = \varphi$ ist eine Spurabbildung von R_1 auf R.

Dann ist $\tilde{\varphi}$ eine Spurabbildung von R_1 auf $\tilde{R}$.

Zum Beweis sei U_1 die ausgezeichnete Umgebung von P_1 bezüglich der Spurabbildung φ und K_1 eine kreishomöomorphe Umgebung von P_1,

[1] „Ausgezeichnete Umgebung" ist bezüglich der Spurabbildung $\tilde{R} \to R$ zu verstehen.

die dem Durchschnitt $U_1 U_1^*$ angehört. Dann folgt aus der Gleichung $\sigma\tilde{\varphi} = \varphi$, daß die Abbildung $\tilde{\varphi}$ in K_1 topologisch ist; zunächst ist φ in K_1 topologisch, zweitens liegt die Bildmenge $\tilde{\varphi}(K_1)$ in $\tilde{U}$, σ ist also in $\tilde{\varphi}(K_1)$ topologisch. Daher ist auch $\tilde{\varphi}$ in K_1 topologisch. Somit ist zu jedem Punkte P_1 eine kreishomöomorphe Umgebung angegeben, in der $\tilde{\varphi}$ topologisch ist, d.h. $\tilde{\varphi}$ ist eine Spurabbildung.

2.59. Damit haben wir folgendes Ergebnis:

Es sei $\tilde{R}_1$ eine beliebige und $\tilde{R}$ eine unbegrenzte Überlagerung einer Fläche R. Bezeichnen G bzw. G_1 die Untergruppen der Fundamentalgruppe von R, in welche sich die Fundamentalgruppen von $\tilde{R}_1$ bzw. $\tilde{R}$ durchdrücken, und ist G_1 Untergruppe von G, so ist $\tilde{R}_1$ eine Überlagerung von $\tilde{R}$.

Falls insbesondere auch die Überlagerung $\sigma_1 : \tilde{R}_1 \to R$ *unbegrenzt* ist und die Untergruppen G_1 und G übereinstimmen, so wird $\tilde{R}_1$ mittels $\tilde{\varphi}$ unbegrenzte Überlagerung von $\tilde{R}$, und zwar geht hierbei die Fundamentalgruppe von $\tilde{R}_1$ in die *ganze* Fundamentalgruppe von $\tilde{R}$ über; die Abbildung $\tilde{\varphi}$ ist also nach 2.55. topologisch. Da sie ferner der Gleichung $\sigma\,\tilde{\varphi} = \sigma_1$ genügt, bedeutet dies, daß $\tilde{R}$ und $\tilde{R}_1$ übereinstimmen, im Sinne der Gleichheit von Überlagerungsflächen.

Damit ist gezeigt:

Sind $\tilde{R}_1$ und $\tilde{R}$ zwei unbegrenzte Überlagerungen einer Fläche R und drücken sich die Fundamentalgruppen von $\tilde{R}_1$ und $\tilde{R}$ bei geeigneter Wahl der Anfangspunkte $\tilde{O}_1$ und $\tilde{O}$ über O in dieselbe Untergruppe G von F durch, so stimmen die Überlagerungen $\tilde{R}_1$ und $\tilde{R}$ überein.

2.60. Beispiel. Es sei $\tilde{R}$ eine unbegrenzte r-blättrige (r endlich) Überlagerungsfläche der punktierten Kreisscheibe $\dot{K}: 0 < |z| < 1$. Die Fundamentalgruppe $\tilde{F}$ von $\tilde{R}$ drückt sich bei der Spurabbildung σ (nach 2.54.) in eine Untergruppe der Fundamentalgruppe F von $\dot{K}$ durch, und diese hat den Index r. Die Gruppe F ist aber die zyklische Gruppe einer Erzeugenden a und hat daher nur eine Untergruppe vom Index r, nämlich die von a^r erzeugte. Ist daher $\tilde{R}_1$ eine zweite r-blättrige Überlagerung von $\dot{K}$, so muß sich die Fundamentalgruppe von $\tilde{R}_1$ in dieselbe Untergruppe von $\dot{K}$ durchdrücken, und daraus folgt nach 2.59., daß es eine topologische Abbildung τ von $\tilde{R}$ auf $\tilde{R}_1$ gibt, so daß $\sigma = \sigma_1 \tau$; insbesondere sind also $\tilde{R}$ und $\tilde{R}_1$ homöomorph.

Nimmt man speziell für $\tilde{R}_1$ die punktierte Kreisscheibe $0 < |\tilde{z}| < 1$ und für σ_1 die Abbildung $z = \tilde{z}^r$, so folgt, daß die gegebene Fläche $\tilde{R}$ zur Kreisscheibe $0 < |\tilde{z}| < 1$ homöomorph ist; und zwar gibt es eine topologische Abbildung τ, so daß $\sigma = \sigma_1 \tau$, wobei σ_1 die Abbildung $z = \tilde{z}^r$ bezeichnet.

2.61. Existenz der Überlagerungsfläche. Wir zeigen nun, daß es *zu einer gegebenen Untergruppe G der Fundamentalgruppe F von R eine unbegrenzte Überlagerung gibt, deren Fundamentalgruppe sich bei der Spurabbildung in die Untergruppe G durchdrückt.*

Wir setzen zunächst voraus, es sei $\tilde{R}$ eine unbegrenzte Überlagerung von R zur Untergruppe G. Sei $\tilde{O}$ bzw. O der Anfangspunkt der Wege auf $\tilde{R}$ bzw. R. $\tilde{P}$ sei ein beliebiger Punkt von $\tilde{R}$ und $\tilde{w}$ ein Weg von $\tilde{O}$ anch $\tilde{P}$. Ihm entspricht auf R ein Weg w, der von O zum Spurpunkt P von $\tilde{P}$ führt. Ist $\tilde{w}'$ ein anderer Weg von $\tilde{O}$ nach $\tilde{P}$ und w' der Spurweg, so gehört die Wegeklasse des geschlossenen Weges ww'^{-1} zur Untergruppe G, denn der Überlagerungsweg $\tilde{w}\tilde{w}'^{-1}$ ist geschlossen. Dem Punkte $\tilde{P}$ entspricht so eine bestimmte Klasse von Wegen, die von O nach P führen, so daß für zwei Wege w und w' die Wegeklasse von ww'^{-1} der Untergruppe G angehört. Die Zuordnung läßt sich für jeden über P liegenden Punkt $\tilde{P}$ herstellen; die entsprechenden Klassen nennen wir kurz die „G-Klassen". Die zu verschiedenen über P liegenden Punkten $\tilde{P}$ gehörenden G-Klassen sind zueinander fremd.

Damit ist eine eineindeutige Beziehung zwischen den Punkten von $\tilde{R}$ und den G-Klassen der Punkte von R hergestellt. Überträgt man mittels dieser Abbildung τ dic Topologie von $\tilde{R}$ auf die Menge $\tilde{R}_1$ der G-Klassen, so wird diese zu einem zu $\tilde{R}$ homöomorphen topologischen Raum. $\tilde{R}_1$ ist mittels der Abbildung $\sigma\tau^{-1}$ (wo σ die Spurabbildung $\tilde{R}\to R$ bezeichnet) eine Überlagerung von R. Diese Abbildung besteht darin, daß man jeder G-Klasse den Punkt zuordnet, zu dem sie gehört. Wir wollen nachsehen, wie die ausgezeichnete Umgebung $\tilde{U}_1$ eines Punktes $\tilde{P}_1$ und $\tilde{R}_1$ aussieht. Dazu sei $\tilde{P}$ der entsprechende Punkt auf $\tilde{R}$ und P der Spurpunkt. Ist $\tilde{Q}_1$ ein Punkt von $\tilde{U}_1$ und $\tilde{Q}$ der Bildpunkt in $\tilde{U}$, so ziehe man einen Weg $\tilde{p}$ von $\tilde{O}$ nach $\tilde{P}$ und verlängere ihn um einen ganz in $\tilde{U}$ verlaufenden Weg $\tilde{q}$ bis $\tilde{Q}$. Der Spurweg pq verläuft dann zunächst von O nach P und dann ganz in U. Der „Punkt" $\tilde{Q}_1$ ist die G-Klasse des Weges pq.

Damit ist die ausgezeichnete Umgebung einer G-Klasse $\tilde{P}_1$ beschrieben: Man wähle auf R einen Weg p von O zum Punkte P, welcher der G-Klasse $\tilde{P}_1$ angehört; dann verbinde man P mit jedem Punkt Q der ausgezeichneten Umgebung U durch einen in U verlaufenden Weg q. Die Umgebung $\tilde{U}_1$ besteht dann aus den G-Klassen der Wege pq.

2.62. Durch die obige Betrachtung ist der Weg vorgezeichnet, wie man zu einer gegebenen Untergruppe G von R umgekehrt die entsprechende Überlagerung zu konstruieren hat.

Es sei O der Anfangspunkt der Wege auf R und P ein beliebiger Punkt. Wir teilen die von O nach P führenden Wege in G-Klassen ein, so daß zwei Wege w_1 und w_2 genau dann zu derselben Klasse gehören, wenn die Wegeklasse von $w_1 w_2^{-1}$ der Untergruppe G angehört.

Diese G-Klassen $\tilde{P}$ sind die Punkte unseres Raumes $\tilde{R}$. Wir haben nun in $\tilde{R}$ eine Topologie einzuführen. Dazu sei $\tilde{P}$ ein Punkt von $\tilde{R}$ und P der entsprechende Punkt auf R, d.h. der Punkt, zu dem die G-Klasse $\tilde{P}$ gehört. Sei U eine Parameterumgebung von P. Wir ziehen auf R einen Weg von O nach P, welcher der G-Klasse $\tilde{P}$ angehört, und verbinden P mit jedem Punkte Q von U durch einen in U verlaufenden Weg q. Dann ist die G-Klasse des Weges pq von der Auswahl von p aus $\tilde{P}$ und vom Wege q unabhängig. Jedem Punkte Q von U ist somit eine wohlbestimmte G-Klasse $\tilde{Q}$ zugeordnet. Die Menge dieser Klassen — die eineindeutig den Punkten von U entsprechen — ordnen wir dem Punkte $\tilde{P}$ als ausgezeichnete „Umgebung" $\tilde{T}$ zu.

Es seien nun $\tilde{P}$ und $\tilde{P}'$ zwei Punkte, deren „Umgebungen" $\tilde{T}$ und $\tilde{T}'$ nicht punktfremd sind. Wir zeigen, daß dem Durchschnitt $\tilde{T}\tilde{T}'$ auf R eine *offene* (in UU' liegende) Menge entspricht. Zum Beweis sei $\tilde{M}$ ein „Punkt" von $\tilde{T}\tilde{T}'$ und M sein Bildpunkt. Dieser liegt im Durchschnitt UU'. Es bezeichne p einen von O nach P führenden Weg der G-Klasse $\tilde{P}$ und m einen in U verlaufenden Weg von P nach M. p' und m' seien entsprechende Wege bezüglich des Punktes P'. Da $\tilde{M}$ nach Voraussetzung sowohl in $\tilde{T}$ als auch in $\tilde{T}'$ liegt, gehört die G-Klasse des geschlossenen Weges $p\,m\,m'^{-1}\,p'^{-1}$ zur Untergruppe G.

Nun sei V eine Parameterumgebung von M, die ganz im Durchschnitt UU' liegt. Wir verbinden M mit jedem Punkt Q von V durch einen ganz in V verlaufenden Weg q. Dem Punkte Q entspricht dann vermöge des Weges $p\,m\,q$ ein „Punkt" $\tilde{Q}$ in $\tilde{T}$ und vermöge des Weges $p'\,m'\,q$ ein „Punkt" $\tilde{Q}'$ in $\tilde{T}'$. Diese beiden „Punkte" stimmen miteinander überein, denn der Weg $p\,m\,q\,(p'\,m'\,q)^{-1}$ ist zu $p\,m\,m'^{-1}\,p'^{-1}$ homotop, seine G-Klasse gehört somit zur Untergruppe G. Der Punkt Q ist somit Bild des Punktes $\tilde{Q} = \tilde{Q}'$ von $\tilde{T}\tilde{T}'$. Damit ist zu jedem Punkt M von UU' eine Umgebung V angegeben, die aus Bildpunkten von $\tilde{T}\tilde{T}'$ besteht.

2.64. Wir haben also jedem Punkte $\tilde{P}$ eine Teilmenge $\tilde{T}$ zugeordnet und diese eineindeutig auf eine Parameterumgebung des Punktes P bezogen; dabei entspricht dem Durchschnitt benachbarter Teilmengen auf R eine offene Menge. Damit ist jede Teilmenge $\tilde{T}$ auf dem Umwege über U auf den Parameterkreis U_z von U abgebildet. Dem Durchschnitt benachbarter Teilmengen entspricht in jedem der beiden Parameterkreise eine offene Menge D_z bzw. D'_z. Die „Nachbarrelation" ist eine topologische Abbildung von D_z auf D'_z, denn sie stimmt mit der zu U und U' gehörigen Nachbarrelation überein. Nach 2.16. kann man daher auf jede Teilmenge $\tilde{T}$ die Topologie des Parameterkreises übertragen und $\tilde{R}$ auf diese Art zu einem topologischen Raum machen, der den Axiomen A und C genügt.

Der Raum $\tilde{R}$ genügt auch dem Trennungsaxiom. Zum Beweis seien zunächst $\tilde{P}$ und $\tilde{P}'$ zwei verschiedene Punkte von $\tilde{R}$, die zu demselben Punkte $P=P'$ von R gehören. Dann sind die Teilmengen $\tilde{T}$ und $\tilde{T}'$ punktfremd. Vorausgesetzt, der Durchschnitt $\tilde{T}\tilde{T}'$ wäre nicht leer, so sei $\tilde{Q}$ ein Punkt des Durchschnittes und Q der entsprechende Punkt auf R. Man ziehe auf R von O nach P einen Weg w aus der Klasse $\tilde{P}$ und ebenso einen Weg w' von O nach P aus $\tilde{P}'$. Sei q ein Weg von P nach Q, der in der Parameterumgebung U von P verläuft. Daß $\tilde{Q}$ im Durchschnitt $\tilde{T}\tilde{T}'$ liegt, bedeutet, daß $w\,q$ und $w'\,q$ dieselbe G-Klasse repräsentieren, daß also der Weg $w\,q\,q^{-1}w'^{-1}$ (d. h. seine Wegeklasse) der Untergruppe G angehört. Damit gehört auch die Wegeklasse von ww'^{-1} zu G; das bedeutet aber, daß $\tilde{P}=\tilde{P}'$ sein würde.

Sind dagegen die Punkte P und P' verschieden, so wähle man zu ihnen punktfremde Umgebungen V und V', so daß V in U_P und V' in $U_{P'}$ liegt. Diesen entsprechen dann in $\tilde{T}$ bzw. $\tilde{T}'$ punktfremde Umgebungen von $\tilde{P}$ und $\tilde{P}'$.

Der Raum $\tilde{R}$ genügt also den Axiomen A, B und C und ist damit eine Fläche. Ordnet man jedem Punkte $\tilde{P}$ den zugehörigen Punkt P von R zu, so ist dadurch eine eindeutige Abbildung σ von $\tilde{R}$ auf R bestimmt. Diese ist nach Konstruktion der Topologie von $\tilde{R}$ in jeder Umgebung $\tilde{T}$ topologisch. $\tilde{R}$ ist also eine Überlagerungsfläche von R mit der Spurabbildung σ.

2.65. Die so konstruierte Überlagerung erfüllt die Unbegrenztheitsbedingungen von 2.45. Zunächst folgt aus ihrer Konstruktion, daß jedem Punkte P eine *feste* ausgezeichnete Umgebung U zugeordnet ist, welche topologisch auf die Umgebungen $\tilde{T}$ der über P liegenden Punkte $\tilde{P}$ bezogen ist. Ist ferner Q ein Punkt von U, so gehören alle über Q liegenden Punkte, das sind alle zu Q gehörigen G-Klassen, ebenfalls nach Konstruktion, einer der Umgebungen $\tilde{T}$ an.

2.66. Daß $\tilde{R}$ zusammenhängend ist, ergibt sich daraus, daß sich jeder Punkt $\tilde{P}$ mit $\tilde{O}$ auf $\tilde{R}$ verbinden läßt, wo $\tilde{O}$ die durch G bestimmte Nebenklasse von O bezeichnet. Es sei P der Spurpunkt von $\tilde{P}$ und $P(t)$ ein Weg von O nach P, dessen G-Klasse vom Punkte $\tilde{P}$ repräsentiert wird. Ordnet man jedem Punkte t_0 der Einheitsstrecke $0\leq t\leq 1$ die G-Klasse des Weges $P(t)$ $(0\leq t\leq t_0)$ zu, so ist damit eine eindeutige Abbildung von $0\leq t\leq 1$ nach $\tilde{R}$ gegeben. Aus dem Hilfssatz von 2.53. folgt, daß diese

Abbildung stetig ist, also einen Weg $\tilde{P}(t)$ auf $\tilde{R}$ bestimmt. Sein Anfangspunkt ist nach Konstruktion der Punkt $\tilde{O}$ und sein Endpunkt [das ist die G-Klasse des Weges $P(t)$] der Punkt $\tilde{P}$. Damit ist $\tilde{P}$ mit $\tilde{O}$ verbunden.

2.67. Es ist schließlich noch zu zeigen, daß die konstruierte Überlagerung zur Untergruppe G gehört. Dazu sei $w = P(t)$ $(0 \leq t \leq 1)$ ein von O ausgehender geschlossener Weg auf R. Man ordne jedem Punkte $P(\tau)$ des Weges w die G-Klasse des Teilweges w_τ $(0 \leq t \leq \tau)$ zu. Damit ist die Strecke $0 \leq t \leq 1$ stetig nach $\tilde{R}$ abgebildet, also ein Weg $\tilde{w}$ auf $\tilde{R}$ bestimmt. Sein Anfangspunkt $\tilde{O}$ ist die Klasse der von O ausgehenden geschlossenen Wege der Untergruppe G; der Weg $\tilde{w}$ geht bei der Spurabbildung in w über. Er muß daher mit dem (eindeutig bestimmten) von $\tilde{O}$ ausgehenden Überlagerungsweg von w übereinstimmen. Der Endpunkt des Weges $\tilde{w}$ ist nach seiner Definition die G-Klasse des ganzen Weges w. Der Weg $\tilde{w}$ ist also dann und nur dann geschlossen, wenn diese Klasse gleich der Klasse $\tilde{O}$ ist. Ein von O ausgehender geschlossener Weg, von $\tilde{O}$ aus durchgedrückt, geht also genau dann in einen geschlossenen Weg über, wenn seine Wegeklasse der Untergruppe G angehört. Dies bedeutet nach 2.54., daß sich die Fundamentalgruppe von $\tilde{R}$ bei der Spurabbildung in die Untergruppe G durchdrückt. Damit ist die Existenz der verlangten Überlagerung vollständig bewiesen.

2.68. Universelle Überlagerungsfläche. Nach 2.61. gibt es zu jeder Untergruppe G der Fundamentalgruppe F von R eine unbegrenzte Überlagerungsfläche, deren Fundamentalgruppe bei der Spurabbildung einen Isomorphismus auf G erfährt. Nimmt man für G insbesondere das 1-Element von F, so ist die zugehörige Überlagerungsfläche $\hat{R}$ *einfach zusammenhängend*. Sie heißt die *universelle Überlagerungsfläche* von R.

$\hat{R}$ ist stets eine reguläre Überlagerung. Die Blätterzahl der universellen Überlagerungsfläche ist gleich der Ordnung der Fundamentalgruppe. Hieraus folgt, falls $\hat{R}$ dem Abzählbarkeitsaxiom genügt, daß die Fundamentalgruppe der Fläche R nur aus abzählbar vielen Elementen besteht.

Die universelle Überlagerungsfläche $\hat{R}$ ist die stärkste unbegrenzte Überlagerung von R, d.h. sie überlagert jede andere. Ist nämlich $\tilde{R}$ eine beliebige unbegrenzte Überlagerungsfläche von R, so kann man die Spurabbildung $\hat{R} \to R$ wegen des einfachen Zusammenhanges von $\hat{R}$ (nach 2.57.) nach $\tilde{R}$ durchdrücken, und dann wird $\hat{R}$ (nach 2.59.) mittels der Abbildung $\hat{R} \to \tilde{R}$ (unbegrenzte) Überlagerung von $\tilde{R}$.

2.69. Überlagerungsfläche der Integralfunktionen. Nimmt man für die Untergruppe G der Fundamentalgruppe F die Kommutatorgruppe C, so erhält man hierzu die sog. *Überlagerungsfläche der Integralfunktionen*[1], die wir mit $\check{R}$ bezeichnen. Da C Normalteiler von F ist, muß die Überlagerung $\check{R}$ regulär sein.

Ein geschlossener Weg auf w geht beim Durchdrücken nach $\check{R}$ genau dann in einen geschlossenen Weg über, wenn seine Wegeklasse der Kommutatorgruppe C angehört, d.h. nach 2.37., wenn er *nullhomolog* ist. Die Nebenklassen der Untergruppe C, und damit die über einem Punkte von R liegenden Punkte von $\check{R}$, entsprechen eineindeutig den Homologieklassen der Fläche R. Die Blätterzahl der Überlagerungsfläche $\check{R}$ stimmt somit mit der Ordnung der Homologiegruppe von R überein.

Die Überlagerungsfläche der Integralfunktionen fällt genau dann mit der universellen Überlagerungsfläche zusammen, wenn die Kommutatorgruppe C nur aus dem 1-Element besteht, d. h., wenn die Fundamentalgruppe F abelsch ist. Dies ist für die Kugel, die Zahlenebene, den Torus und die punktierte Ebene der Fall.

2.70. Deckbewegungsgruppe. Unter einer *Deckbewegung* einer Überlagerungsfläche $\tilde{R}$ von R versteht man eine topologische Selbstabbildung τ von $\tilde{R}$, bei der die über ein und demselben Punkte P von R liegenden Punkte von $\tilde{R}$ vertauscht werden. Sind $\tilde{P}_1$ und $\tilde{P}_2$ zwei über P liegende Punkte, so gibt es höchstens *eine* Deckbewegung, die $\tilde{P}_1$ in $\tilde{P}_2$ überführt; dies folgt aus 2.44., wenn man dort $\tilde{R}_1 = \tilde{R}_2$ setzt. Eine Deckbewegung, welche einen Punkt von $\tilde{R}$ festläßt, ist somit die Identität.

Die sämtlichen Deckbewegungen, welche $\tilde{R}$ zuläßt, bilden offenbar eine Gruppe, die *Deckbewegungsgruppe* T von $\tilde{R}$. Sie besteht möglicherweise nur aus der Identität, im Höchstfalle wieder entsprechen ihre Elemente eineindeutig den über einem Punkte von R liegenden Punkten von $\tilde{R}$ und zwar dann, wenn man je zwei über demselben Punkte von R liegende Punkte von $\tilde{R}$ durch eine Deckbewegung ineinander überführen kann.

Zu jedem Punkt $\tilde{P}$ gibt es eine Umgebung, in welchen lauter nichtäquivalente Punkte bezüglich der Gruppe T liegen: diese Gruppe ist in jedem Punkt von $\tilde{R}$ (eigentlich) *diskontinuierlich.*

2.71. Es seien $\tilde{P}$ und $\tilde{P}_1$ zwei Punkte von $\tilde{R}$, die über demselben Punkt P von R liegen. Sei $\tilde{F}$ bzw. $\tilde{F}_1$ die Fundamentalgruppe von $\tilde{R}$, unter Zugrundelegung des Anfangspunktes $\tilde{P}$ bzw. $\tilde{P}_1$. Diese Gruppen drücken sich bei der Spurabbildung in zwei (zueinander konjugierte) Untergruppen G und G_1 der Fundamentalgruppe F von R durch.

[1] Vgl. hierzu Weyl [1].

Sind nun die Punkte $\tilde{P}$ und $\tilde{P}_1$ hinsichtlich der Gruppe T äquivalent, so sind die Untergruppen G und G_1 sogar identisch. Denn ist (w) eine Wegeklasse aus G und w ein spezieller Weg aus (w), so entspricht diesem auf $\tilde{R}$ ein bestimmter von $\tilde{P}$ ausgehender geschlossener Weg $\tilde{w}$. Dem Weg $\tilde{w}$ ist mittels der Deckbewegung $\tilde{P} \to \tilde{P}_1$ ein von $\tilde{P}_1$ ausgehender, geschlossener Weg $\tilde{w}_1$ zugeordnet, und dieser liegt ebenfalls über dem Wege w. Andererseits muß der Spurweg von $\tilde{w}_1$, also der Weg w, einer Wegklasse der Untergruppe G_1 angehören. Jede Wegeklasse von G gehört also auch zu G_1. Da G_1 nicht vor G ausgezeichnet ist, gilt ebenso das Umgekehrte, so daß $G = G_1$.

Bestehen umgekehrt die Gruppen G und G_1 aus denselben Elementen, so müssen die Punkte $\tilde{P}$ und $\tilde{P}_1$ hinsichtlich der Gruppe T äquivalent sein. Denn die Fundamentalgruppen $\tilde{F}$ und $\tilde{F}_1$ drücken sich dann in dieselbe Untergruppe $G = G_1$ durch, und daraus folgt nach 2.59. die Existenz einer topologischen Selbstabbildung von $\tilde{R}$, die $\tilde{P}$ in $\tilde{P}_1$ überführt und die über ein und demselben Punkte von R liegenden Punkte vertauscht. Das ist die verlangte Deckbewegung.

Zwei über demselben Punkte liegende Punkte $\tilde{P}$ und $\tilde{P}_1$ sind also genau dann hinsichtlich der Gruppe T äquivalent, wenn die Fundamentalgruppen $\tilde{F}$ und $\tilde{F}_1$ bezüglich dieser Punkte nach Durchdrücken in die Fläche R identisch sind.

2.72. Diese Bedingung läßt sich noch anders ausdrücken. Dazu verbinden wir die Punkte $\tilde{P}$ und $\tilde{P}_1$ durch einen Weg $\tilde{a}$. Ist G die Untergruppe von F, in die sich $\tilde{F}$ durchdrückt, so drückt sich $\tilde{F}_1$ nach 2.56. in die konjugierte Untergruppe $(a)^{-1}\, G(a)$ durch. Die Punkte $\tilde{P}$ und $\tilde{P}_1$ sind also genau dann hinsichtlich T äquivalent, wenn

$$G = (a)^{-1}\, G(a)\,. \tag{2.5}$$

Diese Bedingung ist stets erfüllt, wenn G *Normalteiler* von F ist, d.h. wenn die Überlagerung *regulär* ist. In diesem Falle sind *alle* über P liegenden Punkte zu $\tilde{P}$ hinsichtlich der Gruppe äquivalent. Umgekehrt, sind je zwei über P liegende Punkte äquivalent, so muß (2.5) für jede Wegeklasse (a) gelten, d.h. G ist Normalteiler und die Überlagerung $\tilde{R}$ von R regulär.

2.73. Struktur der Deckbewegungsgruppe. Nach 2.71. kann man jeder Wegeklasse (a), für die (2.5) gilt, einen zu $\tilde{P}$ äquivalenten Punkt und damit eine Deckbewegung zuordnen: Man nehme einen Weg a aus (a), drücke ihn von $\tilde{O}$ aus durch und betrachte den Endpunkt $\tilde{O}_1$ des so erhaltenen Weges. Die zu (a) gehörige Deckbewegung sei $\tilde{O}_1 \to \tilde{O}$. Wie soeben gezeigt, erhält man auf diese Art *alle* Deckbewegungen.

Die Wegeklassen (a), für welche (2.5) gilt, bilden eine Untergruppe Z von F, die ihrerseits G als Untergruppe enthält. G ist sogar Normalteiler von Z. Man nennt Z die *Zwischengruppe* von G in F.

2.74. Die zuletzt konstruierte Abbildung $Z \to T$ ist ein *Homomorphismus.* Dazu ist zu zeigen, daß dem Produkt zweier Wegeklassen aus Z das Produkt der zugeordneten Deckbewegungen entspricht. Es sei (a) eine Klasse aus Z, a ein Weg aus (a) und $\tilde{a}$ der von $\tilde{O}$ aus durchgedrückte Weg a. Ist $\tilde{O}_a$ sein Endpunkt, so ist $\tilde{O}_a \to \tilde{O}$ die Deckbewegung T_a. Ebenso gehört zu einem anderen Weg b eine Deckbewegung T_b.

Um die zum Produkt $(b a)$ gehörige Deckbewegung zu erhalten, hat man $b a$ von $\tilde{O}$ aus durchzudrücken. Drückt man zunächst b durch, so kommt man zum Punkte $\tilde{O}_b$. Man hat also noch a von $\tilde{O}_b$ aus durchzudrücken, und dies führt zu einem Punkt $\tilde{O}_{b a}$. Die zugeordnete Deckbewegung $T_{b a}$ ist durch $\tilde{O}_{b a} \to \tilde{O}$ gegeben.

Andererseits gilt auch $T_a T_b (\tilde{O}_{b a}) = \tilde{O}$ oder, was damit gleichbedeutend ist $T_b(\tilde{O}_{b a}) = \tilde{O}_a$. Es ist nämlich $\tilde{O}_{b a}$ der Endpunkt des von $\tilde{O}_b$ aus durchgedrückten Weges a. Somit muß $T_b(\tilde{O}_{b a})$ der Endpunkt des von $T_b(\tilde{O}_b) = \tilde{O}$ aus durchgedrückten Weges a, d. h. der Punkt $\tilde{O}_a$ sein.

2.75. Nachdem wir die Abbildung $Z \to T$ als Homomorphismus erkannt haben, fragen wir nach seinem *Kern.* Er besteht aus allen Wegeklassen, deren zugehörige Deckbewegung die Identität ist. Jede Wegeklasse der Untergruppe G gehört also zum Kern, denn ein Weg a aus G geht beim Durchdrücken nach $\tilde{R}$ in einen geschlossenen Weg über und die zugeordnete Deckbewegung T_a ist die Identität. Umgekehrt gehört die Klasse eines Weges, dessen von $\tilde{O}$ ausgehender Überlagerungsweg geschlossen ist, zur Untergruppe G. Der Kern stimmt also mit der Untergruppe G überein. Nach dem Homomorphiesatz folgt daher $T \cong Z/G$:

Die Deckbewegungsgruppe ist isomorph zur Faktorgruppe der Zwischengruppe Z nach der Untergruppe G.

Ist insbesondere G Normalteiler von F, die Überlagerung $\tilde{R}$ also *regulär,* so stimmt die Zwischengruppe Z mit der ganzen Gruppe F überein. In diesem Falle ist $T \cong F/G$.

2.76. Homöomorphiekriterium zweier Flächen mittels der Deckbewegungsgruppen. Es seien R_1 und R_2 zwei Flächen und $\hat{R}_1$ und $\hat{R}_2$ ihre universellen Überlagerungsflächen. Sind R_1 und R_2 homöomorph, so gibt es eine topologische Abbildung τ von $\hat{R}_1$ auf $\hat{R}_2$, so daß die Punkte von $\hat{R}_1$ mit demselben Spurpunkt bezüglich R_1 in die Punkte von $\hat{R}_2$ mit demselben Spurpunkt bezüglich R_2 übergehen.

Zum Beweis seien σ_1 und σ_2 die beiden Spurabbildungen; ist φ die topologische Abbildung $R_1 \to R_2$, so ist $\hat{R}_1$ bezüglich der Abbildung $\varphi\sigma_1$ Überlagerungsfläche von R_2. Die Abbildungen $\varphi\sigma_1$ und σ_2 sind also Spurabbildungen von $\hat{R}_1$ bzw. $\hat{R}_2$ auf R_2. Diese gehören beide zu derselben Untergruppe der Fundamentalgruppe von R_2, nämlich zum 1-Element (da $\hat{R}_1$ und $\hat{R}_2$ einfach zusammenhängend sind). Nach 2.59. gibt es daher eine topologische Abbildung der verlangten Art von $\hat{R}_1$ auf $\hat{R}_2$.

Wir setzen umgekehrt voraus, es existiere eine topologische Abbildung τ von $\hat{R}_1$ auf $\hat{R}_2$, welche Punkte mit gleichem Spurpunkt in Punkte mit gleichem Spurpunkt überführt. Dann sind die Flächen R_1 und R_2 homöomorph.

Zum Beweis sei P_1 ein beliebiger Punkt von R_1 und $\hat{P}_1$ ein über ihm liegender Punkt. Dem Punkte $\hat{P}_1$ entspricht vermöge der Abbildung τ ein Punkt $\hat{P}_2$ von $\hat{R}_2$, und diesem vermöge der Spurabbildung σ_2 ein Punkt P_2 von R_2. Dieser wird P_1 als Bildpunkt zugeordnet. Diese Zuordnung ist nach der Voraussetzung über die Abbildung τ von der Wahl des Punktes $\hat{P}_1$ über P_1 unabhängig. Es ist so eine eineindeutige Abbildung von R_1 auf R_2 bestimmt, die offensichtlich topologisch ist.

Damit ist gezeigt:

Zwei Flächen R_1 und R_2 sind genau dann homöomorph, wenn sich ihre universellen Überlagerungsflächen $\hat{R}_1$ und $\hat{R}_2$ derart topologisch aufeinander abbilden lassen, daß (bezüglich R_1) äquivalente Punkte von $\hat{R}_1$ in (bezüglich R_2) äquivalente Punkte von $\hat{R}_2$ übergehen.

2.77. Die so gefundene Bedingung läßt sich mit Hilfe der Deckbewegungsgruppe in einfacher Form aussprechen. Es sei τ eine topologische Abbildung von $\hat{R}_1$ auf $\hat{R}_2$ mit der obigen Eigenschaft und τ_1 eine beliebige Deckbewegung von $\hat{R}_1$. Dann ist $\tau_2 = \tau\tau_1\tau^{-1}$ eine Deckbewegung von $\hat{R}_2$: Es sei $\hat{P}_2$ ein beliebiger Punkt von $\hat{R}_2$. Ihm entspricht vermöge τ^{-1} ein Punkt $\hat{P}_1$ von $\hat{R}_1$. Da τ_1 eine Deckbewegung ist, liegt $\tau_1(\hat{P}_1)$ über demselben Spurpunkt wie $\hat{P}_1$. Nach Voraussetzung über die Abbildung τ sind daher auch die Punkte $\tau\,\tau_1(\hat{P}_1) = \tau_2(\hat{P}_2)$ und $\tau(\hat{P}_1) = \hat{P}_2$ über demselben Punkte gelegen, w. z. b. w.

Auf diese Art erhält man *alle* Deckbewegungen von $\hat{R}_2$: ist nämlich τ_2 eine beliebige, so ergibt sie sich aus der Deckbewegung $\tau^{-1}\tau_2\tau$ von $\hat{R}_1$. Die Abbildung τ induziert daher eine eineindeutige Abbildung von T_1 auf T_2. Diese Abbildung ist ein Isomorphismus, da, wie man sich überzeugt, Produkt in Produkt übergeht. Die Gruppe T_2 entsteht somit aus der Gruppe T_1 durch Transformation mit der Abbildung τ.

Gibt es umgekehrt eine topologische Abbildung τ von $\hat{R}_1$ auf $\hat{R}_2$, welche die Deckbewegungsgruppen ineinander transformiert. $T_2 = \tau T_1 \tau^{-1}$, so führt τ Punkte mit demselben Spurpunkt in Punkte mit demselben Spurpunkt über. Sind nämlich $\hat{P}_1$ und $\hat{P}_1'$ zwei Punkte von $\hat{R}_1$ über demselben Punkt von R_1, so sind sie (da $\hat{R}_1$ als universelle Überlagerungsfläche regulär ist) hinsichtlich der Deckbewegungsgruppe T_1 äquivalent. Bezeichnet τ_1 die Deckbewegung $\hat{P}_1 \to \hat{P}_1'$, so ist $\tau \tau_1 \tau^{-1}$ nach Voraussetzung über die Abbildung τ eine Deckbewegung von $\hat{R}_2$. Sie führt die Bildpunkte von $\hat{P}_1$ und $\hat{P}_1'$ ineinander über; diese müssen also über demselben Punkte von R_2 liegen. Damit haben wir folgende Bedingung erhalten:

Zwei Flächen R_1 und R_2 sind genau dann homöomorph, wenn es eine topologische Abbildung τ von $\hat{R}_1$ auf $\hat{R}_2$ gibt, so daß die Deckbewegungsgruppe von $\hat{R}_2$ aus der von $\hat{R}_1$ durch Transformation mittels der Abbildung τ entsteht.

2.78. Verzweigte Überlagerung. Es seien $\tilde{R}$ und R zwei zweidimensionale Mannigfaltigkeiten und σ eine eindeutige Abbildung von $\tilde{R}$ auf R, welche der Bedingung von 2.40. genügt, abgesehen von gewissen isolierten „Verzweigungspunkten", in denen jene Bedingung durch die folgende ersetzt ist[1]:

Ist $\tilde{P}$ ein Verzweigungspunkt von $\tilde{R}$, so gibt es eine kreishomöomorphe Umgebung $\tilde{U}$ von $\tilde{P}$, so daß der Punkt $\tilde{P}$ als einziger Punkt von $\tilde{U}$ in den Punkt $P = \sigma(\tilde{P})$ übergeht, während sonst je k Punkte demselben Punkt von U entsprechen. Jede derartige kreishomöomorphe Umgebung von $\tilde{P}$ nennen wir eine *ausgezeichnete* Umgebung von $\tilde{P}$.

Ist k gleich eins, so besagt diese Bedingung dasselbe wie die von 2.40., und P ist dann ein „gewöhnlicher" Punkt von $\tilde{R}$. Falls dagegen k größer als 1 ist, so heißt der entsprechende Punkt $\tilde{P}$ ein *Verzweigungspunkt* von der Ordnung $k-1$. Ein gewöhnlicher Punkt kann demnach als Verzweigungspunkt nullter Ordnung aufgefaßt werden. Die Verzweigungspunkte liegen isoliert auf $\tilde{R}$.

Die Fläche $\tilde{R}$ wird eine *verzweigte Überlagerungsfläche* von R genannt.

2.79. Es sei $\tilde{P}$ ein Verzweigungspunkt und $\dot{\tilde{U}}$ die punktierte Umgebung $\tilde{U} - \tilde{P}$. Diese ist dann eine unverzweigte Überlagerung der punktierten Umgebung $\dot{U} = U - P$. Dabei gehen je k Punkte in denselben Punkt von $\dot{U}$ über; die Überlagerung $\dot{\tilde{U}} \to \dot{U}$ ist daher nach 2.48. unbegrenzt und hat die Blätterzahl k. Nach 2.60. kann man also die Parameterabbildungen $\tilde{\lambda}: \tilde{U} \to \tilde{U}_z$ und $\lambda: U \to U_z$ so wählen, daß die entsprechende Abbildung der punktierten Parameterkreise $\dot{\tilde{U}}_z$ und $\dot{U}_z$ die

[1] Die folgenden Begriffe, wie überhaupt die oben entwickelte Theorie der Überlagerungsflächen, stehen in engem Zusammenhang mit dem Begriff der „inneren Transformation" von S. Stoilow [1].

Abbildung $z=\tilde{z}^k$ ist. Da die Punkte $\tilde{P}$ und P bei den beiden Parameterabbildungen den Punkten $\tilde{z}=0$ bzw. $z=0$ entsprechen, lautet dann die auf die Parameterkreise übertragene Abbildung der nichtpunktierten Umgebungen $\tilde{U}$ und U ebenfalls $z=\tilde{z}^k$. Daher gilt für die Spurabbildung σ in $\tilde{U}$ die Gleichung $\sigma_1\tilde{\lambda}=\lambda\,\sigma$, wobei σ^1 die Abbildung $z=\tilde{z}^k$ bezeichnet.

Aus dieser Gleichung folgt, daß die Spurabbildung σ auch in den Verzweigungspunkten stetig ist; σ ist also eine stetige Abbildung von $\tilde{R}$ auf R.

Nach Voraussetzung liegen die Verzweigungspunkte isoliert.

2.80. Entfernt man aus $\tilde{R}$ alle Verzweigungspunkte und bildet man die so punktierte Fläche $\dot{\tilde{R}}$ mittels σ nach R ab, so erhält man als Spurpunkte sämtliche Punkte von R, abgesehen von denen, über welchen *nur* Verzweigungspunkte von $\tilde{R}$ liegen. Bezeichnet $\dot{R}$ die so punktierte Fläche R, so ist $\dot{\tilde{R}}$ eine unverzweigte Überlagerung von $\dot{R}$.

2.81. Eine verzweigte Überlagerung $\tilde{R}$ heißt *unbegrenzt*, wenn die Spurabbildung den Bedingungen I und II von 2.45. genügt, in jedem Punkt P von R, gleichgültig ob über P Verzweigungspunkte liegen oder nicht.

2.82. Konstruiert man aus einer verzweigten, unbegrenzten Überlagerung durch Entfernen der Verzweigungspunkte nach 2.80., die entsprechende unverzweigte, so ist diese im allgemeinen nicht mehr unbegrenzt.

Man kann jedoch folgendermaßen aus einer unbegrenzten *verzweigten* Überlagerung eine unbegrenzte *unverzweigte* erhalten:

Wir entfernen aus R alle Punkte, über denen mindestens ein Verzweigungspunkt liegt und aus $\tilde{R}$ alle darüberliegenden. Diese Punkte liegen wegen der Unbegrenztheit isoliert auf R, und die Punktierung erzeugt wieder eine Fläche $\ddot{R}$. Die punktierte Fläche $\ddot{\tilde{R}}$ ist dann eine unbegrenzte Überlagerung von $\ddot{R}$.

Die Fläche $\ddot{\tilde{R}}$ ist nämlich gleich der Urbildmenge von $\ddot{R}$ auf der Fläche $\tilde{R}$. Daraus folgt nach dem letzten Absatz von 2.45. die Unbegrenztheit von $\ddot{\tilde{R}}$.

Über jedem Punkte von R, über dem kein Verzweigungspunkt liegt, liegen also gleich viele Punkte von $\tilde{R}$. Ihre Anzahl, das ist die Blätterzahl der unverzweigten Überlagerung $\ddot{\tilde{R}}\to\ddot{R}$, heißt die Blätterzahl der verzweigten Überlagerung $\tilde{R}\to R$.

2.83. Es seien $\tilde{R}$ eine unbegrenzte, endlichblättrige, verzweigte Überlagerung von R, P ein Punkt von R und $\tilde{P}_\nu$ $(\nu=1,2,\ldots,n)$ die über P liegenden Punkte von $\tilde{R}$. Kommt unter ihnen kein Verzweigungspunkt vor, so ist ihre Anzahl endlich und gleich der Blätterzahl g. Aber auch sonst läßt sich über ihre Anzahl eine Aussage machen. Dazu sei U die zu P gehörige Umgebung (vgl. 2.45.) und Q ein Punkt von U; über Q liegen genau g Punkte, denn über Q liegt kein Verzweigungspunkt. Bezeichnet andererseits $k_\nu - 1$ die Ordnung von $\tilde{P}_\nu$, so liegen über Q wegen der Unbegrenztheitsbedingung genau $\sum\limits_\nu k_\nu$ Punkte. Daher gilt

$$\sum_{\nu=1}^{n} k_\nu = g.$$

Für die Anzahl n der Punkte $\tilde{P}_\nu$ hat man also $n \leqq g$, wobei $n = g$ nur dann gilt, wenn unter jenen Punkten kein Verzweigungspunkt vorkommt.

2.84. Das Ergebnis von 2.48. läßt sich jetzt auf verzweigte Überlagerungen übertragen. Ist $\tilde{R}$ eine unbegrenzte, endlichblättrige Überlagerung von R, so ist die Summe der um eins vermehrten Ordnungen der über einem Punkte P liegenden Punkte von $\tilde{P}$ nach 2.83. gleich der Blätterzahl g. Es sei nun umgekehrt $\tilde{R}$ eine (nicht notwendig unbegrenzte) Überlagerung von R, so daß über jedem Punkte P nur endlich viele Punkte $\tilde{P}_1, \ldots, \tilde{P}_n$ (wobei n von P abhängen darf) liegen, und daß die Summe der um eins vermehrten Ordnungen der Punkte $\tilde{P}_\nu$ gleich einer von P unabhängigen Zahl g ist. Dann ist die Überlagerung unbegrenzt und g ihre Blätterzahl.

Zum Beweis sei P ein Punkt von R; $\tilde{P}_1, \ldots, \tilde{P}_n$ seien seine Urbildpunkte. Zu jedem $\tilde{P}_\nu$ gehört eine ausgezeichnete Umgebung $\tilde{U}_\nu$, die auf eine Umgebung U_ν von P abgebildet wird. Dabei kann man nach 2.60. die entsprechenden Parameterabbildungen so wählen, daß die zugehörige Abbildung der Parameterkreise lautet $z = \tilde{z}^{k_\nu}$, wobei $k_\nu - 1$ die Ordnung von $\tilde{P}_\nu$ bezeichnet. Es sei nun U_z^* ein Kreis um P_z, der in allen Kreisen $U_{z,\nu}$ enthalten ist. Ihm entspricht in $\tilde{U}_{z,\nu}$ ein Kreis $\tilde{U}_{z,\nu}^*$. Sei U^* bzw. $\tilde{U}_\nu^*$ die entsprechende Parameterumgebung von P bzw. $\tilde{P}_\nu$. Dann wird $\tilde{U}_\nu^*$ mittels σ auf die (von ν unabhängige) Umgebung U^* von P abgebildet. Die erste Unbegrenztheitsbedingung ist also erfüllt.

Zweitens sei Q ein von P verschiedener Punkt von U^*. Für die Urbildpunkte $\tilde{Q}_\mu$ von Q gilt nach Voraussetzung, wenn $l_\mu - 1$ die Ordnung von $\tilde{Q}_\mu$ bezeichnet, $\sum l_\mu = g$. Nun liegen aber in jeder Umgebung $\tilde{U}_\nu^*$ genau k_ν Urbildpunkte von Q, und zwar haben diese alle die Ordnung Null, so daß ihr Beitrag zur Summe $\sum l_\mu$ je gleich k_ν ist. Der Beitrag der in der Vereinigungsmenge $\sum \tilde{U}_\nu^*$ liegenden Urbildpunkte von Q ist daher gleich $\sum k_\nu$, und dies ist nach Voraussetzung ebenfalls gleich g, d.h. gleich $\sum l_\mu$. Damit müssen also alle Urbildpunkte von Q erschöpft sein, d.h. jeder Urbildpunkt von Q liegt in $\sum\limits_\nu \tilde{U}_\nu^*$. Das ist gerade die zweite Unbegrenztheitsbedingung.

2.85. Wir betrachten, wie in 2.49., insbesondere den Fall, daß die Fläche $\tilde{R}$ *kompakt* ist. Dann folgt, ganz analog wie für unverzweigte Überlagerungsflächen, daß die Überlagerung *unbegrenzt* ist und endliche Blätterzahl hat. Überdies können dann auf $\tilde{R}$ nur endlich viele Verzweigungspunkte liegen. Umgekehrt, ist $\tilde{R}$ eine verzweigte, unbegrenzte, endlichblättrige Überlagerung einer kompakten Fläche R, so muß auch $\tilde{R}$ kompakt sein. Auch hier läßt sich der Beweis des entsprechenden Satzes für unverzweigte Überlagerungen (vgl. 2.50.) ohne weiteres übertragen.

2.86. Auch der Hilfssatz von 2.58. bleibt für verzweigte Überlagerungsflächen gültig.

Es sei $\tilde{R}$ eine verzweigte Überlagerung der Fläche R und $\tilde{\varphi}$ eine eindeutige Abbildung einer dritten Fläche R_1 auf die Fläche $\tilde{R}$ mit den Eigenschaften:

1. Ist P_1 ein Punkt von R_1, $\tilde{P}$ sein Bildpunkt auf $\tilde{R}$ und $\tilde{U}$ die ausgezeichnete Umgebung von $\tilde{P}$ (bezüglich der Spurabbildung $\sigma: \tilde{R} \to R$), so gibt es eine kreishomöomorphe Umgebung U_1 von P_1, deren Bild in $\tilde{U}$ liegt.

2. Die zusammengesetzte Abbildung $\sigma\tilde{\varphi} = \sigma_1$ ist eine (verzweigte) Spurabbildung von R_1 auf R.

Dann ist $\tilde{\varphi}$ eine verzweigte Spurabbildung von R_1 auf $\tilde{R}$.

Wir haben jedem Punkte P_1 von R_1 eine ausgezeichnete Umgebung zuzuordnen und zu zeigen, daß diese topologisch oder verzweigt auf eine Umgebung des Punktes $\tilde{P} = \sigma(P_1)$ abgebildet wird. Dabei genügt es den Fall zu betrachten, daß entweder P_1 bezüglich der Spurabbildung σ_1 oder der Bildpunkt $\tilde{P} = \tilde{\varphi}(P_1)$ bezüglich der Abbildung σ Verzweigungspunkt ist, denn der Fall, daß beide Nichtverzweigungspunkte sind, wurde schon in 2.58. erledigt.

2.87. Es seien also P_1 und $\tilde{P}$ Verzweigungspunkte und $m-1$ bzw. $n-1$ die entsprechenden Ordnungen. U_1 bzw. U seien die ausgezeichneten Umgebungen von P_1 und P (bezüglich der Spurabbildung σ_1). Dann lautet die Abbildung σ_1 bei geeigneter Wahl der Parameterabbildung von U_1

$$z = z_1^m.$$

Zum Punkte P gehört vermöge der Spurabbildung σ eine zweite ausgezeichnete Umgebung U', von der wir annehmen, daß sie in U liegt. Die Abbildung σ lautet dann in $\tilde{U}$ bei passender Wahl der Parameterabbildung von $\tilde{U}$

$$z = \tilde{z}^n.$$

Daraus folgt, da $\sigma\tilde{\varphi} = \sigma_1$ und da das $\tilde{\varphi}$-Bild von U_1 ganz in $\tilde{U}$ liegt,

$$\tilde{\varphi}(z_1)^n = z_1^m.$$

Aus dieser Gleichung ergibt sich zunächst wegen der Eindeutigkeit von $\tilde{\varphi}$, daß m ein Vielfaches von n sein muß, $m = kn$ (k ganz), und daraus weiter $\tilde{\varphi}(z_1) = z_1^k \cdot e^{\frac{2\pi i \nu}{n}}$, wobei ν eine ganze Zahl ($1 \leq \nu \leq n$) ist. Das bedeutet, daß $\tilde{\varphi}$ im Punkte P_1 eine verzweigte Spurabbildung von R_1 auf $\tilde{R}$ ist, und zwar ist P_1 Verzweigungspunkt der Ordnung k. Damit ist unsere Behauptung vollständig bewiesen.

2.88. Die universelle Überlagerungsfläche $\hat{R}$ ist die einzige einfach zusammenhängende (unbegrenzte), unverzweigte Überlagerung einer Fläche R. Wir fragen nun nach den *verzweigten* einfach zusammenhängenden Überlagerungen von R. Zunächst ist klar, daß jede verzweigte Überlagerung von $\hat{R}$ auch eine verzweigte Überlagerung von R ist. Es gilt aber auch umgekehrt, daß jede einfach zusammenhängende verzweigte Überlagerung von R bereits die Fläche $\hat{R}$ verzweigt überlagert. Zum Beweis sei R_1 eine solche Fläche und σ_1 die Spurabbildung $R_1 \rightarrow R$. Diese läßt sich wegen des einfachen Zusammenhanges von R_1 nach $\hat{R}$ durchdrücken, und aus dem Hilfssatz 2.86. folgt, daß die durchgedrückte Abbildung eine (verzweigte) Spurabbildung von R_1 auf $\hat{R}$ ist.

Die Frage nach den einfach zusammenhängenden, verzweigten Überlagerungen einer Fläche R ist damit auf den Fall zurückgeführt, daß R selbst einfach zusammenhängend ist.

2.89. Überlagerungen von RIEMANNschen Flächen. Es sei R eine RIEMANNsche Fläche und $\tilde{R}$ eine (verzweigte oder unverzweigte) Überlagerungsfläche von R. Dann kann man $\tilde{R}$ so zu einer RIEMANNschen Fläche machen, daß die Spurabbildung σ, abgesehen von den Verzweigungspunkten, eine konforme Abbildung von $\tilde{R}$ auf R wird[1].

Zum Beweis sei $\tilde{P}$ ein beliebiger Punkt von $\tilde{R}$ und P sein Spurpunkt. $\tilde{U}$ bzw. U seien die ausgezeichneten Umgebungen von $\tilde{P}$ bzw. P. Wir können annehmen, daß U in der Parameterumgebung K von P liegt. $K_z: |z| < r$ ($P \leftrightarrow z = 0$) bezeichne den entsprechenden Parameterkreis und λ die Abbildung $K \rightarrow K_z$. Wir konstruieren in K_z eine so kleine Kreisscheibe $k_z: |z| < 1$, daß ihr Bild k in K ganz der Umgebung U angehört.

Um hieraus eine Parameterumgebung des Punktes $\tilde{P}$ herzustellen, setzen wir zunächst voraus, $\tilde{P}$ sei nicht Verzweigungspunkt. Dann ist

[1] Hieraus und aus der Tatsache, daß eine RIEMANNsche Fläche dem Abzählbarkeitsaxiom genügt, kann man schließen, daß die Fundamentalgruppe einer RIEMANNschen Fläche immer abzählbar ist. Denn ist R eine beliebige RIEMANNsche Fläche, so kann man ihre universelle Überlagerungsfläche $\hat{R}$ zu einer RIEMANNschen Fläche machen und diese genügt daher (Kap. IV, § 3) dem Abzählbarkeitsaxiom. Daher können über einem Punkte von R nur abzählbar viele Punkte von $\hat{R}$ liegen; diese entsprechen aber andererseits umkehrbar eindeutig den Elementen der Fundamentalgruppe von R.

σ in $\widetilde{U}$ topologisch, und $\sigma^{-1}\lambda^{-1}$ ist eine topologische Abbildung von k_z nach $\widetilde{U}$. Das Bild $\tilde{k}$ nehmen wir als Parameterumgebung von $\widetilde{P}$.

Es ist zu zeigen, daß die hierdurch bestimmten Nachbarrelationen konform sind. Dazu sei $\widetilde{P}_1$ ein anderer Punkt auf $\widetilde{R}$, dessen Parameterumgebung $\tilde{k}_1$ zu $\tilde{k}$ nicht punktfremd ist. Dann lautet die Nachbarrelation $(\lambda_1\sigma)(\sigma^{-1}\lambda^{-1})$; diese stimmt somit mit der (konformen) Nachbarrelation $\lambda_1\lambda^{-1}$ der Spurpunkte P_1 und P überein.

2.90. Es sei zweitens $\widetilde{P}$ ein Verzweigungspunkt der Ordnung $r-1$ $(r\geqq 2)$. Dann betrachten wir die punktierte Umgebung $\dot{k}=k-P$. Die Menge $\dot{\tilde{k}}$ ihrer in $\widetilde{U}$ liegenden Urbildpunkte ist eine unbegrenzte Überlagerung von $\dot{k}$ mit der Blätterzahl r. $\dot{\tilde{k}}$ ist daher mittels der Abbildung $\lambda\sigma$ eine r-blättrige Überlagerung der punktierten Kreisscheibe $0<|z|<1$. Nach 2.60. gibt es daher eine topologische Abbildung $\tilde{\lambda}$ von $\dot{\tilde{k}}$ auf die punktierte Kreisscheibe $0<|\tilde{z}|<1$, so daß die zusammengesetzte Abbildung $\varrho=\lambda\sigma\tilde{\lambda}^{-1}$ die Abbildung $z=\tilde{z}^r$ ist. Diese läßt sich zu einer topologischen Abbildung von $\dot{\tilde{k}}+\widetilde{P}$ auf die nichtpunktierte Kreisscheibe $|\tilde{z}|<1$ erweitern, indem man dem Punkte $\widetilde{P}$ den Punkt $\tilde{z}=0$ zuordnet. Wir nehmen jetzt $\tilde{k}=\dot{\tilde{k}}+\widetilde{P}$ als Parameterumgebung des Punktes P. Die Spurabbildung in den Parameterkreisen lautet dann $z=\tilde{z}^r$.

Es ist noch zu zeigen, daß die Nachbarrelationen konform sind. Dazu sei $\widetilde{P}_1$ ein Punkt, dessen Parameterumgebung $\tilde{k}_1$ zu der von $\widetilde{P}$ nicht punktfremd ist. Da die Verzweigungspunkte auf $\widetilde{R}$ isoliert liegen, können wir annehmen, $\widetilde{P}_1$ sei nicht Verzweigungspunkt. Da ferner die Abbildung σ in der Umgebung $\widetilde{U}_1$ topologisch ist, gehört der Verzweigungspunkt $\widetilde{P}$ nicht zu $\widetilde{U}\widetilde{U}_1$. Die Nachbarrelation $\widetilde{P}\to\widetilde{P}_1$ lautet $(\lambda_1\sigma)(\sigma^{-1}\lambda^{-1}\varrho)=\lambda_1\lambda^{-1}\varrho$, ist also das Produkt der konformen Nachbarrelation $\lambda_1\lambda^{-1}$ der Spurpunkte mit der konformen Abbildung ϱ[1].

Damit ist $\widetilde{R}$ zur RIEMANNschen Fläche geworden. Aus der Konstruktion folgt unmittelbar, daß die Spurabbildung in allen Nichtverzweigungspunkten konform ist, während sie sich in einem Verzweigungspunkt der Ordnung $r-1$ so verhält wie die Abbildung $z=\tilde{z}^r$.

2.91. Aus diesem Ergebnis folgt, daß man jede orientierbare, triangulierbare[2] Fläche R, zu einer RIEMANNschen Fläche machen kann. Eine solche Fläche kann nämlich in bestimmter Weise als verzweigte Überlagerung der z-Kugel angesehen werden, und dann läßt sich nach 2.90. die konforme Struktur der z-Kugel in die Fläche R durchdrücken.

---

[1] Man beachte, daß die Stelle $\widetilde{P}$, an der die Konformität von ϱ verletzt ist, nicht zum Durchschnitt $\tilde{k}\,\tilde{k}_1$ gehört.

[2] Wegen des Begriffs der Triangulierbarkeit vgl. II, § 5.

Die Spurabbildung σ wird mit Hilfe einer Triangulierung T der Fläche R konstruiert[1]. Dazu gehen wir zunächst zu einer Unterteilung von T über, bei welcher die Ecken die Schwerpunkte A_ν, B_μ der 2- und 1-Simplexe σ^2_ν, σ^1_μ und die Ecken C_ϱ der ursprünglichen Triangulierung T sind (Abb. 4, links). Wir definieren die Abbildung σ zunächst für die Eckpunkte, indem wir setzen $\sigma(A_\nu) = \infty$, $\sigma(B_\mu) = 1$ und $\sigma(C_\varrho) = 0$. Um diese Abbildung auf die 2-Simplexe zu erweitern, normieren wir zunächst die geradlinigen Urbildsimplexe so, daß sie alle kongruent sind. Hierauf bilden wir das Urbildsimplex konform auf die obere Halbebene ab, so daß die Eckpunkte in die bereits festgelegten Bildpunkte übergehen. Diese Abbildung ist elementar ausführbar und für jedes 2-Simplex eindeutig bestimmt. Damit ist eine eindeutige Abbildung der Fläche R auf die (abgeschlossene) obere Halbebene definiert. Aus dieser konstruieren wir eine Abbildung auf die ganze Ebene, indem wir gewisse 2-Simplexe durch Spiegelung an der x-Achse weiter auf die untere Halbebene abbilden, und zwar durch folgende Vorschrift: Wenn die 2-Simplexe von R kohärent orientiert werden, so bestehen in jedem 2-Simplex nebeneinander zwei Orientierungen, nämlich erstens die durch die „Eckpunktreihenfolge" $\{ABC\}$ und zweitens die von jener kohärenten Orientierung bestimmte. Nun setzen wir fest, daß jedes 2-Simplex, in dem diese beiden Orientierungen entgegengesetzt sind, weiter auf die untere Halbebene abgebildet werden soll, während an den anderen Simplexen nichts geändert wird. Die Fläche R ist damit eindeutig auf die z-Kugel abgebildet. Dabei gehen zwei 2-Simplexe mit einer gemeinsamen Kante stets in verschiedene Halbebenen über, denn in dem gemeinsamen 1-Simplex wird von den beiden Eckpunktreihenfolgen *dieselbe* Orientierung induziert, von den kohärent orientierten Simplexen hingegen die *entgegengesetzte*. Aus dieser letzten Bemerkung folgt, daß die Abbildung in der Umgebung eines mittleren Punktes einer Kante lokal topologisch ist. Dasselbe gilt nach Konstruktion der Abbildung für einen mittleren Punkt eines 2-Simplexes, da sogar jedes 2-Simplex topologisch abgebildet wird.

In der Umgebung einer Ecke der Triangulierung ist die Abbildung nicht mehr eineindeutig, aber sie erfüllt die Verzweigtheitsbedingung von 2.78. Die Fläche R ist somit eine verzweigte Überlagerung der z-Kugel und damit nach 2.90. selbst eine RIEMANNsche Fläche[2].

[1] Nach RADÓ [1] ist jede Fläche, die dem Abzählbarkeitsaxiom genügt, triangulierbar, so daß also der obige Satz für jede orientierbare Fläche gilt, welche das Abzählbarkeitsaxiom erfüllt.

[2] Auf die oben nachgewiesene Möglichkeit, eine triangulierbare Fläche zu einer RIEMANNschen zu machen bin ich durch eine mündliche Bemerkung von L. AHLFORS aufmerksam gemacht worden.

§ 5. Triangulierung einer Mannigfaltigkeit.

2.92. Topologische Simplexe. Sei R eine zweidimensionale Mannigfaltigkeit (Axiome A, B, C, II, § 1). Ein singuläres k-Simplex ($k=0,1,2$) auf R (vgl. 2.27.) heißt ein *topologisches k-Simplex*, wenn die zugehörige definierende stetige Abbildung topologisch ist. Damit übertragen sich alle für singuläre Simplexe erklärten Begriffe auf topologische Simplexe.

Unter einem *mittleren Punkte* eines topologischen k-Simplexes versteht man den Bildpunkt eines inneren Punktes des Urbilddreieckes bzw. der Urbildstrecke. Ein mittlerer Punkt eines topologischen 2-Simplexes ist ein innerer Punkt dieses 2-Simplexes bezüglich der Mannigfaltigkeit R.

Ein topologisches 2- und 1-Simplex heißen *inzident*, wenn das zweite eine Seite des ersten ist.

2.93. Triangulierung. Ein System von endlich oder abzählbar vielen topologischen 2-Simplexen bildet eine *Triangulierung* der Mannigfaltigkeit R, falls folgende Bedingungen erfüllt sind:

1. Jeder Punkt von R gehört zu mindestens einem Simplex.
2. Jeder Punkt besitzt eine Umgebung, die nur mit endlich vielen Simplexen Punkte gemeinsam hat.
3. Der Durchschnitt zweier Simplexe ist entweder leer oder eine gemeinsame Ecke oder eine gemeinsame Kante.

Eine triangulierbare Mannigfaltigkeit genügt dem Abzählbarkeitsaxiom D; man braucht nur zu jedem der (höchstens abzählbar vielen) Simplexe eine zugehörige Parameterumgebung zu betrachten und hat so eine Überdeckung durch eine abzählbare Menge von Parameterumgebungen. Umgekehrt ist jede Mannigfaltigkeit, die dem Abzählbarkeitsaxiom genügt, triangulierbar[1]. Wir führen den Beweis an dieser Stelle nicht, da sich die Triangulierbarkeit einer RIEMANN*schen Fläche* aus den allgemeinen Resultaten der Uniformisierungstheorie ergeben wird.

Ist die Mannigfaltigkeit R kompakt, so kann jede Triangulierung nur aus endlich vielen Simplexen bestehen, denn sonst hätte man in den Mittelpunkten der einzelnen Simplexe eine unendliche Punktmenge auf R, die wegen Bedingung 2. keinen Häufungspunkt besitzen könnte.

2.94. Unterteilung. Ein topologisches 2-Simplex σ^2 wird unterteilt, indem man das geradlinige Urbildsimplex beliebig in endlich viele Dreiecke zerlegt und diese mittels der zu σ^2 gehörigen topologischen Abbildung nach R überführt. Übt man auf die 2-Simplexe einer Triangulierung eine solche Unterteilung aus, so entsteht ein neues System von 2-Simplexen, welches die Bedingungen 1 und 2 von 2.93. erfüllt

[1] Satz von RADÓ [1].

(eine solche Triangulierung heißt eine *Unterteilung* der ursprünglichen). Daß auch die dritte Bedingung gültig verbleibt, verlangt folgendes: Ist σ^1 ein 1-Simplex mit den Urbildern $\bar{\sigma}_1^1$ und $\bar{\sigma}_2^1$ (bezüglich zweier 2-Simplexe, zu denen es gehört), so geht bei der affinen Abbildung $\bar{\sigma}_1^1 \to \bar{\sigma}_2^1$ die Unterteilung $\bar{\sigma}_1^1$ in die von $\bar{\sigma}_2^1$ über. Dies ist z.B. stets bei einer Normalunterteilung der Simplexe erfüllt, bei der jedes Simplex durch die Schwerlinien in sechs Dreiecke zerlegt wird (Abb. 4, links).

2.95. Inzidenzbedingung. Ein 1-Simplex σ^1 einer Triangulierung von R ist mit genau zwei 2-Simplexen inzident.

Zunächst ergibt sich, daß σ^1 mit mindestens zwei 2-Simplexen inzident ist. Wäre nämlich σ^2 das einzige 2-Simplex, so betrachten wir einen beliebigen mittleren Punkt P von σ^1. Nach Bedingung 2 von 2.93. gibt es eine Umgebung U von P, die nur mit endlich vielen 2-Simplexen σ_ν^2 $(\nu = 0, \ldots, n;\ \sigma_0^2 = \sigma^2)$ Punkte gemeinsam hat. Da ferner nach Voraussetzung keines der Simplexe σ_ν^2 $(\nu = 1, \ldots, n)$ das 1-Simplex σ^1 zur Seite hat, kann ein solches nach Bedingung 3 auch den Punkt P nicht enthalten. Wegen der Abgeschlossenheit von σ_ν^2 gibt es daher eine Umgebung U_ν von P, die zu σ_ν^2 fremd ist. Der Durchschnitt $U U_1 \ldots U_n$ ist wieder eine Umgebung von P. Ein Punkt Q dieser Umgebung, welcher nicht auf σ^2 liegt, kann dann zu keinem Simplex der Triangulierung gehören im Widerspruch zu Bedingung 1.

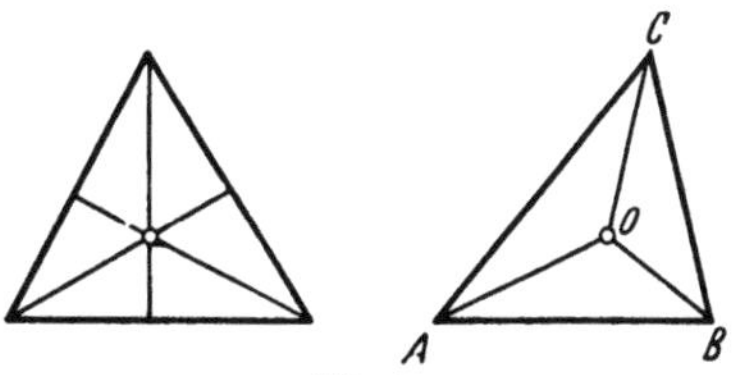

Abb. 4.

2.96. Das 1-Simplex σ^1 ist somit mit mindestens zwei 2-Simplexen σ_1^2 und σ_2^2 inzident. Es bleibt zu zeigen, daß dies die beiden einzigen 2-Simplexe sind. K sei eine Parameterumgebung, welche σ^1 enthält. Es ist keine Einschränkung anzunehmen, daß alle mit σ^1 inzidenten 2-Simplexe in der Parameterumgebung K liegen, denn dies läßt sich durch eine passende Unterteilung erreichen (Abb. 4, rechts), und hierdurch ändert sich die Anzahl der mit σ^1 inzidenten 2-Simplexe nicht. Da K zu einer Kreisscheibe homöomorph ist, so gibt es zu jedem mittleren Punkt P von σ^1 eine Umgebung U_{12}, die in $\sigma_1^2 + \sigma_2^2$ liegt.

Wäre nun σ_3^2 ein drittes mit σ^1 inzidentes 2-Simplex, so könnte man entsprechend Umgebungen U_{23} bzw. U_{31} von P finden, welche ganz in $\sigma_2^2 + \sigma_3^2$ bzw. in $\sigma_3^2 + \sigma_1^2$ liegen. Dann müßte die Umgebung $U_{12}\, U_{23}\, U_{31}$ auf dem 1-Simplex σ^1 liegen, was unmöglich ist. σ^1 kann somit nur mit zwei 2-Simplexen inzident sein.

Hieraus ergibt sich, daß die mit einem 0-Simplex σ^0 inzidenten 2-Simplexe σ_ν^2 $(\nu = 1, \ldots, n)$ einen einzigen Zykel um σ^0 bilden, d.h. sich so anordnen lassen, daß $\sigma_{\nu+1}^2$ mit σ_ν^2 $(\nu = 1 \ldots n, \bmod n)$ ein 1-Simplex gemeinsam hat.

2.96. Kohärente Orientierung. Es sei R eine triangulierbare Fläche und σ_ν^2 $(\nu=1, \ldots)$ seien die 2-Simplexe einer Triangulierung. Diese denken wir uns beliebig orientiert. Die Orientierung dieser 2-Simplexe heißt *kohärent*, wenn in jedem 1-Simplex der Triangulierung von den beiden mit ihm inzidenten 2-Simplexen *entgegengesetzte* Orientierungen induziert werden. Wir werden zeigen, daß eine solche Orientierung im Falle einer orientierbaren Fläche stets möglich ist. Hierzu schicken wir eine Betrachtung über orientierte topologische 2-Simplexe der Zahlenebene voraus.

2.97. Es sei also $\sigma^2=\{z_1, z_2, z_3\}$ ein orientiertes topologisches 2-Simplex der Zahlenebene. Sein Rand ist — als Punktmenge aufgefaßt — eine geschlossene Jordankurve. Wir beziehen sie auf einen Parameter t $(0\leq t\leq 1)$; t_1, t_2, t_3 seien die Parameterwerte der Punkte z_1, z_2, z_3. Das Produkt

$$(t_1-t_2)(t_2-t_3)(t_3-t_1)$$

ist dann von Null verschieden, also positiv oder negativ[1]. Ist τ ein anderer Parameter, so haben die Produkte $(\tau_1-\tau_2)(\tau_2-\tau_3)(\tau_3-\tau_1)$ und $(t_1-t_2)(t_2-t_3)(t_3-t_1)$ gleiche oder entgegengesetzte Vorzeichen, je nachdem τ mit t durch eine monoton wachsende oder monoton fallende Transformation zusammenhängt. Lassen wir nur solche Parameter t zu, daß

$$(t_1-t_2)(t_2-t_3)(t_3-t_1)>0,$$

so ist dem orientierten 2-Simplex $\{z_1, z_2, z_3\}$ eine Klasse von Parameterdarstellungen seines Randes zugeordnet, so daß je zwei zulässige Parameter durch eine monoton wachsende Transformation miteinander zusammenhängen.

Nun sei t ein solcher zulässiger Parameter und z_0 ein beliebiger mittlerer Punkt von σ^2. Dann ist die Umlaufszahl der Kurve $z(t)$ um den Punkt z_0 gleich $+1$ oder -1, und zwar unabhängig von der Auswahl des Punktes z_0 und des zulässigen Parameters t. Damit entspricht jedem orientierten topologischen 2-Simplex $\{z_1, z_2, z_3\}$ eine wohlbestimmte Zahl, die wir mit $u\{z_1, z_2, z_3\}$ bezeichnen und die den Wert $+1$ oder -1 hat. Entgegengesetzt orientierten Simplexen entsprechen entgegengesetzte Zahlen, d.h. es ist

$$u(-\{z_1, z_2, z_3\}) = -u\{z_1, z_2, z_3\}.$$

Ein topologisches 2-Simplex $\{z_1, z_2, z_3\}$ heißt *positiv orientiert*, wenn die entsprechende Zahl u gleich $+1$ ist.

2.98. Wir entnehmen aus der Topologie der Zahlenebene folgende drei Sätze:

[1] Falls einer der Punkte z_i mit dem Anfangspunkt $z(0)=z(1)$ der Kurve zusammenfällt, so spielt es für das Vorzeichen des obigen Ausdruckes keine Rolle, ob man $t_i=0$ oder $t_i=1$ setzt.

I. Es sei f eine topologische Abbildung des Simplexes $\{z_1, z_2, z_3\}$ in die Zahlenebene und $\{z_1', z_2', z_3'\}$ das Bildsimplex. Dann ist

$$u\{z_1', z_2', z_3'\} = u\{z_1, z_2, z_3\} \quad \text{oder} \quad u\{z_1', z_2', z_3'\} = -u\{z_1, z_2, z_3\},$$

je nachdem die Abbildung f die Orientierung erhält oder umkehrt.

II. Es seien (z_1, z_2, z_3) und (z_1, z_2, z_4) zwei topologische 2-Simplexe der Zahlenebene, die nur die Seite (z_1, z_2) gemeinsam haben. Dann ist

$$u\{z_1, z_2, z_3\} = -u\{z_1, z_2, z_4\}.$$

III. Es seien $(z_1 z_2 z_3)$ und $(z_1 z_2 z_4)$ zwei topologische 2-Simplexe, so daß das eine ein Teil des anderen ist. Dann gilt

$$u\{z_1 z_2 z_3\} = u\{z_1 z_2 z_4\}.$$

2.99. Nach diesen Vorbereitungen sind wir in der Lage zu zeigen, daß sich die 2-Simplexe einer Triangulierung einer orientierbaren Fläche stets kohärent orientieren lassen. Es sei also $\sigma^2 = (P_1 P_2 P_3)$ ein 2-Simplex von R. Wir wählen eine beliebige Parameterumgebung K, welche σ^2 enthält; $(z_1 z_2 z_3)$ sei das Bild von $(P_1 P_2 P_3)$ im Parameterkreis K_z. Die beiden möglichen Orientierungen von σ^2 sind durch $\varepsilon\{P_1 P_2 P_3\}$ (wobei $\varepsilon = +1$ oder $\varepsilon = -1$) gegeben. Wir wählen ε so, daß für das Bildsimplex im Parameterkreis K_z gilt $u(\varepsilon\{z_1 z_2 z_3\}) = +1$ oder, was dasselbe ist

$$\text{(a)} \qquad u\{z_1 z_2 z_3\} = \varepsilon.$$

Damit ist jedem 2-Simplex eine Orientierung zugeordnet. Wir zeigen, daß diese kohärent ist. Dazu betrachten wir ein beliebiges 1-Simplex, etwa $(P_1 P_2)$. $'\sigma^2 = (P_1 P_2 P_4)$ sei das zweite mit ihm inzidente 2-Simplex. Dieses besitzt eine bestimmte Orientierung $\varepsilon'\{P_1 P_2 P_4\}$. Die auf $(P_1 P_2)$ von σ^2 bzw. $'\sigma^2$ induzierte Orientierung ist $\varepsilon\{P_1 P_2\}$ bzw. $\varepsilon'\{P_1 P_2\}$; es gilt demnach zu zeigen, daß $\varepsilon' = -\varepsilon$.

Ist K' die zu $'\sigma^2$ gewählte Parameterumgebung, so gilt im Parameterkreis K_z' entsprechend (a)

$$u\{z_1' z_2' z_4'\} = \varepsilon'.$$

Es sei jetzt K'' eine Parameterumgebung, welche σ^1 enthält. Wir nehmen zunächst an, daß σ^2 und $'\sigma^2$ ganz in K'' liegen. Im zugehörigen Parameterkreis K_z'' entsprechen dann den Simplexen σ^2 bzw. $'\sigma^2$ zwei Simplexe $(z_1'' z_2'' z_3'')$ bzw. $(z_1'' z_2'' z_4'')$, welche genau die Seite $(z_1'' z_2'')$ zum Durchschnitt haben. Da die Nachbarrelation $K_z \to K_z''$ die Orientierung erhält, gilt nach Satz I in 2.98.

$$u\{z_1'' z_2'' z_3''\} = u\{z_1 z_2 z_3\},$$

und ebenso ist

$$u\{z_1'' z_2'' z_4''\} = u\{z_1' z_2' z_4'\}.$$

Andererseits gilt nach Satz II in 2.98.

$$u\{z_1'' z_2'' z_3''\} = -u\{z_1'' z_2'' z_4''\}.$$

Aus diesen drei Gleichungen folgt

$$u\{z_1 z_2 z_3\} = -u\{z_1' z_2' z_4'\}, \quad \text{d.h.} \quad \varepsilon' = -\varepsilon.$$

Ist die oben gemachte Voraussetzung nicht erfüllt, so sei $(P_1 P_2 P_3^*)$ ein in $(P_1 P_2 P_3)$ liegendes topologisches 2-Simplex. welches ganz in K'' liegt. Dann gilt für das Bildsimplex $(z_1 z_2 z_3^*)$ im Parameterkreis K_z nach Satz III in 2.98.

$$u\{z_1 z_2 z_3^*\} = u\{z_1 z_2 z_3\}.$$

Bezeichnet $(P_1 P_2 P_4^*)$ ein ebensolches 2-Simplex in $(P_1 P_2 P_4)$, so ist entsprechend

$$u\{z_1' z_2' z_4'^*\} = u\{z_1' z_2' z_4'\}.$$

Ferner gilt, wie bereits bewiesen,

$$u\{z_1 z_2 z_3^*\} = -u\{z_1' z_2' z_4'^*\},$$

und aus diesen drei Gleichungen folgt, daß

$$u\{z_1 z_2 z_3\} = -u\{z_1' z_2' z_4'\},$$

d.h. $\varepsilon' = -\varepsilon$, w. z. b. w.

2.100. Zweiufrigkeit von Kantenwegen. Es sei R eine triangulierte orientierbare Fläche und γ ein geschlossener, doppelpunktfreier Kantenweg, d.h. ein Weg, der sich aus 1-Simplexen der Triangulierung zusammensetzt. Es bezeichne R_1 den Teil der Fläche R, der von allen 2-Simplexen gebildet wird, die mit γ entweder eine Seite oder eine Ecke gemeinsam haben. Wir zeigen, daß der Kantenweg γ (eventuell nach Unterteilung der Triangulierung) „zweiufrig" ist; das bedeutet: Zwei 2-Simplexe von R_1, die an dieselbe Kante von γ stoßen, lassen sich nicht durch eine Folge von 2-Simplexen aus R_1 so verbinden, daß je zwei aufeinanderfolgende ein nicht auf γ liegendes 1-Simplex gemeinsam haben.

Zum Beweis nehmen wir an, daß die gemeinsame Seite je zweier 2-Simplexe von R_1 entweder auf γ liegt oder von γ ausgeht. Dies läßt sich nötigenfalls durch Normalunterteilung der gegebenen Triangulierung erreichen.

Der Weg γ werde nun fest orientiert. Dadurch wird in jedem 2-Simplex von R_1, das eine Seite mit γ gemeinsam hat, eine Orientierung mitbestimmt. Um auch die anderen 2-Simplexe von R_1 zu orientieren, betrachten wir eine Ecke σ^0 von γ und den um σ^0 liegenden Zykel. Dieser zerfällt durch die beiden von σ^0 ausgehenden 1-Simplexe von γ in zwei Halbzykel. In jedem dieser Halbzykel sind bereits zwei 2-Simplexe orientiert und die Orientierung dieser beiden 2-Simplexe läßt sich zu einer kohärenten Orientierung des ganzen Halbzykels erweitern.

Die so konstruierte Orientierung von R_1 besitzt die Eigenschaft, daß auf jedem von γ ausgehenden 1-Simplex, das selbst nicht auf γ liegt, von den beiden anstoßenden 2-Simplexen entgegengesetzte Orientierungen induziert werden.

Wir orientieren jetzt unabhängig von R_1 die ganze Fläche R kohärent. Sind σ^2 und $'\sigma^2$ zwei an ein 1-Simplex von γ stoßende 2-Simplexe, so stimmen in einem von ihnen, etwa in σ^2, die Orientierungen bezüglich R und R_1 überein, während sie in $'\sigma^2$ entgegengesetzt sind. Könnte man σ^2 mit $'\sigma^2$ durch eine Kette der erwähnten Art verbinden, so sei σ_n^2 das letzte Simplex der Kette, in welchem R und R_1 dieselbe Orientierung bestimmen. Das darauffolgende Simplex σ_{n+1}^2 hat mit σ_n^2 ein von γ ausgehendes (nicht auf γ liegendes) 1-Simplex α gemeinsam. Sowohl die von R als auch die von R_1 auf σ_{n+1}^2 bestimmte Orientierung induziert also auf σ^1 die entgegengesetzte Orientierung wie σ_n^2, und daher müssen diese beiden Orientierungen von σ_{n+1}^2 übereinstimmen, im Widerspruch dazu, daß σ_n^2 das letzte derartige Simplex war. Damit ist der Beweis erbracht.

2.101. Polygondarstellung einer zweidimensionalen Mannigfaltigkeit. Der Begriff des Identifizierens (vgl. 2.13.) liefert ein wichtiges Mittel, zweidimensionale Mannigfaltigkeiten zu konstruieren. Wir betrachten ein *Polygon* der Zahlenebene d.h., das abgeschlossene Innere einer Jordankurve, die in endlich viele Bögen, die *Seiten* des Polygons eingeteilt sind. Die gemeinsamen Endpunkte der Seiten werden die *Eckpunkte* des Polygons genannt.

Es sei π ein solches Polygon mit gerader Seitenzahl. Die Seiten von π seien in beliebiger Weise zu Paaren zusammengefaßt und die Seiten jedes Paares seien mittels einer topologischen Abbildung aufeinander bezogen. Wir erklären nun in π alle Punkte, welche sich mittels einer dieser Abbildungen entsprechen, als *äquivalent*. Ein innerer Punkt von π besitzt demnach keinen, ein innerer Punkt einer Seite genau einen äquivalenten Punkt, während es im allgemeinen zu einer Ecke von π mehrere äquivalente Punkte (und zwar ebenfalls Ecken) geben wird.

Durch Identifizieren der so erklärten äquivalenten Punkte entsteht aus π ein topologischer Raum R. Wir zeigen, daß R eine *zweidimensionale Mannigfaltigkeit* ist.

Zunächst ist klar, daß R dem Trennungsaxiom genügt. Wir haben also noch zu zeigen, daß jeder Punkt von R eine kreishomöomorphe Umgebung besitzt. Für innere Punkte von π ist dies ohne weiteres klar. Es sei nun P ein innerer Punkt einer Seite a; a' sei die zu a äquivalente Seite und P' der Bildpunkt von P auf a'. S und T seien zwei zu P benachbarte, beiderseits P auf a gelegene Punkte und q ein von S nach T führender Querschnitt von π, der also einen Jordanbereich B um P abgrenzt. Seien ferner S' und T' die Bildpunkte von S bzw. T

auf a', q' ein von S' nach T' führender Querschnitt von π und B' der entsprechende Jordanbereich. Wir betrachten nun neben π einen Kreis $|z|<1$, der durch einen Durchmesser in zwei Halbkreise geteilt ist. Dann kann man die Bereiche B und B' topologisch so auf die beiden Halbkreise abbilden, daß der Bogen ST bzw. $S'T'$ in den Durchmesser übergehen, und zwar so, daß die (mittels der Abbildung $a \to a'$) einander entsprechenden Punkte der zwei Bögen zur Deckung kommen. Bezeichnet U_P diejenige Teilmenge von R, die aus den inneren Punkten von B und B' und von den Paaren äquivalenter Punkte der Bögen ST und $S'T'$ besteht, so ist diese Menge (welche eine Umgebung des Punktes (P, P') darstellt, dadurch topologisch auf den Kreis $|z|<1$ abgebildet. Damit ist zum Punkte (P, P') eine kreishomöomorphe Umgebung angegeben.

2.102. Schließlich sei P_0 eine Ecke von π. Sei a_0 eine von P_0 ausgehende Seite und a_0' ihre äquivalente. Einer ihrer Endpunkte, P_1, ist dann zu P_0 äquivalent[1]. Von P_1 geht eine zweite Polygonseite a_1 aus. Ihre äquivalente Seite a_1' hat wieder einen zu P_0 äquivalenten Endpunkt P_2. So fortfahrend erhält man eine Kette

$$P_0 \to a_0 \to a_0' \to P_1 \to \cdots \to P_0,$$

welche alle zu P_0 äquivalenten Eckpunkte liefert und schließlich zu P_0 zurückführt.

Nun grenzen wir an jeder Seite a_ν $(\nu = 1, \ldots, r)$ durch einen hinreichend nahe an P_ν gelegenen Punkt P_ν^* einen Bogen $b_\nu = \widehat{P_\nu P_\nu^*}$ ab. Sei b_ν' der zu b_ν äquivalente Bogen auf a_ν' und $P_\nu^{*\prime}$ der dem Punkte P_ν^* entsprechende. Dann schneiden wir um jede Ecke P_ν mittels eines von $P_{\nu-1}^{*\prime}$ nach P_ν^* führenden Jordanbogens einen Sektor σ_ν aus. Die Begrenzung dieses Sektors besteht aus diesem Bogen und den beiden „Radien" $b_{\nu-1}'$ und b_ν.

Damit haben wir eine Menge von Sektoren erhalten, wobei der „Radius" b_ν von σ_ν jeweils auf den „Radius" b_ν' von $\sigma_{\nu+1}$ bezogen ist $(\nu = 1 \ldots r, \bmod r)$. Diese Abbildung führt jeweils die „Spitze" P_ν von σ_ν in die von $\sigma_{\nu+1}$ über.

Nun teilen wir den Einheitskreis $|z|<1$ der z-Ebene entsprechend diesen Sektoren in r Sektoren $\tilde{\sigma}_\nu$ und bilden jeden Sektor σ_ν topologisch auf $\tilde{\sigma}_\nu$ ab, so daß die äquivalenten Punkte von σ_ν und $\sigma_{\nu+1}$ zur Deckung kommen. Damit ist die Menge $\sum\limits_\nu \sigma_\nu$, in der äquivalente Punkte zu identifizieren sind, topologisch auf den Kreis $|z|<1$ abgebildet. Diese Menge stellt also eine kreishomöomorphe Umgebung des von der Eckenklasse repräsentierten Flächenpunktes dar. Damit ist jedem Punkte von R eine kreishomöomorphe Umgebung zugeordnet, d.h. R ist eine zweidimensionale Mannigfaltigkeit.

---

[1] Es kann $P_1 = P_0$ sein.

2.103. Orientierbarkeit einer Polyederfläche. Um zu untersuchen, wann die durch ein Polygon π dargestellte Fläche R orientierbar ist, nehmen wir an, das Polygon sei orientiert, d.h. seine Ecken $P_1, \ldots, P_n$ seien zyklisch angeordnet. Damit ist auch auf jeder Seite eine Orientierung bestimmt. Es seien $a = (P_1 P_2)$ und $a' = (P_r P_{r+1})$ zwei Seiten mit diesen Orientierungen. Wir zeigen:

Die Fläche R ist genau dann orientierbar, wenn die Seitenzuordnung $a \to a'$ die Orientierung von a in die entgegengesetzte Orientierung von a' überführt.

Zum Beweis setzen wir erstens voraus, a gehe samt Orientierung in a' über und zeigen, daß dann R nicht orientierbar sein kann. Dazu genügt es nach 2.100., eine einufrige Jordankurve auf R anzugeben.

Es seien P und P' zwei äquivalente Punkte von a bzw. a'; γ sei ein Jordanbogen von P nach P', der aus 1-Simplexen einer passenden Triangulierung von R besteht. Dieser Bogen zerlegt π in zwei Polygone $\pi_1 = P_1 P P' P_{r+1} \ldots P_n$ und $\pi_2 = P P_2 \ldots P_r P'$. Sei σ^2 bzw. τ^2 das 2-Simplex der Triangulierung von π, das P bzw. P' zur Ecke hat und längs einer Seite σ^1 bzw. τ^1 an die Polygonseite $P_1 P$ bzw. $P_r P'$ stößt. Bei der Abbildung $a \to a'$ geht die Seite $P_1 P$ nach Voraussetzung in $P_r P'$ über, und daher entspricht dem 1-Simplex σ_1 das Simplex τ_1. Die Simplexe σ^2 und τ^2 haben also auf R eine Seite gemeinsam, die nicht auf γ liegt. Hieraus wird ersichtlich, daß man je zwei 2-Simplexe eines „Streifens" um γ in der in 2.100. erklärten Art verbinden kann; die Kurve γ ist somit einufrig.

Führt umgekehrt jede Abbildung die entsprechenden Seiten mit Umkehrung der Orientierung ineinander über, so kann man von den in 2.101. und 2.102. hergestellten Nachbarrelationen zeigen, daß sie die Orientierung erhalten; dies soll dem Leser überlassen werden.

2.104. Eine in Polygondarstellung gegebene zweidimensionale Mannigfaltigkeit ist stets triangulierbar; man hat nur das Polygon zu triangulieren und darauf zu achten, daß mit jedem neuen Eckpunkt auf einer Seite auch der zu ihm äquivalente Punkt auf der Bildseite als Eckpunkt auftritt.

Mittels der Uniformisierungstheorie (Kap. VIII) ergibt sich, daß man jede geschlossene RIEMANNsche Fläche R durch ein Polygon (wobei die Seitenzuordnungen analytische Abbildungen sind) darstellen kann. Damit wird dann auch die Triangulierbarkeit dieser Flächen bewiesen sein.

2.105. Berandete Flächen. Es sei π ein Polygon der Zahlenebene, dessen Seitenzahl nicht notwendig gerade sein muß. In π seien nur gewisse Seiten mittels topologischer Abbildungen identifiziert, während mindestens eine Seite frei bleiben soll. Identifiziert man in π die äquivalenten Punkte, so erhält man einen topologischen Raum, der nicht ausnahmslos dem Mannigfaltigkeitsaxiom C genügt. Die inneren Punkte einer freien Seite haben keine kreishomöomorphe, sondern eine halbkreishomöomorphe Umgebung, d.h. eine Umgebung, die sich topologisch auf einen halboffenen Halbkreis $|z|<1$, $y \geq 0$ $(z=x+iy)$ abbilden läßt. Analog wie in 2.102. für geschlossene Flächen kann man auch für die Endpunkte einer freien Seite zeigen, daß sie auf R Halbkreisumgebungen haben. Den topologischen Raum R nennen wir eine *berandete Fläche*. Die Menge der Punkte mit Halbkreisumgebungen, also das Bild der freien Seiten von π, heißt der *Rand* der Fläche. Er besteht aus endlich vielen geschlossenen Jordankurven. Denkt man sich die Fläche R trianguliert und die 2-Simplexe kohärent orientiert, so besteht der (algebraische) Rand dieser 2-Kette aus dem Rande der Fläche R.

III. Kapitel.

Funktionentheoretische Grundsätze.

Durch die Betrachtungen des vorangehenden Kapitels über die topologisch und konform invarianten Grundeigenschaften der RIEMANNschen Flächen ist das Fundament für eine Entwicklung der Funktionentheorie und der Potentialtheorie auf einer solchen Fläche geschaffen worden. Im vorliegenden Kapitel sollen gewisse allgemeine Begriffe und Prinzipien der Funktionentheorie zusammengestellt werden, welche für unsere späteren, mehr in Einzelheiten gehenden Erörterungen erforderlich sind.

§ 1. Funktionen, Differentiale.

3.1. Funktionen auf RIEMANNschen Flächen. Es sei R eine beliebige offene oder geschlossene RIEMANNsche Fläche und G ein Gebiet auf R. Jedem Punkte P von G sei eine reelle oder komplexe Zahl $f(P)$ zugeordnet. Dann ist f als eine *Funktion* auf G definiert. Ist K eine Parameterumgebung von P (von der wir annehmen können, daß sie ganz in G liegt) und z die komplexe Variable in K $(|z|<1)$, so wird $f(P)$ in K als eine Funktion von z erklärt, die wir ebenfalls mit $f(z)$ bezeichnen. Für eine andere Parameterumgebung K^* mit der komplexen Veränderlichen z^* drückt sich f in K^* entsprechend als eine Funktion $f^*(z^*)$ aus. Ist Q ein Punkt des Durchschnittes KK^* und sind z und z^* seine Koordinaten in K bzw. K^*, die also durch eine direkt konforme Nachbarrelation $z \leftrightarrow z^*$ zusammenhängen, so gilt

$$f(z) = f^*(z^*). \tag{3.1}$$

Eine Funktion f, die in einem Parameterkreis K definiert ist, nennt man ein *Funktionselement*. Einer Funktion auf G entsprechen somit in den einzelnen Parameterumgebungen ihre Elemente, die vermöge (3.1) zusammenhängen. Umgekehrt bildet die Gesamtheit von Funktionselementen $f(z)$, welche für äquivalente Punkte $z \leftrightarrow z^*$ gleiche Werte annehmen, ein eindeutige *skalare Funktion* oder *Invariante* in dem Gebiete G. Die Funktionen bezeichnen wir einfach mit $f(z)$, indem wir, solange keine Mißverständnisse zu befürchten sind, den Punkt P der Fläche mit der komplexen Koordinate z einer beliebigen ihn enthaltenden Parameterumgebung bezeichnen.

Eine analytische Funktion $w = f(z)$, die auf der Fläche R eindeutig ist, vermittelt eine Abbildung von R auf ein Teilgebiet G_w der w-Kugel. Die Fläche R ist damit als eine (im allgemeinen nicht unbegrenzte und verzweigte) Überlagerungsfläche von G_w erklärt.

3.2. Kovariante Vektoren. Es sei $f(z)$ eine zweimal stetig nach den reellen Koordinaten x_1 und x_2 $(z = x_1 + i x_2)$ differenzierbare Funktion. Setzt man $M_1 = f_{x_1}$ und $M_2 = f_{x_2}$, so ist das Differential von f gleich

$$df = \sum_{i=1}^{2} M_i \, dx_i.$$

Für einen anderen lokalen Parameter $z^* = x_1^* + i x_2^*$ ergibt sich entsprechend für df der Ausdruck

$$df = \sum_i M_i^* \, dx_i^*,$$

wobei

$$M_i^* = \sum_k \frac{\partial x_k}{\partial x_i^*} M_k. \tag{3.2}$$

Die Ableitungen M_1, M_2 transformieren sich also gemäß (3.2) bei Übergang zu einem anderen Parameter *kovariant*. Allgemein versteht man unter einem *kovarianten Vektor* ein Zahlenpaar (M_1, M_2), das nicht durch den Punkt P allein, sondern erst durch den Punkt P und einen bestimmten lokalen Parameter z gegeben ist, und das sich bei Übergang zu einem anderen Parameter nach (3.2) transformiert. Die Ableitungen f_{x_1}, f_{x_2} einer skalaren Funktion f bilden also einen kovarianten Vektor, den *Gradienten* von f.

Ist jedem Punkte eines Gebietes von R ein kovarianter Vektor zugeordnet, so spricht man von einem *kovarianten Vektorfeld*. Einem kovarianten Vektorfeld (M_1, M_2) ordnet man die invariante *Differentialform*

$$df = M_1 \, dx_1 + M_2 \, dx_2$$

zu, wobei df lediglich eine Bezeichnung für die rechtsstehende Summe ist.

Gilt zwischen den Komponenten M_1, M_2 eines kovarianten Vektors bezüglich eines bestimmten Parameters z die Beziehung $M_2 = i M_1$, so folgt aus der Konformität der Nachbarrelationen, daß diese Beziehung für *jeden* Parameter z gilt und damit invariant ist. Der Vektor M_i ist dann durch *eine* Zahl, etwa $M_1 = M$, bestimmt und diese transformiert sich gemäß

$$M^* = M\left(\frac{\partial x_1}{\partial x_1^*} + i\,\frac{\partial x_2}{\partial x_1^*}\right) = M\,\frac{dz}{dz^*}\,.$$

Eine Größe, die diesem Transformationsgesetz gehorcht, nennen wir eine *Kovariante*. Zu einer Kovarianten gehört die invariante Differentialform

$$df = M\,dz\,.$$

Gilt zwischen den Komponenten M_1, M_2 eines kovarianten Vektors die Gleichung $M_2 = -i M_1$ (welche ebenfalls vom lokalen Parameter z unabhängig ist), so transformiert sich die Größe $M_1 = M$ gemäß

$$M^* = M\,\frac{d\bar z}{d\bar z^*}\,.$$

Ist M eine Kovariante, so ist also die konjugiert komplexe Zahl $\overline{M}$ eine Größe dieser Art.

3.3. Konjugiertes Differential. Mit einem kovarianten Vektor M_1, M_2 bildet auch das Zahlenpaar $\widetilde{M}_1 = -M_2$, $\widetilde{M}_2 = M_1$ einen kovarianten Vektor. Bei Übergang zu einem anderen Parameter ergibt sich nämlich nach 3.2., unter Berücksichtigung der Konformität der Nachbarrelation,

$$\widetilde{M}_i^* = \sum_k \frac{\partial x_k}{\partial x_i^*}\,\widetilde{M}_k\,;$$

das ist aber das Transformationsgesetz für kovariante Vektoren.

Die entsprechende Differentialform

$$d\tilde f = -M_2\,dx_1 + M_1\,dx_2$$

heißt die zu $df = M_1\,dx_1 + M_2\,dx_2$ *konjugierte* Form.

Ist insbesondere df das zu einer Kovarianten gehörige Differential, so lautet das konjugierte $d\tilde f = -i\,df$.

3.4. Rotor. Es sei M_1, M_2 ein kovariantes Feld, dessen Komponenten stetig differenzierbare Funktionen von x_1 und x_2 sind. Die Differenz $\frac{\partial M_1}{\partial x_2} - \frac{\partial M_2}{\partial x_1}$ transformiert sich bei Übergang zu einem neuen Parameter z^* gemäß

$$\frac{\partial M_1^*}{\partial x_2^*} - \frac{\partial M_2^*}{\partial x_1^*} = \left(\frac{\partial M_1}{\partial x_2} - \frac{\partial M_2}{\partial x_1}\right)\left|\frac{dz}{dz^*}\right|^2; \qquad (3.3)$$

sie heißt *Rotor* des Feldes M_1, M_2. Verschwindet der Rotor eines Feldes, was wegen (3.3) einen vom Parameter z unabhängigen Sinn hat, so heißt das Feld *wirbelfrei* und das zugehörige Differential $df = M_1\,dx_1 + M_2\,dx_2$ *exakt*.

Ein Gradientenfeld ist stets wirbelfrei. Umgekehrt ist ein wirbelfreies Feld, jedoch nur *lokal*, ein Gradientenfeld.

3.5. Analytische Kovarianten. Für eine Kovariante M bedeutet das Verschwinden des Rotors, daß M *eine analytische* Funktion von z ist. In diesem Falle heißt M eine *analytische Kovariante* und $M\,dz$ ein *analytisches Differential.* Die Ableitung einer eindeutigen analytischen Funktion $f(z)$ nach dem lokalen Parameter z ist eine analytische Kovariante. Wenn eine analytische Kovariante in der Umgebung eines Punktes verschwindet, so ist sie identisch gleich Null.

3.6. Divergenz. Unter der Divergenz eines kovarianten Vektorfeldes M_1, M_2 versteht man den negativen Rotor des konjugierten Feldes, also den Ausdruck

$$\frac{\partial M_1}{\partial x_1} + \frac{\partial M_2}{\partial x_2}.$$

Als Rotor transformiert er sich gemäß (3.3).

Verschwindet die Divergenz, so heißt das Feld *quellenfrei* und das entsprechende Differential *harmonisch.* Es bedeutet somit dasselbe, daß ein Differential harmonisch und daß das konjugierte Differential exakt ist.

Ist insbesondere das Vektorfeld Gradient einer skalaren Funktion f,

$$M_1 = f_{x_1}, \qquad M_2 = f_{x_2},$$

so ist seine Divergenz gleich dem LAPLACE*schen Ausdruck*

$$\Delta f = \frac{\partial^2 f}{\partial x_1^2} + \frac{\partial^2 f}{\partial x_2^2}.$$

Eine skalare Funktion $f(z)$, deren Differential harmonisch ist, genügt der LAPLACEschen Gleichung $\Delta f = 0$. Eine solche Funktion heißt eine *harmonische* oder auch *Potentialfunktion.* Ein *exaktes* Differential, das zu einer *Kovarianten* gehört, ist von selbst harmonisch. Speziell ist also ein analytisches Differential stets auch harmonisch.

3.7. Tensoren. Unter einem *kovarianten Tensor* zweiter Stufe versteht man ein System von vier Zahlen $T_{\alpha\beta}$ $(\alpha, \beta = 1, 2)$, das sich bei Übergang zu einem neuen Parameter z^* gemäß

$$T^*_{\alpha\beta} = \sum_{\mu\nu} \frac{\partial x_\mu}{\partial x^*_\alpha} \frac{\partial x_\nu}{\partial x^*_\beta} T_{\mu\nu} \tag{3.4}$$

transformiert. Zum Beispiel ist das Produkt $M_\alpha N_\beta$, wo M_α und N_β kovariante Vektoren sind, ein kovarianter Tensor. Gilt für einen Tensor die Beziehung $T_{\beta\alpha} = -T_{\alpha\beta}$ $(\alpha, \beta = 1, 2)$, was wegen (3.4) einen vom Parameter unabhängigen Sinn hat, so heißt der Tensor *schiefsymmetrisch.* Ein solcher Tensor hat nur eine wesentliche Komponente $T_{12} = -T_{21} = T$, und diese transformiert sich gemäß

$$T^* = T \left| \frac{dz}{dz^*} \right|^2. \tag{3.5}$$

Da wir nur schiefsymmetrische Tensoren zu betrachten haben, unterdrücken wir in Zukunft die Indizes und verstehen unter einem Tensor *eine* Zahl T, die sich gemäß (3.5) transformiert. Weil der Faktor $|dz/dz^*|$ reell und positiv ist, hat es einen invarianten Sinn, von reellen und von positiven Tensoren zu reden.

Rotor und Divergenz eines Vektorfeldes sind gemäß ihrem Transformationsgesetz Tensoren. Aus zwei kovarianten Vektoren M_α und N_α erhält man nach der Formel

$$T = M_1 N_2 - M_2 N_1$$

einen Tensor.

3.8. Bemerkung. Es ist evident, daß die Unterscheidung zwischen einerseits analytischen Funktionen und andererseits analytischen Kovarianten (z. B. Ableitungen von analytischen Funktionen) erst in der Verschiedenheit der Transformationsgesetze zutage tritt, welche den Übergang von einem lokalen Parameter zu einem anderen vermitteln. Solange man sich zu einem festen Parameter hält, spielt das Moment der Invarianz bzw. Kovarianz nicht mit. Daher hat man auch in der elementaren Funktionentheorie, wo man im allgemeinen mit einer fest gegebenen komplexen Ebene als Variabilitätsbereich der unabhängigen Variablen operiert, jene Differenzierung nicht nötig. Eine Ausnahme bringt allerdings auch hier die Einführung des unendlich fernen Punktes mit sich, dessen Umgebung durch eine Inversion auf ein endliches Gebiet zurückgeführt wird; für das Studium der Eigenschaften der analytischen Funktionen im unendlich Fernen empfiehlt es sich auch, die Begriffe der Invarianz und der Kovarianz einzuführen.

Es sei noch betont, daß bei den folgenden Ausführungen der Vektor- und Tensorbegriff stets relativ zu der Gruppe der konformen Koordinatentransformationen zu verstehen ist, auf welche man sich in der Theorie der RIEMANNschen Flächen natürlicherweise einschränkt.

3.9. Komplex konjugierte Koordinaten. Die obigen Eigenschaften der Differentiale drücken sich in einer für manche Zwecke bequemen Form aus, wenn man als Koordinaten nicht x und y, sondern $z = x + iy$ und $\bar{z} = x - iy$ benutzt. Es ist dann $dz = dx + i\,dy$ und $d\bar{z} = dx - i\,dy$, ferner $dx = \frac{1}{2}(dz + d\bar{z})$ und $dy = \frac{1}{2i}(dz - d\bar{z})$.

Ein Differential

$$df = A\,dz + B\,d\bar{z},$$

wo $A(z, \bar{z})$ und $B(z, \bar{z})$ zwei reelle oder komplexwertige Funktionen sind, ist exakt, wenn

$$A_{\bar{z}} = B_z.$$

Das konjugierte Differential ist

$$\widetilde{df} = i(-A\,dz + B\,d\bar{z});$$

es wird exakt, wenn

$$A_{\bar{z}} = -B_z.$$

Wenn beide Differentiale exakt sind, so ist

$$A_{\bar{z}} = B_z = 0.$$

Es ist dann A analytisch in z und B analytisch in $\bar{z}$, also $\bar{B}$ analytisch in z.

Der LAPLACEsche Operator schreibt sich

$$\Delta = \frac{\partial^2}{\partial x^2} + \frac{\partial^2}{\partial y^2} = 4\frac{\partial^2}{\partial z\,\partial \bar{z}}.$$

§ 2. Funktionen und Kovarianten auf geschlossenen Flächen.

3.10. Rationale Funktionen. Es sei R eine *geschlossene* RIEMANNsche Fläche. Unter einer *rationalen Funktion* versteht man eine eindeutige analytische Funktion $f(z)$ auf R, die bis auf Pole regulär ist. Wegen der Kompaktheit von R muß die Anzahl der Pole endlich sein. Das Bildgebiet von R auf der w-Kugel ist als stetiges Bild der kompakten Fläche R selbst kompakt und damit eine abgeschlossene Teilmenge der w-Kugel. Da es andererseits offen[1] ist, muß es die ganze w-Kugel umfassen. Die Fläche R ist somit vermöge der Abbildung $w = f(z)$ eine (im allgemeinen verzweigte) Überlagerungsfläche der w-Kugel, und aus der Kompaktheit von R folgt, daß diese Überlagerung *unbegrenzt* ist. Ihre Blätterzahl heißt die *Ordnung* der rationalen Funktion $f(z)$. Eine rationale Funktion nimmt also jeden Wert (mit seiner Vielfachheit gezählt) gleich oft an. Existiert auf einer geschlossenen Fläche R insbesondere eine rationale Funktion *erster* Ordnung, so wird die Fläche R hierdurch topologisch und konform auf die w-Kugel abgebildet. In diesem Fall ist also R zur Zahlenkugel konform äquivalent.

3.11. ABELsche Kovarianten. Unter einer ABEL*schen Kovarianten* auf einer geschlossenen Fläche R versteht man eine eindeutige analytische Kovariante $\varphi(z)$, die bis auf Pole regulär ist. Die Ableitung einer rationalen Funktion $f(z)$ ist also eine ABELsche Kovariante. Umgekehrt ist der Quotient zweier ABELschen Kovarianten $\varphi(z)$ und $\psi(z)$ eine rationale Funktion.

Der Existenzbeweis für ABELsche Kovarianten auf einer gegebenen Fläche R zu gegebenem singulären Teil in den Polen wird in Kap. IV erbracht werden. Damit ist auch die Existenz von nichtkonstanten *rationalen* Funktionen auf der Fläche R gesichert.

[1] Dies folgt daraus, daß die von $f(z)$ bewirkte Abbildung eine Spurabbildung ist.

3.12. Wir betrachten jetzt insbesondere eine geschlossene Fläche R, deren erste Homologiegruppe sich auf die Identität reduziert. Es sei $\varphi(z)$ eine ABELsche Kovariante, die auf R bis auf einen Pol zweiter Ordnung regulär ist. Dann ist das Integral $\int \varphi(z)\, dz$, wie in 3.51. gezeigt werden soll, auf R eindeutig und bis auf einen Pol erster Ordnung regulär, also eine rationale Funktion erster Ordnung. Unter Vorwegnahme des Existenzsatzes von Kap. IV ist so gezeigt:

Eine geschlossene RIEMANN*sche Fläche, deren erste Homologiegruppe nur aus dem Nullelement besteht, ist zur Zahlenkugel konform äquivalent.*

Da sich die erste Homologiegruppe jeder einfach zusammenhängenden Fläche nach 2.36. auf die Identität reduziert, gilt obiger Satz insbesondere für einfach zusammenhängende, geschlossene RIEMANNsche Flächen. In dieser Formulierung enthält der Satz den RIEMANNschen Abbildungssatz für kompakte Flächen, nach welcher eine einfach zusammenhängende geschlossene RIEMANNsche Fläche zur Zahlenkugel konform äquivalent ist.

3.13. Charakteristik. Es sei φ eine ABELsche Kovariante auf einer geschlossenen Fläche R und A bzw. B die Gesamtordnung ihrer Pole bzw. Nullstellen. Wir zeigen, daß die Differenz $B-A$ von φ unabhängig ist.

Zum Beweise sei φ^* eine zweite ABELsche Kovariante auf R mit den Gesamtordnungen A^* bzw. B^*. Wir setzen voraus, daß kein Pol und keine Nullstelle von φ^* mit einem Pol oder einer Nullstelle von φ zusammenfällt[1]. Dann betrachten wir die rationale Funktion $f = \varphi/\varphi^*$. Ihre Pole bestehen aus den Polen von φ und den Nullstellen von φ^*, ihre Nullstellen sind die Pole von φ^* und die Nullstellen von φ. Da die Gesamtordnung der Pole und der Nullstellen von f dieselbe sein muß, so wird $A + B^* = A^* + B$, d.h. $B^* - A^* = B - A$.

Die Differenz $B - A = \chi$ ist also bereits durch die Fläche R bestimmt und nach Definition konform invariant. Wir nennen sie die (konforme) *Charakteristik* der geschlossenen Fläche R.

3.14. Beispiele. Die Charakteristik der Zahlenkugel ist $\chi = -2$; denn auf der Zahlenkugel ist

$$\varphi = z^n \; (z \neq \infty) \qquad \text{bzw.} \qquad \varphi = -\frac{1}{z^{*\,n+2}}\left(z = \infty,\; z^* = \frac{1}{z}\right) \qquad (n \geq 1)$$

eine ABELsche Kovariante, und sie hat im Punkte $z = 0$ eine Nullstelle n-ter Ordnung und im Punkte $z = \infty$ einen Pol der Ordnung $n+2$. Damit ist also $\chi = -2$.

[1] Diese Einschränkung ist unwesentlich und wird nur der Übersichtlichkeit halber gemacht; ist sie nicht erfüllt, so ändert sich der Beweis nur unwesentlich.

Umgekehrt ist jede geschlossene RIEMANNsche Fläche der Charakteristik $\chi=-2$ zur Zahlenkugel konform äquivalent. Zum Beweis sei φ eine ABELsche Kovariante auf R, die bis auf einen Pol P zweiter Ordnung regulär ist (Existenzbeweis in Kap. IV). Dann ist die Gesamtordnung der Nullstellen von φ gleich $B=0$, da $B-A=\chi=-2$ und $A=2$, d.h. es ist $\varphi \neq 0$ auf der Fläche R. Ist weiter ψ eine ABELsche Kovariante, die in P einen Pol dritter Ordnung hat und sonst regulär ist, so hat die rationale Funktion $f=\psi/\varphi$ in P einen Pol erster Ordnung und ist sonst regulär; sie ist also eine rationale Funktion erster Ordnung und bildet daher R konform auf die Zahlenkugel ab.

3.15. Wir betrachten zweitens die geschlossene RIEMANNsche Fläche R, die aus der Zahlenebene entsteht, wenn man die Punkte identifiziert, die hinsichtlich der von zwei Translationen $T_1(z\to z+\omega_1)$, und $T_2(z\to z+\omega_2)$ erzeugten Gruppe äquivalent sind (vgl. 2.13.). Jeder eindeutigen, analytischen Funktion in der Ebene mit den Perioden ω_1 und ω_2 entspricht eine eindeutige analytische Funktion auf R und umgekehrt. Die Theorie der eindeutigen analytischen Funktionen auf R ist somit identisch mit der Theorie der doppeltperiodischen Funktionen der z-Ebene.

Diese Fläche R läßt sich derart mit Parameterumgebungen überdecken, daß sämtliche Nachbarrelationen *Translationen* der z-Ebene sind. Läßt man auf R nur diese lokalen Parameter zu, so besteht wegen der Invarianz von dz bei einer Translation kein Unterschied zwischen Invarianz und Kovarianz. Jede skalare Funktion auf R kann daher bezüglich dieser Parameterumgebungen als Kovariante aufgefaßt werden. Da die Differenz der Gesamtordnungen der Nullstellen und Pole für eine Kovariante gleich der Charakteristik der Fläche ist und für eine skalare Funktion verschwindet, folgt hieraus für die Charakteristik $\chi=0$[1].

3.16. RIEMANN-HURWITZsche Relation. Zwischen den Charakteristiken einer geschlossenen RIEMANNschen Fläche R und einer (endlichblättrigen) Überlagerungsfläche $\tilde{R}$ besteht eine Beziehung, die nun hergeleitet werden soll.

Sei φ eine Kovariante auf R mit endlich vielen Polen. Diese seien so gewählt, daß über ihnen keine Verzweigungspunkte von $\tilde{R}$ liegen. Der Kovarianten φ entspricht auf $\tilde{R}$ eine Kovariante $\tilde{\varphi}$ gemäß

$$\tilde{\varphi}=\varphi\frac{dz}{d\tilde{z}}.$$

Wir bestimmen die Gesamtordnung der Nullstellen und Pole von $\tilde{\varphi}$. Ist g die (endliche) Blätterzahl der Überlagerung, so liegen über jedem

[1] In Kap. VIII wird sich ergeben, daß man auf diese Art *alle* Flächen der Charakteristik $\chi=0$ erhält.

Pole (bzw. jeder Nullstelle) von φ genau g Pole (bzw. Nullstellen) von $\tilde{\varphi}$. Da dies nach Voraussetzung lauter Nichtverzweigungspunkte sind, ist in jenen Punkten $dz/d\tilde{z} \neq 0$, und die entsprechenden Ordnungen müssen also übereinstimmen. Damit haben wir bereits alle Pole von $\tilde{\varphi}$ einberechnet. Zu den Nullstellen von $\tilde{\varphi}$ kommen noch die Punkte hinzu, für welche $dz/d\tilde{z} = 0$. Diese Stellen sind genau die Verzweigungspunkte, und zwar verschwindet $\tilde{\varphi}$ in einem Verzweigungspunkt $(k-1)$-ter Ordnung ebenfalls von $(k-1)$-ter Ordnung. Die Summe der Ordnungen dieser Nullstellen ist also gleich $\sum(k-1)$, wobei über alle Verzweigungspunkte zu summieren ist.

Damit erhält man auf $\tilde{R}$ insgesamt

$$\tilde{A} = gA, \qquad \tilde{B} = gB + \sum(k-1),$$

und für die Charakteristik von $\tilde{R}$

$$\tilde{\chi} = \tilde{B} - \tilde{A} = g(B-A) + \sum(k-1).$$

Hier ist aber $B - A$ die Charakteristik χ von R, und man hat somit die sog. RIEMANN-HURWITZsche Relation:

$$\tilde{\chi} = g\chi + \sum(k-1).$$

Ist die Überlagerung insbesondere unverzweigt, so lautet die Relation zwischen den Charakteristiken

$$\tilde{\chi} = g\chi.$$

Als Beispiel betrachten wir die Abbildung der $\tilde{z}$-Kugel auf die z-Kugel, die durch ein Polynom n-ten Grades

$$z = P_n(\tilde{z})$$

vermittelt wird. Dies ist (falls $n > 1$) eine verzweigte Spurabbildung. Für die Blätterzahl gilt $g = n$. Die Summe der im Endlichen gelegenen Verzweigungspunkte ist gleich der Gesamtordnung der Nullstellen von $P_n'(\tilde{z})$, also gleich $n-1$. Dazu kommt noch der Verzweigungspunkt $\tilde{z} = \infty$ und zwar mit der Ordnung $n-1$. Damit hat man für die Gesamtordnung den Wert $2(n-1)$, wie es die RIEMANN-HURWITZsche Relation verlangt.

3.17. Charakteristik und Wechselsumme einer Triangulierung. Mit Hilfe der RIEMANN-HURWITZschen Relation kann man eine Beziehung zwischen der Charakteristik einer geschlossenen RIEMANNschen Fläche R und der Wechselsumme der Simplexe in einer Triangulierung herleiten. Zu diesem Zweck betrachten wir die in 2.91. konstruierte verzweigte Spurabbildung der Fläche R auf die z-Kugel. Die Verzweigungspunkte sind die Schwerpunkte der 2- und 1-Simplexe und die Ecken der Triangulierung, und zwar hat der Schwerpunkt eines 2-Simplexes die Ordnung $k=2$, der Schwerpunkt einer Kante die Ordnung $k=1$ und eine Ecke die Ordnung $k=n-1$, wenn n die Anzahl der mit ihr inzidenten 2-Simplexe bezeichnet. Die Blätterzahl der Überlagerung ist gleich der dreifachen Anzahl der 2-Simplexe, denn jedes 2-Simplex ist in sechs kleinere unterteilt, und je drei von ihnen gehen in dieselbe Halbebene über. Daher lautet die RIEMANN-HURWITZsche Relation, wenn χ die Charakteristik der Fläche R und α^2, α^1, α^0 die Anzahlen der Simplexe der (ursprünglichen) Triangulierung bezeichnen,

$$\chi = 3\alpha^2(-2) + 2\alpha^2 + \alpha^1 + \sum(n-1)$$

und, da $\sum n = 3\alpha^2$,

$$\chi = -\alpha^0 + \alpha^1 - \alpha^2.$$

Hieraus folgt, daß die Wechselsumme der Simplexe von der Triangulierung der Fläche unabhängig ist.

Bemerkung. Da man nach 2.91. jede triangulierbare, orientierbare Fläche zu einer RIEMANNschen Fläche machen kann, gilt das obige Ergebnis für jede geschlossene, triangulierbare, orientierbare Fläche. *Die Wechselsumme der Anzahlen der Simplexe ist somit topologisch invariant.*

§ 3. Analytische Fortsetzung.

3.18. Definition der Fortsetzung. Im ersten Kapitel haben wir schon den Begriff der analytischen Fortsetzung und den Monodromiesatz für die Untersuchung der algebraischen Funktionen herangezogen. Wir wenden uns jetzt diesen Fragen in einer für die Theorie der RIEMANNschen Flächen genügenden Allgemeinheit zu.

Unter einem *analytischen Element* auf einer RIEMANNschen Fläche R versteht man eine in einer Parameterumgebung definierte, eindeutige und (in bezug auf den zugehörigen Parameter z) analytische Funktion $f(z)$.

Eine in einem Gebiete G definierte eindeutige analytische Funktion $f(z)$ kann demnach als eine Gesamtheit von Funktionselementen $f(z)$ aufgefaßt werden, wobei die Funktionselemente f und f^* benachbarter Parameterumgebungen in deren Durchschnitt durch das Gesetz der Invarianz

$$f(z) = f^*(z^*) \qquad (z \leftrightarrow z^*) \tag{3.6}$$

miteinander zusammenhängen.

Entsprechend ist eine eindeutige analytische Kovariante eine Gesamtheit von Funktionselementen $f(z)$, wobei sich zwei benachbarte durch das Gesetz der Kovarianz

$$f(z)\,dz = f^*(z^*)\,dz^* \qquad (z \leftrightarrow z^*) \tag{3.7}$$

transformieren.

Es seien K und K^* zwei benachbarte Parameterumgebungen auf R und $f(z)$ bzw. $f^*(z^*)$ ein analytisches Element in K bzw. K^*. Diese Elemente heißen *unmittelbare Fortsetzungen* voneinander, falls der Durchschnitt KK^* nicht leer ist und hier das Transformationsgesetz (3.6) (invariante Fortsetzung) oder das Gesetz (3.7) (kovariante Fortsetzung) gilt. Beide Arten von unmittelbaren analytischen Fortsetzungen sind durch das Ausgangselement eindeutig bestimmt, d. h. sind f_1^* und f_2^* zwei (invariante oder kovariante) Fortsetzungen von f nach K^*, so ist $f_1^* \equiv f_2^*$. Man beachte, daß der so definierte Begriff der unmittelbaren Fortsetzung nicht notwendig transitiv ist.

Entsprechendes gilt für die *harmonische* Fortsetzung. Zwei harmonische Elemente $u(z)$ und $u^*(z^*)$ in den Parameterumgebungen K bzw. K^* heißen *unmittelbare harmonische Fortsetzungen* voneinander, wenn im Durchschnitt KK^* gilt $u(z) = u^*(z^*)$ für äquivalente Punkte $z \leftrightarrow z^*$. Entsprechend sind zwei harmonische Differentiale $df = M_1 dx_1 + M_2 dx_2$ und $df^* = M_1^* dx_1^* + M_2^* dx_2^*$ unmittelbare Fortsetzungen voneinander, wenn

$$M_i^* = \sum_k \frac{\partial x_k}{\partial x_i^*} M_k \qquad (i = 1,\ 2)$$

im Durchschnitt KK^* gilt.

Ist df^* harmonische Fortsetzung von df, so ist die (skalare) Funktion f^* (bei geeigneter Wahl der Integrationskonstanten) harmonische Fortsetzung von f. Auch die harmonische Fortsetzung eines harmonischen Elementes ist durch dieses Element eindeutig bestimmt.

3.19. Fortsetzung längs eines Weges. Es seien P und Q zwei Punkte einer Riemannschen Fläche und $w: P = P(t)$ $(0 \leq t \leq 1)$ ein von P nach Q führender Weg. Man sagt, auf w sei eine *analytische Belegung* gegeben, wenn jedem Punkte $P(t)$ ein analytisches Element f_t zugeordnet ist, so daß folgende Bedingung gilt: Zu jedem $t = t_0$ gibt es eine Zahl $\delta > 0$, so daß in der δ-Umgebung von t_0 (bezüglich der Strecke $0 \leq t \leq 1$) f_t unmittelbare Fortsetzung von f_{t_0} ist. Zwei Funktionselemente f und g in P bzw. Q heißen *Fortsetzungen voneinander längs des Weges w*, wenn es eine analytische Belegung f_t von w gibt, so daß $f_0 = f$ und $f_1 = g$. Ist g Fortsetzung von f längs w, so ist f Fortsetzung von g längs w^{-1}; ist ferner g Fortsetzung von f längs u und h Fortsetzung von g längs v, so ist h Fortsetzung von f längs uv.

Die Menge der Funktionselemente, die aus einem gegebenen durch alle möglichen Fortsetzungen entstehen, heißt ein *analytisches Gebilde*. Es bestimmt in dem von den Parameterumgebungen überdeckten Gebiet G eine (im allgemeinen mehrdeutige) Funktion. Ein Funktionselement heißt *unbeschränkt fortsetzbar* auf R, wenn es längs jedes Weges fortsetzbar ist.

Ist im Gebiete G eine eindeutige analytische Funktion $F(z)$ gegeben und ordnet man jedem Punkt P das Element $f_P = F(z)$ zu, so sind je zwei solche Elemente Fortsetzungen voneinander.

3.20. Durchdrücken der analytischen Fortsetzung. Es seien $\tilde{R}$ und R zwei RIEMANNsche Flächen; $\tilde{R}$ sei unverzweigte und unbegrenzte Überlagerungsfläche von R. Dann entspricht jedem analytischen Funktionselement $f(z)$ in einem Punkte z von R in jedem über z liegenden Punkte $\tilde{z}$ ein Funktionselement $\tilde{f}(\tilde{z})$, das durch $\tilde{f}(\tilde{z}) = f(z)$ gegeben ist. Ist w ein von P ausgehender Weg und f_t eine analytische Belegung des Weges w, so bilden die entsprechenden Funktionselemente $\tilde{f}_t$ eine analytische Belegung des Überlagerungsweges.

Sei nun $\tilde{w}$ geschlossen auf der Fläche $\tilde{R}$; die Fortsetzung des durchgedrückten Funktionselementes längs $\tilde{w}$ wird im allgemeinen nicht zum Anfangselement zurückführen. Es erhebt sich die Frage, ob zu einem gegebenen Funktionselement auf R die Überlagerung $\tilde{R}$ so konstruiert werden kann, daß die letztgenannte Mehrdeutigkeit eliminiert wird, so daß also die Fortsetzung auf geschlossenen Wegen $\tilde{w}$ stets zum Anfangselement führt. Eine solche Überlagerungsfläche $\tilde{R}$ wird im folgenden hergestellt.

3.21. Analytisches Gebilde als Überlagerungsfläche. Es sei also f_{P_0} ein gegebenes Funktionselement im Punkte P_0 der Fläche R. Die „Punkte" der zu konstruierenden Fläche $\tilde{R}$ sind die durch Fortsetzung von f_{P_0} erhaltenen Funktionselemente[1]. Dabei werden zwei Funktionselemente f_P und $f'_{P'}$ als gleich betrachtet, wenn sie erstens zu demselben Punkt $P = P'$ gehören und zweitens unmittelbare Fortsetzungen voneinander sind, so daß also $f_P = f'_P$ im Durchschnitt $U_P U'_P$. Diese Relation ist transitiv, so daß sie eine Einteilung aller Funktionselemente in punktfremde Klassen erklärt.

Der so bestimmten Menge $\tilde{R}$ von Funktionselementen soll nun eine Topologie aufgeprägt werden. Es sei f_P ein beliebiges Element, definiert in der Parameterumgebung U_P. Zu jedem Punkte Q von U_P gehört ein Funktionselement f_Q in U_P, definiert durch $f_Q = f_P$. Seine Klasse bestimmt einen Punkt $\tilde{Q}$ von $\tilde{R}$. Damit ist jedem „Punkte" $\tilde{P} = f_P$ eine bestimmte Teilmenge $U_{\tilde{P}}$ von $\tilde{R}$ zugeordnet, deren „Punkte" eineindeutig den Punkten von U_P entsprechen.

Ordnet man jedem „Punkte" $\tilde{P} = f_P$ den zugehörigen Punkt P von R zu, so ist dadurch eine eindeutige Abbildung σ der Menge $\tilde{R}$ auf das bei der Fortsetzung auf R überdeckte Gebiet G gegeben. Zu jedem

[1] Es werden zu einem festen Punkt P nur solche Parameterumgebungen betrachtet, für welche der Durchschnitt von je zweien *zusammenhängend* ist.

„Punkte" $\tilde{P} = \mathfrak{f}_P$ ist $U_{\tilde{P}}$ eine $\tilde{P}$ enthaltende Teilmenge, welche eineindeutig auf die Parameterumgebung U_P von P abgebildet wird. Sind $U_{\tilde{P}}$ und $U_{\tilde{P}'}$ zwei dieser Teilmengen mit einem nichtleeren Durchschnitt $U_{\tilde{P}} U_{\tilde{P}'}$, so entspricht diesem auf R mittels σ eine *offene* Menge im Durchschnitt $U_P U_{P'}$.

Zum Beweis sei $\tilde{M} = \mathfrak{f}_M$ ein beliebiger „Punkt" von $U_{\tilde{P}} U_{\tilde{P}'}$ und M der Bildpunkt in $U_P U_{P'}$. Eine Umgebung U_M von M, die ganz im Durchschnitt $U_P U_{P'}$ liegt, besteht aus lauter Bildpunkten. Denn einem Punkt N von U_M entspricht in $U_{\tilde{P}}$ bzw. $U_{\tilde{P}'}$ je ein „Punkt" $\mathfrak{f}_N = \mathfrak{f}_P$ bzw. $\mathfrak{f}'_N = \mathfrak{f}_{P'}$, und wegen $\mathfrak{f}_P = \mathfrak{f}_{P'}$ in $U_P U_{P'}$ wird $\mathfrak{f}_N = \mathfrak{f}'_N$. Somit ist N Bild des „Punktes" $\mathfrak{f}_N = \mathfrak{f}'_N$ von $U_{\tilde{P}} U_{\tilde{P}'}$.

Man kann daher den Raum $\tilde{R}$ nach 2.11. zu einem topologischen Raum machen, indem man in jeder Teilmenge $U_{\tilde{P}}$ die Topologie von der Bildumgebung U_P mittels der eineindeutigen Abbildung σ übernimmt. Dieser Raum genügt zunächst den Axiomen A und C; er erfüllt aber auch das Trennungsaxiom.

Es seien nämlich $\tilde{P} = \mathfrak{f}_P$ und $\tilde{P}' = \mathfrak{f}'_{P'}$ zwei voneinander verschiedene Punkte von $\tilde{R}$. Stimmen dann die Punkte P und P' auf R überein, so sind die Umgebungen $U_{\tilde{P}}$ und $U_{\tilde{P}'}$ punktfremd; denn hätten sie einen Punkt $\tilde{Q} = \mathfrak{f}_Q$ gemeinsam, so wäre $\mathfrak{f}_P = \mathfrak{f}_Q$ in $U_P U_Q$ und $\mathfrak{f}'_P = \mathfrak{f}_Q$ in $U'_P U_Q$, d.h. $\mathfrak{f}'_P = \mathfrak{f}_P$ in $U'_P U_P$ und damit wäre $\tilde{P}$ mit $\tilde{P}'$ identisch. Sind dagegen die Punkte P und P' verschieden, so seien $V < U_P$ und $V' < U_{P'}$ punktfremde Umgebungen von P bzw. P'. Ihnen entsprechen in $U_{\tilde{P}}$ und $U_{\tilde{P}'}$ zwei punktfremde Umgebungen $\tilde{V}$ bzw. $\tilde{V}'$ von $\tilde{P}$ bzw. $\tilde{P}'$.

Der Raum $\tilde{R}$ genügt also den Axiomen A, B und C und ist damit eine Fläche. Da σ eine lokal topologische Abbildung von $\tilde{R}$ auf das Gebiet G ist, so ist $\tilde{R}$ eine unverzweigte (im allgemeinen nicht unbegrenzte) Überlagerungsfläche von G. Daher kann $\tilde{R}$ nach 2.89. zu einer RIEMANN*schen Fläche* gemacht werden.

Die Fläche $\tilde{R}$ ist *zusammenhängend.* Ist nämlich $\tilde{P}_1 = \mathfrak{f}_{P_1}$ ein beliebiger Punkt von $\tilde{R}$, so gibt es, da $\mathfrak{f}_{P_1}$ Fortsetzung des Ausgangselementes $\tilde{P}_0 = \mathfrak{f}_{P_0}$ ist, einen Weg $P(t)$ $(0 \leq t \leq 1)$ von P_0 nach P_1 und eine analytische Belegung $\mathfrak{f}_t$ dieses Weges, so daß $\mathfrak{f}_0 = \mathfrak{f}_{P_0}$ und $\mathfrak{f}_1 = \mathfrak{f}_{P_1}$. Dann ist durch $\tilde{P}(t) = \mathfrak{f}_t$ ein Weg auf $\tilde{R}$ bestimmt. Denn die Abbildung $t \to \tilde{P}(t)$ erfüllt die Voraussetzungen des Hilfssatzes von 2.53. und ist daher stetig; und da der Anfangspunkt des Weges $\tilde{P}(t)$ nach Konstruktion $\mathfrak{f}_{P_0}$, der Endpunkt $\mathfrak{f}_{P_1}$ ist, so verbindet $\tilde{P}(t)$ tatsächlich $\tilde{P}_0$ mit $\tilde{P}_1$.

Das Durchdrücken des Funktionselementes $\mathfrak{f}_P$ auf G nach der so hergestellten Überlagerungsfläche $\tilde{R}$ bedeutet jetzt einfach, daß man jedem Punkt $\tilde{P} = f_P$ die Zahl f_P zuordnet. Es entsteht so tatsächlich eine auf $\tilde{R}$ auch im großen *eindeutige* Funktion.

Ist das gegebene Funktionselement f_{P_0} in G insbesondere *unbeschränkt fortsetzbar*, so bedeutet dies, daß man *jeden* Weg von G nach $\tilde{R}$ durchdrücken kann; $\tilde{R}$ ist also in diesem Falle *unbegrenzte* Überlagerung von G (vgl. 2.52.).

Nachdem wir die Fläche $\tilde{R}$ als Überlagerung des von den Funktionselementen überdeckten Gebietes G erkannt haben, können wir die Resultate von Kap. II, § 4 anwenden. Zunächst ergibt sich, daß die Fortsetzung eines Elementes f_{P_0} durch das Ausgangselement und den Weg (bis auf unmittelbare Fortsetzung) eindeutig bestimmt ist; genauer: Sind f_{P_0} und f'_{P_0} zwei analytische Elemente in P_0, die unmittelbare Fortsetzung voneinander sind, und sind f_{P_1} und f'_{P_1} ihre Fortsetzungen längs eines Weges w, so sind auch f_{P_1} und $f'_{P'_1}$ unmittelbare Fortsetzungen voneinander.

3.22. Bemerkung über Fortsetzung der Elemente eines gegebenen analytischen Gebildes. Wenn umgekehrt f eine auf einer gegebenen RIEMANNschen Fläche erklärte eindeutige und reguläre analytische Funktion und f_P ein Funktionselement ist, so folgt aus der Eindeutigkeit der analytischen Fortsetzung, daß das Element f_P, nach dem Vorgehen von Nr. 3.18. und 3.19. fortgesetzt, stets mit f übereinstimmt. Speziell ist also die Fortsetzung eines konstanten Elementes $f_P = C$ gleich der konstanten Funktion $f \equiv C$.

3.23. Monodromiesatz. Weiter folgt aus 3.21. und 2.51.:

Sind w_0 und w_1 homotope Wege auf R und ist das Element f_{P_0} längs aller Wege w_τ $(0 \leq \tau \leq 1)$ der Deformation $w_0 \to w_1$ fortsetzbar, so führt die Fortsetzung längs w_0 und längs w_1 zu demselben Endelement.

Ist das Gebiet G insbesondere *einfach* zusammenhängend, so ergibt sich hieraus der

Monodromiesatz: *Ein analytisches Funktionselement, das in einem einfach zusammenhängenden Gebiet G unbeschränkt fortsetzbar ist, erzeugt in G eine eindeutige analytische Funktion.*

3.24. Bemerkung. Die Verhältnisse bei der analytischen Fortsetzung eines Funktionselementes sind wesentlich durch die Homotopieeigenschaften und nicht — wie z. B. bei den Integralen einer eindeutigen analytischen Kovarianten — schon durch die Homologieeigenschaften der Wege charakterisiert. Es kann vorkommen, daß ein Funktionselement, fortgesetzt längs eines geschlossenen Weges, der in seinem Regularitätsgebiet zwar nullhomolog, nicht aber nullhomotop ist, nicht zum Ausgangselement zurückkehrt. Nehmen wir z. B. für R die in $z = +1$ und $z = -1$ punktierte komplexe Ebene und für f_0 das eine Element der Funktion $\sqrt{\log \frac{1+z}{2}}$ an der Stelle $z = 0$. Bezeichnet a bzw. b den Kreis $|z+1| = 1$ bzw. $|z-1| = 1$ (beide positiv orientiert), so ist der Weg $a b a^{-1} b^{-1}$ auf R nullhomolog (nämlich die 1-Kette Null); dagegen führt, wie man leicht kontrolliert, die Fortsetzung von f_0 längs dieses Weges nicht zum Ausgangspunkt zurück. — Durch dieses Beispiel ist gleichzeitig bewiesen, daß der Weg $a b a^{-1} b^{-1}$ in der in $+1$ und -1 punktierten Zahlenebene nicht nullhomotop ist, mit anderen Worten, daß $a b$ nicht homotop zu $b a$ ist. Die Fundamentalgruppe der zweifach punktierten Ebene ist also nicht abelsch.

3.25. Mehrdeutigkeit im Großen. Es sei f_{P_0} ein Funktionselement, das in einem Gebiete G unbeschränkt fortsetzbar ist. Falls das Gebiet G nicht einfach zusammenhängend ist, wird die analytische Fortsetzung im allgemeinen zu einer im Großen mehrdeutigen Funktion führen. Die vorkommenden Verhältnisse lassen sich mit Hilfe des Satzes von 3.23. überblicken.

Ist P_0 ein fester und P ein beliebiger Punkt von G, so entsprechen die Funktionselemente f_P nach 3.23. den Homotopieklassen der von P_0 nach P führenden Wege. Da es nur abzählbar viele solche Klassen gibt (vgl. 2.89.), gehören zu jedem Punkte P nur abzählbar viele Funktionselemente.

Die mehrdeutige Funktion, die durch Fortsetzung von f_{P_0} in G entstanden ist, läßt sich in jedem einfach zusammenhängenden Teilgebiet G_0 von G zu eindeutigen Zweigen zusammenfassen: Man wähle in G_0 einen festen Punkt O, setze f_{P_0} von P_0 längs eines festen Weges nach O und das so erhaltene Element weiter in dem einfach zusammenhängenden Gebiet G_0 fort; dies führt nach dem Monodromiesatz zu einer in G_0 eindeutigen Funktion. Auf diese Art erhält man alle Elemente der mehrdeutigen Funktion f in G. Ist nämlich f_P $(P \in G_0)$ ein beliebiges Funktionselement, entstanden durch Fortsetzung von f_{P_0} längs eines Weges w, so verbinde man P mit O in G_0 durch einen Weg p. Dann ist $w p$ ein Weg von P_0 nach O, und die Fortsetzung von f_{P_0} längs $w p$ führt zu einem bestimmten Funktionselement f_0 in O; damit gehört f_P zu dem Zweige, der durch Fortsetzen von f_0 in G_0 entsteht.

3.26. Harmonische Fortsetzung. Gebrochene Elemente. Was oben über die Fortsetzung von analytischen Funktionen gesagt worden ist, gilt auch für harmonische Funktionen sowie für analytische und harmonische Differentiale. Das Wesentliche für die Gültigkeit der obigen Betrachtungen ist lediglich, daß die Operation der unmittelbaren Fortsetzung der Elemente eindeutig bestimmt ist.

Hieraus folgt insbesondere, daß es nicht nötig ist, die betrachteten eindeutigen analytischen und harmonischen Elemente als ausnahmslos *regulär* anzunehmen, sondern man kann auch, was schon in Kap. I geschehen ist, Singularitäten zulassen. Wenn im folgenden von analytischer Fortsetzung die Rede ist, so sollen eindeutige analytische Elemente mit höchstens endlich vielen Polen in Betracht gezogen werden („gebrochene" analytische Elemente).

§ 4. Das Maximum- und Minimumprinzip.

3.27. Maximumprinzip. Es sei $w = u + iv$ eine in der Umgebung eines Punktes P einer RIEMANNschen Fläche R eindeutige, reguläre und nichtkonstante analytische Funktion. Aus der *Gebietstreue* der Abbildung $z \to w$ folgt dann, daß der Betrag $|w|$ im Punkt P kein Maximum erreichen kann. Dasselbe gilt für das Maximum (und das Minimum) des Realteiles u, und damit jeder Potentialfunktion, die in P regulär harmonisch ist.

Aus diesem einfachen Satz ergibt sich das *Prinzip des Maximums* in der nachstehenden präzisen Form:

Es sei G ein Gebiet auf einer RIEMANNschen Fläche R und Γ seine Begrenzung; die abgeschlossene Menge $G + \Gamma$ sei auf R kompakt. In G sei eine eindeutige harmonische Funktion $u(z)$ definiert mit der Eigenschaft, daß in jedem Punkte ζ von Γ gilt

$$\overline{\lim}\, u(\zeta) \leq 0.$$

Dann ist in jedem Punkte z von G

$$u(z) \leq 0,$$

und das Gleichheitszeichen steht nur für die Konstante $u \equiv 0$.

Die erste Behauptung besagt, daß die obere Grenze M von u in G nicht positiv ist. Zum Beweis bemerke man, daß die Funktion $\overline{\lim}\, u$ wegen der Kompaktheit von $G + \Gamma$ in mindestens einem Punkte Q von $G + \Gamma$ gleich M wird. Falls erstens Q ein Punkt der Begrenzung Γ ist, so ist nach der Voraussetzung $M \leq 0$. Liegt hingegen Q in G, so erreicht u sein Maximum in dem inneren Punkt Q und ist daher konstant gleich M, zunächst in der Umgebung U von Q, dann aber überall auf G (vgl. 3.22.) Aus der Voraussetzung folgt dann, daß $M \leq 0$.

Damit ist die erste Behauptung bewiesen. Erreicht schließlich die Funktion u ihren größtmöglichen Wert 0 in einem Punkte von G, also in einem regulären Punkt, so ist sie konstant und zwar gleich Null, w. z. b. w.

3.28. Das erweiterte Maximumprinzip. Für die nachfolgenden Untersuchungen wird das Maximumprinzip in einer etwas allgemeineren Fassung benötigt.

Die Funktion $u(z)$ sei, wie vorher, im Gebiete G eindeutig und harmonisch. Ferner genüge sie auf Γ der Bedingung $\overline{\lim}\, u(\zeta) \leq 0$, eventuell *abgesehen von endlich vielen Begrenzungspunkten* (ζ). *Dann ist entweder* $u(z) \leq 0$ *in* G *oder es gilt*

$$M = \sup_G u(z) = +\infty .$$

Zum Beweis wird angenommen, es sei $M < \infty$; dann gilt es zu zeigen, daß

$$u(z) \leq 0 \text{ in } G.$$

Wird erstens $\overline{\lim}\, u(z) = M$ in einem Punkt z von G oder in einem Nichtausnahmepunkt $z = \zeta$ von Γ, so folgt die Behauptung unmittelbar.

Liegt dieser erste Fall nicht vor, so muß für einen Ausnahmepunkt $\zeta = \zeta_0$ von Γ

$$M = \overline{\lim}\, u(\zeta_0).$$

Wir wählen dann im Parameterkreis $|z - \zeta_0| < 1$ eine so kleine Kreisscheibe $A: |z - \zeta_0| \leq r < 1$, daß diese, außer ζ_0, keine Ausnahmepunkte enthält. Sei dann m die obere Grenze von $u(z)$ auf dem Durchschnitt d von $G + \Gamma$ mit dem Randkreis α von A. Nach unserer Annahme ist

$$m < M.$$

Es sei nun D der Durchschnitt $D = GA$. In einem Punkte $\zeta \neq \zeta_0$ der Begrenzung δ von D ist $\overline{\lim}\, u(\zeta) \leq 0$, falls ζ auf Γ liegt, und $u(\zeta) \leq m$, falls ζ in G liegt; also gilt jedenfalls

$$\overline{\lim}\, u(\zeta) \leq \frac{m + |m|}{2}$$

für jeden Begrenzungspunkt $\zeta \neq \zeta_0$ des Durchschnittes D.

Nun bilden wir für eine beliebig fixierte positive Zahl ε die Funktion

$$\varphi(z) = u(z) + \varepsilon \log |z - \zeta_0|.$$

Es ist $\varphi < u$ in A, und damit wird auch

$$\overline{\lim}\, \varphi(\zeta) \leq \frac{m + |m|}{2}$$

in jedem Punkte $\zeta \neq \zeta_0$ der Begrenzung δ von D. Diese Beziehung besteht aber auch in $\zeta = \zeta_0$, denn hier ist $\lim \varphi = -\infty$, wegen der Beschränktheit von u nach oben. Nach dem Maximumprinzip wird daher in D

$$\varphi(z) \leq \frac{m + |m|}{2}$$

und somit

$$u(z) \leq \frac{m + |m|}{2} - \varepsilon \log |z - \zeta_0|.$$

Da diese Beziehung für jedes $\varepsilon > 0$ besteht, so muß

$$u(z) \leq \frac{m + |m|}{2}$$

in D sein, und daraus folgt für $z \to \zeta_0$, daß

$$M \leq \frac{m + |m|}{2}.$$

Andererseits war aber $M > m$; dies ist nur so möglich, daß $m < 0$ und daher $M \leq 0$, so daß also $u(z) \leq 0$ in G, w.z.b.w.

§ 5. Integralsätze.

3.29. Differenzierbare Simplexe. Es sei σ^2 ein singuläres 2-*Simplex* (vgl. 2.27.) der RIEMANNschen Fläche R, das ganz in der Parameterumgebung K liegt. Im zugehörigen Parameterkreis K_z $(z = x + iy)$ entspricht ihm ein weiteres singuläres 2-Simplex σ_z^2, das mit σ^2 durch die topologische Abbildung $K \leftrightarrow K_z$ zusammenhängt. Damit ist das geradlinige Urbildsimplex $'\sigma^2$, das wir uns in einer uv-Ebene eingebettet denken, stetig auf σ_z^2 abgebildet. Diese Abbildung läßt sich durch zwei Funktionen

$$x = x(u, v), \quad y = y(u, v) \qquad (z = x + iy)$$

beschreiben. Sind diese stetig differenzierbar, so heißt $'\sigma^2$ ein *differenzierbares 2-Simplex*. Diese Eigenschaft ist wegen der Differenzierbarkeit der Nachbarrelationen unabhängig von der Parameterumgebung, in der σ^2 liegt. Von zwei gleichen 2-Simplexen, von deren das eine differenzierbar ist, ist auch das andere differenzierbar.

Es sei weiter σ^1 ein singuläres 1-*Simplex* in einer Parameterumgebung K. Ihm entspricht im Parameterkreis K_z ein singuläres 1-Simplex σ_z^1, das mit dem geradlinigen Urbildsimplex $'\sigma^1$ von σ^1 durch eine Abbildung

$$x = x(t), \qquad y = y(t)$$

zusammenhängt, wobei t der Parameter der Urbildstrecke ist. Sind die Funktionen $x(t)$ und $y(t)$ stetig differenzierbar und gilt $\dot{x}^2 + \dot{y}^2 \neq 0$, so heißt σ^1 ein *differenzierbares 1-Simplex*.

3.30. Integrale über differenzierbare Simplexe. Es sei σ^2 ein orientiertes, differenzierbares 2-Simplex auf der RIEMANNschen Fläche R und T ein schiefsymmetrisches Tensorfeld (vgl. 3.7.), das auf σ^2 stetig ist. Der Funktion T entspricht im Urbildsimplex $'\sigma^2$ eine stetige Funktion $T(u, v)$. Wir definieren das Integral des Feldes T über das Simplex σ^2 durch die Gleichung

$$\iint_{\sigma^2} T\, dx\, dy = \iint_{'\sigma^2} T(u, v) \frac{\partial(x, y)}{\partial(u, v)}\, du\, dv. \tag{3.8}$$

Dabei steht auf der rechten Seite das elementare Doppelintegral, erstreckt über das orientierte Urbildsimplex $'\sigma^2$, d.h. das Integral über das nichtorientierte Simplex, versehen mit dem Vorzeichen $+$ oder -1, je nachdem die Orientierung von $'\sigma^2$ in der uv-Ebene die positive oder negative Orientierung bestimmt.

Diese Definition ist von der Auswahl der Parameterumgebung K unabhängig. Ist nämlich K_1 eine andere Parameterumgebung und T_1 das Feld bezüglich des neuen Paramaters $z_1 = x_1 + i y_1$, so ist entsprechend

$$\iint\limits_{\sigma^2} T_1 \, d x_1 \, d y_1 = \iint\limits_{'\sigma^2} T_1(u, v) \frac{\partial(x_1, y_1)}{\partial(u, v)} \, du \, dv .$$

Da T ein Tensor ist, gilt (3.7):

$$T_1 = T \frac{\partial(x, y)}{\partial(x_1, y_1)}$$

und daraus folgt die Übereinstimmung der beiden Integrale. Daß der Wert des Integrals auch von dem Urbildsimplex unabhängig ist, ergibt sich durch einen ähnlichen Beweis. Das Integral eines schiefsymmetrischen Tensors über ein 2-Simplex hat also einen vom lokalen Parameter unabhängigen Sinn, was z. B. für das Integral einer skalaren Funktion nicht gelten würde.

3.31. Es seien M_1, M_2 und N_1, N_2 zwei stetige kovariante Felder auf einem differenzierbaren 2-Simplex σ^2 auf R. Dann bilden auch die konjugiert komplexen Zahlen $\overline{N}_1$, $\overline{N}_2$ ein kovariantes Feld, und $M_1 \overline{N}_2 - M_2 \overline{N}_1$ ist also ein Tensor; das Integral

$$I = \iint\limits_{\sigma^2} (M_1 \overline{N}_2 - M_2 \overline{N}_1) \, d x_1 \, d x_2$$

hat daher einen invarianten Sinn.

Sind die Felder M_1, M_2 und N_1, N_2 Kovarianten (vgl. 3.2.), $M_1 = M$, $M_2 = iM$, $N_1 = N$, $N_2 = iN$, so kann man das Integral in der Form schreiben

$$I = -2i \iint\limits_{\sigma^2} M \overline{N} \, d x_1 \, d x_2; \tag{3.9}$$

ist hier schließlich $N = M$, so erhält es die Form

$$I = -2i \iint\limits_{\sigma^2} |M|^2 \, d x_1 \, d x_2 . \tag{3.10}$$

Das letzte Integral heißt das DIRICHLET-*Integral* der Kovarianten M

3.32. SCHWARZsche Ungleichung. Es seien M_1, M_2 und N_1, N_2 zwei stetige, kovariante Vektorfelder auf einem differenzierbaren, positiv orientierten 2-Simplex σ^2 (vgl. 2.97.). Dann ist nach Definition (vgl. 3.30.) wenn wir zur Abkürzung $\frac{\partial(x_1, x_2)}{\partial(u, v)} = \Delta$ setzen,

$$I = \iint\limits_{\sigma^2} (M_1 N_2 - M_2 N_1) \, d x_1 \, d x_2 = \iint\limits_{'\sigma^2} (M_1 N_2 - M_2 N_1) \, \Delta \, du \, dv ,$$

und damit
$$|I| \leq \iint\limits_{'\sigma^2} |M_1 N_2 - M_2 N_1| \, \Delta \, du \, dv;$$
hier ist das Urbildsimplex $'\sigma^2$ positiv in Bezug auf die uv-Ebene orientiert, so daß also $\Delta > 0$.

Nun ist nach der SCHWARZschen Ungleichung
$$|M_1 N_2 - M_2 N_1| \leq \sqrt{|M_1|^2 + |M_2|^2} \cdot \sqrt{|N_1|^2 + |N_2|^2},$$
und also
$$|I| \leq \iint\limits_{'\sigma^2} \sqrt{|M_1|^2 + |M_2|^2} \cdot \sqrt{|N_1|^2 + |N_2|^2} \, \Delta \, du \, dv.$$
Hieraus folgt, wieder nach der SCHWARZschen Ungleichung (für Integrale),
$$|I|^2 \leq \iint\limits_{'\sigma^2} (|M_1|^2 + |M_2|^2) \, \Delta \, du \, dv \cdot \iint\limits_{'\sigma^2} (|N_1|^2 + |N_2|^2) \, \Delta \, du \, dv$$
und damit insgesamt
$$\Big|\iint\limits_{\sigma^2} (M_1 N_2 - M_2 N_1) \, dx_1 \, dx_2\Big|^2 \leq \iint\limits_{\sigma^2} (|M_1|^2 + |M_2|^2) \, dx_1 \, dx_2 \iint\limits_{\sigma^2} (|N_1|^2 + |N_2|^2) \, dx_1 \, dx_2.$$

3.33. Integrale über 2-Ketten. Eine aus differenzierbaren 2-Simplexen bestehende singuläre 2-Kette heißt eine *differenzierbare* 2-Kette. Das Integral eines stetigen Tensorfeldes T über eine differenzierbare 2-Kette $\alpha^2 = \sum\limits_{\nu} a_\nu \sigma_\nu^2$ wird linear erklärt:
$$\iint\limits_{\alpha^2} T \, dx \, dy = \sum_{\nu} a_\nu \iint\limits_{\sigma_\nu^2} T \, dx \, dy.$$
Damit gelten alle für 2-Simplexe hergeleiteten Formeln auch für differenzierbare 2-Ketten.

3.34. Es sei $\alpha = \sum\limits_{\nu} \sigma_\nu$ eine aus topologischen Simplexen bestehende differenzierbare 2-Kette auf R, deren Simplexe σ_ν alle positiv orientiert sind. Sei $\beta = \sum\limits_{\mu} \tau_\mu$ eine zweite derartige Kette, von der wir zusätzlich voraussetzen, daß keine zwei Simplexe einen mittleren Punkt gemeinsam haben und daß sie ganz von der ersten überdeckt wird. Auf α sei ein stetiges positives Tensorfeld T gegeben. Dann gilt
$$\iint\limits_{\beta} T \, dx \, dy \leq \iint\limits_{\alpha} T \, dx \, dy.$$
Zum Beweis sei τ ein 2-Simplex von β und τ_z das entsprechende im Parameterkreis K_z. Wir konstruieren zu τ_z ein zweites, im Innern von τ_z liegendes topologisches 2-Simplex, so daß der euklidische Inhalt des Ringes $\tau_z - \tau_z^*$ kleiner als ε ist, bei vorgegebenem $\varepsilon > 0$. Zu τ_z^* gehört auf der Fläche R ein bestimmtes, im Innern von τ liegendes 2-Simplex τ^*. Die Kette α können wir so fein unterteilen, daß jedes

2-Simplex von α, das einen Punkt mit τ^* gemeinsam hat, in τ liegt. Bei dieser Unterteilung ändert sich das Integral von T über α nicht, und wir können daher annehmen, daß die Kette α von vornherein diese Eigenschaft hat.

Es sei nun $\alpha^* = \sum \sigma_\varrho$ die Teilkette von α, deren Simplexe einen Punkt mit τ^* gemeinsam haben. Wir zeigen, daß

$$\iint\limits_{\tau^*} T\,dx\,dy \leq \iint\limits_{\alpha^*} T\,dx\,dy. \tag{3.11}$$

Bezeichnet $\bar{\tau}^*$ das Urbildsimplex von τ^* in der uv-Ebene, so ist nach Definition:

$$\iint\limits_{\tau^*} T\,dx\,dy = \iint\limits_{\bar{\tau}^*} T\,\frac{\partial(x,y)}{\partial(u,v)}\,du\,dv;$$

nach der Transformationsformel von Doppelintegralen in der Ebene können wir daher das Integral $\iint\limits_{\tau^*} T\,dx\,dy$ als gewöhnliches Doppelintegral der Funktion T über τ_z^* auffassen. Ebenso gilt, wenn $\sigma_{\varrho,z}$ das Bildsimplex von σ_ϱ im Parameterkreis K_z bezeichnet, daß das Integral $\iint\limits_{\sigma_\varrho} T\,dx\,dy$ gleich dem Doppelintegral von T über $\sigma_{\varrho,z}$ ist. Daraus folgt die behauptete Ungleichung (3.11), da τ_z^* von $\sum\limits_\varrho \sigma_{\varrho,z}^*$ überdeckt wird und der Integrand positiv ist.

Andererseits gilt, wenn M das Maximum von T in τ_z bezeichnet,

$$\left|\iint\limits_{\tau} T\,dx\,dy - \iint\limits_{\tau^*} T\,dx\,dy\right| \leq M\,\varepsilon. \tag{3.12}$$

Aus den Ungleichungen (3.11) und (3.12) folgt, daß

$$\iint\limits_{\tau} T\,dx\,dy \leq \iint\limits_{\alpha^*} T\,dx\,dy + M\,\varepsilon. \tag{3.13}$$

Lassen wir nun τ alle Simplexe τ_μ der Kette β durchlaufen und bezeichnen allgemein mit α_μ^* die Teilkette von α, deren Simplexe einen Punkt mit τ_μ^* gemeinsam haben, so folgt aus (3.13), daß

$$\iint\limits_{\beta} T\,dx\,dy \leq \sum_\mu \iint\limits_{\alpha_\mu^*} T\,dx\,dy + \varepsilon \sum_\mu M_\mu.$$

Hier haben keine zwei Ketten α_μ^* ein Simplex gemeinsam, denn α_μ^* liegt im Innern von τ_μ und zwei τ_μ haben nach Voraussetzung keinen inneren Punkt gemeinsam. Daher wird

$$\sum_u \iint\limits_{\alpha_\mu} T\,dx\,dy \leq \iint\limits_{\alpha} T\,dx\,dy.$$

Aus den zwei letzten Gleichungen folgt, daß

$$\iint\limits_{\beta} T\,dx\,dy \leq \iint\limits_{\alpha} T\,dx\,dy + \varepsilon \sum_\mu M_\mu,$$

und da ε beliebig klein war,

$$\iint\limits_{\beta} T\,dx\,dy \leq \iint\limits_{\alpha} T\,dx\,dy,$$

w.z.b.w.

3.35. Integrale über Punktmengen. Es sei jetzt M ein Teilmenge von R; auf M sei ein stetiges Tensorfeld T gegeben, das wir zunächst reell und positiv voraussetzen. Wir nehmen an, es gäbe auf M eine aus topologischen, positiv orientierten 2-Simplexen bestehende differenzierbare 2- Kette β. Dabei sollen keine zwei Simplexe von β einen mittleren Punkt gemeinsam haben.

Das Integral

$$I_\beta = \iint_\beta T\,dx\,dy$$

ist eine positive Zahl. Lassen wir β alle möglichen 2-Ketten der oben beschriebenen Art durchlaufen, so hat die entsprechende Menge (I_β) eine bestimmte obere Grenze $(\leq \infty)$, welche als das Integral von T über die Menge M erklärt wird:

$$\iint_M T\,dx\,dy \equiv \sup_\beta I_\beta .$$

Besteht die Menge M insbesondere selbst aus einer Kette α der Menge (β), so gilt nach 3.34.

$$\iint_M T\,dx\,dy = \iint_\alpha T\,dx\,dy .$$

Hieraus folgt insbesondere, daß das Integral $\iint_\alpha T\,dx\,dy$ nicht von der Kette α, sondern lediglich von der überdeckten Punktmenge M abhängt.

Ist das gegebene Tensorfeld reell aber nicht ständig positiv, so setze man

$$2T_1 = |T| + T \quad \text{und} \quad 2T_2 = |T| - T,$$

und definiere das Integral durch

$$\iint_M T\,dx\,dy \equiv \iint_M T_1\,dx\,dy - \iint_M T_2\,dx\,dy .$$

Ist T schließlich komplex, $T = T' + iT''$, so ist das Integral über M durch den Ausdruck

$$\iint_M T\,dx\,dy = \iint_M T'\,dx\,dy + i\iint_M T''\,dx\,dy$$

erklärt.

3.36. Integrale über differenzierbare 1-Simplexe. Es sei σ^1 ein orientiertes, differenzierbares 1-Simplex auf der RIEMANNschen Fläche R und M, N ein auf σ^1 stetiges kovariantes Vektorfeld. Dem Funktionenpaar M, N entspricht auf dem Urbildsimplex $'\sigma^1$ $(0 \leq t \leq 1)$ ein Paar stetiger Funktionen $M(t)$, $N(t)$. Das Integral des Feldes M, N längs σ^1 wird durch die Gleichung

$$\int_{\sigma^1} (M\,dx + N\,dy) = \int_0^1 \big(M(t)\,\dot{x} + N(t)\,\dot{y}\big)\,dt \tag{3.14}$$

erklärt, wobei der Parameter t so zu wählen ist, daß das Urbildsimplex $'\sigma^1$ bei wachsendem t im Sinne seiner Orientierung durchlaufen wird. Das so definierte Integral hängt weder von der Auswahl des Urbildsimplexes noch von der Parameterumgebung ab.

Ist das Feld eine Kovariante, also von der Form M, iM, so schreibt man das Integral

$$\int_{\sigma^1} M(dx + i\,dy) = \int_{\sigma^1} M^{\bullet} dz.$$

Ist dagegen $N = -iM$ (vgl. 3.2.), so schreibt man

$$\int_{\sigma^1} M(dx - i\,dy) = \int_{\sigma^1} M\,\overline{dz}.$$

Offenbar gilt für eine Kovariante M

$$\overline{\int_{\sigma^1} M\,dz} = \int_{\sigma^1} \overline{M}\,\overline{dz}.$$

Ist das Feld M, N insbesondere der Gradient einer (in der Umgebung von σ^1) differenzierbaren Funktion $f(x, y)$, so stellt das Integral (3.14) die Änderung der Funktion f längs σ^1 dar.

In diesem Falle läßt sich die Integraldefinition auf singuläre (nicht notwendig differenzierbare) 1-Simplexe erweitern, indem man unter dem Integral längs eines singulären 1-Simplexes σ^1 die Änderung der Funktion f längs σ^1 versteht.

Da ein analytisches Feld in jeder Paramaterumgebung ein Gradientenfeld ist, gilt dies insbesondere für analytische Felder.

3.37. Integrale über 1-Ketten. Entsprechend 3.33. versteht man unter dem Integral eines stetigen, kovarianten Vektorfeldes M, N längs einer differenzierbaren 1-Kette $\alpha^1 = \sum a_\nu \sigma_\nu^1$ die Summe

$$\int_{\alpha^1} M\,dx + N\,dy = \sum_\nu a_\nu \int_{c_\nu^1} (M\,dx + N\,dy).$$

Ist das Feld M, N Gradient einer (in einer Umgebung von α^1) differenzierbaren Funktion $f(z)$, so stellt das Integral den Zuwachs von $f(z)$ „längs" α^1 dar, d.h. die Summe $\sum_\nu a_\nu \{f(z_{\nu+1}) - f(z_\nu)\}$, wobei z_ν bzw. $z_{\nu+1}$ den Anfangs- bzw. Endpunkt von σ_ν^1 bezeichnet. Ist α^1 insbesondere ein Zyklus, $\alpha^1 = z^1$, so folgt für ein Gradientenfeld

$$\int_{z^1} M\,dx + N\,dy = 0;$$

das Integral eines totalen Feldes längs eines Zyklus verschwindet.

Für ein Gradientenfeld ist das Integral auch längs *singulärer* Ketten erklärt. Dies gilt insbesondere für analytische Kovarianten.

3.38. Da man jeden (differenzierbaren) Weg w als differenzierbare 1-Kette auffassen kann, indem man seine Urbildstrecke geeignet unterteilt, ist damit auch das Integral eines kovarianten Vektorfeldes längs eines Weges erklärt. Sein Wert ist von der Unterteilung der Urbildstrecke unabhängig.

3.39. Es sei $z = z(t)$ $(0 \leq t \leq 1)$ ein differenzierbarer Weg w auf einer Fläche R und φ eine Kovariante, die längs w stetig und von Null verschieden ist. Dann ist das Produkt $\varphi \frac{dz}{dt} = \varphi \dot{z}$ vom lokalen Parameter z unabhängig, während es sich bei Änderung des reellen Kurvenparameters t mit einem reellen Faktor multipliziert. Sein Argument ist somit von beiden Parametern unabhängig. Seine Gesamtänderung längs w ist bis auf den Faktor i durch das Integral

$$\int_0^1 \left(\frac{\dot{\varphi}}{\varphi} + \frac{\ddot{z}}{\dot{z}}\right) dt \tag{3.15}$$

gegeben, was man auch in der Form

$$\int_w \left(\frac{\varphi'}{\varphi} + \frac{\ddot{z}}{\dot{z}^2}\right) dz$$

schreiben kann, wobei φ' die Ableitung nach z bezeichnet. Da dieses Integral, wie aus seiner geometrischen Bedeutung ersichtlich ist, vom Parameter z unabhängig ist, wird man vermuten, daß der Integrand kovarianten Transformationscharakter bezüglich z hat. In der Tat, ist z^* ein neuer Parameter, so transformiert sich der erste Summand gemäß

$$\frac{\varphi^{*\prime}}{\varphi^*} = \frac{\varphi'}{\varphi} \frac{dz}{dz^*} + \frac{dz^*}{dz} \frac{d^2 z}{dz^{*2}}$$

und der zweite gemäß

$$\frac{\ddot{z}^*}{\dot{z}^{*2}} = \frac{\ddot{z}}{\dot{z}^2} \frac{dz}{dz^*} - \frac{dz^*}{dz} \frac{d^2 z}{dz^{*2}},$$

und bei der Addition hebt sich das „Störungsglied" $\frac{dz^*}{dz} \frac{d^2 z}{dz^{*2}}$ weg, so daß das Transformationsgesetz einer Kovarianten entsteht[1].

Ist die Kovariante φ insbesondere die Ableitung einer analytischen Funktion $F(z)$, die in einer Umgebung von w eindeutig und regulär ist, so bedeutet das Integral (3.15) die Gesamtänderung des Tangentenvektors der Bildkurve von w mittels der Abbildung $F(z)$.

3.40. Integrale und Abbildungen. Es seien R^* und R zwei RIEMANNsche Flächen und φ eine eindeutige und differenzierbare[2] (nicht notwendig eineindeutige) Abbildung von R^* auf R. Jeder analytischen Funktion $f(z)$ auf R entspricht dann auf der Urbildfläche R^* eine analytische Funktion $f^*(z^*)$, erklärt durch

$$f^*(z^*) = f[\varphi(z^*)].$$

[1] Man beachte wohl, daß der Integrand, zumindest der zweite Summand, außer vom Parameter z, noch vom Kurvenparameter t abhängt; das ganze Integral ist dagegen auch vom Parameter t unabhängig. Wir denken uns den Kurvenparameter t festgehalten.

[2] Dies bedeutet, daß die lokalen Parameter auf R differenzierbare Funktionen der lokalen Parameter auf R^* sind.

In entsprechender Weise kann man einem kovarianten Vektorfeld M_i $(i=1, 2)$ auf R ein Feld auf R^* zuordnen, gemäß der Gleichung

$$M_i^* = \frac{\partial x_k}{\partial x_i^*} M_k;$$

dieses Zahlenpaar transformiert sich bei Übergang zu einem neuen Parameter auf R^* gemäß dem Gesetz der Kovarianz.

Ist schließlich T die Komponente eines schiefsymmetrischen Tensorfeldes auf R, so ist

$$T^* = \frac{\partial(x_1, x_2)}{\partial(x_1^*, x_2^*)} T$$

ein Tensorfeld auf der Urbildfläche R^*.

Wir wollen nachsehen, wie die Integrale entsprechender Felder miteinander zusammenhängen. Es sei also σ^{1*} ein differenzierbares 1-Simplex auf R^* und σ^1 sein Bildsimplex. Längs σ^1 sei ein stetiges kovariantes Feld M_i gegeben. Dann ist

$$\int\limits_{\sigma^1} \sum M_i\, d x_i = \int\limits_0^1 \sum M_i \frac{d x_i}{dt}\, dt = \int\limits_0^1 \sum M_i \frac{\partial x_i}{\partial x_k^*} \frac{d x_k^*}{dt}\, dt = \int\limits_{\sigma^{1*}} M_k^*\, d x_k^*,$$

so daß also

$$\int\limits_{\sigma^1} \sum M_i\, d x_i = \int\limits_{\sigma^{1*}} \sum M_i^*\, d x_i^*,$$

d. h. die Integrale entsprechender Felder über die entsprechenden Simplexe stimmen miteinander überein. Hieraus folgt für eine differenzierbare 1-Kette α^{1*} von R^* und ihre Bildkette α^1 die analoge Beziehung

$$\int\limits_{\alpha^1} \sum M_i\, d x_i = \int\limits_{\alpha^{1*}} \sum M_i^*\, d x_i^*.$$

Ebenso wird für ein differenzierbares 2-Simplex σ^{2*} von R^* und ein Tensorfeld T, das auf dem Bildsimplex σ^2 stetig ist,

$$\iint\limits_{\sigma^2} T\, d x_1\, d x_2 = \iint\limits_{\sigma^{2*}} T^*\, d x_1^*\, d x_2^*.$$

Hieraus ergibt sich schließlich für eine differenzierbare 2-Kette:

$$\iint\limits_{\alpha^2} T\, d x_1\, d x_2 = \iint\limits_{\alpha^{2*}} T^*\, d x_1^*\, d x_2^*.$$

3.41. Gaussscher Integralsatz. Es sei σ^2 ein orientiertes, differenzierbares 2-Simplex und M, N ein kovariantes Vektorfeld, das in einem das Simplex σ^2 enthaltenden Gebiete G stetige Ableitungen erster Ordnung besitzt. Von der differenzierbaren Abbildung, welche σ^2 definiert, setzen wir voraus, daß sie in einem das Urbildsimplex σ^{2*} enthaltenden Gebiet G^* erklärt und differenzierbar sei. Wir wollen das Integral des Tensors $M_y - N_x$ über σ^2 in ein Integral längs der Randkette $\partial\sigma^2$ verwandeln.

Hierzu betrachten wir die differenzierbare Abbildung des Gebietes G^* in R. Nach 3.40. entspricht dem Feld $M_y - N_x$ in G das Feld $(M_y - N_x)\frac{\partial(x, y)}{\partial(x^*, y^*)}$ in G^* oder, was dasselbe ist, das Feld $\frac{\partial(x, M)}{\partial(x^*, y^*)} + \frac{\partial(y, N)}{\partial(x^*, y^*)}$. Gemäß 3.40. ist

$$\iint_{\sigma^2} (M_y - N_x)\, d x\, d y = \iint_{\sigma^{2*}} \left(\frac{\partial(x, M)}{\partial(x^*, y^*)} + \frac{\partial(y, N)}{\partial(x^*, y^*)}\right) d x^*\, d y^*.$$

Der elementare GAUSSsche Integralsatz, angewandt auf das geradlinige 2-Simplex σ^{2*}, ergibt nun für das letzte Integral den Wert

$$-\int_{\partial\sigma^{2*}} M\left(\frac{\partial x}{\partial x^*} d x^* + \frac{\partial x}{\partial y^*} d y^*\right) - \int_{\partial\sigma^{2*}} N\left(\frac{\partial y}{\partial x^*} d x^* + \frac{\partial y}{\partial y^*} d y^*\right),$$

und nach 3.40. ist dieser Ausdruck gleich

$$-\int_{\partial\sigma^2} (M\, d x + N\, d y).$$

Damit hat man insgesamt

$$\iint_{\sigma^2} (M_y - N_x)\, d x\, d y = -\int_{\partial\sigma^2} (M\, d x + N\, d y).$$

Hieraus folgt die gesuchte allgemeine Transformationsformel für eine beliebige 2-Kette α^2 (unter den entsprechenden Voraussetzungen)

$$\iint_{\alpha^2} (M_y - N_x)\, d x\, d y = -\int_{\partial\alpha^2} (M\, d x + N\, d y). \tag{3.16}$$

Ist das Feld M, N wirbelfrei, also $M_y = N_x$, so folgt nach dem GAUSSschen Satz

$$\int_{\partial\alpha^2} M\, d x + N\, d y = 0.$$

Das Integral eines wirbelfreien Feldes längs einer nullhomologen 1-Kette hat also den Wert Null. Insbesondere gilt dies also für ein Gradientenfeld. In diesem Falle wissen wir nach 3.37., daß sogar das Integral längs eines (nicht notwendig nullhomologen) 1-Zyklus verschwindet.

B e m e r k u n g. In der komplexen Ebene gilt der GAUSSsche Satz schon in der Form

$$\iint M_y\, d x\, d y = -\int M\, d x, \qquad \int N_x\, d x\, d y = \int N\, d y.$$

Auf einer RIEMANNschen Fläche, die sich nicht von einer einzigen Parameterumgebung überdecken läßt, haben diese einzelnen Integrale aber keinen invarianten Sinn, wohl aber die Integrale über den Tensor $M_y - N_x$ und über den kovarianten Vektor M, N.

3.42. Weitere Integralsätze. Setzt man in (3.16) $M = \varphi$, $N = i\varphi$, so erhält man für die Kovariante φ die Integralformel

$$\iint_{\alpha^2} (\varphi_y - i\varphi_x)\, dx\, dy = -\int_{\partial\alpha^2} \varphi\, dz.$$

Ersetzt man hier die Kovariante φ durch $\omega\varphi$, wobei ω eine (im allgemeinen komplexwertige) nach x und y stetig differenzierbare Funktion bezeichnet, so folgt

$$\iint_{\alpha^2} \varphi(\omega_y - i\omega_x)\, dx\, dy + \iint_{\alpha^2} (\varphi_y - i\varphi_x)\, \omega\, dx\, dy = -\int_{\partial\alpha^2} \varphi\, \omega\, dz. \qquad (3.17)$$

Nun sei insbesondere φ eine *analytische* Kovariante und ω die komplex Konjugierte einer eindeutigen analytischen Funktion $F(z)$. Dann verschwindet der zweite Integrand, und für den ersten hat man $\omega_y - i\omega_x = -2i\overline{F}'$, so daß

$$\iint_{\alpha^2} \varphi \overline{F}'\, dx\, dy = -\frac{i}{2}\int_{\partial\alpha^2} \varphi \overline{F}\, dz. \qquad (3.17')$$

Geht man hier zum Komplexkonjugierten über, so erhält man

$$\iint_{\alpha^2} \overline{\varphi} F'\, dx\, dy = \frac{i}{2}\int_{\partial\alpha^2} \overline{\varphi} F\, d\overline{z}. \qquad (3.18)$$

Setzt man schließlich in (3.17)′ für die Kovariante φ insbesondere F', so folgt für das Dirichlet-Integral von F' die Formel

$$\iint_{\alpha^2} F' \overline{F}'\, dx\, dy = -\frac{i}{2}\int_{\partial\alpha^2} F' \overline{F}\, dz. \qquad (3.19)$$

Hier ist die linke Seite reell, und daher muß das rechte Integral rein imaginär sein; in der Tat: setzt man $F = u + iu'$, so wird

$$\int_{\partial\alpha^2} F'\overline{F}\, dz = \int_{\partial\alpha^2} (u\, du + u'\, du') + i\int_{\partial\alpha^2} (u\, du' - u'\, du)$$
$$= i\int_{\partial\alpha'} (u\, du' - u'\, du) = -2i\int_{\partial\alpha^2} u'\, du,$$

denn das Integral des totalen Differentials $u\,du + u'\,du'$ verschwindet. Damit erhält (3.19) die Form

$$\iint_{\alpha^2} F'\overline{F}'\, dx\, dy = -\int_{\partial\alpha^2} u'\, du = \int_{\partial\alpha^2} u\, du'. \qquad (3.20)$$

Einige etwas allgemeinere Formeln erhält man, wenn man in (3.17) für ω statt einer eindeutigen analytischen Funktion F eine reelle harmonische Funktion u einsetzt. Es ergibt sich so statt (3.18), wenn f die analytische Kovariante $u_x + i u'_x$ bezeichnet,

$$\iint_{\alpha^2} f\overline{\varphi}\, dx\, dy = i\int_{\partial\alpha^2} u\overline{\varphi}\, d\overline{z}. \qquad (3.18')$$

Entsprechend findet man für das DIRICHLET-Integral von $f = \varphi$

$$\iint_{\alpha^2} |f|^2 \, dx \, dy = \int_{\partial \alpha^2} u \, du'. \tag{3.20'}$$

3.43. Residuum. Es sei jetzt M eine eindeutige analytische Kovariante, die in einem Gebiete G abgesehen von isolierten Singularitäten regulär ist. Sei P eine solche Singularität und K eine P enthaltende Parameterumgebung; dem Punkte P entspreche dabei der Parameterwert $z = 0$. Dann hat M um $z = 0$ eine Entwicklung

$$M = \sum_{\nu=-\infty}^{+\infty} m_\nu z^\nu.$$

Die Zahl m_{-1} heißt das *Residuum* der Kovarianten M im Punkte P und wird mit

$$m_{-1} = \operatorname*{res}_P M$$

bezeichnet. Das Residuum ist vom lokalen Parameter unabhängig; ist nämlich z^* ein anderer Parameter, der mit z gemäß

$$z = a_1 z^* + \cdots \qquad (a_1 \neq 0)$$

zusammenhängt, so wird im Punkte $z = 0$

$$M^* = M a_1 = \cdots + \frac{m_{-1}}{z^*} + \cdots.$$

Das Residuum läßt sich auch als ein Integral ausdrücken; ist nämlich σ^2 ein in der Parameterumgebung K gelegenes, positiv orientiertes topologisches 2-Simplex, das P als mittleren Punkt hat, so wird

$$\int_{\partial \sigma^2} M \, dz = 2\pi i \operatorname*{res}_P M.$$

Aus dieser Integraldarstellung folgt erneut die Unabhängigkeit des Residuums vom lokalen Parameter.

Im folgenden soll die Beziehung zwischen den Residuen einer analytischen Kovarianten auf einer singulären 2-Kette und ihrem Integral über den Rand dieser Kette hergestellt werden. Dazu benötigen wir den topologischen Begriff der Schnittzahl.

3.44. Schnittzahl. Es sei σ^2 ein singuläres 2-Simplex auf R und P ein Punkt der Parameterumgebung K von σ^2, welcher nicht auf $\partial\sigma^2$ liegt. Im Parameterkreis K_z entspricht diesem Rande, als Punktmenge aufgefaßt, eine stetige orientierte geschlossene Kurve γ_z, die zum Punkte P_z fremd ist. Unter der *Schnittzahl* $S(\sigma^2, P)$ von σ^2 mit P versteht man die Umlaufszahl der Kurve γ_z um den Punkt P_z. Sie ist also stets eine ganze Zahl.

Nun sei $\alpha^2 = \sum_\nu a_\nu \sigma_\nu^2$ eine in der Parameterumgebung K gelegene singuläre 2-Kette, deren Rand zum Punkte P fremd ist. Um die Schnittzahl von α^2 mit P zu erklären, setzen wir zunächst voraus, daß P zu den Rändern sämtlicher 2-Simplexe von α^2 fremd ist. Dann ist die Schnittzahl $S(\sigma_\nu^2, P)$ erklärt, und wir definieren $S(\alpha^2, P)$ durch

$$S(\alpha^2, P) = \sum_\nu a_\nu\, S(\sigma_\nu^2, P).$$

Die Schnittzahl von α^2 mit P hängt nur von der Randkette $\partial\alpha^2$ ab, denn ist σ^1 eine Seite eines 2-Simplexes, die in $\partial\alpha^2$ nicht auftritt, so tritt sie bei Bildung der Kette $\partial\alpha^2$ gleich oft mit positivem und mit negativem Vorzeichen auf und ihr Beitrag zur Schnittzahl $S(\alpha^2, P)$ ist daher gleich Null.

Nun können wir die Definition vervollständigen: Ist α^2 eine singuläre 2-Kette (in K), deren Rand zu P fremd ist, während die Ränder der 2-Simplexe von α^2 eventuell P enthalten, so ersetze man α^2 durch eine 2-Kette $'\alpha^2$ der obigen Art mit demselben Rand, was stets möglich ist. Erklärt man dann die Schnittzahl $S(\alpha^2, P)$ mittels

$$S(\alpha^2, P) = S('\alpha^2, P),$$

so ist diese Definition von der Wahl der Kette $'\alpha^2$ unabhängig.

Die Schnittzahl ist nach Definition additiv:

$$S(\alpha^2 + \beta^2, P) = S(a^2, P) + S(\beta^2, P).$$

Ist also $\alpha^2 = \sum_\varrho a_\varrho \sigma_\varrho^2$, und sind die Ränder aller σ_ϱ^2 zu P fremd, so gilt

$$S(\alpha^2, P) = \sum_\varrho a_\varrho\, S(\sigma_\varrho^2, P).$$

Falls ein 2-Simplex σ_ϱ^2 zu P fremd ist, so verschwindet die Umlaufszahl von $\partial\sigma_{\varrho z}^2$ um P_z† und damit wird

$$S(\sigma_\varrho^2, P) = 0,$$

so daß also nur diejenigen Simplexe einen Beitrag zur Schnittzahl $S(\alpha^2, P)$ leisten, welche den Punkt P enthalten. Bezeichnet α_1^2 die aus diesen bestehende Teilkette von α^2, so ist also

$$S(\alpha^2, P) = S(\alpha_1^2, P).$$

Ist $\dot\alpha^2$ eine Unterteilung der Kette α^2, so folgt aus der Definition, daß

$$S(\dot\alpha^2, P) = S(\alpha^2, P).$$

† Dies ist der Inhalt folgenden Satzes der ebenen Topologie: Ist φ eine stetige Abbildung eines abgeschlossenen Dreiecks in die Zahlenebene und P ein Punkt, der nicht zur Bildmenge gehört, so ist die Umlaufszahl der Bildkurve des Randes um den Punkt P gleich Null.

Die Schnittzahl wurde bisher für eine Kette α^2 definiert, die in einer Parameterumgebung liegt. Es sei nun α^2 eine beliebige 2-Kette auf R, deren Rand zu P fremd ist; alle Simplexe von α^2, welche den Punkt P enthalten, mögen in der Parameterumgebung K von P liegen. Ist α_1^2 die aus diesen Simplexen (mit den entsprechenden Vielfachheiten) bestehende Teilkette, so ist ihr Rand zu P fremd; denn setzt man $\alpha^2 = \alpha_1^2 + \alpha_2^2$, so ist α_2^2 und damit $\partial\alpha_2^2$ zu P fremd. Nach Voraussetzung gilt dasselbe für $\partial\alpha^2$ und damit auch für $\partial\alpha_1^2 = \partial\alpha^2 - \partial\alpha_2^2$. Die Schnittzahl $S(\alpha_1^2, P)$ ist also definiert. Wir erklären nun die Schnittzahl $S(\alpha^2, P)$ der ursprünglichen Kette α^2 durch die Gleichung

$$S(\alpha^2, P) = S(\alpha_1^2, P).$$

Ist die obige Voraussetzung über die Simplexe von α^2 nicht erfüllt, so ersetze man α^2 durch eine Unterteilung und verwende diese zur Definition der Schnittzahl. Daß diese Definition der Schnittzahl von der Wahl der Unterteilung unabhängig ist, zeigt man durch Übergang zu einer gemeinsamen Unterteilung.

3.45. Residuensatz. Es sei G ein Gebiet auf einer RIEMANNschen Fläche R und f eine eindeutige, analytische Kovariante in G, welche bis auf endlich viele Singularitäten P_ϱ $(\varrho = 1, \ldots, r)$ regulär ist. Sei α^2 eine singuläre 2-Kette in G, deren Rand zu den Punkten P_ϱ fremd ist. Wir nehmen zunächst an, daß jedes 2-Simplex σ^2 höchstens eine Stelle P_ϱ enthält und daß die Ränder *aller* 2-Simplexe σ_ν^2 zu den Punkten P_ϱ fremd sind. Ist dann σ^2 ein 2-Simplex von α^2, welches den Punkt P_ϱ enthält, und K eine Parameterumgebung, in der es liegt, so gilt in K die Entwicklung

$$f = \cdots + \frac{a_m}{z^m} + \cdots + \frac{a_1}{z} + \text{reguläre Funktion}.$$

Bei der Integration längs $\partial\sigma^2$ liefert das Glied a_1/z den Beitrag $a_1 \int \frac{dz}{z}$, während die Integrale über alle anderen Glieder verschwinden. Damit hat man

$$\int_{\partial\sigma^2} f\,dz = a_1 \int_{\partial\sigma^2} \frac{dz}{z} = \operatorname*{res}_{P_\varrho} M \int_{\partial\sigma^2} \frac{dz}{z}.$$

Das Integral auf der rechten Seite ist, bis auf den Faktor $2\pi i$, gleich der Umlaufszahl von $\partial\sigma^2$ um den Punkt P_ϱ, also gleich der Schnittzahl $S(\sigma^2, P_\varrho)$, so daß

$$\int_{\partial\sigma} f\,dz = S(\sigma^2, P_\varrho)\, 2\pi i \operatorname*{res}_{P_\varrho} f.$$

Enthält dagegen das Simplex σ^2 keinen Pol, so gilt entsprechend

$$\int_{\partial\sigma^2} f\,dz = 0.$$

Aus diesen zwei Gleichungen folgt durch Summation über alle Simplexe von α^2 der *Residuensatz*

$$\int_{\partial\alpha^2} f\,dz = 2\pi i \sum_{\varrho} S(\alpha^2, P_\varrho) \operatorname{res}_{P_\varrho} f.$$

Nun können wir uns von den eingangs gemachten besonderen Voraussetzungen befreien. Enthält ein Simplex von α^2 *mehrere* Punkte P_ϱ, so gehe man zu einer passenden Unterteilung über; hierbei ändert sich weder die Schnittzahl von α^2 mit den Punkten P_ϱ noch das Integral $\int f\,dz$. Liegt schließlich einer der Punkte P_ϱ auf dem Rande eines Simplexes von α^2 (aber nicht auf $\partial\alpha^2$), so ersetze man α^2 durch eine Kette mit demselben Rand, für welches dies nicht zutrifft. Auch dabei ändern sich weder Schnittzahl noch Integral.

Damit ist der Residuensatz vollständig bewiesen:

Die Summe der Residuen einer analytischen Kovarianten f auf einer singulären 2-Kette mit den Schnittzahlen als Koeffizienten, ist gleich dem durch $2\pi i$ dividierten Integral von f längs des Randes von α^2 und hängt damit nur vom Rande der Kette ab.

3.46. Cauchyscher Integralsatz. Besitzt insbesondere die Kovariante M auf α^2 keine Singularität, so verschwinden alle Residuen und man hat den Cauchy*schen Integralsatz*

$$\int_{\partial\alpha^2} f\,dz = 0.$$

3.47. Wir betrachten speziell den Fall, wo R geschlossen und triangulierbar ist. Sei f eine Abelsche Kovariante auf R mit den Polen P_σ $(\varrho = 1, \ldots, r)$; dann kann man für α^2 die (kohärent orientierten) 2-Simplexe einer Triangulierung von R nehmen, und zwar so, daß die Pole jeweils mittlere Punkte von 2-Simplexen sind. Nach passender Wahl der Orientierung wird $S(\alpha^2, P_\varrho) = +1$ $(\varrho = 1, \ldots, r)$, und der Residuensatz lautet

$$\sum_{\varrho} \operatorname{res}_{P_\varrho} f = 0.$$

Damit ist gezeigt:

Die Summe der Residuen einer Abel*schen Kovarianten f auf einer (triangulierbaren) geschlossenen Fläche ist gleich Null.*

3.48. Argumentenprinzip. Es sei $F(z)$ eine im Gebiete G bis auf endlich viele Pole reguläre Funktion. Von der singulären Kette α^2 setzen wir voraus, daß ihr Rand sowohl zu den Polen A_ϱ als zu den Nullstellen B_σ von $F(z)$ fremd ist. Dann hat die Kovariante $F'(z)/F(z)$ in den Polen und Nullstellen je einen Pol erster Ordnung, mit dem Residuum $-\mu_\varrho$ bzw. ν_σ, wo μ_ϱ und ν_σ die Ordnungen der Pole bzw. Nullstellen bezeichnen. Aus dem Residuensatz folgt daher

$$\frac{1}{2\pi i} \int_{\partial\alpha^2} \frac{F'(z)}{F(z)}\,dz = -\sum_{\varrho} \mu_\varrho\, S(\alpha^2, A_\varrho) + \sum_{\sigma} \nu_\sigma\, S(\alpha^2, B_\sigma). \qquad (3.21)$$

Das Integral auf der linken Seite ist (bis auf den Faktor i) der analytische Ausdruck für die Änderung des Argumentes des Punktes $w = F(z)$ längs des Bildzyklus von $\partial \alpha^2$ in der w-Ebene. Damit hat man das *Argumentenprinzip*

$$\frac{1}{2\pi} \Delta \arg F = -\sum \mu_\varrho S(\alpha^2, A_\varrho) + \sum_\sigma \nu_\sigma S(\alpha^2, B_\sigma).$$

Nimmt man für R insbesondere eine geschlossene Fläche, für α^2 die 2-Simplexe einer Triangulierung und für F eine *rationale* Funktion, so folgt aus (3.21.) die Gleichung $\sum \mu_\varrho = \sum \nu_\sigma$. Wir erhalten also das Ergebnis von 3.10. wieder: die Gesamtordnung der Pole von f ist der Gesamtordnung der Nullstellen gleich. Dieser Satz wurde in 3.10. ohne Bezugnahme auf die Möglichkeit einer Triangulierung bewiesen.

3.49. Charakteristik einer geschlossenen Fläche. Das Argumentenprinzip erlaubt eine Beziehung zwischen der (konformen) Charakteristik einer geschlossenen RIEMANNschen Fläche R und der Wechselsumme der Anzahlen der 2-, 1- und 0-Simplexe einer Triangulierung von R herzustellen.

Es sei R eine geschlossene (triangulierbare) RIEMANNsche Fläche und φ eine ABELsche Kovariante auf R. Die Fläche R denken wir uns so trianguliert, daß die Pole und Nullstellen von φ sämtlich mittlere Punkte von 2-Simplexen sind. Die 1-Simplexe der Triangulierung werden als zweimal stetig differenzierbare Bögen vorausgesetzt[1]. Jedes 2-Simplex denken wir uns positiv orientiert und auf einen festen Parameterkreis K_z bezogen.

Es sei σ_ϱ^2 ein 2-Simplex der Triangulierung und A_ϱ bzw. B_ϱ die Gesamtordnung der in σ_ϱ^2 liegenden Pole bzw. Nullstellen von φ. Fassen wir φ in dem zu σ_ϱ^2 gehörigen Parameterkreis als *skalare* Funktion auf, so gilt nach dem Argumentenprinzip

$$\int\limits_{\partial \sigma_\varrho^2} \frac{\varphi'(z)}{\varphi(z)}\, dz = 2\pi i (B_\varrho - A_\varrho). \tag{3.22}$$

Hierbei ist wohl zu beachten, daß das Integral auf der linken Seite nicht eine vom lokalen Parameter unabhängige Bedeutung hat, da der Integrand keine Kovariante ist.

Wir denken uns nun jedes der drei Seitensimplexe von σ_ϱ^2 auf einen festen reellen Parameter t bezogen und bezeichnen die Ableitung von z nach diesem Parameter mit $\dot z$. Dann ist das Integral

$$\int\limits_{\partial \sigma_\varrho^2} \left(\frac{\varphi'(z)}{\varphi(z)} + \frac{\ddot z}{\dot z^2}\right) dz$$

---

[1] In Kap. VIII wird sich zeigen, daß man jede RIEMANNsche Fläche sogar so triangulieren kann, daß die 1-Simplexe analytische Bögen sind.

nach 3.39. vom Parameter z unabhängig. Nach (3.22) wird

$$\int_{\partial\sigma_\varrho^2}\left(\frac{\varphi'}{\varphi}+\frac{\ddot z}{\dot z^2}\right)dz = 2\pi i(B_\varrho - A_\varrho) + \int_{\partial\sigma_\varrho^2}\frac{\ddot z}{\dot z^2}\,dz.$$

Das Integral $\frac{1}{i}\int\frac{\ddot z}{\dot z^2}\,dz$ längs einer Seite von σ_ϱ^2 stellt die Änderung von $\arg\dot z$ längs dieser Seite dar, und daher hat das Integral um den ganzen Rand $\partial\sigma_\varrho^2$ den Wert $2\pi - (3\pi - \omega_\varrho) = \omega_\varrho - \pi$, wobei ω_ϱ die Summe der Innenwinkel von σ_ϱ^2 bezeichnet. Man hat somit insgesamt

$$\int_{\partial\sigma_\varrho^2}\left(\frac{\varphi'}{\varphi}+\frac{\ddot z}{\dot z^2}\right)dz = 2\pi i(B_\varrho - A_\varrho) + i\,\omega_\varrho - i\,\pi.$$

Summiert man diese Gleichung über alle Simplexe, so hebt sich auf der linken Seite wegen der Invarianz des Integrales und der Kohärenz der Orientierung alles weg. Rechts erhält man aus dem ersten Glied $2\pi i\chi$, wo χ die Charakteristik von R bezeichnet (vgl. 3.13.). Um die Beiträge der beiden anderen Glieder zu erhalten, bezeichne α_0, α_1 bzw. α_2 die Anzahl der 0-, 1- bzw. 2-Simplexe von R. Dann liefert das zweite Glied den Wert $2\pi i\alpha_0$, denn die Summe aller mit einer Ecke inzidenten Winkel ist wegen der Konformität der Nachbarrelationen gleich 2π. Das dritte Glied gibt den Beitrag $-\pi i\alpha_2$. Damit hat man insgesamt $\chi = -\alpha_0 + \frac{\alpha_2}{2}$ oder, da $3\alpha_2 = 2\alpha_1$, $\chi = -\alpha_0 + \alpha_1 - \alpha_2$ (vgl. 3.17.).

Die Charakteristik einer (triangulierbaren) geschlossenen RIEMANN*schen Fläche ist gleich der Wechselsumme aus den Anzahlen der 0-, 1- und 2-Simplexe einer Triangulierung.*

Diese Wechselsumme ist daher von der Triangulierung der Fläche unabhängig[1].

3.50. Anwendung auf berandete Flächen. In Kap. IX werden wir eine entsprechende Formel für „berandete Flächen" brauchen. Darunter verstehen wir die von einer Teilkette einer Triangulierung einer offenen Fläche überdeckte Punktmenge; dabei wird von dieser Teilkette vorausgesetzt, daß jeder auf dem Rande der Kette liegende Eckpunkt mit

[1] Die obige Herleitung verläuft ganz analog zu der der GAUSS-BONNETschen Formel der Differentialgeometrie. In der Tat, führt man auf der Fläche R eine Metrik ein mit $|\varphi|\,|dz|$ als Bogendifferential, so erhält man für die GAUSSsche Krümmung den Ausdruck $K = -\frac{2}{|\varphi|^2}\Delta\log|\varphi|$; dieser verschwindet in allen Punkten, wo $\varphi \neq 0$ und $\varphi \neq \infty$. Entsprechend erhält man für die geodätische Krümmung einer Kurve $z(t)$ den Ausdruck $K_g = \left(\frac{\varphi'}{\varphi}+\frac{\ddot z}{\dot z^2}\right)\dot z$. Schließt man dann die Singularitäten von K durch 2-Simplexe aus und wendet auf die restliche (berandete) Fläche die GAUSS-BONNETsche Formel an, so erhält man die obige Beziehung.

genau zwei 1-Simplexen inzident ist und daß diese beiden 1-Simplexe keine „Ecke“ bilden, d.h. glatt aneinanderschließen.

Es sei also R^* eine derartige Kette und φ eine Kovariante auf der Fläche R, welche auf dem Rande von R^* weder Pole noch Nullstellen hat. Dann erhält man für die einzelnen Simplexe dieselbe Gleichung wie in 3.49. Bei der Summation aber müssen die „inneren“ Ecken von den auf dem Rande liegenden unterschieden werden. Denn die letzteren leisten zur Summe nur je den Beitrag π, so daß die Summe gleich wird $\pi i(2\alpha_0^{(i)}+\alpha_0^{(r)}-\alpha_2)$, wenn $\alpha_0^{(i)}$ bzw. $\alpha_0^{(r)}$ die Anzahl dieser Ecken bezeichnet. Diese Anzahlen ergeben sich aus α_0, α_1 und α_2 nach den Gleichungen $\alpha_0^{(i)}+\alpha_0^{(r)}=\alpha_0$, $\alpha_0^{(r)}=\alpha_1^{(r)}$, $\alpha_1=\alpha_1^{(i)}+\alpha_1^{(r)}$, $3\alpha_2=2\alpha_1^{(i)}+\alpha_1^{(r)}$, und man erhält für die obige Summe $-2\pi i N$, wobei N die Wechselsumme $-\alpha_0+\alpha_1-\alpha_2$ bezeichnet. Damit hat man die Formel

$$\int\limits_{\partial R^*}\left(\frac{\varphi'}{\varphi}+\frac{\ddot{z}}{\dot{z}^2}\right)dz=2\pi i\left(\sum_{\varrho} B_{\varrho}-\sum_{\varrho} A_{\varrho}-N\right).$$

Aus dieser Formel folgt, daß die Summe N von der Triangulierung unabhängig ist. Diese Wechselsumme heißt *Charakteristik* der berandeten Fläche R^*.

3.51. Wir betrachten wieder eine beliebige RIEMANNsche Fläche R und auf ihr eine eindeutige analytische Kovariante φ, die bis auf Pole regulär ist; die Pole mögen sämtlich mindestens von der Ordnung 2 sein. Ist dann z_0 ein fester und z ein beliebiger Punkt von R, so ist durch das Integral

$$\int\limits_{w}\varphi(z)\,dz,$$

wo w einen beliebigen Weg von z_0 nach z bezeichnet, eine (im allgemeinen im Großen mehrdeutige) analytische Funktion $\Phi(z)$ auf R erklärt. Ihre Mehrdeutigkeiten sind durch die erste Homologiegruppe der Fläche R bestimmt; denn sind w_1 und w_2 zwei Wege von z_0 nach z, so daß der Weg $w_1 w_2^{-1}$ nullhomolog ist, so ergibt sich durch Integration längs dieser Wege nach dem Residuensatz derselbe Funktionswert. Reduziert sich insbesondere die erste Homologiegruppe von R auf die Identität, ist also jeder geschlossene Weg nullhomolog, so ist die Funktion $\Phi(z)$ auf ganz R *eindeutig*.

3.52. Überlagerungsfläche der Integralfunktionen. Es sei $\varphi(z)$, wie vorher, eine eindeutige analytische Kovariante, die auf R regulär ist oder endlich viele Pole mindestens zweiter Ordnung besitzt. Ihr entspricht auf der Überlagerungsfläche $\check{R}$ der Integralfunktionen eine Kovariante $\check{\varphi}=\varphi\,\frac{dz}{d\check{z}}$. Ist $\check{w}$ ein beliebiger geschlossener Weg auf $\check{R}$, so ist der Spurweg w auf R nullhomolog, und daher gilt gemäß dem CAUCHYschen Integralsatz

$$\int\limits_{w}\varphi\,dz=0.$$

Nun ist nach Definition von $\check{\varphi}$

$$\int_{\check{w}} \check{\varphi}\, d\check{z} = \int_{w} \varphi\, dz$$

und damit

$$\int_{\check{w}} \check{\varphi}\, d\check{z} = 0.$$

Das erklärt den Namen „Überlagerungsfläche der Integralfunktionen": auf dieser Fläche erzeugt jede Kovariante, die mittels Durchdrücken einer Kovarianten auf R (mit den obigen Eigenschaften) entstanden ist, bei Integration eine *eindeutige* Integralfunktion (vgl. WEYL [1]).

§6. Analytische Fortsetzung und Integrale.

3.53. Kovariante Fortsetzung. Es sei P_0 ein Punkt einer RIEMANNschen Fläche und F_{P_0} ein Funktionselement in P_0. Ist F_{P_0} längs eines von P_0 ausgehenden Weges w fortsetzbar (als skalare Funktion), so ist die Ableitung F'_{P_0} längs w kovariant fortsetzbar.

Wir zeigen umgekehrt: Es sei φ_{P_0} ein kovariantes Element in P_0, das längs w fortsetzbar ist. Dann ist ein „Integralelement" von φ_{P_0}, d. h. ein Funktionselement F_{P_0}, so daß $F'_{P_0} = \varphi_{P_0}$, auch fortsetzbar längs w.

Zum Beweis bezeichne (τ) die Menge der t-Werte, so daß F_{P_0} längs des Teilweges $0 \leq t \leq \tau$ fortsetzbar ist. Diese Menge enthält $\tau = 0$ und ist also nicht leer. Sie ist ferner offen; ist nämlich τ_0 ein Punkt von (τ), so gibt es eine reguläre Belegung F_t des Teilweges $0 \leq t \leq \tau_0$ mit dem Anfangselement F_{P_0}. Wählt man dann δ so klein, daß t für $|t - \tau_0| < \delta$ in K_{τ_0} liegt, so läßt sich diese Belegung zu einer des Weges $0 \leq t < \tau_0 + \delta$ erweitern, d.h. alle Punkte des Intervalles $|t - \tau_0| < \delta$ gehören zu (τ).

Die Menge (τ) ist andererseits abgeschlossen; zum Beweis sei $t_1 < t_2 < \cdots$ eine konvergente Folge aus (t) und t^* der Grenzpunkt. Zum Punkte t^* gehört eine bestimmte Kovariante φ_{t^*}, die durch Fortsetzen von φ_{P_0} entstanden ist. Ist δ die zu t^* (bezüglich der regulären Belegung φ_t) gehörige Zahl und n so groß, daß $t_n > t^* - \delta$, so gehört zu t_n ein Element φ_{t_n}, und im Durchschnitt $K_{t^*} K_{t_n}$ gilt $\varphi_{t_n}\, dz_n = \varphi_{t^*}\, dz^*$. Das Integral $\int \varphi_{t^*}\, dz^*$ unterscheidet sich hier von F_{t_n} nur um eine Konstante c. Wir setzen $F_{t^*} = \int \varphi_{t^*} dz^* + c$; dann ist F_{t_n} unmittelbare Fortsetzung von F_{t^*}. Ist t ein beliebiger Punkt $t_n < t < t^*$ und ordnen wir ihm das Element F_{t^*} zu, so ist dadurch eine reguläre Belegung des Weges $t_n \leq t \leq t^*$ und damit des ganzen Weges $0 \leq t \leq t^*$ gegeben, d.h. t^* gehört zu (τ). — Aus den beiden eben bewiesenen Eigenschaften der Menge (τ) folgt, daß sie das ganze Intervall $0 \leq t \leq 1$ ausmachen muß, und F_{P_0} ist also längs des ganzen Weges w fortsetzbar.

Ist die Kovariante φ insbesondere in einem den ganzen Weg ω enthaltenden Gebiet G eindeutig und analytisch, so erhält man durch Fortsetzen des Integralelementes F_{P_0} das Integral $\int_{\omega} \varphi\, dz$.

3.54. Es sei jetzt φ eine auf einer RIEMANNschen Fläche eindeutige und analytische Kovariante, die ausnahmslos regulär ist. Ist dann P_0 ein fester Punkt von R, so ist das Integralelement F_{P_0} nach 3.53. auf R unbeschränkt fortsetzbar, und die von ihm erzeugte mehrdeutige analytische Funktion ist das Integral $\int\limits_{\omega} \varphi\, dz$, wobei ω ein beliebiger von P_0 ausgehender Weg ist. Sind ω_1 und ω_2 zwei von P_0 nach demselben Punkte P führende, zueinander homologe Wege, so gilt nach dem CAUCHYschen Integralsatz

$$\int\limits_{\omega_1} \varphi\, dz = \int\limits_{\omega_2} \varphi\, dz;$$

die Fortsetzung von F_{P_0} längs ω_1 und ω_2 ergibt also dasselbe Endelement.

Die analytische Fortsetzung des Integralelementes einer eindeutigen, analytischen und regulären Kovarianten längs homologer Wege führt zu demselben Funktionselement.

3.55. Das von einem Funktionselement $f(z)$ auf R erzeugte analytische Gebilde ist auf der universellen Überlagerungsfläche $\hat{R}$ eine eindeutige Funktion. Beschränkt man sich auf die Unterklasse der Integralelemente $f(z)$ einer beliebigen auf R eindeutigen analytischen Kovarianten, so braucht man nur bis zur Überlagerungsfläche der Integralfunktionen $\check{R}$ zu gehen um die Eindeutigkeit zu erzielen. Denn ist zunächst $\check{\varphi}$ eine Kovariante auf $\check{R}$, entstanden mittels Durchdrücken einer Kovarianten φ auf R, so ist die Funktion $\int \check{\varphi}\, d\check{z}$ auf $\check{R}$ nach 3.52. eindeutig; daher führt nach 3.54. die Fortsetzung eines nach $\check{R}$ durchgedrückten Integralelementes von φ auf $\check{R}$ zu einer eindeutigen Funktion.

IV. Kapitel.

Existenzsätze.

Im vorliegenden Kapitel sollen die für unsere Zwecke wichtigen Fragen nach der Existenz von Potentialfunktionen mit vorgegebenen Randbedingungen oder Singularitäten diskutiert werden in einer Allgemeinheit, die für den Aufbau der Uniformisierungstheorie und für gewisse damit zusammenhängende allgemeine funktionentheoretische Probleme genügend ist. Wir folgen hierbei der Methode des *alternierenden Verfahrens* von SCHWARZ und NEUMANN. Verglichen mit den übrigen klassischen Methoden zur Begründung der hier betrachteten Existenzsätze, vor allem des DIRICHLETschen Prinzips und der Balayagemethode von POINCARÉ, zeichnet sich das alternierende Verfahren durch seinen konstruktiven Charakter aus. Es schließt sich auch in natürlicher Weise dem leitenden Gedanken in der Flächentheorie an. So wie eine Fläche aus einer Menge von Flächenelementen mit gegebenen Zusammenhangsrelationen aufgebaut wird, so werden auch mit dem alternierenden Verfahren gewisse Funktionselemente hergestellt, die dann durch Fortsetzung in Zusammenhang miteinander gebracht werden und die gesuchte Funktion im Großen erzeugen. Als ein Nebenresultat ergibt sich der Satz, daß eine RIEMANNsche Fläche stets das Abzählbarkeitsaxiom erfüllt (§ 3).

§ 1. Das alternierende Verfahren von SCHWARZ.

4.1. Das Randwertproblem. Die erste Randwertaufgabe der Potentialtheorie verlangt die Konstruktion einer Funktion u, die in einem gegebenen Gebiet G einer RIEMANNschen Fläche R harmonisch ist und auf der nichtleeren Begrenzung Γ von G vorgeschriebene Werte f annimmt. Wir betrachten hier das Problem unter nachstehenden präzisen Voraussetzungen:

1°. Die Punktmenge $G+\Gamma$ ist auf der Fläche R kompakt[1].

2°. Die vorgegebene Randwertmenge $f(\zeta)$ auf Γ ist beschränkt und höchstens mit Ausnahme endlich vieler Punkte ζ stetig.

3°. Die gesuchte Funktion $u(z)$ soll in G harmonisch und beschränkt sein. Bei Annäherung an die Begrenzung Γ soll sie sich stetig den Werten $f(\zeta)$ anschließen, so daß die durch die Fortsetzung $\bar{u}(z)=u(z)$ für $z\in G$ und $\bar{u}(\zeta)=f(\zeta)$ für $\zeta\in\Gamma$ auf $G+\Gamma$ erklärte Funktion $\bar{u}$ stetig ist, höchstens mit Ausnahme endlich vieler Punkte.

4.2. Die Lösung dieses Problems ist, falls sie überhaupt existiert, eindeutig bestimmt, denn die Differenz zweier Lösungen ist, mit Ausnahme von höchstens endlich vielen Punkten ζ auf der Begrenzung Γ gleich Null, und da sie ferner in G beschränkt ist, verschwindet sie nach dem erweiterten Maximumprinzip (Kap. III, § 4) identisch.

4.3. Wegen der zugelassenen Allgemeinheit der Struktur der Begrenzung Γ ist das Problem nicht immer lösbar. Es können sog. irreguläre Begrenzungspunkte vorkommen, wo die Randbedingung nicht bei jeder Wahl der Belegung f erfüllbar ist. Solche Punkte sind z.B. die isolierten Begrenzungspunkte, in denen jede auf G harmonische Funktion harmonisch fortsetzbar ist (hebbare Singularitäten), so daß also der Wert $f(\zeta)$ nicht willkürlich vorgeschrieben werden kann.

4.4. Das alternierende Verfahren. Mit Hilfe des alternierenden Verfahrens von SCHWARZ läßt sich folgendes beweisen[2]:

[1] Falls R kompakt ist, ist diese Bedingung von selbst erfüllt.

[2] Es ist für das folgende wesentlich, daß das alternierende Verfahren unter allgemeineren als den von SCHWARZ vorausgesetzten Bedingungen betreffs der Gebiete G_1 und G_2 und ihrer Ränder zum Ziel führt; vgl. hierzu meine Arbeit [5].

Es seien G_1 und G_2 zwei Gebiete auf der Fläche R, welche folgenden Bedingungen genügen:

A. Das Randwertproblem ist für $G_1 + \Gamma_1$ und $G_2 + \Gamma_2$ lösbar und zwar für alle Randbelegungen f, die auf Γ_1 bzw. Γ_2 die Eigenschaft 2° haben.

B. Der Durchschnitt $G_1 G_2$ ist nicht leer und der Durchschnitt $\Gamma_1 \Gamma_2$ besteht aus endlich vielen Punkten.

Unter diesen Voraussetzungen ist das Randwertproblem von 4.1. auch für das Gebiet $G_1 + G_2$ lösbar.

4.5. Beim Beweis können wir von dem trivialen Fall absehen, wo das eine der Gebiete G_ν Teilmenge des anderen ist. Es bezeichne dann α_1 die (abgeschlossene) Teilmenge von Γ_1, die nicht in G_2 liegt. Der komplementäre Teil sei β_1, so daß also $\Gamma_1 = \alpha_1 + \beta_1$. Entsprechende Bedeutung mögen α_2 und β_2 in bezug auf G_2 haben ($\Gamma_2 = \alpha_2 + \beta_2$). Dann ist $\Gamma = \alpha_1 + \alpha_2$ die Begrenzung von G; der Durchschnitt $\alpha_1 \alpha_2$ ist gleich dem Durchschnitt $\Gamma_1 \Gamma_2$ und besteht also aus endlich vielen Punkten. Die offene (nicht notwendig zusammenhängende) Menge $G_1 G_2$ hat als Begrenzung die Menge $\beta_1 + \beta_2 + \alpha_1 \alpha_2$. Die Mengen β_1 und β_2 sind beide nicht leer.

Es sei nun $f(\zeta)$ eine Funktion, die auf Γ beschränkt und mit Ausnahme von höchstens endlich vielen Punkten stetig ist. Wir werden zeigen, daß es eine in G harmonische und beschränkte Funktion u mit den Randwerten f gibt. Es genügt, den Fall $f \geq 0$ zu behandeln, denn diese Voraussetzung läßt sich durch Addition einer Konstanten erreichen, die man von der gefundenen Lösung dann wieder zu subtrahieren hat.

4.6. Nach unseren Voraussetzungen läßt sich in G_1 bzw. G_2 eine Folge von Funktionen

$$u_0 \equiv 0, \; u_1, \ldots$$

bzw.

$$v_0, \; v_1, \ldots$$

durch folgende Randbedingungen festlegen:

$$u_n = \begin{cases} f \text{ auf } \alpha_1 \\ v_{n-1} \text{ auf } \beta_1 \end{cases} \qquad (n = 1, 2, \ldots),$$

$$v_n = \begin{cases} f \text{ auf } \alpha_2 \\ u_n \text{ auf } \beta_2 \end{cases} \qquad (n = 0, 1, \ldots),$$

wobei jeweils die endlich vielen Ausnahmepunkte auszuschließen sind.

Man zeigt nun erstens, daß die Grenzwerte $\lim u_n = u$ und $\lim v_n = v$ in G_1 bzw. G_2 existieren, zweitens, daß $u = v$ in $G_1 G_2$, und drittens, daß diese Funktionen, als Fortsetzung voneinander, die gesuchte Lösung in G darstellen.

4.7. Abgesehen von den Ausnahmepunkten (ζ) von f gilt

$$v_n - v_{n-1} = \begin{cases} 0 \text{ auf } \alpha_2 \\ u_n - u_{n-1} \text{ auf } \beta_2, \end{cases}$$

$$u_{n+1} - u_n = \begin{cases} 0 \text{ auf } \alpha_1 \\ v_n - v_{n-1} \text{ auf } \beta_1. \end{cases}$$

Nun ist die Funktion v_0, die auf β_2 gleich $u_0 = 0$ und auf α_2 gleich f ist, nach dem (erweiterten) Minimumprinzip nichtnegativ in G_2 und dasselbe gilt somit für die Randwerte von $u_1 - u_0 = u_1$, also auch für die Funktion $u_1 - u_0$ in G_1. Aus der Beziehung $u_1 - u_0 \geq 0$ folgt mit Hilfe des Algorithmus schrittweise, daß *alle* Differenzen $u_n - u_{n-1}$ und $v_n - v_{n-1}$ nichtnegativ sind, so daß also

$$0 = u_0 \leq u_1 \leq \cdots \leq u_n \leq \cdots \text{ in } G_1,$$
$$0 \leq v_0 \leq v_1 \leq \cdots \leq v_n \leq \cdots \text{ in } G_2.$$

Andererseits ergibt sich aus dem erweiterten Maximumprinzip, daß u_n und v_n höchstens gleich der oberen Grenze M von f sind. Die Folgen u_n und v_n sind somit konvergent. Die Grenzfunktionen u und v sind in G_1 bzw. G_2 beschränkt und nach dem HARNACK*schen Prinzip*, das in 4.14. bewiesen werden soll, harmonisch.

4.8. Wir betrachten die beschränkte harmonische Funktion $v_n - u_n$ im Gebiete $G_1 G_2$. Sie ist auf β_1 gleich $v_n - v_{n-1}$ und auf β_2 gleich Null. Daraus folgt mit Hilfe des erweiterten Maximumprinzips, da der Durchschnitt $\alpha_1 \alpha_2$ nur aus endlich vielen Punkten besteht,

$$0 \leq v_n - u_n \leq v_n - v_{n-1},$$

und für $n \to \infty$

$$u = v \text{ in } G_1 G_2.$$

Die Funktionen u und v sind also harmonische Fortsetzungen voneinander.

4.9. Die so erzeugte harmonische und beschränkte Funktion u in G hat in jedem Begrenzungspunkt ζ den Randwert $f(\zeta)$, wieder mit Ausnahme höchstens endlich vieler Punkte. Zum Beweis bilden wir in G_1 eine beschränkte harmonische Funktion ω mit den Randwerten 0 auf α_1 und M auf β_1 (wieder abgesehen von endlich vielen Punkten auf Γ_1). Diese Funktion existiert wegen der Lösbarkeit des Problems für G_1, und es gilt nach dem Maximumprinzip in jedem Punkt von G_1:

$$u_1 \leq u_n \leq u_1 + \omega \qquad (n = 1, 2, \ldots),$$

und somit auch

$$u_1 \leq u \leq u_1 + \omega.$$

Für jedes ζ auf α_1, außer für höchstens endlich viele Punkte, gilt aber sowohl $u_1 \to f(\zeta)$ als auch $u_1 + \omega \to f(\zeta)$ für $z \to \zeta$, und daher ist auch $u \to f(\zeta)$ in diesen Randpunkten. Die konstruierte Funktion u hat also das verlangte Randverhalten auf α_1, und für den komplementären Randteil α_2 ergibt sich entsprechend $u \to f$ durch Wiederholung der obigen Schlußweise für das Gebiet G_2†.

§ 2. Lösung der Randwertaufgabe für Kreisbereiche.

Um das alternierende Verfahren ansetzen zu können, soll die Lösung der Randwertaufgabe für gewisse einfache Normalgebiete hier angegeben werden.

4.10. Der Kreisfall. Für einen Kreis $|z| \leq R$ der z-Ebene wird das Randwertproblem, wie von SCHWARZ zuerst streng bewiesen worden ist, durch das POISSONsche Integral

$$u(z) = \frac{1}{2\pi} \int_0^{2\pi} f(\zeta) \frac{R^2 - r^2}{R^2 + r^2 - 2Rr\cos(\vartheta - \varphi)} \, d\vartheta \quad (\zeta = R e^{i\vartheta}, z = r e^{i\varphi}) \tag{4.1}$$

gelöst.

Da der Kern des Integrals als Realteil der Funktion

$$\frac{\zeta + z}{\zeta - z}$$

für $|z| < R$ harmonisch ist, gilt dasselbe (falls f integrierbar ist) für $u(z)$. Daß u das verlangte Randverhalten hat, zeigt man zunächst unmittelbar für den Fall, daß f auf einem Bogen α des Randkreises gleich 1 und auf dem komplementären Bogen β gleich Null ist. Das Integral ist dann gleich ($\zeta_1 = R e^{i\vartheta_1}, \zeta_2 = R e^{i\vartheta_2}$, $0 \leq \vartheta_1 < \vartheta_2 \leq 2\pi$)

$$\omega_\alpha(z) = \frac{1}{\pi} \arg \frac{\zeta_2 - z}{\zeta_1 - z} - \frac{\vartheta_2 - \vartheta_1}{2\pi},$$

woraus das gewünschte Randverhalten sofort folgt. Als Niveaulinien hat ω_α die durch ζ_1 und ζ_2 bestimmte Kreisbogenschar. Es gilt

$$\omega_\alpha + \omega_\beta \equiv 1.$$

$\omega_\alpha(z)$ heißt das *harmonische Maß* von α im Punkte z (in bezug auf den Kreis $|z| \leq R$). Bezeichnet man für ein festes $\zeta_1 = R e^{i\vartheta_1}$ und ein variables $\zeta = R e^{i\vartheta}$ das harmonische Maß des Bogens $\alpha_1 = (\vartheta_1, \vartheta)$ mit

† Die endlich vielen Punkte von $\alpha_1 \alpha_2$ können, auch wenn f hier stetig ist, Unstetigkeitsstellen für $u = v$ sein. Die Stetigkeit läßt sich nur unter zusätzlichen Voraussetzungen über die Menge $\alpha_1 \alpha_2$ beweisen. Dies gelingt z. B. dann, wenn jeder Punkt von $\alpha_1 \alpha_2$ in einem Kontinuum von Randpunkten auf $\alpha_1 + \alpha_2 = \Gamma$ enthalten ist.

$\omega(\zeta, z)$, so schreibt sich das POISSONsche Integral als ein STIELTJES-Integral

$$u(z) = \int_{\vartheta=0}^{2\pi} f(\zeta)\, d\omega(\zeta, z). \tag{4.2}$$

4.11. Für eine beliebige beschränkte und integrable Randbelegung $f(\zeta)$ $(|f| \leq M)$ ergibt sich die Beziehung $u(z) \to f(\zeta_0)$ für $z \to \zeta_0$, vorausgesetzt, daß f für ζ_0 stetig ist, durch folgenden einfachen und weitgehend verallgemeinerungsfähigen Schluß:

Es sei $\varepsilon > 0$ gegeben und α ein so kleiner Randbogen um ζ_0, daß $f(\zeta) = f(\zeta_0) + \langle\varepsilon\rangle$ auf α gilt. Dann wird nach (4.2)

$$\begin{aligned} u(z) &= \int_\alpha \big(f(\zeta_0) + \langle\varepsilon\rangle\big)\, d\omega + \int_\beta f(\zeta)\, d\omega \\ &= f(\zeta_0)\,\omega_\alpha(z) + \langle\varepsilon\rangle + \omega_\beta(z)\,\langle M\rangle \\ &= f(\zeta_0)\,(1 - \omega_\beta(z)) + \langle\varepsilon\rangle + \omega_\beta(z)\,\langle M\rangle \\ &= f(\zeta_0) + \langle\varepsilon\rangle + 2\omega_\beta(z)\,\langle M\rangle. \end{aligned}$$

Für $z \to \zeta_0$ ist $\omega_\beta \to 0$, und es ist also $u(z) \to f(\zeta_0)$.

Falls f insbesondere höchstens mit Ausnahme endlich vieler Punkte stetig ist, stellt u die einzige Lösung der Randwertaufgabe dar (§ 1).

4.12. Die Halbebene. Für eine Halbebene, etwa für die obere Halbebene $y \geq 0$, ergibt sich die Lösung der Randwertaufgabe durch eine noch einfachere Formel. Bezeichnet $f(x)$ die gegebene Randbelegung auf der reellen x-Achse, so findet man die Lösung u als das Integral $(z = x + iy)$

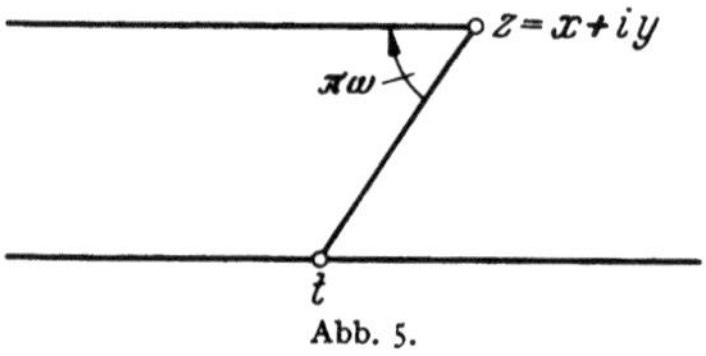

Abb. 5.

$$u(z) = \int_{t=-\infty}^{+\infty} f(t)\, d\omega(t, z),$$

wo $\omega(t, z)$ gleich dem durch π dividierten Winkel ist, unter dem der Halbstrahl $x \leq t$ der reellen x-Achse vom Punkte z aus erscheint (vgl. Abb. 5); $\omega(t, z)$ ist das „harmonische Maß“ jenes Halbstrahles, d. h. diejenige für $y > 0$ reguläre Potentialfunktion, die auf dem Halbstrahl gleich 1 ist und auf dem komplementären Halbstrahl verschwindet.

4.13. Der Kreisring. Dieser Fall läßt sich mittels einer elementaren konformen Abbildung auf den Fall der Halbebene zurückführen. Ist nämlich der Kreisring z.B. durch $1 \leq |z| \leq R$ $(R > 1)$ gegeben, so wird er durch die Funktion $w = e^{\pi i \frac{\log z}{\log R}}$ lokal eindeutig, im Großen vieldeutig auf die obere w-Halbebene abgebildet. Die verschiedenen lokal eineindeutigen Zweige der Abbildung gehen ineinander über, wenn z im Kreisringe den Nullpunkt umläuft; sie hängen mittels der zyklischen Gruppe von linearen Transformationen T_n zusammen, die von der Transformation $w \to e^{\frac{2\pi^2}{\log R}} \cdot w$ erzeugt wird. Die gegebene Randbelegung geht dabei in eine Randbelegung der reellen Achse der w-Ebene über, die sich bei Ausübung der Transformationen T_n reproduziert. Bildet man zu dieser Wertmenge $f(x)$ die Lösung der Randwertaufgabe in der oberen w-Halbebene, so ist diese gegen die Transformationen T_n invariant, und die Substitution $w \to z$ gibt die Lösung für den Kreisring.

4.14. HARNACKs Prinzip. Es sei $u(z)$ für $|z| < R$ harmonisch und nichtnegativ, $u \geq 0$. Da der Kern des POISSONschen Integrals (4.1) zwischen den Grenzen

$$\frac{R-r}{R+r} \leq \frac{R^2 - r^2}{R^2 + r^2 - 2Rr\cos(\vartheta - \varphi)} \leq \frac{R+r}{R-r}$$

liegt, so wird für $z = r e^{i\varphi}$

$$0 \leq u(z) \leq \frac{R+r}{R-r} \frac{1}{2\pi} \int_0^{2\pi} u(R e^{i\vartheta})\, d\vartheta = \frac{R+r}{R-r} u(0).$$

Eine ähnliche Abschätzung nach unten ergibt die HARNACKsche Doppelungleichung $(|z| < R)$

$$\frac{R - |z|}{R + |z|} u(0) \leq u(z) \leq \frac{R + |z|}{R - |z|} u(0). \qquad (4.3)$$

Hieraus folgt das wichtige *Konvergenzprinzip von* HARNACK:

Es sei $u_1, u_2, \ldots$ eine Folge von monoton wachsenden harmonischen Funktionen auf einer RIEMANN*schen Fläche R:*

$$u_1 \leq u_2 \leq \cdots \leq u_n \leq \cdots.$$

Wenn die Folge in einem Punkte $z = z_0$ einen endlichen Grenzwert hat, so gilt dasselbe für jeden Punkt von R, und die Grenzfunktion $u = \lim u_n$ ist in R harmonisch.

Beweis. Man betrachte zunächst einen abgeschlossenen Parameterkreis K_r um z_0 $(|z - z_0| \leq r)$. Da die Differenz $u_{n+p} - u_n$ in dieser Umgebung harmonisch und nichtnegativ ist und im Mittelpunkt $z = z_0$ für hinreichend großes n und alle $p > 0$ beliebig klein wird, folgt aus (4.3), wenn man dort u durch $u_{n+p} - u_n$ ersetzt, die gleichmäßige Konvergenz der Folge u_n im Kreise K_r. Die Grenzfunktion u läßt sich in diesem Kreis durch das POISSONsche Integral darstellen und ist, da der Kern des Integrals eine harmonische Funktion ist, in diesem Kreise harmonisch.

Nehmen wir nun einen beliebigen Punkt $z = z_1$ der Fläche R, so kann man z_0 mit z_1 durch einen Weg verbinden und diesen durch eine endliche Menge von Parameterumgebungen überdecken. Verfolgt man diese Kette von z_0 bis z_1, so ergibt sich aus der Endlichkeit von $u = \lim u_n$ in z_0 nach der HARNACHschen Ungleichung (4.3) die Endlichkeit dieses

Grenzwertes in jeder der Parameterumgebungen, also insbesondere in z_1. Ebenso folgt, daß die Grenzfunktion u in z_1 harmonisch ist. Damit ist das HARNACKsche Prinzip vollständig bewiesen.

4.15. Kreisbereiche. Unter einem *Kreisbereich* auf einer RIEMANNschen Fläche R verstehen wir eine zusammenhängende Punktmenge, die Vereinigungsmenge endlich vieler Bereiche B_ν ist, wobei jedes B_ν in einem geeignet gewählten Parameterkreis eine abgeschlossene Kreisscheibe als Urbild hat. Die Randwertaufgabe ist für jedes B_ν mittels des POISSONschen Integrales lösbar. Ferner treffen sich die (analytischen) Ränder der B_ν paarweise nur in endlich vielen Punkten, so daß die Randwertaufgabe nach dem alternierenden Verfahren für jeden Kreisbereich lösbar ist, vorausgesetzt, daß er eine nichtleere unendliche Randpunktmenge hat[1].

Da die Randwertaufgabe nach 4.13. auch für einen Bereich lösbar ist, der im Parameterkreis als Urbild einen abgeschlossenen Kreisring hat, ergibt sich die Lösbarkeit der Randwertaufgabe, wie oben, auch wenn man unter den konstituierenden Bereichen B_ν des „Kreisbereiches" derartige „Kreisringbereiche" zuläßt. Die Bezeichnung „Kreisbereich" wird im folgenden manchmal auch in diesem erweiterten Sinn zu verstehen sein.

4.16. Lösung einer speziellen Randwertaufgabe für eine zweifach gelöcherte Fläche. Es sei R eine beliebige RIEMANNsche Fläche, K eine Parameterumgebung und K_z ($|z|<1$) der entsprechende Parameterkreis. In K_z wählen wir zwei Punkte $z=a$ und $z=b$ und fixieren eine so kleine Zahl $r>0$, daß die abgeschlossenen Kreisscheiben $|z-a|\leq r$ und $|z-b|\leq r$ in $|z|<1$ liegen und zueinander punktfremd sind. Ihnen entsprechen in K zwei abgeschlossene Bereiche, deren Begrenzung aus den Bildern γ_a bzw. γ_b der beiden Kreislinien $|z-a|=r$ bzw. $|z-b|=r$ besteht. Entfernt man aus R diese beiden Bereiche, so bleibt eine (zusammenhängende) Restfläche R_0 übrig. Gesucht wird eine eindeutige und beschränkte Potentialfunktion u auf R_0, die auf γ_a bzw. γ_b die Randwerte 1 bzw. 0 annimmt.

Wir wählen die Zahl $r_1>r$ so nahe an r, daß die Kreisringe $r\leq|z-a|\leq r_1$ und $r\leq|z-b|\leq r_1$ noch in $|z|<1$ liegen und zueinander punktfremd sind.

Es sei nun B ein Kreisbereich auf der Fläche R_0. Aus ihm entsteht durch Hinzufügen der beiden Kreisringe ein neuer Kreisbereich D auf R; D liegt abgesehen von den Kurven γ_a und γ_b auf R_0. Die Begrenzung von D besteht aus den Kreislinien γ_a und γ_b und einem restlichen Teil γ.

Zu jedem Punkte P der Fläche R_0 gibt es einen derartigen Kreisbereich D, welcher P als inneren Punkt enthält. Wegen des

[1] Der damit ausgeschlossene Fall kann bei einer geschlossenen Fläche vorkommen.

Zusammenhanges von R_0 kann man nämlich jeden Punkt P von R_0 mit den zwei Kreisringen durch eine endliche Kette von Parameterumgebungen verbinden. Diese Parameterumgebungen stellen zusammen mit den beiden Kreisringen den gesuchten Kreisbereich D dar.

4.17. Nach dieser Vorbereitung ordnen wir jedem D eine harmonische Funktion u_D zu, welche durch nachstehende Bedingungen festgelegt und nach dem alternierenden Verfahren konstruiert wird:

1. u_D ist innerhalb D eindeutig, harmonisch und beschränkt.
2. $u_D = 1$ auf γ_a.
3. $u_D = 0$ auf γ_b und auf γ.

Dann ist $0 < u_D < 1$ innerhalb D.

Wir betrachten nun die Menge aller Kreisbereiche (D), die einen festen Punkt z enthalten, und bilden die obere Grenze

$$u(z) = \sup_D u_D(z).$$

Sie ist für jedes $P \in R_0$ eindeutig definiert, und es ist

$$0 < u(z) \leqq 1.$$

Wir zeigen nun, daß u in R_0 *harmonisch* ist. Dazu bemerke man zunächst, daß u_D eine monotone Folge ist: Falls $D_1 \subset D_2$, so ist $u_{D_1} \leqq u_{D_2}$ in jedem Punkte von D_1. Diese Ungleichung gilt nämlich offensichtlich auf der Begrenzung von D_1 und nach dem Maximumprinzip daher in jedem Punkte von D_1.

Es sei jetzt $z = z_0$ ein innerer Punkt von R_0 und $A_0, A_1, \ldots$ eine unendliche Folge von Kreisbereichen der Klasse (D) $(z_0 \in A_\nu,\ \nu = 0, 1, \ldots)$, so daß

$$\lim_{n\to\infty} u_{A_n}(z_0) = u(z_0).$$

Wegen der obigen Monotonieeigenschaft gilt dann dasselbe für die Vereinigungsmenge $V_n = \sum_{\nu=0}^{n} A_\nu$ $(n = 0, 1, \ldots)$ und die entsprechende monotone Folge u_{V_n}:

$$\lim_{n\to\infty} u_{V_n}(z_0) = u(z_0).$$

Nach dem HARNACKschen Prinzip existiert daher die Grenzfunktion

$$\lim_{n\to\infty} u_{V_n}(z) = u_0(z),$$

und diese ist in A_0 harmonisch. Es gilt

$$u(z_0) = u_0(z_0). \tag{4.4}$$

4.18. Wir zeigen, daß diese Gleichung für *jedes* z in A_0 gültig ist. Zunächst hat man für jedes $z \in A_0$ die Ungleichung $u_{V_n}(z) \leqq u(z)$, und deshalb ist erstens

$$u_0(z) \leq u(z) \text{ in } A_0.$$

Es sei nun $z = z_1$ ein *beliebiger* Punkt von A_0 und B ein Kreisbereich der Klasse (D), welcher z_1 enthält. Dann ist

$$u_B(z) \leq u_{B+V_n}(z) \leq u(z).$$

Die Funktion u_{B+V_n} wächst monoton mit n und daher existiert nach dem HARNACKschen Prinzip der Grenzwert

$$\lim_{n\to\infty} u_{B+V_n} = u_1(z).$$

Dieser ist harmonisch in $B + A_0$ und es gilt

$$u_1(z) \leq u(z). \tag{4.5}$$

Nunmehr zeigen wir erstens, daß $u_1(z_1) = u(z_1)$ und zweitens, daß $u_1(z_1) = u_0(z_1)$; hieraus folgt dann die behauptete Gleichung $u(z_1) = u_0(z_1)$.

Zunächst hat man, da z_1 in B liegt,

$$u_B(z_1) \leq u_1(z_1)$$

und damit

$$\sup_B u_B(z_1) \leq u_1(z_1),$$

d. h.

$$u(z_1) \leq u_1(z_1).$$

Da andererseits nach (4.5) $u_1(z_1) \leq u(z_1)$, so ergibt sich die erste Gleichung $u_1(z_1) = u(z_1)$.

Um die zweite zu beweisen, gehen wir von der in V_n gültigen Ungleichung

$$u_{V_n}(z) \leq u_{B+V_n}(z)$$

aus. Aus ihr folgt im Teilgebiet A_0 für $n \to \infty$

$$u_0(z) \leq u_1(z).$$

Die Potentialfunktion $u_1 - u_0$ ist also in A_0 *nichtnegativ*. An der Stelle $z = z_0$ muß sie verschwinden, denn hier ist andererseits nach (4.4) und (4.5)

$$u_0(z_0) = u(z_0) \geq \lim_{n\to\infty} u_{B+V_n}(z_0) = u_1(z_0), \quad \text{also} \quad u_1(z_0) - u_0(z_0) \leq 0.$$

Die Differenz $u_1(z) - u_0(z)$ verschwindet also nach dem Minimumprinzip in ganz A_0, und es ist insbesondere für $z = z_1$

$$u_1(z_1) = u_0(z_1).$$

So ist auch die zweite Gleichung bewiesen, und damit die Harmonizität von u in z_1, also auch auf ganz R_0.

4.19. Es bleibt zu zeigen, daß u das verlangte Randverhalten hat. Zunächst ist $u \to 1$ für $z \to \gamma_a$; denn es ist $u_D \to 1$ für $z \to \gamma_a$ und andererseits gilt $u_D \leq u \leq 1$.

Um zweitens zu beweisen, daß $u(z) \to 0$ für $z \to \gamma_b$, sei z_0 ein beliebiger Punkt des Kreisringes $R_b: r \leq |z-b| \leq r_1$ und D ein Kreisbereich der Klasse (D), welcher z_0 enthält. Sei $v(z)$ die Potentialfunktion in R_b, die auf γ_b ($|z-b| = r$) bzw. auf $|z-b| = r_1$ die Randwerte 0 bzw. 1 hat. Dann gilt, da die Potentialfunktion u_D auf γ_b verschwindet und im übrigen der Ungleichung $u_D \leq 1$ genügt,

$$u_D \leq v$$

auf der Begrenzung von R_b und nach dem Maximumprinzip daher in ganz R_b. Somit ist

$$u_D(z_0) \leq v(z_0)$$

und damit auch

$$0 \leq u(z_0) = \sup_D u_D(z_0) \leq v(z_0).$$

Daraus folgt, daß u auf γ_b den Randwert Null hat, w. z. b. w.

§ 3. Abzählbarkeitsaxiom.

4.20. Wir sind jetzt in der Lage zu zeigen, daß jede RIEMANNsche Fläche R das Abzählbarkeitsaxiom erfüllt. Es genügt offenbar, dies für die in 4.16. betrachtete gelöcherte Fläche R_0 zu beweisen. Dazu haben wir gemäß 2.20. einerseits auf R_0 eine abzählbare, überall dichte Punktmenge zu konstruieren und andererseits eine Metrik einzuführen, welche auf R_0 die bereits vorhandene Topologie bestimmt.

4.21. Konstruktion einer überall dichten Punktmenge. Zunächst soll also auf R_0 eine abzählbare, überall dichte Punktmenge angegeben werden. Hierzu ist es hinreichend, eine abzählbare Menge von Parameterumgebungen auf R_0 zu finden, deren Punkte auf R_0 überall dicht liegen. Man braucht dann nur in jeder dieser Parameterumgebungen eine überall dicht liegende abzählbare Punktmenge zu nehmen und die Vereinigungsmenge zu bilden: diese ist abzählbar und überall dicht auf R_0.

Es sei z_0 ein beliebiger Punkt von R_0. Wir betrachten, wie in 4.16., wieder alle Kreisbereiche der Klasse (D), welche z_0 enthalten. Zu jedem dieser Bereiche gehört nach 4.17. eine Potentialfunktion u_D. Sei $u(z_0)$ wieder die obere Grenze aller dieser Funktionen in z_0 und $D_1 \subset D_2 \subset \cdots$ eine monotone Folge von Kreisbereichen der Klasse (D), für welche

$$\lim_{n \to \infty} u_{D_n}(z_0) = u(z_0). \tag{4.6}$$

Wir zeigen, daß die Vereinigungsmenge $G = \sum_\nu D_\nu$ die verlangten Eigenschaften besitzt. Zunächst ist klar, daß G Vereinigungsmenge von abzählbar vielen Parameterumgebungen ist. Es bleibt also zu beweisen, daß die Punktmenge G auf R_0 überall dicht liegt.

Zunächst folgt aus dem HARNACKschen Prinzip, daß die Folge u_{D_n} in jedem Punkte von G konvergiert und daß die Grenzfunktion u_G in G harmonisch ist. Ferner ist wegen $u_{D_n} \leq u$ auch $u_G \leq u$ in G. Da aber für $z = z_0$ gilt $u_G = u$, folgt aus dem Maximumprinzip $u_G = u$ in ganz G.

4.22. Wir nehmen nun entgegen der Behauptung an, es gäbe einen Punkt P_0 von R_0, der samt einer ganzen Umgebung zu G fremd ist. Sei $|z| < 1$ ein Parameterkreis von P_0 und $|z| \leq \varrho_0$ ein konzentrischer kleinerer Kreis. Nach unserer Voraussetzung können wir ϱ_0 so klein wählen, daß das Bild K_0 von $|z| \leq \varrho_0$ zu G fremd ist. G liegt dann im Komplement $R_0^* = R_0 - K_0$.

Durch Wiederholung der Konstruktion von 4.17. ergibt sich die Existenz einer Potentialfunktion v auf der Fläche R_0^*, die auf γ_a den Randwert eins hat, während sie auf γ_b und auf der Begrenzung γ_0 von K_0 verschwindet. Sie ergibt sich als die obere Grenze

$$v(z) = \sup_{D^*} u_{D^*}(z),$$

wo D^* alle diejenigen Kreisbereiche der Klasse D durchläuft, welche in R_0^* liegen und in denen der Kreisring $\varrho_0 \leq |z| \leq 1$ vorkommt. Es ist daher in R_0:

$$v(z) = \sup_{D^*} u_{D^*}(z) \leq \sup_{D} u_D(z) = u(z).$$

Andererseits betrachte man die Folge (4.6). Jedes D_ν liegt in G und damit in R_0^*; ist also D^* ein beliebiger Kreisbereich der Unterklasse (D^*), so gehört auch $D^* \dotplus D_\nu$ zu (D^*). Hieraus und aus der Monotonie der Folge u_{D_ν} ergibt sich für ein beliebiges D^* und jedes D_ν $(\nu = 1, 2, \ldots)$

$$u_{D_\nu} \leq U_{D_\nu \dotplus D^*} \leq v(z),$$

und daraus folgt für $\nu \to \infty$

$$u_G(z) \leq v(z) \text{ in } G,$$

und wegen $u_G = u$ die Ungleichung $u(z) \leq v(z)$.

Damit ist $u = v$ in G; nach dem Prinzip der harmonischen Fortsetzung gilt dies notwendig in ganz R_0^*. Das ist der gesuchte Widerspruch: einerseits ist $u = v > 0$ in R_0, also insbesondere auf γ_0, andererseits ist $v = 0$ auf γ_0. Damit ist der Beweis vollendet.

4.23. Konstruktion der Metrik. Wir haben noch eine *Metrik* auf der Fläche R_0 zu konstruieren, so daß die von ihr bestimmte Topologie mit der ursprünglichen übereinstimmt.

Es sei u eine eindeutige nichtkonstante Potentialfunktion auf R_0; nach 4.17. existiert eine solche. Wir betrachten ihr Differential du und das konjugierte du'. Sind P und Q zwei Punkte von R_0, und ist p ein von P nach Q führender differenzierbarer Weg, so hat das Integral

$$\int_p |dw| = \int_p \sqrt{du^2 + du'^2}$$

einen bestimmten Wert, der *positiv* ist, da sonst w und also auch u konstant wäre. Die untere Grenze $\varrho(P, Q)$ dieser Werte für alle möglichen Wege p ist eine ebenfalls positive Zahl (falls $P \neq Q$), und sie erfüllt die Eigenschaften 1 bis 3 von 2.4.

4.24. Wir haben zu zeigen, daß diese Metrik auf R_0 die schon bestehende Topologie bestimmt. Zu diesem Zweck sei P_0 ein Punkt von R und $|z| < 1$ $(P \leftrightarrow z = 0)$ sein Parameterkreis. Wir wählen in ihm einen beliebigen eindeutigen Zweig u' der konjugierten Potentialfunktion und bilden die analytische Funktion $f(z) = u + i\,u'$. Ist $P_1 \leftrightarrow z_1$ ein Punkt dieses Kreises, so gilt für die Entfernung $\varrho(P_1 P_0)$

$$\varrho(P_0 P_1) \leq \int_0^{z_1} |f'(z)|\,|dz|,$$

wobei längs der Strecke $(0, z_1)$ zu integrieren ist. Bezeichnet M eine obere Schranke für $f'(z)$ im Parameterkreis, so ist also

$$\varrho(P_0 P_1) \leq M\,|z_1|.$$

Um eine Abschätzung nach der anderen Richtung zu geben, nehmen wir zunächst an, es sei $f'(0) \neq 0$. Dann kann man den Parameterkreis so klein wählen, daß $f'(z)$ in ihm ein positives Minimum m hat. Sei $P_1 \leftrightarrow z_1$ wieder ein Punkt dieses Kreises und $z(t)$ ein differenzierbarer Weg auf der Fläche R, der von P_0 nach P_1 führt. z^* sei der erste Punkt dieses Weges, der auf der Kreislinie $|z| = |z_1|$ liegt. Dann gilt

$$\int_0^{z_1} |f'(z)|\,|dz| \geq \int_0^{z^*} |f'(z)|\,|dz \geq m \int_0^{z^*} |dz| \geq m\,|z_1|$$

und daher auch

$$\varrho(P_0 P_1) \geq m\,|z_1|.$$

Hat die Funktion $f'(z)$ im Punkte $z = 0$ eine Nullstelle der Ordnung k, so kann man $f'(z)$ in der Form $z^k \varphi(z)$, $(\varphi(0) \neq 0)$ schreiben und erhält entsprechend wie oben, wenn m das positive Minimum von $|\varphi(z)|$ im Parameterkreis bezeichnet,

$$\varrho(P_0 P_1) \geq m \frac{|z_1|^{k+1}}{k+1}.$$

Damit hat man allgemein die Ungleichungen

$$m \frac{|z_1|^{k+1}}{k+1} \leq \varrho(P_0 P_1) \leq M\,|z_1|.$$

Aus diesen folgt, daß jede Umgebung des Punktes P_0 einen Kreis um P_0 (im Sinne der Metrik) enthält und umgekehrt. Das bedeutet nach 2.4., daß die von der Metrik induzierte Topologie mit der ursprünglichen übereinstimmt.

Der Beweis des Abzählbarkeitsaxioms ist so vollendet.

§ 4. Lösungen mit vorgeschriebenen Singularitäten.

4.25. Problemstellung. Bei vielen Fragen der Funktionentheorie spielen gewisse fundamentale Potentialfunktionen eine wichtige Rolle, die nicht nur, wie es oben der Fall war, gegebenen Randbedingungen genügen, sondern dazu vorgeschriebene Singularitäten aufweisen. Die entsprechend erweiterte Randwertaufgabe läßt sich in einer für die Anwendungen hinreichenden Allgemeinheit folgendermaßen formulieren.

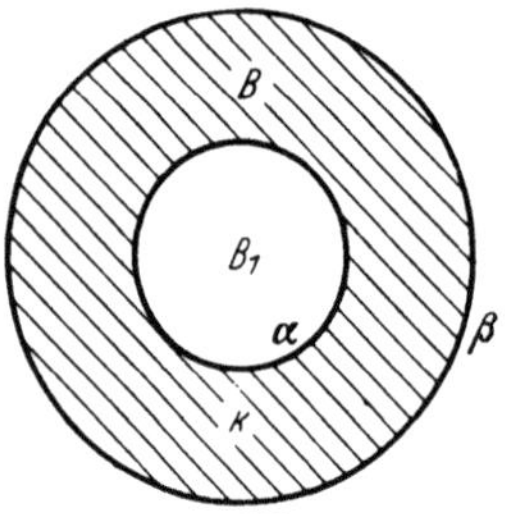

Abb. 6.

Es sei U eine Parameterumgebung auf einer RIEMANNschen Fläche R und $|z|<1$ der entsprechende Parameterkreis. In U betrachten wir zwei abgeschlossene „Kreise" B und B_1, entsprechend $|z|\leq r$ bzw. $|z|\leq r_1$ $(r_1<r<1)$. Entfernt man B_1 aus R, so bleibt eine offene RIEMANNsche Fläche R_1 über.

Es sei auf R_1 ein Kreisbereich gegeben, welcher die Kurve β $(|z|=r)$ im Innern enthält. Dann ist seine Vereinigungsmenge A mit dem Kreisring K $(r_1\leq|z|\leq r)$ ein Kreisbereich auf der Fläche R†.

Die Begrenzung von A (relativ zur ganzen Fläche R) besteht aus der Kurve α $(|z|=r_1)$ und einem außerhalb B liegenden Teil γ. Dieser Randteil möge nicht leer sein; er soll sogar unendlich viele Punkte enthalten (vgl. 4.15.).

Unter diesen Voraussetzungen sei im Kreisring K eine reguläre Potentialfunktion u_0 gegeben; zweitens sei auf der Begrenzung γ eine beschränkte, bis auf endlich viele Punkte stetige Belegung f gegeben. Wir suchen eine in A eindeutige, reguläre und beschränkte Potentialfunktion u, die auf γ (mit Ausnahme endlich vieler Punkte) die Randwerte f annimmt und so beschaffen ist, daß sich die Differenz

$$v=u-u_0$$

in B als eindeutige, reguläre harmonische Funktion fortsetzen läßt.

4.26. Eindeutigkeit. Das Problem hat wieder höchstens *eine* Lösung, denn die Differenz zweier Lösungen ist eine in $A+B$ reguläre und beschränkte Potentialfunktion mit den Randwerten Null auf der Begrenzung γ und damit identisch Null.

Ferner ist es klar, daß man sich auf den Fall $f=0$ beschränken kann. Denn nach 4.15. existiert in $A+B$ eine eindeutige, reguläre

† A liegt, abgesehen von der Kurve α, auf der Fläche R_1.

Potentialfunktion u_1 zur gegebenen Randbelegung f auf γ; ist nun u eine Lösung mit den vorgeschriebenen Singularitäten und den Randwerten Null auf γ, so ist $u+u_1$ die Lösung zu den Randwerten f.

4.27. Existenzbeweis nach SCHWARZ. Das alternierende Verfahren führt, wie SCHWARZ gezeigt hat, leicht zur gesuchten Funktion u; der klassische Konvergenzbeweis von SCHWARZ ist im vorliegenden Fall ohne weiteres anwendbar und gestaltet sich besonders einfach.

Zunächst ist zu bemerken, daß die Randwertaufgabe von 4.1. für die Kreisbereiche A und B nach 4.15. lösbar ist.

Nun bildet man der Reihe nach die in A bzw. B eindeutige, reguläre, harmonische Funktionen u_n bzw. v_n, mit den Randwerten

$$\left.\begin{aligned} u_n &= \begin{cases} v_{n-1}+u_0 & \text{auf } \alpha, \\ 0 & \text{auf } \gamma, \end{cases} && (n=1,2,\ldots;\ v_0\equiv 0), \\ v_n &= u_n - u_0 \text{ auf } \beta && (n=1,2,\ldots). \end{aligned}\right\} \tag{4.7}$$

Dann gilt für die Differenzen $u_{n+1}-u_n$ und $v_{n+1}-v_n$

$$u_{n+1}-u_n = \begin{cases} v_n - v_{n-1} & \text{auf } \alpha, \\ 0 & \text{auf } \gamma, \end{cases}$$

$$v_{n+1}-v_n = u_{n+1}-u_n \quad \text{auf } \beta.$$

Setzt man

$$\max_\beta |u_n - u_{n-1}| = \max_\beta |v_n - v_{n-1}| = M_n,$$

so gilt nach dem Maximum- und Minimumprinzip $|v_n - v_{n-1}| \leq M_n$ in B, insbesondere also auf α. Daher ist $|u_{n+1}-u_n| \leq M_n$ auf α. Da ferner die Differenz $u_{n+1}-u_n$ auf γ verschwindet, wird sie auf der Begrenzung von A, und damit auf ganz A, von der Potentialfunktion $M_n\,\omega$ majoriert, wobei ω das harmonische Maß von α bezüglich A ist[1]. Es gilt also

$$|u_{n+1}-u_n| \leq M_n\,\omega(z) \text{ in } A.$$

Im Innern von A ist $0<\omega<1$. Bezeichnet q das Maximum von ω auf β, so gilt daher $0<q<1$[2]. Nach Definition von q ist auf β

$$|u_{n+1}-u_n| \leq q\,M_n,$$

also auch

$$M_{n+1} \leq q\,M_n.$$

---

[1] Das heißt: ω ist die wohlbestimmte eindeutige und beschränkte Potentialfunktion, welche auf α gleich 1, auf γ gleich 0 ist.

[2] An dieser Stelle wird wesentlich davon Gebrauch gemacht, daß die Begrenzung γ von $A+B$ nicht leer ist, denn sonst wäre $\omega\equiv 1$ und damit $q=1$. Aus diesem Grunde läßt sich der Beweis nicht ohne weiteres auf den Fall anwenden, daß die Fläche R *geschlossen* ist und A also die ganze Restfläche R_1 umfaßt.

Damit wird

$$M_{n+1} \leq q^n M_1,$$

und es ist also in B:

$$|v_{n+1} - v_n| \leq M_{n+1} \leq q^n M_1.$$

Dies gilt insbesondere auf α, und aus dem Maximumprinzip folgt

$$|u_{n+1} - u_n| \leq q^{n-1} M_1 \text{ in } A.$$

Hieraus ergibt sich die gleichmäßige Konvergenz der Reihen

$$\sum_\nu (u_{\nu+1} - u_\nu) \text{ in } A$$

und

$$\sum_\nu (v_{\nu+1} - v_\nu) \text{ in } B.$$

4.28. Die Grenzfunktionen u und v von u_n bzw. v_n sind in A bzw. B eindeutig, beschränkt und regulär harmonisch. Ferner verschwindet u auf γ.

Wir zeigen schließlich, daß $u - u_0 = v$ in B. Nach (4.7) ist $u = v + u_0$ auf α und $v = u - u_0$ auf β. Die Randwerte der Funktionen v und $u - u_0$ im Ringgebiete K stimmen also überein, und daraus folgt, daß

$$u - u_0 = v \text{ in } K.$$

Da v in B harmonisch und regulär ist, genügt die Funktion u sämtlichen gestellten Bedingungen.

§ 5. Geschlossene Flächen.

4.29. Problemstellung. Wir betrachten schließlich den Fall, daß die RIEMANNsche Fläche R geschlossen ist, und stellen uns die Aufgabe, eine auf der ganzen Fläche R eindeutige Potentialfunktion mit vorgeschriebenen Singularitäten zu konstruieren.

Die Lösung ist, falls sie überhaupt existiert, durch die gegebenen Singularitäten bis auf eine additive Konstante eindeutig bestimmt; denn die Differenz zweier Lösungen mit denselben Singularitäten ist eine auf ganz R reguläre Potentialfunktion und daher konstant.

Um die Aufgabestellung weiter zu präzisieren, gehen wir wie in 4.25., von der Parameterumgebung U aus. Den Kreisbereich A (vgl. 4.25.) wählen wir so, daß er die ganze Restfläche R_1 überdeckt ($A \equiv R_1$); dies ist unter Berücksichtigung des Abzählbarkeitsaxioms wegen der Kompaktheit von R möglich[1]. Im Kreisring K sei wieder eine reguläre Potentialfunktion u_0 gegeben und es gilt, in R_1 eine reguläre Potentialfunktion u zu bestimmen, so daß die Differenz $u - u_0$ in B harmonisch fortsetzbar ist.

[1] Vgl. ALEXANDROFF-HOPF [1], S. 85, Satz III.

Im vorliegenden Fall läßt sich die Konstruktion von 4.27. nicht ohne weiteres übertragen, da bei dieser das Vorhandensein der Begrenzung γ wesentlich war. Es ist sogar zu sagen, daß die jetzige Aufgabe bei beliebiger Vorgabe von u_0 nicht immer lösbar ist. Es muß u_0 einer gewissen Bedingung genügen, wie nach SCHWARZ und NEUMANN ausgeführt werden soll.

4.30. Bedingung für die Lösbarkeit. Um eine notwendige Bedingung für die Lösbarkeit herzuleiten[1], stellen wir zunächst fest, daß die äußere Begrenzungskurve β von K auf der Fläche R_1 nullhomolog ist. Dies folgt aus dem Hilfssatz von 4.36., wenn dort $K_1 = K$ gesetzt wird, denn dann gilt, da die Begrenzung von K aus α und β, und die von A nur aus α besteht[2], $\alpha + \beta \sim \alpha$ auf A und somit $\beta \sim 0$ auf A.

Ist nun u eine Lösung der Aufgabe, so folgt aus der obigen Bemerkung, da u auf $A = R_1$ regulär harmonisch ist,

$$\int_\beta du' = 0.$$

Andererseits ist die Differenz $u - u_0$ in B harmonisch und daher

$$\int_\beta (du' - du_0') = 0.$$

Aus den obigen zwei Gleichungen ergibt sich dann

$$\int_\beta du_0' = 0.$$

Damit ist eine notwendige Bedingung für die Funktion u_0 hergestellt. Sie besagt, daß die *konjugierte Potentialfunktion* u_0' *im Kreisring* K *eindeutig ist.*

4.31. Diese Bedingung ist aber für die Lösbarkeit der Aufgabe auch *hinreichend.* Unter ihrer Voraussetzung führt, wie jetzt gezeigt werden soll, das alternierende Verfahren zum Ziel.

Man bilde, entsprechend wie in 4.27., die Folgen u_n und v_n, bestimmt durch die Randwerte

$$\left.\begin{aligned} u_n &= v_{n-1} + u_0 \quad \text{auf } \alpha, \\ v_n &= u_n - u_0 \quad \text{auf } \beta. \end{aligned}\right\} \qquad (n = 1, 2, \ldots; \ v_0 \equiv 0).$$

Diese Folgen konvergieren gleichmäßig. Zum Beweis betrachten wir die Schwankung s_n von $v_n - v_{n-1}$ auf β und zeigen zunächst, daß auch

[1] Die gesuchte notwendige Bedingung und die ganze nachfolgende Konstruktion würde sich einfach ergeben, wenn man die Triangulierbarkeit einer RIEMANNschen Fläche voraussetzen würde. Die nachfolgende Bemerkung (insbesondere Hilfssatz 2. von 4.36.) verdanke ich W. GRAEUB.

[2] Dabei sind diese Kurven so zu orientieren, daß das Innere von K „zur Linken" liegt.

das Maximum des Betrages $|v_n - v_{n-1}|$ auf β der Ungleichung genügt:

$$|v_n - v_{n-1}| \leqq s_n .$$

4.32. Hierzu dient nach SCHWARZ und NEUMANN folgende allgemeine Bemerkung:

Es sei U eine eindeutige reguläre Potentialfunktion im Kreisring $r_1 < |z| < r_2$, deren konjugierte Potentialfunktion U' ebenfalls eindeutig ist. Dann gilt für $r_1 < r < r_2$

$$0 = \int\limits_{|z|=r} d\,U' = \int\limits_0^{2\pi} \frac{\partial U'(r e^{i\varphi})}{\partial \varphi}\, d\varphi = r \frac{d}{dr} \int\limits_0^{2\pi} U(r e^{i\varphi})\, d\varphi ;$$

das Integral $\int\limits_0^{2\pi} U\, d\varphi$ ist also von r *unabhängig.*

4.33. Dies läßt sich nach unserer Voraussetzung über u_0 auf diese Funktion anwenden, so daß man hat

$$\int\limits_\alpha u_0\, d\varphi = \int\limits_\beta u_0\, d\varphi .$$

Dieselbe Beziehung gilt aber auch für jede Funktion u_n; denn u_n ist in A eindeutig und regulär, und daher gilt, da $\beta \sim 0$ auf A,

$$\int\limits_\beta d\,u_n' = 0 ,$$

was besagt, daß die konjugierte Potentialfunktion u_n' im Kreisring K eindeutig ist. Es ist somit nach der obigen Bemerkung

$$\int\limits_\alpha u_n\, d\varphi = \int\limits_\beta u_n\, d\varphi \qquad (n \geqq 1).$$

Ebenso sind, da die Funktionen v_n in ganz B regulär und eindeutig sind, auch die konjugierten Funktionen v_n' regulär und eindeutig, so daß also

$$\int\limits_\alpha v_n\, d\varphi = \int\limits_\beta v_n\, d\varphi \qquad (n \geqq 0).$$

Nun gilt nach den Randbedingungen von 4.31.

$$\int\limits_\alpha u_n\, d\varphi = \int\limits_\alpha v_{n-1}\, d\varphi + \int\limits_\alpha u_0\, d\varphi$$

und

$$\int\limits_\beta v_n\, d\varphi = \int\limits_\beta u_n\, d\varphi - \int\limits_\beta u_0\, d\varphi .$$

Aus der ersten Gleichung folgt wegen der obigen Bemerkung, daß

$$\int\limits_\beta u_n\, d\varphi = \int\limits_\beta v_{n-1}\, d\varphi + \int\limits_\beta u_0\, d\varphi ,$$

und wenn man hierzu die zweite addiert,

$$\int_\beta (v_n - v_{n-1})\, d\varphi = 0.$$

Die Differenz $v_n - v_{n-1}$ muß also in mindestens einem Punkte von β verschwinden, und da ihre Schwankung gleich s_n ist, so gilt die Beziehung

$$|v_n - v_{n-1}| \leqq s_n$$

zunächst auf β und nach dem Maximumprinzip im ganzen Bereich B.

4.34. Wir zeigen andererseits, daß die Majorante s_n wie das allgemeine Glied einer konvergenten geometrischen Reihe für $n \to \infty$ gegen Null strebt.

Es war s_n die Schwankung der Differenz $v_n - v_{n-1}$ auf β. Dann ist ihre Schwankung auf α nach dem sogleich nachfolgenden Hilfssatz 1 höchstens gleich $q s_n$ mit $q = \frac{2 r_1}{r + r_1} < 1$. Damit ist auch die Schwankung von $u_{n+1} - u_n$ auf α höchstens gleich $q s_n$, und nach dem Maximumprinzip muß dasselbe in ganz A gelten. Insbesondere besteht diese Ungleichung also auf β, und da dort $u_{n+1} - u_n = v_{n+1} - v_n$, so ergibt sich

$$s_{n+1} \leqq q\, s_n,$$

und damit

$$s_{n+1} \leqq q^n s_1.$$

Hieraus schließt man auf die Konvergenz der Funktionsfolge

$$v_n = \sum_{\nu=1}^{n} (v_\nu - v_{\nu-1}) \to v \text{ in } B.$$

Die Grenzfunktion v ist in B harmonisch.

Nun ergibt sich leicht auch die Konvergenz der Folge u_n. Da $u_{n+1} - u_n = v_n - v_{n-1}$ auf α höchstens gleich $q s_n$ ist, so wird

$$|u_{n+1} - u_n| \leqq q^n s_1$$

zunächst auf α und nach dem Maximumprinzip in ganz A. Damit ist die gleichmäßige Konvergenz der Folge u_n in A sichergestellt. Die Grenzfunktion u ist in A regulär harmonisch. In AB ist $v = u - u_0$, und da v in ganz B regulär harmonisch ist, sind damit sämtliche gestellten Forderungen erfüllt.

4.35. Hilfssatz 1. — Wir haben den Hilfssatz zu beweisen:

Es sei $U(z)$ für $|z| \leqq \varrho$ harmonisch und für $0 \leqq r \leqq \varrho$

$$M_r = \max_{|z|=r} U, \quad m_r = \min_{|z|=r} U.$$

Dann gilt

$$M_r - m_r \leqq \frac{2r}{\varrho + r} (M_\varrho - m_\varrho).$$

Beweis. Man kann annehmen, daß $U(0)=0$, denn sonst hat man nur U durch $U-U(0)$ zu ersetzen, wobei sich die Schwankung $M_r - m_r$ nicht ändert. Es ist dann $M_r \geq 0$ und $m_r \leq 0$. Da $U - m_\varrho \geq 0$, wird für $0 \leq r \leq \varrho$

$$U(r e^{i\varphi}) - m_\varrho = \frac{1}{2\pi}\int_0^{2\pi} \left(U(\varrho e^{i\vartheta}) - m_\varrho\right) \frac{\varrho^2 - r^2}{\varrho^2 + r^2 - 2\varrho r \cos(\vartheta - \varphi)}\, d\vartheta$$

$$\geq \frac{\varrho - r}{\varrho + r}\int_0^{2\pi} \left(U(\varrho e^{i\vartheta}) - m_\varrho\right) d\vartheta = -\frac{\varrho - r}{\varrho + r} m_\varrho .$$

Damit wird insbesondere

$$m_r - m_\varrho \geq - m_\varrho \frac{\varrho - r}{\varrho + r}, \qquad \text{also} \qquad m_r \geq m_\varrho \frac{2r}{\varrho + r}.$$

Durch Wiederholung desselben Schlusses für $M_\varrho - U$ findet man

$$M_r \leq M_\varrho \frac{2r}{\varrho + r}$$

und durch Subtraktion die behauptete Ungleichung

$$M_r - m_r \leq \frac{2r}{\varrho + r}(M_\varrho - m_\varrho).$$

4.36. Hilfssatz 2. Wir haben schließlich den in 4.30. erwähnten Hilfssatz nachzutragen. Er lautet:

Es sei A ein Kreisbereich auf der Fläche R und K_1 einer seiner Kreise, der auch ein Kreisring sein kann. Dann ist (bei geeigneter Orientierung) die Begrenzung von A homolog zu der von K_1 auf A.

Zum Beweis seien $K_1, K_3, \ldots, K_n$ die Kreise von A. Dabei setzen wir der Einfachheit halber voraus, daß — eventuell außer K_1 — kein K_ν ein Kreisring ist[1]. Die Bereiche K_ν können wir so numerieren, daß jedes K_n mit der Vereinigungsmenge der vorhergehenden K_ν Punkte gemeinsam hat. Dann folgt unsere Behauptung durch wiederholte Anwendung des folgenden Satzes:

Es sei B ein Bereich auf der Fläche R, dessen Begrenzung γ aus endlich vielen punktfremden, stückweise analytischen Jordankurven besteht. Weiter sei K eine abgeschlossene „Kreisscheibe", welche in einer Parameterumgebung U liegt und zu B nicht punktfremd ist. Dann ist (bei passender Orientierung) die Begrenzung von B homolog zu der Begrenzung von $B+K$ auf $B+K$.

4.37. Beweis. Wir nehmen den Fall vorweg, daß die Begrenzung k von K zur Begrenzung γ von B punktfremd ist. Dann gehört entweder ganz K zum Inneren von B oder gewisse Begrenzungskurven von B

[1] Diese Bedingung ist bei den Anwendungen in 4.30. erfüllt.

liegen innerhalb K. Im ersten Fall stimmen die Begrenzungen von B und $B+K$ überein, im zweiten unterscheiden sie sich um die im Innern von K liegenden Begrenzungskurven von B. Da diese in K nullhomolog sind, folgt unsere Behauptung unmittelbar.

k habe also jetzt Punkte mit der Begrenzung γ gemeinsam. Ihre Anzahl ist wegen der Analytizität endlich[1]. Jede der Begrenzungskurven von B zerfällt somit in endlich viele Jordanbögen, welche abwechselnd in K bzw. im abgeschlossenen Komplement K' von K liegen. Ebenso zerfällt die Kurve k in endlich viele Bögen, welche abwechselnd in B und im abgeschlossenen Komplement B' liegen. Die Begrenzung von $B+K$ setzt sich aus den in K' liegenden Bögen von γ und den in B' liegenden Bögen von k zusammen. Wir haben also zu zeigen, daß der von diesen Bögen (nach geeigneter Orientierung) gebildete 1-Zyklus zur (ebenfalls passend orientierten) Begrenzung von B homolog ist.

Hierzu orientieren wir die Begrenzungskurven (γ) von B so, daß das Innere „zur Linken" liegt, d.h., ist (n^1, n^2) die innere Normale in einem Kurvenpunkt, so soll die positive Tangente durch den um $-\frac{\pi}{2}$ gedrehten Vektor $(n^2, -n^1)$ gegeben sein. Nun sei γ_0 ein beliebiger der in K liegenden Bögen γ_ν von γ. Er zerlegt K in zwei Bereiche K_1 und K_2; die Kurve k zerfällt dementsprechend durch seine Endpunkte in zwei Bögen k_1 und k_2. Die Bezeichnung wählen wir so, daß die innere Normale von γ längs γ_0 nach K_1 weist. Jeder der übrigen Bögen γ_ν liegt entweder in K_1 oder in K_2. Wir ersetzen jeden solchen Bogen γ_ν durch denjenigen Bogen α_ν von k_1 bzw. k_2, welcher von seinem Anfangspunkt nach seinem Endpunkt führt. Der Bogen γ_0 dagegen wird zunächst unverändert gelassen. Damit ist aus γ ein zu γ homologer 1-Zyklus γ' entstanden.

Wir wollen jetzt untersuchen, in welcher Beziehung γ' zur Begrenzung von $B+K$ steht. Dazu sei l ein beliebiger der Bögen, in welche k durch die Schnittpunkte mit γ zerlegt wird; wir nehmen etwa an, l liege auf k_1. Es seien $\alpha_1, \ldots, \alpha_r$ diejenigen der Bögen α_ν, die l als Teilbogen enthalten, und zwar so numeriert, daß $\alpha_{\varrho+1}$ Teilbogen von α_ϱ ist.

Die Zahl r ist gerade oder ungerade, je nachdem der Bogen l zu B oder zu B' gehört. Zum Beweis betrachten wir die Bögen γ_ϱ, aus denen die Bögen α_ϱ entstanden sind. Je zwei aufeinanderfolgende von ihnen begrenzen (zusammen mit zwei Bögen von k_1) ein Segment von K_1 ab und diese Segmente liegen der Reihe nach in B bzw. in B'. Das vom ersten Bogen zusammen mit γ_0 begrenzte Segment liegt in B (da l auf

---

[1] Wir können annehmen, daß dies lauter Durchsetzungspunkte sind, denn eventuelle „Berührungspunkte" lassen sich durch beliebig kleine Deformationen beseitigen, wodurch die Homologieeigenschaften nicht geändert werden.

k_1 liegt und die (bezüglich B) innere Normale von γ_0 nach K_1 weist) und man kann daher den Bogen l mit dem Inneren von B über diese Segmente durch einen Kurvenzug verbinden, welcher die Begrenzung γ genau r-mal durchsetzt. Daher muß r gerade oder ungerade sein, je nachdem l zu B oder zu B' gehört, wie behauptet.

Wir zeigen weiter, daß je zwei aufeinanderfolgende Bögen α_ϱ und $\alpha_{\varrho+1}$ auf l die entgegengesetzte Orientierung bestimmen. Es bezeichne P_ϱ bzw. Q_ϱ den Anfangs- bzw. Endpunkt von α_ϱ. Dann gilt es zu zeigen, daß die vier Punkte P_ϱ, Q_ϱ, $P_{\varrho+1}$, $Q_{\varrho+1}$ auf k_1 in der Anordnung Q_ϱ, $P_{\varrho+1}$, $Q_{\varrho+1}$, P_ϱ (und nicht in der Anordnung Q_ϱ, $Q_{\varrho+1}$, $P_{\varrho+1}$, P_ϱ) aufeinanderfolgen. Wir nehmen etwa an, das durch γ_ϱ und $\gamma_{\varrho+1}$ bestimmte Segment liege in B. Dann ist die Jordankurve $\gamma_\varrho \alpha_\varrho^{-1}$ (in der Parameterebene von K) positiv orientiert. Wir durchlaufen sie nun von Q_ϱ ausgehend im Sinne dieser Orientierung, und nennen S den ersten der Punkte $P_{\varrho+1}$ und $Q_{\varrho+1}$, der dabei passiert wird. Dann gilt, wenn τ_k die Richtung der positiven Tangente an k und ν_γ die der inneren Normalen von γ in S bezeichnet, $\tau_k + \frac{\pi}{2} < \nu_\gamma < \tau_k + \frac{3\pi}{2}$. Aus der Richtung ν_γ erhalten wir die Richtung τ_γ der positiven Tangente an γ (wegen der Wahl der Orientierung von γ) mittels $\tau_\gamma = \nu_\gamma - \frac{\pi}{2}$. Es ist also $\tau_k < \tau_\gamma < \tau_k + \pi$ und dies besagt (da k in der Parameterebene positiv orientiert ist), daß γ im Punkte S in B *eintritt*. Es ist also $S = P_{\varrho+1}$, d.h. es besteht tatsächlich die Reihenfolge $Q_\varrho P_{\varrho+1} Q_{\varrho+1} P_\varrho$.

Aus den beiden oben bewiesenen Eigenschaften des Zyklus γ' folgt:

Faßt man in γ' alle 1-Simplexe (nach passender Unterteilung) zusammen, die auf einem Bogen l liegen, so heben sich alle gegenseitig weg, falls l zu B gehört, während sonst genau eines übrigbleibt; mit anderen Worten, der Zyklus γ' besteht aus allen Bögen l, die in B' liegen.

Entsprechend zeigt man, daß für einen auf k_2 liegenden Bogen l gerade das Umgekehrte gilt: Er tritt genau dann in γ' auf, wenn er zu B gehört. Ersetzt man nun noch γ_0 durch den Bogen k_2, so erhält man aus γ' einen neuen Zyklus γ''; dieser enthält einen Bogen l (gleichgültig ob l auf k_1 oder k_2 liegt) genau dann, wenn dieser zu B' gehört. Im übrigen besteht γ'' aus den in K' liegenden Bögen von γ. Es besteht also γ'' genau aus den Begrenzungsbögen von $B+K$. Damit ist der Hilfssatz bewiesen.

4.38. Beweis des RIEMANNschen Abbildungssatzes für den elliptischen Fall. Die obige allgemeine Konstruktion führt speziell unmittelbar zu einem Beweis desjenigen Teils des Hauptsatzes der Theorie der konformen Abbildung, welche sich auf den Fall einer kompakten Fläche bezieht. Wir sprechen ihn folgendermaßen aus:

Eine geschlossene RIEMANN*sche Fläche* R*, deren erste Homologiegruppe die Identität ist, ist zur Zahlenkugel konform äquivalent.*

Beweis. Wir wählen bei der Konstruktion von 4.29. als singulären Teil $u_0 = Re\,(1/z)$. Dann ist die Bedingung von 4.30. erfüllt. Die nach dem SCHWARZ-NEUMANNschen Verfahren konstruierte zugehörige Potentialfunktion u ist mithin auf der ganzen Fläche R eindeutig und harmonisch, mit Ausnahme von $z = 0$, wo sie sich wie u_0 verhält. Wegen der Voraussetzung betreffs der ersten Homologiegruppe von R ist dann auch die konjugierte Potentialfunktion u' auf R eindeutig, und dasselbe gilt für die analytische Funktion $u + i\,u' = w$, die regulär ist mit Ausnahme von $z = 0$, wo sie einen Pol mit dem Hauptteil $1/z$ hat. Sie ist eine „rationale Funktion erster Ordnung" auf R, und bildet nach 3.10. diese Fläche topologisch und konform auf die w-Kugel ab, w. z. b. w.

§ 6. Lösung der Randwertaufgabe für beliebige Jordanbereiche.

4.39. Jordanbereiche. Für die späteren Ausführungen würde es genügen, die Lösbarkeit der ersten Randwertaufgabe für „Kreisbereiche" zu kennen. Wegen der großen allgemeinen Bedeutung des Randwertproblems wollen wir in diesem Paragraphen zum Schluß gewisse allgemeine Gebiete in Betracht ziehen, für die das Randwertproblem von 4.1. lösbar ist. Dabei werden wir auch Gelegenheit haben, gewisse für die Potentialtheorie wichtige Begriffe genauer zu besprechen.

Unter einem *Jordanbereich* verstehen wir ein Teilgebiet G einer RIEMANNschen Fläche samt seiner Begrenzung Γ, wobei $G + \Gamma$ *kompakt* ist und Γ aus endlich vielen punktfremden *Jordankurven* besteht. Um das Randwertproblem für einen Jordanbereich zu lösen, empfiehlt es sich wie im Kreisfall, zunächst eine stückweise konstante Randbelegung $f(\zeta)$ zu betrachten.

4.40. Das harmonische Maß. Es sei α ein abgeschlossener oder offener Bogen einer Jordankurve γ von Γ, der auch die ganze Kurve γ ausmachen kann. Unter dem *harmonischen Maß* $\omega(z, \alpha, G)$ von α, gemessen im Punkte z relativ zu G, versteht man die Lösung der ersten Randwertaufgabe zu den Randwerten 1 auf α und 0 auf den komplementären Teil β der Begrenzung. Das harmonische Maß ist, falls es existiert, eindeutig bestimmt. Falls α leer oder ein Punkt ist, definiert man $\omega(z, \alpha, G) = 0$. Für den gesamten Rand $\alpha = \Gamma$ gilt $\omega(z, \alpha, G) = 1$. Sonst ist stets $0 < \omega < 1$ in G.

4.41. Additivität. Unter Annahme der Existenz des harmonischen Maßes für jeden Randbogen α seien $\alpha_1 = \widehat{\zeta_1\zeta_2}$ und $\alpha_2 = \widehat{\zeta_2\zeta_3}$ zwei Randbogen ohne gemeinsame innere Punkte. Dann ist

$$\omega(z, \alpha_1) + \omega(z, \alpha_2) = \omega(z, \alpha_1 + \alpha_2).$$

In der Tat ist die Differenz der beiden Seiten eine beschränkte harmonische Funktion in G, welche auf Γ gleich Null ist mit eventueller Ausnahme der Punkte $\zeta_1, \zeta_2, \zeta_3$. Nach dem Maximum- und Minimumprinzip ist sie also identisch gleich Null.

Sind $\alpha_1, \ldots, \alpha_n$ beliebige Teilbogen von Γ ohne gemeinsame innere Punkte, so kann man das harmonische Maß der Vereinigungsmenge $\alpha = \sum_{\nu=1}^{n} \alpha_\nu$ als die Summe

$$\omega(z, \alpha) = \sum_{\nu=1}^{n} \omega(z, \alpha_\nu)$$

erklären. Dieses Maß ist in G beschränkt und harmonisch $(0 < \omega \leq 1)$ und nimmt in jedem inneren Punkt des Bogens α den Randwert 1 und in jedem inneren Punkt des komplementären Randelementes β den Randwert Null an. Der Fall $\omega = 1$ kann für einen inneren Punkt von G nur dann eintreffen, wenn $\alpha = \Gamma$; dann ist $\omega \equiv 1$ in G.

Das so erklärte Maß ist für endlich viele Summanden additiv.

4.42. Stetigkeit. Wir betrachten jetzt eine Parameterdarstellung einer Jordankurve γ von Γ, $P = P(t)$ $(0 \leq t \leq 1)$. Es ist also $P(t') \neq P(t'')$ für $t' < t''$ außer für $t' = 0$ und $t'' = 1$. $P(t_0)$ sei ein beliebiger Punkt von γ. Es sei $\delta > 0$ und γ_δ der Teilbogen von γ, wo $|t - t_0| \leq \delta$. Für $\delta \to 0$ zieht sich γ_δ auf den Punkt $P(t_0)$ zusammen. Wir behaupten, daß auch

$$\omega(z, \gamma_\delta) \to 0 \quad \text{für} \quad \delta \to 0,$$

in jedem Punkt z von G.

Für ein festes z in G ist nämlich $\omega(z, \gamma_\delta)$ wegen $\omega > 0$ und der Additivität des harmonischen Maßes eine mit δ monoton abnehmende Funktion von δ. Da sie nicht negativ ist, konvergiert sie für $\delta \to 0$ gegen eine nichtnegative Zahl $\omega_0(z)$. Die Konvergenz ist nach dem HARNACKschen Prinzip in jedem kompakten Teilbereich von G gleichmäßig, und die Grenzfunktion $\omega_0(z)$ ist in G harmonisch. Da jedes $\omega(z, \gamma_\delta)$ in einem von $P(t_0)$ verschiedenen Begrenzungspunkt ζ von einem gewissen δ an stetig gleich Null ist, folgt aus der Monotonie der Folge, daß auch $\omega_0(z) \to 0$ für $z \to \zeta$. Schließlich ist ω_0 beschränkt $(0 \leq \omega_0 < 1)$, und daher ergibt sich aus dem erweiterten Maximumprinzip $\omega_0 \equiv 0$, womit die Behauptung bewiesen ist.

4.43. Die allgemeine Randwertaufgabe für einen Jordanbereich. Wenn man das harmonische Maß für jeden Teilbogen α kennt, läßt sich das Randwertproblem von 4.1. für eine beliebige beschränkte, bis auf höchstens endlich viele Ausnahmepunkte stetige Randbelegung $f(\zeta)$ lösen. Dies ist evident, falls f stückweise konstant ist auf Γ. Ist nämlich f gleich der Konstanten f_μ auf dem Teilbogen α_μ, so wird die Lösung offensichtlich durch den Ausdruck

$$u(z) = \sum_{\mu} f_\mu \, \omega(z, \alpha_\mu)$$

gegeben.

Hiermit ergibt sich auch die Möglichkeit, die Aufgabe unter den obigen allgemeinen Voraussetzungen über f zu lösen. Da das harmonische Maß $\omega(\zeta, z)$ $(\zeta \in \gamma)$ bei festem z eine monotone Funktion des Randkurvenparameters ist, hat das RIEMANN-STIELTJES-Integral

$$\int_{\gamma} f(\zeta)\, d\omega(\zeta, z) \tag{4.8}$$

einen Sinn. Unter Benutzung der in 4.42. bewiesenen gleichmäßigen Stetigkeit von $\omega(\zeta, z)$ ergibt sich ferner, daß die Konvergenz der Näherungssummen des Integrals in jedem kompakten Teil von G gleichmäßig ist [sogar wenn $f(\zeta)$ endlich viele Unstetigkeiten hat]. Da jede Näherungssumme harmonisch ist, ist es nach dem HARNACKschen Prinzip auch das Integral.

Das Integral

$$u(z) = \int_{\Gamma} f(\zeta)\, d\omega(\zeta, z) = \sum_{\mu} \int_{\alpha_\mu} f(\zeta)\, d\omega(\zeta, z) \tag{4.9}$$

stellt nun die Lösung der Randwertaufgabe dar. Es ist hierzu nur noch zu zeigen, daß die durch (4.9) definierte Funktion die Randwerte $f(\zeta)$ hat. Der Beweis hiefür ergibt sich durch unmittelbare Übertragung des Beweises für den Kreisfall (vgl. Nr. 4.11.).

4.44. Konstruktion des harmonischen Maßes. Die Lösungsformel (4.8) setzt die Kenntnis des harmonischen Maßes $\omega(\zeta, z)$ voraus. Für einen Kreisbereich ist die Existenz von ω nach 4.15. gesichert. Für einen beliebigen Jordanbereich[1] $G+\Gamma$ soll es jetzt durch einen Grenzübergang konstruiert werden.

Hierzu nehmen wir zunächst an, die Begrenzung Γ von G lasse sich in zwei abgeschlossene punktfremde komplementäre Teile α und β zerlegen. Wir schöpfen dann G durch eine Folge von Kreisbereichen $G_1 \subset G_2 \subset \cdots \subset G_n \subset \cdots$ aus, was wegen der Abzählbarkeitseigenschaft für jede RIEMANNsche Fläche, also auch für G, möglich ist. Es seien $K_1, K_2, \ldots$ endlich viele (abgeschlossene) Parameterumgebungen, welche α überdecken und zu β fremd sind, und K deren Vereinigungsmenge. Von einem gewissen $n = n_0$ an zerfällt dann die Begrenzung von G_n in zwei abgeschlossene punktfremde Teile α_n und β_n, so daß α_n in K liegt, während β_n zu K fremd ist. Bezeichnet G_{mn} die Vereinigungsmenge von G_m mit dem Durchschnitt $G_n K$ $(n > m > n_0)$, so ist G_{mn} ein Kreisbereich, und es gilt $G_{mn} \subset G_{m\,n+1} \subset \cdots \subset G_{m\,n+p} \subset \cdots$. Die Begrenzung von G_{mn} besteht aus α_n und β_m.

---

[1] Wir lassen hierbei zu, daß Γ auch endlich viele (nicht geschlossene) isolierte *Jordanbögen* α enthalten kann.

Nun bilde man das harmonische Maß ω_{mn} von α_n in bezug auf G_{mn}. Da ω_{mn+1} auf β_m gleiche und auf α_n jedenfalls nicht größere Werte als ω_{mn} annimmt, ist nach dem Maximumprinzip $\omega_{mn} \geq \omega_{mn+1}$. Es existiert also der Grenzwert $\omega_m = \lim \omega_{mn}$ für $n \to \infty$, und ω_m ist nach dem HARNACKschen Prinzip im Gebiete $G^m = \sum\limits_{n=m+1}^{\infty} G_{mn}$ harmonisch. Ferner ist $0 \leq \omega_m \leq 1$.

4.45. Es soll gezeigt werden, daß ω_m das harmonische Maß von α in bezug auf G^m ist. Daß ω_m auf dem Randteil β_m gleich Null ist, ist wegen $\omega_{mn} = 0$ auf β_m und der Monotonie der Folge ω_{mn} evident. Die Beziehung $\omega_m \to 1$ für $z \to \alpha$ ergibt sich durch folgende Erwägung:

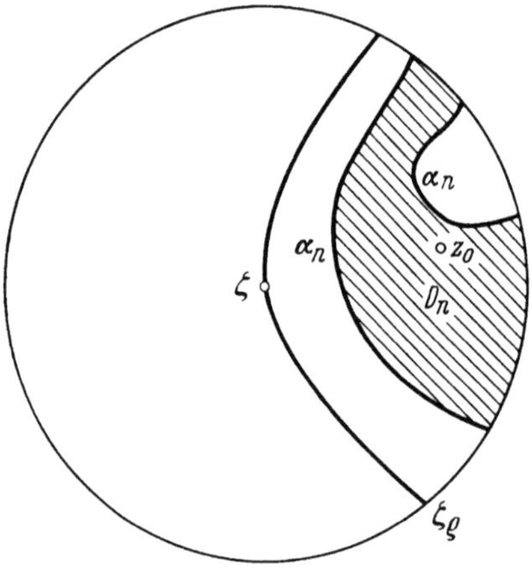

Abb. 7.

Es sei ζ ein beliebiger Punkt auf α und K_ζ ein Parameterkreis, der ζ enthält. Wir können dann eine so kleine Zahl $\varrho > 0$ wählen, daß auf der Kreislinie $|z-\zeta| = \varrho$ genau ein Punkt ζ_ϱ von α liegt, mit der Eigenschaft, daß der Teilbogen $\widehat{\zeta\zeta_\varrho}$ von α innerhalb $|z-\zeta| < \varrho$ verläuft (außer dem Endpunkt $z = \zeta_\varrho$).

Zur Abschätzung der Funktion $\omega_m(z)$ in der Nähe von ζ führen wir die Hilfsvariable $t = \log(z-\zeta)$ ein und bezeichnen mit $\omega(t)$ das harmonische Maß des Segmentes AB der Länge 2π der Geraden $\log|z-\zeta| = \log \varrho$ in bezug auf die Halbebene $Re(t) \leq \log \varrho$, wobei die Ordinate von A gleich $\arg \zeta_\varrho \pmod{2\pi}$ gewählt wird. Offenbar ist

$$\omega(t) \leq \frac{2}{\pi} \operatorname{arc\,tg} \frac{\pi}{\log \frac{\varrho}{|z-\zeta|}},$$

wobei der Hauptzweig von arc tg zu nehmen ist (vgl. 4.12.).

Die Funktion $u(z) = 1 - \omega(\log(z-\zeta))$ ist für $0 < |z-\zeta| \leq \varrho$ harmonisch, jedoch nicht eindeutig. In dem von $|z-\zeta| = \varrho$ und $\widehat{\zeta\zeta_\varrho}$ begrenzten einfach zusammenhängenden Gebiet G_ζ wird aber jeder Zweig von u eindeutig sein, und es bezeichne jetzt u denjenigen Zweig, der auf der Begrenzung $|z-\zeta| = \varrho$ $(z \neq \zeta_\varrho)$ gleich Null ist. In allen anderen Punkten von G_ζ ist $0 < u \leq 1$.

Die Funktion u ist eine Minorante von ω_m für $|\zeta - z| < \varrho$, $z \in G^m$ Ist nämlich z_0 ein Punkt dieser Menge, so gibt es ein so großes n_0, daß $z_0 \in G_{mn}$ für $n > n_0$. Es sei nun D_n dasjenige Teilgebiet des Durchschnittes von G_{mn} mit $|z-\zeta|<\varrho$, das den Punkt z_0 enthält; es ist dann $D_n \subset G_\zeta$. Die Begrenzung von D_n besteht erstens aus Punkten der Peripherie $|z-\zeta|=\varrho\ (z \neq \zeta_\varrho)$ und zweitens aus Punkten des Randteiles α_n. In den ersteren Punkten ist $\omega_{mn} \geq 0$ und $u=0$, also $\omega_{mn} \geq u$. In den letzteren ist $\omega_{mn}=1$ und $u \leq 1$, somit ebenfalls $\omega_{mn} \geq u$. Nach dem Maximumprinzip ist daher $\omega_{mn} \geq u$ in D_n, also auch für $z=z_0$. Somit wird

$$1 \geq \omega_{mn}(z_0) \geq u\,(z_0),$$

und da dies für jedes n gilt,

$$1 \geq \omega_m(z_0) \geq u\,(z_0) = 1 - \frac{2}{\pi} \operatorname{arc\,tg} \frac{\pi}{\log \frac{\varrho}{|z_0-\zeta|}}$$

für alle Punkte z_0 von G^m, sobald $|z_0-\zeta|<\varrho$. Diese Ungleichung zeigt, daß $\omega_m(z) \to 1$ für $z \to \zeta$, w. z. b. w.

4.46. Nachdem so gezeigt worden ist, daß ω_m das harmonische Maß von α in bezug auf G^m ist, gehen wir nun zur Grenze $m \to \infty$ über. Hierbei nimmt das Maß ω_m monoton zu, und es hat einen Grenzwert $\omega = \lim \omega_m$ $(0 \leq \omega \leq 1)$, der eine harmonische Funktion in G ist.

Man sieht nun leicht, daß ω das harmonische Maß von α in bezug auf G ist, denn es ist ω stetig auf Γ und zwar gleich 1 auf α und gleich Null auf β. Die erste Eigenschaft folgt daraus, daß $\omega_m = 1$ auf α und für jedes z monoton mit m zunimmt, und die zweite durch Wiederholung des Schlusses von 4.45.

4.47. Durch die vorhergehenden Betrachtungen ist die Konstruktion des harmonischen Maßes ω_α für den Fall durchgeführt, daß α ein isolierter Randteil ist. Die Konstruktion für einen beliebigen Randteil erfolgt durch folgende Erwägung:

Man wähle auf R einen kompakten Kreisbereich D mit einer aus endlich vielen Jordankurven δ zusammengesetzten Begrenzung, so daß $G+\Gamma \subset D$; falls R kompakt ist, kann man $D=R$ nehmen. Es sei α ein Randbogen von G, welcher Teil eines geschlossenen Randteiles γ_ν von Γ ist. Die Endpunkte von α seien P und Q $(P \neq Q)$. Wir ersetzen nun α durch einen inneren Teil $\widehat{P'Q'} = \alpha' \subset \alpha$ und entfernen die Teile $\widehat{PP'}$ und QQ' von α. Dann gibt es einen wohlbestimmten Jordanbereich D' $(G \subset D' \subset D)$, der von $\alpha', \beta = \Gamma - \alpha$ und den Kurven δ begrenzt wird.

Nach 4.44. existiert das harmonische Maß ω' von α' in bezug auf D'. Beim Grenzübergang $P' \to P$, $Q' \to Q$ wächst ω' monoton und nähert sich einer Funktion ω $(0 \leq \omega \leq 1)$, die in G harmonisch ist. In jedem inneren Punkt von α wird ω den Randwert eins haben; in jedem inneren Punkt von β hingegen den Randwert Null, was man wieder durch die Schlußweise von 4.45. beweist.

ω ist also das harmonische Maß von α in bezug auf G. Damit ist seine Existenz für einen beliebigen Randbogen bewiesen.

Sämtliche oben für Kreisbereiche betrachtete Randwertprobleme lassen sich daher auch für beliebige Jordanbereiche lösen.

V. Kapitel.

Geschlossene RIEMANNsche Flächen.

Die erste Aufgabe der Theorie der analytischen und harmonischen Funktionen auf einer gegebenen RIEMANNschen Fläche ist, die einfachsten Klassen solcher Gebilde zu bestimmen und zu untersuchen. Als einfach hat man dabei diejenigen Gebilde zu bezeichnen, welche sich durch prägnante Eigenschaften der Eindeutigkeit und Regularität auszeichnen. Deshalb kommen in erster Linie Funktionen und Kovarianten in Betracht, welche auf der ganzen Fläche höchstens bis auf endlich viele Pole regulär sind. Für eine geschlossene Fläche hat man so vor allem die rationalen Funktionen und die ABELschen Differentiale zu betrachten, deren Eigenschaften in diesem Kapitel kurz dargestellt werden sollen.

Zur Theorie der Funktionen auf einer geschlossenen RIEMANNschen Fläche benötigt man erstens die allgemeinen Ergebnisse von Kap. IV, welche zur Konstruktion der ABELschen Differentiale benutzt werden sollen. Zweitens ist eine spezielle Darstellung der geschlossenen Fläche, die *Polygondarstellung* erforderlich. Daß sich jede geschlossene RIEMANNsche Fläche in dieser Weise definieren läßt, ist ein Ergebnis der Uniformisierungstheorie (Kap. VI und VIII) und wird im vorliegenden Abschnitt vorweggenommen.

§1. RIEMANNsche Fläche in Polygondarstellung.

5.1. Polygone mit analytischen Seitenzuordnungen. Nach 2.101. entsteht aus einem Polygon der Zahlenebene, dessen Seiten mittels topologischer Abbildungen paarweise aufeinander bezogen sind, eine zweidimensionale Mannigfaltigkeit R. In ähnlicher Weise kann man aus einem Polygon eine RIEMANNsche Fläche erhalten, allerdings nur unter gewissen zusätzlichen Bedingungen, wie im folgenden auseinandergesetzt werden soll.

Es sei π ein Polygon der t-Ebene, dessen Seiten analytische Bögen sind. Die Seiten seien paarweise durch topologische Abbildungen aufeinander bezogen, welche in jedem *inneren* Punkte der betreffenden Seite *analytisch* sind.

Nach 2.101. erhält man aus π durch Identifizieren der äquivalenten Seiten jedenfalls eine zweidimensionale Mannigfaltigkeit R. Soll R eine RIEMANN*sche Fläche* sein, so müssen wir über die Seitenzuordnungen eine weitere Voraussetzung machen. Denn eine RIEMANNsche Fläche ist stets orientierbar, und nach 2.103. entsteht aus einem Polygon π durch paarweises Identifizieren von Seiten nur dann eine solche Fläche, wenn nach Orientierung des Polygons jede Seite so abgebildet wird, daß ihr Anfangspunkt (bzw. Endpunkt) in den Endpunkt (bzw. Anfangspunkt) der Bildseite übergeht. Wir machen daher über die analytischen Seitenzuordnungen diese weitere Voraussetzung und zeigen, daß dann aus π in der Tat eine RIEMANN*sche Fläche* entsteht.

5.2. Wir haben also jedem Punkte des Raumes R eine Parameterumgebung zuzuordnen, so daß die Nachbarrelationen konforme Abbildungen werden.

Dazu sei erstens $t = t_0$ ein innerer Punkt des Polygons π; wir wählen ϱ_0 so klein, daß der Kreis $|t - t_0| < \varrho_0$ noch im Innern von π liegt, und bilden ihn mittels

$$z = \frac{t - t_0}{\varrho_0}$$

auf den Einheitskreis der z-Ebene konform ab. Ist dann t_1 ein zweiter innerer Punkt von π, so daß die Parameterumgebung $|t - t_1| < \varrho_1$ mit der zu t_0 gehörigen einen nichtleeren Durchschnitt hat, so lautet die entsprechende Nachbarrelation ($z \leftrightarrow z^*$)

$$\varrho_0 z - \varrho_1 z^* = - t_0 + t_1;$$

sie ist also direkt konform.

Sei zweitens t_0 ein innerer Punkt einer Seite a von π und t_0' der äquivalente Punkt auf der zugeordneten Seite a'. Die Seite a ist das analytische Bild einer Strecke $\bar{a}$ $(0 \leq \lambda \leq 1)$; es bedeutet keine Einschränkung anzunehmen, daß die Urbildstrecke von a' ebenfalls $0 \leq \lambda \leq 1$ ist, und daß die zu demselben Parameterwert λ gehörigen Punkte von a und a' einander durch die gegebene Seitenbeziehung zugeordnet sind. Der Punkt $t = t_0$ entspreche dem Parameterwert λ_0 $(0 < \lambda_0 < 1)$. Wegen der Analytizität der Abbildung $\bar{a} \to a$ gibt es um den Punkt λ_0 in der komplexen λ-Ebene eine so kleine Kreisscheibe $\bar{K}_0$, daß sich die Abbildung $\bar{a} \to a$ zu einer konformen Abbildung α dieser Kreisscheibe auf eine Umgebung von $t = t_0$ erweitern läßt. Ebenso kann man (nachdem man $\bar{K}_0$ nötigenfalls nochmals verkleinert hat) auch die Abbildung $\bar{a} \to a'$ zu einer konformen Abbildung α' von $\bar{K}_0$ auf eine Umgebung von $t = t_0'$ ergänzen. Nun bezeichne $\bar{H}_0$ (bzw. $\bar{H}_0'$) denjenigen Halbkreis von $\bar{K}_0$, der in die in π liegende „Halbumgebung“ H_0 bzw. H_0' von t_0 (bzw. t_0') übergeht. Wir zeigen, daß jene zwei Halbkreise nicht zusammenfallen, sodaß sie also zusammen den ganzen Kreis $\bar{K}_0$ ausmachen.

Dazu betrachten wir die Begrenzungskurve γ_0 von H_0 und orientieren sie so, daß die Orientierung auf dem auf a liegenden Bogen mit der von π übereinstimmt. Ist dann t_1 ein innerer Punkt von H_0, so stimmen die Umlaufszahlen von γ_0 und der Begrenzungslinie γ von π bezüglich des Punktes t_1 überein (d.h. sie sind entweder beide $+1$ oder beide -1):

$$u(\gamma, t_1) = u(\gamma_0, t_1).$$

Entsprechend orientieren wir die Begrenzungskurve γ_0' von H_0', indem wir die (durch die Orientierung von π bestimmte) Orientierung von a' übernehmen. Dann gilt für einen inneren Punkt t_1' von H_0'

$$u(\gamma, t_1') = u(\gamma_0', t_1').$$

Aus diesen Gleichungen folgt wegen $u(\gamma, t_1') = u(\gamma, t_1)$, daß

$$u(\gamma_0', t_1') = u(\gamma_0, t_1). \tag{5.1}$$

Wäre nun $\overline{H}_0 \equiv \overline{H}_0'$, so hätte man in $\varkappa = \alpha'\alpha^{-1}$ eine direkt konforme Abbildung von H_0 auf H_0'. Dabei geht nach unserer Voraussetzung über die Seitenzuordnungen der auf a liegende Bogen von γ_0 mit Umkehrung der Orientierung in den auf a' liegenden Bogen von γ_0' über; das Bild $\varkappa(\gamma_0)$ von γ_0 ist daher die umgekehrt orientierte Kurve γ_0'. Es ist somit für den inneren Punkt t_1' von H_0'

$$u(\varkappa(\gamma_0), t_1') = -u(\gamma_0', t_1').$$

Andererseits gilt für jeden inneren Punkt t_1 von H_0, da die Seitenzuordnung direkt konform ist,

$$u(\varkappa(\gamma_0), \varkappa(t_1)) = u(\gamma_0, t_1),$$

und aus diesen beiden Gleichungen folgt, indem man in der ersten für t_1' den Punkt $\varkappa(t_1)$ nimmt, daß

$$u(\gamma_0', \varkappa(t_1)) = -u(\gamma_0, t_1),$$

was (5.1) widerspricht.

Es ist also $\overline{H}_0 \not\equiv \overline{H}_0'$, und wir haben damit in der Abbildung

$$\beta = \begin{cases} \alpha^{-1} & \text{in } H_0, \\ \alpha'^{-1} & \text{in } H_0' \end{cases}$$

eine konforme Beziehung zwischen der Umgebung $H_0 + H_0'$ des Punktepaares t_0, t_0' und dem Kreis $\overline{H}_0 + \overline{H}_0' = \overline{K}_0$. Damit werden auch alle Nachbarrelationen konform.

Es seien schließlich $t = t_0$ eine Ecke von π und t_ν $(\nu = 0, \ldots, r)$ ihre äquivalenten Ecken. Dann können wir nach 2.102. um jede Ecke t_ν einen Sektor σ_ν mit t_ν als Spitze abgrenzen, so daß in je zwei aufeinanderfolgenden Sektoren $(\sigma_\nu, \sigma_{\nu+1}$ $(\nu = 1, \ldots, r, \bmod r)$ zwei „Radien" b_ν und b_ν' aufeinander bezogen sind.

Identifiziert man in der Menge dieser Sektoren je zwei „Radien" b_ν und b_ν', so entsteht eine kreishomöomorphe Umgebung K des von der Eckenklasse (t_ν) repräsentierten Flächenpunktes P. Es gilt, diese zu einer Parameterumgebung mit *konformen* Nachbarrelationen zu machen.

5.3. Abbildung der punktierten Eckenumgebung. Hierzu denken wir uns aus jedem Sektor σ_ν den „Mittelpunkt" t_ν entfernt und hierauf die Bögen b_ν und b'_ν wie vorhin identifiziert. So entsteht eine auf R liegende Teilfläche $\dot{K}$; sie ist zweifach zusammenhängend, denn sie entsteht aus der oben konstruierten kreishomöomorphen Umgebung K durch Entfernen des Punktes P. Ferner ist $\dot{K}$ bereits eine RIEMANNsche Fläche. Nach dem später zu beweisenden RIEMANNschen Abbildungssatz (Kap. VI, VIII) ist daher $\dot{K}$ konform äquivalent entweder zur punktierten Zahlenebene oder zu einem Kreisring $r < |z| < 1 \, (0 < r < 1)$ oder zum punktierten Kreis $0 < |z| < 1$.

Der erste Fall ist ausgeschlossen; denn wäre $z = z(t)$ eine Abbildung von $\dot{K}$ auf die punktierte z-Ebene, so müßte die Funktion $z(t)$ auf der ganzen stückweise analytischen Begrenzungskurve von $\dot{K}$ den Grenzwert Null oder Unendlich haben, was für eine nichtkonstante analytische Funktion unmöglich ist.

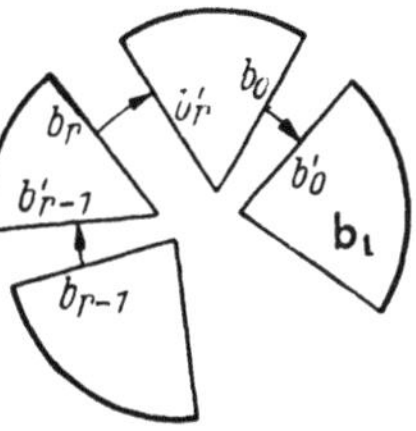

Abb. 8

Dagegen können die beiden anderen Fälle auftreten. Für den Fall des Kreisringes wird dies in 5.5. an einem Beispiel gezeigt werden; daß der punktierte Kreis vorkommen kann, ist evident.

5.4. Grenzpunktecken und Grenzkreisecken. Wir nennen eine Ecke des Polygons π *Grenzkreisecke* oder *Grenzpunktecke*, je nachdem der zweite oder dritte Fall eintritt. Diese Unterscheidung ist von der Wahl der (topologischen) Umgebung K der Ecke unabhängig: sind nämlich K_1 und K_2 zwei solche Umgebungen, so erhält man für beide entweder den Grenzkreis- oder den Grenzpunktfall. In der Tat, nehmen wir an, die Umgebung K_1 möge zum Grenzpunktfall führen. Dann hat man als konformes Bild von $\dot{K}_1$ den punktierten Kreis $0 < |z_1| < 1$. Sei $r < |z_2| < 1$ $(r \geq 0)$ das entsprechende konforme Bild von $\dot{K}_2$. Dann ist z_2 in der punktierten Umgebung von $z_1 = 0$ eine eindeutige analytische Funktion von z_1, und es ist $|z_2| \to r$ für $z_1 \to 0$. Die Funktion $z_2(z_1)$ ist also in der Umgebung von $z_1 = 0$ beschränkt und $z_1 = 0$ damit eine hebbare Singularität. Daraus folgt $r = 0$, denn sonst wäre die Umkehrfunktion $z_1 = z_1(z_2)$ auf dem Kreise $|z_2| = r$ und damit überhaupt konstant, was ausgeschlossen ist. Also führt auch die Umgebung K_2 zum Grenzpunktfall. Damit ist die behauptete Unabhängigkeit von der Umgebung $\dot{K}$ erwiesen[1].

[1] Ein interessantes Problem ist, für die analytischen Seitenbeziehungen solche zusätzlichen Bedingungen anzugeben, welche das Eintreten des Grenzpunktfalles garantieren. Ein Kriterium, welches auf diese Frage anwendbar ist, findet man bei MYRBERG [2]. In einer demnächst erscheinenden Arbeit werden wir auf diese Frage näher eingehen.

5.5. Beispiel für Grenzkreisecken. Man schlitze den Einheitskreis $|z| < 1$ längs einer analytischen Kurve c auf, die von $z=0$ ausgeht und sich spiralförmig gegen die Kreislinie als Asymptote windet (Abb. 9). Bildet man den aufgeschlitzten Kreis konform auf den vollen Einheitskreis der t-Ebene ab, so folgt aus den Sätzen über die Ränderzuordnung bei konformen Abbildungen (vgl. z.B. CARATHEOORDY [2]), daß den zwei Schnittufern zwei zueinander komplementäre Bögen a und a' mit gemeinsamen Endpunkten A und B zugeordnet sind; es möge z.B. der Nullpunkt $z=0$ dem Punkte A entsprechen. Strebt dann z im aufgeschlitzten Kreis gegen die Peripherie $|z|=1$, so konvergiert der Bildpunkt t gegen B. Die inneren Punkte der Bögen a und a' sind aufeinander mittels einer analytischen Transformation bezogen. Durch Identifizieren der äquivalenten Punkte dieser Bögen entsteht eine RIEMANNsche Fläche, die zur punktierten Kreisscheibe $0 < |z| < 1$ konform äquivalent ist. Dabei entspricht der Umgebung von B ein Kreisring $r < |z| < 1$. Die punktierte Umgebung von B ist also zu einem Kreisring konform äquivalent.

Abb. 9.

5.6. Abschließung einer Grenzpunktecke. Im Falle einer Grenzpunktecke kann man die Abbildung von $\dot{K}$ auf den punktierten Kreis zu einer topologischen und (abgesehen von P) konformen Abbildung der Umgebung K auf die Kreisscheibe $|z| < 1$ erweitern, indem man dem Punkte P den Punkt $z=0$ zuordnet. Die Nachbarrelationen mit allen bis jetzt konstruierten Parameterumgebungen ist dann konform; man hat nur die Parameterumgebung des zweiten Punktes so klein zu wählen, daß sie zu P fremd ist.

Besitzt das Polygon π also lauter Grenzpunktecken, so ist unsere Konstruktion vollendet: Der Raum R ist eine (geschlossene) RIEMANNsche Fläche.

Hat hingegen π eine Grenzkreisecke P, so ist zwar die punktierte Fläche $R-P$ eine RIEMANNsche Fläche, aber diese läßt sich nicht durch Hinzufügen des Punktes P zu einer RIEMANNschen Fläche R abschließen. Damit ist das Problem von 5.1. vollständig klargelegt.

5.7. Umkehrung. Ein Polygon mit lauter Grenzpunktecken stellt nach 5.6. eine geschlossene RIEMANNsche Fläche R dar. Umgekehrt ergibt sich aus der Uniformisierungstheorie (Kap. VIII, § 4), daß man jede geschlossene RIEMANNsche Fläche als Polygon mit lauter Grenzpunktecken darstellen kann, und sogar in einer besonderen Weise, als sog. *Normalpolygon*:

Zu jeder (von der Zahlenkugel verschiedenen) geschlossenen RIEMANNschen Fläche R gibt es ein $4p$-Eck der Zahlenebene (Normalpolygon) mit analytischen Seiten, welche aufeinander analytisch bezogen sind gemäß dem Schema

$$a_1 b_1 a_1' b_1' \ldots a_p b_p a_p' b_p' \qquad (p \geq 1), \qquad (p)$$

so daß man durch Identifizieren der äquivalenten Seiten eine zu R konform äquivalente RIEMANNsche Fläche erhält.

5.8. Das Geschlecht. Die Zahl p ist durch die Fläche R eindeutig bestimmt; sie steht in einfacher Beziehung zur Charakteristik χ von R. Trianguliert man nämlich die Fläche, indem man ihr Normalpolygon π in geeigneter Weise in Dreiecke zerlegt, so erhält man für die Wechselsumme $-\alpha_0 + \alpha_1 - \alpha_2$ der Simplexe durch Abzählen den Wert

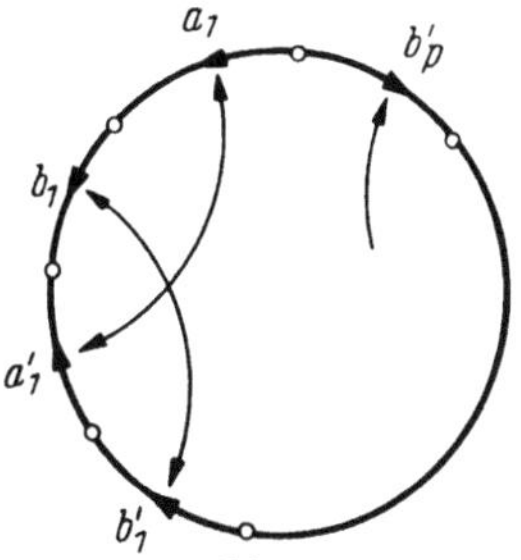

Abb. 10.

$$-\alpha_0 + \alpha_1 - \alpha_2 = 2p - 2.$$

Andererseits ist diese Summe nach 3.49. die Charakteristik von χ, so daß man hat $\chi = 2p - 2$. Die Zahl p ist also durch die Charakteristik χ von R und damit durch die Fläche R eindeutig bestimmt. Sie heißt das *Geschlecht* der Fläche R.

Aus der Gleichung $\chi = 2p - 2$ sieht man, daß die Charakteristik einer RIEMANNschen Fläche stets gerade ist.

Da die Zahlenkugel die Charakteristik $\chi = -2$ hat, ordnet man ihr gemäß der obigen Beziehung das Geschlecht $p = 0$ zu.

Unter Vorwegnahme des Satzes von 5.7. können wir also bei der weiteren Untersuchung geschlossener RIEMANNscher Flächen stets annehmen, daß diese in der Normalform (p) dargestellt sind.

5.9. Homologiebasis. In II, § 2 wurden die Homologiegruppen einer Fläche definiert, es wurde jedoch kein Verfahren zu ihrer Aufstellung gegeben. Mit Hilfe des Normalpolygons gelingt nun die Konstruktion der ersten Homologiegruppe einer geschlossenen Fläche, was hier näher ausgeführt werden soll.

Es sei R eine geschlossene RIEMANNsche Fläche, dargestellt durch ein $4p$-Eck π in der Form (p). Die $2p$ Seiten a_ϱ, b_ϱ des Polygons π stellen auf R gewisse 1-Zyklen dar. Wir zeigen, daß diese eine Basis der ersten Homologiegruppe von R bilden.

Die Behauptung bedeutet erstens, daß jeder 1-Zyklus auf R zu einer Linearkombination dieser Zyklen homolog ist, und zweitens, daß die $2p$ Zyklen homolog unabhängig sind. Die erste Eigenschaft soll sogleich bewiesen werden, für die zweite benötigen wir die Ergebnisse des nächsten Paragraphen (vgl. 5.16.).

Es sei also z^1 ein beliebiger 1-Zyklus auf R. Es bedeutet keine Einschränkung, die 1-Simplexe von z^1 als analytische Bögen anzunehmen; dies kann man stets erreichen, ohne die Homologieklasse von z^1 zu ändern.

Liegt nun z^1 erstens ganz im Innern des Polygons π, so ist er im Innern von π nullhomolog, und damit auch auf R.

Liegt der Zyklus z^1 zweitens ganz auf der Begrenzung von π, so ist er offensichtlich zu einer Linearkombination der Seiten homolog.

Liegt schließlich z^1 weder ganz im Innern noch ganz auf der Begrenzung, so gibt es (wegen der Analytizität der Bögen) endlich viele Bögen von z^1, die abgesehen von ihren Endpunkten im Innern von π gelegen sind. Ersetzt man jeden solchen Bogen durch einen auf der Begrenzung von π verlaufenden Bogen mit denselben Endpunkten, so erhält man einen zu z^1 homologen Zyklus, der ganz auf der Begrenzungskurve verläuft. Damit ist der vorliegende Fall auf den zweiten zurückgeführt.

5.10. Wie sich in 5.16. ergeben wird, sind die $2p$ von den Polygonseiten repräsentierten 1-Zyklen auf R homolog unabhängig. Damit ist dann insgesamt gezeigt:

Die erste Homologiegruppe einer geschlossenen RIEMANN*schen Fläche vom Geschlecht p ist die Abelsche Gruppe von $2p$ Erzeugenden. Die $2p$ Zyklen a_ϱ, b_ϱ bilden eine Basis der Gruppe.*

Man nennt die so konstruierte Basis a_ϱ, b_ϱ eine *kanonische Homologiebasis* und je zwei Zyklen a_ϱ und b_ϱ zueinander *konjugiert*.

§ 2. Differentiale erster Gattung.

5.11. Definition. Es sei R eine beliebige geschlossene RIEMANNsche Fläche. Unter einem ABEL*schen Differential erster Gattung* versteht man ein Differential $\varphi\, dz$, wo $\varphi(z)$ eine auf R eindeutige, ausnahmslos reguläre analytische Kovariante ist. Durch Integration ergibt sich das entsprechende ABEL*sche Integral erster Gattung*

$$\Phi(z) = \int \varphi(z)\, dz,$$

welches eine auf der ganzen Fläche R analytische Funktion darstellt. Diese Funktion ist im allgemeinen auf R nicht eindeutig. Ihre Mehrdeutigkeiten sind durch Homologieeigenschaften der Integrationswege gekennzeichnet. Den Wert des Integrales $\int \varphi\, dz$ längs eines nicht nullhomologen geschlossenen Weges c wird eine *Periode* des Differentials genannt.

Ist c_ν $(\nu = 1, \ldots, n)$[1] eine Basis der ersten Homologiegruppe von R, so ist jeder geschlossene Weg c zu einer Linearkombination der Basiswege homolog,

$$c \sim \sum_{\nu=1}^{n} m_\nu c_\nu,$$

[1] n ist endlich, denn stellt man R durch ein $4p$-Eck dar, so ist nach 5.9. $n \leq 2p$.

wobei die m_ν ganze Zahlen sind (vgl. Kap. II, § 2). Daher drückt sich die Periode von Φ längs c gemäß

$$\int_c \varphi\, dz = \sum_{\nu=1}^{n} m_\nu \int_{c_\nu} \varphi\, dz$$

durch die Basisperioden aus.

Ist c_ν^* $(\nu = 1, \ldots, n)$ eine andere Homologiebasis, so transformieren sich die Perioden wie die Basiszyklen, denn aus

$$c_\mu^* \sim \sum_{\nu=1}^{n} \lambda_{\mu\nu} c_\nu \tag{5.2}$$

folgt

$$\int_{c_\mu^*} \varphi\, dz = \sum_{\nu=1}^{n} \lambda_{\mu\nu} \int_{c_\nu} \varphi\, dz.$$

5.12. Eindeutigkeitssatz. Ein Differential erster Gattung, dessen Basisperioden sämtlich *reell* sind, *verschwindet identisch*; denn dann ist der Imaginärteil der Funktion $\int \varphi\, dz$ auf der ganzen Fläche R eindeutig und regulär und daher konstant, also $\varphi \equiv 0$. Ebenso verschwindet ein Differential erster Gattung mit rein imaginären Basisperioden identisch. Ein Differential erster Gattung ist somit durch die reellen bzw. imaginären Teile seiner Perioden eindeutig bestimmt.

5.13. Der lineare Raum der Differentiale erster Gattung. Sind φ und ψ zwei ABELsche Kovarianten erster Gattung, so gilt dies auch für die Kombination $\lambda\varphi + \mu\psi$, mit komplexen Multiplikatoren λ und μ. Die Differentiale erster Gattung bilden somit einen linearen Raum L. Es handelt sich im folgenden darum, die Dimension dieses Raumes, d. h. die Maximalzahl linear unabhängiger Differentiale zu ermitteln.

Sei n die Dimension der ersten Homologiegruppe, d. h. die Anzahl der Basiszyklen in einer beliebigen Homologiebasis α_ν. Es bezeichne A_ν die Periode der Kovarianten φ längs α_ν,

$$A_\nu = \int_{\alpha_\nu} \varphi\, dz. \tag{5.3}$$

Fassen wir die A_ν als Komponenten eines n-dimensionalen komplexen Vektors auf, so ist durch (5.3) (bei fester Homologiebasis) eine lineare Abbildung der Differentiale erster Gattung in den komplexen n-dimensionalen Vektorraum K^n gegeben. Dabei treten nicht alle Vektoren des K^n als Bilder auf; das Bild ist also ein echter linearer Teilraum von K^n. Es bestehen nämlich zwischen den Komponenten des Bildvektors gewisse Relationen; speziell ist der Imaginärteil von A_ν durch den Realteil eindeutig bestimmt. Denn setzt man

$$A_\nu = A'_\nu + i A''_\nu,$$

so folgt aus $A'_\nu = 0$ nach 5.12., daß $\varphi \equiv 0$ und damit $A''_\nu = 0$.

Der Summe zweier Realteile entspricht bei der Abbildung die Summe der zugeordneten Imaginärteile und dem λ-fachen Realteil der λ-fache Imaginärteil, wenn λ eine *reelle* Zahl ist. Die Abhängigkeit des Vektors A_ν'' von A_ν' kann demnach durch eine Matrix M beschrieben werden:

$$A'' = MA',$$

wobei A' und A'' als Spaltenmatrizen aufzufassen sind. Die Matrix M ist durch die gewählte Homologiebasis der Fläche R bestimmt, ihre ν-te Spalte stellt den Imaginärteil des Vektors dar, dessen Realteil die Komponenten $(0, \ldots, 1, \ldots, 0)$ hat, wobei die 1 an der ν-ten Stelle steht.

Bei Übergang zu einer anderen Homologiebasis, welche mit der gegebenen durch eine (unimodulare) Matrix Λ zusammenhängt,

$$\alpha_\mu^* = \sum_\nu \Lambda_{\mu\nu} \alpha_\nu,$$

transformiert sich die Matrix M gemäß

$$M^* = \Lambda M \Lambda^{-1}.$$

5.14. Differentiale mit vorgegebenen Perioden. Nach 5.12. gehört zu jedem reellen Vektor A_ν' *höchstens ein* Imaginärteil A_ν'', so daß der komplexe Vektor $A_\nu = A_\nu' + i A_\nu''$ die Periode eines Differentials erster Gattung darstellt. Wir zeigen im folgenden, daß jedem beliebig vorgegebenem A_ν tatsächlich ein Imaginärteil entspricht, daß also die Realteile der Perioden beliebig vorgeschrieben werden dürfen.

Zum Beweis wird die RIEMANNsche Fläche R dargestellt durch ein $4p$-Eck π in der Form (p) (vgl. 5.7.). Auf R sei ein ABELsches Differential erster Gattung $\varphi\, dz$ gegeben. Ist z_0 ein fester und z ein variabler Punkt von π und bezeichnet q einen beliebigen von z_0 nach z führenden Weg im Innern von π, so ist durch das Integral

$$\int_q \varphi\, dz$$

eine Funktion $\Phi(z)$ gegeben, die in der längs a_ν und b_ν $(\nu = 1, \ldots, p)$ aufgeschnittenen Fläche (d.h. in der Fläche $R - \sum a_\nu - \sum b_\nu$) eindeutig ist. Wir wollen den Sprung dieser Funktion beim Überschreiten der Wege a_ν und b_ν untersuchen, z.B. für a_1. Dazu sei z_1 ein innerer Punkt von a_1 und z_1' sein äquivalenter Punkt auf a_1'. Bezeichnet q_1 bzw. q_1' einen von z_0 nach z_1 bzw. z_1' führenden Weg im Innern von π, so sind die Funktionswerte $\Phi(z_1)$ bzw. $\Phi(z_1')$ gegeben durch

$$\Phi(z_1) = \int_{q_1} \varphi(z)\, dz \quad \text{bzw.} \quad \Phi(z_1') = \int_{q_1'} \varphi(z)\, dz,$$

und daher der Sprung von Φ durch

$$\Phi(z_1') - \Phi(z_1) = \int_{q_1'} \varphi\, dz - \int_{q_1} \varphi\, dz.$$

Der Punkt z_1 teilt die Seite a_1 in zwei Teile, von denen α_1 derjenige sei, dessen anderer Endpunkt der (zwischen a_1 und a'_1 liegenden) Seite b_1 angehört; α_1 sei so orientiert, daß z_1 der Anfangspunkt ist und b_1 so, daß der Anfangspunkt auf a_1 liegt. Damit ist auch der zu α_1 äquivalente Bogen α'_1 orientiert. Dann ist der Weg $q_1 \alpha_1 b_1 \alpha_1'^{-1} q_1'^{-1}$ auf R (da sogar in der Zahlenebene) nullhomolog. Daraus folgt, wenn man noch beachtet, daß α_1 und $\alpha_1'^{-1}$ entgegengesetzte singuläre 1-Simplexe auf R darstellen, daß

$$\int_{q'_1} \varphi\, dz - \int_{q_1} \varphi\, dz = \int_{b_1} \varphi\, dz.$$

Der Sprung des Integrales $\int \varphi\, dz$ in einem Punkte des Weges a_1 ist gleich der Periode von φ längs des konjugierten Weges b_1, wobei dieser so zu orientieren ist, daß sein Anfangspunkt auf a_1 und sein Endpunkt auf a'_1 liegt.

5.15. Existenz des Differentials erster Gattung. Hieraus folgt, daß es zu $2p$ gegebenen reellen Zahlen A'_ν, B'_ν ein Differential erster Gattung gibt, dessen Perioden auf a_ν bzw. b_ν die Realteile A'_ν bzw. B'_ν haben. Es genügt, ein Differential zu konstruieren, dessen Periode längs eines dieser Wege, etwa längs b_1, den Realteil 1 hat, während die anderen Perioden rein imaginär sind.

Der Realteil u des zugehörigen Integrals $\int \varphi\, dz$ ist dann nach 5.14. eine auf der längs a_1 aufgeschnittenen Fläche R eindeutige Potentialfunktion, die bei Überschreiten von a_1 den Sprung 1 erfährt. Hat man umgekehrt auf der Fläche R eine derartige Potentialfunktion u, so ist $\varphi = u_x - i u_y$ die verlangte Kovariante.

Eine solche Potentialfunktion kann nun nach den Existenzsätzen von Kap. IV konstruiert werden[1]. Dazu wähle man auf a_1 endlich viele Punkte z_ν $(\nu = 1, \ldots, n)$, so daß jeder Bogen $z_\nu z_{\nu+1}$ $(\nu = 1, \ldots, n, \bmod n)$ in einer Parameterumgebung U^ν liegt. Im zugehörigen Parameterkreis U^ν_z wähle man einen Kreisring K^ν_z, so daß der Bogen $z_\nu z_{\nu+1}$ innerhalb des inneren Kreises liegt; dann ist die Potentialfunktion

$$\arg \frac{z - z_{\nu+1}}{z - z_\nu}$$

im Kreisring K^ν_z eindeutig. Da ihre konjugierte Potentialfunktion $\log \left| \frac{z - z_{\nu+1}}{z - z_\nu} \right|$ in K^ν_z eindeutig ist, existiert nach Kap. IV, § 5 eine Potentialfunktion u_ν auf R, die in $R - U^\nu$ eindeutig und regulär ist und in U^ν bis auf eine reguläre Funktion mit $\arg \frac{z - z_{\nu+1}}{z - z_\nu}$ übereinstimmt. Das Potential u erfährt also beim Überschreiten von $z_\nu z_{\nu+1}$ den Sprung 1. Die Summe $\sum_{\nu=1}^{n} u_\nu$ ist daher die verlangte Potentialfunktion.

---

[1] Wegen einer direkten Konstruktion vgl. A. STEINER [1].

5.16. Aus diesem Ergebnis folgt erstens, daß die Wege a_ν und b_ν $(\nu = 1, \ldots, p)$ homolog unabhängig sind, also nach 5.9. in der Tat eine Homologiebasis von R darstellen. Wir haben hierzu zu zeigen, daß aus einer Homologie

$$\sum_{\mu=1}^{p} (\lambda_\mu a_\mu + \lambda'_\mu b_\mu) \sim 0 \qquad (\lambda_\mu, \lambda'_\mu \text{ ganz}) \tag{5.4}$$

folgt $\lambda_\mu = 0$, $\lambda'_\mu = 0$. Dazu sei $\varphi_\nu\, dz$ dasjenige ABELsche Differential, dessen Periode längs a_ν den Realteil 1 und längs aller anderen Wege a_μ sowie längs der Wege b_μ den Realteil Null hat:

$$Re \int_{a_\mu} \varphi_\nu\, dz = \delta_{\mu\nu}, \quad Re \int_{b_\mu} \varphi_\nu\, dz = 0.$$

Nun ist wegen (5.4) nach dem CAUCHYschen Integralsatz

$$\sum_\mu \Big(\lambda_\mu \int_{a_\mu} \varphi_\nu\, dz + \lambda'_\mu \int_{b_\mu} \varphi_\nu\, dz\Big) = 0,$$

und andererseits ergibt sich für den Realteil dieses Integrales, da die λ_μ und λ'_μ reell sind, der Wert λ_ν, so daß $\lambda_\nu = 0$. Ebenso zeigt man, daß $\lambda'_\nu = 0$. Die Wege a_ν und b_ν sind also in der Tat homolog unabhängig. Die Anzahl n der Zyklen einer Homologiebasis ist daher genau $n = 2p$.

5.17. Zweitens ergibt sich, daß man längs der *speziellen* Homologiebasis (a_ν, b_ν) die Realteile der Perioden beliebig vorschreiben darf. Da nun die Perioden bezüglich zweier Homologiebasen mittels einer nichtausgearteten reellen linearen Transformation Λ miteinander zusammenhängen, folgt hieraus, daß man die Realteile der Perioden auch längs einer beliebigen Homologiebasis willkürlich vorgeben darf.

Damit ist die in 5.14. aufgestellte Behauptung bewiesen: der Raum L der Differentiale erster Gattung ist also auf die Menge der Vektoren $A = A' + iA'' = (E + iM)A'$ (E Einheitsmatrix) abgebildet, wobei A' den ganzen $2p$-dimensionalen reellen Vektorraum R^{2p} durchläuft. Hieraus läßt sich die Dimension des Raumes (A) (und damit die von L) leicht bestimmen. In bezug auf *reelle* Koeffizienten gibt es in (A) genau $2p$ linear unabhängige Vektoren, da ein System von Vektoren $(E + iM)\, A'$ in bezug auf reelle Koeffizienten genau dann linear abhängig ist, wenn dies für die Vektoren A' zutrifft.

5.18. Wir interessieren uns aber auch für die „komplexe" Dimension des Raumes (A), der ja ein linearer Teilraum des komplexen Vektorraumes K^{2p} ist. Es gilt in dieser Hinsicht allgemein: Ist die komplexe Dimension eines linearen Teilraumes T von K^n gleich q, so ist die reelle Dimension gleich $2q$.

Wir zeigen zunächst: Sind die Vektoren $(a_1, \ldots, a_r)$ „komplex" linear abhängig, so sind die Vektoren $(a_1, \ldots, a_r, i a_1, \ldots, i a_r)$ „reell" linear abhängig, und umgekehrt. Hat man nämlich

$$\sum_{\nu=1}^{r} \lambda_\nu a_\nu = 0$$

und setzt man

$$\lambda_\nu = \sigma_\nu + i\,\tau_\nu,$$

so ist die erste Gleichung gleichbedeutend mit

$$\sum_\nu \sigma_\nu a_\nu + \sum_\nu \tau_\nu (i\,a_\nu) = 0.$$

Ist also eine Zahl $\lambda_\nu \neq 0$, so ist mindestens eine der Zahlen σ_ν, τ_ν von Null verschieden, und umgekehrt, w.z.b.w.

Ist nun q die komplexe Dimension des Raumes T, so gibt es q linear unabhängige Vektoren $a_1, \ldots, a_q$, und dann sind die Vektoren $(a_1, \ldots, a_q, i a_1, \ldots, i a_q)$ „reell" linear unabhängig. Andererseits läßt sich jeder Vektor von T aus den a_ν mit komplexen Koeffizienten, und daher aus den a_ν und $i a_\nu$ mit reellen Koeffizienten linear kombinieren, d.h. die reelle Dimension von T ist $2q$.

Da der Raum (A) die „reelle" Dimension $2p$ hat, so ergibt sich somit für seine komplexe Dimension der Wert p, und dasselbe gilt also für den zu (A) isomorphen Raum L. Damit ist gezeigt:

Die ABEL*schen Differentiale erster Gattung auf einer geschlossenen Fläche vom Geschlecht p bilden einen linearen Raum der (komplexen) Dimension p*[1].

5.19. Aus 5.16. ergibt sich eine interessante Eigenschaft der Matrix M, welche einer Homologiebasis eindeutig zugeordnet ist und den Real- und den Imaginärteil des entsprechenden Periodenvektors $A = A' + A''$ eines Differentials $\varphi\,dz$ erster Gattung gemäß $A'' = MA'$ verbindet (vgl. 5.13.). Es ist nämlich $i\varphi\,dz$ ebenfalls ein Differential erster Gattung, mit dem Periodenvektor $iA = -A'' + iA'$. Also gilt auch $A' = -MA''$, und daher $A' = -M^2 A'$, $A'(E + M^2) = 0$. Da dies für *jeden* Vektor A' gilt, so folgt, daß $E + M^2 = 0$ oder

$$M^2 = -E.$$

Bemerkung. Die Überlegungen von 5.14. bis 5.19. beruhen, wie wir gesehen haben, auf der Möglichkeit der Darstellung der Fläche als ein $4p$-Eck. Daß jede geschlossene RIEMANNsche Fläche eine solche Darstellung gestattet, wird sich in Kap. VIII, § 1 ergeben.

5.20. Die RIEMANNsche Relation. Es sei wieder R eine RIEMANNsche Fläche, dargestellt durch das Normalpolygon π in der Form (p) $(p > 0)$.

---

[1] Man beachte, daß bis jetzt noch keine Basis dieses Raumes, d.h. kein System von p (komplex) linear unabhängigen Differentialen angegeben worden ist. In 5.22. wird sich zeigen, daß die in 5.16. konstruierten Differentiale φ_ν $(\nu = 1, \ldots, p)$ eine solche Basis bilden.

Seien $\varphi(z)$ und $\varphi^*(z)$ zwei ABELsche Kovarianten erster Gattung auf R und A_ν, B_ν bzw. A_ν^*, B_ν^* ihre Perioden längs der kanonischen Homologiebasis a_ν, b_ν. Es soll eine Beziehung zwischen diesen Perioden hergestellt werden.

Dazu gehen wir von einer Triangulierung der Fläche R aus, welche die Seiten des Polygons π zu Kantenwegen hat[1]. Es bezeichne Φ das in der längs a_ν und b_ν aufgeschnittenen Fläche R eindeutige Integral $\int \varphi\, dz$ (vgl. 5.14.). Dann ist das Produkt $\Phi\varphi^*$ eine in jedem 2-Simplex σ_ν^2 reguläre Kovariante, und es wird also nach dem CAUCHYschen Integralsatz

$$\int_{\partial\sigma^2_\nu} \Phi\varphi^*\, dz = 0.$$

Hieraus folgt durch Summation

$$\sum \int_{\partial\sigma_\nu^2} \Phi\varphi^*\, dz = 0. \tag{5.5}$$

Dabei seien die 2-Simplexe σ_ν^2 kohärent orientiert. Die obige Summe soll nun nach den 1-Simplexen der Triangulierung geordnet werden. Dazu werden diese, unabhängig von der kohärenten Orientierung der σ_ν^2, beliebig orientiert. Ist σ_1 ein beliebiges 1-Simplex, das nicht auf einer der Seiten a_ν, b_ν liegt, so ist sein Beitrag zur Summe gleich

$$\varepsilon_1 \int_{\sigma^1} \Phi\varphi^*\, dz + \varepsilon_2 \int_{\sigma^1} \Phi\varphi^*\, dz,$$

wobei $\varepsilon_i = \pm 1$, je nachdem die auf σ_1 von σ_i^2 $(i = 1, 2)$ induzierte Orientierung mit der von σ_1 übereinstimmt oder nicht. Wegen der Kohärenz ist nun $\varepsilon_1 = -\varepsilon_2$, und der Beitrag von σ_1 somit gleich Null.

Um die Beiträge der Polygonseiten zu ermitteln, legen wir auf den Seiten a_ν und b_ν $(\nu = 1, \ldots, p)$ die von der kohärenten Orientierung von π induzierte Orientierung fest. Dabei möge diese so gewählt sein, daß der Anfangspunkt jeder Seite b_ν auf a_ν (und nicht auf a_ν') liegt; dann folgt aus der Kohärenz, daß der Anfangspunkt von a_ν' auf b_ν (und nicht auf b_ν') liegt. Nun sei σ^1 ein 1-Simplex auf der Seite a_1. Die angrenzenden 2-Simplexe σ_1^2 und σ_2^2 seien so numeriert, daß σ_1^2 an a_1 und σ_2^2 an a_1' grenzt. Dann ist die (bereits festgelegte) Orientierung von σ^1 die von σ_1^2 induzierte, und sein Beitrag zur Summe ist daher, wenn Φ bzw. Φ' den Wert der Funktion $\Phi(z)$ in zwei äquivalenten Punkten der Seiten a_1 und a_1' bezeichnet,

$$\int_{\sigma^1} \Phi\varphi^*\, dz - \int_{\sigma^1} \Phi'\varphi^*\, dz = \int_{\sigma^1} (\Phi - \Phi')\varphi^*\, dz;$$

[1] Eine solche Triangulierung erhält man aus einer passend gewählten Triangulierung des Polygons π.

dies ist nach 5.14. gleich[1]

$$-B_1 \int_{\sigma^1} \varphi^* \, dz.$$

Der gesamte Beitrag der auf a_1 liegenden 1-Simplexe ist somit gleich

$$-B_1 \int_{a_1} \varphi^* \, dz = -B_1 A_1^*.$$

Entsprechend findet man für den Beitrag der Seite b_1 den Wert $A_1 B_1^*$, so daß man insgesamt erhält

$$\sum_\nu \int_{\partial \sigma_\nu^2} \Phi \varphi^* \, dz = \sum_{\nu=1}^{p} (A_\nu B_\nu^* - B_\nu A_\nu^*).$$

Aus dieser Gleichung folgt mit Rücksicht auf (5.5) die „erste RIEMANNsche Relation"

$$\sum_\nu (A_\nu B_\nu^* - B_\nu A_\nu^*) = 0. \tag{5.6}$$

5.21. Wir betrachten nun anstatt des Integrals $\int \Phi \varphi^* dz$ das Integral $\int \Phi \overline{\varphi}^* dz$ um die Ränder der Simplexe der in 5.20. angegebenen Triangulierung. Man findet nach der Formel (3.18)

$$\iint_{\sigma_\nu^2} \varphi \overline{\varphi}^* \, dx \, dy = \frac{i}{2} \int_{\partial \sigma_\nu^2} \Phi \overline{\varphi}^* \, d\bar{z},$$

und daraus durch Summation über alle Simplexe, analog wie in 5.20.

$$\iint_R \Phi' \overline{\varphi}^* \, dx \, dy = \frac{i}{2} \sum_{\nu=1}^{p} (A_\nu \overline{B}_\nu^* - B_\nu \overline{A}_\nu^*). \tag{5.7}$$

Setzt man hier insbesondere $\varphi = \varphi^*$, so ergibt sich die „zweite RIEMANNsche Relation"

$$\iint_R |\varphi|^2 \, dx \, dy = \frac{i}{2} \sum_{\nu=1}^{p} (A_\nu \overline{B}_\nu - B_\nu \overline{A}_\nu), \tag{5.8}$$

welche eine Beziehung zwischen dem DIRICHLET-Integral eines Differentials erster Gattung und seinen Perioden längs der kanonischen Basis (a_ν, b_ν) herstellt.

Ist insbesondere $A_\nu = 0$ $(\nu = 1, \ldots, p)$, so folgt aus der letzten Gleichung, daß $\varphi \equiv 0$:

Ein Differential erster Gattung, dessen Perioden längs der p ersten (oder der p zweiten) Wege einer kanonischen Basis verschwinden, ist identisch Null.

[1] Man beachte, daß die Orientierung so gewählt worden ist, daß das Ergebnis von 5.14. auch dem Vorzeichen nach anwendbar ist.

Ein Differential erster Gattung ist also bereits durch seine Perioden A_ν (oder B_ν) eindeutig bestimmt[1].

5.22. Basis der Differentiale erster Gattung. Aus diesem Ergebnis kann man schließen, daß die in 5.16. betrachteten Differentiale φ_μ ($\mu = 1, \ldots, p$) linear unabhängig sind (in bezug auf komplexe Koeffizienten) und damit eine Basis des Raumes L darstellen.

Um dies zu sehen, betrachten wir die Perioden $A_{\mu\nu}$ und $B_{\mu\nu}$ von φ_μ längs a_ν bzw. b_ν. Diese sind von der Form

$$A_{\mu\nu} = \delta_{\mu\nu} + i\, A''_{\mu\nu}, \quad B_{\mu\nu} = i\, B''_{\mu\nu}.$$

Wir zeigen zunächst, daß die Determinante $|B_{\mu\nu}|$ von Null verschieden ist. Dazu betrachten wir das reelle Gleichungssystem

$$\sum_\mu B''_{\mu\nu}\lambda_\mu = 0$$

für die *reellen* Zahlen λ_μ ($\mu = 1, \ldots, p$). Ist λ_μ eine Lösung, so hat die Kovariante $\varphi = \sum_\nu \lambda_\mu \varphi_\mu$ längs der Kurven b_ν die Perioden Null und muß daher identisch verschwinden. Andererseits ist der Realteil der Periode von φ längs a_ν gleich λ_ν, und daraus folgt $\lambda_\nu = 0$. Das obige lineare Gleichungssystem hat somit nur die triviale Lösung und daher ist $|B''_{\mu\nu}| \neq 0$ und damit auch $|B_{\mu\nu}| \neq 0$.

Um jetzt die lineare Unabhängigkeit der φ_μ zu beweisen, sei $\varphi = \sum_\mu \lambda_\mu \varphi_\mu$ für ein System λ_μ von komplexen Zahlen. Das Differential φ hat dann längs b_ν die Periode $\sum_\mu \lambda_\mu B_{\mu\nu}$. Sind nun die Zahlen λ_μ so gewählt, daß $\sum_\mu \lambda_\mu \varphi_\mu = 0$, also $\varphi = 0$, so folgt $\sum_\mu \lambda_\mu B_{\mu\nu} = 0$ und daraus (wegen $|B_{\mu\nu}| \neq 0$) $\lambda_\mu = 0$, w. z. b.w.

5.23. Transformation der Basis. Durch eine lineare Transformation

$$\psi_\mu = \sum_{\nu=1}^{p} c_{\mu\nu}\, \varphi_\nu \qquad (\mu = 1, \ldots, p)$$

mit einer regulären Matrix $C = (c_{\mu\nu})$ gelangt man (bei fester Homologiebasis) zu einer neuen Basis ψ_μ des Raumes L. Für diese findet man die Periodenmatrizen CA und CB. Mittels der linearen Transformation C läßt sich die Basis auf verschiedene Arten normieren.

Eine wichtige Normierung erhält man, wenn man $C = A^{-1}$ setzt. Ist ψ_ν die zugehörige Basis, so hat die Kovariante

$$\psi = \sum_\nu \alpha_\nu \psi_\nu,$$

wobei die a_ν beliebige komplexe Zahlen bezeichnen, längs a_ν die Periode α_ν. Die Perioden eines Differentials längs der Zyklen a_ν (bzw. b_ν) lassen

[1] In 5.23. werden wir zeigen, daß diese Perioden beliebig vorgegeben werden dürfen.

sich also beliebig vorschreiben. Nach 5.21. ist hierdurch das Differential eindeutig bestimmt.

5.24. Orthonormierte Systeme. Wir kommen zu einer anderen Normierung, die sich insbesondere bei der Erweiterung der klassischen Theorie der ABELschen Integrale erster Gattung auf offene Flächen als bedeutungsvoll erwiesen hat[1]. Die lineare Mannigfaltigkeit der Differentiale erster Gattung läßt sich zu einem HILBERTschen Raum machen, indem man das Integral

$$(\varphi, \psi) = \iint_R \varphi \overline{\psi} \, dx \, dy \tag{5.9}$$

als das skalare Produkt von φ und ψ und die positive Quadratwurzel aus

$$(\varphi, \varphi) = \iint_R |\varphi|^2 \, dx \, dy$$

als die Norm $\|\varphi\|$ der Kovarianten φ erklärt.

Aus (5.9) folgt, daß $(\varphi, \psi) = \overline{(\psi, \varphi)}$. Zwei Kovarianten heißen orthogonal, wenn ihr Skalarprodukt verschwindet.

Eine beliebige Basis φ_μ $(\mu = 1, \ldots, p)$ läßt sich mit Hilfe des SCHMIDTschen Orthogonalisierungsverfahrens in ein orthonormiertes System überführen, für welches also gilt

$$(\psi_\mu, \psi_\nu) = \delta_{\mu\nu} = \begin{cases} 0 & \text{für } \mu \neq \nu, \\ 1 & \text{für } \mu = \nu. \end{cases}$$

Man hat zu setzen

$$\psi_1 = \frac{\varphi_1}{\|\varphi_1\|}$$

und

$$\psi_n = \frac{\varphi_n - p_n}{\|\varphi_n - p_n\|} \qquad (n = 2, \ldots, p),$$

wobei $p_n = \sum_{\nu=1}^{n-1} (\varphi_n, \psi_\nu) \psi_\nu$ die „Projektion" von φ_n auf den von $\psi_1, \ldots, \psi_{n-1}$ aufgespannten Unterraum ist.

Ist φ eine beliebige Kovariante,

$$\varphi = \sum_{\nu=1}^{p} c_\nu \psi_\nu,$$

so ist

$$c_\nu = (\varphi, \psi_\nu),$$

und die Norm $\|\varphi\|$ von φ ist gleich $(\sum |c_\nu|^2)^{\frac{1}{2}}$.

Die orthonormierten Systeme (ψ_ν) sind bis auf unitäre Transformationen $U = (u_{ik})$ $(UU^* = E)$ bestimmt; ist (ψ_ν) ein spezielles System, so ergibt sich daraus das allgemeinste mittels

$$\varphi_\mu = \sum_\nu u_{\mu\nu} \psi_\nu,$$

wobei $(u_{\mu\nu})$ eine beliebige unitäre Matrix ist.

---

[1] Vgl. hierzu meine Arbeit [3].

5.25. Anhang über Homologiegruppen berandeter Flächen. Für spätere Zwecke (Kap. X) benötigen wir die Homologiegruppen einer durch ein Polygon π dargestellten *berandeten* Fläche (vgl. Kap. II). Um Unterbrechungen zu vermeiden, soll diese Frage hier kurz erörtert werden. Die berandete Fläche sei wieder durch ein *Normalpolygon*, d.h. durch ein Polygon mit der Seitenzuordnung

$$c_1\, x_1\, c_1' \ldots c_r\, x_r\, c_r'\, a_1\, b_1\, a_1'\, b_1' \ldots a_p\, b_p\, a_p'\, b_p'$$

gegeben. Die „freien" Seiten x_i entsprechen den Rändern der durch π dargestellten Fläche R (vgl. 7.31).

Wir zeigen, daß die Zyklen a_ν, b_ν $(\nu = 1, \ldots, p)$ zusammen mit $r-1$ Rändern x_μ $(\mu = 1, \ldots, r-1)$ eine Basis der ersten Homologiegruppe von R darstellen. Das bedeutet erstens, daß jeder Zyklus z^1 auf R zu einer Linearkombination dieser Zyklen homolog ist, und zweitens, daß diese Zyklen homolog unabhängig sind.

Zunächst bemerke man, daß die r Ränder x_μ homolog abhängig sind, denn sie genügen (bei geeigneter Orientierung) der Gleichung $\sum\limits_\mu x_\mu \sim 0$.

Es sei nun z^1 ein beliebiger Zyklus auf R. Nach der obigen Homologie genügt es zu zeigen, daß z^1 zu einer Linearkombination der kanonischen Schnitte und *aller* Ränder homolog ist. Dazu konstruiere man analog wie in 5.9. einen zu z^1 homologen Zyklus z^*, der sich nur aus den Seiten c_μ, x_μ, a_ν, b_ν zusammensetzt, also von der Form

$$z^* = \sum_\mu \varkappa_\mu c_\mu + \sum_\mu \xi_\mu x_\mu + \sum_\nu \alpha_\nu a_\nu + \sum_\nu \beta_\nu b_\nu$$

ist. Für seinen Rand ergibt sich

$$\partial z^* = \sum_\mu \varkappa_\mu \partial c_\mu,$$

und da z^* ein Zyklus ist, so wird

$$\sum_\mu \varkappa_\mu \partial c_\mu = 0.$$

Die 1-Simplexe c_μ (die selbst keine Zyklen sind) denken wir uns so orientiert, daß der allen c_μ gemeinsame Anfangspunkt P im Innern und der Endpunkt Q_μ auf dem Rande der Fläche R liegt. Dann lautet die obige Gleichung

$$\sum_\mu \varkappa_\mu Q_\mu - P \sum_\mu \varkappa_\mu = 0.$$

Da jeder Punkt Q_μ sowohl von den anderen Q_ν $(\nu \neq \mu)$ als auch von dem Punkt P verschieden ist, so wird $\varkappa_\mu = 0$ $(\mu = 1, \ldots, r)$.

Der 1-Zyklus z^1 ist also bereits zu einer Linearkombination der x_μ, a_ν, b_ν homolog, womit die erste Behauptung bewiesen ist.

Um zu zeigen, daß die Zyklen x_μ $(\mu = 1, \ldots, r-1)$, a_ν, b_ν homolog unabhängig sind, konstruieren wir im Polygon π zu jeder freien Seite x_μ einen hinreichend nahe und, abgesehen von den Endpunkten, im Innern von π verlaufenden Jordanbogen y_μ, dessen Endpunkte A_μ und A'_μ auf c_μ bzw. c'_μ liegen und bezüglich der Abbildung $c_\mu \to c'_\mu$ äquivalent sind. Wegen der Homologie $x_\mu \sim y_\mu$ genügt es zu zeigen, daß die Zyklen y_μ $(\mu = 1, \ldots, r-1)$, a_ν, b_ν homolog unabhängig sind.

Dazu konstruieren wir wie in 5.15. eine Potentialfunktion u_μ, die auf der Fläche $R - c_\mu$ eindeutig ist und längs c_μ den Sprung 1 erfährt. Die Kovariante $\psi_\mu = u_{\mu x} - i\, u_{\mu y}$ ist dann im Innern der Fläche R regulär, außer im Anfangspunkt P, wo sie einen Pol mit dem Residuum $\frac{1}{2\pi i}$ hat. Man zeigt entsprechend wie in 5.15., daß der Realteil der Periode von ψ_μ längs y_μ gleich dem Sprunge der Funktion u_μ längs c_μ, also gleich eins ist, während die Perioden von ψ_μ längs der übrigen y_ν und längs a_ν und b_ν imaginär sind; hierbei soll y_μ passend orientiert werden.

Ferner gibt es zu jedem ν $(\nu = 1, \ldots, p)$ ein Differential $\varphi_\nu\, dz$, dessen Periode längs a_ν den Realteil 1 hat, während die übrigen Perioden rein imaginär sind.

Besteht nun auf R eine Homologie

$$z^1 \equiv \sum_\mu \xi_\mu y_\mu + \sum_\nu \alpha_\nu a_\nu + \sum_\nu \beta_\nu b_\nu \sim 0,$$

so folgt aus dem Residuensatz, daß

$$\int_{z^1} \psi_\mu\, dz = s,$$

wo s die Schnittzahl der von z^1 berandeten Kette mit dem Punkt P bezeichnet. Andererseits ist diese Periode gleich dem Koeffizienten ξ_μ, so daß $\xi_1 = \cdots = \xi_r$.

Hieraus folgt wegen $\sum y_\mu \sim 0$, daß

$$\sum \alpha_\nu a_\nu + \sum \beta_\nu b_\nu \sim 0.$$

Nun schließt man wie in 5.16., daß $\alpha_\nu = \beta_\nu = 0$.

§ 3. Differentiale zweiter und dritter Gattung.

5.26. Differentiale zweiter Gattung. Unter einem *Differential zweiter Gattung* versteht man ein Differential $\varphi\, dz$, wo φ eine eindeutige analytische Kovariante auf der RIEMANNschen Fläche ist, welche sich auf R regulär verhält, abgesehen von endlich vielen Polen zweiter Ordnung, wo sie die Entwicklung hat:

$$\varphi = -\frac{a}{z^2} + \text{reg. Funktion}.$$

Der Koeffizient a transformiert sich bei Übergang zu einem anderen lokalen Parameter z^* nach dem Gesetz der Kovarianz.

Das entsprechende Integral

$$\Phi = \int \varphi \, dz$$

ist eine auf R (im allgemeinen mehrdeutige) analytische Funktion, welche außer in den Polen von φ regulär ist und dort die Entwicklung hat:

$$\Phi = + \frac{a}{z} \text{ reg. Funktion}.$$

5.27. Die Differenz zweier Differentiale zweiter Gattung mit denselben singulären Teilen ist somit ein Differential erster Gattung, und umgekehrt ändert sich die Singularität eines Differentials zweiter Gattung bei Addition eines Differentials erster Gattung nicht. Ein Differential zweiter Gattung ist somit durch seinen singulären Teil und die Realteile seiner Perioden eindeutig bestimmt.

Umgekehrt können singulärer Teil und Realteile der Perioden beliebig vorgegeben werden. Zum Beweis sei zunächst bemerkt, daß es genügt, zu jedem Pole P ein *Normaldifferential* zweiter Ordnung zu konstruieren, d.h. ein Differential, das außer in P regulär ist und dort die Entwicklung

$$\varphi = -\frac{1}{z^2} + \text{reg. Funktion}$$

hat. Ist nämlich φ_ν ein Normaldifferential zum Pole P_ν, so hat das Differential

$$\varphi = \sum_\nu a_\nu \varphi_\nu$$

die gewünschte Singularität, und durch Addition eines passenden Differentials erster Gattung kann man erreichen, daß seine Perioden die gegebenen Realteile haben.

5.28. Die Konstruktion eines Normaldifferentials φ läßt sich weiter zurückführen auf die Konstruktion einer eindeutigen Potentialfunktion auf R mit einer vorgeschriebenen Singularität. Denken wir uns nämlich φ so normiert, daß die Realteile seiner Perioden verschwinden, so ist der Realteil des Integrals eine eindeutige Potentialfunktion auf R, die abgesehen vom Pole P regulär ist und dort die Entwicklung

$$u = Re\left(\frac{1}{z}\right) + \text{reg. Funktion}$$

hat. Ist umgekehrt auf R eine derartige Potentialfunktion u gegeben, so ist $\varphi = u_x - i\, u_y$ eine Normalkovariante zweiter Gattung. In Kap. IV wurde eine solche Potentialfunktion konstruiert, und damit ist der Existenzbeweis für Differentiale zweiter Gattung erbracht.

5.29. Differentiale dritter Gattung. Ein Differential dritter Gattung ist ein Differential $\varphi\, dz$, wobei die Kovariante φ auf R eindeutig ist und regulär bis auf endlich viele Pole erster Ordnung. In einem solchen Pol gilt die Entwicklung

$$\varphi = \frac{a}{z} + \text{reg. Funktion} \qquad (a \neq 0).$$

Das entsprechende Integral

$$\Phi = \int \varphi\, d z$$

ist eine mehrdeutige analytische Funktion auf R. Sie besitzt abgesehen von den „Mehrdeutigkeiten im Großen", die durch die Homologiegruppe der Fläche R bestimmt sind, lokale Mehrdeutigkeiten in den logarithmischen Verzweigungspunkten.

Da die Residuensumme der Kovarianten φ auf der ganzen Fläche R nach 3.47. verschwinden muß, hat ein Differential dritter Gattung mindestens *zwei* Pole.

5.30. Ein Differential dritter Gattung ist ebenfalls durch seinen singulären Teil und die Realteile der Perioden eindeutig bestimmt. Umgekehrt können diese und der singuläre Teil beliebig vorgegeben werden, mit der Einschränkung, daß die Residuensumme verschwinden soll.

Zum Beweis zeigen wir zunächst, daß es wieder genügt, ein *Normaldifferential* zu zwei gegebenen Punkten zu konstruieren, d. h. ein Differential, das dort die Residuen $+1$ bzw. -1 hat und im übrigen regulär ist. Ist nämlich $\varphi\, dz$ ein gegebenes Differential dritter Gattung mit den Polen P_ν $(\nu = 0, \ldots, n-1)$ und den Residuen $c_\nu \left(\sum\limits_{\nu=0}^{n-1} c_\nu = 0\right)$, so konstruiere man ein Normaldifferential φ_ν zu den Polen P_ν und $P_{\nu+1}$ $(\nu = 0, \ldots, n-1, \bmod n)$. Dann hat das Differential

$$\varphi = \sum_{\nu=0}^{n-1} a_\nu \varphi_\nu \qquad \left(a_\nu = \sum_{\varrho=0}^{\nu} c_\varrho\right)$$

denselben singulären Teil wie φ, und durch Addition eines Differentials erster Gattung kann man erreichen, daß auch die Realteile der Perioden übereinstimmen.

Die Konstruktion eines Normaldifferentials zu zwei Polen P und Q kann man weiter auf den Fall zurückführen, daß die Punkte P und Q in derselben Parameterumgebung liegen. Man verbinde diese Punkte durch einen Weg und wähle auf diesem endlich viele Punkte P_ν $(P_0 = P$, $P_n = Q)$, so daß je zwei aufeinanderfolgende in einer Parameterumgebung liegen. Bezeichnet dann φ_ν eine Normalkovariante zu den Punkten P_ν und $P_{\nu+1}$, so ist $\varphi = \sum\limits_{\nu=0}^{n-1} \varphi_\nu$ eine Normalkovariante zu den Punkten P und Q.

5.31. Es seien also P und Q zwei Punkte einer Parameterumgebung; $|z|<1$ sei der zugehörige Parameterkreis und z_1 bzw. z_2 die Koordinaten von P bzw. Q. Ist dann $\varphi\,dz$ ein Normaldifferential zu P und Q, so gilt in $|z|<1$ die Entwicklung

$$\varphi = \frac{1}{z-z_1} - \frac{1}{z-z_2} + \text{reg. Funktion}.$$

Denken wir uns φ so normiert, daß die Realteile der Perioden verschwinden, so ist der Realteil des Integrales $\int\varphi\,dz$ eine eindeutige Potentialfunktion aut R, die in $|z|<1$ von der Form

$$u = \log\left|\frac{z-z_1}{z-z_2}\right| + \cdots$$

ist und im übrigen keine Singularitäten hat. Hat man umgekehrt auf R eine derartige Potentialfunktion konstruiert, so ist $\varphi = u_x - i u_y$ eine Normalkovariante. Damit ist die Konstruktion der Normaldifferentiale auf die Existenzsätze für Potentialfunktionen des IV. Kapitels zurückgeführt.

5.32. Zusammenhang mit den Differentialen erster Gattung. Die RIEMANNsche Relation (5.6) läßt sich auf den Fall eines Differentials $\varphi\,dz$ erster und eines Differentials φ^*dz dritter Gattung ausdehnen. Die Pole von φ^* seien P_μ $(\mu=1,\ldots,m)$ und c_μ die zugehörigen Residuen. Wir betrachten wieder eine Triangulierung der Fläche R, welche die Seiten a_ν, b_ν des Normalpolygons zu Kantenwegen hat, wobei die Punkte P_μ sämtlich mittlere Punkte von 2-Simplexen seien; verschiedene Punkte mögen in verschiedenen Simplexen liegen. Bezeichnet Φ das in der längs a_ν und b_ν aufgeschnittenen Fläche R eindeutige Integral $\int\varphi\,dz$, so gilt für jedes 2-Simplex σ_ν^2, das keinen Pol von φ^* enthält, entsprechend wie in 5.20.,

$$\int_{\partial\sigma_\nu^2}\Phi\,\varphi^*\,dz = 0.$$

Enthält dagegen σ_ν^2 den Pol P_μ, so wird

$$\int_{\partial\sigma_\nu^2}\Phi\,\varphi^*\,dz = 2\pi i\,\Phi(P_\mu)\,c_\mu.$$

Aus diesen Gleichungen folgt durch Summation über alle Simplexe

$$\sum_\nu\int_{\partial\sigma_\nu^2}\Phi\,\varphi^*\,dz = 2\pi i\sum c_\mu\Phi(P_\mu).$$

Andererseits ist, wie in 5.20., wenn A_ν und B_ν bzw. A_ν^* und B_ν^* die Perioden von φ bzw. φ^* bezeichnen,

$$\sum_\nu\int_{\partial\sigma_\nu^2}\Phi\,\varphi^*\,dz = \sum_\nu(A_\nu B_\nu^* - B_\nu A_\nu^*),$$

so daß insgesamt

$$\sum_{\nu} (A_\nu B_\nu^* - B_\nu A_\nu^*) = 2\pi i \sum_{\mu} c_\mu \Phi(P_\mu). \qquad (5.10)$$

5.33. Vertauschung von Argument und Parameter. Es seien a und b zwei Punkte einer RIEMANNschen Fläche R und $\varphi(z)\,dz$ Differential dritter Gattung, das außer in a und b regulär ist und dort eine Entwicklung

$$\varphi(z) = -\frac{1}{z-a} + \cdots \quad \text{bzw.} \quad \varphi(z) = \frac{1}{z-b} + \cdots$$

hat. Das zugehörige Integral Φ denken wir uns so normiert, daß die Realteile seiner Perioden verschwinden. Dann ist der Realteil $u(z; a, b)$ von Φ eine eindeutige Funktion auf R, die in a bzw. b die Entwicklung

$$u = -\log|z-a| + \cdots \quad \text{bzw.} \quad u = \log|z-b| + \cdots$$

hat.

Es seien nun z_1 und z_2 zwei Punkte auf R; wir bilden die Differenz

$$u(z_1, z_2; a, b) \equiv u(z_1; a, b) - u(z_2; a, b).$$

Dann ist nach Definition

$$u(z_1, z_2; a, b) + u(z_2, z_1; a, b) = 0.$$

Weniger trivial ist die Beziehung

$$u(z_1, z_2; a, b) = u(a, b; z_1, z_2) \qquad (5.11)$$

(Vertauschung von Argument und Parameter).

Zum Beweis betrachten wir eine Triangulierung von R, so daß die vier Punkte z_1, z_2, a, b mittlere Punkte von 2-Simplexen σ_1, σ_2, σ_3, σ_4 sind. Ist α die Kette, die aus den 2-Simplexen der Triangulierung mit Ausnahme dieser vier besteht, so gilt, da $U(z) = u(z; z_1, z_2)$ und $V(z) = u(z; a, b)$ zwei auf α reguläre Potentialfunktionen sind,

$$\int_{\partial\alpha} (U\,dV' - V\,dU') = 0. \qquad (5.12)$$

Andererseits ist $\partial\alpha$ der Rand der von den vier Simplexen gebildeten 2-Kette, und daher wird

$$\frac{1}{2\pi}\int_{\partial\alpha} (U\,dV' - V\,dU') = -U(a) + U(b) + V(z_1) - V(z_2). \qquad (5.13)$$

Aus (5.12) und (5.13) folgt, daß

$$U(b) - U(a) = V(z_2) - V(z_1),$$

d.h. die Beziehung (5.11).

Aus dieser Symmetrieeigenschaft schließt man, daß das Potential $u(z_1, z_2; a, b)$ auch in den Parametern a und b harmonisch ist.

5.34. Differentiale höherer Ordnung. In entsprechender Weise gelingt die Konstruktion von ABELschen Differentialen mit Polen höherer Ordnung. Es genügt wieder, ein Normaldifferential herzustellen, d.h. ein Differential, das in einem Pole die Entwicklung

$$\varphi = \frac{1}{z^n} + \text{reguläre Funktion } (n \geq 3)$$

hat. Dies gelingt mit Hilfe einer eindeutigen Potentialfunktion v, die einen Pol mit dem singulären Teil

$$Re\left(\frac{1}{z^{n-1}}\right)$$

besitzt. Die Existenz einer solchen Funktion wurde in Kap. IV bewiesen.

Durch Addition eines passenden Differentials erster Gattung kann man wieder den Realteilen der Perioden gegebene Werte erteilen.

Auch zwischen den Differentialen höherer Ordnung besteht eine Menge von Beziehungen, die mit ähnlichen Methoden wie in 5.32. aufgestellt werden können.

§ 4. Rationale Funktionen.

5.35. Das ABELsche Theorem. Die Frage, wann es zu gegebenen Polen und Nullstellen eine *rationale Funktion* (vgl. 3.10.) gibt, wird durch das berühmte Theorem von ABEL beantwortet, welches in dieser Nummer hergeleitet werden soll.

Es sei $f(z)$ eine rationale Funktion der Ordnung n auf der Fläche R und P_μ $(\mu = 1, \ldots, n)$ bzw. Q_μ $(\mu = 1, \ldots, n)$ seien ihre Nullstellen bzw. Pole, die wir sämtlich einfach voraussetzen. Dann ist $\varphi = f'/f$ ein ABELsches Differential dritter Gattung mit den Residuen $+1$ bzw. -1 in P_μ bzw. Q_μ. Ist z^1 ein beliebiger 1-Zyklus auf R, der die Pole P_μ und Q_μ meidet, so wird

$$\int_{z^1} \varphi\, dz = \mathop{\Delta}_{z^1} \arg f(z) = 2\pi i\, k \quad (k \text{ ganz}).$$

Umgekehrt sei $\varphi\, dz$ ein Differential dritter Gattung mit den Polen P_μ und Q_μ und den Residuen $+1$ bzw. -1, dessen sämtliche Perioden ganzzahlige Vielfache von $2\pi i$ sind. Dann ist der Ausdruck

$$f(z) = e^{\int \varphi\, dz}$$

eine in der durch P_μ und Q_μ punktierten Fläche R eindeutige und reguläre Funktion, welche in die Punkte P_μ und Q_μ so fortgesetzt werden kann, daß dort Nullstellen bzw. Pole erster Ordnung entstehen.

Unsere Frage ist somit zurückgeführt auf die Existenz eines ABELschen Differentials dritter Gattung mit gegebenen (einfachen) Polen und Nullstellen, dessen sämtliche Perioden ganzzahlige Vielfache von $2\pi i$ sind.

Ist $\varphi^* dz$ ein solches Differential, so sind insbesondere seine Perioden längs der kanonischen Homologiebasis a_ν, b_ν (vgl. 5.10.) von der Form $2\pi i k_\nu$ bzw. $2\pi i l_\nu$ (k_ν, l_ν ganz). Es sei nun $\varphi\, dz$ ein beliebiges Differential erster Gattung und $\Phi(z)$ das in der längs a_ν und b_ν aufgeschnittenen Fläche R eindeutige Integral $\int \varphi\, dz$. Dann gilt nach (5.10).

$$\sum_\nu (A_\nu l_\nu - B_\nu k_\nu) = \sum_\mu (\Phi(P_\mu) - \Phi(Q_\mu)). \tag{5.14}$$

Gibt es also auf R ein Differential der verlangten Art, so gilt für *jedes* Differential erster Gattung die Gleichung (5.14), mit ganzen Zahlen k_ν und l_ν†.

5.36. Das Bestehen dieser Gleichung für ein festes System (k_ν, l_ν) ganzer Zahlen und für alle Integrale Φ erster Gattung ist umgekehrt auch *hinreichend* für die Existenz eines Differentials $\varphi^* dz$ mit den gewünschten Nullstellen bzw. Polen, dessen Perioden Vielfache von $2\pi i$ sind. Zum Beweis bezeichne $\varphi^* dz$ das Differential dritter Gattung mit den Polen P_μ und Q_μ und den Residuen $+1$ bzw. -1, so normiert, daß seine Perioden A_ν^* und B_ν^* $(\nu = 1, \ldots, p)$ rein imaginär sind. Es gilt zu zeigen, daß diese Perioden Vielfache von $2\pi i$ sind; denn gilt dies für die Basisperioden, so gilt es auch für die Perioden auf jedem beliebigen Zyklus.

Sei $\varphi\, dz$ ein beliebiges Differential erster Gattung; dann ist nach (5.10)

$$\sum_\nu (A_\nu B_\nu^* - B_\nu A_\nu^*) = 2\pi i \sum_\mu (\Phi(P_\mu) - \Phi(Q_\mu))$$

und nach Voraussetzung

$$\sum (A_\nu l_\nu - B_\nu k_\nu) = \sum_\mu (\Phi(P_\mu) - \Phi(Q_\mu)),$$

mit ganzen Zahlen k_ν und l_ν. Aus diesen Gleichungen folgt, daß

$$\sum_\nu (A_\nu B_\nu^* - B_\nu A_\nu^*) = 2\pi i \sum_\nu (A_\nu l_\nu - B_\nu k_\nu).$$

Bezeichnet man mit a_ν^* und b_ν^* die reellen Zahlen $\frac{1}{2\pi i} A_\nu^*$ bzw. $\frac{1}{2\pi i} B_\nu^*$, so wird also

$$\sum_\nu (A_\nu (b_\nu^* - l_\nu) - B_\nu (a_\nu^* - k_\nu)) = 0,$$

und wenn man zum Realteil übergeht,

$$\sum_\nu (A'_\nu (b_\nu^* - l_\nu) - B'_\nu (a_\nu^* - k_\nu)) = 0.$$

Da man die Realteile A'_ν und B'_ν beliebig vorgeben darf, muß diese Gleichung bei festem $b_\nu^* - l_\nu$ und $a_\nu^* - k_\nu$ für alle A'_ν und B'_ν bestehen;

† Man bemerke, daß die Zahlen k_ν, l_ν nicht von der Wahl des Differentials $\varphi\, dz$ abhängen.

daher wird $b_\nu^* = l_\nu$ und $a_\nu^* = k_\nu$, d. h. $B_\nu^* = 2\pi i\, l_\nu$ und $A_\nu^* = 2\pi i\, k_\nu$. Die Perioden A_ν^* und B_ν^* sind also in der Tat ganzzahlige Vielfache von $2\pi i$, w.z.b.w.

5.37. Die Zahl $\Omega = \sum_\nu (A_\nu l_\nu - B_\nu k_\nu)$ ist die Periode des Integrals $\int \varphi\, dz$ längs des Zyklus $z = \sum_\nu (a_\nu l_\nu - b_\nu k_\nu)$. Man kann daher das ABELsche Theorem so formulieren:

Notwendig und hinreichend für die Existenz einer rationalen Funktion mit den (sämtlich einfachen) Nullstellen P_μ und Polen Q_μ ist, daß für jedes Integral Φ erster Gattung gilt

$$\sum_\mu (\Phi(P_\mu) - \Phi(Q_\mu)) = \Omega,$$

wobei Ω die Periode des zugehörigen Differentials längs eines geeigneten (von der Wahl von Φ unabhängigen) 1-Zyklus bezeichnet.

5.38. Die obige Bedingung ist genau dann für jedes Differential $\varphi\, dz$ erster Gattung erfüllt, wenn sie für die Differentiale einer beliebigen Basis des Raumes (φ) gilt. Ist $\varphi_1, \ldots, \varphi_p$ eine solche Basis, so lautet die Bedingung also

$$\sum_\mu (\Phi_\nu(P_\mu) - \Phi_\nu(Q_\mu) = \Omega_\nu \qquad (\nu = 1, \ldots, p),$$

wo Ω_ν die Periode von φ_ν längs eines gewissen 1-Zyklus $z = \sum_\varrho (a_\varrho l_\varrho - b_\varrho k_\varrho)$ bezeichnet. Sind $A_{\nu\varrho}$ und $B_{\nu\varrho}$ die Periodenmatrizen der Basisdifferentiale φ_ν längs des kanonischen Systems a_ϱ, b_ϱ, so ist $\Omega_\nu = \sum_\varrho (A_{\nu\varrho} l_\varrho - B_{\nu\varrho} k_\varrho)$, und die Bedingung besagt dann die ganzzahlige Lösbarkeit des Gleichungssystems

$$\sum_\mu (\Phi_\nu(P_\mu) - \Phi_\nu(Q_\mu)) = \sum_\varrho (A_{\nu\varrho} l_\varrho - B_{\nu\varrho} k_\varrho), \tag{5.15}$$

nach k_ϱ und l_ϱ.

Wir beweisen noch, daß dieses System, unabhängig von der Wahl der Punkte P_μ, Q_μ, genau eine *reelle* Lösung (k_ϱ, l_ϱ) hat. Die Bedingung des ABELschen Theorems ist also, daß dieser Lösungsvektor speziell *ganzzahlig* sein soll.

Um die obige Behauptung nachzuweisen betrachten wir das System

$$\sum_\varrho (A_{\nu\varrho} l_\varrho - B_{\nu\varrho} k_\varrho) = c_\nu, \tag{5.15}$$

wo die Zahlen c_ν beliebig sind. Da die k_ν und l_ν reell sein sollen, ergibt der Übergang zum konjugierten System

$$\sum_\varrho (\bar{A}_{\nu\varrho} l_\varrho - \bar{B}_{\nu\varrho} k_\varrho) = \bar{c}_\nu. \tag{5.16}$$

Das entsprechende homogene System hat nur die triviale Lösung $k_\varrho = l_\varrho = 0$. Denn nach 5.22. kann man die Basis φ_ν so wählen, daß $A_{\nu\varrho} + \bar{A}_{\nu\varrho} = 2\delta_{\nu\varrho}$ und $B_{\nu\varrho} + \bar{B}_{\nu\varrho} = 0$ wird. Dann folgt durch Addition aus

(5.16) $l_\varrho = 0$ und damit ist wegen $|B_{\nu\varrho}| \neq 0$ auch $k_\varrho = 0$. Das homogene System hat also nur die triviale Lösung und das inhomogene daher genau eine. Diese Lösung (k_ν, l_ν) ist, wie aus der Form der Gl. (5.15) sofort zu sehen ist, reell. Damit ist gezeigt, daß das Gleichungssystem (5.15) genau eine reelle Lösung besitzt, w. z. b. w.

5.39. Wenden wir unser Resultat insbesondere auf die Zahlenkugel an, so folgt, daß es zu *jedem* System P_μ, Q_μ von Polen und Nullstellen eine rationale Funktion gibt, denn die einzige ABELsche Kovariante erster Gattung ist $\varphi \equiv 0$.

Auf einer Torusfläche ($p = 1$) wird der Raum der Differentiale erster Gattung von einer Kovarianten φ aufgespannt. Diese ist, wenn wir als lokale Parameter nur solche zulassen, die durch die Translationen $z \to z + \omega_1$ und $z \to z + \omega_2$ auseinander hervorgehen, $\varphi \equiv 1$, und damit sind ihre beiden Perioden $A = \omega_1$, $B = \omega_2$. Die Bedingung für die Existenz einer rationalen Funktion ist daher die aus der Theorie der elliptischen Funktionen bekannte Beziehung

$$\Omega = l\,\omega_1 - k\,\omega_2 = \sum_\mu \left(\Phi(P_\mu) - \Phi(Q_\mu)\right).$$

5.40. Bemerkung. Die obigen Eigenschaften bestehen auch in dem Falle, wo unter den Nullstellen P_μ und den Polen Q_μ mehrfache auftreten. Man hat bei den vorangehenden Beweisen nur jede Stelle P_μ, Q_μ so oft zu schreiben, als ihre Vielfachheit angibt.

Auf eine weitere Untersuchung der Zusammenhänge, welche für die Existenz rationaler Funktionen wesentlich sind (RIEMANN-ROCHscher Satz usw.) gehen wir hier nicht ein, sondern verweisen auf die einschlägige Literatur über diese klassischen Fragen (vgl. z. B. APPEL-GOURSAT [1*], FRICKE-KLEIN [1*], WEYL [1*], OSGOOD [1*]).

Es sei hier nur bemerkt, daß sich zu vorgegebenen Stellen $b_1, \ldots, b_n$ stets eine rationale Funktion angeben läßt, die höchstens an diesen Stellen Pole besitzt, sofern die Zahl n genügend groß ist. Man konstruiert hierzu n ABELsche Integrale Φ_ν mit je einem Pol b_ν $(\nu = 1, \ldots, n)$. Dann ist

$$\Phi = \sum_{\nu=1}^{n} c_\nu \Phi_\nu$$

eine (zunächst mehrdeutige) Funktion welche in b_ν einen Pol besitzt, falls die Konstante $c \neq 0$. Ist nun α_ϱ $(\varrho = 1, \ldots, 2p)$ eine Homologiebasis der Fläche, so hat das Differential φ längs α_ϱ die Periode

$$\int_{\alpha_\varrho} \varphi\, dz = \sum_\nu c_\nu \int_{\alpha_\varrho} \varphi_\nu\, dz = \sum_\nu A_{\nu\varrho} c_\nu,$$

und diese können, falls $n > 2p$, durch ein nichttriviales System c_ν zum Verschwinden gebracht werden. Das entsprechende Integral Φ ist dann eine eindeutige Funktion und hat an gewissen der Stellen b_ν (nämlich an denjenigen, für die $c_\nu \neq 0$) Pole, während es im übrigen regulär ist

§ 5. Integrale algebraischer Funktionen.

5.41. Hyperelliptische Flächen. Für RIEMANNsche Flächen, welche durch eine algebraische Gleichung $F(z, w) = 0$ erklärt sind, läßt sich die Theorie der ABELschen Integrale direkt mittels algebraischer Methoden aufbauen. Als Beispiel zu der vorhergehenden allgemeinen Theorie wollen wir hier einige Grundtatsachen aus der klassischen Lehre der Integrale der algebraischen Funktion zusammenstellen und betrachten zunächst den einfachen Fall einer hyperelliptischen Fläche, definiert durch

$$w^2 = P(z),$$

wo P ein Polynom des Grades $2p+1$ oder $2p+2$ ist. Die Zahl p gibt dann das Geschlecht der Flächen $\widetilde{R}_z$ und $\widetilde{R}_w$ an, auf welchen die algebraische Funktion $w = w(z)$ bzw. ihre Umkehrfunktion $z = z(w)$ eindeutig sind.

Als Basis des p-dimensionalen linearen Raumes der ABELschen Differentiale *erster Gattung* nimmt man am einfachsten

$$\frac{z^\nu dz}{w} \quad (\nu = 0, 1, \ldots, p-1).$$

Führt man an den Nullstellen von P die lokal uniformisierenden Parameter ein, so ergibt sich sofort, daß das Differential hier regulär ist, und dasselbe gilt auch in denjenigen Punkten der Fläche, welche über dem Punkt $z = \infty$ liegen. Das Differential ist also auf der Fläche $\widetilde{R}_z$ regulär und eindeutig; es stellt somit ein ABELsches Differential erster Gattung dar. Ferner sind die p Differentiale linear unabhängig, sie bilden also eine Basis, und der allgemeine Ausdruck des ABELschen Integrals erster Gattung auf der Fläche $\widetilde{R}_z$ ist somit

$$f(z) = \int \frac{P_{n-1}(z)}{w} dz,$$

wo P_{n-1} ein beliebiges Polynom höchstens des Grades $n-1$ ist.

Wir bilden dann ein Integral *zweiter Gattung*, mit einem Pol an einer gegebenen Stelle $z = a$, $w = b$ der Fläche $\widetilde{R}_z$. Für das entsprechende Differential kann man nehmen

$$df = \frac{w(z) + w(a) + w'(a)(z-a)}{(z-a)^2 w} dz,$$

falls a keine Nullstelle von w ist. Für eine Nullstelle $z = a$ kann man das Differential

$$df = \frac{dz}{(z-a)w}$$

wählen. In dem Punkt $z = \infty$, wo $w = \sqrt{P} = a_0 z^{p+1} + a_1 z^p + \cdots$ (Grad von P gleich $2p+2$), setzt man

$$df = \frac{w + a_0 z^{p+1} + a_1 z^p}{w}\, dz$$

und für die Gradzahl $2p+1$

$$df = \frac{z^p\, dz}{w}.$$

Man bestätigt unmittelbar, daß diese Differentiale eindeutig und überall regulär sind, außer an der Stelle $z = a$, $w = b = w(a)$, wo sie einen Pol zweiter Ordnung mit dem Residuum Null besitzen. Das Differential df ist also von zweiter Gattung.

Ein Elementarintegral *dritter Gattung* mit den Polen $(z = a, w = w(a))$, $(z = b, w = w(b))$ wird durch Integration des Differentials

$$df = \left(\frac{w + w(a)}{z - a} - \frac{w + w(b)}{z - b}\right)\frac{dz}{w}$$

erhalten, falls die Pole im Endlichen liegen und $z = a, b$ keine Windungspunkte der Fläche $\widetilde{R}_z$ sind. Falls a und b beide Windungspunkte sind, so geht dieser Ausdruck in

$$\left(\frac{1}{z-a} - \frac{1}{z-b}\right) dz$$

über.

Setzt man $a = \infty$, so wird

$$df = \frac{w + w(b) + c(z-b)^{p+1}}{(z-b)\,w}\, dz,$$

wobei $w = c z^{p+1} + \cdots$ für $z \to \infty$ ist (Grad von P gleich $2p+2$). Wenn speziell $a = \infty$, $w = w(\infty) = \infty$, so hat man

$$df = \frac{z^p\, dz}{w}.$$

Für eine ungerade Gradzahl $2p+1$ von P erhält man, falls $z = a = \infty$ gewählt wird,

$$df = \frac{w + w(b)}{z - b}\,\frac{dz}{w}.$$

5.42. Der allgemeine Fall $F(z, w) = 0$. Wir beweisen zunächst den Satz:

Jede rationale Funktion $f(P)$ auf der von einer algebraischen Gleichung

$$F(z, w) = 0$$

definierten geschlossenen Fläche ist eine rationale Funktion

$$f(P) = R(z, w)$$

der Veränderlichen z und w.

Beweis. Es sei n bzw. m die Gradzahl der irreduziblen Gleichung $F=0$ in z bzw. w. Falls nun $f(P)$ eine rationale Funktion des Punktes P der entsprechenden geschlossenen RIEMANNschen Fläche $\tilde{R}_z$ ist, die m-blättrig über der z-Ebene liegt, so entsprechen einem Wert z, über dem kein Verzweigungspunkt der Fläche $\tilde{R}_z$ liegt, m Zweige $P=P_\nu(z)$ $(\nu=1,\ldots,m)$; wir setzen

$$f_\nu(z)=f(P_\nu(z)) \qquad (\nu=1,\ldots,m).$$

Seien andererseits $w=w_\nu(z)$ $(\nu=1,\ldots,m)$ die Zweige der von der Gleichung $F=0$ erklärten algebraischen Funktion $w=w(z)$. Wir bilden den Ausdruck

$$\Phi_k(z)=\sum_\nu w_\nu^k f_\nu \qquad (k=0,\ldots,m-1).$$

Er ist eine eindeutige analytische Funktion von z, und da diese als Singularitäten höchstens Pole besitzt, so ist Φ_k eine *rationale* Funktion von z.

Andererseits betrachte man das Polynom $F(z,w)$ und ordne den Ausdruck

$$\frac{F(z,w)-F(z,u)}{w-u}$$

nach Potenzen von u:

$$\frac{F(z,w)-F(z,u)}{w-u}=\sum_k A_k(z,w)\,u^k,$$

wobei die A_k Polynome in z und w sind. Für eine Lösung $u=w_\mu$ der Gleichung $F(z,u)=0$ findet man

$$\frac{F(z,w)}{w-w_\mu}=\sum_{k=0}^{m-1} A_k(z,w)\,w_\mu^k.$$

Läßt man hier $w\to w_\nu$ streben, so wird

$$F_w(z,w_\nu)\,\delta_{\mu\nu}=\sum_{k=0}^{m-1} A_k(z,w_\nu)\,w_\mu^k,$$

wobei $\delta_{\mu\nu}$ das KRONECKERsche Symbol ist.

Multipliziert man die oben gebildete Funktion Φ_k mit A_k, so ergibt sich nach Summation ein Ausdruck

$$\Phi(z,w)=\sum_{k=0}^{m-1} A_k(z,w)\,\Phi_k(z),$$

der in z und w rational ist. Für $w=w_\nu$ ergibt sich

$$\Phi(z,w_\nu)=\sum_{k,\mu} A_k(z,w_\nu)\,f(P_\mu)\,w_\mu^k=f(P_\nu)\,F_w(z,w_\nu).$$

Es ist somit

$$f(P_\nu)=\frac{\Phi(z,w_\nu)}{F_w(z,w_\nu)},$$

und $f(P)$ ist somit rational in z und w, w.z.b.w.

5.43. Derselbe Satz gilt allgemein auch für eine ABELsche *Kovariante* $\varphi(P)$ auf der Fläche $\tilde{R}_z$. Es ist nämlich φ hier eindeutig, ferner analytisch und bis auf Pole regulär in bezug auf eine lokal uniformisierende Variable. Als solche kann man nun entweder die Veränderliche z selbst nehmen oder, an einer Windungsstelle $z = a$ der Ordnung $(\mu - 1)$ der Fläche $\tilde{R}_z$, die Wurzel $t = \sqrt[\mu]{z - a}$. Führt man z als einheitliche Veränderliche ein, so kann man sämtliche obigen Überlegungen auf die *Funktion* φ von z anwenden und es ergibt sich, daß φ eine rationale Funktion von z und w ist.

5.44. Integrale erster Gattung. Wir wollen nun die Bedingungen untersuchen, unter denen ein ABELsches Differential

$$\varphi(P)\,dz = R(z, w)\,dz$$

polfrei ist. Wir schränken die Betrachtung zunächst auf folgende Voraussetzungen ein:

1°. $$F(z, w) = w^m + Q_1 w^{m-1} + \cdots + Q_m,$$

wobei die Gradzahl von Q_ν höchstens gleich ν sein soll.

Aus dieser Bedingung folgt, daß w für endliches z endlich bleibt, so daß also die Werte $w = \infty$ dem Punkt $z = \infty$ entsprechen.

2°. Speziell wird vorausgesetzt, daß *über dem Punkt $z = \infty$ keine Windungspunkte liegen, so daß hier*

$$w_\nu = c_\nu z + R\left(\frac{1}{z}\right) \qquad (\nu = 1, \ldots, m). \tag{5.17}$$

Durch die Schlüsse von 5.42. findet man für die Kovariante Φ den rationalen Ausdruck

$$R(z, w) = \frac{\sum\limits_{0}^{m-1} A_k(z, w)\,\Phi_k(z)}{F_w(z, w)} = \frac{\Psi(z, w)}{F_w(z, w)}.$$

Unter der Voraussetzung, daß die Kovariante $R(z, w)$ erster Gattung ist, sind die Ausdrücke

$$\Phi_k(z) = \sum_{\nu=1}^{m} w_\nu^k R(z, w_\nu)$$

Polynome in z. In der Tat ist der Ausdruck $R(z, w_\nu)$ regulär für $z \neq a_\mu, \infty$, wo a_μ die Nullstellen von $F_w(z, w_\nu)$ sind. Als Pole von $R(z, w_\nu)$ kommen daher höchstens die Stellen $z = a_\mu, \infty$ in Betracht. Für $z = a_\mu$ kann dies nur dann der Fall sein, wenn a_μ ein Windungspunkt der Fläche $\tilde{R}_z$ ist. Ist $t = \sqrt[\varrho]{z - a_\mu}$ ein lokal uniformisierender Parameter und hat $R(z, w_\nu)$ die Entwicklung

$$R(z, w_\nu) = \frac{1}{t^h} R(t) \qquad (R(0) \neq 0),$$

$$R(z, w_\nu)\,dz = (t^{\varrho - h - 1} + \cdots)\,dt,$$

so ergibt sich wegen der Endlichkeit von R

$$\varrho - h - 1 \geqq 0, \qquad h \leqq \varrho - 1$$

und

$$R(z, w_\nu) \sim \left(\frac{1}{z - a_\mu}\right)^{h/\varrho},$$

so daß also

$$(z - a_\mu) R(z, w_\nu) \to 0 \quad \text{für} \quad z \to a_\mu .$$

Hieraus schließt man, daß R auch in $z = a_\mu$ endlich verbleibt. Der rationale Ausdruck $\Phi_k(z)$ ist also für $z \neq \infty$ endlich und reduziert sich somit auf ein *Polynom*.

5.45. Die Gradzahl von Φ_k ergibt sich, wenn man das Verhalten für $z \to \infty$ berücksichtigt. Da das Differential $R\,dz$ nach Voraussetzung von erster Gattung ist, so muß $R(z, w_\nu)$ für $z \to \infty$ gegen Null streben, und zwar mindestens wie $1/z^2$. Da ferner $w_\nu \sim c_\nu z$, $w_\nu^k \sim c_\nu^k z^k$, so ist das höchste Glied in der Entwicklung von $w_\nu^k R(z, w_\nu)$ an der Stelle $z = \infty$ höchstens vom Grade $k - 2$.

Das Polynom $\Phi_k(z)$ ist also nicht von höherem Grad als z^{k-2}. Daher wird

$$\Phi_0(z) = \Phi_1(z) \equiv 0 .$$

Ferner ist $A_k(z, w) = Q_0 w^{m-k-1} + Q_1 w^{m-k-2} + \cdots + Q_{m-k-1}$ und $A_k \sim z^{m-k-1}$ für $z \to \infty$. Es ist also

$$\Psi(z, w) = \sum A_k \Phi_k ,$$

ein Polynom, dessen Gradzahl (bestimmt mit Rücksicht auf beide Veränderlichen z und w) höchstens $m - 3$ ist.

Ein Integral erster Gattung auf der Fläche $F = 0$, welches die Bedingung 1° *und* 2° *von* 5.44. *erfüllt, hat notwendig die Form*

$$\int R(z, w)\, dz = \int \frac{\Psi(z, w)}{F_w(z, w)}\, dz, \tag{5.18}$$

wo Ψ ein Polynom ist, dessen höchstes Glied höchstens vom Grade $m - 3$ ist.

5.46. Wir fragen nun, ob diese notwendige Bedingung für $\varphi \equiv R(z, w)$ auch hinreichend ist, damit (5.18) ein Integral erster Gattung sei. Man stellt fest:

1°. In jedem endlichen Punkt $P(z \neq \infty)$ ist das Integral (5.18) regulär, höchstens mit Ausnahme der kritischen Stellen, wo

$$F = F_z = F_w = 0 . \tag{5.19}$$

Diese Behauptung ist evident, falls P kein Windungspunkt ist, denn dann ist $F_w \neq 0$, $\Psi \neq 0$, da sowohl z als w endlich sind. Falls P ein gewöhnlicher regulärer Windungspunkt ist, wo also $F = F_w = 0$, $F_z \neq 0$, so verbleibt Ψ hier noch regulär. Ferner ist

$$F_z\, dz + F_w\, dw = 0 ,$$

und wenn wir zu der Veränderlichen w als lokalem Parameter übergehen so findet man, daß

$$\frac{dz}{F_w} = -\frac{dw}{F_z}$$

endlich ist. Das Integral (5.18) ist somit für endliche z regulär, mit eventueller Ausnahme der Stellen (5.19).

2°. Für $z = \infty$ ergibt sich zunächst für die Ableitung

$$F_w = m\, w^{m-1} + (m-1)\, Q_1\, w^{m-2} + \cdots$$

die Entwicklung

$$F_w = A\, z^{m-1} + B\, z^{m-2} + \cdots;$$

sie hat also hier höchstens einen Pol der Ordnung $m-1$.

Nehmen wir nun an, diese Ordnung sei *genau gleich* $m-1$, d.h., $A \neq 0$. Diese Voraussetzung läßt sich auf eine andere, weniger implizite zurückführen. Wir schreiben das Polynom F als Summe von homogenen Polynomen $H_\nu(z, w)$ des Grades ν:

$$F = \sum_{\nu=0}^{m} H_\nu(z, w).$$

Hier sei das höchste Polynom

$$H_m = \sum_{\nu=0}^{m} a_{m-\nu}\, z^{m-\nu}\, w^\nu.$$

Setzt man $w = c\,z$, so ergibt die Gleichung

$$H_m(z, c\,z) = z^m\, \overline{H}_m(c) \equiv z^m \sum_{\nu=0}^{m} a_{m-\nu}\, c^\nu = 0$$

als Wurzeln die m Koeffizienten $c_1, \ldots, c_m$ der Entwicklung (5.17).

Andererseits hat man

$$F_w = \sum_\nu \frac{\partial H_\nu}{\partial w},$$

und das höchste Glied ergibt sich hier aus

$$\frac{\partial H_m}{\partial w} = \sum_{\nu=1}^{m} \nu\, a_{m-\nu}\, z^{m-\nu}\, w^{\nu-1},$$

indem man die Entwicklung $w = c\,z + R(1/z)$ berücksichtigt; es wird

$$\frac{\partial H_m}{\partial w} \sim z^{m-1} \sum_{\nu=1}^{m} \nu\, a_{m-\nu}\, c^{\nu-1},$$

so daß

$$A = \sum_{\nu=1}^{m} \nu\, a_{m-\nu}\, c^{\nu-1} = \frac{\partial \overline{H}_m(c)}{\partial c}.$$

Das Verschwinden des Koeffizienten A bedeutet also, daß unter den Koeffizienten c_ν gleich große vorkommen.

5.47. Wir nehmen nun an

3°. *Die Koeffizienten* c_ν *in* (5.17) *sind untereinander verschieden.*

Dann hat also F_w in allen über $z = \infty$ liegenden Punkten der Fläche genau einen $(m-1)$-fachen Pol.

Daraus folgt, daß das Integral $\int R\,dz$ auch für $z = \infty$ endlich verbleibt, denn der Integrand Ψ/F_w hat dann in diesem Punkt eine *Nullstelle* mindestens der Ordnung zwei, so daß die Integration zu einem endlichen Wert für $z = \infty$ führt.

Nehmen wir also noch an:

4°. *Auf der Fläche* $F = 0$ *gibt es keine endlichen singulären Stellen* z, *wo* $F = F_z = F_w = 0$, so ergibt sich aus der obigen Untersuchung, daß die Funktion (5.18) auf der ganzen Fläche R_z regulär ist. Sie ist also ein Integral erster Gattung.

5.48. Zur Bestimmung der Anzahl der linear unabhängigen Integrale (5.18) bemerke man, daß das Polynom

$$\Psi = \sum_{\nu=0}^{m-3} \Psi_\nu,$$

wo Ψ_ν homogen vom Grade ν ist, insgesamt

$$\sum_0^{m-3} (\nu + 1) = \frac{(m-1)(m-2)}{2}$$

unbestimmte Konstanten (als Koeffizienten der Glieder $z^\mu w^\nu$) enthält.

Unter den Voraussetzungen 1° *bis* 4° *ist die Anzahl der auf der Fläche* $F = 0$ *linear unabhängigen Integrale erster Gattung gleich*

$$\frac{(m-1)(m-2)}{2}.$$

Nach der RIEMANNschen Formel ist andererseits die gesamte Ordnung der Windungspunkte der Fläche gleich

$$\sum (r-1) = 2m + 2p - 2,$$

wo p das Geschlecht bezeichnet. In einem Windungspunkt $P \to (z_0, w_0)$ hat die algebraische Funktion $z(w)$ die Entwicklung

$$z(w) - z(w_0) = c_0 (w - w_0)^r + \cdots \qquad (c_0 \neq 0),$$

so daß

$$\frac{dz}{dw} = c_0\, r\, (w - w_0)^{r-1} + \cdots$$

und wegen $F_z(z(w_0), w_0) \neq 0$

$$F_w = -F_z \frac{dz}{dw} \sim (w - w_0)^{r-1}.$$

Die Ableitung F_w hat also hier eine $(r-1)$-fache Nullstelle, und die gesamte Ordnung ihrer Nullstellen beträgt somit $\sum(r-1)$. Die totale Anzahl der Pole ist ebenfalls gleich $\sum(r-1)$; andererseits sind diese Pole die über $z=\infty$ liegenden Punkte, welche alle genau die Ordnung $m-1$ besitzen. Somit wird

$$\sum(r-1) = m(m-1),$$

und der Vergleich mit der RIEMANNschen Formel ergibt

$$m(m-1) = 2m + 2p - 2$$

und damit

$$p = \frac{(m-1)(m-2)}{2}.$$

In Übereinstimmung mit der allgemeinen Theorie finden wir somit, daß es *genau p linear unabhängige* ABEL*sche Integrale erster Gattung gibt.*

Dieses Ergebnis haben wir unter den Voraussetzungen 1°. bis 4°. hergeleitet. Durch einfache Betrachtungen, die wir hier nicht ausführen werden, kann man sich von diesen Einschränkungen frei machen, so daß das obige Resultat tatsächlich allgemein gültig ist.

5.49. Konform äquivalente Flächen. Birationale Transformationen. Wir betrachten zwei algebraische Gleichungen

$$F_1(z, w) = 0, \qquad F_2(z, w) = 0$$

und die von ihnen definierten geschlossenen RIEMANNschen Flächen R_1 und R_2. Eine wichtige Frage ist, unter welchen Bedingungen diese Flächen konform äquivalent sind. Für die topologische Äquivalenz der Flächen ist die Gleichheit der Charakteristiken χ_1 und χ_2 (bzw. der Geschlechter p_1 und p_2) eine notwendige und hinreichende Bedingung. Im einfachsten Falle $p_1 = p_2 = 0$, wo die beiden Flächen vom Kugeltypus sind, sind sie dazu auch stets konform äquivalent. In den höheren Fällen $p_1 = p_2 > 0$ ist dies nicht mehr der Fall, jede topologische Äquivalenzklasse zerfällt in mehrere (sogar unendlich viele) konforme Klassen.

Nehmen wir nun an, daß die zwei Flächen R_1 und R_2 konform äquivalent sind, und sei $P_1 \leftrightarrow P_2$ eine eineindeutige und konforme Beziehung zwischen den Flächen. Damit sind auch die den Punkten zugeordneten Wertepaare (z_1, w_1) und (z_2, w_2) eineindeutig aufeinander bezogen. In der Tat: sei z_1 ein Wert, über dem keine Singularität der Fläche R_1 liegt, und $w = w_1$ ein entsprechender w-Wert. Dann entspricht dem Paar (z_1, w_1) eindeutig ein Punkt P_1 der Fläche R_1, und diesem ist vermöge der gegebenen Abbildung ein wohlbestimmter Punkt der Fläche R_2 und somit auch ein Wertepaar (z_2, w_2) zugeordnet, das zur Gleichung $F_2 = 0$ gehört. Ist hingegen (z_1^0, w_1^0) eines von den (endlich vielen) singulären Wertepaaren der Fläche $F_1 = 0$, so betrachte man ein reguläres Wertepaar (z_1, w_1) in seiner Nähe, und durch den Grenzübergang $z_1 \to z_1^0$, $w_1 \to w_1^0$

findet man ein Wertepaar (z_2^0, w_2^0) der Fläche $F_2 = 0$, das dem gegebenen Paar (z_1^0, w_1^0) der Fläche $F_1 = 0$ zugeordnet wird.

Die Abbildung $P_1 \to P_2$ erklärt also auf der Fläche $F_1 = 0$ zwei eindeutige Funktionen,

$$z_2 = z_2(z_1, w_1), \qquad w_2 = w_2(z_1, w_1) \tag{5.20}$$

die offensichtlich rational auf R_1 sind.

Die Umkehrung dieses Schlusses definiert umgekehrt z_1 und w_1 als rationale Funktionen

$$z_1 = z_1(z_2, w_2), \qquad w_1 = w_1(z_2, w_2) \tag{5.21}$$

von z_2 und w_2 auf der Fläche R_2.

Die konforme Abbildung wird also von einer birationalen Transformation (5.20), (5.21) bewerkstelligt. Diese Funktionen sind nach den Ergebnissen von 5.42. auch rational in ihren zwei Argumenten aufgebaut, wobei freilich zu bemerken ist, daß die rationale Form dieser Ausdrücke im allgemeinen nur erreicht wird, wenn man die gegebenen algebraischen Relationen $F_1 = 0$, $F_2 = 0$ mitberücksichtigt.

Umgekehrt ist es klar, daß jede birationale Transformation (5.20), (5.21) eine eineindeutige und konforme Beziehung zwischen den gegebenen Flächen $F_1 = 0$, $F_2 = 0$ erklärt.

VI. Kapitel.

Der RIEMANNsche Abbildungssatz.

Der RIEMANNsche Abbildungssatz bildet die Grundlage für die gesamte Theorie der konformen Abbildungen und der Uniformisierung. Wir werden hier einen Beweis dieses Fundamentalsatzes geben, der möglichst wenig von den topologischen Eigenschaften einer RIEMANNschen Fläche verwendet. Von Kapitel II werden lediglich die ersten zwei Paragraphen benutzt, in denen der allgemeine Begriff der RIEMANNschen Fläche (§ 1) sowie der Homologiegruppe (§ 2) eingeführt und diskutiert worden sind. Speziellere Eigenschaften der RIEMANNschen Flächen (Triangulierbarkeit durch differenzierbare Simplexe und die hierauf beruhende Möglichkeit der Anwendung allgemeiner Integralsätze der Funktionentheorie) werden nicht vorausgesetzt; sie ergeben sich vielmehr als Folgerungen des Abbildungssatzes.

Von funktionentheoretischen Mitteln steht auf einer solchen allgemeinen begrifflichen Grundlage vor allem das Prinzip des Maximums und Minimums zur Verfügung, welches uns schon in Kapitel IV erlaubt hat, gewisse grundlegende potentialtheoretische Konstruktionen mit Hilfe des alternierenden Verfahrens vorzunehmen.

Der nachfolgende Beweis gibt den Abbildungssatz auch für den Fall eines Gebietes der Zahlenebene. Dieser besondere Fall wird also nicht als bekannt vorausgesetzt.

§ 1. Vorbereitende Bemerkungen.

6.1. Problemstellung. Es sei R eine offene oder geschlossene RIEMANNsche Fläche, deren erste Homologiegruppe sich auf die Identität reduziert (homologiemäßig einfach zusammenhängende Fläche). Der RIEMANNsche Abbildungssatz behauptet, daß die Fläche R, falls sie geschlossen ist, topologisch und konform auf die Zahlenkugel abgebildet werden kann (elliptischer Fall), während für eine offene Fläche R zwei Fälle möglich sind: R läßt sich entweder auf die Zahlenebene (parabolischer Fall) oder auf das Innere des Einheitskreises (hyperbolischer Fall) topologisch und konform abbilden[1].

Diese drei Fälle schließen sich gegenseitig aus. Daß der elliptische Fall an die Kompaktheit von R gebunden ist, ist aus topologischen Gründen klar. Die Fallunterscheidung „parabolisch" und „hyperbolisch" für eine offene Fläche hängt hingegen von metrischen Eigenschaften der Fläche ab. Auch diese zwei Fälle sind nicht kompatibel; denn wäre eine RIEMANNsche Fläche einerseits auf die Zahlenebene und andererseits auf das Innere des Einheitskreises konform abbildbar, so würden diese beiden Gebiete konform äquivalent sein, was nach den Elementen der Funktionentheorie nicht möglich ist (Satz von LIOUVILLE). Die offenen, homologiemäßig einfach zusammenhängenden RIEMANNschen Flächen zerfallen somit in zwei konforme Äquivalenzklassen, während die geschlossenen einfach zusammenhängenden eine einzige konforme Äquivalenzklasse bilden.

Im folgenden haben wir nur den Fall der offenen Flächen zu untersuchen; für geschlossene Flächen wurde der Abbildungssatz schon in IV, § 5 bewiesen.

6.2. Aus dem RIEMANNschen Abbildungssatz folgt insbesondere, daß alle homologiemäßig einfach zusammenhängenden Gebiete G der z-Kugel, die mindestens zwei Begrenzungspunkte haben, konform äquivalent sind: sie sind alle vom hyperbolischen Typus.

Um dies einzusehen, kann man mit KOEBE folgendermaßen schließen: Durch eine lineare Transformation kann man erreichen, daß

[1] Gewöhnlich spricht man den RIEMANNschen Abbildungssatz nicht für eine „homologiemäßig", sondern für eine „homotopiemäßig" einfach zusammenhängende Fläche aus, d.h. für eine Fläche, deren *Fundamentalgruppe* sich auf das Einheitselement reduziert; die zweite Fassung folgt aus der ersten nach 2.37. Daß die beiden Formulierungen äquivalent sind, ergibt sich aus dem Abbildungssatz, denn für die Normalgebiete (Kugel, punktierte Kugel, Kreisscheibe) ist jene Äquivalenz evident.

diese zwei Randpunkte $z=0$ und $z=\infty$ sind und daß $z=1$ ein Punkt von G ist. Dann ist derjenige Zweig der Funktion

$$w=\frac{1}{1+\sqrt{z}},$$

welcher durch die Bedingung $\sqrt{z}=+1$ für $z=1$ festgelegt ist, nach dem Argumentenprinzip in G eindeutig und, wie man sofort einsieht, beschränkt. Wäre nun G zur Zahlenebene $t\neq\infty$ konform äquivalent, so hätte man in w eine beschränkte, nichtkonstante Funktion von t, was unmöglich ist. G ist also vom hyperbolischen Typus.

6.3. Gesamtheit der Normalabbildungen. Unter Voraussetzung der Gültigkeit des RIEMANNschen Abbildungssatzes läßt sich die Gesamtheit der konformen Abbildungen einer einfach zusammenhängenden Fläche auf eines der oben betrachteten Normalgebiete E (geschlossene Ebene $|w|\leq\infty$, offene Ebene $|w|<\infty$, Einheitskreis $|w|<1$) leicht angeben.

Wenn die Fläche R elliptisch ist, so ist die konforme Abbildung auf die w-Kugel bis auf eine konforme Selbstabbildung dieser Kugel bestimmt. Die allgemeinste solche Abbildung wird durch eine linear gebrochene Transformation

$$w^*=\frac{a\,w+b}{c\,w+d}\qquad(a\,d-b\,c\neq 0)\tag{6.1}$$

vermittelt (vgl. hierzu Kap. VII, § 1).

Ist die Fläche R vom parabolischen Typus, so ist die konforme Abbildung auf die w-Ebene bis auf eine konforme Selbstabbildung der offenen w-Ebene, also bis auf eine ganze lineare Transformation (Ähnlichkeitstransformation)

$$w^*=a\,w+b$$

bestimmt.

Im hyperbolischen Fall läßt die Abbildungsaufgabe eine beliebige konforme Selbstabbildung des Einheitskreises frei. Eine solche Abbildung ist wieder eine lineare Transformation. Denn ist $w\leftrightarrow w^*$ eine Abbildung des Kreises $|w|<1$ auf sich und a^* der Bildpunkt eines Punktes a ($|a|<1$, $|a^*|<1$), so kann man die Punkte a und a^* durch eine lineare Transformation T bzw. T^*, welche jenen Kreis invariant läßt, in den Nullpunkt überführen. Die Funktion $T^*(w^*(w)):T(w)$ ist dann für $|w|\leq 1$ von Null verschieden und regulär und hat auf $|w|=1$ den konstanten Betrag eins. Nach dem Maximum- und Minimumprinzip ist sie also konstant, d.h. $w^*(w)$ ist eine lineare Funktion von w.

§ 2. GREENsche Funktion einer offenen Fläche.

6.4. GREENsche Funktion eines Kreisbereiches. Es sei R eine beliebige offene (nicht notwendig einfach zusammenhängende) RIEMANNsche Fläche und B ein Kreisbereich auf R, im Sinne der Definition von 4.15., also die (zusammenhängende) Vereinigungsmenge endlich vieler „Kreise" oder „Kreisringe".

Sei $z=\zeta$ ein beliebiger innerer Punkt von B (z bedeutet im folgenden einen willkürlich festgesetzten lokalen Parameter in der Umgebung von ζ). Nach Kap. IV, § 4 existiert dann auf B eine Funktion $G(z,\zeta)$ mit folgenden Eigenschaften:

1. $G(z,\zeta)$ ist im Innern von B eindeutig und harmonisch mit Ausnahme von $z=\zeta$, wo

$$G(z,\zeta)=\log\frac{1}{|z-\zeta|}+\gamma+[(z-\zeta)].$$

2. G ist in B stetig und verschwindet auf der Begrenzung β von B[1].

Aus dem Minimumprinzip folgt, daß $G(z,\zeta)$ durch diese Eigenschaften eindeutig bestimmt ist und ferner, daß $G(z,\zeta)>0$ im Innern von B.

Die Konstante γ heißt die ROBINsche Konstante von B in Bezug auf den Punkt ζ und $c=e^{-\gamma}$ wird die *Kapazitätskonstante* genannt. Sie hat kovarianten Charakter.

6.5. GREENsche Funktion einer offenen Fläche. Es sei jetzt R eine beliebige offene RIEMANNsche Fläche und $z=\zeta$ ein Punkt auf R. Um die GREENsche Funktion der Fläche R zu definieren, schöpfen wir R durch eine monotone Folge von Kreisbereichen

$$B_1<B_2<\cdots<B_n<\cdots \qquad (B_n\to R)$$

aus, was nach dem Abzählbarkeitsaxiom möglich ist. B_1 möge bereits den Punkt ζ enthalten; die Begrenzung von B_n sei β_n.

Es sei dann

$$G_n(z,\zeta)=\log\frac{1}{|z-\zeta|}+\gamma_n+[(z-\zeta)]$$

die GREENsche Funktion von B_n. Die Differenz G_n-G_m $(n>m)$ ist regulär in B_m und nichtnegativ auf β_m. Nach dem Minimumprinzip ist somit für jedes $n>m$

$$G_n(z,\zeta)\geq G_m(z,\zeta)$$

in B_m; insbesondere folgt daraus für $z=\zeta$, daß

$$\gamma_n\geq\gamma_m.$$

[1] Nach Kap. IV kann man auf diese Eigenschaften eigentlich nicht ohne weiteres auf der ganzen Begrenzung β schließen; es könnte a priori endlich viele Stellen auf β geben, in deren Umgebung G nicht verschwindet, aber beschränkt bleibt. Wir werden auf diese Frage hier nicht eingehen. Die nachfolgenden Überlegungen sind sämtlich auch dann zulässig, wenn endlich viele solche Ausnahmestellen vorkommen. Es wird nämlich nur auf das Maximum- und Minimumprinzip ankommen, und dieses ist nach Kap. III, § 4 auch dann anwendbar, wenn Randstellen der angegebenen Art in endlicher Anzahl vorhanden sind.

Es existiert also der Grenzwert

$$\lim_{n\to\infty} \gamma_n = \gamma \leqq \infty .$$

Die Zahl $c = e^{-\gamma} \geqq 0$ wird die *Kapazitätskonstante* der Fläche R in Bezug auf den Punkt ζ genannt.

6.6. Flächen mit positiver Kapazitätskonstante. Nehmen wir an, γ sei endlich, also $c > 0$. Nach dem HARNACKschen Prinzip konvergiert dann die Folge $G_n(z, \zeta)$ gegen eine Grenzfunktion $G(z, \zeta)$ mit den folgenden Eigenschaften:

1. $G(z, \zeta)$ ist auf R eindeutig und harmonisch, außer in $z = \zeta$, wo

$$G(z, \zeta) = \log \frac{1}{|z - \zeta|} + \gamma + [(z - \zeta)] .$$

2. Es ist $G(z, \zeta) > 0$ auf R.

$G(z, \zeta)$ wird als die GREEN*sche Funktion* der Fläche R erklärt. Hingegen gilt nicht mehr allgemein, daß $G(z_n, \zeta) \to 0$ für eine beliebige unendliche Punktfolge z_n, ohne Häufungspunkt auf R[1].

6.7. Minimumeigenschaft der GREENschen Funktion. Als charakteristische Eigenschaft der GREENschen Funktion einer offenen Fläche wird daher die jetzt zu beweisende *Minimumeigenschaft* der GREENschen Funktion treten, an Stelle des Verschwindens auf der Begrenzung.

Minimumeigenschaft. *Es sei $U(z, \zeta)$ eine beliebige positive Funktion auf R, die für $z \neq \zeta$ harmonisch und für $z = \zeta$ von der Form ist:*

$$U(z, \zeta) = \log \frac{1}{|z - \zeta|} + \textit{reguläre Funktion} .$$

Dann gilt

$$G(z, \zeta) \leqq U(z, \zeta) .$$

Wenn in einem Punkte $z \neq \zeta$ Gleichheit besteht, so gilt sie identisch.

Beweis. Es sei $z = a \neq \zeta$ ein beliebiger Punkt auf R und n so groß, daß $a \subset B_n$. Auf β_n ist $U(z, \zeta) - G_n(z, \zeta) > 0$, daher muß nach dem Minimumprinzip dasselbe in B_n gelten. Es ist somit $G_n(a, \zeta) < U(a, \zeta)$ und also auch

$$G(a, \zeta) = \lim_{n\to\infty} G_n(a, \zeta) \leqq U(a, \zeta) .$$

Die Differenz $U - G$ ist daher nichtnegativ. Erreicht sie ihr Minimum Null in einem Punkte z, so ist sie identisch gleich Null, womit der Satz bewiesen ist.

---

[1] Von der Begrenzung einer offenen Fläche R, die nicht in einer anderen eingebettet ist, hat es keinen Sinn zu sprechen, da diese keine „reelle Darstellung" hat. Wir sprechen deshalb nur von einem „idealen Rand" der Fläche.

Für eine *einfach* zusammenhängende Fläche verschwindet $G(z, \zeta)$ auf dem idealen Rand. Dies wird sich aber erst als eine Folge des RIEMANNschen Abbildungssatzes ergeben. Für ein Teilgebiet der Zahlenebene folgt dies (ohne den RIEMANNschen Abbildungssatz) aus 6.10.

Aus der Minimumeigenschaft folgt insbesondere, daß die GREENsche Funktion $G(z, \zeta) = \lim G_n(z, \zeta)$ von der Art der Ausschöpfung durch Kreisbereiche unabhängig ist.

Ferner ergibt sich, daß die GREENsche Funktion einer Teilfläche R' von R höchstens gleich der GREENschen Funktion der ganzen Fläche R ist.

Zusatz. Der obige Satz besteht a fortiori für jede positive harmonische Funktion $U(z, \zeta)$, die im Punkte ζ den oben vorausgesetzten positiven Pol hat und dazu eine beliebige Menge (ζ^*) von Singularitäten auf R besitzt, wenn nur $\lim U = +\infty$ für $z \to \zeta^*$. Dieser Zusatz ergibt sich durch Wiederholung des obigen Schlusses, wobei man R durch die punktierte Fläche $R - (\zeta^*)$ zu ersetzen hat.

6.8. Kriterium für die Existenz der GREENschen Funktion. Aus diesem Zusatz ergibt sich folgendes Kriterium für die Existenz der GREENschen Funktion von R:

Wenn auf R eine positive Potentialfunktion $U(z, \zeta)$ existiert, die für $z = \zeta$ die Entwicklung

$$U(z, \zeta) = \log \frac{1}{|z - \zeta|} + \textit{reguläre Funktion}$$

und im übrigen nur solche Singularitäten ζ^* hat, daß $\lim U = +\infty$ für $z \to \zeta^*$, so existiert die GREENsche Funktion $G(z, \zeta)$.

Ist nämlich U eine solche Funktion, so ist nach dem Minimumprinzip, angewandt auf das Näherungsgebiet B_n, in jedem Punkt $z \neq \zeta, \zeta^*$

$$G_n(z, \zeta) \leq U(z, \zeta).$$

Daher ist der Grenzwert $G(z, \zeta) = \lim G_n$ *endlich*, d.h. die GREENsche Funktion $G(z, \zeta)$ existiert.

Insbesondere folgt hieraus, daß jede RIEMANNsche Fläche R, auf der eine nichtkonstante beschränkte, reguläre analytische Funktion $f(z)$ existiert, zu allen Punkten ζ eine GREENsche Funktion $G(z, \zeta)$ besitzt. Ist nämlich $|f| < M$, so erfüllt die Potentialfunktion

$$U(z, \zeta) = \log \frac{2M}{|f(z) - f(\zeta)|}$$

die obigen Bedingungen für jeden Punkt ζ, wo $f'(\zeta) \neq 0$. Hat dagegen f' in ζ eine Nullstelle $(n-1)$-ter Ordnung, so ersetze man U durch $\frac{1}{n} U$.

Ist insbesondere R ein beschränktes Gebiet der Zahlenebene, so kann man für f die Funktion $f = z$ nehmen. Jedes beschränkte Gebiet der z-Ebene hat also eine GREENsche Funktion.

6.9. GREENsche Funktionen konform äquivalenter Flächen. Es seien $\tilde{R}$ und R zwei offene RIEMANNsche Flächen und f eine eindeutige und konforme Abbildung $\tilde{R} \to R$. Besitzt dann R für einen Punkt ζ eine

GREENsche Funktion $G(z, \zeta)$, so existiert auch die GREENsche Funktion $\tilde{G}(\tilde{z}, \tilde{\zeta})$ von $\tilde{R}$ für jeden Urbildpunkt $\tilde{\zeta}$ von ζ.

Zum Beweis betrachten wir auf $\tilde{R}$ die Funktion

$$\tilde{U}(\tilde{z}, \tilde{\zeta}) := G(f(\tilde{z}), f(\tilde{\zeta}));$$

sie ist eindeutig und positiv, da sie denselben Wertevorrat wie $G(z, \zeta)$ hat. In jedem Urbildpunkt $\tilde{\zeta}$ von ζ auf $\tilde{R}$ gilt die Entwicklung

$$\tilde{U}(\tilde{z}, \tilde{\zeta}) = \log \frac{1}{|f(\tilde{z}) - f(\tilde{\zeta})|} + \text{reguläre Funktion} = \log \left| \frac{1}{\tilde{z} - \tilde{\zeta}} \right| + \cdots.$$

Die Funktion $\tilde{U}$ erfüllt demnach die Voraussetzungen von 6.8., und daher existiert die GREENsche Funktion $\tilde{G}(\tilde{z}, \tilde{\zeta})$, w.z.b.w.

Insbesondere folgt hieraus, daß jede unverzweigte Überlagerungsfläche von R in allen über ζ gelegenen Punkten eine GREENsche Funktion besitzt.

Ist die Abbildung $\tilde{R} \to R$ speziell eineindeutig, sind also die Flächen $\tilde{R}$ und R konform äquivalent, so ist $\tilde{U}(\tilde{z}, \tilde{\zeta})$ die GREENsche Funktion der Fläche $\tilde{R}$.

Zum Beweis sei $\tilde{\zeta}$ der Urbildpunkt von ζ auf $\tilde{R}$. Dann existiert, wie eben gezeigt, die GREENsche Funktion $\tilde{G}(\tilde{z}, \tilde{\zeta})$, und es gilt

$$\tilde{G}(\tilde{z}, \tilde{\zeta}) \leqq \tilde{U}(\tilde{z}, \tilde{\zeta}) = G(f(\tilde{z}), f(\tilde{\zeta})).$$

Da jetzt $\tilde{R}$ nicht vor R ausgezeichnet ist, gilt ebenso für die inverse Abbildung:

$$G(z, \zeta) \leqq \tilde{G}(f^{-1}(z), f^{-1}(\zeta))$$

oder, was dasselbe ist,

$$G(f(\tilde{z}), f(\tilde{\zeta})) \leqq \tilde{G}(\tilde{z}, \tilde{\zeta}).$$

Folglich wird

$$\tilde{G}(\tilde{z}, \tilde{\zeta}) = G(f(\tilde{z}), f(\tilde{\zeta})),$$

w.z.b.w.

Der Zusammenhang der *Kapazitäten* $c = e^{-\gamma}$ und $\tilde{c} = e^{-\tilde{\gamma}}$ der Flächen R und $\tilde{R}$ kann explizit angegeben werden. Nach Definition der Kapazität ist

$$\tilde{G}(\tilde{z}, \tilde{\zeta}) = \log \frac{1}{|\tilde{z} - \tilde{\zeta}|} + \tilde{\gamma} + [(\tilde{z} - \tilde{\zeta})],$$

und nach Definition der Funktion G

$$\tilde{G}(\tilde{z}, \tilde{\zeta}) = \log \frac{1}{|f(\tilde{z}) - f(\tilde{\zeta})|} + \gamma + [(f(\tilde{z}) - f(\tilde{\zeta})]$$

$$= \log \frac{1}{|\tilde{z} - \tilde{\zeta}|} + \log \frac{1}{|f'(\tilde{\zeta})|} + \gamma + [(\tilde{z} - \tilde{\zeta})].$$

Daher wird

$$\tilde{\gamma} = \gamma + \log \frac{1}{|f'(\tilde{\zeta})|},$$

und für die Kapazitätskonstanten c und $\tilde{c}$ hat man:

$$\tilde{c} = c\,|f'(\tilde{\zeta})| = c\left|\frac{d\zeta}{d\tilde{\zeta}}\right|.$$

6.10. Verhalten auf dem idealen Rand. Es wurde bereits bemerkt, daß die GREENsche Funktion bei Annäherung an den idealen Rand der Fläche R nicht ausnahmslos verschwindet. Zum Beispiel stimmt diese Funktion des in $z = a$ $(0 < |a| < 1)$ punktierten Kreises $|z| < 1$ (für $\zeta = 0$) mit der entsprechenden Funktion $G(z, 0) = \log \frac{1}{|z|}$ überein, was eine leichte Folgerung aus der Minimumeigenschaft von 6.7. ist. Es ist also nicht $G \to 0$ für $z \to a$.

Für das folgende ist es wichtig, daß das Verschwinden der GREENschen Funktion an der Begrenzung von R sicher dann garantiert ist, wenn R ein *einfach* zusammenhängendes, beschränktes Gebiet R_z der Zahlenebene ist.

Zum Beweis können wir annehmen, daß R_z ein Teilgebiet des Einheitskreises $|z| < 1$ ist und daß der Randpunkt $z = a$, wo das Verschwinden der GREENschen Funktion $G_z(z, z_0)$ von R_z nachzuweisen ist, der Nullpunkt $z = 0$ ist, denn diese Konfiguration kann durch eine lineare Transformation der z-Ebene stets herbeigeführt werden.

Man bilde dann R_z mittels $w = u + iv = \log z$ in die w-Ebene ab. Wegen des einfachen Zusammenhanges von R_z läßt sich diese Abbildung eindeutig normieren; sie ist dann *eineindeutig*, und das Bildgebiet R_w liegt in der Halbebene $u < 0$. Zwischen den GREENschen Funktionen der konform äquivalenten Flächen R_z und R_w besteht nach 6.9. die Identität

$$G_z(z, z_0) = G_w(w, w_0),$$

wobei z, w und z_0, w_0 einander entsprechende Punkte sind. Andererseits wird nach 6.7. die Funktion G_w durch die GREENsche Funktion G_w^* der Halbebene $u < 0$ majoriert, und es ist mithin

$$0 < G_z(z, z_0) \leq G^*(w, w_0) = -\log\left|\frac{w - w_0}{w + \overline{w}_0}\right|.$$

Für $z \to 0$ ist $u \to -\infty$ und daher $G^* \to 0$; damit wird auch $G_z(z, z_0) \to 0$, w. z. b. w.

Aus diesem Satz folgt, daß die GREENschen Funktionen G_1 und G_2 zweier Teilgebiete R_1 und R_2 $(R_2 \subset R_1)$ der Zahlenebene, von denen R_2 einfach zusammenhängend und beschränkt ist, nicht übereinstimmen können, falls R_2 ein *echtes* Teilgebiet von R_1 ist. Es gibt nämlich dann einen Begrenzungspunkt a von R_2, der in R_1 liegt; dort ist nach obigem Satz $G_2 \to 0$, während G_1 hier > 0 ist, woraus die Behauptung folgt.

§ 3. Einfach zusammenhängende Flächen vom hyperbolischen Typ.

6.11. Ausdruck der gesuchten Abbildungsfunktion. Es sei R eine zum Einheitskreis konform äquivalente Fläche und $w = F(z, \zeta)$ eine analytische Funktion, welche R auf den Einheitskreis $E\,(|w| < 1)$ topologisch und konform abbildet, so daß der Punkt $z = \zeta$ in den Nullpunkt $w = 0$ übergeht. Da der Einheitskreis zum Pole $w = 0$ eine GREENsche Funktion $\tilde{G}(w, 0)$ besitzt, gilt nach 6.9. dasselbe für die Fläche R bezüglich $z = \zeta$, und ihre GREENsche Funktion $G(z, \zeta)$ hängt mit der des Einheitskreises nach der Gleichung

$$G(z, \zeta) = \tilde{G}(w, 0) = \log \frac{1}{|w|}$$

zusammen, wobei z und w Punkte sind, die sich mittels der Abbildung $R \to E$ entsprechen.

Für die zu $G(z, \zeta)$ konjugierte Potentialfunktion G' ist daher

$$G'(z, \zeta) = -\arg w\,.$$

Die Mehrdeutigkeiten von G' bestehen also in Perioden von der Form $2\pi n$ (n ganz).

Aus diesen Beziehungen folgt für die Abbildungsfunktion:

$$w(z, \zeta) = e^{-G - iG'}. \tag{6.2}$$

Wenn sich also eine Fläche R konform auf den Einheitskreis $|w| < 1$ abbilden läßt, so ist die Abbildungsfunktion die durch (6.2) gegebene. Wir zeigen nun umgekehrt, daß diese Funktion in der Tat eine topologische und konforme Abbildung von R auf den Einheitskreis E vermittelt, sofern die Fläche R (homologiemäßig) einfach zusammenhängend ist und eine endliche GREENsche Funktion besitzt.

6.12. Es sei also R eine homologiemäßig einfach zusammenhängende Fläche, die zu einem gegebenen Punkt ζ eine GREENsche Funktion besitzt

$$G(z, \zeta) = \log \frac{1}{|z - \zeta|} + \gamma + ((z - \zeta))\,.$$

Die konjugierte Potentialfunktion G' hat bei einem Umlauf um $z = \zeta$ die Periode 2π und ist im übrigen eindeutig. Es ist nämlich G' bis auf eine additive Integrationskonstante als der Imaginärteil des Integrals von

$$\varphi = G_x - i\,G_y$$

bestimmt, welches in $z = \zeta$ das Residuum -1 hat und sonst regulär ist auf R. Daraus folgt die Behauptung nach dem Residuumsatz, der wegen des (homologiemäßigen) einfachen Zusammenhanges von R für jeden geschlossenen Integrationsweg anwendbar ist.

Wir bilden dann die analytische Funktion

$$w(z,\zeta) = e^{-G-iG'}. \tag{6.3}$$

Sie ist auf R *eindeutig* und regulär analytisch, auch im Pole $z=\zeta$ von G, wo sie verschwindet und eine Entwicklung

$$w(z,\zeta) = c(z-\zeta) + \cdots$$

besitzt; hier ist $c = e^{-\gamma}$, bei passender Wahl der Integrationskonstanten. Für den Betrag $|w|$ gilt wegen $G > 0$

$$|w(z,\zeta)| = e^{-G} < 1.$$

6.13. Die Funktion $w = w(z,\zeta)$ vermittelt eine eindeutige Abbildung von R in den Kreis $|w| < 1$. Sie hat den Punkt $z=\zeta$ als einzige Nullstelle, und hier gilt die Entwicklung

$$w(z,\zeta) = c(z-\zeta) + \cdots.$$

Bemerkung. Wir haben damit auf der Fläche R eine eindeutige, beschränkte analytische Funktion w konstruiert. Aus 6.8. folgt dann, daß R zu *jedem* Punkt ζ eine GREENsche Funktion besitzt.

Wir werden nun zeigen, daß diese Abbildung *eineindeutig* ist[1]; hieraus folgt dann weiter nach 2.42., daß diese Abbildung sogar topologisch ist. Dazu seien $z=a$ und $z=b$ zwei verschiedene Punkte der Fläche R, $G(z,a)$ bzw. $G(z,b)$ die zugehörigen GREENschen Funktionen und $w(z,a)$ und $w(z,b)$ die entsprechenden Funktionen (6.3). Dann ist die Funktion

$$w(z;a,b) = \frac{w(z,b) - w(a,b)}{1 - \overline{w(a,b)}\, w(z,b)} \tag{6.4}$$

auf R dem Betrag nach < 1 und sie verschwindet für $z=a$ (k-fach). Die Potentialfunktion $-\frac{1}{k}\log|w(z;a,b)| \equiv U(z)$ erfüllt daher die verallgemeinerten Konkurrenzbedingungen von 6.7., und nach der Extremumeigenschaft der GREENschen Funktion wird also wegen $k \geq 1$

$$-\log|w(z;a,b)| \geq G(z,a) \equiv -\log|w(z,a)|,$$

und somit

$$\left|\frac{w(z;a,b)}{w(z,a)}\right| \leq 1, \tag{6.5}$$

wobei die Gleichheit für einen Wert z nur dann bestehen kann, wenn sie identisch gilt, wenn also

$$|w(z;a,b)| \equiv |w(z,a)|. \tag{6.6}$$

Nun gilt aber die Gleichheit tatsächlich für einen Wert z, und zwar für $z=b$. Setzt man nämlich diesen Wert in (6.4) und (6.5) ein, so ergibt sich wegen $w(b,b) = 0$

$$|w(b;a,b)| = |w(a,b)| \leq |w(b,a)|.$$

[1] Wegen der folgenden Beweisidee vgl. HEINS [1].

Da nun der Punkt a nicht vor b ausgezeichnet ist, so kann man hier diese zwei Punkte vertauschen und findet so umgekehrt

$$|w(b, a)| \leq |w(a, b)|.$$

Es ist also

$$|w(a, b)| = |w(b, a)| \, (\neq 0),$$

und der Quotient (6.5) erreicht somit an der Stelle $z = b$ das Maximum 1. Damit ist die Identität (6.6) bewiesen.

Aus dieser Beziehung ergibt sich nun die Eineindeutigkeit der betrachteten Abbildung $w = w(z, \zeta)$. Da nämlich nach der Definition (6.3) $w(z, a) \neq 0$ für $z \neq a$, so wird wegen (6.6)

$$w(z; a, b) \neq 0 \quad \text{für} \quad z \neq a$$

oder, mit Rücksicht auf (6.4),

$$w(z, b) \neq w(a, b) \quad \text{für} \quad z \neq a.$$

Das drückt aber die Eineindeutigkeit der Abbildung $w = w(z, \zeta)$ für $b = \zeta$ aus.

6.14. Es bleibt schließlich zu zeigen, daß $w = w(z, \zeta)$ die Fläche R auf den *vollen* Einheitskreis $|w| < 1$ abbildet.

Zum Beweis bemerke man, daß die GREENsche Funktion $G_w(w, 0)$ des Bildgebietes R_w von R gleich der GREENschen Funktion $G(z, \zeta) = \log \frac{1}{|w(z, \zeta)|}$ ist (vgl. 6.9.):

$$G_w(w, 0) \equiv \log \frac{1}{|w|}.$$

Die Fläche R_w, die als topologisches Bild von R einfach zusammenhängend ist, hat also dieselbe GREENsche Funktion wie der majorierende Einheitskreis $|w| < 1$. Nach 6.10. muß also R_w diesen Kreis lückenlos ausfüllen, w. z. b. w.

Damit ist gezeigt, daß *die Funktion* $w = w(z, \zeta)$ *die Fläche* R *topologisch und konform auf den Einheitskreis* $|w| < 1$ *abbildet.*

6.15. Anwendung auf Teilgebiete der Ebene. Mit der Erledigung des hyperbolischen Falles ist der RIEMANNsche Abbildungssatz speziell für jedes einfach zusammenhängende Gebiet G auf der z-Kugel vollständig begründet.

Ist nämlich das Gebiet die volle Kugel oder die einfach punktierte Kugel, so hat es bereits die Normalform (elliptischer bzw. parabolischer Fall).

Hat G hingegen mindestens zwei Begrenzungspunkte, so existiert nach 6.2. auf G eine eindeutige, beschränkte Funktion $w(z)$. Nach 6.8. hat daher G eine GREENsche Funktion und läßt sich somit topologisch und konform auf den Einheitskreis abbilden.

6.16. Kritik des Existenzbeweises. Um eine Einsicht in die vielleicht nicht ganz leicht übersehbaren Zusammenhänge zwischen der topologisch-metrischen Definition einer RIEMANNschen Fläche und den für den Beweis des RIEMANNschen Abbildungssatzes nötigen funktionentheoretischen Prinzipien zu erleichtern, möge noch folgendes über den oben gegebenen Beweis und über sein Verhältnis zu früheren Beweisanordnungen hinzugefügt werden.

Was zunächst die Definition einer RIEMANNschen Fläche betrifft, so stützt sich der vorangehende Beweis auf die allgemeine Erklärung von WEYL-RADÓ, nach welcher eine solche Fläche als eine zweidimensionale Mannigfaltigkeit mit direkt konformen lokalen Nachbarrelationen definiert ist (2.23.).

Von der Triangulierbarkeit der Fläche wurde beim Beweis kein Gebrauch gemacht, vielmehr wird sich diese Eigenschaft für jede RIEMANNsche Fläche R als Folge aus dem Abbildungssatz ergeben.

In der oben angegebenen Form setzt der Beweis das *Abzählbarkeitsaxiom* voraus. Dieses wurde schon in Kap. IV, § 3, ohne Verwendung des RIEMANNschen Abbildungssatzes oder der Uniformisierungstheorie, für jede RIEMANNsche Fläche bewiesen.

Die zur Anwendung gekommenen *funktionentheoretischen* Hilfsmittel sind einfacher Art. Man hat nur das alternierende Verfahren von SCHWARZ zu verwenden, um die Randwertaufgabe für „Kreisbereiche" zu lösen. Dies gelingt nach Kap. IV mit folgenden einfachen Hilfsmitteln: 1. Lösung der ersten Randwertaufgabe der Potentialtheorie für einen Kreis mit Hilfe des POISSONschen Integrals; 2. Anwendung des erweiterten Maximum- und Minimumprinzips (Kap. III, § 4). Hierbei war es wesentlich, daß die Konvergenz des alternierenden Verfahrens im Falle singularitätenfreier, beschränkter Lösungen sich aus der Monotonität der Näherungslösungen ergab. Der ursprüngliche Konvergenzbeweis von SCHWARZ [1], der in den meisten Lehrbüchern der Funktionentheorie zu finden ist (vgl. z. B. HURWITZ-COURANT [1*]), setzt bekanntlich einen Hilfssatz voraus, der die Konstruktion einer konvergenten geometrischen Majorantenreihe ermöglicht. Bei der Allgemeinheit der vorliegenden Problemstellung bedeutet es einen wesentlichen Vorteil, daß dieser Hilfssatz bei der Konstruktion singularitätenfreier, beschränkter Lösungen der Randwertaufgabe überflüssig wird (vgl. Kap. IV, § 1). Das SCHWARZsche Verfahren zur Herstellung von Lösungen *mit vorgegebenen Singularitäten* ist hingegen unter den unserem Problem zugrunde liegenden allgemeinen Voraussetzungen ohne weiteres anwendbar (vgl. Kap. IV, § 4).

Die Allgemeinheit der Voraussetzungen schließt offensichtlich die allgemeine Verwendung der auf der Möglichkeit einer Triangulierung fußenden Integralsätze der Funktionentheorie, vor allem des *Argumen-*

tenprinzips, grundsätzlich aus; dieses Prinzip spielt bei früheren Beweisanordnungen des RIEMANNschen Abbildungssatzes eine entscheidende Rolle zum Nachweis der Einwertigkeit der Abbildungsfunktion. Im obigen Beweis wurde als Ersatz des Argumentenprinzips nur das *Maximumprinzip* verwendet (vgl. HEINS [1]).

Schließlich ist noch über die Art und Weise, in welcher die Voraussetzung des *einfachen Zusammenhanges* der Fläche beim Beweis benutzt wurde, folgendes zu sagen: Für das Gelingen eines Beweises auf der gegebenen begrifflichen Grundlage war es wesentlich, daß man bei der Ausschöpfung der einfach zusammenhängenden Fläche R mit beliebigen Kreisbereichen auskommt, unabhängig davon, ob diese letzteren Bereiche *einfach* zusammenhängend sind oder nicht. Der topologische Satz, wonach eine einfach zusammenhängende offene Fläche durch einfach zusammenhängende kompakte Teilgebiete ausschöpfbar ist, erfordert nämlich — sogar unter Voraussetzung der Triangulierbarkeit — einen nicht ganz einfachen Beweis[1]. Von diesem topologischen Satz wurde hier, wie schon erwähnt, kein Gebrauch gemacht (nicht einmal die Triangulierbarkeit von R wurde vorausgesetzt). Im Gegenteil folgt dieser topologische Satz aus dem obigen Beweis, vorläufig allerdings nur für einfach zusammenhängende offene Flächen, die eine endliche GREENsche Funktion besitzen.

§ 4. Der parabolische Fall.

Es gilt jetzt zu zeigen, daß eine (homologiemäßig) einfach zusammenhängende, offene RIEMANNsche Fläche R, die keine endliche GREENsche Funktion besitzt, zur offenen Zahlenebene $w \neq \infty$ konform äquivalent ist. Wir werden zu diesem Zweck vorbereitenderweise einige Hilfssätze beweisen, die auch für allgemeinere Fragen der Theorie der offenen (nicht notwendig einfach zusammenhängenden) Flächen bedeutungsvoll sind (vgl. Kap. X).

6.17. Das harmonische Maß des idealen Randes. Es sei R eine beliebige offene RIEMANNsche Fläche (über deren Homologiegruppe also vorläufig keine Voraussetzungen gemacht werden). U sei eine Parameterumgebung und $K\,(r_1 \leq |z| \leq r)$ ein Kreisring in U. Wir betrachten die gelöcherte Fläche $R_1 = R - B_1$, wo B_1 den Kreis $|z| \leq r_1$ bezeichnet, und eine Folge

$$K \subset A_1 \subset A_2 \subset \cdots \subset A_n \subset \cdots; \quad A_n \to R,$$

von Kreisbereichen auf R_1, welche diese Fläche ausschöpfen. Die Begrenzung von A_n besteht aus der Kurve α ($|z| = r_1$) und einem zu α fremden Teil Γ_n.

[1] In der strengen Beweisanordnung, die VAN DER WAERDEN [1] gegeben hat, nimmt der Nachweis der Möglichkeit einer solchen Ausschöpfung einen wichtigen Platz ein.

Wir konstruieren dann das harmonische Maß $\omega_n(z)$ des Randes Γ_n in bezug auf das Gebiet A_n, d.h. diejenige eindeutige Potentialfunktion auf A_n, welche auf dem Randteil Γ_n gleich 1 ist und auf der Kurve α verschwindet. Aus dem Maximumprinzip folgt, daß die Folge ω_n mit wachsendem n monoton abnimmt, und nach dem HARNACKschen Prinzip existiert der Grenzwert

$$\lim \omega_n = \omega$$

auf R_1. Es ist ω harmonisch und $0 \leq \omega(z) < 1$; jedenfalls wird $\omega = 0$ auf α. Zwei Fälle sind also möglich: entweder ist $\omega \equiv 0$ oder ω ist nichtkonstant und $0 < \omega < 1$ auf R_1. Die Fallunterscheidung ist von der Wahl der ausschöpfenden Folge A_n unabhängig (vgl. 6.18.).

Im ersteren Fall sagen wir, der ideale Rand Γ von R_1 sei vom *harmonischen Maß Null*; im letzteren Fall ist das harmonische Maß $\omega(z)$ von Γ *positiv*.

6.18. Harmonisches Maß und GREENsche Funktion. Wir zeigen jetzt, daß wenn der ideale Rand Γ der offenen Fläche $R_1 = R - B_1$ ein *positives* harmonisches Maß hat, die Fläche R eine GREENsche Funktion besitzt.

Zum Beweis nehmen wir an, das in 6.17. konstruierte harmonische Maß $\omega(z) = \lim \omega_n(z)$ von Γ in bezug auf R_1 (bei einer gegebenen Wahl der Scheibe B_1) sei *positiv*, und beweisen, daß diese Annahme die Existenz der GREENschen Funktion von R impliziert.

In der Tat läßt sich das SCHWARZsche Verfahren von Kap. IV, § 4 dann zur Herstellung der GREENschen Funktion, genau wie für eine kompakte, berandete Teilfläche verwenden, wobei wir als „singulären Bestandteil" u_0 die Funktion

$$u_0 = -\log |z|$$

nehmen.

6.19. Um dies einzusehen, müssen wir etwas näher auf zwei Hauptschritte der Konstruktion von Kap. IV, § 4 eingehen.

1°. *Herstellung einer normierten Lösung der ersten Randwertaufgabe für die gelöcherte Fläche R_1.* — Für den in 4.25. betrachteten Fall eines durch α und γ berandeten *kompakten* Teils einer gegebenen RIEMANNschen Fläche bestand die Normierung in der Forderung, daß die zu konstruierende Potentialfunktion u, die auf α beliebig vorgegebene stetige Randwerte annehmen soll, auf dem Randteil γ *verschwindet*. Im vorliegenden Fall, wo der Randteil $\gamma = \Gamma$ keine reelle Darstellung hat, wird eine entsprechend normierte Lösung durch einen Grenzübergang konstruiert. Man approximiert wieder R_1 durch Kreisbereiche A_n und löst die Randwertaufgabe im kompakten Bereich A_n mit den beliebig vorgegebenen stetigen Randwerten $f(z)$ auf α und dem Wert Null auf Γ_n. Für $n \to \infty$ erhält man dann als Grenzwert dieser normierten Lösung u_n eine

Potentialfunktion u †, die auf R_1 eindeutig und harmonisch ist und die auf α die vorgegebenen Randwerte f annimmt; u heißt die zu diesen Randwerten gehörige *normierte* Lösung in R_1.

2°. *Abschätzung des Betrages der normierten Lösung.*

Der Ausdruck $M(1-\omega_n)$, wo

$$M = \max |f(z)|$$

den Maximalbetrag der gegebenen Randwerte auf α bezeichnet, ist offenbar eine Majorante für $|u_n|$. Für $n \to \infty$ ergibt sich hieraus

$$|u| \leq M(1-\omega).$$

Das Maximum von $1-\omega$ auf Γ_1 sei

$$q = \max_{\Gamma_1}(1-\omega);$$

es ist dann $0 < q < 1$ und

$$|u| \leq q\,M$$

auf Γ_1 (und also auch im ganzen Gebiet A_1). Es besteht also eine Ungleichung, die der in Kap. IV, § 4 angewandten (für den Konvergenzbeweis des SCHWARZschen Verfahrens wesentlichen) Beziehung analog ist.

6.20. Jetzt läßt sich das Verfahren von Kap. IV, § 4 ohne weiteres wiederholen. Wir gelangen mit dem singulären Teil $u_0 = \log \frac{1}{|z|}$ zu einer nichtkonstanten Potentialfunktion u, die auf der ganzen Fläche R eindeutig, positiv und harmonisch ist, mit Ausnahme eines (positiven) logarithmischen Poles im Punkte P, der dem Parameterwert $z = 0$ entspricht. Die Existenz einer solchen Potentialfunktion impliziert nach dem Kriterium von 6.8., daß R eine GREENsche Funktion besitzt.

Für eine Fläche mit verschwindender Kapazitätskonstanten *muß also das harmonische Maß von Γ in bezug auf $R_1 = R - B_1$ verschwinden*, w. z. b. w.

6.21. Erweiterung des Maximumprinzips. Wir betrachten den Fall, wo *Γ vom harmonischen Maß Null* ist, und beweisen folgende Erweiterung des Maximumprinzips:

Sei $u(z)$ eine eindeutige, reguläre und beschränkte ($u \leq M < \infty$) Potentialfunktion auf der gelöcherten Fläche R_1, und

$$\overline{\lim}\, u(z) \leq m$$

† Falls die Randwerte $f(z)$ von u_n auf α nicht negativ sind, so bilden die Näherungsfunktionen u_n eine monotone, beschränkte Folge, und der Konvergenzbeweis wird mit dem HARNACKschen Prinzip geführt. Falls f Vorzeichen ändert, zerlegt man f durch die Gleichung $f = \frac{1}{2}(|f| + f) - \frac{1}{2}(|f| - f)$ in zwei nichtnegative Bestandteile.

in jedem Randpunkt z auf α. Dann gilt die Beziehung

$$u(z) \leq m$$

auf der ganzen Fläche R_1.

Beweis. Im Bereich A_n bildet der Ausdruck

$$m + (M - m)\,\omega_n(z)$$

eine harmonische Majorante für $u(z)$. Läßt man, bei gegebenem z, n unbeschränkt wachsen, so wird $\omega_n \to 0$, und an der Grenze erhält man die zu beweisende Ungleichung $u \leq m$.

6.22. Unter derselben Voraussetzung über Γ beweisen wir ferner den Hilfssatz:

Sei $u(z)$ eine eindeutige, reguläre und beiderseits beschränkte ($|u| \leq M < \infty$) Potentialfunktion in R_1. Dann gilt auf dem Kreis β ($|z| = r$) für das konjugierte Differential du'

$$\int_\beta du' = 0.$$

Beweis. Für ein gegebenes $m \geq 1$ betrachten wir die Folge $K \subset A_1 \subset \cdots \subset A_m$ (vgl. 6.17.); die Orientierung der Begrenzung wählen wir so, daß das Innere „zur Linken" liegt. Da jeder Kreisbereich A_ν ($\nu = 2, \ldots, m$) aus $A_{\nu-1}$ durch Hinzufügen endlich vieler „Kreise" entsteht, folgt aus dem Hilfssatz in 4.36., daß die Begrenzung von A_ν zu der von $A_{\nu-1}$ homolog ist auf A_ν. Damit ist auch die Begrenzung $\alpha + \Gamma_m$ von A_m auf A_m homolog zur Begrenzung $\alpha + \beta^{-1}$ von K und also $\Gamma_m \sim \beta^{-1}$ auf A_m. Hieraus folgt, da u auf A_m regulär ist,

$$\int_\beta du' = -\int_{\Gamma_m} du'.$$

Wir wenden diese Formel, anstatt auf u, auf die harmonische Funktion u_m an, welche durch die Randbedingungen $u_m = u$ auf β, $u_m = M$ auf Γ_m eindeutig festgelegt ist; u_m ist (gemäß dem Spiegelungsprinzip) noch auf Γ_m harmonisch, und es wird

$$\int_\beta du'_m = -\int_{\Gamma_m} du'_m.$$

Da aber $u_m \leq M$ in A_m ist, während $u_m = M$ auf Γ_m, so ist $du'_m = -\frac{\partial u_m}{\partial y}\,dx + \frac{\partial u_m}{\partial x}\,dy$ auf Γ_m nicht negativ, und damit

$$\int_\beta du'_m \geq 0.$$

Für $m \to \infty$ verschwindet aber die Differenz $|u_m - u|$, die ja auf β gleich Null und auf Γ_m höchstens gleich $2M\omega_m$ ist, und somit im ganzen

Bereich A_m von diesem letzten Ausdruck majoriert wird. Es wird daher, gleichmäßig in der Umgebung von β, $u_m \to u$ und also

$$\int_\beta du' \geq 0.$$

Ersetzt man u_m durch den Ausdruck $u_m - M\,\omega_m$, so findet man in ähnlicher Weise, daß

$$\int_\beta du' \leq 0,$$

und es ist also, wie behauptet wurde,

$$\int_\beta du' = 0.$$

6.23. Konstruktion eines Normalpotentiales dritter Gattung. Indem wir stets die Voraussetzung über das Verschwinden des harmonischen Maßes von Γ aufrechterhalten, können wir jetzt, genau wie in Kap. IV, § 4, eine Potentialfunktion $u\,(z; a, b)$ mit folgenden Eigenschaften konstruieren:

1°. Die Funktion u ist auf R eindeutig und harmonisch, außer in zwei in B_1 liegenden Polen a und b, wo sie logarithmisch unendlich wird, so daß sich

$$u - \log\left|\frac{z-a}{z-b}\right|$$

harmonisch verhält.

2°. Auf R_1 ist der Betrag $|u|$ beschränkt.

In der Tat läßt sich das SCHWARZ-NEUMANNsche alternierende Verfahren von Kap. IV, § 5 ohne Modifikationen verwenden. Wesentlich für das Gelingen dieser Konstruktion waren nämlich folgende drei Momente:

1. Möglichkeit der Konstruktion einer beschränkten Lösung der ersten Randwertaufgabe auf R, mit stetigen Randwerten auf α. — Diese Konstruktion wird zuerst für das Näherungsgebiet A_n ausgeführt mit den Randwerten Null auf Γ_n, und die gesuchte Lösung ergibt sich durch den Grenzübergang $n \to \infty$.

2. Bestehen des Maximumprinzipes in der Fassung von 6.21.

3. Verschwinden der Periode längs β für die konjugierte u' einer eindeutigen, beschränkten Potentialfunktion u in R_1. — Diese Bedingung besteht nach 6.22.

Auf dieser Grundlage können wir also nach Kap. IV, § 5 auf R ein Potential $u\,(z; a, b)$ mit den Eigenschaften 1°. und 2°. herstellen. Dieses ist übrigens, genau wie im Falle einer geschlossenen Fläche R, durch diese Bedingung *eindeutig bestimmt* bis auf eine additive Konstante. In der Tat: ist $v\,(z; a, b)$ eine zweite Funktion derselben Art, so ist $u - v$ auf R beschränkt. Wenn ζ derjenige Punkt auf α ist, wo der Betrag $|u - v|$

sein Maximum M (bezüglich α) erreicht, so ist $|u-v| \leq M$ im Kreise B_1 und dieselbe Ungleichung besteht nach dem erweiterten Maximumprinzip von 6.21. auch auf der Fläche R_1. Also erreicht $|u-v|$ ein Maximum in dem regulären Punkt ζ der Fläche R, und $u-v$ reduziert sich folglich auf eine Konstante, w.z.b.w.

6.24. Beweis des Abbildungsatzes für den parabolischen Fall. Wir betrachten nun den Fall, daß R eine (homologiemäßig) einfach zusammenhängende Fläche ist, die keine Greensche Funktion besitzt. Dann hat die gelöcherte Fläche R_1 nach 6.18. einen idealen Rand Γ vom harmonischen Maß Null. Wir behaupten, daß die analytische Funktion

$$w(z; a, b) = e^{u+iu'},$$

wo $u = u(z; a, b)$ ein Normalpotential dritter Gattung ist, die Fläche R auf die punktierte Vollkugel abbildet. Zum Beweise zeigen wir:

A) *$w(z; a, b)$ ist eindeutig auf R.* — Die Homologiegruppe besteht aus dem Nullelement allein, und die Mehrdeutigkeit der zu u konjugierten Funktion u' wird daher durch ihre Perioden 2π bzw. -2π um a bzw. b bestimmt.

Damit ist die Eindeutigkeit von $w(z; a, b)$ gezeigt, zunächst unter der Voraussetzung, daß die Pole a, b in der Parameterumgebung B_1 liegen. Ist dies nicht der Fall, so verbinde man die Punkte a, b durch eine endliche Kette z_ν $(z_1 = a,\ z_n = b)$ und definiere

$$w(z; a, b) = \prod_{\nu=1}^{n-1} w(z; z_\nu, z_{\nu+1}).$$

B) *$w(z; a, b)$ ist auf R einwertig*, d. h. sie nimmt jeden Wert w_0 entweder einmal oder keinmal an. — Diese Behauptung ist für $w_0 = 0$ und $w_0 = \infty$ evident. Sei nun $c \neq a, b$. Wir bilden dann den Quotienten

$$f(z) = \frac{w(z; a, b) - w(c; a, b)}{w(z; c, b)}$$

und schließen wieder, daß $f(z)$ auf R *regulär* ist. Sie ist sogar dem Betrage nach *beschränkt*. Schließt man nämlich die Pole a, b, c durch kleine Kreise K_i $(i = 1, 2, 3)$ aus, so ist $f(z)$ im Komplement $R - \Sigma K_i$ beschränkt (vgl. Eigenschaft 2° in 6.23.). Da die kritischen Stellen a, b, c hebbare Singularitäten von f sind, so ist f in den Kreisen K_i regulär. Der Betrag der eindeutigen analytischen Funktion f ist folglich auf der ganzen Fläche R beschränkt, und das erweiterte Maximumprinzip von 6.21. zeigt dann weiter, daß f *konstant* ist, so daß

$$w(z; a, b) - w(c; a, b) = \lambda w(z; c, b),$$

wo λ eine von Null verschiedene Konstante bezeichnet. Da die rechte Seite den Wert Null nur an der (einfachen) Stelle $z = c$ annimmt, so hat auch die Gleichung $w(z; a, b) = w(c; a, b)$ diese Stelle als einzige und zwar einfache Wurzel. Damit ist die Einwertigkeit von $w(z; a, b)$ auf der Fläche R gezeigt. Hieraus folgt nach 2.42., daß die durch $w(z; a, b)$ vermittelte Abbildung sogar topologisch ist.

6.25. Die Funktion $w = w(z; a, b)$ bildet also R topologisch auf ein Teilgebiet G der geschlossenen w-Ebene ab. Dieses Gebiet G ist die offene w-Ebene ($w \neq \infty$). Zunächst kann nämlich G, als Bild der nichtkompakten Fläche R, nicht die volle w-Kugel umfassen. Gäbe es andererseits *zwei* Punkte der Kugel, die nicht zu G gehören, so hätte das einfach zusammenhängende Gebiet G nach 6.2. und 6.8. eine GREENsche Funktion und damit auch die Fläche R, im Widerspruch zur Voraussetzung.

Der Beweis des RIEMANNschen Abbildungssatzes für den parabolischen Fall ist damit zu Ende geführt[1].

VII. Kapitel.

Gruppen von linearen Transformationen.

Wegen der zentralen Stellung des RIEMANNschen Abbildungssatzes in der Uniformisierungstheorie wird es zu einem Problem von grundlegender Wichtigkeit, die konformen Selbstabbildungen desjenigen Normalgebietes E (Einheitskreis, offene Zahlenebene, Zahlenkugel) zu untersuchen, auf welche jede einfach zusammenhängende RIEMANNsche Fläche eineindeutig und konform abgebildet werden kann. Einige wichtige Eigenschaften dieser Selbstabbildungen, die von linearen Transformationen vermittelt werden, sollen in diesem Abschnitt dargelegt werden.

§ 1. Lineare Transformationen.

7.1. Klassifikation der linearen Transformationen. Die allgemeinste konforme Selbstabbildung der w-Kugel ist durch die Transformation

$$w^* = \frac{a w + b}{c w + d} \qquad (a d - b c \neq 0) \tag{7.1}$$

gegeben, wo a, b, c, d komplexe Konstanten sind. Führt eine solche Abbildung drei Punkte w_ν in die Punkte w_ν^* $(\nu = 1, 2, 3)$ über, so ist

$$w_\nu^* = \frac{a w_\nu + b}{c w_\nu + d},$$

und es wird gemäß (7.1)

$$\frac{w^* - w_1^*}{w^* - w_2^*} = \lambda \frac{w - w_1}{w - w_2} \tag{7.2}$$

[1] Eine andere (unter gleich allgemeinen Voraussetzungen gültige) Beweisanordnung, basiert auf die Möglichkeit der Auswahl einer konvergenten Teilfolge aus einer geeignet normierten Näherungsfolge, ist von HEINS [1] gegeben worden.

mit
$$\lambda = \frac{w_3^* - w_1^*}{w_3^* - w_2^*} : \frac{w_3 - w_1}{w_3 - w_2}.$$

Die Transformation ist also durch drei Punkte und ihre Bildpunkte eindeutig bestimmt.

Die Beziehung (7.2) drückt die Invarianz des Doppelverhältnisses von vier Punkten (w, w_1, w_2, w_3) bei einer linearen Transformation aus. Da dieses Verhältnis genau dann reell ist, wenn die vier Punkte auf einer Kreislinie (bzw. Geraden) liegen, ergibt sich hieraus, daß die lineare Transformation (7.1) eine Kreisverwandtschaft ist.

Diese letzte Eigenschaft ergibt sich auch einfach so, daß man in der Formel (7.2) einerseits die Beträge, andererseits die Argumente der beiden Seiten vergleicht. Die Argumente bleiben auf denjenigen Kreisen A^* und A konstant, die durch die Punkte w_1^*, w_2^* bzw. w_1, w_2 gehen, während die Beträge auf den Kreisen B^* bzw. B konstant sind, welche jenes Kreisbüschel orthogonal schneiden. Bei der Transformation geht also das Kreisbüschel A in A^* und das Kreisbüschel B in B^* über.

Die Punkte w_1 und w_2 (bzw. w_1^* und w_2^*) sind zu den Kreisen B (bzw. B^*) spiegelbildlich. Liegen also zwei Punkte in bezug auf einen Kreis spiegelbildlich, so gilt dies auch für die Bildpunkte und den Bildkreis.

7.2. Vorausgesetzt, daß die Transformation nicht die Identität $w^* = w$ ist, hat sie zwei Fixpunkte ζ_1, ζ_2, welche sich aus der Gleichung
$$c\zeta^2 + (d - a)\zeta - b = 0$$
ergeben; sie sind verschieden oder gleich, je nachdem die Diskriminante
$$(a + d)^2 - 4(ad - bc)$$
von Null verschieden oder gleich Null ist.

Falls $\zeta_1 \neq \zeta_2$, so ergibt sich für die lineare Transformation der Ausdruck
$$\frac{w^* - \zeta_1}{w^* - \zeta_2} = \varrho\, e^{i\omega} \frac{w - \zeta_1}{w - \zeta_2} \qquad (\varrho > 0,\ \omega \text{ reell}). \tag{7.3}$$

Ersetzt man hier die Größen
$$\frac{w^* - \zeta_1}{w^* - \zeta_2} \quad \text{und} \quad \frac{w - \zeta_1}{w - \zeta_2}$$
durch bzw. z^* und z, so erhält man die Darstellung
$$z^* = \varrho\, e^{i\omega} z. \tag{7.3'}$$
Das ist die allgemeinste lineare Transformation mit den Fixpunkten ζ_1 und ζ_2.

Deutet man w und w^* als Punkte in derselben Zahlenebene (Abb. 11), so folgt aus (7.3) und (7.3'), daß die durch die Fixpunkte ζ_1, ζ_2 gehenden

Kreise A und ebenso ihre Orthogonalkreise B bei der Transformation in ihrer Gesamtheit in sich übergehen. Nachstehende Spezialfälle verdienen besondere Beachtung.

1. Elliptische Transformationen. Falls $\varrho = 1$, so stellt die Transformation (7.3′) eine Drehung dar. Bei (7.3) werden also die Kreise B einzeln in sich übergeführt und die Kreise A untereinander vertauscht. Die Transformation heißt in diesem Falle *elliptisch.*

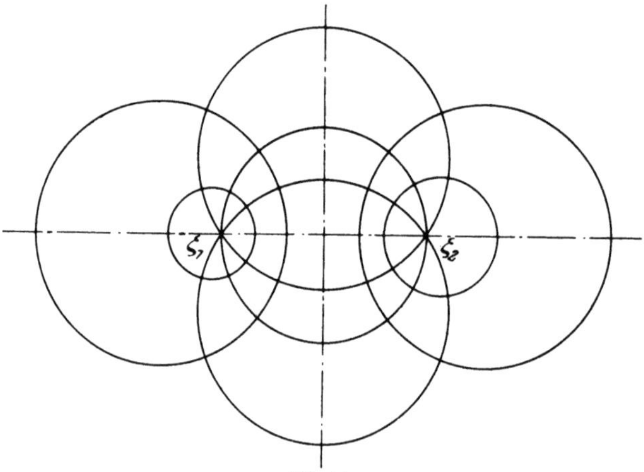

Abb. 11.

2. Hyperbolische Transformationen. Diese entsprechen dem Wert $\omega = 0 \pmod{\pi}$; dabei bleiben umgekehrt die Kreise A invariant, während sich die Kreise B vertauschen.

3. Parabolische Transformationen. Fallen die Fixpunkte ζ_1 und ζ_2 zusammen, $\zeta_1 = \zeta_2 = \zeta$, so ist

$$(a + d)^2 = 4(a\,d - b\,c), \qquad \zeta = \frac{a-d}{2c},$$

und für die Transformation (7.2) ergibt sich der Ausdruck

$$\frac{1}{w^* - \zeta} = \frac{1}{w - \zeta} + \alpha \qquad (\zeta \neq \infty) \tag{7.4}$$

bzw.

$$w^* = w + \alpha \qquad (\zeta = \infty),$$

wobei α eine beliebige komplexe Zahl ist.

Eine parabolische Transformation läßt jede Schar von Kreisen, die sich im Fixpunkte ζ berühren, invariant. Insbesondere gibt es ein Büschel A, dessen Kreise einzeln erhalten bleiben. Dieses wird im Falle $\zeta = \infty$ durch die Geraden dargestellt, welche zum Verschiebungsvektor α parallel sind; im Falle $\zeta \neq \infty$ sind es diejenigen Kreise, welche die Gerade $\arg(w - \zeta) = -\arg\alpha \pmod{\pi}$ als gemeinsame Tangente haben.

Soll die Transformation insbesondere den Einheitskreis invariant lassen, so muß $|\zeta|=1$ und $\arg\zeta = -\arg\alpha + \frac{\pi}{2} \pmod{\pi}$ sein; die allgemeinste parabolische Transformation, welche den Einheitskreis invariant läßt, hat somit die Form

$$\frac{1}{w^* - \zeta} = \frac{1}{w - \zeta} + i\lambda\bar{\zeta} \quad (\lambda \text{ reell}). \tag{7.5}$$

7.3. Transformationen, welche den Einheitskreis invariant lassen. Wir betrachten speziell diejenigen linearen Transformationen, welche den Einheitskreis $|w| < 1$ in sich überführen; sie zerfallen in drei Typen:

Bei den *elliptischen* Transformationen sind die Fixpunkte ζ_1 und ζ_2 zum Kreise $|w| = 1$ spiegelbildlich ($\zeta_1\bar{\zeta}_2 = 1$); die durch die Punkte ζ_1 und ζ_2 gehenden Kreise A vertauschen sich, während die Orthogonalkreise B in sich übergehen.

Bei den *hyperbolischen* Transformationen liegen die Fixpunkte auf der Peripherie $|w| = 1$ und es ist $\omega = 0$; die Kreise B sind invariante Strömungslinien, die Kreise A vertauschen sich.

Bei den *parabolischen* Transformationen liegt der Fixpunkt ζ auf der Peripherie $|w| = 1$, die berührenden Kreise sind Strömungslinien, während die Orthogonalkreise sich vertauschen.

7.4. Nichteuklidische Bewegungen. Die allgemeinste lineare Transformation, welche den Einheitskreis in sich überführt, so daß der Punkt w_0 ($|w_0| < 1$) in den Punkt w_0^* transformiert wird, führt den Spiegelpunkt $1/\bar{w}_0$ von w_0 in den Spiegelpunkt $1/\bar{w}_0^*$ von w_0^* über, und hat also nach (7.2) die Form

$$\frac{w^* - w_0^*}{1 - \bar{w}_0^* w^*} = \lambda \frac{w - w_0}{1 - \bar{w}_0 w}; \tag{7.6}$$

hier muß der Betrag von λ gleich eins sein, da die Kreislinie $|w| = 1$ in sich übergeht. Es ist also

$$\left|\frac{w^* - w_0^*}{w - w_0}\right| = \left|\frac{1 - \bar{w}_0^* w^*}{1 - \bar{w}_0 w}\right|.$$

Hieraus folgt durch den Grenzübergang $w \to w_0$, $w^* \to w_0^*$, daß

$$\frac{|dw^*|}{1 - |w^*|^2} = \frac{|dw|}{1 - |w|^2}.$$

Das Differential

$$d\sigma = \frac{|dw|}{1 - |w|^2} \tag{7.7}$$

bleibt also bei einer konformen Selbstabbildung des Einheitskreises invariant. Führt man nach POINCARÉ [1] dieses invariante Linienelement als die Länge des Bogendifferentials dw ein, so wird die GAUSSsche Krümmung der so erhaltenen RIEMANNschen Geometrie, wie man leicht nachrechnet, konstant gleich -4. Es handelt sich also um die gewöhnliche hyperbolische Geometrie von LOBATSCHEWSKY-BOLYAI. Die linearen Transformationen, welche den Einheitskreis invariant lassen, können demnach als nichteuklidische Bewegungen des Einheitskreises (der „hyperbolischen Ebene") gedeutet werden.

7.5. Die geodätischen Linien dieser POINCARÉschen Metrik sind die Kreisbögen, welche den Grenzkreis $|w| = 1$ orthogonal schneiden. Dies ergibt sich mit Hilfe der Invarianz des Linienelementes $d\sigma$ am einfachsten wie folgt: Um die kürzeste Verbindungslinie zweier Punkte w_1 und w_2 des Einheitskreises $|w| < 1$ zu finden, führe man diese durch eine nichteuklidische Bewegung, d.h. durch eine Transformation (7.6), in die spezielle Lage $w_1^* = 0$, $w_2^* = \varrho\ (0 < \varrho < 1)$ über. Dabei bleibt jedes Linienelement und daher auch die nichteuklidische Länge jeder Kurve invariant. Ist die Verbindungskurve von $w_1^* = 0$ und $w_2^* = \varrho$ in der Form $w = r(t)\, e^{i\varphi(t)}$ gegeben, so ist ihre Länge

$$\int d\sigma = \int \frac{\sqrt{dr^2 + r^2\, d\varphi^2}}{1 - r^2} \geq \int \frac{|dr|}{1 - r^2} \geq \left| \int\limits_0^{\varrho} \frac{dr}{1 - r^2} \right| = \frac{1}{2} \log \frac{1 + \varrho}{1 - \varrho}, \tag{7.8}$$

und hier steht die Gleichheit dann und nur dann, wenn $d\varphi = 0$ und der Bogen also mit der Strecke $(0, \varrho)$ zusammenfällt; dies ist die gesuchte Geodätische, welche die Punkte $w_1^* = 0$ und $w_2^* = \varrho$ verbindet. Ihr entspricht bei einer beliebigen Lage von w_1 und w_2 der durch diese beiden Punkte gehende (eindeutig bestimmte) Orthogonalkreis zu $|w| = 1$.

Gleichzeitig ist hervorgegangen, daß die Kreisscheibe $|w| < 1$ die *ganze* nichteuklidische Ebene repräsentiert, denn die nichteuklidische Entfernung (7.8) wächst ins Unendliche, wenn der Punkt ϱ gegen den Grenzkreis $|w| = 1$ strebt.

Wegen der isothermen Gestalt der metrischen Fundamentalform (7.7) stimmt die Winkelmessung nach der neuen Metrik mit der euklidischen überein.

Die drei Sorten von *Zyklen* der nichteuklidischen Geometrie sind ebenfalls durch euklidische Kreislinien in $|w| < 1$ dargestellt.

Ein nichteuklidischer Kreis mit dem Mittelpunkt $w = a$ erscheint im POINCARÉschen Modell als euklidische Kreislinie, deren Mittelpunkt auf der Geraden $(0, a)$ liegt, so daß die Punkte $w = a$ und $w = 1/\bar{a}$ zu ihr spiegelbildlich liegen.

Die „Abstandslinien" oder Hyperzyklen, d.h. die Örter der Punkte, welche konstanten Abstand von einer gegebenen Geraden haben, werden von denjenigen euklidischen Kreisbögen dargestellt, die den Grenzkreis $|w| = 1$ schneiden. Die berührenden Kreise hingegen sind nichteuklidische „Grenzkreise" oder Orizyklen, welche als die orthogonalen

Trajektorien einer Schar grenzparalleler (nichteuklidischer) Geraden definiert sind; eine solche Schar entspricht einem (euklidischen) Kreisbündel, das zum Grenzkreis $|w| = 1$ in einem gegebenen Punkt orthogonal ist.

7.6. Kugeldrehungen. Führt man die geschlossene w-Ebene durch eine stereographische Projektion in die RIEMANNsche Kugel vom Radius $\frac{1}{2}$ über, so entspricht der Gruppe der linearen Transformationen die Gesamtheit der konformen Selbstabbildungen der Kugel. Besondere Beachtung verdient hierbei diejenige Untergruppe der linearen Transformationen, welche den *Kugeldrehungen* entsprechen. Zur Bestimmung dieser Gruppe bemerke man, daß die Punkte w_1 und w_2 diametral auf der Kugel liegen, falls $w_1 \overline{w}_2 = -1$. Führt also eine Kugeldrehung den Punkt w_0 in den Punkt w_0^* über, so entspricht dem Punkt $-\frac{1}{\overline{w}_0}$ der Punkt $-\frac{1}{\overline{w}_0^*}$, und die zugehörige lineare Transformation ist nach (7.2)

Abb. 12.

$$\frac{w - w_0^*}{1 + \overline{w}_0^* w} = \lambda \frac{w - w_0}{1 + \overline{w}_0 w}.$$

Hier ist wieder der Betrag $|\lambda| = 1$.

Für $w \to w_0$, $w^* \to w_0^*$ ergibt sich die Gleichung

$$\frac{|dw^*|}{1 + |w^*|^2} = \frac{|dw|}{1 + |w|^2},$$

welche die Invarianz des sphärischen Bogenelementes

$$d\sigma = \frac{|dw|}{1 + |w|^2}$$

bei einer Kugeldrehung ausdrückt.

7.7. Euklidische Bewegungen. Die gewöhnlichen euklidischen Kongruenzbewegungen der Zahlenebene werden durch die linearen Transformationen von der Gestalt

$$w^* = \lambda w + \mu$$

dargestellt, wo λ den Betrag $|\lambda| = 1$ hat; für $\mu = 0$ erhält man die Drehungen der Ebene um den Nullpunkt, für $\lambda = 1$ die Translationen.

§ 2. Diskontinuierliche Gruppen von konformen Selbstabbildungen des Einheitskreises.

7.8. Gruppen von hyperbolischen Bewegungen. Wir stellen uns in diesem Paragraphen die Aufgabe, gewisse Gruppen von konformen Selbstabbildungen des Einheitskreises E zu untersuchen.

Es sei (T) eine Gruppe von *fixpunktlosen* konformen Selbstabbildungen des Einheitskreises E $(|t| < 1)$; die Transformationen T sind also nach 7.3. entweder *hyperbolisch* oder *parabolisch*; die Fixpunkte liegen auf der Peripherie $|t| = 1$. Von der Gruppe (T) setzen wir ferner voraus, daß sie *diskontinuierlich* ist in E im folgenden Sinn: Ist t ein beliebiger fester Punkt von E, so besitzt die Punktmenge $T(t)$, wenn T alle Transformationen der Gruppe durchläuft, im offenen Einheitskreis E keinen Häufungspunkt.

Eine solche Gruppe enthält nur abzählbar viele Transformationen. Denn wegen der Fixpunktlosigkeit der Transformationen in E entsprechen die Punkte $T(t)$ (bei festem t) eineindeutig den Transformationen T, und man hätte daher im Falle von überabzählbar vielen Transformationen eine überabzählbare Menge äquivalenter Punkte $T(t)$ in E; diese müßte aber in E notwendig einen Häufungspunkt besitzen.

7.9. Fundamentalbereich. Unter einem *Fundamentalbereich* der Gruppe (T) versteht man eine (bezüglich des Kreises E) abgeschlossene Punktmenge F, so daß jeder Punkt von E zu einem Punkte von F äquivalent ist, während je zwei innere Punkte von F (sofern F innere Punkte besitzt) nicht äquivalent sind.

Der Fundamentalbereich braucht bezüglich der ganzen t-Ebene nicht abgeschlossen zu sein, denn er kann Häufungspunkte auf der Kreislinie $|t| = 1$ besitzen. Nimmt man diese Punkte zu F hinzu, so entsteht eine bezüglich der t-Ebene abgeschlossene Punktmenge $\overline{F}$. Jeder Punkt von E ist zu einem Punkte von $\overline{F}$ äquivalent und je zwei innere Punkte von $\overline{F}$ sind nichtäquivalent. Wir nennen $\overline{F}$ einen *abgeschlossenen Fundamentalbereich* der Gruppe (T).

Faßt man (T) als Transformationsgruppe des *abgeschlossenen* Einheitskreises $|t| \leq 1$ auf[1], so wird der abgeschlossene Fundamentalbereich im allgemeinen kein Fundamentalbereich dieser Gruppe sein, denn ein Punkt auf $|t| = 1$ braucht in $\overline{F}$ keinen äquivalenten zu besitzen.

7.10. Fundamentalpolygon. Wir betrachten im folgenden spezielle abgeschlossene Fundamentalbereiche, die *Fundamentalpolygone.*

Unter einem Polygon verstehen wir einen „Jordanbereich" π im abgeschlossenen Kreise $|t| \leq 1$, dessen Randkurve γ in endlich oder abzählbar viele Jordanbögen σ_ν, die *Seiten* des Polygons, eingeteilt ist. Was dies bedeutet, ist im Falle endlich vieler Seiten ohne weiteres klar: 1. die Bögen machen zusammen die ganze Kurve γ aus, und 2. der Durchschnitt zweier σ_ν ist entweder leer oder besteht aus einem gemeinsamen Endpunkt. Diese Endpunkte heißen die *Ecken* des Polygons.

Im Falle unendlich vieler Seiten, ist die Definition etwas abzuändern, da eine Zerlegung der (kompakten) Kurve γ in abzählbar viele Bögen

[1] Dies ist stets möglich, da eine konforme Selbstabbildung des offenen Einheitskreises E gleichzeitig den abgeschlossenen Kreis $|t| \leq 1$ in sich überführt.

mit den beiden obigen Eigenschaften ausgeschlossen ist. Die erste Bedingung wird durch folgende ersetzt:

1. Sind $\sigma_\nu (\nu = 1, 2, \ldots)$ die Seiten von γ, so ist die Vereinigungsmenge $\Sigma\sigma_\nu$ *samt ihren Häufungspunkten* gleich der Jordankurve γ.

Die zweite Bedingung bleibt ungeändert. Unter einer Polygonecke verstehen wir in diesem Falle einen Endpunkt einer Seite σ_ν oder einen Häufungspunkt solcher Endpunkte.

Ein Polygon π heißt *Fundamentalpolygon* der Gruppe (T), wenn es abgeschlossener Fundamentalbereich von (T) ist und überdies folgenden Bedingungen genügt:

1°. Eine Seite σ_ν von π ist entweder ein Bogen des Kreises $|t| = 1$ oder hat mit ihm einen oder beide Eckpunkte gemeinsam oder ist schließlich zu ihm fremd. Im ersten Falle heiße σ_ν eine *freie* Seite, in allen anderen eine *innere* Seite.

2°. Die inneren Seiten zerfallen in Paare *äquivalenter*. Das bedeutet: Zu jedem inneren Punkt t einer inneren Seite σ gibt es in π genau einen äquivalenten Punkt t', und dieser ist wieder innerer Punkt einer Seite σ' $(\sigma' \neq \sigma)$. Dabei führe die Transformation $t \to t'$ die ganze Seite σ in σ' über.

7.11. Innere Punkte. Ist t_0 ein innerer Punkt des Fundamentalpolygons π, so sind alle zu t_0 äquivalenten Punkte zu π fremd. Zum Beweis sei t_0' ein äquivalenter Punkt und U_0 eine Umgebung von t_0, die ganz in π liegt. Diese geht bei der Transformation $T\,(t_0 \to t_0')$ in eine Umgebung U_0' von t_0' über. Enthielte die Umgebung U_0' einen Punkt von π, so müßte sie auch innere Punkte von π enthalten. Es gäbe dann also Punkte von U_0, die nach Anwendung der Transformation T noch innere Punkte von π sind, im Widerspruch dazu, daß π Fundamentalbereich ist.

7.12. Freie Seiten. Ein innerer Punkt t_0 einer freien Seite σ von π hat in π keinen äquivalenten. Zum Beweis nehmen wir an, es gäbe zu einem Punkt t_0' in π eine Transformation $T\,(t_0 \to t_0')$. Um t_0 kann man eine feste Umgebung (bezüglich $|t| \leq 1$) abgrenzen, die in π liegt; andererseits gibt es in jeder Umgebung von t_0' innere Punkte von π. Die inverse Transformation T^{-1} würde daher innere Punkte von π in innere Punkte von π überführen, d.h. π wäre nicht Fundamentalbereich.

Wir werden in § 4 zeigen, daß es *zu einer gegebenen Gruppe* (T) *der hier betrachteten Art stets ein Fundamentalpolygon gibt.* Unter der Voraussetzung der Existenz sollen zunächst einige allgemeine Eigenschaften eines solchen Polygons festgestellt werden.

7.13. Die Polygonmenge $T(\pi)$. Übt man auf ein Fundamentalpolygon π eine Transformation T aus, so entsteht wieder ein Fundamentalpolygon. Durch Anwendung sämtlicher Transformationen T_ν der

Gruppe erhält man eine Menge von (nichteuklidisch) kongruenten Polygonen π_ν ($\nu = 0, 1, \ldots$; $\pi_0 \equiv \pi$), welche das Innere des Einheitskreises E lückenlos überdecken. Denn ist t ein beliebiger Punkt ($|t| < 1$), so ist dieser zu einem Punkt t_0 von π_0 äquivalent; bezeichnet dann T_ν die Transformation $t_0 \to t$, so liegt t im Polygon $T_\nu(\pi_0)$.

Der Durchschnitt δ zweier Polygone π_μ und π_ν ($\mu \neq \nu$) ist entweder leer oder er besteht aus gemeinsamen Seiten und eventuell aus gemeinsamen Ecken. Zum Beweis sei δ_μ bzw. δ_ν das Urbild von δ in $\pi_0 = \pi$ bezüglich der Transformation T_μ bzw. T_ν. Dann geht δ_μ bei der Transformation $T_{\mu\nu} = T_\nu^{-1} T_\mu$ in δ_ν über. Umgekehrt, sind t und t' zwei Punkte von π, die mittels dieser Transformation äquivalent sind, so gehört der Punkt $T_\nu(t') = T_\mu(t)$ zu δ. Die Menge δ_μ besteht also aus allen Punkten von π, die nach Anwendung der Transformation $T_{\mu\nu}$ noch in π liegen; sie enthält daher keine inneren Punkte von π. Gibt es in δ_μ einen inneren Punkt t einer Seite σ, so führt $T_{\mu\nu}$ nach Bedingung 2°. die ganze Seite σ wieder in eine Seite von π über. Es besteht also δ_μ aus gewissen Seiten von π und eventuell noch aus gewissen isolierten Ecken. Diese gehen bei der Transformation $T_{\mu\nu}$ in die entsprechenden Seiten bzw. Ecken von π über; dasselbe gilt also auch für die Menge δ. Man sagt, die Polygone $\pi_\nu = T_\nu(\pi)$ bilden eine *polygonale Zerlegung* des offenen Einheitskreises.

7.14. Es seien t ($|t| < 1$) eine beliebige Ecke dieser Zerlegung und π, $\pi_1, \ldots$ die mit ihr inzidenten Polygone. Die Transformation T_ν^{-1} ($\pi_\nu \to \pi$) führt t in eine andere (zu t äquivalente) Ecke von π über. Damit ist jedem Polygon π_ν des Zykels um t eine zu t äquivalente Ecke t_ν von π zugeordnet. Verschiedenen Polygonen π_ν entsprechen verschiedene Ecken, denn wäre etwa $t_\nu = t_\mu$ ($\mu \neq \nu$), so hätte die Transformation $T_\mu T_\nu^{-1}$ den Fixpunkt t. Ferner erhält man auf diese Art alle zu t äquivalenten Ecken; denn ist t' eine beliebige solche Ecke, so führt die Transformation $t' \to t$ das Polygon π in ein Polygon des Zykels um t über. Die um t liegenden Polygone entsprechen somit eineindeutig den zu t äquivalenten Ecken von π. Ist insbesondere die Anzahl N der zu t äquivalenten Ecken von π endlich, so liegen um die Ecke t genau N Polygone.

7.15. Erzeugendensystem der Gruppe (T). Es sei π_0 ein Fundamentalpolygon der Gruppe (T). Unter einer *Fundamentaltransformation* verstehen wir eine Transformation T, welche eine Seite des Polygons π_0 in die äquivalente überführt. Wir zeigen, daß sich die ganze Gruppe durch Fundamentaltransformationen erzeugen läßt oder, was damit gleichbedeutend ist, daß man jedes Polygon π_μ aus π_0 durch ein endliches Produkt von Fundamentaltransformationen erhält.

Es sei zunächst π_1 ein Polygon, das mit π_0 mindestens eine Seite s gemeinsam hat. Dann ist die Transformation $\pi_0 \to \pi_1$ eine Fundamentaltransformation. Denn ist s' die Seite von π_0, die in die Seite s von π_1 übergeht, so sind s' und s zwei Seiten von π_0, die bei dieser Transformation einander entsprechen.

Es sei ferner π_2 ein Polygon, das mit π_1 mindestens eine Seite gemeinsam hat. Wie eben bewiesen, gibt es eine Fundamentaltransformation T_1, welche π_0 in π_1 überführt. Die Transformation T_1^{-1} führt π_2 in ein Polygon π_3 über, das mit π_0 mindestens eine Seite gemeinsam hat. Man kann also π_3 aus π_0 durch eine Fundamentaltransformation T_2 erhalten. Das Produkt $T_1 T_2$ führt dann π_0 in π_2 über.

Da man jedes Polygon π_ν mit π_0 durch eine Polygonkette verbinden kann, so daß je zwei aufeinanderfolgende Polygone mindestens eine Seite gemeinsam haben, folgt aus dem oben Bewiesenem, daß man jedes Polygon π_μ aus π_0 vermittels eines Produkts von Fundamentaltransformationen erhält.

Hat das Fundamentalpolygon π_0 speziell endlich viele Seiten, so läßt sich die Gruppe (T) durch endlich viele Transformationen erzeugen.

7.16. Orientierung der Seiten. Das Fundamentalpolygon π werde nun orientiert, indem eine zyklische Anordnung seiner Seiten festgelegt wird. Damit erhält auch jede Seite eine Orientierung.

Es seien a und a' zwei äquivalente Seiten von π mit diesen Orientierungen. Wir zeigen, daß die Transformation $T(a \to a')$ die Seite a in die *umgekehrt orientierte* Seite a' überführt.

Es sei t_0 ein innerer Punkt von π und $t'_0 = T(t_0)$ sein Bildpunkt, welcher also im Innern des Bildpolygons π' liegt. Die Begrenzungskurve γ von π denken wir uns auf einen Parameter λ bezogen, so daß wachsendem λ die gegebene Orientierung entspricht. Orientieren wir die Bildkurve γ' so, daß λ samt Orientierung in λ' übergeht, so sind die Umlaufszahlen der Punkte t_0 und t'_0, einander gleich:

$$u(t_0, \gamma) = u(t'_0, \gamma'),$$

da T die Orientierung erhält.

Es bezeichne a'_1 die Seite a' mit der mittels T mitgenommenen Orientierung. Wir orientieren dann andererseits die Kurve γ so, daß ihre Orientierung auf a' mit der von a'_1 übereinstimmt. Bezeichnet γ_1 die so orientierte Kurve γ, so stimmen also die Orientierungen von γ_1 und γ' längs des gemeinsamen Bogens a'_1 überein. Da die von γ_1 und γ' begrenzten Gebiete zueinander fremd sind, folgt hieraus, daß

$$u(t_0, \gamma_1) = -u(t'_0, \gamma').$$

Aus den obigen zwei Gleichungen ergibt sich $u(t_0, \gamma) = -u(t_0, \gamma_1)$, was besagt, daß die Seiten a' und a'_1 entgegengesetzt orientiert sind: nimmt man bei der Seitenzuordnung T die Orientierung von a mit, so erhält man also die Bildseite in der umgekehrten Orientierung, w. z. b. w.

Hieraus schließt man insbesondere, daß zwei äquivalente Seiten a und a' höchstens dann einen Punkt t_0 gemeinsam haben können, wenn dieser auf Kreislinie $|t|=1$ liegt. Denn, wie soeben gezeigt, muß t_0 bezüglich der einen Seite Anfangspunkt und bezüglich der anderen Endpunkt sein und daher bei der Transformation $a \to a'$ festbleiben, was nur für Punkte auf dem Kreise $|t|=1$ möglich ist.

7.17. Eckpunkte auf $|t|=1$. Wir betrachten von jetzt an *den Fall eines Polygons mit nur endlich vielen Seiten.* Weiter setzen wir voraus, daß ein Eckpunkt von π, der auf der Kreislinie $|t|=1$ liegt, zu einer freien Seite gehört[1].

Unter diesen Voraussetzungen seien x und a zwei aufeinanderfolgende Seiten von π und P ihr gemeinsamer Endpunkt; x sei freie und a innere Seite. Dann grenzt längs a ein Polygon π_1 der Parkettierung an π. Die zweite an P stoßende Seite b von π_1 muß eine freie Seite sein, denn sonst würde π_1 entgegen Voraussetzung nur mit der Ecke P an die Kreislinie $|t|=1$ stoßen. Die Ecke P ist daher genau mit den Polygonen π und π_1 inzident; der gemeinsame Eckpunkt einer freien und einer inneren Seite ist somit Eckpunkt von genau *zwei* Polygonen.

7.18. Wir zeigen nun, daß der gemeinsame Eckpunkt einer inneren und einer freien Seite genau einen äquivalenten besitzt.

Die Seite a hat als innere Seite von π eine äquivalente Seite a'; bei der Transformation $a \to a'$ geht P in einen (auf $|t|=1$ liegenden) Eckpunkt P' der Seite a' über. Da P nur auf einer inneren Seite (a) liegt, ist $P \neq P'$. Der gemeinsame Eckpunkt einer freien und einer inneren Seite hat also mindestens einen äquivalenten in π.

Um den zweiten Teil zu beweisen, sei P' ein beliebiger zu P äquivalenter Punkt von π und T sei die Transformation $P \to P'$. Nach unserer Voraussetzung über π muß von P' eine freie Seite und eine innere Seite b von π ausgehen. Bei der Transformation $P \to P'$ geht a in eine von P' ausgehende Seite a' des Bildpolygons π' über. Andererseits stößt die Seite a' des Bildpolygons $T(\pi)$ an den Punkt P' und muß somit nach 7.17. mit b zusammenfallen, d.h. es ist $b=a'$; b ist also die (eindeutig bestimmte) zu a äquivalente Seite von π. Die Transformation $P \to P'$ führt also gleichzeitig die Seite a in ihre äquivalente über. Daher kann es zu P nur *einen* äquivalenten Punkt geben, w.z.b.w.

7.19. Es seien a und b zwei aufeinanderfolgende innere Seiten von π und P ihr gemeinsamer Eckpunkt. Zu a bzw. b gibt es eine äquivalente Seite a' bzw. b'; wir nehmen insbesondere an, daß diese beiden Paare

[1] Sind diese Bedingungen für das Ausgangspolygon π erfüllt, so gelten sie für alle Polygone der Parkettierung (π_ν).

mittels *derselben* Transformation T äquivalent seien. Unter diesen Bedingungen ist dann $P' = T(P)$ der einzige zu P äquivalente Eckpunkt von π.

Zum Beweis sei K eine so kleine nichteuklidische Kreisscheibe um P, daß sie durch $a + b$ in zwei Sektoren σ_1 und σ_2 zerlegt wird; dabei sei σ_1 das in π liegende Segment. Bei der Transformation T entsprechen dem Kreise K bzw. den Sektoren σ_1, σ_2 ein Kreis K' um P' bzw. zwei Sektoren σ_1', σ_2'; dabei liegt σ_2' in π.

Nun sei P_1' ($\neq P'$) ein zu P äquivalenter Eckpunkt von π und T_1 sei die Transformation $P \to P_1'$. Ist dann Q ein hinreichend nahe an P_1' im Innern von π gelegener Punkt, so ist der Punkt $T_1^{-1}(Q)$ in K enthalten, und da er nicht zu π gehören kann, so liegt er in σ_2. Der Punkt $T T_1^{-1}(Q)$ muß also in σ_2' und damit in π liegen, im Widerspruch dazu, daß der innere Punkt Q in π keinen äquivalenten besitzt.

7.20. Paare äquivalenter Punkte. Es seien (A, A') und (B, B') zwei Paare äquivalenter Punkte des Polygons π, vermöge derselben Transformation T. Dann folgt zunächst:

Die Paare (A, B) und (A', B') können sich auf der Begrenzungslinie γ von π nicht trennen.

Nehmen wir nämlich entgegen der Behauptung an, die Reihenfolge jener Punkte auf γ wäre A, A', B, B', so betrachte man das Polygon $\pi' = T(\pi)$. Dieses hat mit π jedenfalls die Punkte A' und B' gemeinsam; das Polygon $\pi'' = T^{-1}(\pi)$ hat wieder mindestens die Punkte A und B mit π gemeinsam. Die Polygone π' und π'' sind verschieden, denn sonst wäre $T^2 = T_0$ (Identität), was für eine fixpunktlose Selbstabbildung von E ausgeschlossen ist.

Es sei dann q' (bzw. q'') ein von A' nach B' (bzw. von A nach B) führender Bogen in π' (bzw. π''); diese Bögen verlaufen, abgesehen von ihren Endpunkten, ganz außerhalb π. Wegen der vorausgesetzten Reihenfolge der gegebenen vier Punkte müßten dann q' und q'' einen inneren Punkt gemeinsam haben. Dieser würde sowohl im Innern von π' als auch im Innern von π'' liegen, was unmöglich ist.

7.21. Da sich also die Punktepaare A, B und A', B' auf γ nicht trennen, gibt es auf γ zwei wohlbestimmte punktfremde Bögen $\widehat{AB} = a$ und $\widehat{A'B'} = b$.

Wir behaupten, daß *die Transformation T den ganzen Bogen a in b überführt.*

Zum Beweis nehmen wir entgegen der Behauptung an, die Bögen $a' = T(a)$ und b fallen nicht zusammen. Es bedeutet keine Einschränkung vorauszusetzen, daß die beiden Bögen außer den Endpunkten A' und B' keine Punkte gemeinsam haben, denn sonst ersetze man sie durch zwei Teilbögen mit dieser Eigenschaft. Unter dieser

Voraussetzung ist $a' + b$ eine geschlossene Jordankurve und berandet einen Jordanbereich G; sie besteht aus endlich vielen Polygonseiten und enthält damit auch nur endlich viele Ecken. Andererseits ist jede Ecke nur mit endlich vielen Polygonen inzident (für Ecken im Innern des Kreises gilt dies nach 7.14., für Ecken auf der Kreislinie nach 7.17.); G ist also Vereinigungsmenge von endlich vielen Polygonen; ihre Anzahl sei N.

7.22. Wir nehmen zunächst an, das Polygon π liege nicht in G, und zeigen, daß dann auch das Polygon $\pi' = T(\pi)$ nicht in G liegt. Dem Punkte A' entspricht bei der Transformation T ein Punkt A'', der nicht dem Bogen a' angehört (da A' nicht auf a liegt). Die Transformation T^2 führt also A in A'' und damit π in ein Polygon π'' über, auf dessen Begrenzung A'' liegt. Nehmen wir nun entgegen der Behauptung an, es sei $\pi' \subset G$; dann liegt insbesondere A'' in G. Da A'' zu a' fremd ist, so muß A'' entweder innerer Punkt von G oder innerer Punkt des Bogens b sein. In beiden Fällen ist A'' innerer Punkt der Menge $G + \pi$, und das (an A'' stoßende) Polygon π'', das von π verschieden ist, liegt somit in G. Die Wiederholung dieser Schlußweise zeigt dasselbe für alle Polygone $T^\nu(\pi)$ (die alle voneinander verschieden sind), und damit ergibt sich ein Widerspruch dazu, daß G nur endlich viele Polygone enthält.

Es liegt also π' außerhalb G und der Bogen a' daher (abgesehen von seinen Endpunkten) im Innern von $\pi' + G$. Hieraus folgt, daß kein innerer Punkt des Bogens a' auf π liegen kann, denn sonst hätte π entweder mit G oder mit π' innere Punkte gemeinsam, was unmöglich ist.

Nun sei π_1 ein Polygon von G und T_1 die Transformation $\pi \to \pi_1$. Es ist $T_1 \neq T$ und auch $T_1 \neq T^{-1}$; wäre nämlich $T_1 = T^{-1}$, so würde T_1 den Punkt A' in den Punkt $T^{-1}(A') = A$ überführen, der zu $a' + b$ und daher (da er nicht im Innern von G liegt) auch zu G fremd ist. Andererseits ist $T_1(A')$ wegen $A' \subset \pi$ in π_1 und damit in G enthalten. Die Gleichheit $T_1 = T^{-1}$ ist also ausgeschlossen.

Die Transformation T_1 läßt das Punktepaar A', B' nicht invariant, denn sonst würde T_1^2 beide Punkte einzeln festlassen und wäre somit die Identität, was der Voraussetzung widerspricht. Mindestens einer dieser Punkte, etwa A', wird dann in einen von A' und B' verschiedenen Punkt C transformiert. Dieser Punkt C ist dann innerer Punkt der Vereinigungsmenge $\pi + \pi' + G$.

Wir betrachten jetzt das Polygon $\pi_1' = T_1(\pi')$. Es enthält den Punkt C (da π' den Punkt A' enthält) und ist von π und π' verschieden, wegen $T_1 \neq T^{-1}$ und $T_1 \neq T_0$ (T_0 identische Transformation). Da C innerer Punkt von $\pi + \pi' + G$ ist, muß daher π_1' in G liegen.

Damit ist gezeigt, daß die Transformation T_1 nicht nur π, sondern auch π' in den Bereich G führt. Insbesondere muß also das T_1-Bild der

Jordankurve γ in G liegen und damit auch das T_1-Bild des Bereiches G. Dies ist aber ein Widerspruch: Denn G enthält erstens die N Polygone des Bereiches $T_1(G)$ und zweitens das zu $T_1(G)$ fremde Polygon π_1; die Anzahl der Polygone in G wäre also größer als N, im Widerspruch zur Definition dieser Zahl.

7.23. Wir haben zweitens den Fall zu beachten, daß π in G liegt. Wir betrachten wieder das Bild a' von a und zeigen, daß nicht der ganze Bogen a auf a' liegen kann. Wäre nämlich $a < a'$, so läge der Bogen $a'' = T^{-1}(a)$ auf a. Andererseits stößt nach unserer Annahme $a < a'$ nur an die Polygone π und π', während der Teilbogen a'' von a an das Polygon $\pi'' = T^{-1}(\pi)$ grenzt. Es wird also $\pi'' = \pi$, d.h. $T^2 = T_0$ (Identität), was unmöglich ist.

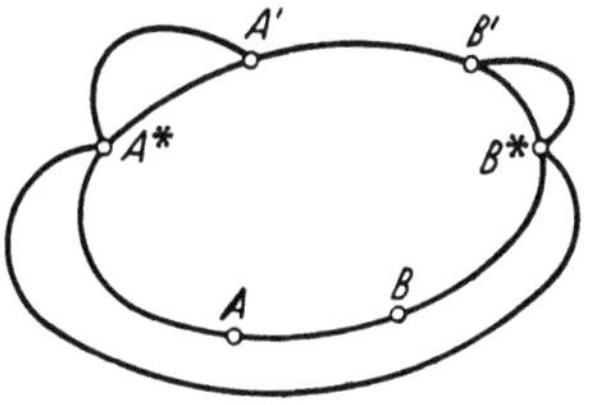

Abb. 13.

Der von A' nach B' führende Bogen a' kann also nicht mit dem zu b komplementären Bogen c der Begrenzung γ von π zusammenfallen. Es gibt daher zwei wohlbestimmte Punkte A^* und B^* auf a', welche noch auf c liegen, während der Bogen $a^* = \widehat{A^* B^*}$ zu c fremd ist[1]. Bezeichnet noch c^* den von A^* und B^* begrenzten Teilbogen von c, so ist $a^* + c^*$ eine Jordankurve; der von ihr begrenzte Bereich G^* besteht aus endlich vielen Polygonen der Parkettierung.

Das Polygon π liegt nicht in G^*. Da nämlich $\pi < G$, so kann man das Innere von π mit einem Punkt auf $|t| = 1$ durch einen Weg verbinden, der die Kurve $a' + b$ in genau einem Punkt durchsetzt und zu a' und c fremd ist; dieser Weg ist dann auch zu $a^* + c^*$ fremd und daraus folgt die Behauptung. Analog wie in 7.22. schließt man hieraus weiter, daß auch π' nicht in G^* liegt.

Wir suchen nun in G^* ein Polygon π^*, das von $\pi'' = T^{-1}(\pi)$ verschieden ist, und unterscheiden dazu zwei Fälle:

Liegt erstens der Bogen a ganz auf dem Bogen c^*, so können wir in G^* ein von π'' verschiedenes Polygon angeben: ist nämlich P' ein Punkt von a', der nicht auf der Begrenzung von π liegt, so liegt P' (außer auf π') auf einem bestimmten, von π verschiedenen Polygon $\pi^{*\prime}$. Dann ist das Polygon $\pi^* = T^{-1}(\pi^{*\prime})$ von π und π'' verschieden und grenzt an den (auf a liegenden) Punkt $T^{-1}(P')$. Nach unserer Voraussetzung liegt dieser auf c^*, und damit π^* in G^*.

Liegt zweitens einer der Punkte A, B, etwa A, nicht auf c^*, so gehört A auch nicht zu G^*. Sei π^* ein beliebiges Polygon in G^* und T^* die Transformation $\pi \to \pi^*$. Diese ist sicher von T^{-1} verschieden, denn sonst würde sie A' in den Punkt A überführen, und dieser müßte dann zu G^* gehören.

[1] Die Möglichkeit $A^* = A'$ bzw. $B^* = B'$ ist hierbei nicht ausgeschlossen.

In beiden Fällen gibt es also eine Transformation T^* ($\neq T, T^{-1}$), die π in ein in G^* liegendes Polygon π^* überführt. Da das Punktepaar A^*, B^* hierbei nicht invariant bleiben kann, muß mindestens einer der Punkte, etwa A^*, in einen von A^* und B^* verschiedenen Punkt, und damit in einen *inneren* Punkt von $\pi + \pi' + G^*$ übergehen. Da π' an A^* stößt, so folgt hieraus, daß das Bildpolygon π'^* von π' (das von π' und π verschieden ist) in G^* enthalten ist. Damit liegt auch das Bild der Kurve $a^* + c^*$ in G^*, und daher auch das Bild des Bereiches G^* selbst. Überdies wurde aber das Polygon π in den Bereich G^* gebracht; dies ist aber unmöglich, da G^* nur endlich viele Polygone enthält. Damit ist auch dieser Fall zu einem Widerspruch geführt, und der Satz von 7.21. ist somit vollständig bewiesen: die Transformation T führt den ganzen Bogen a in den Bogen b über.

7.24. Insbesondere folgt aus unserem Ergebnis, daß die vier betrachteten Punkte auf γ in der Anordnung A, B, B', A' (und nicht A, B, A', B') aufeinanderfolgen müssen.

Damit haben wir folgenden Satz:

Es sei π ein Fundamentalpolygon, das entweder ganz im Kreise $|t| < 1$ liegt oder mit $|t| = 1$ endlich viele Seiten zum Durchschnitt hat. Es seien A, B und A', B' zwei Punktepaare auf der Randkurve γ von π, die vermöge derselben Transformation T äquivalent sind. Dann sind diese vier Punkte auf γ so angeordnet, daß A und B bzw. A' und B' auf γ zwei punktfremde Bögen a bzw. b begrenzen, und die Transformation T führt a in b über.

Insbesondere kann auf den Bögen a und b keine freie Seite von π liegen, da die inneren Punkte einer freien Seite nach 7.12. in π keine äquivalenten Punkte besitzen.

§ 3. Normalform des Fundamentalpolygons.

7.25. Vorbereitende Normierung. Wir betrachten fortan den Fall, wo die Anzahl der Erzeugenden der Gruppe (T) *endlich* ist. Sei dann π wieder ein Fundamentalpolygon (mit endlich vielen Seiten), welches entweder im Innern des Kreises $|t| < 1$ liegt oder mit der Kreislinie $|t| = 1$ gewisse Seiten, aber keine isolierte Ecken zum Durchschnitt hat. Wir wollen π durch gewisse „elementare Umformungen" in ein anderes Polygon überführen, bei dem die Lage der äquivalenten Seiten besonders übersichtlich ist.

Nehmen wir an, es gäbe in π zwei Paare a, a' und b, b' äquivalenter Seiten, welche vermöge derselben Transformation T äquivalent sind. Nach 7.24. gibt es dann in π zwei punktfremde Seitenzüge s und s', so daß die auf s bzw. s' aufeinanderfolgenden Seiten mittels T äquivalent sind, während T im übrigen keinen Punkt von π wieder in einen solchen überführt. Jeder auf s liegende Eckpunkt von π, der von den beiden

Endpunkten von s verschieden ist, hat daher nach 7.19. einen einzigen äquivalenten Punkt in π, nämlich seinen Bildpunkt mittels der Transformation T. Man kann daher die auf s bzw. s' liegenden Seiten von π je zu einer einzigen Seite vereinigen. Damit entsteht aus π ein neues Fundamentalpolygon, das die mittels T äquivalenten Seiten s und s' besitzt, während diese Transformation im übrigen keine Seite (oder Ecke) von π wieder in eine solche überführt.

Durch wiederholte Anwendung dieses Verfahrens erhält man schließlich ein Polygon, welches diese Eigenschaft bezüglich aller Paare äquivalenter Seiten besitzt. *Verschiedene Seitenpaare von π sind also jetzt mittels verschiedener Transformationen äquivalent.*

7.26. Elementare Umformung. Es sei π ein mittels des Verfahrens von 7.25. normiertes Polygon, und a, a' seien zwei äquivalente Seiten von π mittels der Transformation T. Wir ziehen in π eine Diagonale d, d.h. einen analytischen Jordanbogen, welcher zwei Ecken verbindet und im übrigen im Innern von π verläuft. Dieser zerlegt π in zwei Polygone π_1 und π_2. Dabei soll d so gewählt werden, daß a und a' nicht zu demselben dieser Polygone gehören. Sei π_1 das Polygon, welches a als Seite enthält. Da die Transformation T außer der Seite a keinen Punkt von π wieder in einen solchen überführt, hat das Polygon $T(\pi_1)$ mit π genau die Seite a' zum Durchschnitt. Die Vereinigungsmenge $T(\pi_1) + \pi_2$ ist also wieder ein Polygon, und zwar ein *Fundamentalpolygon* der Gruppe (T).

Das neue Fundamentalpolygon kann zunächst längs isolierter Ecken an die Kreislinie $|t| = 1$ grenzen. Bei dem in 7.28. zu beschreibenden Überführungsprozeß werden wir jedoch die Diagonale d stets so wählen, daß dies nicht der Fall ist.

7.27. Überführung in die Normalform. Wir betrachten zunächst den Fall, daß das Polygon π ganz im Innern von E liegt. Um die nachfolgende Konstruktion übersichtlich zu gestalten, beschreiben wir die Seitenzuordnung des Polygons π, indem wir seine Begrenzung γ in einer bestimmten Orientierung umlaufen, und die Seiten in der hierdurch bestimmten Reihenfolge nebeneinanderschreiben, wobei nach wie vor äquivalente Seiten durch die Bezeichnung a, a' gekennzeichnet sind. Nach 7.16. folgen zwei äquivalente Seiten nie unmittelbar aufeinander.

Die gewünschte Normalform besteht nun darin, daß je zwei äquivalente Seiten „gekreuzt", d.h. in der Folge $a\ b\ a'\ b'$ auftreten.

Um dies mittels elementarer Umformungen zu erreichen, wählen wir zunächst im ursprünglichen Polygon π die Seitenbezeichnung so, daß in unserem Schema stets a' rechts von a steht. Dann muß es zwei Seiten a und b geben, die in der Reihenfolge $\ldots a \ldots b \ldots a' \ldots b' \ldots$ stehen. In der Tat: man ordne jeder Seite x die (positive) Anzahl der zwischen x

und x' stehenden Seiten zu. Ist a die Seite (oder eine der Seiten), für welche diese Anzahl ein Minimum ist, und b die folgende, so haben die Seiten a, b, a', b' die gewünschte gegenseitige Lage.

Liegen nun die zwei so erhaltenen Seiten a, a' bereits gekreuzt, also in einer Anordnung $a\,b\,a'\,b'$, so kann man das Polygon in der Form $a\,b\,a'\,b' \ldots$ darstellen (daß diese vier Seiten jetzt am Anfang stehen, bedeutet nämlich nur, daß man eventuell das Umlaufen von π an einer neuen Stelle beginnt) und dann auf die restlichen Seiten dieselbe

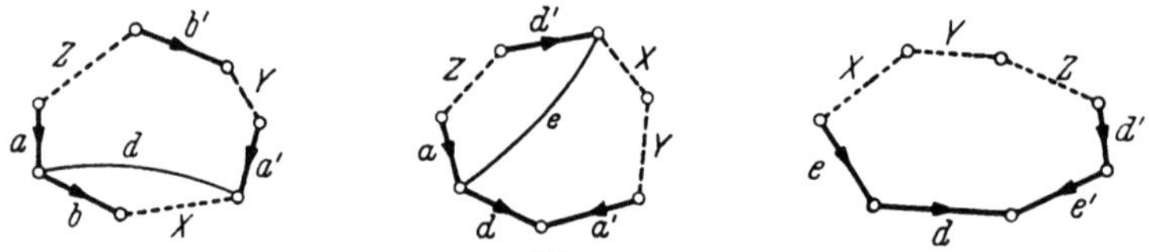

Abb. 14.

Überlegung anwenden. So gelangt man, falls π nicht bereits in der Normalform steht, einmal auf ein Seitenpaar a, b, das in der Anordnung

$$a\,b\,X\,a'\,Y\,b'\,Z$$

steht, wobei X, Y, Z irgendwelche Seitenfolgen bezeichnen. Nun verbinden wir den Endpunkt von a mit dem Anfangspunkt[1] von a' durch eine Diagonale d und wenden auf diese und das Seitenpaar b, b' die elementare Umformung von 7.26. an. So entsteht aus π ein neues ganz in E liegendes Fundamentalpolygon mit der Seitenzuordnung

$$a\,d\,a'\,Y\,X\,d'\,Z.$$

In diesem verbinden wir den Endpunkt von d mit dem Anfangspunkt von d' durch eine Diagonale e und wenden auf e und das Paar a, a' die Umformung 7.26. an. Es entsteht so ein Polygon mit der Zuordnung

$$e\,d\,e'\,d'\,Z\,Y\,X.$$

Dieses besteht aus gleich vielen Seiten wie das ursprüngliche und enthält eine gekreuzte Folge $e\,d\,e'\,d'$. Schließlich wenden wir auf die Folge $Z\,Y\,X$ (falls diese nicht schon aus lauter gekreuzten Folgen besteht) dasselbe Verfahren an. Dabei wird die beim ersten Schritt hergestellte Folge $e\,d\,e'\,d'$ nicht zerstört. Man gelangt daher nach endlich vielen Schritten zu einem Polygon mit der Zuordnung

$$a_1\,b\,a_1'\,b_1' \ldots a_p\,b_p\,a_p'\,b_p'. \qquad (p)$$

Dies ist die gewünschte Normalform.

[1] Dabei ist „Anfangspunkt“ und „Endpunkt“ bezüglich der von π induzierten Orientierung gemeint.

7.28. Normalform eines Polygons mit freien Seiten. Das Polygon π habe nun zweitens *freie* Seiten. Da diese keine äquivalenten besitzen, treten sie im Schema des Polygons nur einmal auf.

Das Polygon können wir zunächst nach 7.25. so normieren, daß verschiedene Paare äquivalenter Seiten mittels verschiedener Transformationen äquivalent sind. Wir wollen es weiter in ein Polygon überführen, in welchem die Eckpunkte *jeder freien Seite äquivalent* sind.

Es sei also x eine freie Seite, deren Eckpunkte A und B noch nicht äquivalent sind. An A bzw. B stoßen zwei innere Seiten a bzw. b. Diese sind nicht äquivalent, denn sonst wären es auch A und B. Die

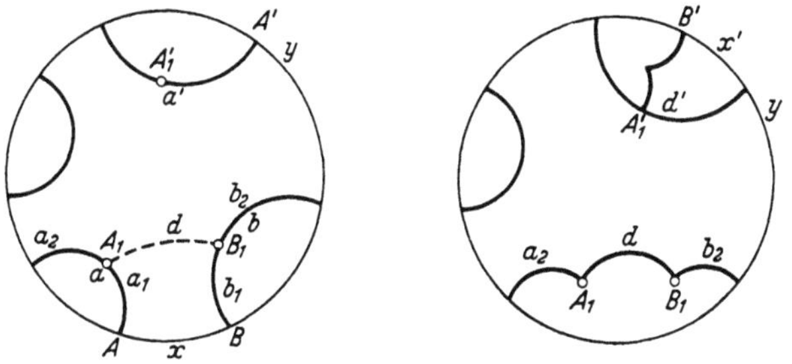

a b

Abb. 15.

zu a äquivalente Seite a' ist also von b verschieden. Dann teilen wir a durch einen inneren Punkt A_1 in zwei Teile a_1 und a_2, wobei a_1 der an A grenzende sei. Ebenso teilen wir b durch einen inneren Punkt B_1 in zwei Teile b_1 und b_2 und entsprechend die äquivalenten Seiten a' und b'. Hierauf verbinde man A_1 mit B_1 durch eine Diagonale d und wende auf diese und das Seitenpaar a_1, a_1' die Umformung 7.26. an. So entsteht aus π ein neues Fundamentalpolygon, welches wieder mit $|t| = 1$ keine isolierten Ecken gemeinsam hat und eine freie Seite weniger besitzt als π.

Indem man dieses Verfahren fortsetzt, gelangt man zu einem Polygon, bei dem die Eckpunkte jeder freien Seite x äquivalent sind. Dann müssen die beiden von x ausgehenden inneren Seiten a und b äquivalent sein, denn nach 7.18. hat A nur einen äquivalenten Eckpunkt, und dieser ist B.

Im Schema des Polygons π tritt also jede freie Seite in einer Folge $\ldots c x c' \ldots$ auf.

7.29. Das Polygon π soll nun weiter umgeformt werden, bis alle „Randfolgen“ $c x c'$ unmittelbar nacheinander stehen.

Nach 7.25. können wir wieder annehmen, daß verschiedene Seitenpaare mittels verschiedener Transformationen äquivalent sind. Es sei dann x eine freie Seite und $c x c'$ die zugehörige Folge. Gehört der zweite Eckpunkt P von c ebenfalls der Kreislinie $|t| = 1$ an, so gilt dasselbe auch für den entsprechenden Eckpunkt P' von c'; dann muß die in P beginnende (freie) Seite von π bis P' reichen, denn ihr zweiter Eckpunkt ist der (eindeutig bestimmte) zu P äquivalente Punkt P'. Das Polygon π hat dann die Form $c\,x\,c'\,y$, die wir bereits zu den Normalformen rechnen. Diesen Fall schließen wir deshalb in der Folge aus.

7.30. Es seien also jetzt x und y zwei freie Seiten und $\ldots c\,x\,c' \ldots$ bzw. $\ldots d\,y\,d' \ldots$ die entsprechenden Folgen. Der zweite Eckpunkt von c (bzw. d) liegt dann im Innern des Kreises $|t| < 1$. Die Folgen $c\,x\,c'$ und $d\,y\,d'$ mögen nicht unmittelbar nacheinander stehen; sonst hätten wir schon das Ziel erreicht.

Wir haben also ein Polygon von der Form

$$U\,c\,x\,c'\,V\,d\,y\,d'$$

zu betrachten. Wir verbinden den in $|t| < 1$ liegenden Eckpunkt von d mit einem der Endpunkte von x durch eine Diagonale e und wenden auf diese, zusammen mit dem Seitenpaar c, c', die Umformung 7.26. an. So entsteht ein Polygon, das wieder nur längs ganzer Seiten an den Kreis $|t| = 1$ stößt und dem Schema

$$e\,x\,e'\,d\,y\,d'\,U\,V$$

entspricht. Die freien Seiten x und y stehen also jetzt in der gewünschten Reihenfolge.

Bei der obigen Umformung sind die Folgen U und V nicht zerrissen worden; man kann daher nötigenfalls dasselbe Verfahren erneut anwenden, ohne die schon bestehende Folge $e\,x\,e'\,d\,y\,d'$ zu zerstören. So gelangt man nach endlich vielen Schritten zu einem Polygon mit der Zuordnung

$$c_1\,x_1\,c_1' \ldots c_r\,x_r\,c_r'\,Z\,,$$

wobei in der Folge Z nur noch *innere* Seiten auftreten. Diese Seiten liegen, da sie voraussetzungsgemäß auch in ihren Endpunkten nicht an den Kreis $|t| = 1$ grenzen können, sogar vollständig im Innern des Kreises.

7.31. Auf die Folge Z kann man nun das Normalisierungsverfahren von 7.27. anwenden. Dabei bleibt die bereits normierte Folge der freien Seiten erhalten, und man kommt daher nach endlich vielen Schritten zu der gesuchten Normalform

$$c_1\,x_1\,c_1' \ldots c_r\,x_r\,c_r'\,a_1\,b_1\,a_1'\,b_1' \ldots a_p\,b_p\,a_p'\,b_p'\,.$$

§ 4. Das metrische Fundamentalpolygon.

7.32. Einführung der nichteuklidischen Metrik. Nach diesen allgemeinen Überlegungen gehen wir über zur tatsächlichen Aufstellung eines Fundamentalpolygons bei gegebener Gruppe (T), im Anschluß an

POINCARÉ und KLEIN. Dabei ist die Einführung des POINCARÉschen Linienelementes

$$d\sigma = \frac{|dt|}{1 - |t|^2},$$

das bei jeder konformen Selbstabbildung des Einheitskreises invariant bleibt, von fundamentaler Bedeutung (vgl. 7.4.). Im folgenden sind, falls nichts anderes gesagt wird, alle geometrischen Begriffe, wie Abstand, Gerade usw. im Sinne dieser hyperbolischen Geometrie zu verstehen. Die nichteuklidische Entfernung zweier Punkte a und b wird dabei kurz mit $[a, b]$ bezeichnet.

˚7.33. Konstruktion des metrischen Fundamentalpolygons. Es sei (T) eine beliebige im Sinne von 7.8. diskontinuierliche Gruppe von fixpunktlosen konformen Selbstabbildungen des Einheitskreises $|t| < 1$. Wir wählen einen beliebigen Punkt $t = t_0$ dieses Kreises; dieser Punkt soll während der nachfolgenden Konstruktion festgehalten werden.

Sei dann t ein beliebiger Punkt des Kreises $|t| < 1$ und $T_\nu(t)$ $(\nu = 0, 1, \ldots)$ die Klasse seiner äquivalenten Punkte. Diese können sich nicht im Innern des Einheitskreises häufen, und die nichteuklidische Entfernung $[t_0, T_\nu(t)]$ erreicht daher (bei festem t) für höchstens endlich viele Werte ν ihr *Minimum*; für $t = t_0$ geschieht dies insbesondere für die identische Transformation T_0.

Wir betrachten nun für jedes t $(|t| < 1)$ jene (endlich vielen) Punkte $T_\nu(t)$, für welche $[t_0, T_\nu(t)]$ minimal wird. Lassen wir dann t in $|t| < 1$ frei variieren, so bilden diese Punkte $T_\nu(t)$ eine wohlbestimmte Punktmenge Δ, welche den Punkt $t = t_0$ enthält.

Es soll im folgenden gezeigt werden, daß Δ ein *Fundamentalpolygon* der Gruppe (T) ist, im Sinne der Definition von 7.10.

7.34. Wir beweisen zunächst, daß die Punkte t der Menge Δ auch *durch die Ungleichungen*

$$[t\,t_0] \leq [t\,t_\nu] \qquad (\nu = 0, 1, \ldots) \tag{7.9}$$

charakterisiert sind, wobei t_ν den Bildpunkt $t_\nu = T_\nu(t_0)$ bei der Transformation T_ν bezeichnet.

Zum Beweis sei t ein Punkt von Δ und t_ν ein beliebiger zu t_0 äquivalenter Punkt. Die Inverse der Transformation $t_0 \to t_\nu$ sei T_μ. Dann gilt

$$[t_0\,t] \leq [t_0\,T_\mu(t)];$$

wegen der Invarianz des letzten Abstands ist die rechte Seite gleich $[t_\nu\,t]$, und damit wird

$$[t_0\,t] \leq [t_\nu\,t].$$

Umgekehrt sei (7.9) gültig für ein gegebenes t und jedes ν. Für $T_\mu = T_\nu^{-1}$ wird dann $[t\,t_\nu] = [T_\mu(t)\,t_0]$ und also nach (7.9) $[t_0\,t] \leq [t_0\,T_\mu(t)]$ für jedes μ; das bedeutet aber, daß t zur Menge Δ gehört.

Die Ungleichung (7.9) bestimmt für ein festes ν die Menge aller Punkte t, deren Abstand von t_0 kleiner oder gleich dem Abstand von t_ν ist, also eine abgeschlossene Halbebene H_ν. Die Punktmenge Δ erscheint somit als der Durchschnitt der unendlich vielen abgeschlossenen Halbebenen H_ν $(\nu = 1, 2, \ldots)$.

7.35. Die Menge Δ ist konvex. Sind a und b zwei Punkte von Δ, so liegt auch die Verbindungsstrecke ab in Δ. Denn die Punkte a und b liegen in jeder Halbebene H_ν und wegen der Konvexität von H_ν damit auch die Strecke ab; diese Strecke gehört also zum Durchschnitt Δ.

Insbesondere liegt also mit jedem Punkte a auch die Strecke $a\,t_0$ in Δ; für $t_0 = 0$ hat also Δ Sterngestalt in Bezug auf den Punkt $t = t_0$.

7.36. Innere Punkte. Die inneren Punkte t von Δ sind dadurch charakterisiert, daß die *verschärften Ungleichungen*

$$[t\,t_0] < [t\,t_\nu] \qquad (\nu = 1, 2, \ldots) \tag{7.10}$$

gelten.

Zunächst ist klar, daß diese Ungleichungen für jeden inneren Punkt bestehen, denn besteht für einen Punkt t von Δ eine Gleichung

$$[t\,t_0] = [t\,t_\nu],$$

so ist t Begrenzungspunkt der Halbebene H_ν und damit auch Begrenzungspunkt des Durchschnittes Δ.

Es sei umgekehrt $t = t^*$ ein Punkt, für den die Ungleichungen (7.10) gelten; t^* ist also innerer Punkt jeder Halbebene. Daraus kann man noch nicht ohne weiteres schließen, daß t^* auch innerer Punkt des Durchschnittes der *unendlich vielen* Halbebenen H_ν ist. Daß dies tatsächlich zutrifft, sieht man folgendermaßen ein: Es sei δ eine beliebige positive Zahl. Da die Geraden $[t t_0] = [t t_\nu]$ für hinreichend großes ν außerhalb des Kreises $[t t_0] < [t^* t_0] + \delta$ liegen, so ist der nichteuklidische Kreis K^* um t^* mit dem Radius δ von einen gewissen $\nu = n$ an in der Halbebene H_ν enthalten. Nun ist aber t^* innerer Punkt jeder Halbebene H_ν und damit auch des (endlichen) Durchschnittes $H_1 \ldots H_n$. Jede Umgebung von t^* bezüglich dieses Durchschnittes, die überdies in K^* liegt, gehört somit zu Δ, und t^* ist also innerer Punkt von Δ.

Aus dem obigen folgt, daß $t = t_0$ *innerer* Punkt von Δ ist.

7.37. Äußere Punkte. Die äußeren Punkte von Δ sind entsprechend dadurch charakterisiert, daß die Ungleichung $[t\,t_0] > [t\,t_\nu]$ für mindestens ein $\nu > 0$ gilt. Diese Ungleichung besagt nämlich, daß t äußerer Punkt der Halbebene H_ν und damit äußererer Punkt des Durchschnittes Δ ist. Umgekehrt sei der Punkt t äußerer Punkt von Δ. Da er von einem gewissen $\nu = n$ an innerer Punkt der Halbebene H_ν ist, muß t bereits äußerer Punkt des endlichen Durchschnittes $H_1 \ldots H_n$ sein, und damit äußerer Punkt einer Halbebene H_μ $(1 \leq \mu \leq n)$; es gilt also $[t\, t_0] > [t\, t_\mu]$.

7.38. Begrenzungspunkte. Aus 7.36. und 7.37. ergibt sich: Ein Punkt t ist genau dann Begrenzungspunkt von Δ (bezüglich des offenen Einheitskreises), wenn $[t\, t_0] \leq [t\, t_\nu]$ für jedes ν gilt, und für mindestens ein ν $(\nu > 0)$ das Gleichheitszeichen steht.

Das Gleichheitszeichen kann nur für endlich viele ν gelten, denn die Gleichung $[t\, t_0] = [t\, t_\nu]$ besagt, daß die Punkte t_ν auf einer nichteuklidischen Kreislinie um t liegen, und eine solche kompakte Linie kann nur endlich viele der äquivalenten Punkte t_ν enthalten.

7.39. Die Begrenzung von Δ soll nun näher untersucht werden. Es bezeichne σ_n für ein festes $\nu = n$ die Punktmenge (t), die durch die Beziehungen

$$[t\, t_0] = [t\, t_n], \qquad [t\, t_0] \leq [t\, t_\nu] \qquad (\nu = 1, 2, \ldots)$$

gegeben ist; σ_n ist also Durchschnitt der Geraden γ_n $([t\, t_0] = [t\, t_n])$ mit den Halbebenen H_ν. Sind a und b zwei Punkte von σ_n, so gehören, wegen der Konvexität von γ_n und H_ν, auch alle zwischen a und b liegenden Punkte von γ_n zu σ_n. Die Menge σ_n ist also, wenn sie nicht nur aus *einem* Punkte besteht, eine Strecke oder ein Halbstrahl oder schließlich die ganze Gerade γ_n.

Es sei t^* ein innerer Punkt von σ_n bezüglich der Geraden γ_n. Dann gilt für jedes positive $\nu \neq n$ die Ungleichung $[t^* t_0] < [t^* t_\nu]$.

Denn eine Gleichung $[t^* t_0] = [t^* t_\nu]$ $(\nu \neq n)$ besagt, daß der Punkt t^* außerdem noch auf der Geraden γ_ν liegt; er wäre also der Schnittpunkt von γ_n und γ_ν, und da t^* innerer Punkt von σ_n ist, müßte es dann Punkte von σ_n geben, die *außerhalb* der Halbebene H_ν liegen, was der Definition von σ_n widerspricht.

Gilt umgekehrt für alle $\nu \neq n$ die Ungleichung $[t^* t_0] < [t^* t_\nu]$, so ist t^* innerer Punkt von σ_n; denn wie in 7.36. schließt man, daß diese Ungleichungen auch noch in einer Umgebung von t^* gelten, und der Durchschnitt dieser Umgebung mit σ_n ist dann eine Umgebung von t^* bezüglich γ_n, die zu σ_n gehört.

7.40. Nun schließt man, daß ein innerer Punkt einer Strecke σ_n nicht auf einer anderen Strecke σ_m liegen kann. Denn für einen inneren Punkt von σ_n gilt nach 7.39. $[t\, t_0] < [t\, t_\nu]$ $(\nu \neq n)$, also insbesondere $[t\, t_0] < [t\, t_m]$, während doch $[t\, t_0] = [t\, t_m]$ für σ_m gelten muß.

Wir nehmen nun an, ein σ_n, etwa σ_1, sei nicht die ganze entsprechende Gerade γ_1, und betrachten einen Endpunkt t^* von σ_1 im Innern des Kreises $|t| < 1$. Dann liegt t^* noch auf genau einer anderen Strecke $\sigma_m \neq \sigma_1$. Da nämlich t^* Endpunkt von σ_1 ist, gilt für mindestens ein $m \neq 1$ die Gleichung $[t_0\, t^*] = [t_m\, t^*]$. Wir betrachten die endlich vielen m, für welche dies zutrifft; t^* liegt dann also auf den diesen m entsprechenden

Geraden γ_m. Die Bezeichnung denken wir uns so gewählt, daß dies die Geraden $\gamma_1, \ldots, \gamma_r$ sind, und zwar in zyklischer Reihenfolge um t^*. Jede Gerade γ_ϱ zerfällt durch den Punkt t^* in zwei Halbstrahlen α_ϱ und β_ϱ; dabei liege α_ϱ in der Halbebene $H_{\varrho+1}$ und β_ϱ in der komplementären Halbebene $H'_{\varrho+1}$ $(\varrho = 1, \ldots, r-1)$. Dann liegt α_r in H'_1 und β_r in H_1. Weiter ist α_ϱ in $H'_{\varrho-1}$ und β_ϱ in $H_{\varrho-1}$ enthalten $(\varrho = 2, \ldots, r)$. Dagegen liegt α_1 in H_r und β_1 in H'_r; α_1 und β_r sind also die zwei (einzigen) Strecken, die in keiner der komplementären Halbebenen H'_ϱ verlaufen. Somit kann eine Strecke σ_ν höchstens auf α_1 oder auf β_r liegen. Der Halbstrahl α_1 enthält in der Tat die Strecke σ_1; um zu zeigen, daß eine solche Strecke auch auf β_r liegt, bemerke man, daß β_r in den Halbebenen H_ϱ $(\varrho = 1, \ldots, r)$ enthalten ist und daß die Ungleichungen $[t^* t_0] < [t^* t_\nu]$ für $\nu > r$ gelten. Somit liegen die hinreichend nahe an t^* gelegenen Punkte von β_r auch in den Halbebenen H_ν $(\nu > r)$. Die Menge σ_r besteht also nicht nur aus dem Punkte t^*; σ_r ist somit eine von t^* ausgehende Strecke oder ein Halbstrahl.

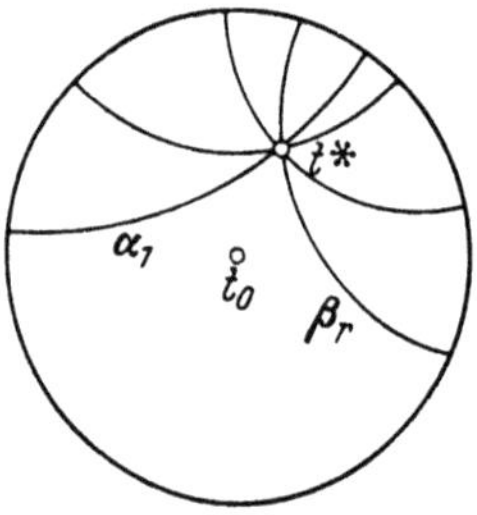

Abb. 16.

Die Begrenzung der Menge Δ ist somit aus Strecken, Halbstrahlen und Geraden zusammengesetzt, und von jedem in $|t| < 1$ liegenden Endpunkt einer Strecke oder eines Halbstrahls geht noch genau eine Strecke oder ein Halbstrahl aus.

7.41. Ist t^* ein Endpunkt von σ_n, der auf dem Kreise $|t| = 1$ liegt, so zeigt man entsprechend, daß von t^* entweder noch ein oder kein $\sigma_m \neq \sigma_n$ ausgeht. Im letzteren Falle muß sich die Menge Δ längs eines von t^* ausgehenden Bogens von $|t| = 1$ gegen den Einheitskreis häufen.

Wir ergänzen nun nötigenfalls Δ durch seine Häufungspunkte bezüglich des abgeschlossenen Kreises. Dann besteht die Begrenzung der so erhaltenen abgeschlossenen Menge aus nichteuklidischen Strecken (bzw. Halbstrahlen und Geraden) und eventuell aus Bögen von $|t| = 1$, wobei in jedem Endpunkt eines solchen Bestandteiles genau ein anderer beginnt. Also ist Δ ein *Polygon*.

7.42. Wir zeigen nun, daß Δ *Fundamentalpolygon* der Gruppe (T) ist. Aus der Konstruktion 7.33. von Δ folgt unmittelbar, daß jeder Punkt von $|t| < 1$ in Δ einen äquivalenten besitzt. Wir haben also weiter zu zeigen, daß je zwei innere Punkte von Δ nichtäquivalent sind.

Zum Beweis sei t ein innerer Punkt und t' ein zu t äquivalenter. Sei t_m der Punkt, der bei der Transformation $t \to t'$ in den Punkt t_0 übergeht, und t_n der Bildpunkt von t_0. Da t innerer Punkt von Δ ist, gilt $[t\, t_0] < [t\, t_m]$, und daraus folgt wegen der Invarianz des Abstandes, daß $[t' t_n] < [t' t_0]$, was besagt, daß t' *äußerer* Punkt von Δ ist.

7.43. Äquivalente Begrenzungspunkte. Wenn es in $\varDelta$ also überhaupt äquivalente Punkte gibt, so müssen es *Begrenzungspunkte* sein. Zwei solche äquivalente Punkte t und t' haben ferner von t_0 denselben Abstand. Denn nach 7.33. gilt $[t\,t_0] \leqq [t'\,t_0]$, und ebenso ist $[t'\,t_0] \leqq [t\,t_0]$, so daß die Gleichheit $[t t_0] = [t'\,t_0]$ besteht.

Wir zeigen, daß es zu jedem inneren Punkt t einer (nicht auf $|t| = 1$ liegenden) Seite σ_n von $\varDelta$ genau einen äquivalenten gibt.

Zum Beweis sei t' ein beliebiger zu t äquivalenter Punkt von $\varDelta$ (vorausgesetzt, daß ein solcher existiert) und T die Transformation $t \to t'$. Sei t_m der Punkt, der hierbei in t_0 übergeht; dann ist $[t\,t_m] = [t'\,t_0]$, $[t\,t_0] = [t'\,t_0]$ und damit $[t\,t_m] = [t\,t_0]$. Da t nach Voraussetzung *innerer* Punkt der Seite σ_n ist, kann diese Gleichung nur so bestehen, daß entweder $m = n$ oder $m = 0$. Der zweite Fall ist wegen der Fixpunktlosigkeit von T ausgeschlossen, und es ist also $t_m = t_n$, d.h. die Transformation T ist diejenige, welche t_n in t_0 überführt. Es gibt also höchstens *einen* zu t äquivalenten Punkt in $\varDelta$.

Die Transformation $t_n \to t_0$ führt nun tatsächlich t in einen Punkt einer Strecke σ_ν über. Da t auf σ_n liegt, so ist $[t\,t_n] = [t\,t_0]$. Ist t_r der Bildpunkt von t_0 bei dieser Transformation, so ergibt sich hieraus $[t'\,t_0] = [t'\,t_r]$. Dagegen ist $[t'\,t_0] < [t'\,t_\nu]$ für $\nu \neq r, 0$: da $t_\nu \neq t_r$ und $t_\nu \neq t_0$, ist der Urbildpunkt t_μ von t_ν von t_0 und t_n verschieden; es ist also, da t innerer Punkt von σ_n ist, $[t\,t_0] < [t\,t_\mu]$ und daher $[t'\,t_0] < [t'\,t_\nu]$ für $\nu \neq r, 0$. Damit ist gezeigt, daß t' innerer Punkt der Strecke σ_r ist.

Die Transformation T führt mithin jeden inneren Punkt von σ_n in einen inneren Punkt von σ_r über. Daß man hierbei alle inneren Punkte von σ_r erhält, folgt daraus, daß die inverse Transformation $t_r \to t_0$ umgekehrt die inneren Punkte von σ_r in die von σ_n überführt. Schließlich zeigt man in derselben Weise, daß T die Endpunkte von σ_n in die von σ_r, und damit ganz σ_n in σ_r transformiert.

7.44. Damit ist gezeigt: Zu jedem inneren Punkt t einer (inneren) Seite σ_n gibt es genau einen äquivalenten Punkt t', und die zugehörige Transformation ist diejenige, die t_n in t_0 überführt. Ist t_r der Bildpunkt von t_0, so ist t' innerer Punkt der Seite σ_r, und T führt ganz σ_n in σ_r über. Die Seiten von $\varDelta$ sind also paarweise äquivalent, und $\varDelta$ ist, wie behauptet wurde, *Fundamentalpolygon* der Gruppe (T). Wir nennen es das *metrische Fundamentalpolygon* der Gruppe.

Es sei noch bemerkt, daß das metrische Fundamentalpolygon von vornherein die Eigenschaft hat, daß verschiedene Paare äquivalenter Seiten mittels verschiedener Transformationen äquivalent sind.

7.45. Beispiele. Wir betrachten den einfachen Fall, daß die Gruppe (T) zyklisch ist. Sei zunächst die erzeugende Transformation T parabolisch, mit dem Fixpunkt $t = \zeta$ $(|\zeta| = 1)$, und $t_0 = 0$. Die Punkte

$t_\nu = T_\nu(0)$ liegen auf einem Kreise K durch O und ζ, welcher den Einheitskreis in ζ berührt. Die Geraden $[t t_\nu] = [t t_0]$ sind Orthogonalkreise, welche den Punkt ζ gemeinsam haben.

Diese letzte Tatsache läßt sich geometrisch folgendermaßen einsehen: Es sei P ein beliebiger Punkt des Kreises K und α die Neigung des Halbstrahles $\overrightarrow{OP}$ mit der Richtung $\overrightarrow{O\zeta}$ $\left(0 < \alpha < \frac{\pi}{2}\right)$. Auf der Strecke OP wählen wir einen Punkt A. Dann gibt es einen eindeutig bestimmten Orthogonalkreis zum Einheitskreis, dessen Mittelpunkt auf dem Halbstrahl $\overrightarrow{OP}$ liegt und der durch A geht. Der Abstand seines Mittelpunktes M von O ist

$$d = \frac{\overline{OA}^2 + 1}{2\,\overline{OA}}.$$

Soll dieser Orthogonalkreis nun durch den Punkt ζ gehen, so muß $1/d = \cos\alpha$. Dies ist aber andererseits die Länge der Strecke OP, so daß die Bedingung lautet

$$\overline{OP} = \frac{2\,\overline{OA}}{1 + \overline{OA}^2}.$$

Das ist aber gerade der Ausdruck dafür, daß der Punkt A die Strecke $\overline{OP}$ nichteuklidisch halbiert. Andererseits enthält diese Bedingung die Vorschrift, nach der unsere Geraden $[t t_\nu] = [t t_0]$ konstruiert werden: Der Punkt t_ν liegt auf dem Kreise K, der nichteuklidische Abstand $[t_0\, t_\nu]$ wird halbiert und durch den Halbierungspunkt wird der Orthogonalkreis gezogen, dessen Mittelpunkt auf der Geraden $[t_0\, t_\nu]$ liegt.

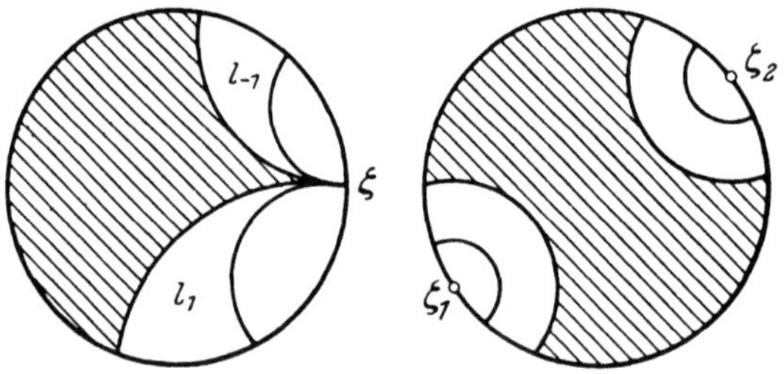

Abb. 17.

Zur Begrenzung des metrischen Fundamentalpolygons tragen in diesem Fall nur die beiden Geraden $[t t_1] = [t t_0]$ und $[t t_{-1}] = [t t_0]$ bei. Δ ist somit ein „Dreieck", begrenzt von zwei Grenzkreisparallelen l_1 und l_{-1} und einem Bogen des Einheitskreises (Abb. 17, links). Die Seiten l_1 und l_{-1} sind einander mittels der Transformation T^2 zugeordnet.

Es sei zweitens die erzeugende Transformation T *hyperbolisch* mit den Fixpunkten ζ_1 und ζ_2 auf $|t| = 1$. Die Punkte t_ν liegen dann auf dem Kreise durch ζ_1, ζ_2 und O. Die Geraden $[t t_\nu] = [t t_0]$ sind in diesem Falle paarweise punktfremd. Das metrische Fundamentalpolygon ist also ein „Viereck", begrenzt von den Geraden l_1 und l_{-1} und zwei Bögen des Einheitskreises. Die Seiten l_1 und l_{-1} sind einander vermöge der Transformation T^2 zugeordnet (Abb. 17, rechts).

§ 5. Konforme Selbstabbildungen der Zahlenebene.

7.46. Die Gruppe. Wir betrachten in diesem Paragraphen eine diskontinuierliche Gruppe (T) von fixpunktlosen, konformen Selbstabbildungen der Zahlenebene, also von parabolischen Transformationen

$$T_\nu(t) = t + t_\nu \qquad (\nu = 0, 1, \ldots;\ T_0(t) \equiv t).$$

Die Punkte t_ν häufen sich nur gegen $t = \infty$, denn sie stellen die zum Punkte $t = 0$ hinsichtlich der Gruppe (T) äquivalenten Punkte dar.

7.47. Das Gitter der äquivalenten Punkte. Unter den Zahlen t_ν $(\nu = 1, 2, \ldots)$ gibt es eine, $t_\alpha = \omega_1$, mit kleinstem Betrag $|t_\alpha| = r_1 > 0$. Die Punkte $t = n\,\omega_1$ $(n = 0, \pm 1, \ldots)$ umfassen alle zu $t = 0$ äquivalenten Punkte auf der von $t = 0$ und $t = \omega_1$ bestimmten Geraden. Falls nun die Translationen $t \to t + n\omega_1$ $(n = 0, \pm 1, \ldots)$ bereits die ganze Gruppe (T) ausmachen, ist ein von zwei durch $t = 0$ bzw. $t = \omega_1$ gehenden parallelen Geraden begrenzter, abgeschlossener Streifen Fundamentalbereich der Gruppe (T).

Man könnte nun entsprechend wie in § 4 einen „metrischen" Fundamentalbereich Δ konstruieren; dabei hat man nur anstatt mit den Begriffen der nichteuklidischen mit denen der euklidischen Geometrie zu operieren. Auf diese Weise erhält man einen auf dem Vektor ω_1 senkrecht stehenden Parallelstreifen Δ.

7.48. Das doppeltperiodische Gitter. Enthält hingegen die Menge t_ν Punkte außerhalb der Geraden $(0, w_1)$, so sei $t_\beta = w_2$ derjenige von ihnen, dessen Abstand $|\omega_2| = r_2$ vom Punkte $t = 0$ minimal ist. Die Gruppe enthält dann sämtliche Transformationen $t \to t + \omega$,

$$\omega = n_1\omega_1 + n_2\omega_2 \qquad (n_1, n_2 = 0, \pm 1, \ldots). \tag{7.11}$$

Andererseits umfassen diese bereits *alle* Transformationen der Gruppe. Zum Beweis seien σ_0^1 und σ_0^2 die abgeschlossenen Dreiecke $(0, \omega_1, \omega_2)$ und $(0, -\omega_1, -\omega_2)$. In der Vereinigungsmenge $\sigma_0^1 + \sigma_0^2$ liegen, abgesehen von den fünf Eckpunkten, keine Punkte t_ν. Durch die Transformation $t \to t + \omega$ gehen die Dreiecke σ_0^1 und σ_0^2 in zwei Dreiecke σ_ω^1 und σ_ω^2 über. Durchläuft ω die Werte (7.11), so pflastert die Gesamtheit dieser Dreiecke lückenlos die t-Ebene.

Ist nun $t \to t + t'$ eine beliebige Transformation von (T), so gibt es unter den Punkten $\omega + t'$ [wenn ω die Menge (7.11) durchläuft] einen Punkt $\omega_0 + t'$, der auf $\sigma_0^1 + \sigma_0^2$ liegt. Dieser muß mit einer der fünf Ecken von $\sigma_0^1 + \sigma_0^2$ zusammenfallen, ist also ein Gitterpunkt, und damit auch t'. Die Transformation hat also die Form (7.11).

Die Menge $\sigma_0^1 + \sigma_0^2$ ist somit ein (abgeschlossener) Fundamentalbereich. Wendet man auf σ_0^2 die Translation $t \to t + \omega_1 + \omega_2$ an und läßt σ_0^1 fest, so hat man in dem Parallelogramm

$$t = \lambda_1 \omega_1 + \lambda_2 \omega_2 \qquad (0 \leq \lambda_1, \lambda_2 \leq 1)$$

einen neuen Fundamentalbereich der Gruppe (T) erhalten.

Auch hier kann man entsprechend wie in § 4 ein metrisches Fundamentalpolygon konstruieren. Dieses wird im allgemeinen mehr als vier Seiten besitzen. In dem einfachen Falle, wo das obige Parallelogramm ein Rhombus mit dem Öffnungswinkel $\pi/3$ ist, erhält man als metrisches Fundamentalpolygon ein reguläres Sechseck mit $t = 0$ als Mittelpunkt.

VIII. Kapitel.

Uniformisierung.

Nach Kap. II hat jede RIEMANNsche Fläche R eine einfach zusammenhängende universelle Überlagerungsfläche $\hat{R}$. Diese Fläche läßt sich nach dem RIEMANNschen Abbildungssatz auf ein Normalgebiet E der Zahlenebene eineindeutig und konform abbilden. So ergibt sich nicht nur für die universelle Überlagerungsfläche $\hat{R}$, sondern gleichzeitig für die Grundfläche R eine einfache Normaldarstellung als euklidische oder nichteuklidische Polyederfläche. Diese Darstellung führt insbesondere zur Lösung des allgemeinen Uniformisierungsproblems.

Die *Methode der universellen Überlagerungsfläche*, die auf SCHWARZ zurückgeht[1], bildet auch eine einfache Grundlage für die Behandlung vieler anderer Probleme in der Theorie der Abbildungen und der Funktionen auf RIEMANNschen Flächen. Von diesen sollen einige in den §§ 1 bis 3 des vorliegenden Abschnitts untersucht werden.

§ 1. Normalform RIEMANNscher Flächen.

8.1. Der elliptische Fall. Wir betrachten im folgenden eine beliebige RIEMANNsche Fläche R, konstruieren zu ihr die universelle Überlagerungsfläche $\hat{R}$ und bilden diese nach dem RIEMANNschen Abbildungssatz auf ein Normalgebiet E topologisch und konform ab, wobei wir drei Fälle zu unterscheiden haben, je nachdem $\hat{R}$ elliptisch, parabolisch oder hyperbolisch ist. Der *elliptische* Fall trifft dann und nur dann zu, wenn $R = \hat{R}$ geschlossen und vom Kugeltypus ist; über diesen Fall ist nichts weiter zu sagen, und wir lassen ihn jetzt außer Betracht.

[1] Vgl. Briefwechsel von KLEIN und POINCARÉ [2].

8.2. Der parabolische Fall. Es sei R eine RIEMANNsche Fläche, deren universelle Überlagerungsfläche $\hat{R}$ parabolisch, d.h. zur Ebene $t \neq \infty$ konform äquivalent ist. R entsteht aus $\hat{R}$ durch Identifizieren der hinsichtlich der Decktransformationen (T) äquivalenten Punkte. Wir werden entsprechend der Struktur der Gruppe (T) verschiedene Fälle (vgl. Kap. VII, § 5) unterscheiden:

Enthält erstens (T) nur die identische Transformation, so sind die Flächen R und $\hat{R}$ konform äquivalent; R ist also selbst mit der Zahlenebene $t \neq \infty$ konform äquivalent.

Besteht zweitens (T) aus den Vielfachen einer Translation $T(t) = t + \omega_1$, so wird die Fläche R mittels der Abbildung

$$w = e^{\frac{2\pi i}{\omega_1} t}$$

in die zweifach punktierte Ebene $0 < |w| < \infty$ topologisch und konform übergeführt. R ist also zur punktierten w-Ebene konform äquivalent.

Schließlich sei (T) die von zwei Translationen $T_1(t) = t + \omega_1$ und $T_2(t) = t + \omega_2$ erzeugte Gruppe. Dann entsteht R aus dem Fundamentalparallelogramm durch Identifizieren gegenüberliegender Seiten. R ist in diesem Falle eine geschlossene Fläche und hat die Charakteristik $\chi = 0$.

In den beiden ersten Fällen ist die konforme Äquivalenzklasse der Fläche R durch die Struktur der Deckbewegungsgruppe eindeutig bestimmt, denn je zwei w-Ebenen bzw. zwei punktierte Ebenen sind konform äquivalent. Für die geschlossenen Flächen der Charakteristik Null ist dies hingegen nicht der Fall. In 8.17. sollen sämtliche konformen Klassen dieses topologischen Flächentyps aufgezählt werden.

8.3. Der hyperbolische Fall. Die vorhergehende Nummer zeigt, daß die universelle Überlagerungsfläche $\hat{R}$ einer gegebenen RIEMANNschen Fläche R mit Ausnahme ganz spezieller Fälle *hyperbolisch* sein wird. Dieser allgemeine Fall soll jetzt betrachtet werden. Dabei beschränken wir uns zunächst auf *kompakte* Flächen R.

Es sei also R eine geschlossene Fläche, deren universelle Überlagerungsfläche $\hat{R}$ hyperbolisch ist. Das metrische Fundamentalpolygon π liegt dann ganz im Innern[1] des Kreises $|t| < 1$, und das entsprechende Normalpolygon hat daher eine der Formen (vgl. 7.27.)

$$a_1 b_1 a_1' b_1' \ldots a_p b_p a_p' b_p' \qquad (p \geq 1). \qquad (p)$$

[1] Führt man nämlich auf R die durch das nichteuklidische Linienelement der Fläche $\hat{R}$ bestimmte Metrik ein (vgl. 8.8.), so hat der Abstand von zwei Punkten auf R wegen der Kompaktheit dieser Fläche ein *endliches* Maximum. Jedes Fundamentalpolygon der Gruppe (T) muß daher in einem Kreis $|z| \lesseqgtr r < 1$ enthalten sein.

Damit ist gezeigt:

Jede geschlossene RIEMANN*sche Fläche R, deren universelle Überlagerungsfläche hyperbolisch ist, entsteht aus einem Polygon π, in welchem die Seiten nach (p) identifiziert sind.*

8.4. Bedingung für das Geschlecht. Wir zeigen, daß der Fall $p = 1$ ausgeschlossen ist, mit anderen Worten, daß *das Geschlecht einer* RIEMANN*schen Fläche, deren universelle Überlagerungsfläche hyperbolisch ist, mindestens den Wert $p = 2$ hat.*

Dazu gehen wir zum metrischen Fundamentalpolygon π zurück und bezeichnen mit n bzw. α die Anzahl seiner Seiten bzw. die Zahl der Eckenklassen. Dann ist die Charakteristik der dargestellten Fläche nach 3.17. gleich $\chi = -\alpha + n - 1$. Wir haben also zu beweisen, daß unter den gegebenen Bedingungen

$$-\alpha + n - 1 \geqq 1$$

sein muß.

Es sei Ω die Winkelsumme von π. Dann ist $2\pi\alpha = \Omega$, denn jede Eckenklasse von π gibt zu Ω genau den Beitrag 2π. Sind nämlich e_ϱ $(\varrho = 1, \ldots, r)$ die Ecken einer Klasse, so gibt es zu jedem ϱ eine Transformation T_ϱ, welche e_ϱ in e_1 überführt. Dabei geht π in ein Polygon π_ϱ $(\pi_1 = \pi)$ über, das mit π die Ecke e_1 gemeinsam hat. Die Polygone π_ϱ bilden daher einen Zykel um e_1. Der Innenwinkel von π an der Ecke e_ϱ ist gleich dem Innenwinkel von π_ϱ an der Ecke e_1, und damit ist die Summe dieser Innenwinkel tatsächlich gleich 2π.

Um die Anzahl n zu berechnen, beachte man, daß die Winkelsumme Ω eines nichteuklidischen (hyperbolischen) $2n$-Ecks gleich

$$\Omega = 2\pi(n-1) - \delta$$

ist, wobei δ den (positiven) Winkeldefekt bezeichnet[1]. Aus den beiden Gleichungen für α und n ergibt sich nun

$$\chi = n - 1 - \alpha > 0,$$

also $\chi \geqq 1$, w.z.b.w.

8.5. Topologische Struktur der geschlossenen Flächen. Damit haben wir eine Übersicht über den topologischen Aufbau einer geschlossenen RIEMANNschen Fläche R erhalten:

[1] Diesen fundamentalen Satz der nichteuklidischen Geometrie beweist man an Hand des POINCARÉschen Modells zunächst für ein Dreieck, indem man dieses durch eine nichteuklidische Bewegung in die spezielle Lage $(0, t_1, t_2)$ bringt. Das euklidische Dreieck $(0, t_1, t_2)$ ist dann dem entsprechenden nichteuklidischen umgeschrieben; seine Winkelsumme muß daher größer als die des nichteuklidischen sein. — Für ein nichteuklidisches Polygon ergibt sich der Satz durch Zerlegung in Dreiecke.

Ist die universelle Überlagerungsfläche $\hat{R}$ elliptisch, so ist R selbst die Zahlenkugel.

Ist $\hat{R}$ parabolisch, so entsteht R aus einem Parallelogramm der z-Ebene durch Identifizieren äquivalenter Seiten und läßt sich also durch das Symbol

$$a\,b\,a'\,b'$$

darstellen.

Ist schließlich $\hat{R}$ hyperbolisch, so entsteht R aus einem $4p$-Eck ($p \geq 2$) der Zahlenebene durch Identifizieren gemäß der Vorschrift

$$a_1\,b_1\,a_1'\,b_1' \ldots a_p\,b_p\,a_p'\,b_p'. \qquad (p)$$

Da sich also jede von der Kugel verschiedene geschlossene Fläche in der obigen Form durch ein $4p$-Eck ($p \geq 1$) darstellen läßt und ihre Charakteristik mit p gemäß $\chi = 2(p-1)$ zusammenhängt, so ist die Charakteristik stets gerade und ≥ 0 (vgl. 5.8.).

Zwei Flächen mit gleichem Geschlecht sind zwar topologisch, jedoch (abgesehen vom Falle $p = 0$) im allgemeinen nicht konform äquivalent. In § 3 sollen für den Fall $p = 1$ sämtliche konformen Flächenklassen dieses topologischen Typus aufgestellt werden.

8.6. Berandete Flächen. Es bleiben die *offenen* RIEMANNschen Flächen R zu betrachten; die entsprechenden metrischen Fundamentalpolygone reichen dann an den Einheitskreis $|t| = 1$ heran. Wir beschränken uns hier auf den Fall, daß dies längs endlich vieler Bögen l_i auf $|t| = 1$ der Fall sei, hingegen nicht in einzelnen Ecken. Ferner soll die Gesamtseitenzahl *endlich* sein. Dann läßt sich das Polygon π nach 7.31. auf die Normalform

$$a_1\,b_1\,a_1'\,b_1' \ldots a_p\,b_p\,a_p'\,b_p'\,c_1\,l_1\,c_1' \ldots c_r\,l_r\,c_r' \qquad (r)$$

bringen.

Die Fläche R entsteht aus π, indem man die auf $|t| = 1$ liegenden freien Seiten entfernt und von den in $|t| < 1$ befindlichen die bezüglich der Gruppe (T) äquivalenten identifiziert.

Die Zahl p bzw. r heißt das *Geschlecht* bzw. die *Ränderzahl* der Fläche R. Die Bezeichnung „Ränderzahl" ist folgendermaßen gerechtfertigt: Behält man im Polygon π die freien Seiten bei und identifiziert wieder die äquivalenten Seiten, so entsteht eine kompakte berandete Fläche R^*. Aus dieser geht R durch Weglassen der „Ränder" hervor.

8.7. Beliebige offene Flächen. Triangulierbarkeit. Es bleiben diejenigen nichtkompakten Flächen R zu betrachten, deren metrisches Fundamentalpolygon in komplizierterer Weise, als im Falle der letzten Nummer, an den Einheitskreis heranreicht. Für diese Fälle läßt sich keine Normalform angeben, man kann jedoch zeigen, daß eine solche Fläche, wie kompliziert das Polygon π auch sein mag, stets eine sehr wichtige topologische Eigenschaft bewahrt: sie ist *triangulierbar*.

Zum Beweis sei $\varrho \leq t \leq r$ ein beliebiger in $|t|<1$ liegender Kreisring. Sein Durchschnitt mit π besteht aus endlich vielen Polygonen. Wir wählen nun eine Folge $r_1 < r_2 < \cdots, r_n \to 1$, und bilden für jedes ν den Durchschnitt des Kreisringes $r_\nu \leq t \leq r_{\nu+1}$ mit π. So erhält man eine abzählbare Menge von Polygonen, welche eine Pflasterung des Polygons π bilden. Um daraus eine Triangulierung zu erhalten, braucht man nur noch die einzelnen Teilpolygone in geeigneter Weise in (krummlinige) Dreiecke zu unterteilen. Dabei hat man weiterhin darauf zu achten, daß mit jedem auf einer Seite von π neu eingeführten Teilungspunkt auch der zu ihm äquivalente als neuer Eckpunkt hinzugenommen werden muß.

Für die geschlossenen und berandeten RIEMANNschen Flächen erhellt die Triangulierbarkeit unmittelbar aus der Form des metrischen Fundamentalpolygons (oder auch aus der obigen Konstruktion). Hiermit ist allgemein gezeigt, daß *jede* RIEMANN*sche Fläche triangulierbar ist.*

8.8. Metrisierung einer RIEMANNschen Fläche. Im Laufe der vorhergehenden Untersuchung haben wir wiederholt von der nichteuklidischen Metrik einer RIEMANNschen Fläche R Gebrauch gemacht, falls R einfach zusammenhängend und vom hyperbolischen Typ ist. Diese Metrik wurde so erklärt, daß die Fläche R auf den Einheitskreis $|t|<1$ konform abgebildet und das Linienelement dann nach POINCARÉ durch den Ausdruck

$$d\sigma = \frac{|dt|}{1-|t|^2}$$

definiert wurde.

Die Konstruktion der universellen Überlagerungsfläche erlaubt eine entsprechende nichteuklidische (hyperbolische) Geometrie auf jeder geschlossenen oder offenen RIEMANNschen Fläche R einzuführen, falls die universelle Überlagerungsfläche $\hat{R}$ vom hyperbolischen Typ ist. Man führt zunächst auf $\hat{R}$ die POINCARÉsche Metrik ein; wegen der Invarianz des Linienelements $d\sigma$ gegenüber jeder konformen Selbstabbildung des Einheitskreises, wird $d\sigma$ in allen äquivalenten Punkten der Deckbewegungsgruppe (T) von $\hat{R}$ denselben Wert annehmen, und $d\sigma$ wird dadurch auch auf der Grundfläche R *eindeutig* erklärt.

In den wenigen Fällen, wo $\hat{R}$ nicht vom hyperbolischen Typ ist, kann man auf ähnliche Weise die Grundfläche R metrisieren. Im parabolischen Fall ist die natürliche Metrik von $\hat{R}$ und R die gewöhnliche euklidische.

Im elliptischen Fall, wo $R \equiv \hat{R}$ zur Zahlenkugel konform äquivalent ist, gilt schließlich die sphärische Geometrie, mit dem Linienelement

$$d\sigma = \frac{|dt|}{1+|t|^2}.$$

§ 2. Fortsetzbarkeit einer RIEMANNschen Fläche.

8.9. Fortsetzung und Abschließung. Der Begriff der *Fortsetzbarkeit einer* RIEMANN*schen Fläche* hat zuerst durch RADÓ [2] nähere Beachtung gefunden. Nach ihm heißt eine RIEMANNsche Fläche R *fortsetzbar*, wenn es eine andere RIEMANNsche Fläche R_1 gibt, so daß R zu einem Teilgebiet R_1' von R_1 konform äquivalent ist; dabei soll R_1 äußere Punkte bezüglich R_1' besitzen. Enthält R_1 keine äußeren Punkte von R_1', aber mindestens *einen* Punkt, der nicht zu R_1' gehört, so nennen wir R_1 eine *Abschließung* der Fläche R_1'. Eine Fläche ist im allgemeinen weder abschließbar noch fortsetzbar[1].

Es sei R_1 eine Fortsetzung einer RIEMANNschen Fläche R. Das auf R_1 liegende, zu R konform äquivalente Teilgebiet nennen wir wieder R. Sei $\hat{R}_1$ die universelle Überlagerungsfläche von R_1. Die Menge $\tilde{R}$ der Urbildpunkte von R auf $\hat{R}_1$ ist dann (sofern zusammenhängend) mittels der Spurabbildung $\hat{R}_1 \to R_1$ eine unbegrenzte Überlagerung von R. Da R_1 äußere Punkte bezüglich R besitzt, gilt dasselbe von $\hat{R}_1$ bezüglich $\tilde{R}$. Denkt man sich also die RIEMANNsche Abbildung auf $\hat{R}_1$ angewandt, so geht dabei $\tilde{R}$ in ein Teilgebiet G_w der w-Kugel über, das eine ganze Kreisscheibe freiläßt. Man kann daher die Normalabbildung so normieren, daß das Gebiet G_w beschränkt ist.

Andererseits sei $\hat{R}$ die universelle Überlagerungsfläche von R. Diese überlagert auch $\tilde{R}$ und damit das beschränkte Gebiet G_w, und muß daher hyperbolisch sein. Die universelle Überlagerungsfläche einer fortsetzbaren Fläche ist somit stets hyperbolisch.

Hieraus folgt insbesondere, daß Zahlenkugel und Zahlenebene nicht fortsetzbar sind.

8.10. Kriterium für die Fortsetzbarkeit. Hinreichend für die Fortsetzbarkeit einer RIEMANNschen Fläche ist offensichtlich, daß das metrische Fundamentalpolygon π einen freien „idealen" Randbogen auf dem Einheitskreis $|t| = 1$ hat.

Enthält nämlich erstens das Polygon π einen freien Randbogen auf $|t| = 1$, so kann man R z.B. durch SCHOTTKY-*Verdoppelung* fortsetzen, indem man das an dem freien Bogen gespiegelte Polygon π^* hinzufügt.

Daß die obige Bedingung auch notwendig für die Fortsetzbarkeit einer Fläche R ist, kann nicht allgemein behauptet werden. Immerhin kann man folgendes aussagen:

Sei R eine fortsetzbare RIEMANNsche Fläche und sei R_1 eine Fortsetzung von R. Dann enthält die Begrenzung von R bezüglich R_1 sicher

---

[1] Diese Frage ist von SARIO in seiner These [1] näher untersucht worden; statt „Fortsetzung" und „Abschließung" benutzt er die Benennung „eigentliche" bzw. „uneigentliche" Fortsetzung. Vgl. auch DE POSSEL [1].

ein Kontinuum $\varkappa$. Vorausgesetzt, daß $\varkappa$ einen *freien Jordanbogen* α enthält, sei M ein innerer Punkt von α. Um den Punkt M legen wir in der Parameterumgebung von M (bezüglich R_1) eine so kleine Kreisscheibe K, daß der Durchschnitt $KR = G$ einfach zusammenhängend ist. Sei $\hat{R}$ die universelle Überlagerungsfläche von R. Dem Durchschnitt G entsprechen auf $\hat{R}$ gewisse einfach zusammenhängende Gebiete, welche mit G mittels der Spurabbildung eineindeutig zusammenhängen; $\hat{G}$ sei ein beliebiges von ihnen. Die Abbildung $G \to \hat{G}$ kann dann auf den Randbogen α von G fortgesetzt werden. Diesem entspricht ein Bogen der Begrenzung von $\hat{G}$. Dieser Bogen liegt auf dem Kreise $|t| = 1$; den inneren Punkten von $|t| < 1$ entsprechen nämlich bei der Abbildung stets Punkte von R, während doch α nicht mehr zu R gehört.

Es sei nun Δ ein Fundamentalpolygon von R, welches den Bereich $\hat{G}$ enthält. Die inneren Punkte von Δ sind eineindeutig den Punkten von R zugeordnet. Dem Bereich $\hat{G}$ entspricht in R der Bereich G. Wie oben gezeigt, führt die Fortsetzung der Abbildung $G \to \hat{G}$ den Bogen α in einen Bogen auf $|t| = 1$ über. Daher muß das Polygon Δ längs dieses ganzen Bogens an den Kreis $|t| = 1$ grenzen.

8.11. Beispiele. Als Beispiel betrachten wir den Fall, daß das metrische Fundamentalpolygon Δ der Fläche R endlich viele Seiten besitzt und längs gewisser Seiten, nicht aber längs einzelnen Ecken an den Kreis $|t| = 1$ heranreicht. Es läßt sich dann auf die in 8.6. angegebene Normalform (r) bringen. Fügt man zu Δ das an $|t| = 1$ gespiegelte Polygon Δ^* hinzu und identifiziert auch in Δ^* die entsprechenden Seiten, so ist dadurch eine umfassendere Fläche R_1 definiert, welche R als Teil enthält. Was zunächst die topologische Struktur von R_1 betrifft, so ist sie geschlossen, und das Geschlecht läßt sich ohne weiteres abzählen, wenn man bedenkt, daß sich R_1 durch zwei Polygone

$$c_1 l_1 c_1' \ldots c_r l_r c_r' a_1 b_1 a_1' b_1' \ldots a_p b_p a_p' b_p',$$

$$c_1^* l_1 c_1'^* \ldots c_r^* l_r c_r'^* a_1^* b_1^* a_1'^* b_1'^* \ldots a_p^* b_p^* a_p'^* b_p'^*$$

mit der oben angegebenen Seitenzuordnung darstellen läßt. Man findet so $\alpha_2 = 2$, $\alpha_1 = 3r + 4p$, $\alpha_0 = r + 2$, und für die Wechselsumme $\chi_1 = 2r + 4p - 4$. Damit berechnet man das Geschlecht p_1 aus dem Geschlecht von R: $p_1 = 2p + r - 1$.

Die obige Fläche R_1 ist aber nicht nur topologisch, sondern auch als RIEMANNsche Fläche erklärt. Um dies zu sehen, gehen wir am bequemsten wieder vom metrischen Fundamentalpolygon Δ und dessen Spiegelbild Δ^* aus. Wir brauchen nur die Endpunkte einer freien Seite zu betrachten. Ist A ein solcher Punkt, so besitzt er genau einen äquivalenten Punkt A' und die Transformation $A \to A'$ führt die von A ausgehende innere Seite a in die von A' ausgehende Seite a' über und, da diese beiden Seiten Orthogonalkreise zu $|t| = 1$ sind, damit auch die gespiegelte Seite a^* in $a^{*\prime}$. Ist nun K der Durchschnitt einer hinreichend kleinen Kreisscheibe um A mit Δ, so geht die „Halbumgebung" $K + K^*$ von A bei der Transformation $A \to A'$ in eine „Halbumgebung" von A' über. Diese beiden Halbumgebungen bestimmen, wenn man die bezüglich $A \to A'$ äquivalenten Kreisbögen identifiziert, eine Parameterumgebung des von A und A' repräsentierten Flächenpunktes.

8.12. Es sei zweitens das metrische Fundamentalpolygon Δ ein *Spitzenviereck*, wobei je zwei gegenüberliegende Seiten äquivalent sind (Abb. 18). Die Fläche R kann man *abschließen*. Ergänzt man nämlich das Viereck durch die vier auf $|t| = 1$ liegenden Ecken nnd identifiziert diese, so erhält man eine kompakte Fläche vom Geschlecht $p = 1$. Diese ist zunächst keine RIEMANNsche Fläche, da der Punkt P, welcher den vier Spitzen entspricht, noch keine Parameterumgebung besitzt, die mit ihren Nachbarumgebungen durch eine konforme Abbildung zusammenhängt. Wir müssen auch diesem Punkte eine solche Umgebung zuordnen.

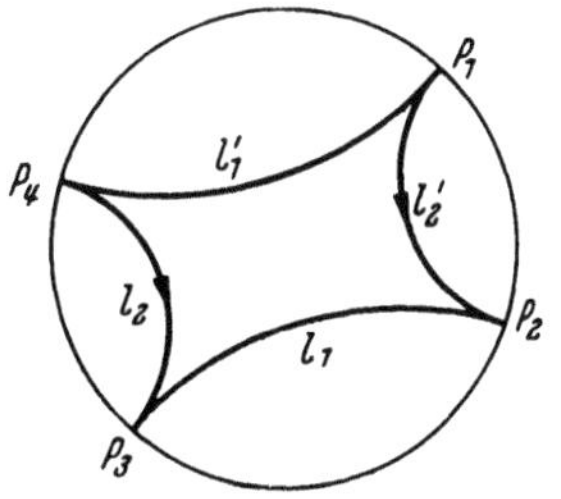

Abb. 18.

Dazu betrachten wir die Transformation T_ν $(\nu = 1, 2)$, welche die Seite l_ν in l'_ν führt (Abb. 18); sei K_1 der Kreis, welcher durch P_1 und $t = 0$ geht und den Kreis $|t| = 1$ in P_1 berührt. Diesem Kreise K_1 entsprechen vermöge der Abbildungen T_1^{-1}, $T_2^{-1}\,T_1^{-1}$, T_2^{-1} Kreise K_2, K_3, K_4 durch die Punkte P_2, P_3, P_4. Jeder Kreis K_i $(i = 1, \ldots, 4)$ schneidet aus dem Viereck Δ einen Sektor S_i aus, welcher von einem Bogen dieses Kreises und zwei Seitenstrecken begrenzt wird. Üben wir auf S_2 die Transformation T_1 aus, so entsteht ein neuer Sektor S_2', der an S_1 grenzt. Ebenso erhält man aus S_3 und S_4 mittels der Transformationen $T_1\,T_2$ bzw. $T_1\,T_2\,T_1^{-1}$ zwei Sektoren, welche zusammen mit S_1 und S_2' einen Sektor S um den Punkt P_1 bilden. Die beiden freien Seiten von S sind dann vermöge der Transformation $T = T_1\,T_2\,T_1^{-1}\,T_2^{-1}$ äquivalent.

Aus dem Sektor S läßt sich nun die gewünschte Parameterumgebung von P konstruieren. Wir bilden dazu S auf eine Kreisscheibe ab, so daß die äquivalenten Punkte der beiden Seiten in denselben Punkt der Kreisscheibe übergehen. Die obige Transformation T hat jedenfalls den Fixpunkt P_1. Wir setzen zunächst voraus, daß sie parabolisch ist, also von der Form

$$\frac{\lambda\,\zeta}{\zeta - t'} = \frac{\lambda\,\zeta}{\zeta - t} + 2\pi i, \quad (P_1 \leftrightarrow \zeta),$$

wobei λ eine wohlbestimmte reelle Zahl ist. Nun betrachten wir die Abbildung

$$\tau = \frac{\lambda\,\zeta}{\zeta - t}.$$

Diese führt den Kreis K_1 in die Gerade $Re(\tau) = \lambda$, und sein Inneres in diejenige Halbebene über, welche den Punkt $\tau = 0$ nicht enthält. Die Seiten von S gehen in zwei Parallele zur reellen Achse über und damit der Sektor S in einen Parallelstreifen der betrachteten Halbebene. Sind t und t' zwei äquivalente Punkte von S, so daß also

$$\frac{\lambda\zeta}{\zeta - t'} = \frac{\lambda\zeta}{\zeta - t} + 2\pi i,$$

so gilt für die Bildpunkte $\tau' = \tau + 2\pi i$. Daraus folgt erstens, daß der Parallelstreifen die Breite 2π hat, und zweitens, daß je zwei Punkte τ und $\tau + 2\pi i$ äquivalent sind.

Die Abbildung

$$\sigma = e^{-\tau} \quad \text{bzw.} \quad \sigma = e^{\tau} \quad (\text{je nachdem } \lambda > 0 \quad \text{oder} \quad \lambda < 0)$$

führt den Parallelstreifen weiter in den punktierten Kreis K_λ: $0 < |\sigma| < e$ über, und zwar umkehrbar eindeutig, abgesehen von den begrenzenden Geraden, welche in denselben Radius übergehen, so daß je zwei Punkte τ und $\tau + 2\pi i$ zur Deckung kommen. Daher ist

$$\sigma = e^{-\frac{|\lambda|\zeta}{\zeta - \tau}}$$

eine Abbildung des Sektors S auf den Kreis K_λ, von der Art, daß die äquivalenten Punkte der freien Seiten in den gleichen Punkt übergehen.

Ist die Transformation T hyperbolisch, so läßt sich die gesuchte Abbildung ähnlich konstruieren.

Ordnet man nun dem Punkte P, der den vier Spitzen entspricht, den Kreis K_λ als Parameterkreis zu, so sind die Nachbarrelationen stets konform, gleichgültig auf welcher der vier Seiten von Δ der zweite betrachtete (zu P benachbarte) Punkt liegt. Damit ist R als RIEMANNsche Fläche erwiesen.

§ 3. Konforme Klassen.

8.13. Problemstellung. In diesem Paragraphen soll die Frage der *konformen Äquivalenz* von zwei gegebenen RIEMANNschen Flächen untersucht werden. Speziell interessiert uns für zwei konform äquivalente Flächen R_1 und R_2 die Frage nach der Gesamtheit der entsprechenden konformen Abbildungen; dies führt zum Problem der konformen Selbstabbildungen einer gegebenen RIEMANNschen Fläche.

Es seien R_1 und R_2 zwei konform äquivalente Flächen und φ eine eineindeutige konforme Abbildung $R_1 \to R_2$. Ist dann α eine konforme Selbstabbildung von R_1, so ist auch $\varphi\alpha$ eine konforme Abbildung $R_1 \to R_2$. Umgekehrt gilt: ist ψ eine zweite konforme Abbildung $R_1 \to R_2$, so ist $\psi^{-1}\varphi$ eine konforme Selbstabbildung von R_1. Die Gesamtheit der konformen Abbildungen $R_1 \to R_2$ ist also durch

$$\varphi = \varphi_0\,\alpha$$

gegeben, wo φ_0 eine spezielle Abbildung $R_1 \to R_2$ und α eine beliebige konforme Selbstabbildung von R_1 ist.

Das Problem, alle konformen Abbildungen zweier Flächen R_1 und R_2 aufeinander zu finden, zerfällt demnach in zwei Teile. Erstens soll entschieden werden, unter welchen Bedingungen es überhaupt eine konforme Abbildung $R_1 \to R_2$ gibt; zweitens gilt es, die Gesamtheit der konformen Selbstabbildungen einer Fläche aufzustellen.

8.14. Kriterium für die konforme Äquivalenz. Wir untersuchen zunächst die erste Frage. Es seien also R_1 und R_2 zwei Flächen und $\hat{R}_1$ bzw. $\hat{R}_2$ ihre universellen Überlagerungsflächen. Diese können wir nach dem RIEMANNschen Abbildungssatz als Normalgebiete E (Zahlenkugel, Zahlenebene oder Einheitskreis) annehmen.

Sind nun R_1 und R_2 konform äquivalent, so müssen zunächst die Normalgebiete übereinstimmen: $E_1 = E_2 = E$. Ferner gibt es dann nach 2.16. eine topologische Selbstabbildung S von E, welche die Deckbewegungsgruppen (T_1) und (T_2) ineinander transformiert,

$$(T_2) = S\,(T_1)\,S^{-1}. \tag{8.1}$$

Die Spurabbildungen σ_1: $E \to R_1$ und σ_2: $E \to R_2$ und die Abbildung φ: $R_1 \leftrightarrow R_2$ sind konform. Dasselbe gilt wegen $\sigma_2\, S = \varphi\, \sigma_1$ auch für die Abbildung S.

Umgekehrt: ist $E_1 = E_2 = E$ und existiert eine konforme Selbstabbildung S, so daß (8.1) gilt, so sind die Flächen R_1 und R_2 nach 2.72. homöomorph, und aus der Konformität der Abbildungen S, $E \to R_1$, $E \to R_2$ ergibt sich, daß auch die Abbildung $R_1 \leftrightarrow R_2$ konform ist.

8.15. Diese für die Frage der konformen Äquivalenz der Flächen R_1 und R_2 entscheidende Bedingung der Transformierbarkeit von (T_1) in (T_2) läßt sich durch eine Eigenschaft der *Fundamentalpolygone* ausdrücken.

Es sei (8.1) für eine konforme Selbstabbildung S von E erfüllt. Sind dann zwei Punkte t und t' von E vermöge (T_1) äquivalent, so sind die Punkte $S(t)$ und $S(t')$ vermöge (T_2) äquivalent und umgekehrt. Jedem Fundamentalpolygon π_1 von (T_1) entspricht daher mittels der Transformation S ein Fundamentalpolygon π_2 von (T_2). Sind s_1 und s_1' zwei äquivalente Seiten von π_1 und bezeichnet T_1 die Transformation $\sigma_1 \to \sigma_1'$, so sind die Bildseiten s_2 und s_2' vermöge der Transformation $S T_1 S^{-1}$ äquivalent.

Insbesondere geht das zu einem Punkte t_1 gehörige *metrische* Fundamentalpolygon π_1 von (T_1) in das zum Punkte $t_2 = S(t_1)$ gehörige metrische Fundamentalpolygon von (T_2) über. Diese metrischen Fundamentalpolygone sind also kongruent. Umgekehrt: falls die zu zwei Punkten t_1 und t_2 gehörigen metrischen Fundamentalpolygone π_1 und π_2 vermöge einer Transformation S äquivalent sind, so daß die Kantenbeziehungen T_1

von π_1 dabei in die Kantenbeziehungen $S T_1 S^{-1}$ von π_2 übergehen, so transformiert S die Deckbewegungsgruppe (T_1) in (T_2); die Flächen R_1 und R_2 sind dann also konform äquivalent.

Notwendig und hinreichend für die konforme Äquivalenz zweier RIEMANNscher Flächen R_1 und R_2 ist also, daß sich die metrischen Fundamentalpolygone π_1 und π_2 durch eine konforme Selbstabbildung S des Einheitskreises unter Invarianz der Kantenbeziehungen aufeinander abbilden lassen.

Nimmt man die Transformation S mit in die Fundamentalabbildung $\hat{R}_1 \to E$ hinein, so kann man diese Bedingung folgendermaßen formulieren: *Zwei* RIEMANN*sche Flächen sind genau dann konform äquivalent, wenn die entsprechenden metrischen Fundamentalpolygone bei geeigneter Normierung der Fundamentalabbildungen samt den Kantenbeziehungen übereinstimmen.*

8.16. Wir gehen nun zur tatsächlichen Bestimmung der konformen Äquivalenzklassen über, wobei wir uns auf die einfachsten Fälle beschränken müssen. Wir können unsere allgemeine Frage so stellen: Gegeben sei eines der drei Normalgebiete E. Es handelt sich um die Bestimmung der konformen Klassen RIEMANNscher Flächen, deren universelle Überlagerungsfläche E ist. Wir haben dementsprechend drei Fälle zu unterscheiden, je nachdem E die Zahlenkugel, die Zahlenebene oder der Einheitskreis ist.

8.17. Der elliptische und der parabolische Fall. Ist zunächst E die Zahlenkugel, so ist auch jede von E universell überlagerte Fläche R zur Zahlenkugel konform äquivalent. In diesem Falle gibt es also nur *eine* konforme Klasse.

Es sei zweitens E die Zahlenebene. Dann gibt es, entsprechend der Struktur der Deckbewegungsgruppe (T), nach Kap. VII, § 5, drei Möglichkeiten:

1. Die Gruppe (T) besteht aus der Identität allein. Dann reduziert sich auch die [zu (T) isomorphe] Fundamentalgruppe von R auf die Identität; R ist also einfach zusammenhängend und damit zu E, d.h. zur Zahlenebene konform äquivalent.

2. (T) ist die Translationsgruppe einer Erzeugenden:

$$T(t) = t + n\,\omega_0 \qquad (n = 0, \pm 1, \ldots).$$

Die Fläche R entsteht dann aus einem Parallelstreifen durch Identifizieren der beiden begrenzenden Geraden. Die Abbildung

$$w = e^{\frac{2\pi i}{\omega_0} t}$$

führt daher R in die punktierte Zahlenebene $w \neq 0, \infty$ über. Die zu zwei beliebigen Werten ω_0 gehörigen Flächen R sind also konform äquivalent; wir erhalten somit genau *eine* konforme Äquivalenzklasse, in Übereinstimmung damit, daß man zwei Parallelstreifen durch eine konforme Selbstabbildung der Ebene ineinander überführen kann.

3. (T) ist die Translationengruppe von zwei Erzeugenden

$$T(t) = t + n_1 \omega_1 + n_2 \omega_2 \qquad (n_1, n_2 \text{ ganz}).$$

Dann ergibt sich R aus dem Fundamentalparallelogramm $(0, \omega_1, \omega_2, \omega_1 + \omega_2)$ durch Identifizieren gegenüberliegender Seiten. R ist also eine geschlossene Fläche und hat die Charakteristik $\chi = 0$[1]. Es gilt nun zu entscheiden, wann zu zwei Gittern (ω_1, ω_2) und (ω_1', ω_2') konform äquivalente Flächen gehören. Nach 8.14. ist dafür notwendig und hinreichend, daß sich die Gitter durch eine konforme Selbstabbildung der Ebene, also durch eine Drehstreckung $t' = A\,t + B$ ineinander überführen lassen. Dies ist bekanntlich (und wie leicht zu beweisen ist) dann und nur dann der Fall, wenn es ganze Zahlen a, b, c, d mit der Determinante

$$\begin{vmatrix} a & b \\ c & d \end{vmatrix} = 1$$

gibt, so daß

$$\frac{\omega_2'}{\omega_1'} = \frac{a\,\dfrac{\omega_2}{\omega_1} + b}{c\,\dfrac{\omega_2}{\omega_1} + d}.$$

Diese Bedingung ist immer dann erfüllt, wenn die Gitter *ähnlich* sind, d.h. wenn $\omega_1 \omega_2' - \omega_2 \omega_1' = 0$.

8.18. Die Modulgruppe. Das obige Kriterium gestattet eine elegante Darstellung der konformen Klassen im Falle $p = 1$. Setzen wir $\tau = \omega_2/\omega_1$, $\tau' = \omega_2'/\omega_1'$, so lautet die obige Bedingung

$$\tau' = \frac{a\tau + b}{c\tau + d}.$$

Diese Transformationen, wobei also a, b, c, d ganze Zahlen mit der Determinante 1 sind, bilden eine Gruppe, die *Modulgruppe*; sie führen die obere (und die untere) Halbebene $Im\,\tau > 0$ $(Im\,\tau < 0)$ konform in sich über. Damit ist jeder Klasse von komplexen Zahlen (τ), die hinsichtlich der Modulgruppe äquivalent sind, eine konforme Klasse von RIEMANNschen Flächen der Charakteristik Null eineindeutig zugeordnet. Die Menge dieser τ-Klassen läßt sich nun selbst zu einer RIEMANNschen Fläche R_τ machen; dann *besteht eine eineindeutige Zuordnung zwischen den Punkten von R_τ und den konformen Klassen der* RIEMANN*schen Flächen der Charakteristik Null.*

[1] Bei veränderlichem Periodenpaar (ω_1, ω_2) ergibt sich auf diese Weise tatsächlich die Gesamtheit aller geschlossenen RIEMANNschen Flächen der Charakteristik Null (Geschlecht eins), denn für jede solche Fläche R ist die universelle Überlagerungsfläche $\hat{R}$ nach 8.4. *parabolisch.*

Um die Fläche R_τ zu konstruieren, gehen wir von einem Fundamentalbereich der Modulgruppe aus. Ein solcher ist durch ein nichteuklidisches[1] Viereck gegeben, zusammengesetzt aus dem „Dreieck" $\Delta_1\left(\frac{1+i\sqrt{3}}{2}, \infty, i\right)$ und dem zu ihm bezüglich der imaginären Achse spiegelbildlich gelegenen Dreieck Δ_2. Dabei sind die spiegelbildlich gelegenen Seiten dieser Dreiecke zu identifizieren.

Die hierdurch erklärte RIEMANNsche Fläche R_τ ist zur ζ-Ebene konform äquivalent. Um dies zu zeigen, konstruieren wir eine konforme Abbildung des Vierecks auf die ζ-Ebene, so daß je zwei bezüglich der imaginären Achse spiegelbildliche Punkte in denselben Punkt übergehen, während die Abbildung sonst eineindeutig ist. Zunächst kann man nach 7.1. das Dreieck Δ_1 konform auf die obere Halbebene abbilden, und zwar so, daß die Eckpunkte hierbei in die Punkte $(0, 1, \infty)$ übergehen. Spiegelt man nun an der reellen Achse, so erhält man offensichtlich die gewünschte Abbildung.

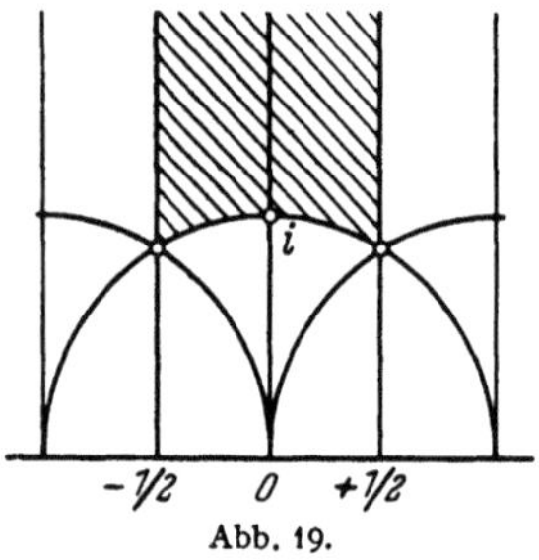

Abb. 19.

Damit ist jedem Punkte ζ der Zahlenebene $(\zeta \neq \infty)$ eine Klasse von Fundamentalparallelogrammen zugeordnet, welche dieselbe konforme Klasse bestimmen. Insbesondere entspricht dem Punkte $\zeta = 0$ das Parallelogramm, das aus zwei gleichseitigen Dreiecken zusammengesetzt ist, und dem Punkte $\zeta = 1$ ein Quadrat. Für $\zeta \to \infty$ strebt τ entweder nach ∞ oder gegen die reelle Achse. Daher ist es natürlich, dem Punkte $\zeta = \infty$ diejenigen Flächen zuzuordnen, deren Fundamentalpolygon entweder aus der ganzen t-Ebene oder einem Parallelstreifen besteht (also die ganze bzw. die punktierte t-Ebene); diese sind insofern konform äquivalent, daß sich die letztere konform auf die punktierte erstere abbilden läßt. Beide sind weiter nach Abschließung zur Zahlenkugel konform äquivalent, so daß der Punkt $\zeta = \infty$ auch als Repräsentant der *Zahlenkugel* angesehen werden kann.

Wird die Funktion $\zeta(\tau)$ durch wiederholte Spiegelung an den Dreieckseiten in der Halbebene $Im(\tau) > 0$ unbeschränkt fortgesetzt, so entsteht die *elliptische Modulfunktion.* Diese bildet die obere Halbebene $Im(\tau) > 0$ auf eine unendlich vielblättrige Überlagerungsfläche der in 0,1 und ∞ punktierten ζ-Ebene ab. Über $\zeta = 0$ und $\zeta = 1$ liegen Verzweigungs-

[1] Die Interpretation der Halbebene $\eta > 0$ $(\tau = \xi + i\eta)$ als hyperbolische Ebene, ergibt sich aus dem im Einheitskreis E eingeführten POINCARÉschen Modell, indem man E auf jene Halbebene durch eine lineare Transformation konform abbildet. Das invariante nichteuklidische Linienelement wird durch $d\sigma = \frac{|d\tau|}{y}$ gegeben; geodätische Linien sind die zur reellen Achse orthogonalen Kreise und Geraden.

punkte der Ordnung 2 bzw. 1, während $\zeta = \infty$ Spurpunkt eines logarithmischen Verzweigungspunktes ist.

8.19. Der hyperbolische Fall. Dieser Fall ist wesentlich komplizierter als die beiden bereits erledigten, da die Mannigfaltigkeit der Gruppen fixpunktloser konformer Selbstabbildungen des Einheitskreises viel umfassender ist als die der Zahlenebene. Aber auch die zu einer Gruppe (T) mit *gegebener* Struktur gehörigen Flächenklassen lassen sich nicht so leicht übersehen.

8.20. Die einfachsten Fälle. Als einfachste Fälle betrachten wir folgende Möglichkeiten.

1. Ist die Gruppe $(T) = 1$, so ist $R = \hat{R}$ einfach zusammenhängend und damit zu $|t| < 1$ konform äquivalent. Alle diese Flächen gehören somit zur gleichen konformen Klasse.

2. Die Gruppe (T) ist zyklisch.

Sei dann zunächst die erzeugende Transformation T hyperbolisch. Es ist keine Einschränkung anzunehmen, die Fixpunkte seien $\zeta_1 = 1$ und $\zeta_2 = -1$, denn dies läßt sich durch eine konforme Selbstabbildung des Einheitskreises erreichen. Die Transformation T ist also von der Form

$$(T) \qquad \frac{t' - 1}{t' + 1} = A \, \frac{t - 1}{t + 1},$$

wo A eine reelle positive Zahl ist (vgl. 7.3.). Da die Transformation T^{-1} aus T entsteht, indem man A durch $1/A$ ersetzt, können wir T so normieren, daß $A > 1$.

Wir betrachten jetzt neben der Fläche R den Kreisring K: $1 < |z| < r$. Die Funktion

$$z = e^{\frac{\log \zeta \, \log r}{\pi i}}$$

(wobei der Logarithmus so zu normieren ist, daß $0 < \arg \zeta < \pi$), bildet dann die obere Halbebene $Im\,\zeta > 0$ eindeutig und konform auf den Kreisring K ab. Dabei gehen zwei Punkte ζ und ζ' genau dann in denselben Bildpunkt über, wenn

$$\zeta' = \zeta \, e^{-\frac{2k\pi^2}{\log r}} \quad (k = \pm 1, \ \pm 2 \ldots).$$

Bilden wir noch die obere ζ-Halbebene mittels der linearen Transformation

$$\zeta = i \, \frac{1 - t}{1 + t}$$

auf den Einheitskreis $|t| < 1$ ab, so wird der Kreis mittels der Abbildung $t \to \zeta \to z$ universelle Überlagerungsfläche des Kreisringes K. Zwei Punkte t und t' haben denselben Spurpunkt, wenn sie bezüglich der von der Transformation

$$(T_r) \qquad \frac{t' - 1}{t' + 1} = e^{-\frac{2\pi^2}{\log r}} \, \frac{t - 1}{t + 1}$$

erzeugten zyklischen Gruppe äquivalent sind. T_r ist somit die Erzeugende der Deckbewegungsgruppe. Wählen wir den Radius r so, daß

$$e^{\frac{2\pi^2}{\log r}} = A\,,$$

so stimmen die Deckbewegungsgruppen der Überlagerungen $E \to R$ und $E \to K$ überein. Dies besagt nach 8.14., daß die Fläche R zum Kreisring K konform äquivalent ist. Damit ist gezeigt, daß eine Fläche mit zyklischer Fundamentalgruppe zu einem Kreisring konform äquivalent ist, falls die Deckbewegungsgruppe von einer *hyperbolischen* Transformation erzeugt wird.

Andererseits sind zwei Flächen R_1 und R_2 nicht konform äquivalent, wenn die zugehörigen Konstanten A_1 und A_2 verschieden sind; denn zwei normierte Kreisringe $1 < |z| < r_1$ und $1 < |z| < r_2$ $(r_1 \neq r_2)$ sind nicht konform äquivalent. Dies kann man auch am Fundamentalpolygon feststellen. Das metrische Fundamentalpolygon der Gruppe (T) ist nach 7.45. ein Viereck, das von zwei Orthogonalkreisbögen und zwei Bögen des Einheitskreises begrenzt wird. Das Doppelverhältnis der vier Eckpunkte hat den Wert $2\frac{1-A}{1+A}$; zwei derartige Vierecke sind daher genau dann konform äquivalent, wenn $A_1 = A_2$.

8.21. Es sei zweitens die erzeugende Transformation T parabolisch, also von der Form

$$\frac{1}{t'-1} = \frac{1}{t-1} + A\,i \qquad (A \text{ positiv}). \tag{8.2}$$

Dann betrachten wir neben der Fläche R den punktierten Kreis $0 < |z| < 1$. Mittels der Abbildung $z = e^{\zeta/\alpha}$ $(\alpha > 0)$ wird die Halbebene $Re\,\zeta < 0$ zur universellen Überlagerungsfläche des punktierten Kreises. Beziehen wir diese Halbebene noch mittels

$$\zeta = \frac{t+1}{t-1}$$

auf den Einheitskreis $|t| < 1$, so haben wir eine Normaldarstellung der universellen Überlagerungsfläche gewonnen. Die Deckbewegungsgruppe wird durch die Transformation

$$\frac{1}{t'-1} = \frac{1}{t-1} + \pi\,i\,\alpha$$

erzeugt. Der Vergleich der obigen zwei Ausdrücke zeigt, daß die Fläche R zum punktierten Kreis $0 < |z| < 1$ konform äquivalent wird, wenn man $\alpha = A/\pi$ setzt.

Je zwei Flächen R_1 und R_2 der betrachteten Art sind also konform äquivalent. In der Tat lassen sich zwei Transformationen T_1 und T_2

der Form (8.2) durch eine konforme Selbstabbildung S des Einheitskreises ineinander überführen, $T_2 = S\,T_1\,S^{-1}$, nämlich durch

$$(S) \qquad \frac{\tau+1}{\tau-1} = k \cdot \frac{t+1}{t-1}\,.$$

wobei k die (positive) Zahl A_2/A_1 ist.

Dies läßt sich auch an dem Fundamentalpolygon der Gruppe (T) erkennen. Das metrische Fundamentalpolygon ist nämlich nach 7.45. ein „Dreieck", begrenzt von zwei Grenzparallelen l_1 und l_{-1} und einem Bogen des Einheitskreises; l_1 und l_{-1} sind vermöge der Transformation T^2 äquivalent. Zu zwei solchen Dreiecken Δ und Δ' gibt es stets eine konforme Selbstabbildung des Einheitskreises, welche sie ineinander überführt, so daß die Kantenbeziehung in der verlangten Art transformiert wird. Denn ist S die eindeutig bestimmte Abbildung $\Delta \to \Delta'$, so ist jedenfalls $S\,T^2\,S^{-1}$ eine Abbildung zwischen den Bildgeraden l_1' und l_{-1}', und zwar eine parabolische Transformation; ist nämlich ξ ein Fixpunkt dieser Abbildung, so ist $S^{-1}(\xi)$ Fixpunkt von T^2, also $S^{-1}(\xi) = 1$ und $\xi = S(1)$. Die Transformation $S\,T^2\,S^{-1}$ hat also nur den Fixpunkt $S(1)$. — Daraus folgt, daß $S\,T^2\,S^{-1}$ die Kantenbeziehung $l_1' \to l_{-1}'$ im Dreieck Δ' ist, denn zwei Grenzparallele lassen sich durch genau *eine* parabolische Transformation ineinander überführen.

Es existiert somit nur eine konforme Klasse und diese wird durch die punktierte Kreisscheibe dargestellt.

8.22. Die höheren Fälle. Selbst wenn die Anzahl ν der Erzeugenden der Gruppe (T) endlich bleibt, was für geschlossene Flächen stets der Fall ist, wird die Frage der Transformierbarkeit zweier solcher Gruppen ineinander durch eine konforme Selbstabbildung des Einheitskreises schon für $\nu = 2$ wegen des nichtabelschen Charakters dieser Gruppen kompliziert.

Wir begnügen uns hier mit der Angabe des einfachsten Falles, der für Gruppen mit zwei Erzeugenden auftreten kann. Das Fundamentalpolygon sei ein Spitzenviereck, begrenzt von vier Geraden l_1, l_2, l_3, l_4 mit der Seitenzuordnung $l_1 \to l_2$, $l_3 \to l_4$. Die Gruppe (T) wird dann von zwei parabolischen Transformationen erzeugt. Ein solches Viereck läßt sich stets auf die zweifach punktierte w-Ebene $0 < |w| < \infty$ konform abbilden, und die dargestellte Fläche R ist also zu dieser punktierten w-Ebene konform äquivalent. Da je zwei zweifach punktierte Ebenen konform äquivalent sind, erhalten wir nur *eine* konforme Klasse. Je zwei Spitzenvierecke der betrachteten Art müssen sich also durch eine lineare Transformation unter Erhaltung der Seitenzuordnung ineinander überführen lassen, insbesondere also kongruent sein.

8.23. Konforme Selbstabbildung Riemannscher Flächen. Wenn zwei Riemannsche Flächen R und R' konform äquivalent sind und φ_0

eine konforme Abbildung $R \to R'$ ist, so erhält man nach 8.13. die Gesamtheit der konformen Abbildungen $R \to R'$ aus der Gleichung

$$\varphi = \varphi_0 \alpha ,$$

wobei α eine beliebige konforme *Selbstabbildung* von R ist. Nachdem Bedingungen für die Existenz einer partikulären Abbildung φ_0 angegeben worden sind, sollen jetzt die *konformen Selbstabbildungen* einer Fläche untersucht werden.

Diese Abbildungen α bilden eine Gruppe A. Jeder konformen Selbstabbildung α von R entsprechen nach 2.76. gewisse konforme Selbstabbildungen $\hat{\alpha}$ der universellen Überlagerungsfläche $\hat{R}$, die durch Angabe zweier Punkte, deren Spurpunkte mittels α einander zugeordnet sind, eindeutig bestimmt sind. Für die Abbildung $\hat{\alpha}$ gilt, wenn σ die Spurabbildung bezeichnet,

$$\sigma \hat{\alpha} = \alpha \sigma .$$

Nimmt man insbesondere für α die Identität, so bestehen die zugehörigen Abbildungen $\hat{\alpha}$ genau aus den Deckbewegungen von $\hat{R}$.

Ist $\hat{\alpha}$ eine beliebige Selbstabbildung von $\hat{R}$, die zu einer Selbstabbildung α von R gehört, und T eine Deckbewegung von $\hat{R}$, so ist

$$T' = \hat{\alpha} T \hat{\alpha}^{-1} \tag{8.3}$$

wieder eine Deckbewegung, denn aus (8.3), $\sigma \hat{\alpha} = \alpha \sigma$ und $\sigma T = \sigma$ folgt $\sigma T' = \sigma \hat{\alpha} T \hat{\alpha}^{-1} = \alpha \sigma T \hat{\alpha}^{-1} = \alpha \sigma \hat{\alpha}^{-1} = \sigma \hat{\alpha} \hat{\alpha}^{-1} = \sigma$.

Die Transformation T' vertauscht also Punkte über demselben Spurpunkt und ist somit eine Deckbewegung.

Die Menge der Abbildungen $\hat{\alpha}$, wobei α alle konformen Selbstabbildungen von R durchläuft, bildet eine Gruppe $\hat{A}$; (T) ist Untergruppe von $\hat{A}$ und wegen der Gl. (8.3) sogar Normalteiler. Ordnet man jeder Abbildung $\hat{\alpha}$ die zugehörige Abbildung α zu, so ist dadurch ein Homomorphismus von $\hat{A}$ auf A bestimmt. Der Kern dieses Homomorphismus ist die Untergruppe (T) von $\hat{A}$[1]. Nach dem Homomorphiesatz folgt daher, daß $A \simeq \hat{A}/T$. Die Gruppe A der konformen Selbstabbildungen von R ist somit isomorph der Faktorgruppe von $\hat{A}$ nach der Deckbewegungsgruppe.

8.24. Im folgenden soll gezeigt werden, daß sich die Gruppe A im allgemeinen auf die Identität reduziert: *eine* Riemann*sche Fläche läßt, außer in gewissen speziellen Fällen, keine anderen als die identische Selbstabbildung zu.*

Wir werden diejenigen Flächen angeben, die sogar eine kontinuierliche Gruppe von konformen Selbstabbildungen zulassen. Außer diesen

[1] Daraus folgt übrigens, unabhängig von (8.3), daß T Normalteiler ist, und damit ergibt sich umgekehrt die Beziehung (8.3).

gibt es noch gewisse symmetrisch aufgebaute Flächen, bei denen die Gruppe A diskontinuierlich ist, ohne aus der Identität allein zu bestehen.

8.25. Kontinuierliche Selbstabbildungen. Wir betrachten eine Gruppe von konformen Selbstabbildungen einer Fläche R, die in jeder Umgebung eines gegebenen Punktes P unendlich viele äquivalente Punkte besitzt. Aus den Ausführungen von Kap. VIII, § 1 folgt, daß die Flächen R, deren universelle Überlagerungsfläche $\hat{R}$ elliptisch oder parabolisch ist, sämtlich diese Eigenschaft haben: sie lassen Gruppen konformer Selbstabbildungen zu, die in jedem Punkte P sogar *kontinuierlich* sind, d.h. die in der Umgebung jedes Punktes kontinuierlich viele äquivalente Punkte besitzen; dies läßt sich übrigens auch direkt leicht bestätigen. Es sind dies folgende Flächen:

1. Die Zahlenkugel.
2. Die Zahlenebene.
3. Die punktierte Ebene.
4. Die geschlossenen Flächen vom Geschlecht 1.

Unter den Flächen, deren universelle Überlagerungsfläche hyperbolisch ist, gibt es mindestens drei Arten mit kontinuierlicher Gruppe von Selbstabbildungen:

5. Der Einheitskreis.
6. Der Kreisring.
7. Die punktierte Kreisscheibe.

Im Falle 5. sind diese Abbildungen durch die Gesamtheit der nichteuklidischen (hyperbolischen) Bewegungen gegeben. In den Fällen 6. und 7. hat man es mit den Drehungen um den Mittelpunkt zu tun.

Wir werden umgekehrt zeigen, daß dies die *einzigen* Flächen mit einer kontinuierlichen Gruppe von konformen Selbstabbildungen sind. Daraus folgt insbesondere, daß die Gruppe der konformen Selbstabbildungen in allen Punkten der Fläche kontinuierlich ist, falls dies in *einem* Punkte gilt.

8.26. Es sei also R eine RIEMANNsche Fläche mit einer Gruppe A, die in einem Punkte P_0 kontinuierlich ist oder, was etwas weniger besagt, die in jeder Umgebung von P_0 unendlich viele äquivalente Punkte besitzt. Nach 8.25. können wir annehmen, daß die universelle Überlagerungsfläche $\hat{R}$ hyperbolisch ist; es soll gezeigt werden, daß die Fläche R zu einer der Klassen 5, 6 oder 7 gehört. Dies ist nach 8.20. und 8.21. damit gleichbedeutend, daß die Deckbewegungsgruppe (T) entweder nur aus der Identität besteht oder aber die zyklische Gruppe einer Erzeugenden ist.

Zum Beweis betrachten wir die zur Gruppe A gehörige Gruppe $\hat{A}$ von konformen Selbstabbildungen des Einheitskreises und zeigen, daß die bezüglich $\hat{A}$ äquivalenten Punkte im Einheitskreis einen Häufungspunkt haben. Es sei t_0 ein beliebiger über P_0 liegender Punkt und $\hat{U}_0$ eine beliebige Umgebung von t_0. In der Spurumgebung U_0 gibt es dann unendlich viele äquivalente Punkte P_ν. Zu jedem P_ν gehört ein wohlbestimmter Punkt t_ν in $\hat{U}_0$. Ist dann α eine konforme Selbstabbildung von R, welche P_μ in P_ν überführt, so gehört zu ihr eine wohlbestimmte Selbstabbildung $\hat{\alpha}$ von $|t|<1$, welche t_μ in t_ν überführt. In der Umgebung $\hat{U}_0$ von t_0 liegen somit unendlich viele äquivalente Punkte, w. z. b. w.

Es sei nun t_ν $(\nu=1,2,\ldots)$ eine Folge äquivalenter Punkte, so daß $t_\nu \to t_0$. Bezeichnet T_ν die Transformation $t_1 \leftrightarrow t_\nu$, so muß $\lim T_\nu(t_1)=t_0$. Aus dieser Tatsache folgt nach Hilfssatz 2, den wir in 8.28. beweisen werden, daß es zu jedem $\varepsilon>0$ eine Transformation T_ε aus $\hat{A}$ gibt, die *jeden* Punkt des Kreises $|z|<1$ um weniger als ε verschiebt. Sei nun T eine beliebige Deckbewegung und t_0' der Bildpunkt von t_0. Zu t_0 gehört eine Umgebung U, so daß je zwei ihrer Punkte vermöge (T) nichtäquivalent sind. U' sei das T-Bild von U. Wir wählen dann ε so klein, daß das T-Bild der ε-Umgebung von t samt seiner eigenen ε-Umgebung in U' liegt. Dann ist der Punkt $T\,T_\varepsilon$ samt seiner ε-Umgebung in U' enthalten, also auch der Punkt $T_\varepsilon^{-1}\,T\,T_\varepsilon$, und daher liegt $T^{-1}T_\varepsilon^{-1}\,T\,T_\varepsilon(t_0)$ wieder in U. Nach (8.3) ist aber $T_\varepsilon^{-1}TT_\varepsilon$ und damit auch die Abbilduug $T^{-1}T_\varepsilon^{-1}\,T\,T_\varepsilon$ eine Deckbewegung und es muß also $T^{-1}\,T_\varepsilon^{-1}\,T\,T_\varepsilon(t_0)=t_0$ sein. Diese Deckbewegung hat also den Fixpunkt t_0 und muß daher die *Identität* sein, so daß schließlich

$$T\,T_\varepsilon = T_\varepsilon T. \tag{8.4}$$

Aus der Vertauschbarkeit von T und T_ε folgt nach dem in 8.27. zu beweisenden Hilfssatz 1, daß T und T_ε dieselben Fixpunkte haben; insbesondere kann also T_ε nicht elliptisch sein.

Sind nun T_1 und T_2 zwei beliebige Deckbewegungen, so können wir ε so klein wählen, daß (8.4) mit demselben T_ε sowohl für T_1 als auch für T_2 gilt. Diese Transformationen haben also dieselben Fixpunkte wie T_ε, ihre Fixpunkte sind somit gemeinsam. Alle Deckbewegungen (T) haben also dieselben Fixpunkte; insbesondere sind also entweder alle T parabolisch oder alle T hyperbolisch.

Daraus folgt aber, daß die Gruppe (T) zyklisch ist. Es seien erstens die Transformationen (T) parabolisch. Ist ζ der gemeinsame Fixpunkt, so liegen die Punkte $T(0)$ auf einer euklidischen Kreislinie, welche den Einheitskreis in ζ berührt. Da (T) in $|t|<1$ eigentlich diskontinuierlich ist, muß es auf dieser Kreislinie nach dem Punkte $t=0$ einen ersten zu $t=0$ äquivalenten Punkt t_1 geben. Dann ist die Transformation $0 \to t_1$ die Erzeugende der Gruppe (T).

Sind zweitens alle Transformationen (T) hyperbolisch, so kann man auf ähnliche Art eine erzeugende Transformation T finden.

Da die Gruppe (T) zyklisch ist, so muß einer der Fälle 5, 6 oder 7 vorliegen, und der Beweis ist vollendet, sobald die zwei oben benutzten Hilfssätze bewiesen sind.

8.27. Hilfssatz über vertauschbare Transformationen. Wir beweisen den oben benutzten

Hilfssatz 1. *Es seien A und B zwei von der Identität verschiedene konforme Selbstabbildungen des Einheitskreises $|z|<1$, welche miteinander vertauschbar sind:*

$$AB = BA. \tag{8.5}$$

Dann haben die Transformationen gemeinsame Fixpunkte.

Es genügt zu zeigen, daß jeder Fixpunkt von A auch Fixpunkt von B ist. Wir unterscheiden zwei Fälle.

1. *A ist parabolisch.* Ist $z=\zeta$ Fixpunkt von A, so ist nach (8.5)

$$AB(\zeta) = B(\zeta),$$

und der Punkt $z = B(\zeta)$ ist ebenfalls Fixpunkt von A. Da A nur einen Fixpunkt besitzt, so ist also $B(\zeta)=\zeta$, und ζ ist Fixpunkt von B.

2. *A ist hyperbolisch oder elliptisch.* Nach (8.5) gilt für die zwei Fixpunkte ζ_1 und ζ_2 von A

$$AB(\zeta_i) = B(\zeta_i) \qquad (i = 1, 2).$$

Die Punkte $B(\zeta_1)$ und $B(\zeta_2)$ sind also ebenfalls Fixpunkte von A, und es ist daher entweder $B(\zeta_i)=\zeta_i$, d.h. ζ_1 und ζ_2 sind Fixpunkte von B, oder aber $B(\zeta_1)=\zeta_2$ und $B(\zeta_2)=\zeta_1$. In diesem letzteren Fall hat B einen von ζ_1 und ζ_2 verschiedenen Fixpunkt ζ, und die Transformation B^2 dann drei verschiedene Fixpunkte ζ_1, ζ_2, ζ. Diese Transformation ist daher die Identität; dies ist aber für eine konforme Selbstabbildung B des Einheitskreises nur so möglich, daß entweder B die Identität oder die Abbildung $w = -z$ ist. Der erste Fall ist nach Voraussetzung ausgeschlossen. Im zweiten Fall folgt aus (8.5), daß A eine Drehung um $z=0$ ist. A und B haben also dann ebenfalls gemeinsame Fixpunkte (0 und ∞).

Damit ist der Hilfssatz bewiesen[1].

8.28. Hilfssatz über infinitesimale Verschiebungen. Wir haben schließlich zu beweisen:

Hilfssatz 2. *Es sei (T) eine unendliche Gruppe von konformen Selbstabbildungen des Einheitskreises $|z|<1$ mit folgender Eigenschaft: Es gibt zwei (nicht notwendig verschiedene) Punkte $z=a$, $z=z_1$ ($|a|<1$,*

[1] Aus dem Hilfssatz 1 folgt übrigens noch, daß eine Riemannsche Fläche (mit hyperbolischer universeller Überlagerung), deren Fundamentalgruppe abelsch ist, notwendig zu einer der Klassen 5, 6, 7 gehört. Die Deckbewegungsgruppe ist nämlich abelsch, und nach dem Hilfssatz haben daher alle Deckbewegungen dieselben Fixpunkte. Die Behauptung ergibt sich dann aus 8.26.

$|z_1| < 1$) *und eine unendliche Folge* $T_n (n = 1, 2, \ldots)$ *von (untereinander verschiedenen) Transformationen der Gruppe, so daß*

$$a = \lim_{n\to\infty} T_n(z_1). \tag{8.6}$$

Dann gibt es für jedes noch so kleine ε *eine von der Identität verschiedene Transformation* $T = T_\varepsilon$ *der Gruppe, so daß die Ungleichung*

$$|T_\varepsilon(z) - z| < \varepsilon$$

für $|z| < 1$ *gilt.*

Zum Beweis fixieren wir im Einheitskreise einen Punkt $z = z_2$, für welchen $[z_1, z_2] = 1$ ist, und betrachten neben $T_n(z_1)$ die Folge $T_n(z_2)$. Nach der Dreiecksungleichung ergibt sich, wegen der Invarianz des nichteuklidischen Abstands,

$$[a\, T_n(z_2)] = [T_n(z_1)\, T_n(z_2)] + \langle [T_n(z_1)\, a] \rangle = [z_1 z_2] + \langle [T_n(z_1)\, a] \rangle \to [z_1 z_2] = 1$$

für $n \to \infty$. Die Punktmenge $T_n(z_2)$ hat also einen Häufungspunkt $z = b$ auf der Kreislinie $[z, a] = 1$, und es gibt daher eine unendliche Folge von Transformationen T_n der Gruppe, für welche

$$T_n(z_1) \to a, \qquad T_n(z_2) \to b, \qquad ([ab] = 1).$$

Wir fixieren jetzt ein beliebiges ε des Intervalls $0 < \varepsilon < \frac{1 - |a|}{2}$ und nehmen m so groß, daß

$$[a\, T_n(z_1)] < \frac{\varepsilon}{2}, \qquad [b\, T_n(z_2)] < \frac{\varepsilon}{2} \quad \text{für} \quad n \geq m.$$

Dann wird für $T = T_n T_m^{-1}$

$$\begin{aligned}[a\, T(a)] \leq [a\, T_n(z_1)] + [T_n(z_1)\, T(a)] &= [a\, T_n(z_1)] + [T^{-1}\, T_n(z_1)\, a] \\ &= [a\, T_n(z_1)] + [T_m(z_1)\, a] < \varepsilon.\end{aligned}$$

und entsprechend

$$[b\, T(b)] < \varepsilon,$$

für alle Transformationen $T = T_n T_m^{-1}$, die wegen der Verschiedenheit der Transformationen T_m und T_n $(n \neq m)$ nicht gleich der Identität sind.

Es gibt also zu jedem ε eine Transformation $T = T_\varepsilon$ der Gruppe, so daß

$$|T(a) - a| < \varepsilon, \qquad |T(b) - b| < \varepsilon.$$

Die so festgelegte Transformation T möge die Fixpunkte ζ_1 und ζ_2 haben $(|\zeta_1| \leq 1, |\zeta_2| \geq 1)$. Sie läßt sich dann, falls $\zeta_1 = 0$ $(\zeta_2 = \infty)$ ist, in der Form

$$w = \lambda z \qquad (\lambda \text{ konstant}) \tag{8.7}$$

und, falls $\zeta_1 \neq 0$ (und also $\zeta_2 \neq \infty$) ist, in der Form

$$\frac{w - z}{} = \lambda (z - \zeta_1)(w - \zeta_2) \tag{8.7'}$$

schreiben[1].

[1] Die erste Gleichung ist evident. Die zweite ergibt sich daraus, daß die von ihr erklärte Funktion $w = w(z)$ linear ist, die Fixpunkte ζ_1, ζ_2 hat und einen willkürlichen Parameter λ enthält.

Die Punkte a und b sind jedenfalls von ζ_2 verschieden. Ferner ist mindestens der eine von ihnen auch $\neq \zeta_1$, und der größere der Abstände $[a\,\zeta_1]$, $[b\,\zeta_1]$ ist mindestens gleich $\frac{1}{2}[a\,b] = \frac{1}{2}$. Hat z.B. a diese Eigenschaft, so zeigt der Vergleich zwischen den Ausdrücken für den nichteuklidischen und den euklidischen Abstand die Existenz einer numerischen Konstanten $k\,(> \frac{1}{4})$, so daß

$$|a-\zeta_1| \geq k(1-|a|)$$

Im Falle (8.7') gilt also, wenn $z = a$ gesetzt wird,

$$\varepsilon > |T(a)-a| = \lambda\,|a-\zeta_1|\,|T(a)-\zeta_2|,$$

und damit hat man für ein beliebiges z $(|z|<1)$

$$|T(z)-z| = \lambda\,|z-\zeta_1|\,|T(z)-\zeta_2| \leq \left|\frac{z-\zeta_1}{a-\zeta_1}\right| \cdot \left|\frac{T(z)-\zeta_2}{T(a)-\zeta_2}\right| \varepsilon.$$

Hier ist der erste Faktor rechts $\leq \frac{2}{k(1-|a|)}$ für $|z| \leq 1$; der zweite Faktor ist höchstens gleich

$$\frac{|\zeta_2|+1}{|\zeta_2|-1} \leq 3, \quad \text{falls} \quad |\zeta_2| \geq 2,$$

und höchstens gleich

$$\frac{|\zeta_2|+1}{1-|a|-\varepsilon} \leq \frac{3}{1-|a|-\varepsilon} \leq \frac{6}{1-|a|},$$

falls $|\zeta_2| \leq 2$, so daß jedenfalls für $|z| \leq 1$

$$|T(z)-z| \leq \frac{12\,\varepsilon}{k(1-|a|)^2} \quad \left(k > \frac{1}{4}\right),$$

falls $\zeta_1 \neq 0$.

Die Richtigkeit derselben Beziehung im Falle $\zeta_1 = 0$ sieht man noch einfacher ein, und der Hilfssatz ist vollständig bewiesen.

§ 4. Uniformisierung.

Die Hauptsätze der Theorie der konformen Abbildung erlauben das Uniformisierungsproblem allgemein zu lösen. Dieses Problem wurde schon im Kap. I für algebraische Funktionen und allgemeiner für beliebige analytische Gebilde formuliert. Als Vorbereitung für die nachfolgenden allgemeinen Konstruktionen, wollen wir hier den leitenden Gedanken des Uniformisierungsproblems und seiner Lösungsmethode kurz diskutieren[1].

[1] Neben den fundamentalen Untersuchungen von POINCARÉ und KOEBE ist hierbei ein fast gleichzeitiger Lösungsansatz von JOHANSSON [1], [2] zu erwähnen. Vgl. auch BIEBERBACH [3].

8.29. Mehrdeutige Abbildungen. Wir betrachten zwei RIEMANNsche Flächen R und R', und denken uns diese Flächen aufeinander bezogen durch eine mehrdeutige analytische Relation $P \leftrightarrow P'$ zwischen ihren Punkten P und P'. Die Mehrdeutigkeit kann zweierlei Gründe haben: Erstens kann sie dadurch bedingt sein, daß die Flächen R und R' nicht einfach zusammenhängend sind. Neben solchen Mehrdeutigkeiten *im Großen* wollen wir auch *lokale* Mehrdeutigkeitsstellen, jedoch nur *isolierte Windungspunkte* der Abbildung zulassen.

Das einfachste Beispiel gibt uns der Fall, wo R und R' die Zahlenkugeln (z-Ebene, w-Ebene) sind und die Abbildung $R \leftrightarrow R'$ durch eine R und algebraische Gleichung $F(z, w) = 0$ erklärt ist.

8.30. Uniformisierende Überlagerung. Die mehrdeutige Abbildung $R \leftrightarrow R'$ soll nun uniformisiert, d.h. durch zwei eindeutige Abbildungen dargestellt werden. Dies geschieht so, daß man zu den Flächen R und R' eine gemeinsame Überlagerungsfläche $\widetilde{R}$ konstruiert: die gegebene Relation wird dann vermittels der analytischen Spurabbildungen

$$P = P(\widetilde{P}), \qquad P' = P'(\widetilde{P})$$

in eindeutiger Parameterdarstellung erscheinen, mit dem Überlagerungspunkt $\widetilde{P}$ der einander zugeordneten Punkte P und P' als Parameter. Dabei werden im allgemeinen verschiedenen Punkten $\widetilde{P}$ nicht immer verschiedene Punktepaare (P, P') entsprechen.

Im Falle einer algebraischen Gleichung $F = 0$ ist eine solche Überlagerungsfläche $\widetilde{R}$ durch die in Kap. I eingeführten, konform äquivalenten Flächen $\widetilde{R}_z$ und $\widetilde{R}_w$ gegeben.

8.31. Uniformisierung mittels einer komplexen Veränderlichen. Angenommen, daß die Fläche $\widetilde{R}$ zu einem Gebiet G_t der komplexen t-Ebene konform äquivalent ist, so führe man die Abbildung $\widetilde{R} \to G_t$ aus ($\widetilde{P} = \widetilde{P}(t)$). Dann ist die Relation $R \leftrightarrow R'$ durch die Gleichungen

$$P = P(\widetilde{P}(t)), \qquad P = P'(\widetilde{P}(t))$$

gegeben, so daß P und P' eindeutig und analytisch von dem uniformisierenden Parameter t abhängen. Damit ist die Uniformisierungsaufgabe gelöst.

8.32. Zur Uniformisierung mittels einer komplexen Veränderlichen t gilt es also, eine zu einem Gebiet G_t der t-Ebene konform äquivalente uniformisierende Überlagerung $\widetilde{R}$ zu konstruieren. Nicht jede Uniformisierende $\widetilde{R}$ hat diese Eigenschaft. Nehmen wir als Beispiel die in Kap. I konstruierte geschlossene Überlagerungsfläche $\widetilde{R} = \widetilde{R}_z$ der Grundfläche R (z-Kugel), auf welcher die zugehörige algebraische Funktion $w = w(z)$ eindeutig ist. Nur wenn die algebraische Gleichung

$F = 0$ vom Geschlecht Null ist, und die zugehörige Fläche $\tilde{R}_z$ dementsprechend vom Kugeltypus, läßt sich die uniformisierende Fläche $\tilde{R} = \tilde{R}_z$ auf die t-Ebene (und zwar dann auf die Vollebene) eineindeutig und konform abbilden, und man erhält die gewünschte Parameterdarstellung $z = z(t)$, $w = w(t)$ der algebraischen Gleichung. Sobald aber die Gleichung $F = 0$ von höherem Geschlecht ($p > 0$) ist, so ist eine eineindeutige Abbildung $\tilde{R} = \tilde{R}_z \leftrightarrow G_t$ bereits aus topologischen Gründen ausgeschlossen.

8.33. Universelle Überlagerung. Hier führt nun folgende allgemeine Idee zum Ziel. Wenn $\tilde{R}$ die mehrdeutige Relation $R \leftrightarrow R'$ uniformisiert, so ist jede Überlagerungsfläche von $\tilde{R}$ wieder eine uniformisierende Überlagerung (vgl. hierzu 8.38.).

Nun hat aber *jede* RIEMANNsche Fläche ($\tilde{R}$) sicher eine Überlagerungsfläche, die zu einem Teilgebiet der Zahlenebene konform äquivalent ist. Eine solche ist nämlich stets die einfach zusammenhängende ***universelle Überlagerungsfläche*** $\hat{R}$ von $\tilde{R}$, die ja nach dem RIEMANNschen Satz auf ein Normalgebiet E der t-Ebene topologisch und konform bezogen werden kann. Führt man diese Abbildung $\hat{P} = \hat{P}(t)$ aus, so wird $t \to \hat{P} \to \tilde{P} \to (P, P')$, und man erhält so die gesuchte eindeutige Darstellung

$$P = P(t), \qquad P' = P'(t)$$

der Relation $R \leftrightarrow R'$.

8.34. Neben der universellen (der stärksten) Überlagerung $\hat{R}$ von $\tilde{R}$ kann man zur Uniformisierung auch andere (schwächere) Überlagerungsflächen heranziehen, nämlich genau diejenigen, welche die Bedingung der *Schlichtartigkeit* erfüllen, also zu einem Teilgebiet G_t der t-Ebene konform äquivalent sind. Auf die Theorie der schlichtartigen RIEMANNschen Flächen werden wir in Kap. IX näher eingehen.

8.35. Gesamtheit der uniformisierenden Flächen. Im folgenden soll die oben skizzierte Idee zur Lösung der Uniformisierungsaufgabe streng durchgeführt werden. Wir werden das Problem auf diese Weise allgemein lösen, indem wir für eine gegebene mehrdeutige Abbildung zwischen zwei RIEMANNschen Flächen R und R' die *Gesamtheit* der uniformisierenden Überlagerungen $\tilde{R}$ bestimmen. Es wird zunächst eine partikuläre (im allgemeinen nicht schlichtartige) Fläche $\tilde{R}$ konstruiert, welche durch die zusätzliche Bedingung eindeutig charakterisiert ist, daß alle anderen uniformisierenden Flächen $\tilde{R}$ jene spezielle überlagern. — Die „stärkste" Uniformisierende, welche *alle* anderen überlagert, ist die universelle Überlagerungsfläche.

8.36. Mehrdeutige analytische Abbildungen zwischen RIEMANNschen Flächen. Indem wir jetzt zu einer genauen Ausführung der Lösung des Uniformisierungsproblems übergehen, betrachten wir zwei

RIEMANNsche Flächen R und R', zwischen denen eine mehrdeutige analytische Relation $R \leftrightarrow R'$ definiert sei:

Gewisse Punkte (P, P') von R bzw. R' seien einander zugeordnet; dabei soll jeder Punkt von R bzw. R' in *mindestens einem* Paar (P, P') auftreten. Die Zuordnung besitze ferner folgende Eigenschaften:

A. Ist (P, P') ein Paar einander zugeordneter Punkte, so gibt es endlich oder abzählbar viele Umgebungen U_P bzw. $U_{P'}$ von P bzw. P', so daß U_P auf $U_{P'}$ abgebildet ist, und zwar entweder mittels einer eineindeutigen, konformen lokalen Abbildung λ_P oder mittels einer verzweigten Abbildung λ_P, die sich mittels eines Parameters t in der Form schreiben läßt

$$z = t^m, \qquad z' = t^n \qquad (|t| < 1); \tag{8.8}$$

dabei sind z bzw. z' die Parameter in den zu U_P bzw. $U_{P'}$ gehörigen Parameterkreisen $|z| < 1$ bzw. $|z'| < 1$[1]. In diesem Fall heißt P *Windungspunkt* der lokalen Abbildung $U_P \to U_{P'}$.

B. Es sei λ_P eine zu P gehörige lokale Abbildung und Q ein Punkt der zugehörigen Umgebung U_P. Dann gibt es unter den zu Q gehörigen lokalen Abbildungen eine, sei diese λ_Q, für welche $\lambda_Q = \lambda_P$ im Durchschnitt $U_P U_Q$[2].

C. Zu zwei beliebigen unverzweigten lokalen Abbildungen λ_{P_0} und λ_{P_1} gibt es auf R einen von P_0 zu P_1 führenden Weg $P = P(t)$ $(0 \leq t \leq 1)$ und eine Belegung des Weges mit unverzweigten Abbildungen $\lambda_{P(t)}$, so daß $\lambda_{P(0)} = \lambda_{P_0}$ und $\lambda_{P(1)} = \lambda_{P_1}$; die Bezeichnung „Belegung" gibt hier an, daß zu jedem t_0 $(0 \leq t_0 \leq 1)$ eine Zahl $\delta > 0$ existiert, so daß die Abbildungen $\lambda_{P(t)}$ und $\lambda_{P(t_0)}$ für $|t - t_0| < \delta$ im Durchschnitt $U_{P(t)}\, U_{P(t_0)}$ übereinstimmen.

Aus der Bedingung B folgt, daß die von P verschiedenen Punkte der Umgebung U_P nicht bezüglich sämtlicher zugehöriger Abbildungen Verzweigungsstellen sind. Diejenigen Punkte, zu denen *nur* verzweigte Abbildungen gehören, liegen somit isoliert auf R.

8.37. Alle obigen Bedingungen sind erfüllt, wenn man speziell für R und R' bzw. die z-Kugel und die w-Kugel nimmt und die mehrdeutige Abbildung $R \leftrightarrow R'$ durch eine *algebraische Gleichung* $F(z, w) = 0$ definiert. Die Bedingung C (Bedingung des „Zusammenhangs") verlangt, daß die Gleichung *irreduzibel* sein soll.

Ein allgemeineres Beispiel gibt ein *analytisches Gebilde* (z, w), welches die Zahlenkugeln (oder zwei Teilgebiete G_z, G_w dieser Kugeln) mehrdeutig aufeinander bezieht.

---

[1] Man vergleiche hierzu STOILOW [1*]. Die lokalen Parameter der verschiedenen Umgebungen von P können verschieden sein.

[2] Falls die lokale Abbildung λ_P verzweigt ist, so soll es zu jedem eindeutigen Zweig λ_P^μ eine derartige Abbildung λ_Q^μ geben.

8.38. Uniformisierung. Man sagt, eine RIEMANNsche Fläche $\tilde{R}$ *uniformisiert* die mehrdeutige Beziehung $R \leftrightarrow R'$, wenn $\tilde{R}$ (im allgemeinen verzweigte und nicht unbegrenzte) Überlagerungsfläche von R und R' ist, so daß folgende Bedingungen erfüllt sind:

1. Ist $\tilde{P}$ ein beliebiger Punkt von $\tilde{R}$, so sind die Spurpunkte $P = \sigma(\tilde{P})$ und $P' = \sigma(\tilde{P})$ einander mittels der gegebenen mehrdeutigen Beziehung $R \leftrightarrow R'$ zugeordnet, und man erhält auf diese Art alle zugeordneten Punktepaare (P, P').

2. Ist $\tilde{U}$ die ausgezeichnete Umgebung von $\tilde{P}$ und sind U bzw. U' ihre Bildumgebungen, so ist $\sigma'\sigma^{-1}$ eine zum Spurpunkt P gehörige (eindeutige oder verzweigte) lokale Abbildung. Umgekehrt erhält man auf diese Weise alle zu P gehörigen lokalen Abbildungen entsprechend den über P liegenden Punkten.

Es ist klar, daß mit einer Fläche $\tilde{R}$ auch jede Überlagerung von $\tilde{R}$ eine Uniformisierung leistet. Wir zeigen nun, daß es zu einer gegebenen mehrdeutigen Beziehung $R \leftrightarrow R'$ stets eine uniformisierende Fläche $\tilde{R}$ gibt.

8.39. Konstruktion der Fläche $\tilde{R}$. Zur Bestimmung einer Fläche $\tilde{R}$ denken wir uns jedem Punkte P von R die entsprechenden lokalen Abbildungen λ_P zugeordnet. Diese Abbildungen sind die „Punkte" der zu konstruierenden Fläche $\tilde{R}$. Dabei sollen die durch zwei Abbildungen λ_P und $\lambda'_{P'}$ definierten „Punkte" identifiziert werden, wenn die Abbildungen erstens zu demselben Punkt $P = P'$ von R gehören und zweitens im Durchschnitt $U_P U'_P$ übereinstimmen.

8.40. $\dot{\tilde{R}}$ als topologischer Raum. Um der so erklärten Menge $\tilde{R}$ eine Topologie aufzuprägen, betrachten wir zunächst die Teilmenge $\dot{\tilde{R}}$ der *unverzweigten* lokalen Abbildungen.

Es sei also λ_P eine unverzweigte lokale Abbildung und U_P die Umgebung von P, in der sie erklärt ist. Nach Bedingung B von 8.36. gibt es zu jedem Punkte Q von U_P eine lokale Abbildung λ_Q, so daß $\lambda_Q = \lambda_P$ in $U_Q U_P$. Diese ist unter den zu Q gehörigen Abbildungen eindeutig bestimmt, denn ist λ'_Q eine zweite, so folgt (wegen der Analytizität) $\lambda_Q = \lambda'_Q$ in $U_Q U'_Q$. — Durchläuft Q alle Punkte von U_P, so ist dadurch eine Teilmenge $\tilde{T}$ von Abbildungen bestimmt, welche eineindeutig den Punkten von U_P zugeordnet sind. Denkt man sich weiter die Punkte von U_P mittels der Parameterabbildung auf die Punkte des Parameterkreises U_{P_z} bezogen, so entsteht, auf dem Umweg über U_P, eine eineindeutige Abbildung zwischen $\tilde{T}$ und U_{P_z}. Wir zeigen, daß diese Abbildungen die Bedingung von 2.16. erfüllen.

Dazu seien $\tilde{P} = \lambda_P$ und $\tilde{P}' = \lambda_{P'}$ zwei Punkte von $\tilde{R}$, deren Teilmengen $\tilde{T}$ und $\tilde{T}'$ benachbart (d.h. nicht punktfremd) sind. Wir haben nachzuweisen, daß dem Durchschnitt $\tilde{T}\tilde{T}'$ in U_{P_z} und $U_{P'_z}$ *offene* Mengen entsprechen.

Zum Beweis sei $\tilde{Q} = \lambda_Q$ ein Punkt von $\tilde{T}\tilde{T}'$; dann liegt der zugehörige Punkt Q in $U_P U_{P'}$ und es ist $\lambda_P = \lambda_Q$ in $U_P U_Q$ und $\lambda_{P'} = \lambda_Q$ in $U_{P'} U_Q$. Sei V_Q eine kreishomöomorphe Umgebung von Q, die im Durchschnitt $U_P U_{P'} U_Q$ liegt. Zu jedem Punkt A von V_Q gibt es dann einen wohlbestimmten Punkt $\tilde{A} = \lambda_A$ $(\lambda_A = \lambda_Q)$. Dann ist $\lambda_A = \lambda_P$ in V_Q, also in $U_P V_Q$, und $\tilde{A}$ gehört somit zu $\tilde{T}$. Ähnlich folgt $\tilde{A} < \tilde{T}'$ und damit ist $\tilde{A} < \tilde{T}\tilde{T}'$. V_Q ist also eine Umgebung von Q, die aus Bildpunkten besteht, w. z. b. w.

Man kann daher die Menge $\dot{\tilde{R}}$ nach 2.17. zu einem *topologischen Raum* machen, welcher den Axiomen A und C genügt (2.3. und 2.15.).

Der Raum $\dot{\tilde{R}}$ erfüllt auch das Trennungsaxiom. Zum Beweis seien $\tilde{P} = \lambda_P$ und $\tilde{P}' = \lambda'_{P'}$ zwei Punkte von $\tilde{R}$. Sind zunächst die Punkte P und P' verschieden, so seien V_P und $V_{P'}$ zwei in U_P bzw. $U_{P'}$ liegende punktfremde Umgebungen von P und P'. Diesen entsprechen in den zu $\tilde{P}$ bzw. $\tilde{P}'$ gehörigen Teilmengen $\tilde{T}$ bzw. $\tilde{T}'$ zwei punktfremde Umgebungen von $\tilde{P}$ und $\tilde{P}'$. Ist zweitens $P = P'$, so sind die Teilmengen $\tilde{T}$ und $\tilde{T}'$ fremd. Enthielten sie nämlich eine gemeinsame Abbildung λ_Q, so wäre $\lambda_P = \lambda_Q$ in $U_P U_Q$ und $\lambda'_P = \lambda_Q$ in $U'_P U_Q$. Es wäre also $\lambda_P = \lambda'_P$ in $U_P U'_P U_Q$ und daher $\lambda_P = \lambda'_P$ in ganz $U_P U'_P$, d.h. λ_P und λ'_P wären dieselben Punkte.

Der Raum $\dot{\tilde{R}}$ befriedigt mithin die Axiome A, B und C und ist daher eine Fläche, und zwar eine Überlagerungsfläche derjenigen Fläche $\dot{R}$, welche aus R durch Entfernen jener Punkte entsteht, zu welchen nur verzweigte Abbildungen gehören. Ordnet man jedem Punkt $\tilde{P} = \lambda_P$ den entsprechenden Punkt P von $\dot{R}$ zu, so ist dadurch eine eindeutige Abbildung σ von $\dot{\tilde{R}}$ auf $\dot{R}$ gegeben, welche in jeder Umgebung $\tilde{T}$ topologisch ist. $\dot{\tilde{R}}$ ist daher eine Überlagerungsfläche von $\dot{R}$.

8.41. Ferner ist $\dot{\tilde{R}}$ *zusammenhängend.* Zum Beweis seien $\tilde{P}_0 = \lambda_{P_0}$ und $\tilde{P}_1 = \lambda_{P_1}$ zwei Punkte von $\dot{\tilde{R}}$. Nach Bedingung C (von 8.36.) gibt es dann in $\dot{R}$ einen von P_0 nach P_1 führenden Weg $P(t)$ $(0 \leq t \leq 1)$ und eine Belegung $\tilde{P}(t) = \lambda_{P(t)}$, so daß $\lambda_{P(0)} = \lambda_{P_0}$ und $\lambda_{P(1)} = \lambda_{P_1}$. Dann ist $t \to \tilde{P}(t)$ eine eindeutige Abbildung der Strecke $0 \leq t \leq 1$ nach $\dot{\tilde{R}}$, welche die Voraussetzungen des Hilfssatzes 2.53. erfüllt und daher stetig ist. Es ist also $\tilde{P}(t)$ $(0 \leq t \leq 1)$ ein Weg auf $\dot{\tilde{R}}$, der die Punkte $\tilde{P}_0$ und $\tilde{P}_1$ verbindet.

8.42. Abschließung der Fläche $\dot{\tilde{R}}$. Die konstruierte (unverzweigte) Überlagerung $\dot{\tilde{R}}$ von $\dot{R}$ soll noch durch Abschließen mittels der verzweigten lokalen Abbildungen zu einer (verzweigten) Überlagerung der nichtpunktierten Fläche R gemacht werden.

Es sei λ_P eine m-fach verzweigte lokale Abbildung. Ist U_P die zugehörige Umgebung von P, so gehören (nach Bedingung B von 8.36.) zu jedem Punkte Q von $\dot{U}_P = U_P - P$ lokale Abbildungen λ_Q^μ $(\mu = 1, \ldots, m)$, welche mit den eindeutigen Zweigen von λ_P übereinstimmen. Damit ist eine bestimmte Teilmenge $\dot{\tilde{T}}$ von unverzweigten lokalen Abbildungen konstruiert; je m von ihnen gehören zu demselben Punkte Q von U_P. Diese Menge $\dot{\tilde{T}}$ liegt auf der punktierten Menge $\dot{\tilde{R}}$ und trägt daher bereits eine Topologie. Wir zeigen, daß sie zusammenhängend ist.

Dazu schreiben wir die Abbildung λ_P in Parameterform

$$z = t^m, \qquad z' = t^n \qquad (0 < |t| < 1).$$

Sie vermittelt eine mehrdeutige Beziehung zwischen den punktierten Umgebungen $\dot{U}_P$ und $\dot{U}_{P'}$, welche den Bedingungen A, B und C von 8.36. genügt. Dabei sind sämtliche lokalen Abbildungen nichtverzweigt. Zu dieser mehrdeutigen Beziehung gehört auch eine bestimmte uniformisierende Fläche und diese besteht nach ihrer Konstruktion gerade aus den Abbildungen der Menge $\dot{\tilde{T}}$. Nach 8.41. ist daher $\dot{\tilde{T}}$ zusammenhängend.

Die Fläche $\dot{\tilde{T}}$ ist vermöge der Zuordnung $\lambda_Q \rightarrow Q$ unverzweigte m-blättrige Überlagerung der punktierten Umgebung $\dot{U}_P$. Nach 2.60. gibt es daher eine topologische Abbildung τ von $\dot{\tilde{T}}$ auf eine punktierte Kreisscheibe $0 < |\tilde{t}| < 1$, so daß die zusammengesetzte Abbildung $\tilde{z} \rightarrow \tilde{Q} \rightarrow Q$ die Abbildung $z = \tilde{z}^m$ ist. Ordnet man noch dem Punkte $\tilde{z} = 0$ den Punkt $\tilde{P}$ zu, so ist eine eineindeutige Abbildung der ganzen Kreisscheibe $|\tilde{z}| < 1$ auf $\tilde{T}$ gegeben. Mittels dieser übertrage man die Topologie von $|\tilde{z}| < 1$ auf $\tilde{T}$; dann stimmt die von $\tilde{T}$ in $\dot{\tilde{T}}$ induzierte Topologie mit der in $\dot{\tilde{T}}$ schon bestehenden überein.

Damit ist auch zur verzweigten Abbildung λ_P eine kreishomöomorphe Umgebung $\tilde{T}$ konstruiert. Nun zeigt man wie im Falle nichtverzweigter Abbildungen, daß dem Durchschnitt benachbarter Umgebungen in den Pararameterkreisen *offene* Mengen entsprechen, auch wenn eine der Umgebungen zu einer verzweigten Abbildung gehört. Der Raum $\tilde{R}$ genügt also ausnahmslos den Axiomen A und C. Aber auch das Trennungsaxiom ist erfüllt; es ergibt sich analog wie im Falle zweier nichtverzweigter Abbildungen.

Der Raum $\tilde{R}$ ist also eine Fläche und zwar eine einzige. Sie ist vermöge der Zuordnung $\lambda_P \rightarrow P$ Überlagerungsfläche von R. Die Verzweigungspunkte sind die verzweigten lokalen Abbildungen λ_P; die Ordnung eines Verzweigungspunktes ist gleich der Verzweigungszahl $m - 1$.

8.43. $\tilde{R}$ als Uniformisierende. Schließlich kann man die Fläche $\tilde{R}$ nach 2.89. zu einer RIEMANNschen Fläche machen, so daß die Spurabbildung abgesehen von den Verzweigungspunkten eine konforme Abbildung von $\tilde{R}$ auf R wird.

Geht man anstatt von den lokalen Abbildungen λ_P von ihren Inversen aus, so erhält man entsprechend eine Überlagerung $\tilde{R}'$ der Fläche R'. Diese ist zu $\tilde{R}$ mittels der Zuordnung $\lambda_P^{-1} \to \lambda_P$ konform äquivalent. Damit ist $\tilde{R}$ auch Überlagerung von R' und zwar mittels der Spurabbildung $\lambda_P \to \lambda_P(P)$.

Die beiden Spurabbildungen $\tilde{R} \to R$ und $\tilde{R} \to R'$ leisten nun eine Uniformisierung der Beziehung $R \leftrightarrow R'$. Zunächst folgt unmittelbar, daß die Punkte P und $\lambda_P(P)$ einander zugeordnet sind mittels der mehrdeutigen Beziehung $R \leftrightarrow R'$. Ist ferner (P, P') ein beliebiges Paar, so gibt es nach Bedingung A (8.36.) eine lokale Abbildung λ_P, welche P in P' überführt; dann ist P bzw. P' das Bild des „Punktes“ λ_P von $\tilde{R}$.

Auch die zweite Bedingung ist erfüllt. Es sei $\tilde{P} = \lambda_P$ ein Punkt von $\tilde{R}$ und U_P die zu λ_P gehörige Umgebung. Die ausgezeichnete Umgebung $\tilde{T}$ besteht aus allen Abbildungen λ_Q die zu den Punkten $Q \subset U_P$ gehören und für die $\lambda_Q = \lambda_P$ in $U_Q\, U_P$. Einem Punkte $\tilde{Q} = \lambda_Q$ von $\tilde{T}$ entsprechen also in U bzw. U' die Punkte Q bzw. $\lambda_Q(Q) = \lambda_P(Q)$ und diese sind in der Tat mittels λ_P zugeordnet. Nach Konstruktion der Fläche $\tilde{R}$ erhält man so *alle* zu P gehörigen Abbildungen λ_P.

8.44. $\tilde{R}$ als schwächste Uniformisierende. Die in 8.40. konstruierte Überlagerung $\tilde{R}$ liefert *die schwächste Uniformisierung der Beziehung* $R \leftrightarrow R'$, d.h. *jede uniformisierende Fläche* $\tilde{R}_1$ *überlagert* $\tilde{R}$.

Zum Beweis sei $\tilde{R}_1$ eine beliebige uniformisierende Fläche und σ_1 bzw. σ_1' seien die Spurabbildungen $\tilde{R}_1 \to R$ bzw. $\tilde{R}_1 \to R'$. Wir haben eine Spurabbildung $\tilde{R}_1 \to \tilde{R}$ zu konstruieren.

Dazu sei $\tilde{P}_1$ ein Punkt von $\tilde{R}_1$ und P bzw. P' seien seine Bildpunkte auf R bzw. R'. Ist $\tilde{U}_1$ die ausgezeichnete Umgebung von $\tilde{P}_1$, so sind die Umgebungen $\sigma_1(\tilde{U}_1)$ und $\sigma_1'(\tilde{U}_1)$ nach Bedingung 2. von 8.38. mittels *einer zu* P *gehörigen* (eindeutigen oder verzweigten) Abbildung λ_P einander zugeordnet. Diese ordnen wir dem Punkte $\tilde{P}_1$ als „Bildpunkt“ zu. Damit ist eine eindeutige Abbildung $\varphi: \tilde{P}_1 \to \lambda_P$ bestimmt und zwar eine Abbildung auf ganz $\tilde{R}$. Diese letzte Eigenschaft ergibt sich wie folgt. Sei λ_P ein beliebiger „Punkt“ von $\tilde{R}$; da $\tilde{R}_1$ eine Uniformisierung leistet, gibt es nach dem zweiten Teil der Bedingung 2. in 8.38. einen über P liegenden Punkt $\tilde{P}_1$, so daß $\lambda_P = \sigma_1' \sigma_1^{-1}$, und λ_P ist also Bildpunkt von $\tilde{P}_1$.

Die so hergestellte Abbildung φ ist eine *Spurabbildung* von $\tilde{R}_1$ auf $\tilde{R}$. Zum Beweis zeigen wir, daß sie den Voraussetzungen des Hilfssatzes von 2.58. genügt.

Zunächst folgt unmittelbar aus der Konstruktion, daß die zusammengesetzte Abbildung $\tilde{R}_1 \to \tilde{R} \to R$ die Spurabbildung σ_1 ist. Wir haben zweitens zu zeigen, daß die Abbildung $\tilde{R}_1 \to \tilde{R}$ die ausgezeichnete Umgebung eines Punktes von R_1 in die ausgezeichnete Umgebung des Bildpunktes überführt. Sei $\tilde{P}_1$ ein Punkt von $\tilde{R}_1$ und P sein Bildpunkt auf R. Die Bilder $U = \sigma_1(\tilde{U}_1)$ und $\sigma_1'(\tilde{U}_1)$ der ausgezeichneten Umgebung $\tilde{U}_1$ von $\tilde{P}_1$ sind mittels einer zu P gehörigen Abbildung λ_P aufeinander bezogen und diese ist das Bild von $\tilde{P}_1$. Es gilt also $\sigma_1' = \lambda_P\, \sigma_1$ in $\tilde{U}_1$. Nun sei $\tilde{Q}_1$ ein fester Punkt der Umgebung $\tilde{U}_1$ und $\tilde{V}_1$ die ausgezeichnete Umgebung von $\tilde{Q}_1$. Zu $\tilde{Q}_1$ gehört ein bestimmter „Bildpunkt" λ_Q von $\tilde{R}$, und es gilt $\sigma_1' = \lambda_Q\, \sigma_1$ in $\tilde{V}_1$. Im Durchschnitt $\tilde{U}_1 \tilde{V}_1$ ist also sowohl $\sigma_1' = \lambda_P\, \sigma_1$ als auch $\sigma_1' = \lambda_Q\, \sigma_1$, und daher müssen die Abbildungen λ_P und λ_Q in $U V$ übereinstimmen. Das besagt, daß die Abbildung λ_Q zu der λ_P zugeordneten Umgebung $\tilde{T}$ gehört. Das φ-Bild der Umgebung $\tilde{U}_1$ liegt also in $\tilde{T}$, w. z. b. w.

Aus dem Hilfssatz folgt nun, daß $\tilde{R}_1$ Überlagerung der Fläche $\tilde{R}$ bezüglich der Abbildung $\tilde{P}_1 \to \lambda_P$ ist, wie behauptet wurde.

8.45. Uniformisierung mittels einer komplexen Veränderlichen. Mit Hilfe der oben konstruierten Fläche $\tilde{R}$ wird die mehrdeutige Beziehung $R \leftrightarrow R'$ uniformisiert. Dabei spielt ein veränderlicher Punkt $\tilde{P}$ auf $\tilde{R}$ die Rolle des uniformisierenden Parameters. Wünscht man speziell als Uniformisierende eine *komplexe Veränderliche* t, so hat man die Fläche $\tilde{R}$, sofern diese nicht schon zu einem Gebiet der t-Ebene konform äquivalent ist, durch eine Überlagerung von $\tilde{R}$ ersetzen. Spätestens in der universellen Überlagerung erhält man dann eine solche, welche auf ein Gebiet der t-Ebene konform abbildbar ist.

8.46. Bei der Uniformisierung mittels der universellen Überlagerungsfläche $\hat{R}$ wird man drei Fälle zu unterscheiden haben, je nachdem diese Fläche vom elliptischen, parabolischen oder hyperbolischen Typ ist. Wir diskutieren diese drei Fälle unter der Voraussetzung, daß die gegebenen Flächen R und R' die z- bzw. w-Kugel sind.

Ist erstens $\hat{R}$ *elliptisch*, also die t-Kugel, so ergibt sich eine Parameterdarstellung der Form

$$z = z(t), \qquad w = w(t),$$

wo $z(t)$ und $w(t)$ auf der ganzen t-Kugel mit Ausnahme von isolierten Polen regulär, also *rationale Funktionen* sind.

Umgekehrt, ist die Beziehung $R_z \leftrightarrow R_w$ durch die Zahlenkugel, also durch zwei rationale Funktionen uniformisierbar, so ist die in 8.40. konstruierte uniformisierende Fläche $\tilde{R}$ bereits die Zahlenkugel. Denn da $\tilde{R}$ die schwächste Uniformisierung leistet, ist die Zahlenkugel (verzweigte oder unverzweigte) Überlagerung von $\tilde{R}$; daraus folgt zunächst, daß $\tilde{R}$ kompakt ist und weiter (aus der RIEMANN-HURWITZschen Relation), daß $\tilde{R}$ das Geschlecht Null hat; d.h. $\tilde{R}$ ist die Zahlenkugel.

Ist zweitens $\hat{R}$ die offene t-Ebene ($|t| < \infty$), so sind $z(t)$ und $w(t)$ meromorphe Funktionen und nehmen in den bezüglich der Deckbewegungsgruppe äquivalenten Punkten dieselben Werte an. Sie sind, abgesehen von dem trivialen Fall, wo sich (T) auf die Identität reduziert, einfach oder doppeltperiodisch. Dieser Fall trifft bei der Uniformisierung einer algebraischen Gleichung vom Geschlecht 1 ein.

Umgekehrt, ist die Beziehung $R_z \leftrightarrow R_w$ durch zwei meromorphe Funktionen, also durch die t-Ebene uniformisierbar, so muß die universelle Überlagerungsfläche $\hat{R}$ von $\tilde{R}$ die (offene) t-Ebene sein. Denn dann überlagert die t-Ebene die (schwächer uniformisierende) Fläche $\tilde{R}$, und nach 2.88. damit auch die universelle Überlagerungsfläche $\hat{R}$. Wäre nun $\hat{R}$ der Einheitskreis, so hätte man in der Abbildung $t \to \hat{R}$ eine in der ganzen t-Ebene *beschränkte* Funktion; die Abbildungsfunktion wäre also eine Konstante, was unmöglich ist. $\hat{R}$ muß also die t-Ebene sein

Ist $\hat{R}$ drittens der Einheitskreis, so sind die Funktionen $z(t)$ und $w(t)$ für $|t| < 1$ erklärt, eindeutig und bis auf isolierte Pole regulär. Sie nehmen in den bezüglich (T) äquivalenten Punkten dieselben Werte an, d.h. sie sind bezüglich der Gruppe (T) *automorphe Funktionen.*

8.47. Algebraische Funktionen. Wir betrachten den Fall etwas näher, daß die mehrdeutige Relation $z \leftrightarrow w$ durch eine algebraische Gleichung $F(z, w) = 0$ gegeben ist. Dieser Fall wurde in Kap. I ausführlich besprochen, es ist jedoch von Interesse zu sehen, wie er sich in die allgemeine Uniformisierungstheorie einordnet.

Nach Kap. I gehören zu jedem Punkte z nur endlich viele lokale Abbildungen $\lambda_z^{(\nu)}$ entsprechend den Zweigen der Funktion $F(z, w) = 0$. Ihre Anzahl ist im allgemeinen — d.h. wenn zu z kein verzweigtes Funktionselement gehört — gleich dem Grad m von $F(z, w)$ bezüglich w; gehören zu z auch verzweigte Elemente, so ist die Summe ihrer um 1 vermehrten Verzweigungszahlen ebenfalls gleich m. Hieraus folgt nach 2.84., daß die Überlagerungsfläche $\tilde{R}$ *unbegrenzt* über der z-Kugel liegt, die Blätterzahl m besitzt und kompakt ist (nach 2.85.). Sie hat also ein bestimmtes Geschlecht p, welches das *Geschlecht der algebraischen Funktion* $F(z, w) = 0$ heißt.

Ist umgekehrt eine mehrdeutige Beziehung zwischen den beiden Zahlenkugeln gegeben, deren Uniformisierende geschlossen ist, so gehören zu jedem Punkte z nur endlich viele Punkte der ω-Kugel und es folgt nach 1.28., daß die Relation $z \leftrightarrow w$ durch eine *algebraische Gleichung* $F(z, w) = 0$ definiert wird.

8.48. Berechnung des Geschlechts. Das Geschlecht p der durch die algebraische Gleichung $F(z, w) = 0$ definierten Fläche $\widetilde{R}$ läßt sich mittels der RIEMANN-HURWITZschen Relation ermitteln. Wir setzen der Einfachheit halber voraus, daß die partiellen Ableitungen F_z und F_w für kein Wertepaar z, w, das $F(z, w) = 0$ erfüllt, gleichzeitig verschwinden.

Zunächst ist klar, daß die Blätterzahl der Überlagerung $\widetilde{R} \to z$ gleich dem Grade m ist. Um die Gesamtordnung der Verzweigungspunkte zu erhalten, betrachten wir zunächst die Punkte $z \neq \infty$. Sei z_0 ein Punkt, zu dem nicht nur unverzweigte Funktionselemente gehören; w_ϱ $(\varrho = 1, \ldots, r)$ seien die Lösungen der Gleichung $F(z_0, w) = 0$ und α_ϱ die Vielfachheit von w_ϱ $(\alpha_\varrho \geq 1)$, so daß also

$$F_w^{(\nu)}(z_0, w_\varrho) = 0 \qquad (\nu = 0, \ldots, \alpha_\varrho - 1).$$

Dann gehören zu z_0 nach 1.13. r Funktionselemente $w_\varrho(z)$, wobei die Verzweigungszahl von $w_\varrho(z)$ gleich $\alpha_\varrho - 1$ ist. Dies bedeutet aber nach 8.42., daß der „Punkt" $w_\varrho(z)$ Verzweigungspunkt der Ordnung $\alpha_\varrho - 1$ über z ist. Andererseits ist aber $\alpha_\varrho - 1$ die Vielfachheit der Lösung w_ϱ von $F_\omega(z_0, w_\varrho) = 0$. Die Gesamtordnung der über den über den Punkten $z \neq \infty$ liegenden Verzweigungspunkt $\widetilde{R}$ ist also gleich der Summe A der Vielfachheiten der Lösungen von $F_w(z_0, w) = 0$ bezüglich w, wobei z_0 alle Werte durchläuft, für welche die Gleichungen $F = 0$ und $F_\omega = 0$ Lösungspaare (z_0, w) besitzen.

Um noch den Punkt $z = \infty$ zu betrachten, sei n die Ordnung der Gleichung $F(z, w) = 0$ bezüglich z. Wir nehmen an, daß die Potenz z^n nur in dem von w freien Glied $Q_m(z)$ auftritt. Dann verhält sich die Gleichung $F(z, w) = 0$ in der Umgebung von $z = \infty$ so wie $w^m + z^n = 0$; bezeichnet daher t den größten gemeinsamen Teiler von m und n, so liegen über $z = \infty$ t Punkte von $\widetilde{R}$ und jeder ist Verzweigungspunkt der Ordnung $\frac{m}{t} - 1$. Die Summe ihrer Ordnungen ist also gleich $m - t$.

Damit erhält man für die Charakteristik $\widetilde{\chi}$ von $\widetilde{R}$ nach der RIEMANN-HURWITZschen Relation den Wert

$$\widetilde{\chi} = (-2)\, m + A + m - t = A - m - t. \tag{8.9}$$

Betrachtet man $\widetilde{R}$ über der w-Kugel anstatt über der z-Kugel, so erhält man entsprechend

$$\widetilde{\chi} = B - n - t. \tag{8.10}$$

Der Vergleich von (8.9) und (8.10) ergibt zwischen den Gesamtordnungen A und B der Lösungen von $F = 0$, $F_w = 0$ bzw. von $F = 0$,

$F_z = 0$ die Beziehung

$$A - B = m - n.$$

8.49. Als Beispiel betrachten wir die hyperelliptische Gleichung

$$F(z, w) \equiv w^2 - (z - z_1) \ldots (z - z_r).$$

Diese erfüllt die in 8.48. gestellten Bedingungen sofern $z_\mu \neq z_\nu$ für $\mu \neq \nu$; es ist $m = 2$. Aus $F_w = 0$ folgt $w = 0$ und damit $z = z_\varrho$ $(\varrho = 1, \ldots, r)$. Da $F_{ww} \equiv 2$, so ist die Vielfachheit der Lösung $w = 0$ von $F_w = 0$ gleich 1, und damit ist $A = r$. Schließlich ist der größte gemeinsame Teiler t gleich 2 oder 1, je nachdem r gerade oder ungerade ist. Damit erhält man nach (8.9) $\tilde{\chi} = r - 4$, falls r gerade, und $\tilde{\chi} = r - 3$, falls r ungerade.

8.50. Universelle Überlagerung algebraischer Flächen. Wir untersuchen weiter für den algebraischen Fall die universelle Überlagerungsfläche $\hat{R}$ von $\tilde{R}$. $\hat{R}$ ist elliptisch, parabolisch oder hyperbolisch, je nachdem das Geschlecht p von $\tilde{R}$ Null, Eins oder größer als Eins ist.

Eine algebraische Gleichung vom Geschlecht Null läßt sich nach 8.46. durch zwei rationale Funktionen uniformisieren, und umgekehrt erhält man aus zwei rationalen Funktionen $z(t)$ und $w(t)$ durch Elimination von t eine algebraische Gleichung vom Geschlecht Null.

Hat $\tilde{R}$ das Geschlecht $p = 1$, so ist $\hat{R}$ die Zahlenebene und (T) ist die Translationengruppe von zwei Erzeugenden. Die uniformisierenden Funktionen sind also doppeltperiodisch.

Wenn umgekehrt die algebraische Gleichung $F(z, w) = 0$ mittels meromorpher Funktionen uniformisierbar ist, so ist die universelle Überlagerungsfläche $\hat{R}$ von $\tilde{R}$ nach 8.46. *parabolisch*, und $\tilde{R}$ ist also vom Geschlecht $p = 1$. *Eine algebraische Gleichung vom Geschlecht $p \geq 2$ läßt sich nicht durch meromorphe Funktionen uniformisieren* (*Satz von* Picard [1]).

Ist schließlich $p > 1$, so ist $\hat{R}$ der Einheitskreis und die Uniformisierung erfolgt durch zwei automorphe Funktionen.

Verhältnismäßig wenig ist der allgemeine Fall erforscht, wo die mehrdeutige Beziehung $R \leftrightarrow R'$ durch eine transzendente Gleichung $F(z, w) = 0$ gegeben ist. Einiges kennt man über den sog. *algebroiden* Fall, wo die Gleichung in der einen Variablen rational, in der anderen transzendent ist; wir kommen auf diesen Fall in 8.52. zurück (Myrberg [2]).

8.51. Analytische Gebilde. Die Uniformisierung eines beliebigen analytischen Gebildes $\{z, w\}$, das durch Fortsetzung eines gegebenen Funktionselementes entsteht, gelingt immer mit Hilfe der entwickelten allgemeinen Methode. Die Funktionselemente erfüllen nämlich die Bedingungen A, B, C von 8.36. und daher kann man ihre Gesamtheit nach

8.40. zu einer RIEMANNschen Fläche R machen. Die Uniformisierung erfolgt wieder mittels der universellen Überlagerungsfläche $\hat{R}$. Diese ist mit Ausnahme der in 8.46. erwähnten Spezialfälle hyperbolisch; die uniformisierenden Funktionen $z(t)$ und $w(t)$ sind also dann *automorph* im Kreise $|t| < 1$.

8.52. Satz über algebroide Funktionen. Zum Schluß dieses Kapitels soll noch eine Verallgemeinerung des Satzes in 5.42. bewiesen werden. Wir betrachten eine mehrdeutige Relation $z \leftrightarrow w$, definiert durch eine „algebroide" Gleichung $F(z, w) = 0$, welche bezüglich w algebraisch ist, während als Koeffizienten jetzt meromorphe Funktionen zugelassen werden. $\tilde{R}$ sei die minimale Uniformisierende dieser Relation und $f(\tilde{P})$ eine meromorphe Funktion auf $\tilde{R}$. Dann gibt es, behaupten wir, eine in w rationale und in z meromorphe Funktion $\varphi(z, w)$, so daß für alle Punkte $\tilde{P}$ gilt

$$f(\tilde{P}) = \varphi\left\{z(\tilde{P}), w(\tilde{P})\right\}.$$

Zum Beweis betrachten wir $\tilde{R}$ als Überlagerung der (offenen) z-Ebene. Aus der algebraischen Struktur von $F(z, w)$ bezüglich w folgt wie in 8.47., daß diese Überlagerung unbegrenzt ist. Ihre Blätterzahl ist gleich dem Grad m von F bezüglich w.

Es sei jetzt $\tilde{P}_1$ ein beliebiger Punkt von $\tilde{R}$ und $\tilde{P}_2 \ldots \tilde{P}_m$ seien die zu ihm äquivalenten. Wir betrachten für jedes feste k ($k = 0, \ldots, m-1$) die Funktion

$$\tilde{\Phi}_k(\tilde{P}_1) = \sum_{\mu=1}^{m} f(\tilde{P}_\mu)\, w^k(\tilde{P}_\mu)\,[1].$$

Diese ist meromorph auf $\tilde{R}$ und nimmt in äquivalenten Punkten dieselben Werte an. Man kann ihr daher eine eindeutige Funktion $\Phi_k(z)$ von z zuordnen, indem man setzt

$$\Phi_k(z) = \tilde{\Phi}_k(\tilde{P}),$$

wobei $\tilde{P}$ ein beliebiger der über P liegenden Punkte ist. Aus der Unbegrenztheitsbedingung der Überlagerung $\tilde{R} \to R$ folgt, daß die Funktion $\Phi_k(z)$ überall stetig ist, wo dies für $\tilde{\Phi}_k(\tilde{P})$ gilt[2]. Die Funktion $\Phi_k(z)$ ist also meromorph.

[1] Kommen unter den Punkten $\tilde{P}_\mu$ Verzweigungspunkte vor, so sind diese mit ihrer Vielfachheit in die Summe aufzunehmen.

[2] Man beweist leicht folgendes: Ist $\tilde{R}$ eine unbegrenzte (verzweigte oder unverzweigte) Überlagerung von R und $\Phi(\tilde{P})$ eine stetige Funktion auf $\tilde{R}$, die in äquivalenten Punkten dieselben Werte annimmt, so ist die durch $\Phi(P) = \tilde{\Phi}(\tilde{P})$ auf R definierte Funktion stetig.

Nun definiert man analog wie in 5.42. die Funktionen $A_k(z, w)$, die jetzt meromorph in z sein werden und bildet aus $\Phi_k(z)$ und $A_k(z, w)$ entsprechend wie in 5.42. die Funktion $\Phi(z, w)$.

8.53. Funktionentheorie der RIEMANNschen Flächen und die Theorie der automorphen Funktionen. Die Uniformisierungstheorie erlaubt jede RIEMANNsche Fläche R durch ein Fundamentalpolygon der Deckbewegungsgruppe (T) darzustellen, und zwar so, daß die Transformationen der Gruppe lineare Substitutionen einer komplexen Veränderlichen t sind, welche die universelle Überlagerungsfläche $\hat{R}$ invariant lassen, wobei $\hat{R}$ ein RIEMANNsches Normalgebiet E ist. Damit wird gleichzeitig die ganze Funktionentheorie auf der Fläche R in die Theorie von Funktionen transformiert, welche in E definiert sind und in bezug auf die Gruppe (T) gewisse *Periodizitäts*eigenschaften aufweisen: Die eindeutigen Funktionen auf R werden automorphe Funktionen in E, die ABELschen Integrale gehen in eindeutige Funktionen in E über, welche bei den Transformationen (T) gewisse konstante, additive Perioden erhalten usw.

Umgekehrt läßt sich die ganze Theorie der RIEMANNschen Flächen auf der Grundlage einer solchen speziellen Darstellung aufbauen. Ausgangspunkt ist dann eine in einem Kreis (oder auf einer Kugel) E eigentlich diskontinuierliche Gruppe (T). Die entsprechende RIEMANNsche Fläche R entsteht aus $E = \hat{R}$ durch Identifizieren der in bezug auf die Gruppe (T) äquivalenten Punkte. Ein großes, klassisches Problem besteht nun darin, die Existenz und analytische Darstellung von automorphen Funktionen *direkt*, mit Hilfe der gegebenen Gruppe (T) herzuleiten; das ist der Weg der WEIERSTRASSschen Theorie der periodischen Funktion, an welche sich die Theorie der automorphen Funktionen von POINCARÉ [1] methodisch nahe anschließt. Auf die von POINCARÉ aufgestellten Reihenentwicklungen (Thetareihen), mit welchen er die Existenz von automorphen Funktionen zu einer gegebenen Gruppe nachwies, können wir hier nicht eingehen, sondern verweisen auf seine Originalarbeiten oder auf neuere Darstellungen der allgemeinen Theorie der automorphen Funktionen (z.B. FATOU [1], FORD [1]). Es sei nur bemerkt, daß man, auch wenn eine RIEMANNsche Fläche R speziell als Fundamentalpolygon einer Gruppe von analytischen Transformationen gegeben ist, leicht eine Überdeckung von R durch Parameterkreise angeben kann, welche dann erlaubt, die in unserer Darstellung gegebenen Konstruktionen und Existenzbeweise anzusetzen.

IX. Kapitel.

Schlichtartige Flächen.

§ 1. Vorbereitende Bemerkungen.

9.1. Die Aufgabe. Für *einfach zusammenhängende* RIEMANNsche Flächen R vom hyperbolischen Typus wurde die Abbildung auf den Einheitskreis $|w| < 1$ mit Hilfe der GREENschen Funktion $G(z, \zeta)$ der Fläche gewonnen. Die Abbildungsfunktion ist in diesem Fall einfach durch den Ausdruck

$$\log w = -G(z, \zeta) - i\, G'(z, \zeta)$$

gegeben, wo G' die zu G konjugierte harmonische Funktion bezeichnet. Der Punkt $z = \zeta$ geht dabei in den Punkt $w = 0$ über.

Ist nun R nicht einfach zusammenhängend, so läßt sich, sofern die entsprechende Kapazitätskonstante von R positiv ist, immer noch die GREENsche Funktion $G(z, \zeta)$ konstruieren, wie in Kap. VI, § 1 gezeigt worden ist. Dagegen wird jetzt die konjugierte Funktion G' nicht mehr im Großen eindeutig sein, sondern bei einem Umlauf um einen nicht nullhomologen Weg Perioden aufweisen. Für die Theorie der konformen Abbildung von mehrfach zusammenhängenden Flächen müssen deshalb neue Hilfsmittel herangezogen werden.

Die Aufgabe des vorliegenden Abschnittes ist zu zeigen, daß sich eine beliebige *schlichtartige Fläche* eineindeutig und konform auf ein Teilgebiet der Zahlenebene (w-Ebene) abbilden läßt. Die Konstruktion der Abbildung erfolgt mit Hilfe der Ergebnisse von Kap. IV. Dabei ist das Bildgebiet in der w-Ebene geeignet zu normieren. Als eine solche Normierung eignet sich in erster Linie ein *Schlitzgebiet*, d.h. ein Gebiet, dessen Begrenzung aus parallelen Strecken besteht.

Die nachfolgende Methode ist in ihren Grundzügen von HILBERT [1], KOEBE [1] und COURANT [1*], [2*] ausgebildet worden.

9.2. Schlichtartige Flächen. Unter einer *schlichtartigen Fläche* versteht man eine Fläche R, die durch jeden Rückkehrschnitt (geschlossene Jordankurve) zerlegt wird. Zum Beispiel sind die Zahlenkugel und die Zahlenebene schlichtartig.

Eine Teilfläche R' einer schlichtartigen Fläche R ist wieder schlichtartig. Zum Beweis sei σ eine beliebige Jordankurve auf R'; wir zeigen, daß sie die Fläche zerlegt. Da R schlichtartig ist, wird R durch σ zerlegt. Es sei P ein beliebiger Punkt von σ und K sein Parameterkreis. In K wählen wir zwei Punkte A und B, welche auf verschiedenen Seiten der Kurve σ liegen. Dann lassen sich die Punkte A und B auf R nicht durch einen Weg verbinden, welcher σ nicht trifft. Denn andernfalls würde σ die Fläche R nicht zerlegen, da sich offensichtlich jeder Punkt von R *entweder* mit A *oder* mit B verbinden läßt, ohne σ zu treffen. Die

Punkte A und B (welche beide auf R' liegen) lassen sich a fortiori auch durch keinen in R' verlaufenden Weg verbinden, welcher σ nicht trifft, d.h. σ zerlegt die Fläche R'. Diese Fläche wird also durch jede Jordankurve zerlegt und sie ist also schlichtartig.

Insbesondere folgt aus dem obigen Satz, daß jedes Teilgebiet der Zahlenebene eine schlichtartige Fläche ist.

9.3. Von den *geschlossenen Flächen* ist die Kugel die einzige schlichtartige. Ist nämlich das Geschlecht p einer geschlossenen Fläche R positiv, so läßt sich R als ein $4p$-Eck mit der Seitenzuordnung (p) (Kap. V, § 1, 5.7.) darstellen, und dann bestimmt jede der Seiten des Polygons (nach Identifizieren der Endpunkte) einen nichtzerlegenden Rückkehrschnitt.

Ebenso sieht man aus der Normaldarstellung von Kap. V, daß eine *berandete Fläche* nur dann schlichtartig sein kann, wenn sie das Geschlecht Null hat. Umgekehrt ist jede berandete Fläche vom Geschlecht Null schlichtartig, wie direkt aus dem Normalpolygon zu ersehen ist.

9.4. Ausschöpfung einer offenen schlichtartigen Fläche. Wir gehen nun zu unserer eigentlichen Aufgabe über, zu dem Nachweis dafür, daß jede schlichtartige Fläche zu einem Gebiet der Zahlenebene konform äquivalent ist.

Es sei R eine beliebige offene schlichtartige Fläche. Dabei schließen wir die einfachen Fälle aus, wo die universelle Überlagerungsfläche $\hat{R}$ von R parabolisch ist. $\hat{R}$ sei also der Einheitskreis $|t|<1$. Wir denken uns das Fundamentalpolygon π von R gemäß der Konstruktion in 8.7. trianguliert. Ist dann $|t|=r<1$ ein beliebiger kleinerer konzentrischer Kreis, so stellt der Teil von R, der dem abgeschlossenen Kreis $|t|\leq r$ entspricht, eine *berandete* Teilfläche R^* von R dar. Diese ist wegen der Schlichtartigkeit der Fläche R selbst schlichtartig.

Die Fläche R bildet eine Fortsetzung der Fläche R^*, im Sinne von Kap. VIII, § 2. Hieraus folgt, daß das zu R^* gehörige Fundamentalpolygon π^* auf der universellen Überlagerungsfläche von R^* längs gewisser (endlich vieler) Seiten an den Grenzkreis $|t^*|=1$ heranreicht (nicht also längs isolierter Ecken). Man kann daher auf dieses Polygon den Normalisierungsprozeß von Kap. VII, § 3 anwenden. Die Fläche R^* hat somit ein wohlbestimmtes Geschlecht p (definiert mittels des Normalpolygons 7.31.), und zwar muß p wegen der Schlichtartigkeit von R^* nach 9.3. gleich Null sein.

Hieraus folgt weiter, daß je $(q-1)$ Ränder der Fläche R^* eine Homologiebasis von R^* erzeugen (vgl. 5.25.).

R^* ist somit eine *berandete Teilfläche von R vom Geschlecht Null.* Läßt man die Zahl r eine passend gewählte Folge $r_\nu \to 1$ durchlaufen, so erhält man eine Folge von berandeten Flächen vom Geschlecht Null, welche die gegebene Fläche R ausschöpfen.

Um nun die gestellte Abbildungsaufgabe für die gegebene offene Fläche R zu lösen, betrachten wir, gemäß der oben konstruierten Ausschöpfung, zunächst berandete schlichtartige Teilflächen von R, lösen das Abbildungsproblem für diese und übertragen das Ergebnis dann durch einen Grenzprozeß auf die gegebene Fläche R.

§ 2. Berandete schlichtartige Flächen.

9.5. Parallelschlitzgebiete. Es sei eine berandete schlichtartige RIEMANNsche Fläche R als Teil einer umfassenderen Fläche R_1 gegeben. Die Ränder $\Gamma_1, \ldots, \Gamma_q$ erzeugen die Homologiegruppe der Fläche R; diese Randkurven sollen als stückweise analytisch vorausgesetzt werden. Wir werden zeigen, daß die Fläche R zu einem Teilgebiet der Zahlenebene (w-Ebene) konform äquivalent ist. Dabei sollen gewisse Normalgebiete der w-Ebene als Bildgebiete festgelegt werden. Es empfiehlt sich aus beweistechnischen Gründen, diese zunächst als *Parallelschlitzgebiete* zu wählen d.h., als Gebiete, die von einer Anzahl untereinander paralleler Strecken begrenzt sind (KOEBE [1]). Später werden auch gewisse andere Normierungen in Betracht gezogen.

Wir stellen diese Abbildungsaufgabe in folgender präziser Form: *Es sei P ein beliebiger Punkt auf R und K eine fest gewählte Parameterumgebung von P. Gesucht ist eine analytische Funktion $w = F(z)$, welche auf R eindeutig und regulär ist, abgesehen vom Punkte $P(z=\zeta)$; hier soll sie die Entwicklung*

$$F(z) = \frac{c}{z-\zeta} + \textit{reguläre Funktion} \tag{9.1}$$

besitzen, wobei das Residuum c vorgegeben ist[1]. *Die Funktion F soll ferner in R einwertig sein und auf jedem Randteil Γ_ν einen Grenzwert besitzen, dessen Realteil jeweils konstant ist.*

Da der Rand $\Gamma = \sum_{\nu=1}^{q} \Gamma_\nu$ aus stückweise analytischen Bögen besteht, folgt nach dem Spiegelungsprinzip, daß die Funktion F in jedem inneren Punkt eines solchen Bogens *analytisch* ist.

9.6. Eindeutigkeit der Lösung. Die Abbildungsfunktion ist, falls sie überhaupt existiert, bis auf eine additive Konstante eindeutig bestimmt. Sind nämlich F_1 und F_2 zwei Lösungen, so ist die Differenz

[1] Es ist zu bemerken, daß der Koeffizient c und damit die Normierung von F nicht nur vom Punkte P, sondern auch von der Wahl des lokalen Parameters z (kovariant) abhängt.

$F_1 - F_2 = F = U + iU'$ regulär in R und daher gilt für ihr DIRICHLET-Integral nach (3.20′)

$$\iint \left|\frac{dF}{dz}\right|^2 dx\,dy = -\int_\Gamma U'\,dU.$$

Da nun $U = \text{const}$ auf jedem Rand Γ_ν, ist dieses Integral gleich Null, und damit auch dF/dz, d.h. $F \equiv \text{const}$, w.z.b.w.

9.7. Ausdruck der Abbildungsfunktion. Wir nehmen jetzt an, die Funktion $F = U + iU'$ sei eine Lösung des Abbildungsproblems. Der Realteil U hat dann in $z = \zeta$ die Entwicklung

$$U = Re\left(\frac{c}{z-\zeta}\right) + \text{harmonische Funktion}. \qquad (9.2)$$

Auf der Randkurve Γ_ν hat U einen konstanten Wert γ_ν $(\nu = 1, \ldots, q)$.

Man bilde nun das harmonische Maß $\omega_\nu(z)$ von Γ_ν in bezug auf R. Dann hat die Differenz $U_0 = U - \sum_{\nu=1}^{q} \gamma_\nu \omega_\nu$ immer noch eine Entwicklung der Form (9.2) und sie ist auf dem Rande Γ konstant gleich Null. Wir sehen also:

Falls die Abbildungsaufgabe eine Lösung $F = U + iU'$ hat, so ist U von der Form

$$U = U_0 + \sum_{\nu=1}^{q} \gamma_\nu \omega_\nu, \qquad (9.3)$$

wo γ_ν eine reelle Konstante (Abszisse des ν-ten Schlitzes im Bildgebiet), ω_ν das harmonische Maß von Γ_ν in bezug auf R und U_0 eine eindeutige Potentialfunktion ist, welche sich in R regulär verhält (bis auf den Pol $z = \zeta$) und auf dem Rande Γ verschwindet. Im Pole ζ hat sie eine Entwicklung der Form (9.2).

Die Bedeutung dieser Darstellung von U liegt darin, daß die Funktionen ω_ν und U_0 nach Kap. IV direkt konstruiert werden können. Alles kommt also auf die Bestimmung der Konstanten γ_ν an.

9.8. Notwendige und hinreichende Bedingung. Eine notwendige Bedingung für die konstanten γ_ν ergibt sich daraus, daß die zu U konjugierte Funktion U' in R eindeutig sein soll. Bezeichnen nun dU_0' und $d\omega_\nu'$ die zu dU_0 bzw. $d\omega_\nu$ konjugierten Differentiale und setzt man

$$\Delta_{\mu\nu} = \int_{\Gamma_\nu} d\omega_\mu', \qquad \Delta_\nu = \int_{\Gamma_\nu} dU_0' \qquad (\mu, \nu = 1, \ldots, q), \qquad (9.4)$$

so wird die Periode von U' auf Γ_ν gleich

$$\int_{\Gamma_\nu} dU' = \sum_{\mu=1}^{q} \gamma_\mu \Delta_{\mu\nu} + \Delta_\nu \qquad (\nu = 1, \ldots, q). \qquad (9.4')$$

Als eine notwendige Bedingung für die Lösbarkeit der Abbildungsaufgabe hat man damit die Lösbarkeit des linearen Gleichungssystems

$$\sum_{\mu=1}^{q} \Delta_{\mu\nu} x_\mu + \Delta_\nu = 0 \qquad (\nu = 1, \ldots, q). \tag{9.5}$$

Diese Bedingung ist auch *hinreichend*. Zum Beweis nehmen wir an das System (9.5) sei für $x_\mu = \gamma_\mu$ befriedigt, und bilden das entsprechende Potential (9.3). Die zu U konjugierte Funktion (die bis auf eine additive Konstante bestimmt ist) ist gemäß (9.4') in R eindeutig, denn die Kurven Γ_ν erzeugen die Homologiegruppe der Fläche R. Wir behaupten, daß die Funktion $F = U + i\,U'$ die gewünschte Abbildung leistet.

Diese Funktion $w = F$ hat erstens im Punkte $z = \zeta$ die gewünschte, durch die Entwicklung (9.1) charakterisierte Singularität. Ferner ist der Realteil U auf Γ_μ gleich der Konstanten γ_μ. Als Bild von Γ_μ ergibt sich also eine (endliche) zur imaginären Achse parallele Strecke s_μ. Entfernt man aus der w-Ebene die q Strecken s_μ, so bleibt ein den Punkt $w = \infty$ enthaltendes Gebiet G_w übrig. Wir zeigen, daß dieses das Bildgebiet von R vermöge der Abbildung $w = F$ ist.

Es sei $w = a\,(\neq \infty)$ ein Punkt des Gebietes G_w. Dann hat die Funktion $F - a$ im Innern von R genau eine Nullstelle. Dies ergibt sich aus dem Argumentenprinzip: Die Funktion $F - a$ ist nämlich auf Γ von Null und unendlich verschieden und in R bis auf den Pol $z = \zeta$ regulär. Für die Anzahl der Nullstellen ergibt sich somit

$$2\pi i\,(n - 1) = i \sum_{\mu=1}^{q} \Delta_{\Gamma_\mu} \arg\left(F(z) - a\right) = \sum_{\mu} \int_{\Gamma_\mu} \frac{dw}{w - a}.$$

Beschreibt z die Kurve Γ_μ, so bewegt sich $w = F$ auf der Strecke s_μ, und zwar muß F wegen der Eindeutigkeit der Abbildung zur Anfangslage zurückkehren. Daher ist jeder Summand auf der rechten Seite gleich Null, also wird $n = 1$, womit die Behauptung bewiesen ist.

Die Funktion $w = F(z)$ bildet daher das Innere von R auf das von den Schlitzen s_μ begrenzte Gebiet G_w topologisch und konform ab.

9.9. Lösbarkeit des Gleichungssystems (9.5). Das lineare Gleichungssystem für die γ_μ enthält q Gleichungen und ebenso viele Unbekannten. Seine Lösbarkeit hängt daher von dem Rang der Matrix $(\Delta_{\mu\nu})$ ab. Wir zeigen zunächst: *Die Matrix $\Delta_{\mu\nu}$ ist symmetrisch.*

Setzt man in der Transformationsformel (3.16) $M = \omega_\mu \dfrac{\partial \omega_\nu}{\partial y}$, $N = -\,\omega_\mu \dfrac{\partial \omega_\nu}{\partial x}$, so wird für jedes Paar μ, ν

$$\int_{\Gamma} \omega_\mu\, d\omega'_\nu = \int_{\Gamma} \omega_\nu\, d\omega'_\mu,$$

und da $\omega_\mu = 1$ auf Γ_μ und $\omega_\mu = 0$ auf Γ_ν $(\nu \neq \mu)$,

$$\Delta_{\mu\nu} = \int_{\Gamma_\nu} d\omega'_\mu = \int_{\Gamma_\mu} d\omega'_\nu = \Delta_{\nu\mu},$$

wie behauptet.

Der Rang der Matrix $\Delta_{\mu\nu}$ ist nicht der höchstmögliche (q), denn es ist offensichtlich $\sum_{\mu=1}^{q} \omega_\mu \equiv 1$, also

$$\sum_{\mu=1}^{q} d\omega'_\mu \equiv 0,$$

und daher

$$\sum_{\mu=1}^{q} \int_{\Gamma_\nu} d\omega'_\mu = \sum_{\mu=1}^{q} \Delta_{\mu\nu} = 0 \qquad (\nu = 1, \ldots, q).$$

Das homogene System

$$\sum_{\mu=1}^{q} \Delta_{\mu\nu} x_\mu = 0 \qquad (\nu = 1, \ldots, q) \tag{9.6}$$

hat also die nichttriviale Lösung $x_1 = \cdots = x_q$, und der Rang der Matrix $\Delta_{\mu\nu}$ ist höchstens gleich $q - 1$.

Das System $x_1 = \cdots = x_q$ ist andererseits die einzige Lösung der homogenen Gleichungen (9.6). Denn ist $x = (x_1, \ldots, x_q)$ ein Lösungsvektor, so ist die Funktion

$$\omega(z) = \sum_{\nu=1}^{q} x_\mu \omega_\mu(z)$$

in R regulär und ihre Konjugierte ω' ist wegen (9.6) eindeutig. Die analytische Funktion $\omega + i\omega'$ ist somit eindeutig und regulär in R und ihr Realteil ist gleich der Konstanten x_μ auf Γ_μ. Eine Wiederholung des Schlusses von 9.6. zeigt dann, daß sie konstant ist; ihre Randwerte x_μ sind also alle gleich, w. z. b. w. Der Rang der Matrix $\Delta_{\mu\nu}$ ist daher genau gleich $q - 1$.

Das inhomogene System (9.5) hat genau dann eine Lösung, wenn der Vektor $\Delta = (\Delta_1, \ldots, \Delta_q)$ zu jedem Lösungsvektor des transponierten homogenen Systems orthogonal ist. Wegen der Symmetrie der Matrix $\Delta_{\mu\nu}$ stimmt das transponierte System mit dem ursprünglichen überein und hat also genau die Lösung $x_1 = \cdots = x_q$. Die Lösbarkeitsbedingung lautet mithin

$$\sum_{\nu=1}^{q} \Delta_\nu = 0.$$

Die linke Seite dieser Gleichung stellt die totale Variation

$$\int_{\Gamma} dU'_0$$

des zu U_0 konjugierten Potentials U'_0 längs Γ dar. Sie ist, da U'_0 auch in der Umgebung des Poles ζ eindeutig ist, tatsächlich gleich Null.

Die Orthogonalitätsbedingung ist somit erfüllt, und das System (9.5) hat eine Lösung $x_\mu = \gamma_\mu$. Die allgemeine Lösung lautet

$$x_\mu = \gamma_\mu + \gamma,$$

wo γ eine beliebige Konstante ist.

9.10. Damit ist die Lösbarkeit der Abbildungsaufgabe von 9.5. vollständig klargelegt. Der Realteil der Abbildungsfunktion ist gleich

$$U = U_0 + \sum_{\mu=1}^{q} (\gamma_\mu + \gamma)\,\omega_\mu = U_0 + \sum_{\mu=1}^{q} \gamma_\mu \omega_\mu + \gamma.$$

Er ist bis auf eine additive Konstante γ eindeutig bestimmt, und damit auch die Funktion $F = U + i\,U'$ bis auf eine additive Konstante $\gamma + i\gamma'$, in Übereinstimmung mit dem in 9.6. bewiesenen Eindeutigkeitssatz.

9.11. Gesamtheit der Parallelschlitzabbildungen. Wir sind nun in der Lage, auch das allgemeinere Problem zu lösen, wo die Fläche R auf ein Schlitzgebiet G_w abzubilden ist, welches von q zu einer beliebig gegebenen Richtung α parallelen Strecken begrenzt wird. Dabei soll das Residuum im Pole $z = \zeta$ wieder einen vorgeschriebenen Wert c haben. Die so normierte Abbildungsfunktion bezeichnen wir mit $w = F(z;\, c, \alpha)$, wobei α $(0 \leq \alpha < \pi)$ den Neigungswinkel der gegebenen Richtung gegen die positive imaginäre Achse bezeichnet. Die oben konstruierte Abbildung entspricht also dem Wert $\alpha = 0$.

Die Funktion $e^{-i\alpha} F(z;\, c, \alpha)$ bildet R auf ein Parallelschlitzgebiet ab, deren Schlitze zur imaginären Achse parallel sind, und sie hat im Pole $z = \zeta$ das Residuum $c\,e^{-i\alpha}$. Nach dem Eindeutigkeitssatz 9.6. ist dann

$$F(z;\, c, \alpha) = e^{i\alpha} F(z;\, c\,e^{-i\alpha},\, 0) + \text{const},$$

und damit ist die allgemeinere Abbildungsaufgabe auf die speziellere von 9.5. zurückgeführt. — Die Abbildung $w = F(z;\, c, \alpha)$ ist wieder bis auf eine additive Konstante bestimmt.

9.12. Lineare Kombinationen. Zwischen den verschiedenen Differentialen $dF(z;\, c, \alpha) = f(z;\, c, \alpha)$ bestehen gewisse lineare Beziehungen, von denen die folgende für uns wichtig ist:

Es ist offensichtlich

$$\left.\begin{aligned} e^{-i\alpha} f(z;\, 1, \alpha) &= f(z;\, e^{-i\alpha}, 0) = f(z;\, \cos\alpha, 0) + f(z;\, -i\sin\alpha, 0) \\ &= f(z;\, 1, 0)\cos\alpha - i\, f\!\left(z;\, 1, \frac{\pi}{2}\right)\sin\alpha. \end{aligned}\right\} \tag{9.7}$$

Wird hier α durch $\alpha + \frac{\pi}{2}$ ersetzt, so erhält man

$$f(z;\, 1, \alpha) + f\!\left(z;\, 1, \alpha + \frac{\pi}{2}\right) = f(z;\, 1, 0) + f\!\left(z;\, 1, \frac{\pi}{2}\right) \tag{9.7'}$$

für jede Richtung α.

§ 3. Extremalsätze über Schlitzabbildungen.

9.13. Die Spanne. Wir schreiben der Kürze halber

$$dF_1(z) = dF\left(z; 1, \frac{\pi}{2}\right) = f_1(z)\,dz, \qquad dF_2(z) = dF(z; 1, 0) = f_2(z)\,dz,$$

wobei f_1 und f_2 also im Pole $z = \zeta$ Entwicklungen der Form

$$f_1 = -\frac{1}{(z-\zeta)^2} + c_1 + \cdots, \qquad f_2 = -\frac{1}{(z-\zeta)^2} + c_2 + \cdots$$

haben.

Es seien dann die Funktionen $\Phi(z)$ und $\Psi(z)$ erklärt durch

$$\Phi = \tfrac{1}{2}(F_1 + F_2), \qquad \Psi = \tfrac{1}{2}(F_1 - F_2). \tag{9.8}$$

Die Funktion Ψ ist in R ausnahmslos regulär und besitzt in $z = \zeta$ die Entwicklung

$$\Psi = \text{const.} + s(z-\zeta) + \cdots, \tag{9.9}$$

mit $s = \frac{1}{2}(c_1 - c_2)$. Die Größe s heißt die *Spanne* der Fläche R im Punkte $z = \zeta$ (Grunsky [1], Schiffer [1], Lehto [1], Lokki [1]).

Die Spanne ist nicht nur vom Punkte ζ, sondern auch vom lokalen Parameter z abhängig. Ist z' ein neuer lokaler Parameter und $dz/dz' = a$ in $z = \zeta$, so sind die Funktionen $|a|F_1$ und $|a|F_2$ bezüglich z' gleich normiert wie F_1 und F_2 bezüglich z (das Residuum in $z = \zeta$ ist gleich 1); die Koeffizienten der ersten Potenz von $(z' - \zeta')$ werden also gleich $|a|^2 c_1$ bzw. $|a|^2 c_2$ und damit die Spanne

$$s' = |a|^2 s = \left|\frac{dz}{dz'}\right|^2 s. \tag{9.10}$$

Die Spanne hat also *kovarianten Tensorcharakter*.

9.14. Die Funktion Φ. Die Funktion Φ ist in R abgesehen vom Punkte $z = \zeta$ regulär; sie besitzt in $z = \zeta$ einen Pol mit dem Residuum $+1$:

$$\Phi = \frac{1}{z-\zeta} + \cdots.$$

Wir zeigen, daß *die Kovariante $\varphi = d\Phi/dz$ auf R nirgends verschwindet.* Es ist

$$\varphi = \tfrac{1}{2}(f_1 + f_2),$$

und daher ist $\varphi = 0$ gleichbedeutend mit

$$h \equiv \frac{f_1}{f_2} = -1.$$

Als Quotient von zwei Kovarianten ist h eine *skalare* Funktion. Wegen der Einwertigkeit von F_2 ist $f_2 \neq 0$ und daher $h(z)$ regulär. Ferner ist, wegen der Einwertigkeit von $F(z, 1, \alpha)$, auch die Kovariante $f(z, 1, \alpha)$ von Null verschieden. Daraus ergibt sich mittels der Relation (9.7):

$$h(z) \neq -i \operatorname{ctg} \alpha$$

für jedes α, d.h. $h(z)$ nimmt überhaupt keine rein imaginären Werte an. Da nun $h = 1$ in dem gemeinsamen Pol ζ von f_1 und f_2 ist, kann h aus Stetigkeitsgründen auf R nur Werte mit *positivem Realteil* annehmen; es ist also speziell $h \neq -1$, und damit $\varphi \neq 0$ auf R.

9.15. Randverhalten. Nun soll die Abbildung $w = \Phi$ auf den Randkurven Γ_ν näher untersucht werden. Dazu schreiben wir die Funktion Φ in der Form [vgl. (9.7')]

$$2\Phi(z) = F(z; 1, \alpha) + F\left(z; 1, \alpha + \frac{\pi}{2}\right).$$

Beschreibt nun der Punkt z die Kurve Γ_ν, so durchläuft der Punkt $w_1 = F(z; 1, \alpha)$ den durch die Richtung α gegebenen Bildschlitz einmal hin und zurück, und der Punkt $w_2 = F\left(z; 1, \alpha + \frac{\pi}{2}\right)$ den dazu senkrechten Schlitz, und zwar wieder einmal hin und zurück. Der Ort des Summenvektors $w_1 + w_2$ hat daher die Eigenschaft, daß er von jeder zur Richtung α oder $\alpha + \frac{\pi}{2}$ parallelen Geraden in höchstens *zwei* Punkten getroffen wird. Da dies für jede Richtung α gilt, so ist das Bild α_ν von Γ_ν eine *konvexe Kurve.*

9.16. Einwertigkeit von Φ. Wir denken uns jetzt die Fläche R (die 2-Simplexe einer Triangulierung von R) positiv orientiert. Damit erscheint der Rand Γ (als Rand der aus allen 2-Simplexen gebildeten Kette) auch mit einer bestimmten Orientierung. Man kann Γ „glatt“ annehmen und es gilt dann

$$\int_\Gamma \left(\frac{\varphi'}{\varphi} + \frac{\ddot{z}}{\dot{z}^2}\right) dz = -2\pi i\, q. \tag{9.11}$$

Dies ergibt sich aus der Formel in (3.50), wenn wir beachten, daß φ auf R keine Nullstelle und genau einen Pol der Ordnung 2 hat und die Wechselsumme von R gleich $\chi = q - 2$ ist, wie aus dem Fundamentalpolygon sofort ersichtlich ist.

Aus der Gl. (9.11) folgt weiter, daß

$$\int_{\Gamma_\nu} \left(\frac{\varphi'}{\varphi} + \frac{\ddot{z}}{\dot{z}^2}\right) dz = -2\pi i \tag{9.11'}$$

für $\nu = 1, \ldots, q$. Denn dieses letzte Integral bedeutet bis auf den Faktor i die Änderung des Argumentes von Φ längs Γ_ν, d.h. die Gesamtdrehung des Tangentenvektors an die Bildkurve α_ν von Γ_ν mittels der

Abbildung $w = \Phi$. Da diese Kurve α_ν nach 9.15. eine Jordankurve ist, kann seine Änderung nur $\pm 2\pi$ sein[1], und wegen (9.11) muß hier für jedes ν das *negative* Zeichen gelten.

Hieraus schließt man, daß die Funktion $\Phi(z)$ *einwertig* ist. Ist nämlich w_0 ein beliebiger Punkt der w-Ebene, der nicht auf den Kurven α_ν liegt, so hat $\Phi - w_0$ auf Γ weder Nullstellen noch Pole, und daher gilt nach dem Argumentenprinzip

$$\frac{1}{2\pi i} \sum_\nu \int_{\Gamma_\nu} \frac{\Phi' dz}{\Phi - w_0} = n - 1, \tag{9.12}$$

wo n die Anzahl der Nullstellen von $\Phi - w_0$ angibt.

Das ν-te linke Integral bedeutet die Umlaufszahl der Bildkurve α_ν um den Punkt w_0. Da diese eine Jordankurve ist, kommen hierfür nur die Werte $+1$, -1, 0 in Frage. Wie oben gezeigt, ist die Gesamtdrehung des Tangentenvektors an diese Kurve gleich -2π; daher ist die Umlaufszahl $+1$ ausgeschlossen, so daß das Integral den Wert $-2\pi i m$ $(0 \leq m \leq q)$ hat. Aus (9.12) folgt nun, daß $m + n = 1$ und hieraus weiter, da m und auch n nichtnegativ ist, entweder $m = 0$, $n = 1$ oder $m = 1$, $n = 0$. Der Wert w_0 wird also entweder einmal oder keinmal angenommen, w. z. b. w.

Die Zahl m bedeutet die Anzahl der Jordankurven α_ν, welche den Punkt w_0 im Innern enthalten. Daß m entweder Null oder eins ist, besagt daher, daß alle diese Kurven außerhalb voneinander liegen.

9.17. Minimumeigenschaft der Kovarianten ψ. Wir berechnen das Dirichlet-Integral der Kovarianten ψ über die Fläche R. Nach (3.19) ergibt sich[2]

$$\|\psi\|^2 = \iint_R |\psi|^2 \, dx\, dy = \frac{i}{2} \int_\Gamma \Psi \, d\overline{\Psi}$$

und, da $d\overline{\Psi} = d\Phi$ auf Γ,

$$\|\psi\|^2 = \frac{i}{2} \int_\Gamma \Psi \, d\Phi.$$

Dieses Integral läßt sich nach dem Residuensatz auswerten; die Kovariante $\Psi \varphi$ ist regulär, abgesehen vom Punkte ζ, wo sie das Residuum $-s$ hat. Damit wird

$$\|\psi\|^2 = \pi s.$$

Das Dirichlet-Integral von ψ ist also bis auf den Faktor π gleich der Spanne s. Hieraus ist zu ersehen, daß die Spanne reell und *nicht-*

[1] Siehe Hopf [2].

[2] Die für das folgende wesentliche Idee, die Berechnung des Dirichlet-Integrals mittels dieser Identität auf den Residuensatz zurückzuführen, rührt von Grunsky [1] her.

negativ ist. Der Wert $s = 0$ ist ferner ausgeschlossen, denn sonst würde $\psi \equiv 0$ sein, und damit $F_1 = F_2 + \text{const}$, was wegen der Gestalt der Bildgebiete G_1 und G_2 bei den Abbildungen $w = F_1$, $w = F_2$ nicht möglich ist.

Nun sei $dF = f\,dz$ ein totales analytisches Differential, welches auf ganz R eindeutig und regulär ist und im Punkte $z = \zeta$ (bezüglich des ausgezeichneten Parameters z) den Wert s hat. Setzt man dann $dH = h\,dz = (f - \psi)\,dz$, so ergibt sich für das Dirichlet-Integral von f

$$\iint_R |f|^2\,dx\,dy = \iint_R |\psi|^2\,dx\,dy + \iint_R |h|^2\,dx\,dy + 2Re \iint_R h\,\overline{\psi}\,dx\,dy.$$

Nach der Formel (3.18) wird hier

$$\iint_R h\,\overline{\psi}\,dx\,dy = \iint_R \frac{dH}{dz}\,\overline{\psi}\,dx\,dy = \frac{i}{2}\int_\Gamma H\,d\overline{\Psi} = \frac{i}{2}\int_\Gamma H\,d\Phi.$$

Dieses Integral ist nach dem Residuensatz gleich Null, denn die Kovariante $H\varphi$ ist für $z \neq \zeta$ regulär, und ihr Residuum verschwindet im Pole $z = \zeta$. Damit hat man

$$\iint_R |f|^2\,dx\,dy = \iint_R |\psi|^2\,dx\,dy + \iint_R |h|^2\,dx\,dy,$$

also

$$\|f\|^2 = \pi s + \|h\|^2.$$

Für alle totalen regulären analytischen Differentiale $dF = f\,dz$, welche im Punkte $z = \zeta$ den Wert s haben,

erreicht das Dirichlet-*Integral*

$$\iint_R |f|^2\,dx\,dy$$

sein Minimum πs für $f = \psi$.

9.18. Maximumeigenschaft der Kovarianten φ. Es sei $F(z)$ eine eindeutige analytische Funktion auf $R + \Gamma$, welche regulär ist, mit Ausnahme des Punktes $z = \zeta$, wo

$$F = U + i\,U' = \frac{1}{z - \zeta} + \text{reguläre Funktion}$$

gilt; weiter setzen wir voraus, daß $w = F$ die Fläche R eineindeutig auf ein Gebiet B_w der w-Ebene abbildet. Für $F \equiv \Phi$ bezeichnen wir $B_w \equiv G_w$.

Das Gebiet B_w enthält den Punkt $w = \infty$ und daher ist die zu B_w komplementäre Punktmenge B'_w beschränkt. Die Berandung β von B_w und B'_w besteht aus q stückweise analytischen Jordankurven β_ν $(\nu = 1, \ldots, q)$.

Der Inhalt von B'_w wird durch das Integral

$$I = -\int_\beta U\,dU'$$

gegeben, wobei die Kurven β_ν bezüglich der w-Ebene im negativen Sinne zu durchlaufen sind. Wegen der Eindeutigkeit von F gilt

$$\int_\Gamma F\,d\overline{F} = -2i\int_\beta U\,dU',$$

wobei auf β die von Γ übertragene Orientierung zu nehmen ist; diese ist nach 9.16. die negative bezüglich der w-Ebene[1], so daß

$$\int_\Gamma F\,d\overline{F} = 2iI.$$

Nimmt man nun für F insbesondere die Funktion Φ, so ist

$$\int_\Gamma \Phi\,d\overline{\Phi} = \int_\Gamma \Phi\,d\Psi,$$

und daher nach dem Residuensatz

$$\int_\Gamma \Phi\,d\overline{\Phi} = 2\pi i s.$$

Für den Inhalt des Komplementärgebietes G'_w erhält man daher den Wert πs. Wir zeigen, daß dies ein Minimum bezüglich aller oben betrachteten Funktionen F ist. Die Differenz $H = F - \Phi$ ist regulär in R, und es wird also $(dH = h\,dz)$

$$\begin{aligned}\int_\Gamma F\,d\overline{F} &= \int_\Gamma (H+\Phi)\,d(\overline{H}+\overline{\Phi})\\ &= -2i\iint_R |h|^2\,dx\,dy + \int_\Gamma \Phi\,d\overline{\Phi} + \int_\Gamma (\Phi\,\overline{dH} + H\,\overline{d\Phi}).\end{aligned}$$

Hier verschwindet das dritte Integral nach dem Residuensatz:

$$\begin{aligned}\int_\Gamma (\Phi\,\overline{dH} + H\,\overline{d\Phi}) &= \int_\Gamma (-\overline{H}\,d\Phi + H\,\overline{d\Phi})\\ &= 2\,Im\int_\Gamma H\,\overline{d\Phi} = 2\,Im\int_\Gamma H\,d\Psi = 0.\end{aligned}$$

Damit hat man

$$I_{B'_w} = I_{G'_w} - \iint_R |h|^2\,dx\,dy.$$

Unter allen Funktionen F liefert also die Funktion Φ das „kleinste“ Bildgebiet, d.h. dasjenige, dessen Komplement den größten Flächeninhalt hat, und dieses Maximum wird nur von $F = \Phi$ erreicht.

9.19. Der Fall. $q = 1$. Für eine *einfach zusammenhängende* Fläche R läßt sich das Extremalgebiet G_w, welches mittels der Abbildungsfunktion $F = \Phi$ erhalten wird, leicht bestimmen. Es sei wieder F_1 die Funktion, welche R auf ein Schlitzgebiet mit einem zur imaginären

[1] Man beachte, daß beim Beweis von 9.16. nur solche Eigenschaften von Φ Verwendung fanden, welche auch der Funktion F zukommen.

Achse parallelen Schlitz abbildet und im Punkte ζ das Residuum 1 hat. Das Bildgebiet G_{w_1} sei so normiert, daß die Endpunkte des Schlitzes zwei zum Nullpunkt symmetrisch gelegene Punkte $w_1 = \pm i d$ $(d > 0)$ sind. Die Funktion F_2, welche R auf ein Schlitzgebiet mit einem zur reellen Achse parallelen Schlitz abbildet und in ζ das Residuum 1 hat, läßt sich dann durch die Funktion F_1 ausdrücken. Dazu bemerken wir, daß $F_2 F_1^{-1}$ eine Selbstabbildung der w-Ebene ist, welche den ersten Schlitz in den zweiten überführt, den Punkt $w = \infty$ festläßt und dort die Ableitung 1 hat. Eine solche Abbildung läßt sich aber direkt angeben. Setzt man nämlich

$$w_1 = \frac{d}{2}\left(w + \frac{1}{w}\right),$$

so führt die Abbildung $w_1 \to w$, je nach Wahl eines Zweiges der Quadratwurzel G_{w_1} in das Innere bzw. Äußere des Einheitskreises $|w| = 1$ über. Ist nun weiter

$$w_2 = \frac{d}{2}\left(w - \frac{1}{w}\right),$$

so geht das Innere bzw. Äußere des Kreises $|w| = 1$ in ein Schlitzgebiet G_{w_2} der w_2-Ebene über, das von einer die Punkte $w_2 = d$ und $w_2 = -d$ verbindenden Strecke begrenzt wird. Die Abbildung $w_1 \to w \to w_2$ führt daher das erste Schlitzgebiet in das zweite über; ferner läßt sie offensichtlich der Punkt ∞ fest und hat dort die Ableitung 1.

Nach Definition der Funktionen Φ und Ψ ist

$$\Phi = \frac{1}{2}(w_1 + w_2) = \frac{w d}{2} = \frac{1}{z - \zeta} + [(z - \zeta)],$$

$$\Psi = \frac{1}{2}(w_1 - w_2) = \frac{d}{2 w} = \frac{d^2}{4}(z - \zeta) + \cdots,$$

und die Spanne s hat den Wert

$$s = \frac{d^2}{4}.$$

Die Funktion Φ bildet also R auf das Kreisäußere $|w| > \frac{d}{2}$, die Funktion Ψ auf das Kreisinnere $|w| < \frac{d}{2}$ eineindeutig und konform ab.

Die von $w = \frac{1}{\sqrt{s}}\,\psi$ vermittelte Abbildung stimmt demnach mit der von der Funktion $w(z, \zeta) = e^{-G(z,\zeta) - i G'(z,\zeta)}$ gegebenen Fundamentalabbildung von R auf den Einheitskreis $|w| < 1$ überein, und es besteht der Zusammenhang

$$s(\zeta) = \left(c(\zeta)\right)^2,$$

zwischen der Spanne $s(\zeta)$ und der Kapazitätskonstanten $c(\zeta)$ der einfach zusammenhängenden Fläche R.

9.20. Metrisierung der Fläche R. Wegen der zuletzt gefundenen Beziehung zwischen der Spanne s und der Kapazitätskonstanten c für den Fall einer einfach zusammenhängenden Fläche liegt es nahe, auf R eine Metrik einzuführen mit dem invarianten Linienelement

$$d\sigma = \sqrt{s(z)}\,|dz|.$$

Im Falle $q = 1$ handelt es sich also dann um die hyperbolische Geometrie (POINCARÉsche Metrik); aber auch nur in diesem Fall: für $q > 1$ ist die Krümmung der obigen Metrik nicht konstant. Wir kommen auf diese Frage noch in Kap. X zurück.

Auf Grund der Übereinstimmung der Zahlen $c(z)$ und $\sqrt{s(z)}$ für $q = 1$ erhebt sich die Frage, ob es zweckmäßig wäre, die letzte Zahl auch im Falle $q > 0$ als „Kapazität" einzuführen. Wir werden sehen (Kap. X), daß dem nicht so ist: Nimmt man Bezug auf die physikalische Bedeutung des Kapazitätsbegriffes, so ist die natürlichste Verallgemeinerung der Kapazität eine andere. Wir wollen deshalb für $s(z)$ die Bezeichnung „Spanne" weiter beibehalten.

9.21. Flächensatz von BIEBERBACH. Für einfach zusammenhängende Flächen R läßt sich der Minimumsatz von 9.17. durch eine elementare Rechnung direkt ableiten, wie BIEBERBACH [1] gezeigt hat. Es gilt nämlich folgendes:

Sei

$$w(z) = \sum_{n=0}^{\infty} a_n z^n \qquad (a_1 \neq 0)$$

eine reguläre analytische Funktion im Einheitskreise $|z| < 1$. Dann gilt für den Flächeninhalt I der Bildfläche, gemessen in der euklidischen Metrik der w-Ebene, $(z = r e^{i\varphi})$,

$$I = \iint\limits_{|z|<1} \left|\frac{dw}{dz}\right|^2 r\,dr\,d\varphi = \iint \sum_{m,n} m\,n\,a_n \bar{a}_m z^{n-1} \bar{z}^{m-1} r\,dr\,d\varphi = \pi \sum_n n\,|a_n|^2.$$

Es ist also

$$I \geq \pi\,|a_1|^2,$$

und hier steht Gleichheit nur für die Funktion $w = e^{i\vartheta} a_1 z$, welche den Einheitskreis $|z| < 1$ auf die Kreisscheibe $|w| < |a_1|$ abbildet.

Das ist aber im vorliegenden Fall genau die Aussage des Minimumsatzes von 9.17.

Entsprechend ergibt sich der Maximumsatz von 9.18. aus dem sog. zweiten Flächensatz von BIEBERBACH [2]:

Falls

$$w(z) = \frac{1}{z} + b_1 + b_2 z + \cdots$$

den Einheitskreis auf ein (den Punkt $z = \infty$ enthaltendes) Gebiet G eineindeutig abbildet, so gilt für den Flächeninhalt A des Außengebietes von G

$$A = \pi\,(1 - \sum n\,|b_n|^2).$$

Also ist $A \leq \pi$ und gleich π nur für die Funktion $w = \frac{e^{i\vartheta}}{z}$, welche $|z| < 1$ auf das Äußere des Einheitskreises $|w| \leq 1$ abbildet.

§ 4. Abbildung offener schlichtartiger Flächen.

9.22. Ausschöpfung einer offenen Fläche. Es sei jetzt R eine *beliebige* schlichtartige offene RIEMANNsche Fläche. Die Parallelschlitzabbildung von R wird so hergestellt, daß R durch eine monotone Folge berandeter schlichtartiger Flächen ausgeschöpft wird (vgl. 9.4.)

$$R_1 \subset R_2 \subset \cdots \subset R_n \to R.$$

Wir bilden für jedes n die Fläche R_n vermittels der Funktionen $w = F_n^1$ und $w = F_n^2$ auf zwei Parallelschlitzgebiete S_n^1, S_n^2 der w-Ebene konform ab, wobei die Schlitze zur reellen bzw. zur imaginären Achse parallel seien. Dabei soll ein vorgegebener Punkt $z = \zeta$ der Fläche R in den Punkt $w = \infty$ übergehen und die Abbildungen $R_n \to S_n^1$ und $R \to S_n^2$ so normiert werden, daß in ζ (bezüglich eines bestimmten Parameters z) gilt:

$$F_n^1 = \frac{1}{z-\zeta} + [(z-\zeta)], \qquad F_n^2 = \frac{1}{z-\zeta} + [(z-\zeta)].$$

Für die folgende Untersuchung spielen die zwei linearen Kombinationen

$$\Phi_n = \tfrac{1}{2}(F_n^1 + F_n^2), \qquad \Psi_n = \tfrac{1}{2}(F_n^1 - F_n^2),$$

mit ihren in 9.17. und 9.18. bewiesenen Extremaleigenschaften wieder eine fundamentale Rolle.

9.23. Die Spanne der Fläche R. Wir untersuchen das DIRICHLET-Integral der Kovarianten $\psi_n = d\Psi_n/dz$:

$$\|\psi_n\|_{R_n}^2 \equiv \|\psi_n\|^2 = \iint_{R_n} |\psi_n|^2\,dx\,dy = \pi\,s_n,$$

wobei $s_n > 0$ die Spanne von R_n im Punkte $z = \zeta$ ist.

Die Konvariante

$$\frac{s_n}{s_{n+1}}\,\psi_{n+1} = s_n(z-\zeta) + \cdots$$

erfüllt auf R_n die Konkurrenzbedingungen von 9.17. Das entsprechende DIRICHLET-Integral ist somit größer oder gleich als das von ψ_n:

$$\pi\,s_n = \|\psi_n\|^2 \leq \left(\frac{s_n}{s_{n+1}}\right)^2 \|\psi_{n+1}\|^2 = \pi\,\frac{s_n^2}{s_{n+1}},$$

und es ist also

$$s_n \geqq s_{n+1}.$$

Die Spanne s_n nimmt mit wachsendem n monoton ab, und folglich existiert der Grenzwert

$$s = \lim s_n = \frac{1}{\pi} \lim_{n \to \infty} \|\psi_n\|^2_{R_n}.$$

Diese Zahl $s\ (\geqq 0)$ heißt die *Spanne der Fläche* R.

9.24. Konvergenz der Folgen φ_n und ψ_n in Norm. Für $m \leqq n$ ist sowohl $\varphi_n - \varphi_m$ als $\psi_n - \psi_m$ eine eindeutige reguläre analytische Kovariante auf R_m. Wir zeigen nun, daß die Folgen φ_n und ψ_n „in Norm" konvergieren, d.h., daß das CAUCHYsche Konvergenzkriterium in folgender Form erfüllt ist:

Zu jedem $\varepsilon > 0$ gibt es ein so großes n_0, daß die über R_m erstreckten DIRICHLET-*Integrale*

$$\|\varphi_n - \varphi_m\|_{R_m} < \varepsilon, \qquad \|\psi_n - \psi_m\|_{R_m} < \varepsilon,$$

sobald $n \geqq m \geqq n_0$.

In der Tat hat man nach (3.18)

$$\left.\begin{aligned} \|\varphi_n - \varphi_m\|^2_{R_m} &= \iint_{R_m} |\varphi_n - \varphi_m|^2\, dx\, dy \\ &= \frac{i}{2} \int_{\Gamma_m} (\Phi_n\, \overline{d\Phi}_n + \Phi_m\, \overline{d\Phi}_m - \Phi_n \overline{d\Phi}_m - \Phi_m\, \overline{d\Phi}_n). \end{aligned}\right\} \quad (9.13)$$

Hier ist

$$\frac{i}{2} \int_{\Gamma_m} \Phi_m\, \overline{d\Phi}_m = \frac{i}{2} \int_{\Gamma_m} \Phi_m\, d\Psi_m = -\pi\, s_m,$$

ferner

$$\frac{i}{2} \int_{\Gamma_m} \Phi_n\, \overline{d\Phi}_m = \frac{i}{2} \int_{\Gamma_m} \Phi_n\, d\Psi_m = -\pi\, s_m.$$

Um das Integral $I = \frac{i}{2} \int_{\Gamma_m} \Phi_m\, \overline{d\Phi}_n$ zu berechnen, gehen wir zum konjugiert Komplexen über:

$$\bar{I} = -\frac{i}{2} \int_{\Gamma_m} \overline{\Phi}_m\, d\Phi_n = \frac{i}{2} \int_{\Gamma_m} \Phi_n\, \overline{d\Phi}_m = \frac{i}{2} \int_{\Gamma_m} \Phi_n\, d\Psi_m = -\pi\, s_m.$$

Damit hat man

$$\frac{i}{2} \int_{\Gamma_m} \Phi_m\, \overline{d\Phi}_n = -\pi\, s_m.$$

Zur Abschätzung des ersten Integrales rechts in (9.13) bemerke man, daß

$$\frac{i}{2}\int\limits_{\Gamma_n} \Phi_n \, d\overline{\Phi}_n - \frac{i}{2}\int\limits_{\Gamma_m} \Phi_n \, d\overline{\Phi}_n = \iint\limits_{R_n - R_m} |\varphi_n|^2 \, dx\, dy \geq 0\,,$$

so daß also

$$\frac{i}{2}\int\limits_{\Gamma_m} \Phi_n \, d\overline{\Phi}_n \leq \frac{i}{2}\int\limits_{\Gamma_n} \Phi_n \, d\overline{\Phi}_n = \frac{i}{2}\int\limits_{\Gamma_n} \Phi_n \, d\Psi_n = -\pi s_n\,.$$

Insgesamt ergibt sich damit die Ungleichung

$$\| \varphi_n - \varphi_m \|^2_{R_m} \leq -\pi s_n - \pi s_m + 2\pi s_m = \pi (s_m - s_n)\,.$$

Diese Ungleichung drückt aber wegen der Konvergenz der Folge s_n die behauptete Konvergenz von φ_n „in Norm" aus.

9.25. Gewöhnliche Konvergenz der Folgen φ_n und ψ_n. Für analytische Kovarianten gilt ganz allgemein der Satz, daß die Konvergenz in Norm die gewöhnliche nach sich zieht:

Hilfssatz. *Es sei $f_n(z)$ eine Folge von eindeutigen analytischen Kovarianten auf einer* RIEMANN*schen Fläche R, welche in jedem kompakten Teilbereich R_0 von R in Norm konvergiert:*

$$\| f_n - f_m \|_{R_0} < \varepsilon \qquad \text{für} \qquad n,\ m > N_\varepsilon\,.$$

Dann existiert der Grenzwert $f = \lim f_n$ gleichmäßig in jedem kompakten Teilbereich von R, und f ist eine eindeutige analytische Kovariante auf der Fläche R.

Beweis. Ist $z = t$ ein Punkt der Fläche R und $|z - t| \leq r$ ein zugehöriger Parameterkreis K, so gilt für *jede* in K reguläre analytische Funktion $w(z)$ mit der Entwicklung

$$W(z) = \int\limits_t^z w(z)\, dz = \sum_{n=1}^{\infty} a_n (z - t)^n$$

der *Flächensatz von* BIEBERBACH (vgl. 9.21.):

$$\| w \|^2_K = \pi \sum_1^{\infty} n\, |a_n|^2 r^{2n} \geq \pi |a_1|^2 r^2 = \pi |w(t)|^2 r^2\,.$$

Um hieraus den Hilfssatz herzuleiten, betrachte man einen kompakten Teil R_0 der Fläche R und überdecke ihn mit endlich vielen Parameterkreisen $K_1, \ldots, K_n$ $(K_\nu : |z_\nu| \leq 1)$, so daß schon die kleineren konzentrischen Kreise K'_ν $(|z_\nu| \leq 1 - \delta)$ $(\delta > 0)$ eine Überdeckung von R_0 bilden. Ist P ein beliebiger Punkt von R_0 und K'_ν ein Kreis, der ihn enthält, wobei dem Punkte P der Parameterwert $z = t$ entsprechen möge, so gilt nach dem BIEBERBACHschen Flächensatz, angewandt auf $\varphi_n = f_n - f_m$ im Kreise $K(|z-t| \leq \delta)$:

$$|f_n(t) - f_m(t)|^2 \leq \frac{1}{\pi\delta^2} \|f_n - f_m\|_K^2 \leq \frac{1}{\pi\delta^2} \|f_n - f_m\|_{R_0}^2 < \frac{\varepsilon^2}{\pi\delta^2}$$

für $n, m > N_\varepsilon$. Nach dem CAUCHYschen Kriterium ist also die Folge f_n auf R_0 gleichmäßig konvergent und die Grenzkovariante f ist in jedem Punkte von R regulär analytisch. Hiermit ist der Hilfssatz bewiesen.

9.26. Aus dem Hilfssatz folgt nun die Konvergenz der Folgen φ_n und ψ_n:

$$\lim \varphi_n = \varphi, \qquad \lim \psi_n = \psi;$$

φ und ψ sind auf der Fläche R als eindeutige analytische Kovarianten erklärt. Die Kovariante φ ist bis auf den Pol ζ regulär und besitzt dort eine ähnliche Entwicklung wie die Näherungsfunktionen φ_n:

$$\varphi(z) = -\frac{1}{(z-\zeta)^2} + \text{reguläre Funktion}.$$

Dagegen ist die Kovariante ψ ausnahmslos regulär und hat in $z = \zeta$ die Entwicklung

$$\psi(z) = s + [(z-\zeta)],$$

wobei s die Spanne der Fläche R ist.

9.27. Wir zeigen noch, daß die Kovariante ψ ein *endliches* DIRICHLET-Integral über R hat und daß dieses gleich πs ist. Sind R_m und R_n zwei Näherungsflächen $(m < n)$, so gilt

$$\|\psi_n\|_{R_m}^2 \leq \|\psi_n\|_{R_n}^2 = \pi s_n,$$

und hieraus folgt für $n \to \infty$, daß

$$\|\psi\|_{R_m}^2 \leq \pi s.$$

Diese Gleichung gilt für alle Zahlen m, und daher ist auch

$$\|\psi\|_R^2 \leq \pi s.$$

Daraus sieht man insbesondere, daß das DIRICHLET-Integral von ψ über R endlich ist.

Um zu zeigen, daß in der obigen Beziehung das Gleichheitszeichen gelten muß, beachte man, daß die Kovariante $\frac{s_m}{s_n}\psi_n$ die Konkurrenzbedingungen für den Minimumsatz von 9.17., angewandt auf die Fläche R_m, erfüllt. Daher wird

$$\|\psi_n\|_{R_m}^2 \geq \pi \frac{s_n^2}{s_m},$$

und hieraus folgt für $n \to \infty$, daß

$$\|\psi\|_{R_m}^2 \geq \frac{\pi s^2}{s_m};$$

da diese Gleichung für alle m gilt, so wird schließlich

$$\|\psi\|_R^2 \geq \pi s.$$

Es ist also tatsächlich $\|\psi\|_R^2 = \pi s$, w.z.b.w.

9.28. Die Grenzfunktionen Φ und Ψ. Die Funktionen Φ_n und Ψ_n, welche φ_n bzw. ψ_n als Ableitungen haben, konvergieren gegen die analytischen Integrale

$$\Phi(z) = \int \varphi\, dz \quad \text{und} \quad \Psi(z) = \int \psi\, dz.$$

Im Punkte $z = \zeta$ gelten die Entwicklungen

$$\Phi = \frac{1}{z-\zeta} + \text{reguläre Funktion}, \qquad \Psi = s(z-\zeta) + \cdots.$$

9.29. Einwertigkeit von Φ. Die Funktion Φ ist ferner auf R *einwertig*. Dies folgt aus dem allgemeinen Satz:

Es sei Φ_n eine Folge einwertiger analytischer Funktionen auf einer RIEMANN*schen Fläche R, die auf jeder kompakten Teilfläche gleichmäßig gegen eine Grenzfunktion Φ konvergiert. Die Funktionen Φ_n mögen genau einen (und denselben) Pol $z=\zeta$ (erster Ordnung) haben. Dann ist auch Φ auf R einwertig.*

Zunächst folgt, daß die Funktion Φ genau den Pol $z=\zeta$ erster Ordnung hat und sonst regulär ist. — Es sei dann a eine beliebige komplexe Zahl; es gilt zu zeigen, daß $\Phi - a$ auf R entweder eine oder gar keine Nullstelle hat.

Dazu sei M eine kompakte Teilmenge von R, welche den Pol ζ enthält. Sei α^2 eine 2-Kette, die aus Simplexen einer Triangulierung von R besteht und die Menge M überdeckt. Es ist keine Einschränkung anzunehmen, daß $\Phi - a \neq 0$ (und damit auch $\Phi_n - a \neq 0$ für hinreichend großes n) auf dem Rande $\partial\alpha^2$, denn $\Phi - a$ hat, da Φ nicht konstant ist, jedenfalls nur isolierte Nullstellen. Nun wenden wir auf die Funktion $\Phi_n - a$ und die Kette α^2 das Argumentenprinzip an. Diese Differenz hat auf α^2 genau den Pol $z=\zeta$. Wegen der Einwertigkeit von Φ_n beträgt die Anzahl der Nullstellen von $\Phi_n - a$ auf α^2 entweder 0 oder 1. Nach dem Argumentenprinzip ist daher

$$\int_{\partial\alpha^2} \frac{\Phi_n'\, dz}{\Phi_n - a} = -2\pi i \quad \text{oder} \quad 0,$$

und hieraus folgt, da Φ_n auf α_2 gleichmäßig gegen Φ konvergiert, daß auch

$$\int_{\partial\alpha^2} \frac{\Phi'\, dz}{\Phi - a} = -2\pi i \quad \text{oder} \quad 0.$$

Andererseits ergibt das Argumentenprinzip für die Anzahl n der Nullstellen von $\Phi - a$ auf α^2 den Wert

$$\int\limits_{\partial\alpha^2} \frac{\Phi' dz}{\Phi - a} = 2\pi i (n-1),$$

und damit ergibt sich entweder $n = 0$ oder $n = 1$. Die Funktion $\Phi - a$ hat also auf α^2 und damit auf M entweder eine oder keine Nullstelle, und da M eine beliebige Teilmenge war, gilt dasselbe für ganz R, w.z.b.w.

9.30. Die Abbildung $w = \Phi(z)$ gibt nach obigem eine eineindeutige und konforme Zuordnung zwischen der gegebenen schlichtartigen RIEMANNschen Fläche R und einem Teilgebiet G_w der w-Ebene, so daß der vorgegebene Punkt $z = \zeta$ auf R dem (in G_w liegenden) unendlich fernen Punkt $w = \infty$ entspricht.

9.31. Der „ideale Rand" Γ der Fläche R. Nach Ausführung der Abbildung $w = \Phi$ hat man in G_w eine besondere topologische und konforme Darstellung der Fläche R, welche für die Untersuchung der Struktur von R geeignet ist. Der „ideale Rand" Γ von R erhält bei dieser Abbildung eine reelle Darstellung durch die Begrenzung Γ_w des Gebietes G_w in der w-Ebene.

Ist die Zahl q_n der Ränder von R_n beschränkt, so existiert der endliche Grenzwert $q = \lim q_n$. Die (ganze) Zahl q heißt die *Zusammenhangszahl* von R. In diesem Fall besteht die Begrenzung Γ_w des Gebietes G_w aus genau q Komponenten, die entweder Kontinua oder isolierte Punkte sind.

Falls nicht q endlich ist, so wird $q = \lim q_n = \infty$; R ist dann von unendlich hohem Zusammenhang; die Begrenzung Γ_w von G_w hat unendlich viele punktfremde Komponenten (Kontinua oder isolierte Punkte).

9.32. Parallelschlitzabbildungen. Die obigen Grenzbetrachtungen erlauben auch die Parallelschlitzabbildung der gegebenen schlichtartigen Fläche R zu konstruieren. Zur n-ten Näherungsfläche R_n gehören, wie wir gesehen haben, zwei Funktionen

$$F_n^1 = \frac{1}{z-\zeta} + [(z-\zeta)], \qquad F_n^2 = \frac{1}{z-\zeta} + [(z-\zeta)],$$

welche R_n eineindeutig und konform auf ein Parallelschlitzgebiet S_n^1 bzw. S_n^2 abbilden, wobei die Begrenzungen aus endlich vielen zur imaginären bzw. reellen Achse parallelen Strecken bestehen. Die entsprechenden Extremalfunktionen sind

$$\Phi_n = \tfrac{1}{2}(F_n^1 + F_n^2) \quad \text{und} \quad \Psi_n = \tfrac{1}{2}(F_n^1 - F_n^2).$$

Nach 9.28. streben diese gegen die Grenzfunktionen Φ bzw. Ψ; daher existiert auch der Grenzwert

$$F^1 = \lim_{n\to\infty} F_n^1 = \Phi + \Psi$$

und

$$F^2 = \lim_{n\to\infty} F_n^2 = \Phi - \Psi.$$

Diese analytischen Funktionen F^1 und F^2 haben als einzige Singularität auf R im Punkte $z=\zeta$ einen Pol mit den Entwicklungen

$$F^1 = \frac{1}{z-\zeta} + a(z-\zeta) + \cdots, \qquad F^2 = \frac{1}{z-\zeta} + b(z-\zeta) + \cdots;$$

die Differenz der Koeffizienten a und b ist gleich der Spanne der Fläche R im Punkte $z=\zeta$:

$$\tfrac{1}{2}(a-b) = s(\zeta).$$

Die Funktionen $w = F^1$ und $w = F^2$ sind gemäß dem Satze von 9.29. *einwertig*, bilden also die Fläche R eineindeutig und konform ab. Im folgenden sollen die Bildgebiete S^1 und S^2 in der w-Ebene näher untersucht werden.

9.33. Die Bildgebiete S^1 und S^2. Wir betrachten etwa die Funktion $F \equiv F^1$, welche die Fläche R eineindeutig und konform auf das Gebiet $S \equiv S^1$ der w-Ebene abbildet, und zeigen, daß S ein „Parallelschlitzgebiet" im folgenden erweiterten Sinn ist:

Die Begrenzung von S besteht aus endlich oder unendlich vielen zur imaginären Achse parallelen Strecken und eventuell noch aus endlich oder unendlich vielen Punkten.

Der Beweis wird in Anschluß an Koebe und Courant [2*] mit Hilfe des nachstehenden Hilfssatzes geführt.

Hilfssatz. *Es sei S das betrachtete Bildgebiet und $\lambda(w)$ eine reelle oder komplexe Funktion, die in S samt ihren partiellen Ableitungen stetig ist und in der Umgebung von $w=\infty$ identisch verschwindet. Ferner soll das Dirichlet-Integral von λ über S einen endlichen Wert haben* ($w = u + iv$):

$$\iint_S (\lambda_u^2 + \lambda_v^2)\, du\, dv < \infty.$$

Unter diesen Voraussetzungen ist

$$\iint_S \lambda_v\, du\, dv = 0.$$

Zum Beweis sei $\varrho > 0$ so groß, daß das Kreisäußere K ($|w| \geq \varrho$) im Gebiete S liegt und daß hier $\lambda \equiv 0$. Sei dann S_0 ein kompaktes Teilgebiet von S, so daß für ein gegebenes $\varepsilon > 0$

$$\iint_{S-S_0} (\lambda_u^2 + \lambda_v^2)\, du\, dv < \varepsilon.$$

Wir betrachten nun die Folge der Näherungsflächen $R_1 \subset R_2 \subset \cdots \subset R_n \to R$, wobei R_n vermittels der Funktion $w = F_n(z) \equiv F_n^1(z)$ auf ein Teilgebiet S_n der w-Ebene eineindeutig und konform abgebildet wird, welches von endlich vielen, zur imaginären Achse parallelen Schlitzen β_n begrenzt ist. Von einem gewissen $n = n_0$ an enthält dann S_n das *Gebiet* S_0.

Um das einzusehen, sei $w = w_0$ ein beliebiger Punkt von S_0. In dem Urbild R_0 von S_0 auf der Fläche R (vermöge der Abbildung $w = F(z)$) hat w_0 genau einen Urbildpunkt $z = z_0$ $(w_0 = F(z_0))$. Wir überdecken R_0 mit einer Kette α, so daß z_0 im Innern eines Simplexes liegt, und wählen $n \geq n_0$ so groß, daß $|F - F_n| = |w - w_n| < m$ auf $\partial\alpha$ ist, wobei $m > 0$ das Minimum von $|w - w_0|$ auf $\partial\alpha$ bezeichnet. Unter Anwendung der Identität

$$w_n - w_0 = (w - w_0)\left(1 + \frac{w_n - w}{w - w_0}\right)$$

sieht man dann mittels des Argumentprinzips durch eine bekannte Schlußweise ein (Satz von ROUCHÉ, vgl. 1.2.), daß $w_n - w_0 = F_n - w_0$ genau eine Nullstelle auf α und also auch in R_n hat, sobald $R_n \supset \alpha$. Damit ist der Satz für jeden Punkt $w = w_0$ bewiesen; daß man dabei mit einer festen Zahl n_0 auskommt, unabhängig von w_0, ergibt sich mit Rücksicht auf die Kompaktheit von S_0.

Wir betrachten nun das Integral

$$\iint_{S_n} \lambda_v \, du \, dv = \iint_{S_0} \lambda_v \, du \, dv + \iint_{S_n - S_0} \lambda_v \, du \, dv.$$

Da S_n ein Schlitzgebiet ist, so wird hier gemäß der Integraltransformationsformel (3.16)

$$\iint_{S_n} \lambda_v \, du \, dv = -\int_{\beta_n} \lambda \, du = 0,$$

und man hat also

$$\iint_{S_0} \lambda_v \, du \, dv = -\iint_{S_0 - S_n} \lambda_v \, du \, dv,$$

und nach der SCHWARZschen Ungleichung

$$\left|\iint_{S_0} \lambda_v \, du \, dv\right|^2 \leq \iint_{S_n - S_0} \lambda_v^2 \, du \, dv \cdot \iint_{|w| \leq \varrho} du \, dv < \pi \varrho^2 \cdot \varepsilon.$$

Eine ähnliche Abschätzung gilt für $\iint_{S - S_0}$, woraus die Behauptung

$$\iint_S \lambda_v \, du \, dv = 0$$

folgt.

Nunmehr ergibt sich der Satz von 9.33. durch folgende Überlegung (COURANT [1*]). Angenommen, die Begrenzung Γ_w von S enthalte ein Kontinuum γ, das nicht mit einer zur imaginären Achse parallelen

Strecke zusammenfällt, so nehme man auf γ zwei Punkte (u_1, v_1), (u_2, v_2), so daß $u_1 < u_2$. Es sei ϱ so groß, daß das Kreisäußere $|w| > \varrho$ in S liegt und sei H die Halbebene $u \geq \varrho$. Nun verfolge man den Strahl $u = \alpha$ für jedes α von $u = \infty$ bis zu seinem ersten Treffpunkt mit γ. Auf jedem Halbstrahl $u = \alpha$ wird von $S - H$ ein Segment ausgeschnitten; S' sei die Menge der Punkte, die auf diesen Segmenten liegen, und S'' sei das Quadrat $u_1 \leq u \leq u_2$, $\varrho \leq v \leq \varrho + u_2 - u_1$. Dann wähle man

$$\lambda = \begin{cases} (u - u_1)(u - u_2) & \text{in } S', \\ (u - u_1)(u - u_2)\left(1 - \dfrac{v - \varrho}{u_2 - u_1}\right) & \text{in } S'', \\ 0 & \text{sonst}. \end{cases}$$

Dadurch ist λ als stetige, in der Umgebung von $w = \infty$ verschwindende Funktion erklärt. Ihre ersten Ableitungen sind beschränkt, ferner stetig mit Ausnahme der Begrenzungsstrecken $u = u_1$, $u = u_2$ von S' und der Seiten von S''. Nach dem Hilfssatz[1] ist daher

$$\iint_S \lambda_v \, du \, dv = 0,$$

was einen Widerspruch bedeutet, da offensichtlich $\lambda_v \geq 0$ in ganz S und $\lambda_v > 0$ in S'' ist.

Dieser Widerspruch zeigt, daß jede Randkomponente von $S = S^1$, die nicht ein Punkt ist, aus einer zur imaginären Achse parallelen Strecke besteht.

Entsprechend zeigt man, daß das Grenzgebiet S^2 von Strecken begrenzt wird, die zur reellen Achse parallel sind, wozu noch punktförmige Randkomponenten hinzukommen können.

9.34. Satz von Koebe. Die Möglichkeit der konformen Abbildung der allgemeinsten schlichtartigen Fläche auf ein Schlitzgebiet der Ebene wurde zuerst von Koebe streng nachgewiesen. Ihm verdankt man auch folgenden

Satz: *Die Begrenzung Γ_w des Grenzschlitzgebietes S hat das Flächenmaß Null.*

Der Beweis ergibt sich aus dem Hilfssatz 9.33. Man wähle (für $S = S^1$) als Funktion λ einfach die Funktion v in einem kompakten Teil von S und setze diese in S irgendwie stetig und mit stetigen Ableitungen fort, so daß die Fortsetzung in der Umgebung von $w = \infty$ verschwindet. Nach dem Hilfssatz ist dann

$$\iint_S \lambda_v \, du \, dv = 0.$$

---

[1] Die Unstetigkeiten der ersten Ableitungen auf den erwähnten Ausnahmestrecken stört nicht die Überlegungen, mit welchen der Hilfssatz in 9.33. bewiesen wurde.

Es gibt daher zu jedem $\varepsilon > 0$ ein den Punkt $w = \infty$ enthaltendes Teilgebiet S_0 von S, so daß

$$\left| \iint_{S-S_0} \lambda_v \, du \, dv \right| < \varepsilon$$

und daß $\lambda_v = 1$ auf dem Rand Γ_0 von S_0. Nun ist aber

$$\left| \iint_{S-S_0} \lambda_v \, du \, dv \right| = \left| \int_{\Gamma_0} u \, dv \right| < \varepsilon .$$

Der Betrag dieses Linienintegrales ist aber gleich dem Flächeninhalt des Komplementes von S_0. Damit ist Γ_w in eine Punktmenge von einem Flächenmaß $< \varepsilon$ eingeschlossen, woraus die Behauptung des Satzes folgt.

§ 5. Extremaleigenschaften der Spanne.

9.35. Wesentlich für die vorhergehenden Untersuchungen war, daß die Näherungsfunktionen Φ_n und Ψ_n durch gewisse Minimum- und Maximumeigenschaften ausgezeichnet sind. Diese Eigenschaften lassen sich auf die Grenzfunktionen Φ und Ψ übertragen, wie im vorliegenden Paragraphen gezeigt werden soll. Sie führen sowohl für Flächen mit positiver als auch für solche mit verschwindender Spanne zu interessanten funktionentheoretischen Folgerungen.

9.36. Ein Hilfssatz. *Auf der offenen* RIEMANN*schen Fläche R sei eine Kovariante f mit endlichem* DIRICHLET-*Integral gegeben,*

$$\| f \|_R < \infty .$$

Sei R_n eine unendliche Folge von kompakten ausschöpfenden Teilflächen von R, und f_n eine in R_n erklärte Kovariante, für welche die Beziehung

$$f_n \to f$$

gleichmäßig in jedem kompakten Teil von R besteht.

Notwendig und hinreichend, damit

$$\| f_n \|_{R_n} \to \| f \|_R , \tag{9.14}$$

ist, daß es zu jedem $\varepsilon > 0$ eine Zahl n_ε gibt, so daß

$$\| f_n \|_{R_n - R_m} = \| f_n \|_{R_n} - \| f_n \|_{R_m} < \varepsilon \quad \text{für} \quad n > m > n_\varepsilon . \tag{9.15}$$

Die Bedingung ist notwendig. Denn wenn (9.14) erfüllt ist, so hat man $\| f_n \|_{R_n} - \| f_n \|_{R_m} \to \| f \|_R - \| f \|_{R_m}$ für $n \to \infty$, und dieser letzte Ausdruck ist $< \varepsilon$ für hinreichend großes m.

Die Bedingung ist auch hinreichend. Aus (9.15) folgt nämlich für $n > m > n_\varepsilon$:

$$\| f_n \|_{R_m} \leq \| f_n \|_{R_n} \leq \| f_n \|_{R_m} + \varepsilon .$$

Die Unbestimmtheitsgrenzen von $\|f_n\|_{R_n}$ für $n \to \infty$ liegen also zwischen $\|f\|_{R_m}$ und $\|f\|_{R_m} + \varepsilon$, und da m hier beliebig groß ist, auch zwischen $\|f\|_R$ und $\|f\|_R + \varepsilon$, woraus die Behauptung (9.14) folgt.

9.37. Minimumsatz für Flächen mit positiver Spanne. Als Verallgemeinerung des Satzes von 9.17. beweisen wir den Satz:

Es sei R eine Fläche mit positiver Spanne $s = s(\zeta)$ und $f\,dz$ ein totales reguläres analytisches Differential auf R mit endlicher Norm, welches im Punkte $z = \zeta$ (bezüglich eines bestimmten lokalen Parameters z) den Wert $s\,dz$ hat. Dann ist

$$\|f\|^2 \geq \pi\, s(\zeta), \tag{9.16}$$

und das Minimum πs wird nur von der Kovarianten ψ erreicht.

Zum Beweis setzen wir

$$h = f - \psi, \qquad h_n = \frac{s_n}{s} f - \psi_n.$$

Nach 9.17. stehen die Kovarianten h_n und ψ_n aufeinander orthogonal:

$$(h_n, \psi_n) = \iint\limits_{R_n} h_n \overline{\psi}_n \, dx\, dy = 0,$$

und es ist

$$\frac{s_n^2}{s^2} \|f\|_{R_n}^2 = \|h_n\|_{R_n}^2 + \|\psi_n\|_{R_n}^2.$$

Nun gilt $s_n \to s$ und nach 9.27.

$$\|\psi_n\|_{R_n}^2 = \pi s_n \to \pi s = \|\psi\|_R^2.$$

Die Folge ψ_n muß also der Bedingung (9.15) des obigen Hilfssatzes genügen, und gemäß der Dreiecksungleichung ergibt sich für $h_n = \frac{s_n}{s} f - \psi_n$:

$$0 < \|h_n\|_{R_n} - \|h_n\|_{R_m} = \|h_n\|_{R_n - R_m} \leq \frac{s_n}{s} \|f\|_{R_n - R_m} + \|\psi_n\|_{R_n - R_m}.$$

Für $n \to \infty$ wird also

$$\|h_n\|_{R_n} \to \|h\|_R,$$

und man hat demnach

$$\|f\|_R^2 = \|h\|_R^2 + \|\psi\|_R^2.$$

Hieraus ergibt sich erstens die Ungleichung (9.16) und zweitens, daß das Gleichheitszeichen nur für $h \equiv 0$, d. h. für $f = \psi$ besteht, w. z. b. w.

9.38. Maximumsatz. Die Extremaleigenschaft der Funktionen Φ_n, die in 9.18. gegeben worden ist, läßt sich ebenfalls auf die Grenzfunktion übertragen:

Auf der schlichtartigen RIEMANN*schen Fläche R sei eine eindeutige analytische Funktion $F(z)$ gegeben, die auf R überall regulär ist mit Ausnahme einer Stelle $z=\zeta$, wo sie in bezug auf einen lokalen Parameter z die Entwicklung*

$$F(z) = \frac{1}{z-\zeta} + \textit{reguläre Funktion}$$

besitzt. Ist dann R_n ($n=1, 2, \ldots$) eine Ausschöpfung von R und Γ_n die Begrenzung der kompakten Teilfläche R_n, so ist

$$\lim \frac{1}{2i} \int\limits_{\Gamma_n} F \overline{dF} \leq \pi s(\zeta),$$

und Gleichheit gilt nur für die Funktion $F=\Phi$.

Zum Beweise setzen wir $dF = f\,dz$ und $h = f - \varphi$, $h_n = f - \varphi_n$. Nach $|i|$ (9.18) gilt

$$-\frac{i}{2} \int\limits_{\Gamma_n} F \overline{dF} = \pi s_n(\zeta) - \|h_n\|^2_{R_n}.$$

Wegen $s_n \to s$ für $n \to \infty$ beruht das asymptotische Verhalten des Randintegrals links wesentlich auf dem letzten Glied. Wegen $h_n = h + (\varphi - \varphi_n)$, so wird nach der Dreiecksungleichung

$$\|h_n\|_{R_n} = \|h\|_{R_n} + \langle \|\varphi - \varphi_n\|_{R_n} \rangle.$$

Nach 9.24. ist

$$\|\varphi_{n+p} - \varphi_n\|^2_{R_n} \leq \pi(s_n - s_{n+p}),$$

also für $p \to \infty$

$$\|\varphi - \varphi_n\|^2_{R_n} \leq \pi(s_n - s) \to 0 \qquad \text{für} \qquad n \to \infty,$$

und es ist demnach

$$\lim_{n\to\infty} \|h_n\|_{R_n} = \|h\|_R \qquad (\leq \infty).$$

Es wird mithin

$$\lim_{n\to\infty} \frac{1}{2i} \int\limits_{\Gamma_n} F \overline{dF} = \pi s(\zeta) - \|h\|^2_R,$$

und hieraus folgen beide Behauptungen des Maximumsatzes.

9.39. Nimmt man wieder speziell an, daß die Funktion $w = F(z)$ die Fläche R eineindeutig auf ein Teilgebiet B_w der w-Ebene abbildet, so bedeutet der Ausdruck

$$\lim_{n\to\infty} \frac{1}{2i} \int\limits_{\Gamma_n} F \overline{dF}$$

das äußere Flächenmaß von der zu B_w komplementären Punktmenge B'_w der w-Ebene. Unter allen Konkurrenzfunktionen F gibt also das Integral $F = \Phi$ für dieses Komplement den größten Flächeninhalt.

Im Falle einer einfach zusammenhängenden Fläche R enthalten die obigen Extremalsätze wieder die in 9.21. erwähnten Flächensätze von BIEBERBACH.

9.40. Flächen von der Spanne Null. Aus dem letzten Ergebnis folgt, daß es zu einer schlichtartigen Fläche R, deren Spanne $s(\zeta)$ in einem Punkt ζ *positiv* ist, ein konform äquivalentes, den Punkt $w=\infty$ enthaltendes Teilgebiet G der w-Ebene gibt, so daß das Komplement G' von G einen positiven Flächeninhalt I hat: Ein solches Bildgebiet wird nämlich vermittels der Extremalfunktion $\Phi=\Phi(z,\zeta)$ erhalten, denn es ist $I=\pi s(\zeta)$.

Wenn umgekehrt $s(\zeta)=0$ für *einen* gegebenen Punkt $z=\zeta$ der Fläche R, so ist $I=0$, und zwar nicht nur für die Funktion $\Phi=\Phi(z,\zeta)$, sondern vermöge des Maximumsatzes für jede Abbildungsfunktion $w=F(z,\zeta)$, welche in $z=\zeta$ gemäß

$$F=\frac{1}{z-\zeta}+\cdots \tag{9.17}$$

normiert ist.

Hieraus folgt allgemeiner, daß überhaupt *jedes* Gebiet G_w, welches zu R konform äquivalent ist und den Punkt $w=\infty$ enthält, dieselbe Eigenschaft besitzt: das Komplement G'_w hat verschwindendes Flächenmaß. Denn ist $w=F_0(z)$ eine Funktion, welche die Abbildung $R\to G_w$ vermittelt, und geht hierbei der Punkt $z=\zeta$ in $w=w_0$ über, so ist der Wert a der Ableitung dF_0/dz in $z=\zeta$ von Null verschieden, und die linear gebrochene Funktion[1]

$$F=\frac{a}{F_0(z)-w_0},$$

von $w=F_0$ vermittelt dann eine Abbildung von R auf ein Gebiet G, so daß die Entwicklung (9.17) besteht. Das Flächenmaß des Komplementes G' ist also gleich Null, und dasselbe muß dann auch für das Komplement von G_w gelten, welches aus G' durch eine lineare Transformation hervorgeht, die auf G' beschränkt ist.

9.41. Nunmehr schließt man:

Falls die Spanne $s(\zeta)$ für einen Punkt ζ der Fläche R verschwindet, so verschwindet sie für alle Punkte der Fläche.

Wäre nämlich $s>0$ für einen Punkt $z=z_0\neq\zeta$, so würde die Extremalfunktion $w=\Phi(z,z_0)$ eine Abbildung von R auf ein Gebiet G der w-Ebene vermitteln, so daß G' von positivem Flächenmaß $(=\pi s(z_0))$ wäre, was nach dem obigen Ergebnis unter der Voraussetzung $s(\zeta)=0$ nicht möglich ist.

[1] Für $w_0=\infty$ hat man einfach F_0 durch das Residuum im Punkte $z=\zeta$ zu dividieren, um F zu erhalten.

9.42. Das Verschwinden des Flächenmaßes des Komplements G' des Extremalgebietes G (und damit überhaupt von *jedem* Gebiet G, das zu R konform äquivalent ist) ist nach obigem notwendig und hinreichend für das Verschwinden der Spanne der Fläche R. Für eine Fläche R mit positiver Spanne hat G' für gewisse Bildgebiete G positiven, für gewisse andere verschwindenden Flächeninhalt: für die Extremalfunktion $w = \Phi$ gilt das erstere, für die Parallelschlitzabbildungen $w = F^1$, $w = F^2$ nach 9.34. das letztere.

Insbesondere folgt hieraus, daß ein Teilgebiet G der w-Ebene sicher dann positive Spanne hat, wenn der Rand Γ ein *Kontinuum* γ enthält. Durch eine Quadratwurzeloperation läßt sich nämlich G in ein schlichtes Gebiet mit äußeren Punkten konform überführen; für ein solches Gebiet hat das Komplement positives Flächenmaß, so daß auch die Spanne positiv ausfallen muß.

9.43. Zweites Kriterium für das Verschwinden der Spanne. Aus dem Minimumsatz von 9.37 ergibt sich der

Satz. — *Notwendig und hinreichend, damit die schlichtartige Fläche R die Spanne Null hat, ist, daß es auf R keine eindeutige analytische Kovariante von endlicher Norm gibt, außer $f \equiv 0$.*

Daß die Bedingung hinreichend ist, folgt daraus, daß die Extremalkovariante $\psi(z, \zeta)$ die Norm $\pi\, s(\zeta)$ hat (vgl. 9.27.): verschwindet also schon ψ, so ist auch $s = 0$.

Umgekehrt, wenn $s = 0$, so hat jede auf R eindeutige, nicht identisch verschwindende analytische Kovariante $f(z)$ unendliche Norm auf R. Denn ist $z = \zeta$ ein Punkt, wo $f(\zeta) \neq 0$, so genügt die Kovariante $s_n(\zeta)\dfrac{f(z)}{f(\zeta)}$ den Bedingungen des Minimumsatzes von 9.37. auf einer Näherungsfläche R_n, und es wird

$$\|f\|^2_{R_n} \geq \pi \frac{|f(\zeta)|^2}{s_n(\zeta)},$$

woraus für $R_n \to R$ wegen $s_n \to s = 0$ folgt, daß

$$\|f\| = \infty,$$

w.z.b.w.

9.44. Eindeutige Bestimmtheit der Abbildungen einer schlichtartigen Fläche. Die letzten Ergebnisse erlauben einen interessanten Schluß zu ziehen über die Gesamtheit der Abbildungen einer gegebenen schlichtartigen Riemannschen Fläche. Eine solche Abbildung ist offensichtlich bis auf eine eineindeutige konforme Abbildung eines partikulären, konform äquivalenten Gebietes G in die w-Ebene bestimmt. Eine derartige Abbildung wird jedenfalls von einer konformen Selbstabbildung der w-Ebene, also von einer linearen Transformation, vermittelt. Eine wichtige Ergänzung hierzu gibt der nachfolgende

Eindeutigkeitssatz. — *Notwendig und hinreichend, damit die konforme Abbildung einer schlichtartigen Fläche R auf ein Teilgebiet G der Ebene bis auf eine lineare Transformation dieser Ebene eindeutig bestimmt sei, ist, daß die Spanne der Fläche R verschwindet.*

Beweis. Vorausgesetzt, daß die Spanne $s = 0$, so seien $w = w_1(z)$ und $w = w_2(z)$ zwei beliebige Abbildungen der Fläche R der vorausgesetzten Art und G_1, G_2 die Bildgebiete. Es sei $z = \zeta$ ein beliebiger Punkt der Fläche; wir führen, falls $w_1(\zeta)$ und $w_2(\zeta)$ nicht schon unendlich sind, die Hilfstransformationen

$$w_\nu^* = \frac{w_\nu'(\zeta)}{w_\nu - w_\nu(\zeta)} \qquad (\nu = 1,2)$$

aus. Damit ist R eineindeutig und konform auf ein Gebiet G_1^* bzw. G_2^* abgebildet, so daß der Punkt $z = \zeta$ in den Punkt $w = \infty$ übergeht und die Abbildungsfunktion dort das Residuum 1 hat. Wir entfernen nun aus R eine Parameterumgebung K um ζ. Dem Restgebiet $R - K$ entsprechen dann in der w-Ebene zwei Gebiete, welche in einem endlichen Kreise $|w| < \varrho$ liegen. Die Differenz $w = w_1^* - w_2^*$ ist auf R regulär und ihr Differential $dw = f\,dz$ hat in R endliche Norm:

$$\|f\|_R = \|f\|_{R-K} + \|f\|_K \leq \left\|\frac{dw_1^*}{dz}\right\|_{R-K} + \left\|\frac{dw_2^*}{dz}\right\|_{R-K} + \|f\|_K \leq 2\varrho\sqrt{\pi} + \|f\|_K .$$

Aus dem Satz 9.43. ergibt sich daher $f \equiv 0$. Die Differenz $w_1^* - w_2^*$ ist somit konstant, und w_1 und w_2 sind lineare Funktionen voneinander.

Aus dem obigen Satz folgt insbesondere, daß die zwei „Parallelschlitzabbildungen“ $w = F_1$, $w = F_2$ für eine Fläche R von der Spanne Null identisch sind; beide stimmen mit der Extremalabbildung $w = \Phi$ überein ($\Psi \equiv 0$).

9.45. Für eine Fläche R von positiver Spanne gibt es hingegen verschiedene eineindeutige Abbildungen $w = F$ von R, die nicht vermittels einer linearen Transformation der w-Ebene zusammenhängen. Zwei solche Abbildungen sind die Schlitzabbildungen $w = F_1$, $w = F_2$, deren Differenz $2\Psi = F_1 - F_2$ im vorliegenden Fall regulär und *nichtkonstant* ist.

9.46. Hebbarkeit von Singularitäten. Eine klassische Frage („Problem von PAINLEVÉ“) betreffend die Natur der Singularitäten einer analytischen oder Potentialfunktion läßt sich allgemein folgendermaßen formulieren:

In einem Teilgebiet einer RIEMANNschen Fläche (oder speziell der Zahlenebene) sei eine analytische oder Potentialfunktion gegeben, welche bis auf die Punkte einer gewissen Ausnahmemenge M regulär ist und durch gewisse Eindeutigkeits- und Wachstumsbedingungen eingeschränkt wird. Es gilt dann zu entscheiden, wann diese Regularitätsbedingungen und der Umfang der Menge M so stark einschränkend wirken, daß sich die Funktion mit regulär-analytischem bzw. harmonischem Charakter auf die Ausnahmemenge M fortsetzen läßt.

Der Umfang der Menge M wird hierbei in einer geeigneten Maßbestimmung gemessen. Als Einschränkungen für die Funktion kommen in erster Linie Bedingungen über die Beschränktheit des Betrages oder von gewissen Integralmittelwerten in Frage.

9.47. Die obigen Ergebnisse erlauben einen interessanten Schluß in der Richtung dieser allgemeinen Fragestellung zu ziehen. Wir beweisen den

Satz[1]. — *Es sei G ein Gebiet der z-Ebene und M eine kompakte Punktmenge in G, so daß die Komplementärmenge M' von M bezüglich der z-Ebene die Spanne Null hat. Sei ferner $F(z) = \int f(z)\,dz$ in $G-M$ eindeutig und analytisch, und die Norm $\|f\|_{G-M}$ endlich. Dann ist $F(z)$ im ganzen Gebiet G als reguläre analytische Funktion fortsetzbar.*

Zum Beweis seien A und B zwei 2-Ketten einer Triangulierung von G, so daß $A \supset B \supset M$ und ∂B zu M fremd ist. Von den Integralen

$$F_1(z) = \frac{1}{2\pi i} \int\limits_{\partial A} \frac{F(t)\,dt}{t-z}, \qquad F_2(z) = \frac{1}{2\pi i} \int\limits_{\partial B} \frac{F(t)\,dt}{t-z}$$

ist das erste außerhalb ∂A und das zweite außerhalb ∂B eine regulär analytische Funktion von z. Im Gebiet $A-B$ hat man nach dem Cauchyschen Satz $F = F_1 - F_2$. Da nun F in $G-M$ und F_1 in B eine endliche Norm hat, so gilt dasselbe für die Differenz $F - F_1$ im Gebiete $B-M$. Nun gibt F_2 eine analytische Fortsetzung von $F_1 - F$ in das ganze Gebiet B, die (einschließlich des Randes ∂B) regulär ist. Die so fortgesetzte Funktion $F_1 - F$ ist also im ganzen Komplement M' der Punktmenge M regulär und hat dort eine endliche Norm. Nach dem satz von 9.43. ist also $F - F_1$ konstant, und $F = F_1 + \text{const}$ ist also regulär analytisch auf M.

9.48. Umgekehrt gilt der Satz: Zu jeder kompakten Punktmenge M der Ebene, deren Komplement M' positive Spanne s hat, gibt es eine eindeutige analytische Funktion, die auf M' regulär ist und eine endliche Norm hat, und die nicht als reguläre Funktion in jedem Punkt der Menge M fortsetzbar ist. Um dies einzusehen, nehme man einen inneren Punkt des Komplements M' † und konstruiere zu M' die Extremalfunktion $\Psi(z, \zeta)$. Sie ist auf M' regulär, hat die endliche Norm πs und ist nicht regulär auf M, da sie sonst, als eine in der abgeschlossenen z-Ebene reguläre Funktion, konstant wäre.

[1] Sario [1].

† Falls M' nicht zusammenhängend ist, betrachte man ein beliebiges der zusammenhängenden Teile von M'.

§ 6. Weitere normierte Schlitzabbildungen von Flächen mit positiver Spanne.

9.49. Der Eindeutigkeitssatz von 9.44. löst das Problem, die Gesamtheit aller eineindeutigen Abbildungen einer schlichtartigen Fläche R auf ein Teilgebiet der Zahlenebene zu bestimmen, für den Fall, daß die Spanne der Fläche gleich Null ist.

Für Flächen R mit positiver Spanne hat man eine größere Mächtigkeit von konform äquivalenten Bildgebieten G_w der w-Ebene. Unter diesen haben wir gewisse besondere Gebiete, vor allem ein Gebiet G, ausgezeichnet, das bei der Festsetzung 9.38. dadurch erklärt ist, daß sein Komplement einen maximalen Flächeninhalt hat (bei gegebenem Residuum der Abbildungsfunktion in $z=\zeta$). Im vorliegenden Falle $s>0$ gibt es aber eine unendliche Menge von anderen Normierungen des Bildgebietes, welche nicht durch eine konforme Selbstabbildung der ganzen w-Kugel auseinander hervorgehen. Einige von diesen, welche durch gewisse zusätzliche Bedingungen näher bestimmt sind, sollen hier betrachtet werden.

9.50. Schlitzabbildungen. Das Problem der *Schlitzabbildungen* einer schlichtartigen Fläche läßt sich mit Methoden, die den oben genannten nahe verwandt sind, auch bei anderer Wahl der Randschlitze des Bildgebietes G_w lösen, als bei den zuletzt betrachteten Gebieten S^1 und S^2, wo die Schlitze als parallele Strecken gewählt wurden. Leicht zugängliche Normierungen sind z.B. die zwei folgenden:

A. Das Gebiet G_w enthält die Punkte $w=0$ und $w=\infty$ und die Randschlitze sind Bögen gewisser Kreise $|w|=\text{const.}$ Die Konstruktion der Abbildungsfunktion gelingt mit einer leichten Modifikation der Methode von § 2, wie in der nächsten Nummer kurz ausgeführt werden soll.

B. Das Gebiet G_w enthält die Punkte $w=0$ und $w=\infty$ und die Randschlitze sind Strecken gewisser Halbstrahlen $\arg w=\text{const.}$

Wir betrachten zunächst den Fall einer berandeten schlichtartigen Fläche R mit q stückweise analytischen Rändern Γ_ν.

Angenommen, die Funktion $w=F(z;\zeta_1,\zeta_2)$ bilde R auf ein Gebiet G_w vom Typus A eineindeutig und konform ab, so daß die Punkte ζ_1 und ζ_2 in $w=0$ bzw. $w=\infty$ übergehen, so konstruiere man das Potential

$$\log|F|=u(z;\zeta_1,\zeta_2).$$

Es ist in R eindeutig und regulär harmonisch, abgesehen von den Punkten ζ_1 und ζ_2, in denen die Entwicklung

$$u=(-1)^\nu\log\frac{1}{|z-\zeta_\nu|}+\text{harmonische Funktion}$$

gilt. Ist u_0 das Potential, welches dieselben Singularitäten hat und auf den Rändern Γ_ν verschwindet, so ist die Differenz $u-u_0$ auf R

eindeutig und ausnahmslos regulär. Auf den Rändern Γ_ν hat sie konstante Werte a_ν und daraus folgt wie in 9.7., daß

$$u = u_0 + \sum_{\nu=1}^{q} a_\nu \omega_\nu ,$$

wobei ω_ν das harmonische Maß von Γ_ν bezüglich R ist. Da F nach Voraussetzung eindeutig ist, müssen die Perioden der zu u konjugierten Funktion u' Vielfache von 2π sein.

Man sieht, daß das Integral u genau dieselben Eigenschaften hat, wie das in § 2 betrachtete, mit dem einzigen Unterschied, daß der singuläre Bestandteil u_0 jetzt ein Potential *dritter* Gattung anstatt eines zweiter Gattung ist. Nun läßt sich u_0 auch unter den vorliegenden Bedingungen konstruieren, und zwar analog wie in § 2. Auch der Beweis für die Eindeutigkeit von $F = e^{u+iu'}$ überträgt sich ohne weiteres, und die Einwertigkeit ergibt sich wieder mit Hilfe des Argumentenprinzips. Die wenigen vorzunehmenden Modifikationen des Beweises von § 2 begegnen also keinen Schwierigkeiten, und wir können die Einzelheiten dem Leser überlassen.

In analoger Weise gelingt die Lösung des Abbildungsproblems bei der Normierung B des Bildgebietes G_w. In der Tat braucht man, wenn F die gesuchte Abbildungsfunktion ist, anstatt $u = \log|F|$ nur das Potential $v = \arg F$ zu betrachten; dieses ist unter den Bedingungen B auf den Rändern Γ_ν konstant. Als singulärer Bestandteil ergibt sich ein Potential v_0, das in den Polen ζ_ν $(\nu = 1, 2)$ mehrdeutig ist wie $(-1)^\nu \arg(z - \zeta_\nu)$. Die Konstruktion von v und damit von F ergibt sich hieraus weiter in Analogie zum Falle A.

9.51. Zusammenhang mit der Parallelschlitzabbildung. Die Ähnlichkeiten zwischen dem Problem der Parallelschlitzabbildung und den zuletzt behandelten Schlitzabbildungen deuten auf einen analytischen Zusammenhang zwischen diesen zwei Typen von Abbildungsfunktionen hin. Eine solche einfache Beziehung besteht tatsächlich. Dies läßt sich am einfachsten so einsehen, daß man die gegebene berandete Fläche R über ihre Ränder fortsetzt (im Sinne von Kap. VIII, § 2), so daß eine umfassendere *geschlossene* Fläche entsteht. Besonders einfach gestaltet sich die in 8.10. betrachtete „SCHOTTKY-Fortsetzung", wobei R durch eine in bezug auf den Rand spiegelbildliche Fläche R^* ergänzt wird.

Die analytische Fortsetzung des singulären Bestandteiles u_0 (bzw. v_0) und der harmonischen Maße, die zur Konstruktion der Abbildung dienen, wird mit Hilfe des Spiegelungprinzips ausgeführt. Beachtet man die Beschaffenheit der Pole und singulären Bestandteile auf der geschlossenen Fläche $R + R^*$, so sieht man, daß die fortgesetzte Abbildungsfunktion F bei der Parallelschlitzaufgabe als ein Integral zweiter

Gattung mit zwei einfachen Polen (in $z=\zeta$ und $z=\zeta^*$) ist, während bei den Normierungen A und B von F die Funktion $\log|F|$ ein ABELsches Integral dritter Gattung mit vier Polen $(\zeta_1, \zeta_2, \zeta_1^*, \zeta_2^*)$ ist.

Nun bestehen aber zwischen den ABELschen Normalintegralen zweiter und dritter Gattung gewisse einfache analytische Beziehungen, welche teilweise in Kap. V angegeben wurden. Diese übertragen sich auf die oben konstruierten beiden Sorten von Abbildungsintegralen. Es wäre auf diesem Wege nicht schwierig, den Zusammenhang formelgemäß festzustellen. Diese Formeln, welche einen Übergang von der einen Abbildungsaufgabe zur anderen gestatten, lassen sich übrigens auch direkt (ohne Bezugnahme auf die Fortsetzung und die Theorie der geschlossenen Flächen) herleiten (vgl. SCHIFFER, Anhang bei COURANT [2*]).

9.52. Offene Flächen. Durch einen Grenzübergang gewinnt man die Lösung der Probleme A und B auch für den allgemeinen Fall einer beliebigen schlichtartigen Fläche. Dieser Übergang läßt sich entweder unter Anwendung der oben besprochenen Beziehung zu dem Parallelschlitzproblem aus den Ergebnissen von § 4 folgern oder er kann direkt vorgenommen werden, in genauer Analogie zu den Überlegungen dieses Paragraphen. Den Extremalsätzen von 9.17. und 9.18. entsprechen gewisse modifizierte Extremaleigenschaften der betrachteten Funktionen vom Typ A und B. Wir verweisen in dieser Hinsicht auf GARABEDIAN und SCHIFFER [1], wo diese Existenzsätze für schlichtartige Flächen endlichen Zusammenhangs aufgestellt sind.

9.53. Flächen von der Spanne Null. Aus dem Eindeutigkeitssatz von 9.44. folgt, daß eine eineindeutige und konforme Abbildung einer schlichtartigen Fläche der Spanne Null bis auf eine konforme Selbstabbildung der w-Kugel, also eine lineare Transformation, eindeutig bestimmt ist. In diesem Falle spielt die Normierung durch die Schlitze des Bildgebietes überhaupt keine Rolle: Alle betrachteten Abbildungen sind identisch, sobald man drei Flächenpunkte und ihre Bildpunkte vorgeschrieben hat. Als Bild des idealen Randes der Fläche hat man eine diskrete Punktmenge vom Flächenmaß Null.

9.54. Kreisnormierungsprinzip von KOEBE. Bei seinen grundlegenden Untersuchungen über die Theorie der konformen Abbildungen hat KOEBE [4] noch eine weitere Normierung der Abbildung einer schlichtartigen Fläche in Betracht gezogen, die in Hinblick auf den RIEMANNschen Abbildungssatz naheliegend ist: Man sucht nach einem Bildgebiet, das von lauter *Kreisen* begrenzt ist.

Wir untersuchen das Problem zunächst für den Fall einer berandeten Fläche R. Im Anschluß an KOEBE [1] nehmen wir an, die Kreisnormierung wäre ausführbar und bezeichnen mit G_w das Bildgebiet.

Spiegelt man G_w an allen Randkreisen, so entsteht ein neues Gebiet, das ebenfalls von Kreisen begrenzt wird. Setzt man diese Spiegelung fort, so erhält man als Vereinigungsmenge der Spiegelbilder von G_w ein Gebiet G_w^∞. Für $q=1$ ist G_w^∞ die w-Kugel, für $q=2$ die punktierte Ebene, für $q=3$ ist G_w^∞ von unendlich hohem Zusammenhang.

Nun läßt sich andererseits, unabhängig von der Möglichkeit der Kreisnormierung, von R ausgehend eine zu G_w^∞ konform äquivalente RIEMANNsche Fläche herstellen. Hierzu bilde man zuerst R durch eine Parallelschlitzabbildung in die z-Ebene ab. Das Bildgebiet S_z spiegle man durch eine zur obigen analogen Konstruktion an den Randschlitzen. So erhält man eine schlichtartige RIEMANNsche Fläche S_z^∞, welche in bezug auf jeden Randschlitz spiegelsymmetrisch ist.

Nach § 4 kann man S_z^∞ eineindeutig und konform in die w-Ebene abbilden. Das Bildgebiet sei S_w^∞. Dabei gehen die Randschlitze in gewisse analytische Jordankurven Γ_w über, welche die Bilder der einzelnen Blätter von S_z^∞ begrenzen.

Wenn es gelingt zu zeigen, daß die Kurven Γ_w Kreislinien sind, ist hiermit die Kreisnormierung hergestellt. Diese Eigenschaft ergibt sich tatsächlich aus folgender Überlegung.

Wir nehmen auf S_z^∞ zwei Punkte P_z und P_z^*, welche in bezug auf einen (beliebig festgelegten) Randschlitz Γ_z symmetrisch sind, und bezeichnen mit P_w bzw. P_w^* ihre Bildpunkte in S_w^∞. Die Zuordnung $P_w \to P_w^*$ ist dann eine indirekt konforme Selbstabbildung von S_w^∞.

Andererseits nehme man auf der Bildkurve Γ_w von Γ_z drei beliebige Punkte P_w^ν $(\nu = 1, 2, 3)$ und lege durch sie einen Kreis K_w. Dann ordne man jedem Punkte P_w von S_w^∞ seinen Spiegelpunkt $\tilde{P}_w$ bezüglich K_w zu. Die Zuordnung $P_w \to \tilde{P}_w$ ist eine eineindeutige, indirekt konforme Selbstabbildung von S_w^∞. Daher ist die zusammengesetzte Abbildung $P_w^* \to P_w \to \tilde{P}_w$ eine eineindeutige und direkt konforme Beziehung zwischen P_w^* und $\tilde{P}_w$.

Ist nun die Spanne von S_z^∞ (und damit von S_w^∞) gleich Null, so ist diese Abbildung nach 9.44. eine lineare Transformation; diese muß sich auf die Identität reduzieren, da sie die drei Fixpunkte P_w^1, P_w^2, P_w^3 hat. Die Kurven Γ_w müssen daher mit den Kreisen K_w zusammenfallen.

So ist die Kreisnormierung hergestellt, unter der Voraussetzung, daß das Gebiet S_w^∞ die Spanne Null hat. Daß dies tatsächlich der Fall ist, läßt sich durch eine einfache Beweismethode von COURANT [1*] zeigen. Dieser Schluß läßt sich auch aus einem allgemeinen Satze (SARIO [1]) ziehen, der in Kap. X angegeben werden soll (vgl. 10.108.)[1].

---

[1] Wegen Erweiterungen des Kreisnormierungsprinzips vgl. SARIO [1] und STREBEL [1].

§ 7. Anwendung auf die Uniformisierung.

9.55. Schlichtartige Überlagerungsflächen. Nach Kap. VIII, § 4 kann die allgemeine Uniformisierungsaufgabe folgendermaßen formuliert werden: Zwischen zwei RIEMANNschen Flächen R und R' ist eine mehrdeutige Beziehung mit den drei Eigenschaften A, B, C von 8.36. gegeben. Es handelt sich darum, diese Beziehung in Parameterform darzustellen, wobei der „Parameter" ein variabler Punkt einer RIEMANNschen Fläche $\tilde{R}$ ist. In 8.44. wurde diejenige Fläche $\tilde{R}$ konstruiert, welche die schwächste Uniformisierung liefert; jede weitere uniformisierende Fläche ist also eine (verzweigte oder unverzweigte) Überlagerung von $\tilde{R}$. Nimmt man insbesondere die universelle Überlagerungsfläche $\hat{R}$ von $\tilde{R}$, so ist $\hat{R}$ nach dem RIEMANNschen Abbildungssatz zu einem (echten oder unechten) Teilgebiet der Zahlenkugel konform äquivalent, und die Uniformisierung erfolgt durch eine komplexe Veränderliche t. Die allgemeinen Abbildungssätze dieses Kapitels ermöglichen es, anstatt $\hat{R}$ eine beliebige *schlichtartige* Überlagerungsfläche $\tilde{R}_1$ von $\tilde{R}$ zur Uniformisierung mittels einer komplexen Veränderlichen zu verwenden.

9.56. Deckbewegungsgruppe. Um die Uniformisierung mittels einer solchen Überlagerung auszuführen, betrachten wir zunächst eine beliebige RIEMANNsche Fläche R und eine *schlichtartige* Überlagerungsfläche $\tilde{R}$ von R. Nach Kap. IX, § 4 ist $\tilde{R}$ zu einem Teilgebiet G_t der t-Ebene konform äquivalent, und es ist daher keine Einschränkung anzunehmen, $\tilde{R}$ selbst sei ein solches Gebiet G_t. Die Deckbewegungsgruppe (T) von G_t ist eine in G_t diskontinuierliche Gruppe von konformen Selbstabbildungen des Gebietes G_t.

Hier erhebt sich die Frage, ob man das Gebiet G_t so normieren kann, daß dies *lineare* Transformationen sind. Das ist nach 9.44. sicher dann der Fall, wenn $\tilde{R}$ die *Spanne Null* hat.

9.57. Beispiel. Wir beleuchten die obigen Ausführungen durch ein möglichst einfaches Beispiel. Nimmt man für R den Torus, so hat die Fundamentalgruppe (T) von R zwei Erzeugende T_1 und T_2. Die universelle Überlagerungsfläche $\hat{R}$ ist zur Ebene $t \neq \infty$ konform äquivalent. Der von einer der Fundamentaltransformationen, etwa von T_1, erzeugten Untergruppe entspricht eine schlichtartige Überlagerungsfläche $\tilde{R}$, nämlich diejenige Fläche, die aus der Fläche $\hat{R}$ durch Identifizieren der vermöge T_1 äquivalenten Punkten entsteht; $\tilde{R}$ ist zur zweifach punktierten Ebene $0 < |z| < \infty$ konform äquivalent und damit schlichtartig. Die Spanne von $\tilde{R}$ ist gleich Null, und dementsprechend sind die Deckbewegungen *lineare* Transformationen. Die erzeugende Transformation der Gruppe (T_1) ist hyperbolisch und hat die beiden Randpunkte $z = 0$ und $z = \infty$ zu Fixpunkten.

9.58. Geschlossene Flächen. Es sei jetzt R eine beliebige geschlossene Fläche vom Geschlecht $p \geq 1$. Die Fundamentalgruppe von R ist für $p > 1$ nicht mehr abelsch und es gibt eine größere Anzahl von Möglichkeiten Untergruppen zu bilden, welche als Fundamentalgruppe einer schlichtartigen Überlagerung in Frage kommen. Die nächstliegende Methode besteht darin, im Normalpolygon π von R, also in einem Polygon mit der Seitenzuordnung

$$a_1\, b_1\, a_1'\, b_1' \ldots a_p\, b_p\, a_p'\, b_p'$$

nur die Seiten b_ν, b_ν' $(\nu = 1, \ldots, p)$ zu identifizieren. So entsteht eine Fläche R_0 vom Geschlecht Null mit $2p$ Rändern; heftet man unendlich viele solche „Blätter“ R_0 längs diesen Rändern zusammen, so erhält man eine schlichtartige Fläche $\widetilde{R}$, welche R überlagert.

Das konforme Bild von $\widetilde{R}$ in der t-Ebene ist ein unendlich vielfach zusammenhängendes Gebiet G_t.

Es läßt sich zeigen, daß diese schlichtartige Fläche G_t die Spanne Null hat; die Deckbewegungen von G_t sind also lineare Transformationen. Daraus folgt, daß man die Kurven a_ν so wählen kann, daß ihnen in der t-Ebene Kreise entsprechen. Wenn nämlich diese Bilder A_ν bzw. A_ν' noch keine Kreise sind, lassen sich zuerst die Kurven A_ν in Kreise deformieren und dann sind auch ihre Bilder A_ν' wegen der Linearität der Abbildungen wieder Kreise. Auf eine exakte Konstruktion soll hier nicht eingegangen werden.

Eine weitere Möglichkeit, schlichtartige Überlagerungen einer geschlossenen Fläche R zu finden, besteht darin, daß man im Normalpolygon nur gewisse Seiten b_ν identifiziert und dann unendlich viele solche Blätter zusammenheftet. Alle so erhaltenen Flächen $\widetilde{R}$ besitzen die Spanne Null und damit lineare Deckbewegungen. Wegen Einzelheiten dieser Konstruktionen verweisen wir auf COURANT [2], SARIO [1].

9.59. Zusammenhang mit der Grenzkreisuniformisierung. Es sei $\widetilde{R}$ eine schlichtartige Überlagerungsfläche der Fläche R und $\hat{R}$ die universelle Überlagerungsfläche von R (und $\widetilde{R}$). Die Deckbewegungsgruppe $\widetilde{T}$ von $\hat{R}$ bezüglich $\widetilde{R}$ ist eine Untergruppe der Deckbewegungsgruppe T von $\hat{R}$ bezüglich R. Der Zusammenhang dieser Gruppen wird besonders anschaulich, wenn man mittels der universellen Überlagerungsfläche $\hat{R}$ die Grenzkreisabbildung $\hat{R} \to E$ ausführt. Denn dann ergibt sich die Grundfläche R aus E durch Identifizieren der bezüglich (T) äquivalenten Punkte, während die Fläche $\widetilde{R}$ so entsteht, daß man in E nur diejenigen Punkte identifiziert, welche bezüglich der Untergruppe $\widetilde{T}$ äquivalent sind. Die Fläche $\widetilde{R}$ läßt sich insbesondere hierbei so darstellen, daß sie aus gewissen (im allgemeinen unendlich vielen) Fundamentalpolygonen der Gruppe (T) zusammengesetzt ist. Dazu bemerke man, daß zwei Transformationen T_1 und T_2 in derselben Nebenklasse der Untergruppe $\tilde{T}$ liegen, wenn $T_1 T_2^{-1}$ zu $\tilde{T}$ gehört. Nun sei π ein Fundamentalbereich von T. Wählt man dann aus jeder Nebenklasse eine Transformation T_ν, so ist $\pi + \sum_\nu T_\nu(\pi)$ ein Fundamentalbereich von $\tilde{T}$.

9.60. Uniformisierung. Die obigen Betrachtungen zeigen den Weg zu einer Menge von Möglichkeiten, eine algebraische Funktion zu uniformisieren. Die schwächste Überlagerung $\tilde{R}$ ist in diesem Falle geschlossen, und es gibt nach 9.58., sobald das Geschlecht mindestens eins ist, außer der universellen Überlagerungsfläche $\hat{R}$ weitere *mehrfach* zusammenhängende Teilgebiete G_t der Zahlenkugel, welche eine Uniformisierung leisten. Die gegebene mehrdeutige algebraische Beziehung $F(z, w) = 0$ erhält dann eine Parameterform

$$z = z(t), \qquad w = w(t),$$

wobei t im Gebiet G_t variiert. Die Funktionen $z(t)$ und $w(t)$ sind in G_t eindeutig und bis auf Pole regulär analytisch; sie nehmen in den bezüglich der Deckbewegungsgruppe (S) äquivalenten Punkten dieselben Werte an. Da die Transformationen S linear sind, sind sie also automorphe Funktionen von t.

Dieselbe Methode führt auch zur Uniformisierung eines beliebigen analytischen Gebildes. Jeder schlichtartigen Überlagerungsfläche $\tilde{R}$ entspricht vermöge der Abbildung $\tilde{R} \to G_t$ eine uniformisierende Variable t und damit eine Parameterdarstellung

$$z = z(t), \qquad w = w(t)$$

des gegebenen analytischen Gebildes. Die Funktionen $z(t)$ und $w(t)$ sind in G_t meromorph, nicht aber (im klassischen Sinn) automorph. Dies ist nur dann der Fall, wenn die Deckbewegungen S von G_t lineare Transformationen sind. Eine hinreichende Bedingung hierfür ist, wie wir wissen, das Verschwinden der Spanne von $\tilde{R}$.

X. Kapitel.

Offene Riemannsche Flächen.

§ 1. Aufbau einer offenen Fläche.

10.1. Maximumeigenschaft des Geschlechts einer berandeten Fläche. Im vorliegenden letzten Kapitel sollen beliebige (im allgemeinen nicht schlichtartige) Riemannsche Flächen untersucht werden. Unsere erste Aufgabe wird sein, das *Geschlecht* einer solchen Fläche allgemein zu definieren.

Hierzu ziehen wir zunächst eine *berandete*, kompakte Teilfläche R einer beliebigen Fläche in Betracht. Für R hat man die Normaldarstellung von 7.31.; die hier vorkommende ganze Zahl $p \geq 0$ wurde als

Geschlecht der Fläche R erklärt. Wir werden jetzt zeigen, daß das Geschlecht p folgende charakteristische Eigenschaft hat:

Man betrachte auf der (in beliebiger Weise) triangulierten Fläche R ein System von q doppelpunktfreien, zu den Rändern fremden Kantenwegen $w_1, \ldots, w_q$ (ohne gemeinsame Kanten), so daß die Fläche R durch den Zyklus $w_1 + \cdots + w_q$ nicht zerlegt wird. Das doppelte Geschlecht $2p$ ist die größte Zahl q mit dieser Eigenschaft.

10.2. Um dies einzusehen, brauchen wir den

Hilfssatz. *Ein doppelpunktfreier Kantenweg, der nicht ganz auf dem Rande von R verläuft, zerlegt die Fläche R genau dann, wenn er zu einer Linearkombination der Ränder homolog ist.*

In der einen Richtung gilt die obige Behauptung sogar für einen beliebigen (von Null verschiedenen) 1-Zyklus und soll daher in dieser allgemeineren Form bewiesen werden[1].

Beweis. Sei z ein 1-Zyklus der Triangulierung, der nicht ganz auf den Rändern verläuft, aber zu einer Linearkombination der Ränder homolog ist; es soll gezeigt werden, daß z die Fläche R zerlegt.

Nach Voraussetzung gibt es eine 2-Kette α^2, so daß (vgl. 7.31.)

$$\partial \alpha^2 = z - \sum \lambda_\nu c_\nu,$$

und hier ist die rechte Seite von Null verschieden, also α^2 weder die Nullkette noch die Kette aller Simplexe. Daher läßt sich sowohl aus α^2 als aus der komplementären 2-Kette je ein 2-Simplex auswählen. Zwei solche Simplexe können nicht mit einer Folge abwechselnd miteinander inzidenter 1- und 2-Simplexe verbunden werden, ohne daß einmal ein 1-Simplex auf dem Zyklus z liegt. Auf einer solchen Folge gibt es nämlich ein letztes Simplex σ^2, das zu α^2 gehört, und das darauffolgende 1-Simplex σ^1 gehört daher zu $\partial\alpha^2$. Andererseits kann σ^1 nicht auf dem Rande von R liegen, denn sonst würde das darauffolgende 2-Simplex wieder σ^2 sein und somit noch zu α^2 gehören. Es liegt also σ^1 auf dem Zyklus z, und dieser zerlegt mithin die Fläche R, w.z.b.w.

Die Umkehrung gilt, wie oben bemerkt wurde, nur für *doppelpunktfreie* Wege:

Ein doppelpunktfreier, geschlossener Kantenweg w, der die Fläche R zerlegt, ist zu einer Linearkombination der Ränder homolog.

Zum Beweis beachte man zunächst, daß der Weg w die Fläche in genau zwei Teile zerlegt. Man fixiere einen dieser Teile und bilde die Kette der darauf liegenden (kohärent orientierten) 2-Simplexe. Der Rand dieser Kette besteht aus dem Kantenweg w und eventuell noch aus

[1] Die Umkehrung gilt nur für *doppelpunktfreie* Wege. Zum Beispiel wird ein Torus durch drei doppelpunktfreie Meridiane zerlegt, aber dieser Zyklus ist nicht nullhomolog.

gewissen Rändern der Fläche R. Der Weg w ist also zur Summe dieser Ränder homolog.

Damit ist der Hilfssatz vollständig bewiesen.

10.3. Nunmehr können wir den Nachweis der in 10.1. behaupteten Maximumeigenschaft des Geschlechts p der berandeten Fläche R bringen.

Erstens gibt es auf R jedenfalls $2p$ doppelpunktfreie, geschlossene Kantenwege, deren Summe die Fläche nicht zerlegen, nämlich die kanonischen Schnitte a_ν, b_ν $(\nu = 1, \ldots, p)$ der Darstellung 7.31. Zweitens wird aber R durch mehr als $2p$ derartige Wege sicher zerlegt. Denn ist $w_1, \ldots, w_q$ $(q > 2p)$ ein solches System, so gibt es auf R eine 2-Kette α^2, so daß

$$\sum_\varrho \mu_\varrho w_\varrho - \sum \lambda_\nu c_\nu = \partial \alpha^2.$$

Nun haben keine zwei von den 1-Ketten der linken Seite eine Kante gemeinsam, und man schließt, daß die Koeffizienten μ_ϱ und λ_ν (welche nicht alle verschwinden) alle übereinstimmen müssen: $\mu_\varrho = \lambda_\nu = \lambda \neq 0$. Die Kette α^2 hat also die Form $\lambda \beta^2$. Daraus folgt weiter, daß bereits die Summe $\sum w_\varrho$ zu der Summe der Ränder homolog ist, und aus dem Hilfssatz ergibt sich dann, daß die Fläche durch den Zyklus $w_1 + \cdots + w_q$ zerlegt wird.

Aus der so bewiesenen Maximumeigenschaft des Geschlechts einer berandeten Fläche R schließt man:

Wenn R eine Teilfläche der berandeten Fläche R' ist, so gilt für die entsprechenden Geschlechter p und p'

$$p \leq p'.$$

Denn auf R gibt es ein System $w_1, \ldots, w_{2p}$ von Kurven, so daß der Zyklus $w_1 + \cdots + w_{2p}$ diese Fläche nicht zerlegt; daher wird auch $R' (\supset R)$ nicht zerlegt, und es muß also $p' \geq p$ sein.

10.4. Geschlecht einer offenen Fläche. Das Geschlecht einer beliebigen nichtkompakten Fläche R läßt sich nun erklären wie folgt.

Man schöpfe R durch eine Folge kompakter, berandeter Teilflächen

$$R_1 \subset R_2 \subset \ldots \subset R_n \subset \ldots, \qquad R_n \to R,$$

aus. Die Folge der entsprechenden Geschlechter p_n wächst nach obigem monoton, und es existiert also der Grenzwert

$$p = \lim_{n \to \infty} p_n \leq \infty.$$

Diese Zahl ist von der Wahl der Ausschöpfung unabhängig. Denn ist R'_n eine zweite monotone Ausschöpfung und hat R'_n das Geschlecht p'_n, so gibt es zu jedem n ein m, so daß $R_n \subset R'_m$, und damit ist $p_n \leq p'_m$, also $p_n \leq p' = \lim p'_m$ und daher $p \leq p'$. Ähnlich beweist man, daß $p' \leq p$, und es ergibt sich die behauptete Gleichheit $p = p'$.

Die Zahl p ($\leq \infty$), welche durch die Fläche R eindeutig bestimmt ist, wird als das *Geschlecht der Fläche* R definiert.

10.5. Raummodelle offener Flächen. Für eine Untersuchung der topologisch und konform invarianten Eigenschaften einer offenen RIEMANNschen Fläche R steht als bequemstes Hilfsmittel die Darstellung durch das metrische Fundamentalpolygon π zur Verfügung, zu welcher die Grenzkreisuniformisierung der universellen Überlagerungsfläche $\hat{R}$ führte (Kap. VIII). Um die topologische Struktur der Fläche noch anschaulicher hervortreten zu lassen empfiehlt es sich, das Polygon π auf eine in den dreidimensionalen Raum eingebettete zweidimensionale Fläche F topologisch abzubilden, durch folgende Konstruktion.

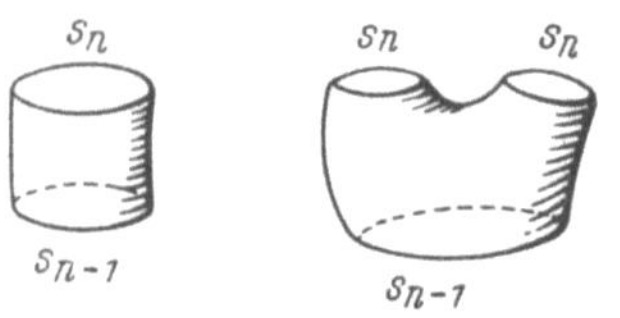

Abb. 20.

Wir nehmen an, R sei geschlossen oder offen, schließen aber die einfachsten Fälle aus, wo die universelle Überlagerungsfläche $\hat{R}$ vom elliptischen oder parabolischen Typus ist. Dann läßt sich $\hat{R}$ stets durch das *nichteuklidische* Fundamentalpolygon π innerhalb des Einheitskreises $|t| < 1$ (der hyperbolischen Ebene) darstellen. Wir nehmen dann eine Folge von Werten $0 = r_0 < r_1 < r_2 < \cdots$ mit $r_n \to 1$ für $n \to \infty$; ohne Einschränkung kann man annehmen, daß die Kreislinien $|t| = r_n$ keine Eckpunkte des Polygons enthalten. Identifiziert man nun im Durchschnitt π_n von π mit dem Kreisring $r_{n-1} \leq |t| \leq r_n$ die äquivalenten Randpunkte von π, die nach 7.39. jeweils auf ein und derselben Kreislinie $|t| = r$ liegen, so zerfällt π_n in ein oder mehrere (jedenfalls nur endlich viele) von Segmenten s_{n-1} bzw. s_n der Randkreise $|t| = r_{n-1}$, $|t| = r_n$ begrenzte Flächenstücke, die zu einer mindestens zweifach gelöcherten Kugelfläche topologisch äquivalent sind und somit die durch die Abb. 20 angedeutete topologische Struktur haben.

Fügt man dann diese Flächenstücke längs der freien Ränder (S_n) wieder zusammen, so erhält man eine Raumfläche, welche im Falle einer geschlossenen Fläche R vom Geschlecht p die Gestalt einer Kugel mit p Henkeln annimmt, während einer offenen Fläche R eine offene Raumfläche entspricht, von der Abb. 21 Abschnitte darstellen.

Bei der linksstehenden Figur fehlen Henkel; eine solche baumartig verzweigte Fläche entspricht einer schlichtartigen Fläche ($p = 0$). Bei der Figur rechts ist hingegen eine Anzahl von „Löchern" eingezeichnet; die Anzahl solcher Löcher gibt das Geschlecht p der Fläche an; sie wird im allgemeinen unendlich sein. Wenn aus einer Fläche ein nichtkompaktes Stück abgeschnitten werden kann, das „Baumcharakter" hat, so sprechen wir von einem „schlichtartigen Ende" der Fläche. Ein solches Ende ist zu einem Teilgebiet der Ebene topologisch äquivalent.

Zur besseren Übersicht solcher Raumdarstellungen von RIEMANNschen Flächen kann man sich die Elementarflächenstücke (Abb. 20) als von endlich vielen dünnen Zylinderflächenstücken zusammengesetzt denken. Als Darstellungen der gesamten Fläche ergibt sich dann ein Zylindergerüst, wie es die Abb. 22 zum Ausdruck bringt. Die dargestellten Fälle

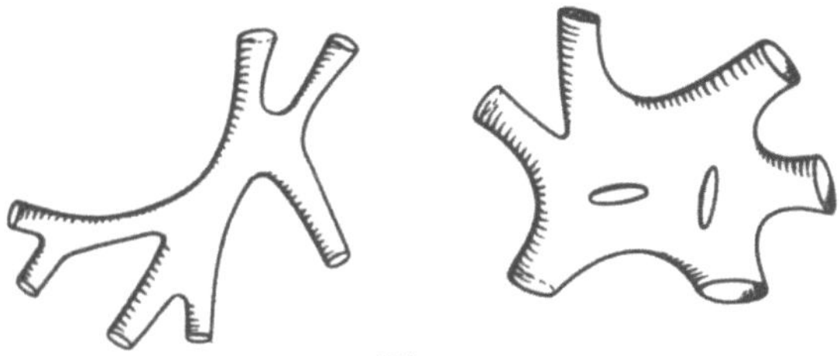

Abb. 21.

sind von links nach rechts: a) geschlossene Fläche vom Geschlechte Null, b) einfach zusammenhängende offene Fläche, c) vierfach zusammenhängende offene Fläche, d) geschlossene Fläche vom Geschlecht Eins,

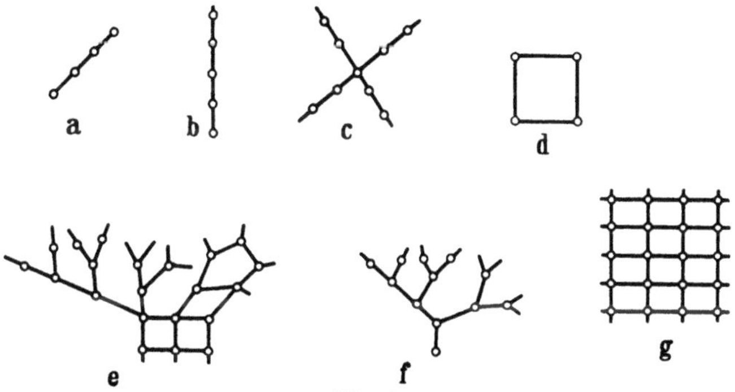

Abb. 22.

e) offene Fläche vom Geschlecht $p > 0$ (eventuell $p = \infty$) mit schlichtartigen Enden, f) offene schlichtartige Fläche von unendlichem Zusammenhang, g) offene Fläche vom Geschlechte $p = \infty$ ohne schlichtartige Enden.

Die „Strecken" dieser Komplexe stellen Zylinderstücke, die „Knoten" gelöcherte Kugelflächen dar (vgl. hierzu KOEBE [5], KERÉKJÁRTÓ [1*]).

§ 2. GREENsche Funktion, Kapazität, harmonisches Maß.

In diesem Paragraphen werden wir die Ausführungen von Kap. VI, §§ 2, 4 über die GREENsche Funktion und über das harmonische Maß kurz zusammenfassen und einige Ergänzungen zu diesen Fragen geben, die für die nachfolgende Untersuchung wichtig sind.

10.6. Die GREENsche Funktion. Wir betrachten von jetzt an eine *offene* RIEMANNsche Fläche R und schöpfen sie durch eine unendliche Folge von berandeten Teilflächen

$$R_0 < R_1 < R_2 < \ldots < R_n < \ldots ; \; R_n \to R$$

aus. Man kann R_n z. B. als den oben konstruierten Durchschnitt des metrischen Polygons π mit der Kreisscheibe $|t| \leq r_n$ nehmen. Dann ist R_n von einer endlichen Anzahl von geschlossenen, stückweise analytischen Kurven Γ_n begrenzt.

In Kap. VI, § 2 haben wir schon für eine beliebige offene Fläche R die GREENsche Funktion $g(z, \zeta)$ mit vorgeschriebenem Pol $z = \zeta$ hergestellt. Sie kann eindeutig erklärt werden als die untere Grenze aller *positiven* harmonischen Funktionen auf R, die in $z = \zeta$ den singulären Bestandteil

$$\log \frac{1}{|z - \zeta|}$$

haben.

Diese untere Grenze $g(z, \zeta)$ ist entweder überall auf R unendlich oder aber überall, mit Ausnahme von $z = \zeta$, endlich. Ferner haben wir gesehen (vgl. Kap. VI, § 2), daß sie als Grenzwert

$$g(z, \zeta) = \lim g_n(z, \zeta)$$

gewonnen werden kann, wo g_n

$$g_n = \log \frac{1}{|z - \zeta|} + \gamma_n + [(z - \zeta)]$$

die GREENsche Funktion der kompakten Näherungsfläche R_n ist ($R_n \to G$, $n \to \infty$). Diese Näherungsfunktion verschwindet auf der Berandung Γ_n von R_n. Hingegen läßt sich, auch wenn g endlich ist, nicht allgemein behaupten, daß diese Grenzfunktion auf der „idealen Berandung“ Γ von R gleich Null sei, d. h. daß $g(z_n, \zeta) \to 0$, falls z_n eine gegebene Punktfolge durchläuft, welche auf R keinen Häufungspunkt hat. Andererseits ist es evident, daß in diesem Fall $\inf g = 0$ auf R, denn sonst würde man, für genügend kleines $\varepsilon > 0$, in $g - \varepsilon$ eine Funktion haben, die mit der Minimumeigenschaft von g unvereinbar ist.

Die GREENsche Funktion $g(z, \zeta)$ ist endlich oder unendlich, je nachdem

$$\gamma = \gamma(\zeta) = \lim_{n \to \infty} \gamma_n,$$

die ROBIN*sche Konstante* von R im Pole $z = \zeta$, endlich oder unendlich ist oder, was dasselbe besagt, die *Kapazitätskonstante*

$$c(\zeta) = e^{-\gamma(\zeta)}$$

positiv oder Null ist. Diese Konstante hat (vgl. 6.4.) kovarianten Transformationscharakter.

10.7. Abhängigkeit vom Pole. In 6.13. haben wir gesehen, daß die GREENsche Funktion einer *einfach* zusammenhängenden Fläche R die Symmetrieeigenschaft

$$g(z,\zeta) = g(\zeta, z)$$

hat, und daß also g auch vom Pole ζ harmonisch abhängt. Diese Eigenschaft gilt, wie jetzt gezeigt werden soll, für *jede* RIEMANNsche Fläche R.

Setzen wir nämlich in der Integraltransformationsformel (3.16) für die Funktionen $M = g_\nu(z, a)\,\frac{\partial g_\nu(z, b)}{\partial y}$ und $N = g_\nu(z, b)\,\frac{\partial g_\nu(z, a)}{\partial x}$ und die Näherungsfläche R_ν ein, wobei a und b zwei beliebige Punkte von R bezeichnen, die mit zwei kleinen Kreislinien γ_a und γ_b isoliert werden, so ergibt sich (ds Bogenelement, ∂n Richtung der äußeren Normale)

$$\int\limits_{\Gamma_\nu + \gamma_a + \gamma_b} \left(g_\nu(z, a)\,\frac{\partial g_\nu(z, b)}{\partial n} - g_\nu(z, b)\,\frac{\partial g_\nu(z, a)}{\partial n}\right) ds = 0.$$

Beachtet man, daß $g_\nu = 0$ auf Γ_ν, so folgt hieraus, wenn man die Linien γ_a und γ_b gegen $z = a$ bzw. $z = b$ streben läßt, daß $g_\nu(a, b) = g_\nu(b, a)$. Die behauptete Symmetrieeigenschaft überträgt sich dann durch den Grenzübergang $\nu \to \infty$ auf die Grenzfunktion $g(z,\zeta)$ [1].

Aus der Symmetrie von g läßt sich einfach schließen, daß die Kapazitätskonstante $c(\zeta)$ entweder für jedes ζ auf R *positiv* oder für jedes ζ gleich *Null* ist. Nach 10.6. genügt es hierzu zu beweisen, daß wenn die GREENsche Funktion $g(z,\zeta)$ für einen Punkt $\zeta = a$ endlich ist, dasselbe für jedes $\zeta = b$ gilt. Nun ist aber $g(b, a) = g(a, b)$, und da die linke Seite hier endlich ist, so ist auch $g(z, b)$ für $z = a$ endlich und daher ist $g(z, b)$ für *jedes* z endlich, w.z.b.w.

10.8. Das harmonische Maß. Wir betrachten die nichtkompakte „gelöcherte" Fläche $R - R_0$, die aus R so entsteht, daß man aus ihr die Teilfläche R_0 entfernt (vgl. 10.6.); der kompakte Randteil von $R - R_0$ wird also von dem Rand Γ_0 von R_0 gebildet [2]. Wir zerlegen Γ_0 in zwei Teilbögen $\Gamma_0 = \alpha + \beta$ ohne gemeinsame innere Punkte und bilden, was nach Kap. IV möglich ist, das harmonische Maß $\omega_n(z, \alpha)$ des Bogens α in bezug auf den kompakten Teil $R_n - R_0$ von R. Es ist also ω_n diejenige wohlbestimmte beschränkte Potentialfunktion in $R_n - R_0$, welche auf Γ_n und in jedem inneren Punkt von β verschwindet und in jedem inneren Punkt von α gleich eins ist. In jedem inneren Punkt z der Fläche $R_n - R_0$ ist $0 < \omega_n < 1$.

[1] Dieser elementare und wohlbekannte Beweis konnte in Kap. VI, § 2 nicht zur Anwendung kommen, da uns dort die Triangulierbarkeit von R noch nicht zur Verfügung stand.

[2] Wir nehmen (was für das folgende allerdings nicht unbedingt nötig wäre) die Teilfläche R_0 zusammenhängend an.

Lassen wir nun n über alle Grenzen wachsen, so hat die Folge ω_n, die nach dem Maximumprinzip offensichtlich monoton wächst, einen Grenzwert

$$\omega(z,\alpha) = \lim_{n\to\infty} \omega_n(z,\alpha),$$

der nach dem HARNACKschen Satz in jedem Punkt der Fläche $R - R_0$ harmonisch ist. Ferner ist $0 \leqq \omega \leqq 1$.

Über das Randverhalten von ω läßt sich folgendes aussagen. Da $\omega_n \to 1$ für $z \to \alpha$ und ω_n mit n zunimmt, so gilt also auch $\omega \to 1$, wenn z einem inneren Punkt des Bogens α zustrebt.

Die Summe $\omega_n(z,\alpha) + \omega_n(z,\beta) - \omega_n(z,\Gamma_0)$ ist also konstant $= 0$ auf dem Rand von R_n und deshalb identisch Null. Für $n \to \infty$ ergibt sich hieraus die entsprechende Additivitätseigenschaft der Grenzfunktion ω:

$$\omega(z,\alpha) + \omega(z,\beta) = \omega(z,\Gamma_0).$$

Aus dieser Gleichung folgt $\omega(z,\alpha) \to 0$, wenn z gegen einen inneren Punkt des Bogens β strebt. Denn nach dem oben Bewiesenen gilt $\omega(z,\beta) \to 1$, $\omega(z,\Gamma_0) \to 1$ für $z \to \beta$, und daraus folgt die behauptete Eigenschaft $\omega(z,\alpha) \to 0$ für $z \to \beta$.

Da $\omega(z,\alpha)$ also nicht konstant ist, so schließen wir auf das Bestehen der verschärften Beziehung:

$$0 < \omega < 1$$

in jedem inneren Punkt von $R - R_0$. Dieses Ergebnis setzt voraus, daß α ein *echter* Teilbogen von Γ_0 ist.

$\omega(z,\alpha)$ wird als das *harmonische Maß des Bogens* α *im Punkte* z in bezug auf die Fläche $R - R_0$ erklärt.

10.9. Minimumeigenschaft. Aus der obigen Konstruktion folgt leicht, daß das harmonische Maß $\omega(z,\alpha)$ auch als die untere Grenze

$$\omega(z,\alpha) = \inf u(z)$$

definiert werden kann, wobei $u(z)$ die Menge aller Potentialfunktionen durchläuft, welche in $R - R_0$ *positiv* sind und in den inneren Punkten von α einen Randwert $\geqq 1$ haben. Denn für ein endliches n gilt nach dem Minimumprinzip, angewandt auf die Differenz $u - \omega_n$ in $R_n - R_0$, daß die Ungleichung $u \geqq w_n$ besteht, und daraus ergibt sich $u \geqq \omega$ für jeden Punkt z auf $R - R_0$. Da ω selbst eine Funktion der Klasse (u) ist, so ist hiermit der Beweis erbracht.

Wegen dieser Minimumeigenschaft ist ω unabhängig von der Wahl der Folge $R_1, R_2, \ldots$, die bei der Konstruktion zur Anwendung kam.

10.10. Harmonisches Maß des idealen Randes. Betrachten wir nun den Fall, wo der Bogen α die ganze Begrenzung Γ_0 umfaßt. Das harmonische Maß $\omega(z, \alpha) \equiv \omega(z, \Gamma_0) = \lim\limits_{n\to\infty} \omega_n(z, \Gamma_0)$ nimmt dann den Randwert 1 auf ganz Γ_0 an, und es ist $0 < \omega(z, \Gamma_0) \leq 1$ in jedem Punkt von $R - R_0$.

Wir definieren die Differenz

$$\omega(z, \Gamma) \equiv 1 - \omega(z, \Gamma_0)$$

als das *harmonische Maß des idealen Randteils Γ von $R - R_0$* (vgl. Kap. VI, § 4). Es ist also

$$0 \leq \omega(z, \Gamma) < 1$$

auf $R - R_0$ und speziell $\omega(z, \Gamma) = 0$ auf Γ_0.

Aus 10.9. folgt weiterhin, daß

$$\omega(z, \Gamma) = \sup u(z),$$

wo $u(z)$ eine beliebige Potentialfunktion ist, die < 1 auf $R - R_0$ und ≤ 0 auf Γ_0 ist.

10.11. Nullränder. Zwei Fälle sind jetzt möglich: entweder ist $\omega(z, \Gamma) \equiv 0$ auf $R - R_0$ oder $\omega(z, \Gamma) > 0$ in jedem inneren Punkt von $R - R_0$. Diese Alternative ist, wie in 10.12. gezeigt werden soll, unabhängig von der Wahl des „Loches" R_0, so daß also jene zwei (sich gegenseitig ausschließenden) Eigenschaften ein konform invariantes Merkmal einer Fläche R sind. Falls $\omega(z, \Gamma) \equiv 0$, d.h. falls Γ das harmonische Maß Null hat, so nennen wir die gegebene Fläche R kurz „nullberandet".

In 6.18. haben wir gesehen, daß die positivberandeten Flächen eine GREENsche Funktion besitzen, und also von positiver Kapazität sind. Die Umkehrung soll in 10.12. bewiesen werden.

10.12. Verwandtschaft der nullberandeten und der kompakten Flächen. Die nullberandeten offenen Flächen haben gewisse konform invariante Eigenschaften, welche sie den kompakten Flächen nahe bringen. Einige wichtige dieser Eigenschaften wurden schon in Kap. VI, § 4 gegeben. Sie werden auch für die folgenden Ausführungen von grundlegender Bedeutung sein, vor allem die folgenden:

1. Bestehen des Maximum- und Minimumprinzips in der Form 6.21.

2. Es gibt auf einer nullberandeten Fläche keine nichtkonstante, eindeutige und halbbeschränkte harmonische Funktion. Speziell hat eine solche Fläche keine GREENsche Funktion.

3. *Homologiesatz.* Wenn Γ_0 eine 1-Kette auf einer nullberandeten Fläche R ist, welche R zerlegt, so gilt für jede Potentialfunktion u,

die in einem von Γ_0 berandeten, kompakten oder nichtkompakten Teil R_0 von R eindeutig und beschränkt ist:

$$\int_{\Gamma_0} du' = 0,$$

wo du' das zu du konjugierte Differential ist (Beweis in 10.26.).

Satz 2 folgt aus 1. Ist $u \geq m$ $(> -\infty)$ harmonisch auf der (in bezug auf das kompakte „Loch" R_0) nullberandeten Fläche R, so erreicht u wegen 1. ein Minimum auf der Begrenzung von R_0, und sie ist also konstant. Hieraus folgt, daß R keine GREENsche Funktion $g(z, \zeta)$ hat, zunächst für $\zeta \in R_0$, dann aber, wegen der Symmetrie von g, für jedes ζ. Daraus ergibt sich weiter, daß das „Nullberandetsein" von R von der Wahl des Loches R_0 unabhängig ist.

§ 3. Randwertprobleme für nichtkompakte Teilflächen.

10.13. Problemstellung. In § 2 dieses Kapitels haben wir das erste Randwertproblem der Potentialtheorie für ein „gelöchertes" nichtkompaktes Teilgebiet $R - R_0$ einer beliebigen RIEMANNschen Fläche R gelöst für den einfachsten Fall, daß die Randwerte auf dem (kompakten) Rand Γ_0 von R_0 stückweise konstant (entweder 1 oder 0) sind; die „normierte" Lösung dieser Aufgabe ist durch das harmonische Maß gegeben. Im vorliegenden Paragraphen soll das Randwertproblem eingehend untersucht werden, unter den folgenden allgemeinen Bedingungen:

Auf einer offenen RIEMANNschen Fläche R sei eine kompakte Fläche R_0 gegeben, die von einer endlichen Anzahl von Jordankurven Γ_0 berandet wird. Sei ferner $f(\zeta)$ eine auf Γ_0 erklärte stückweise stetige, beschränkte Funktion. Es soll die Gesamtheit der Potentialfunktionen $u(z)$ bestimmt werden, die im Komplement $R - R_0$ der Menge R_0 eindeutig, beschränkt und harmonisch sind und die in jedem Stetigkeitspunkt ζ von Γ_0 den gegebenen Randwert $f(\zeta)$ annehmen:

$$u(z) \to f(\zeta) \qquad \text{für } z \to \zeta.$$

10.14. Normierte Lösung. Eine partikuläre Lösung $u_0(z)$ ergibt sich ohne weiteres nach dem Verfahren von Kap. IV, § 6. Wir fixieren auf Γ_0 eine Orientierung und einen beliebigen Anfangspunkt ζ_0 und lassen den Punkt ζ von ζ_0 ausgehend den ganzen Rand Γ_0 beschreiben. Sei dann $\omega(\zeta, z)$ das nach 10.8. konstruierte harmonische Maß des Teilbogens $\widehat{\zeta_0 \zeta}$ des Randes Γ_0, gemessen im Punkte z des Gebietes $R - R_0$. Bei einem Umlauf um Γ_0 wächst ω monoton von 0 bis 1, und wir können also das STIELTJES-Integral

$$u_0(z) = \int_{\Gamma_0} f(\zeta)\, d\omega(\zeta, z) \tag{10.1}$$

bilden. Dieses ergibt sich als Grenzwert einer endlichen Summe

$$\sum f(\zeta_\nu)\, \Delta_\nu\, \omega(z),$$

wo $\Delta_\nu \omega$ das harmonische Maß eines Teilbogens $\Delta_\nu \Gamma_0$ bezeichnet, bei einer Zerlegung $\Gamma_0 = \sum_{\nu=1}^{n} \Delta_\nu \Gamma_0$, während ζ_ν ein beliebiger Punkt jenes Teilbogens ist. Mit Hilfe des HARNACKschen Prinzips sieht man ein, daß (10.1) *harmonisch* in $R - R_0$ ist. Wegen

$$\int_{\Gamma_0} d\omega(\zeta, z) = \omega(z, \Gamma_0) \leq 1$$

ist u_0 *beschränkt*, und das behauptete Randverhalten

$$u_0(z) \to f(\zeta) \qquad \text{für} \qquad z \to \zeta$$

ergibt sich (für jede Stetigkeitsstelle ζ von f) aus der Überlegung von 4.11., die im vorliegenden Fall ohne Modifikation wiederholt werden kann.

Wir werden die durch (10.1) erklärte Funktion als die *normierte Lösung der Randwertaufgabe* bezeichnen[1].

10.15. Allgemeine Lösung. Die allgemeine Lösung der Randwertaufgabe ergibt sich aus der partikulären Lösung gemäß der Formel

$$u(z) = u_0(z) + v(z), \tag{10.2}$$

wo v eine beliebige Potentialfunktion ist, die auf $R - R_0$ eindeutig und beschränkt ist ($|v| < M < \infty$) und die auf dem kompakten Randteil Γ_0 von $R - R_0$ *verschwindet*[1].

10.16. Nullberandete Flächen. Wollen wir jetzt den speziellen Fall betrachten, wo der ideale Rand Γ von R (und $R - R_0$) das harmonische Maß Null hat. Dies bedeutet gemäß 10.11., daß

$$\int_{\Gamma_0} d\omega(\zeta, z) = \omega(z, \Gamma_0) \equiv 1 .$$

In diesem Fall gilt aber das erweiterte Maximum- und Minimumprinzip von 6.21. Wenden wir nun diesen Satz auf die Potentialfunktion $v(z)$ des Ausdrucks (10.2) an, so ergibt sich, da v in $R - R_0$ beschränkt und auf Γ_0 konstant gleich Null ist, daß $v(z)$ identisch verschwindet. Wir haben also den Satz:

Falls der ideale Rand Γ der Fläche $R - R_0$ das harmonische Maß Null hat, so ist die normierte Lösung (10.1) *die einzige beschränkte Lösung des Randwertproblems.*

---

[1] Falls der ideale Randteil von $R - R_0$ eine „reelle" Darstellung hat, z. B. als eine von endlich vielen Jordankurven gebildete Punktmenge auf einer Fläche R', in welcher $R - R_0$ eingebettet ist, so bedeutet die obige Normierung einfach, daß $u_0(z)$ auf den Kurven Γ *verschwindet.*

10.17. Flächen mit positivem Idealrand. Falls das Integral

$$\int_{\Gamma_0} d\omega(\zeta, z) = \omega(z, \Gamma_0) < 1$$

ist, so hat der ideale Randteil Γ von $R - R_0$ das harmonische Maß (vgl. 10.10.)

$$\omega(z, \Gamma) = 1 - \omega(z, \Gamma_0) > 0.$$

Dann gibt es, außer der normierten Lösung u_0, eine unendliche Menge weiterer Lösungen u der Randwertaufgabe. Eine solche unendliche Schar wird durch die Formel

$$u(z) = u_0(z) + \lambda\,\omega(z, \Gamma)$$

gegeben, wo λ eine beliebige reelle Konstante ist; denn jede solche Funktion erfüllt die geforderten Bedingungen, in $R - R_0$ beschränkt zu sein und auf dem kompakten Randteil Γ_0 zu verschwinden.

10.18. Singuläre Flächen. Eine interessante Frage ist nun, ob es Flächen $R - R_0$ gibt, für welche die Funktionenschar

$$u(z) = u_0(z) + \lambda\,\omega(z, \Gamma) \tag{10.3}$$

schon die Gesamtheit aller Lösungen des gestellten Randwertproblems umfaßt. Da dies sicher dann gilt, falls Γ das Maß Null hat und ω also verschwindet, haben wir in 10.16. gesehen. Schwieriger ist zu entscheiden, ob es auch *positiv* berandete Flächen R gibt ($\omega > 0$), für welche der Ausdruck (10.3) die allgemeine Lösung des Problems gibt. Die Versuche, die gemacht worden sind, um diese Frage im positiven Sinn zu entscheiden, haben bisher nicht zum Ziel geführt, und das Problem muß vorläufig als ungelöst betrachtet werden. Jedenfalls ist eine derartige Fläche R eher als eine Ausnahme zu betrachten, und wir wollen deshalb die Klasse der positivberandeten Flächen R, wofür der Ausdruck (10.3) die Gesamtheit der Lösungen der Randwertaufgabe darstellt, als *singulär* bezeichnen, im Gegensatz zum regulären Fall, wo es außer der Schar (10.3) noch weitere (und dann sofort unendlich viele) verschiedene Lösungen gibt[1].

Wir werden später (vgl. 10.31.) sehen, daß die singuläre Eigenschaft einer Fläche R von der Wahl des „Loches“ R_0 unabhängig ist. Daß der singuläre Charakter einer Fläche R von der Wahl der Randwertmenge f nicht abhängt, ist evident.

10.19. Betrag der normierten Lösung. Wenn

$$M = \max_{\Gamma_0} |f(\zeta)|$$

bezeichnet, so gilt auf einer nullberandeten Fläche R, nach dem erweiterten Maximumprinzip von 6.21., für die einzige beschränkte

[1] Vgl. hierzu meine Arbeit [2] sowie SARIO [3].

Lösung u_0 der Randwertaufgabe

$$|u_0(z)| \leq M \tag{10.4}$$

auch im Innern von $R - R_0$. Dies läßt sich auch direkt aus der Definition

$$u_0(z) = \int_{\Gamma_0} f(\zeta)\, d\omega(\zeta, z)$$

ablesen.

Für das folgende ist es wichtig, daß für die *normierte* Lösung $u_0(z)$ im Falle einer *positivberandeten* Fläche R eine schärfere Beziehung gilt. Sei B ein kompakter Teil des Gebietes $R - R_0$. Da $d\omega \geq 0$, so hat man in B:

$$|u_0(z)| \leq \int_{\Gamma_0} M\, d\omega(\zeta, z) = M\,\omega(z, \Gamma_0) \leq qM, \tag{10.4'}$$

wo

$$q = \max_B \omega(z, \Gamma_0).$$

Da $0 < \omega < 1$ in $R - R_0$, so ist auch $0 < q < 1$. Diese Konstante hängt nur von der geometrischen Konfiguration (R_0, B), hingegen nicht von den gegebenen Randwerten f (also auch nicht von M) ab[1].

10.20. Anwendung auf singuläre offene Flächen. In 10.12. wurde gezeigt, daß auf einer offenen nullberandeten Fläche R keine anderen beschränkten Potentialfunktionen als die Konstanten existieren. Diesen Satz können wir nun auf eine offene positivberandete Fläche R erweitern, insofern sie (in bezug auf eine nichtkompakte Teilfläche $R - R_0$) im Sinne von 10.18. singulär ist:

Auf einer singulären RIEMANN*schen Fläche R gibt es keine nichtkonstanten beschränkten Potentialfunktionen*[2].

Zum Beweise nehmen wir an, die eindeutige harmonische Funktion $u(z)$ sei auf R beschränkt. Nach Voraussetzung gibt es dann eine Konstante λ, so daß in $R - R_0$

$$u(z) = u_0(z) + \lambda\,\omega(z, \Gamma),$$

wo u_0 das normierte Integral

$$u_0(z) = \int_{\Gamma_0} u(\zeta)\, d\omega(\zeta, z)$$

[1] Vgl. hierzu auch 6.19., wo der Satz für einfach zusammenhängende Flächen R aufgestellt und angewandt wurde, die positiv berandet (vom hyperbolischen Typ) sind.

[2] Auf einer *nullberandeten* Fläche R existiert nicht einmal eine nichtkonstante halbbeschränkte Potentialfunktion. Ob dies auch für eine singuläre (positiv berandete) Fläche richtig bleibt, müssen wir als eine offene Frage dahinstellen.

bezeichnet. Dann gilt für die Funktion $u(z) - \lambda = u_1(z)$

$$\int_{\Gamma_0} u_1(\zeta)\, d\omega(\zeta, z) = \int_{\Gamma_0} u(\zeta)\, d\omega - \lambda\, \omega(z, \Gamma_0)$$

$$= u_0(z) - \lambda + \lambda\, \omega(z, \Gamma) = u - \lambda = u_1(z),$$

woraus zu sehen ist, daß $u_1(z)$ die *normierte* Lösung der Randwertaufgabe ist zu den Randwerten $u_1(\zeta) = u(\zeta) - \lambda$ auf Γ_0. Nach dem Maximumprinzip gilt dann, wenn $|u_1(z)|$ das Maximum M auf Γ_0 hat,

$$|u_1(z)| \leq M$$

in R_0 und gemäß 10.19. auch in $R - R_0$, also auf der ganzen Fläche R. Das Maximum M wird aber von u_1 in einem Punkt der kompakten Kurve Γ_0 erreicht, und deshalb ist u_1 und also auch u konstant, w.z.b.w.

10.21. Weitere Eigenschaften der normierten Lösung. Die partikuläre Lösung u_0 kann auch als Grenzwert der entsprechenden normierten partikulären Lösungen einer kompakten Näherungsfläche hergestellt werden (vgl. Kap. VI, § 5).

Wir schöpfen wieder die Fläche R in der in 10.6. angegebenen Weise aus durch eine Folge $R_0 \subset R_1 \subset \cdots \subset R_n \to R$. Die Berandung von $R_n - R_0$ ist $\Gamma_0 + \Gamma_n$. Sei dann $u_n(z)$ $(n = 1, 2, \ldots)$ diejenige in $R_n - R_0$ harmonische und beschränkte Potentialfunktion, welche durch die Randbedingungen

$$u_n = f(\zeta) \text{ auf } \Gamma_0, \quad u_n = 0 \text{ auf } \Gamma_n$$

eindeutig bestimmt ist. Wir behaupten, daß

$$\lim_{n \to \infty} u_n = u_0$$

gleichmäßig in jedem kompakten Teil von $R - R_0$ gilt.

Nach der Formel (4.8) hat man für u_n die Integraldarstellung $(z \in R_n - R_0)$

$$u_n(z) = \int_{\Gamma_0} u_0(\zeta)\, d\omega_n(\zeta, z),$$

wo $d\omega_n$ das harmonische Maß eines Randbogendifferentials $d\zeta$ im Punkte z in bezug auf die Fläche $R_n - R_0$ bezeichnet. Andererseits ist

$$u_0(z) \equiv \int_{\Gamma_0} u_0(\zeta)\, d\omega(\zeta, z) = u_n(z) + \int_{\Gamma_0} u_0(\zeta)\, d(\omega - \omega_n).$$

Nun ist nach dem Maximumprinzip das harmonische Maß eines beliebigen Bogens α von Γ_0 in bezug auf $R_n - R_0$ kleiner als das entsprechende Maß in bezug auf $R - R_0$, und daher gilt $d\omega \geq d\omega_n$ auf Γ_0. Bezeichnet M das Maximum von $|u_0|$ auf Γ_0, so wird also

$$\left|\int_{\Gamma_0} u_0\, d(\omega - \omega_n)\right| \leq M \int_{\Gamma_0} d(\omega - \omega_n) = M\left(\omega(z, \Gamma_0) - \omega_n(z, \Gamma_0)\right).$$

Nach Definition von ω ist aber $\lim_{n\to\infty} \omega_n = \omega$, gleichmäßig in jedem kompakten Teil von $R - R_0$, und daher besteht auch die Beziehung $u_n \to u_0$ für $n \to \infty$, w.z.b.w.

10.22. Wichtig ist ferner folgendes zu bemerken: Es sei u_0 die vorhin betrachtete normierte Lösung des Randwertproblems in $R - R_0$ zu den Randwerten $f(\zeta)$ auf Γ_0. Für einen beliebigen kompakten Teil R_1 von R_0 mit der Begrenzung Γ_1 bilde man dann die normierte Lösung

$$u_1 = \int_{\Gamma_1} u_0(\zeta)\, d\omega_1(\zeta, z)$$

der Randwertaufgabe in $R - R_1$ mit den Randwerten $u_0(\zeta)$ auf Γ_1; hier ist $d\omega_1$ das harmonische Maß eines Bogenelements $d\zeta$ von Γ_1. *Dann gilt*

$$u_0 \equiv u_1$$

in $R - R_1$.

In der Tat hat man nach 10.21. für eine Folge von Näherungsflächen $R_n \to R$ die Beziehung $u_n \to u_0$, wo u_n in $R_n - R_0$ als diejenige Potentialfunktion erklärt ist, die auf Γ_0 gleich u_0 ist und auf Γ_n verschwindet. Konstruiert man die entsprechende Näherungsfunktion u_{1n} für u_1 auf $R_n - R_1$ ($u_{1n} = u_1 = u_0$ auf Γ_1, $u_{1n} = 0$ auf Γ_n), so wird offensichtlich $u_{1n} = u_n$, und da $u_{1n} \to u_1$ für $n \to \infty$, findet man die behauptete Identität $u_1 \equiv u_0$.

10.23. Dirichlet-Integral der normierten Lösung. Wir betrachten wie vorher einen beliebigen kompakten Teil R_0 auf R, der von endlich vielen analytischen Kurven Γ_0 begrenzt ist. In einem zusammenhängenden Teil G des Komplements $R - R_0$ von R_0 sei ein eindeutiges Potential gegeben, das noch auf Γ_0 harmonisch ist und der Normierungsbedingung

$$u(z) = \int_{\Gamma_0} u(\zeta)\, d\omega(\zeta, z)$$

genügt, wobei $d\omega$ das harmonische Maß eines Bogendifferentials $d\zeta$ auf Γ_0 bezeichnet.

Unter diesen Voraussetzungen ist das Dirichlet-*Integral von* u, *erstreckt über das Gebiet* G, *endlich:*

$$\iint_G |\operatorname{grad} u|^2\, dx\, dy < \infty.$$

10.24. Beweis. Der Satz ist trivial, falls G kompakt ist. Wenn dies nicht der Fall ist, so schöpfe man R aus durch eine Folge von Näherungsflächen R_n ($n = 1, 2, \ldots$), die eine stückweise analytische, zu Γ_0 punktfremde Berandung Γ_n besitzen. Es sei dann G_n der Durchschnitt von G mit R_n ($n = 1, \ldots$). Nach der Transformationsformel (3.20') ergibt sich dann

$$\iint_{R_n - R_0} |\operatorname{grad} u|^2\, dx\, dy = \int_{\Gamma_0} u\, du' - \int_{\Gamma_n} u\, du', \tag{10.5}$$

wo u' die zu u konjugierte harmonische Funktion ist und die Integrationen auf Γ_0 und Γ_n in demjenigen Sinn zu führen sind, der in bezug auf die Gebiete R_0 bzw. R_n *negativ* ist. Hieraus folgt, daß das Linienintegral

$$\int_{\Gamma_n} u\, du'$$

mit wachsendem n monoton abnimmt.

Anderseits betrachten wir, wie in 10.21., die Näherungsfunktion

$$u_n(z) = \int_{\Gamma_0} u(\zeta)\, d\omega_n(\zeta, z),$$

welche in jedem kompakten Teil von G (nebst ihren sämtlichen Ableitungen) gleichmäßig gegen u konvergiert. Für diese Funktion hat man wegen $u_n = 0$ auf Γ_n die Beziehung $(1 \leq m < n)$

$$\iint_{R_n - R_m} |\operatorname{grad} u_n|^2\, dx\, dy = \int_{\Gamma_m} u_n\, du'_n \geq 0. \tag{10.6}$$

Nun ist aber

$$\int_{\Gamma_m} u_n\, du'_n \to \int_{\Gamma_m} u\, du'$$

für $n \to \infty$, und es ist also auch

$$\int_{\Gamma_m} u\, du' \geq 0 \quad (m = 1, 2, \ldots).$$

Wegen (10.5) ergibt sich hieraus, daß

$$\iint_{R - R_0} |\operatorname{grad} u|^2\, dx\, dy \leq \int_{\Gamma_0} u\, du' \tag{10.7}$$

für jedes n. Das DIRICHLET-Integral

$$\iint_{R - R_0} |\operatorname{grad} u|^2\, dx\, dy$$

ist also endlich, w. z. b. w.

Wir werden sehen, daß in der Ungleichung (10.7) tatsächlich Gleichheit besteht.

10.25. Integraltransformationsformeln. Es soll jetzt gezeigt werden, daß für die normierten Potentiale u in jedem Teilgebiet $G = R - R_0$ die fundamentalen Transformationsformeln von Kap. III gelten, auch wenn $G + \Gamma_0$ nicht kompakt ist.

Betrachten wir hierzu, wie oben, eine eindeutige *normierte* Potentialfunktion u auf $G + \Gamma_0$. Sie läßt sich nach 10.21. als Grenzwert einer Folge von Potentialen u_n auf der Näherungsfläche $R_n - R_0 + \Gamma_0$ darstellen, so daß $u_n = 0$ auf Γ_n. Wir bezeichnen noch $f(z)\, dz = du + i\, du'$ und $f_n(z)\, dz = du_n + i\, du'_n$. Es ist dann $f_n \to f$ gleichmäßig in jedem kompakten Teil von G.

Sei andererseits φ eine beliebige eindeutige analytische Kovariante auf $G+\Gamma_0$, die ein endliches DIRICHLET-Integral hat:

$$\iint_G |\varphi|^2 dx\,dy < \infty.$$

Unter diesen Voraussetzungen gilt die Transformationsformel (3.18′) in der Form

$$\iint_G f\overline{\varphi}\,dx\,dy = i\int_{\Gamma_0} u\overline{\varphi}\,\overline{dz}, \tag{10.8}$$

wo das letzte Integral in positiver Richtung (in bezug auf G) zu nehmen ist.

Zum Beweis bemerke man, daß die Formel für kompakte Teilflächen sicher gilt. Daher wird in R_n-R_m mit Rücksicht auf die Bedingung $u_n=0$ auf Γ_n:

$$\iint_{R_n-R_m} f_n\overline{\varphi}\,dx\,dy = i\int_{\Gamma_m} u_n\overline{\varphi}\,\overline{dz} \to i\int_{\Gamma_m} u\overline{\varphi}\,\overline{dz} \tag{10.9}$$

für $n\to\infty$.

Nach der SCHWARZschen Ungleichung wird andererseits, mit Beachtung der Formel (3.20′);

$$\left.\begin{aligned}\Bigl|\iint_{R_n-R_m} f_n\overline{\varphi}\,dx\,dy\Bigr|^2 &\le \iint_{R_n-R_0} |\operatorname{grad} u_n|^2 dx\,dy\cdot\iint_{R_n-R_m}|\varphi|^2 dx\,dy\\ &\le \int_{\Gamma_0} u_n\,du_n'\cdot\iint_{R-R_m}|\varphi|^2 dx\,dy.\end{aligned}\right\} \tag{10.10}$$

Für $n\to\infty$ folgt aus (10.9) und (10.10), daß

$$\Bigl|\int_{\Gamma_m} u\overline{\varphi}\,\overline{dz}\Bigr|^2 \le \int_{\Gamma_0} u\,du'\cdot\iint_{R-R_m}|\varphi|^2 dx\,dy.$$

Da das DIRICHLET-Integral von φ über R endlich ist, findet man für $m\to\infty$ schließlich

$$\lim_{m\to\infty}\int_{\Gamma_m} u\overline{\varphi}\,\overline{dz} = 0.$$

Setzen wir nun, was gestattet ist, die zu beweisende Transformationsformel für das Kovariantenpaar f, φ und die Fläche $G_m=R_m-R_0$ an, so wird

$$\iint_{G_m} f\overline{\varphi}\,dx\,dy = i\int_{\Gamma_0} u\overline{\varphi}\,\overline{dz} - i\int_{\Gamma_m} u\overline{\varphi}\,\overline{dz}. \tag{10.11}$$

Wegen der absoluten Konvergenz des linksstehenden Integrals in (10.8) hat die linke Seite in (10.11) für $m\to\infty$ den Grenzwert

$$\iint_G f\overline{\varphi}\,dx\,dy,$$

während die rechte Seite gegen ihr erstes Glied strebt. Hiermit ist der Beweis der Transformationsformel (10.8) unter den obigen Voraussetzungen zu Ende geführt.

Für $\varphi = f$ ergibt sich insbesondere

$$\int_G |\operatorname{grad} u|^2 \, dx\, dy = \int_{\Gamma_0} u\, du'. \tag{10.7'}$$

Es besteht also in der Beziehung (10.7) das Gleichheitszeichen, wie behauptet wurde.

10.26. Anwendung auf nullberandete Flächen. Falls die Fläche R nullberandet ist, so ist die Konstante $u = 1$ eine *normierte* Lösung in G. Für eine beliebige quadratisch integrierbare analytische Kovariante φ in $G + \Gamma_0$ hat man dann gemäß (10.8), wegen $f \equiv 0$,

$$\int_{\Gamma_0} \varphi\, dz = 0 .$$

Wir finden so den Homologiesatz von 10.12., nach dem die Perioden einer quadratisch integrierbaren Kovarianten auf Γ_0 verschwinden. Wesentlich für diesen Schluß ist nur die Voraussetzung, daß Γ_0 die Fläche R *zerlegt*.

§ 4. Normierte Potentiale mit vorgeschriebenen Singularitäten.

10.27. Problemstellung. Wie in der Funktionentheorie der geschlossenen Flächen, ist es auch für die Theorie der offenen RIEMANNschen Flächen von Wichtigkeit, gewisse Grundpotentiale zu konstruieren, welche dann als Bausteine für allgemeine Systeme von harmonischen und analytischen Funktionen Verwendung finden. Als Erweiterung der in Kap. IV und in Kap. VI, § 4 behandelten Existenzprobleme untersuchen wir hier folgende allgemeinere Frage.

Auf einer beliebigen RIEMANNschen Fläche R sei gegeben eine geschlossene Jordankurve γ, welche die Fläche in zwei getrennte (kompakte oder nichtkompakte) Teilflächen R_1 und R_2 zerlegt. Wir betten γ in ein von zwei analytischen Jordankurven α und β begrenztes, zweifach zusammenhängendes Gebiet G ein[1], so daß α in R_2, β in R_1 verläuft und bezeichnen mit A (bzw. B) das von α (bzw. β) berandete Teilgebiet $A \supset R_1$ (bzw. $B \supset R_2$); G ist gleich dem Durchschnitt AB[2].

[1] Die Möglichkeit einer solchen Einbettung sieht man am einfachsten so ein, daß man R mittels der universellen Überlagerungsfläche nach dem RIEMANNschen Abbildungssatz in das Normalgebiet E überführt, wobei γ in eine geschlossene oder eine zwei äquivalente Punkte verbindende Jordankurve übergeht. Die Einbettung von γ ist nun ausführbar und überträgt sich auf R.

[2] Die Lösung des nachstehenden Problems gelingt ohne wesentliche Modifikationen, auch wenn der zerlegende Zyklus γ aus mehreren punktfremden Jordankurven $\gamma_1, \ldots, \gamma_q$ zusammengesetzt ist. Wir führen hier die Betrachtung für den Fall $q = 1$ durch.

Im Bereich $G+\alpha+\beta$ seien nun zwei eindeutige harmonische Funktionen u_0 und v_0 gegeben. Es soll eine in G ebenfalls eindeutige und harmonische Funktion u bestimmt werden, so daß nachstehende Bedingungen erfüllt sind.

1°. Die Differenz $U=u-u_0$ ist auf der Fläche A harmonisch fortsetzbar, so daß sie in A der Normierungsbedingung genügt:

$$U(z)=\int_\alpha U(\zeta)\,d\omega_\alpha(\zeta,z),$$

wo $d\omega_\alpha$ das harmonische Maß des Bogendifferentials auf α ist (in bezug auf A).

2°. Die Differenz $V(z)=u-v_0$ hat die entsprechende Eigenschaft auf der Teilfläche B[1].

10.28. Fall, wo mindestens die eine der Flächen $B+\alpha$, $A+\beta$ nicht kompakt ist und ihr idealer Randteil positives Maß hat. In diesem Fall läßt sich zeigen, daß das Problem, falls es lösbar ist, eine *einzige* Lösung besitzt.

Zum Beweis nehmen wir an, es sei z.B. $A+\alpha$ nicht kompakt und das harmonische Maß des kompakten Randteils α sei

$$\int_\alpha d\omega_\alpha(\zeta,z)<1$$

(und also nichtkonstant in A).

Seien dann u_1 und u_2 zwei Lösungen des Problems. Aus den Bedingungen 1°. und 2°. folgt, daß die Differenz $u_1-u_2=u$ auf der ganzen Fläche R harmonisch fortsetzbar und sowohl in A als in B *normiert* ist.

Nach dem Maximumsatz (10.19.) nimmt also u sein Maximum auf $A+\alpha$ in einem Punkt $z=z_0$ auf α an. Nun ist die Funktion u nach dem Satz von 10.22. auch in dem (zu A komplementären) Teilgebiet $B-G$ von B normiert, und sie erreicht also ihr Maximum auf $B-G+\alpha$ ebenfalls im Punkte $z=z_0$. Der Wert $u(z_0)$ ist also ein absolutes Maximum von u auf R, und u ist somit gleich einer Konstanten C.

Nun wird auf der Teilfläche A:

$$\begin{aligned}u_1(z)-u_0(z)&=\int_\alpha(u_1(\zeta)-u_0(\zeta))\,d\omega_\alpha(\zeta,z)\\&=\int_\alpha(u_2-u_0+C)\,d\omega_\alpha=u_2-u_0+C\int_\alpha d\omega_a.\end{aligned}$$

Die Konstante $C=u_1-u_2$ ist also gleich

$$C\int_\alpha d\omega_\alpha,$$

und da das letzte Integral nicht konstant ist, so muß $C=0$ und $u_1=u_2$ sein, w.z.b.w.

[1] Verwandte Konstruktionen bei SARIO [3].

10.29. Existenzbeweis. Man konstruiert, analog wie in Kap. IV, § 4, die Lösung u nach dem alternierenden Verfahren von SCHWARZ, wie folgt.

Man bilde zunächst in A bzw. B eine Folge von harmonischen Funktionen $U_0 = u_0$, $U_1, \ldots, U_n, \ldots$ bzw. $V_0 = v_0$, $V_1, \ldots, V_n, \ldots$, die als *normierte* Lösungen durch die Randbedingungen $(n \geqq 1)$

$$\left.\begin{aligned} U_n &= V_{n-1} + v_0 - u_0 \quad \text{auf } \alpha \\ V_n &= U_n \quad + u_0 - v_0 \quad \text{auf } \beta \end{aligned}\right\} \tag{10.12}$$

eindeutig bestimmt sind.

Unter Anwendung des verschärften Maximumprinzips (10.4′) erhält man, genau wie in Kap. IV, § 4, für die Summen

$$\sum (U_{n+1} - U_n), \qquad \sum (V_{n+1} - V_n)$$

in A bzw. B eine geometrische Reihe als Majorante, und es existieren in diesen Gebieten die harmonischen Grenzfunktionen $U_n \to U$, $V_n \to V$, welche der Normierungsbedingung genügen. Im Durchschnitt $A\,B = G$ wird

$$u \equiv U + u_0 = V + v_0.$$

Diese Funktion u hat offenbar alle verlangten Eigenschaften, und der Existenzbeweis ist vollendet.

10.30. Nullberandete Flächen. Gehört R dieser Flächenklasse an, so läßt sich das SCHWARZ-NEUMANNsche Verfahren von Kap. IV, § 5 ohne wesentliche Modifikationen verwenden. Zunächst ergibt sich aus dem Maximumprinzip (vgl. 10.12.), daß die Lösung *u bis auf eine additive Konstante eindeutig bestimmt ist.*

Zweitens folgt aus dem Homologiesatz von 10.12. für die konjugierte Funktion u' einer Lösung u als notwendige Bedingung

$$\int_\gamma d(u' - u_0') = \int_\gamma d(u' - v_0')$$

auf der (zu α und β homologen) Kurve γ in $A\,B$. Es ist also notwendig für die Lösbarkeit des Problems, daß

$$\int_\gamma du_0' = \int_\gamma dv_0', \tag{10.13}$$

d.h., daß auch die konjugierte harmonische Funktion $u_0' - v_0'$ von $u_0 - v_0$ im Ringgebiet $A\,B$ *eindeutig* ist.

Drittens zeigt man, daß diese Bedingung auch hinreichend ist für die Existenz einer Lösung. Um eine solche zu konstruieren, setzt man wieder den Algorithmus (10.12) an. Beachtet man, daß auch im nichtkompakten Gebiet B der Homologiesatz von 10.12. und das Maximumprinzip (10.4) gilt, so ergibt sich die Konvergenz der Folgen $U_n \to U$,

$V_n \to V$ in A bzw. B genau wie in Kap. IV, § 5[1], und die in AB erklärte Funktion

$$u = U + u_0 = V + v_0$$

hat alle verlangten Eigenschaften.

Man bemerke, daß die Differenzen $U = u - u_0$ und $V = u - v_0$ wegen der Normierungsbedingung 1°. bzw. 2°. ein endliches DIRICHLET-Integral über A bzw. B besitzen (Satz von 10.23.).

10.31. Anwendung auf singuläre Flächen. Es sei R eine positiv berandete Fläche, die in bezug auf eine kompakte Teilfläche R_0 den in 10.18. erklärten *singulären* Charakter hat. Wir können jetzt den in Aussicht gestellten Beweis dafür erbringen, daß diese Eigenschaft von der Wahl des „Loches" R_0 unabhängig ist.

In 10.20. haben wir gesehen, daß der singuläre Charakter von R in bezug auf eine Teilfläche R_0 als Folgerung nach sich zieht, daß auf R keine nichtkonstante eindeutige und beschränkte Potentialfunktion existiert. Dieser Satz läßt sich nun umkehren:

Notwendig und hinreichend, damit die positiv berandete Fläche R keine nichtkonstante beschränkte Potentialfunktion tragen kann, ist, daß es eine kompakte Teilfläche $R_0 < R$ gibt, so daß das Komplement singulär ist[2].

Wir haben nur noch die Notwendigkeit nachzuweisen. Hierzu zeigen wir:

Wenn die Fläche $R - R_0$ für eine kompakte Teilfläche R_0 nicht singulär ist, so existiert auf R eine nichtkonstante eindeutige und beschränkte harmonische Funktion.

Zum Beweis nehmen wir an, $R - R_0$ sei nicht singulär und haben definitionsgemäß dann auf $R - R_0 + \Gamma_0$ eine eindeutige und beschränkte Potentialfunktion $u_0(z)$, die für keinen Wert der Konstanten λ mit dem Potential

$$\int_{\Gamma_0} u_0(\zeta)\, d\omega(\zeta, z) + \lambda\,(1 - \omega(z)) \tag{10.14}$$

übereinstimmt, wobei $d\omega$ das harmonische Maß eines Bogendifferentials von Γ_0 (in bezug auf $R - R_0$) ist.

Wir lösen nun das Problem von 10.27., indem wir $\alpha = \Gamma_0$, $A = R - R_0$ wählen und $v_0 = 0$ setzen. So finden wir eine auf ganz R eindeutige und harmonische Funktion u, für welche die Differenz $u - u_0$ in $R - R_0$ normiert ist, so daß

$$u = u_0 + \int_{\Gamma_0} (u - u_0)\, d\omega.$$

[1] Um den Hilfssatz von 4.35. zu verwenden, hat man zunächst das Ringgebiet $G = AB$ gemäß dem RIEMANNschen Abbildungssatz auf einen Kreisring abzubilden.

[2] Hierbei nehmen wir an, daß das Komplement zusammenhängend ist.

Hieraus ist erstens zu sehen, daß u auf A und also auf ganz R beschränkt ist, und zweitens, daß u nicht konstant ist. Dann wäre u gleich einer Konstanten c, so würde $u_0(z)$, gegen Voraussetzung, die spezielle Form (10.14) haben mit dem Wert $\lambda = c$. Damit ist die Konstruktion ausgeführt.

Nunmehr folgt auch, daß der singuläre Charakter der Fläche R von der Wahl von R_0 unabhängig ist.

10.32. ABELsche Normalpotentiale. Die obigen Existenzsätze erlauben auf einer beliebigen RIEMANNschen Fläche R gewisse normierte Potentialfunktionen zu konstruieren, welche im Falle einer geschlossenen Fläche mit den Normalintegralen zusammenfallen, die für die klassische Theorie der ABELschen Integralen grundlegend sind (vgl. Kap. V) und die auch das Fundament für eine Erweiterung jener Theorie auf offene RIEMANNsche Flächen bilden. Wir wollen im folgenden die wichtigsten solcher Integrale zusammenstellen.

10.33. Normalpotentiale dritter Gattung. Als ein Normalpotential dritter Gattung bezeichnen wir eine eindeutige normierte Potentialfunktion u auf R, die mit Ausnahme von endlich vielen logarithmischen Polen harmonisch ist.

Die Verhältnisse werden hier wesentlich verschieden ausfallen, je nachdem die gegebene Fläche R positiv- oder nullberandet ist.

Im ersteren Fall gibt es zu jedem vorgegebenen Punkt $z = \zeta$ genau eine normierte harmonische Funktion auf R, die in $z = \zeta$ einen logarithmischen Pol mit dem Residuum μ, also eine Entwicklung $-\mu \log |z - \zeta| +$ harmonische Funktion hat. Dies ist für $\mu = 1$ nichts anderes als die GREENsche Funktion $g(z, \zeta)$ von R.

Falls hingegen R nullberandet ist, so ergibt sich nach dem Residuensatz, angewandt auf die Kovariante $u_x + i u'_x$ in einer berandeten Teilfläche R_0, welche die Pole $\zeta_1, \ldots, \zeta_q$ enthält, nach 10.12., daß die entsprechenden Residuen $\mu_1, \ldots, \mu_q$ die Summe Null haben müssen:

$$\sum_{i=1}^{q} \mu_i = 0.$$

Diese Bedingung ist auch hinreichend für die Existenz der Potentialfunktion u mit den vorgegebenen Singularitäten. Diese läßt sich entweder direkt nach dem alternierenden Verfahren konstruieren oder auch so, daß man zunächst das normierte Elementarpotential $u = u(z; z_1, z_2)$ mit den Entwicklungen

$$u = (-1) \log |z - z_\nu| + \text{ harmonische Funktion}$$

in den Polen $z = z_\nu$ $(\nu = 1, 2)$ bildet, und die gesuchte allgemeinere Potentialfunktion als Linearkombination von solchen Elementarpotentialen darstellt.

Jedenfalls ist die Lösung der Aufgabe durch die gegebenen Bedingungen (Singularitäten und Normiertheit) *eindeutig* bestimmt. Für eine nullberandete Fläche R kann man die letzte Bedingung sogar durch die schwächere der Beschränktheit der Lösung (in der Umgebung des idealen Randes) ersetzen (vgl. 10.16.)[1].

10.34. Normalpotentiale zweiter Gattung. Ein solches Potential u soll *einen* Pol $z=\zeta$ mit dem singulären Bestandteil

$$u_0 + i\,u_0' = \frac{c}{z-\zeta} \qquad (c \text{ konstant})$$

besitzen. Die SCHWARZ-NEUMANNsche Methode von 10.29. und 10.30. ist hier ohne weiteres anwendbar wegen der Eindeutigkeit von u_0 und u_0' in der Umgebung der Singularität $z=\zeta$. Das normierte Potential u ist wieder eindeutig bestimmt, falls die Fläche positiven Rand Γ hat. Für eine nullberandete Fläche bleibt eine additive Konstante unbestimmt.

Analog ergibt sich das normierte Potential mit einem höheren Pol

$$u_0 + i\,u_0' = \frac{c}{(z-\zeta)^n} + \cdots,$$

wo n eine positive ganze Zahl ist.

10.35. Potentiale erster Gattung. Auch diese Potentiale können hergestellt werden wie in 5.15. Man konstruiert zunächst für ein Punktepaar $z=\zeta_1$, $z=\zeta_2$ eines Parameterkreises A zu dem singulären Bestandteil

$$u_0 = \frac{1}{\pi} \arg \frac{z-\zeta_1}{z-\zeta_2},$$

dessen konjugierte Funktion eindeutig ist, die entsprechende normierte Potentialfunktion

$$v = v\,(z;\,\zeta_1,\zeta_2)\,.$$

Sie ist außerhalb eines im Kreise A verlaufenden, die Punkte ζ_1 und ζ_2 verbindenden Jordanbogen γ_{12} eindeutig, erleidet aber beim Überschreiten von γ_{12} einen Sprung der Größe 1.

Ist nun γ eine geschlossene Jordankurve, welche die Fläche R *nicht zerlegt*, so wähle man auf γ n Punkte $\zeta_1, \ldots, \zeta_n$, $\zeta_{n+1}=\zeta_1$ und bezeichne den Teilbogen $\widehat{\zeta_\nu \zeta_{\nu+1}}$ $(\nu = 1, \ldots, n)$ mit $\gamma_{\nu\nu+1}$. Es ist dann

$$v\,(z;\,\gamma) = \sum_{\nu=1}^{n} v\,(z;\,\zeta_\nu,\zeta_{\nu+1})$$

eine Potentialfunktion, die im Gebiet $R-\gamma$ eindeutig und normiert ist. Sie läßt sich auf R unbeschränkt harmonisch fortsetzen und hat auf jedem geschlossenen Weg γ', der auf $R-\gamma$ die zwei Ufer von γ verbindet, die Periode 1.

---

[1] Eine ähnliche Konstruktion findet man bei SARIO [3].

§ 5. Automorphe Potentiale[1].

10.36. Methode der universellen Überlagerungsfläche. Die wichtigsten der oben untersuchten Existenzprobleme lassen sich auch mit Hilfe der Theorie der konformen Abbildung durch folgendes Konstruktionsprinzip lösen.

Man sucht eine Potentialfunktion u, die auf der gegebenen RIEMANNschen Fläche R oder, allgemeiner, auf einer kompakten oder nichtkompakten Teilfläche $R_0 \subset R$, gewisse vorgeschriebene Eigenschaften (Randeigenschaften, Singularitäten) besitzt. Man konstruiere dann die universelle Überlagerungsfläche $\hat{R}_0$ von R_0 und bilde $\hat{R}_0$ nach dem RIEMANNschen Abbildungssatz auf einen Kreis E: $|t| < \varrho$ ($\varrho < \infty$ oder $\varrho = \infty$) ab. Mit Ausnahme gewisser elementarer Fälle wird der hyperbolische Fall vorliegen; für E kann man dann den Einheitskreis $|t| < 1$ nehmen. Durch die Abbildung $E \to R_0$ überträgt sich das gesuchte Potential u und stellt eine eindeutige Potentialfunktion $u(t)$ in E dar, welche in bezug auf die Gruppe (T) der Decktransformationen der Fläche $\hat{R}_0$ (welche die Grundfläche R_0 invariant lassen) *automorph* ist. Die gegebenen besonderen Bedingungen für u ergeben für das automorphe Potential $u(t)$ gewisse entsprechende Bedingungen. Der Umstand, daß u jetzt in einem *Kreise* erklärt ist, erlaubt in manchen Fällen das automorphe Potential einfach zu konstruieren.

10.37. Normierte Lösungen des Randwertproblems. Als erstes Beispiel wollen wir die obige Methode für das in § 3 untersuchte Problem anwenden. Sei also wieder R_0 eine kompakte, von der Kurve Γ_0 begrenzte Teilfläche einer RIEMANNschen Fläche, und $\overline{R}_0$ das Komplement $\overline{R}_0 = R - R_0$. Auf der Jordankurve Γ_0 soll eine stetige Menge $f_0(\zeta)$ von Werten vorgegeben sein, und es handelt sich um die Konstruktion der normierten Lösung u der entsprechenden Randwertaufgabe in $\overline{R}_0$.

Nach dem oben geschilderten Vorgang bilden wir nun die universelle Überlagerungsfläche $\hat{\overline{R}}_0$ von $\overline{R}_0$, die unter den gegebenen Bedingungen vom hyperbolischen Typus ist, auf den Einheitskreis E: $|t| < 1$ eineindeutig und konform ab. Nach den Hauptsätzen über die Ränderzuordnung bei konformer Abbildung ist die Abbildung noch auf der Randkurve Γ_0 stetig. Ihr entspricht auf der Peripherie $|t| = 1$ eine offene Punktmenge (τ) und diese zerfällt in abzählbar viele Bögen α_ν, welche vermöge der Decktransformationen (T) aufeinander bezogen sind. Einem Bogenelement auf Γ_0 sind demnach unendlich viele Bogenelemente $d\vartheta_1$, $d\vartheta_2, \ldots$ ($\tau = e^{i\vartheta}$) zugeordnet, und das harmonische Maß

[1] Die in diesem Paragraphen untersuchten Fragen, die an und für sich von so großer Bedeutung sind, daß sie in der Uniformisierungstheorie berücksichtigt werden müssen, spielen in den späteren Paragraphen keine wesentliche Rolle. Der Leser kann also ohne Schwierigkeit die Lektüre direkt in § 6 fortsetzen.

$d\omega(\zeta, z)$ jenes Elementes geht durch die Abbildung $\overline{R}_0 \to E$ $(z \to t, \zeta \to \tau)$ in die Summe

$$d\omega = \frac{1}{2\pi} \sum_{\nu} \frac{1 - r^2}{1 + r^2 - 2r\cos(\vartheta - \varphi)}\, d\vartheta_\nu \qquad (t = r\, e^{i\varphi})$$

über. Dieser Ausdruck ist gegenüber den Transformationen T invariant, was auch aus der Form von $d\omega$ hervorgeht, da nämlich das Differential

$$\frac{(1 - r^2)\, d\vartheta}{1 + r^2 - 2r\cos(\vartheta - \varphi)} \tag{10.15}$$

gegenüber jeder konformen Selbstabbildung des Kreises E invariant bleibt.

Angenommen, es sei

$$u = \int_{\Gamma_0} f_0(\zeta)\, d\omega(\zeta, z) \tag{10.16}$$

die Lösung des gestellten Problems, so geht sie durch die Transformation $\overline{R}_0 \to E$ in die Funktion

$$u(t) = \frac{1}{2\pi} \int_{\vartheta=0}^{2\pi} \varphi_0(e^{i\vartheta})\, \frac{(1 - r^2)\, d\vartheta}{1 + r^2 - 2r\cos(\vartheta - \varphi)} \tag{10.17}$$

über, wo $\varphi_0(\tau) = f_0(\zeta)$ zu setzen ist für jeden Randpunkt $\tau = e^{i\vartheta}$, der dem Punkt ζ zugeordnet ist, während $\varphi(\tau) = 0$ sein soll auf dem (abgeschlossenen) Komplement β der Punktmenge $\alpha = \sum \alpha_\nu$ bezüglich der Peripherie $|\tau| = 1$.

Diese Betrachtung läßt sich nun *umkehren*: Man konstruiert zunächst die den Randwerten $f_0(\zeta)$ zugeordnete Randwertmenge $\varphi_0(\tau) = f_0(\zeta)$ und setzt dann das Poissonsche Integral (10.17) an. Nach der Theorie des Poissonschen Integrals stellt es eine für $|t| < 1$ reguläre Potentialfunktion dar, die in jedem Punkt der offenen Menge $\alpha = \sum \alpha_\nu$ die verlangten Randwerte $\varphi_0(\tau) = f_0(\zeta)$ hat. Ferner ist sie wegen der Invarianz von $\varphi_0(\tau)$ und des Kerndifferentials (10.15) gegenüber den Substitutionen der Gruppe (T) *automorph*. Geht man nun zur Fläche R_0 zurück, so wird sie also in ein eindeutiges Potential mit dem verlangten Randwerten f_0 auf Γ_0 transformiert. Ferner läßt sie sich in der Form (10.16) darstellen und fällt somit mit der *normierten* Lösung zusammen.

10.38. Wir wollen noch nachsehen, was die Bedingung der *Normiertheit* für das Randverhalten des automorphen Potentials $u(t)$ bedeutet. Die Normierung entspricht der Eigenschaft der Randwertmenge φ_0, daß $\varphi_0(\tau) = 0$ in jedem Punkt τ des Komplementes β von $\alpha = \sum \alpha_\nu$ zu setzen ist. Nehmen wir nun an, daß β einen inneren Punkt τ enthält; dann ist $u(t)$ noch in diesem Punkt stetig und hat den Randwert Null.

Im allgemeinen wird aber β keine inneren Punkte enthalten. Nach der Theorie des POISSONschen Integrals wird u dann in den Punkten β nur fast überall, d.h. mit Ausnahme einer Wertmenge vom (linearen) Maß Null, gegen Null streben, und zwar im allgemeinen nur bei radialer (oder Winkel-) Annäherung[1].

Besondere Beachtung verdient der Fall, wo das Maß der Bögen $\alpha = \sum \alpha_\nu$ gleich 2π ist und also die Menge β das LEBESGUEsche Maß Null hat.

Dieser Fall trifft dann und nur dann zu, wenn das harmonische Maß der idealen Berandung Γ von R gleich Null ist.

In der Tat hat man für das harmonische Maß von Γ_0 den Ausdruck

$$\omega(z, \Gamma_0) = \int_{\Gamma_0} d\omega(\zeta, z) = \frac{1}{2\pi} \int_{\alpha} \frac{(1 - r^2)\, d\vartheta}{1 + r^2 - 2r\cos(\vartheta - \varphi)}$$

und dieser Ausdruck ist dann und nur dann konstant gleich 1, falls α das Maß 2π und β das Maß Null hat. Die Bedingung $\omega(z, \Gamma_0) \equiv 1$ ist aber gleichbedeutend mit dem Verschwinden des harmonischen Maßes des idealen Randes Γ der Fläche R, und hieraus geht die Richtigkeit der Behauptung hervor.

10.39. Die GREENsche Funktion. Die Methode der universellen Überlagerungsfläche läßt sich, wenigstens in den einfachsten Fällen, auch zur Konstruktion von Potentialen mit vorgegebenen Singularitäten verwenden. Wir werden dies an Hand des Beispiels der GREENschen Funktion ausführen.

Wir betrachten eine offene Fläche R und nehmen an, sie hätte eine GREENsche Funktion $g(z, \zeta)$. Die Randkapazität von R ist also positiv und die universelle Überlagerungsfläche $\hat{R}$ von R ist vom hyperbolischen Typus. Nach der Fundamentalabbildung $\hat{R} \to E(|t| < 1)$ geht $g(z, \zeta)$ in eine Funktion $u(t)$ über, mit folgenden Eigenschaften.

1°. $u(t)$ ist eine eindeutige, positive Potentialfunktion für $|t| < 1$ mit Ausnahme der Punkte $t = t_\nu$ $(\nu = 1, 2, \ldots)$, welche dem Pol $z = \zeta$ zugeordnet sind.

2°. In jedem Punkt t_ν hat u einen logarithmischen Pol:

$$u(t) = \log \frac{1}{|t - t_\nu|} + \text{harmonische Funktion}.$$

Für jedes t_ν bilden wir nun die GREENsche Funktion $g(t, t_\nu)$ des Einheitskreises:

$$g(t, t_\nu) = \log \left| \frac{1 - \bar{t}_\nu t}{t - t_\nu} \right|.$$

[1] Vgl. hierzu z.B. meine Monographie [1*] sowie P. J. MYRBERG [1].

Die Differenz

$$u(t) - \sum_{\nu=1}^{n} g(t, t_\nu) \equiv u_n(t)$$

ist für jedes n in $|t| < 1$ harmonisch, mit Ausnahme von $t = t_{n+1}$, $t_{n+2}, \ldots$. Nach dem Maximumprinzip ist sie ferner für $|t| < 1$ *positiv*. Die Funktionen $u_n (n = 1, 2, \ldots)$ bilden offenbar eine monoton fallende Folge, und nach dem HARNACKschen Prinzip existiert also der Grenzwert

$$\lim u_n(t) = u_\infty(t),$$

der als eine reguläre, nichtnegative Potentialfunktion für $|t| < 1$ erklärt ist.

Hieraus folgt insbesondere die Konvergenz der Reihe

$$\sum_\nu g(t, t_\nu), \tag{10.18}$$

und es ist

$$u(t) = \sum_\nu g(t, t_\nu) + u_\infty(t). \tag{10.19}$$

10.40. Betrachten wir nun etwas näher die Summe (10.18). Für $t = 0$ ergibt sich die Konvergenz der Reihe

$$\sum_\nu{}' g(0, t_\nu) = \sum_\nu{}' \log \frac{1}{|t_\nu|}.$$

Notwendig und hinreichend für die Konvergenz der letzten Summe ist aber, daß die Abstände der Punkte t_ν von der Peripherie $|t| = 1$ eine endliche Summe haben:

$$\sum_\nu (1 - |t_\nu|) < \infty. \tag{10.20}$$

Diese Bedingung ist andererseits auch hinreichend dafür, daß die Summe (10.18) für *alle* $|t| < 1$ konvergiert, und zwar gleichmäßig für $|t| \leq r < 1$.

Ist also die Reihe (10.20) konvergent, so stellt der Ausdruck (10.18) eine mit Ausnahme der Pole t_ν reguläre und positive Potentialfunktion für $|t| < 1$ dar. Führt man eine Substitution der Gruppe (T) aus, so vertauschen sich nur die Punkte t_ν, also auch die Glieder in (10.18), und dieser Ausdruck ist also automorph in bezug auf die Gruppe (T). Geht man nun durch die Abbildung $E \to \hat{R} \to R$ zu der Fläche R zurück, so wird (10.18) in eine Funktion $U(z)$ transformiert, die auf R eindeutig, positiv und bis auf den Pol $z = \zeta$ harmonisch ist. Da $u_\infty \geq 0$, ist nach (10.19)

$$g(z, \zeta) \geq U(z).$$

Aus der Minimaleigenschaft der GREENschen Funktion ergibt sich hieraus, daß $g \equiv U$ sein muß. Es ist daher $u_\infty \equiv 0$, und die GREENsche Funktion $g(z, \zeta)$ ist also im Kreis $|t| < 1$ durch die Summe (10.18) dargestellt.

Damit ist gezeigt

Notwendig und hinreichend, daß eine offene RIEMANNsche *Fläche R nullberandet ist, ist daß die Reihe*

$$\sum_\nu (1 - |t_\nu|)$$

divergiert, wo t_ν $(\nu = 1, 2, \ldots)$ *die über einem beliebigen Flächenpunkt* $z = \zeta$ *liegenden Punkte von E sind.*

10.41. Automorphe Funktionen. Alles, was oben über den Zusammenhang zwischen Potentialfunktionen auf einer RIEMANNschen Fläche R und entsprechenden automorphen Potentialen auf der universellen Überlagerungsfläche $E = \hat{R}$ von R gesagt worden ist, läßt sich entsprechend für analytische Funktionen (Kovarianten) und automorphe Funktionen (Kovarianten) ausführen. Die allgemeinen Existenzsätze für Funktionen auf RIEMANNschen Flächen enthalten also auch den Beweis für die Existenz der fundamentalen Klassen von automorphen Funktionen. Die von POINCARÉ begründete allgemeine Theorie der automorphen Funktionen nimmt umgekehrt die Gruppe der Decktransformationen der Fläche $\hat{R}$ als Ausgangspunkt, und die automorphen Funktionen werden durch die POINCARÉschen Reihen analytisch konstruiert. Auf diese direkte Theorie der automorphen Funktionen können wir hier nicht eingehen.

§ 6. ABELsche Integrale erster Gattung.

10.42. Definition der Integrale. Unter einem ABELschen Integral erster Gattung auf einer gegebenen RIEMANNschen Fläche R wird man allgemein das Integral

$$F(z) = \int f(z)\, dz \tag{10.21}$$

einer Kovarianten $f(z)$ verstehen, die auf R *eindeutig* und überall *regulär* ist. Das Integral ist im allgemeinen mehrdeutig: auf geschlossenen Wegen, welche nicht nullhomolog sind, wird es Perioden aufweisen.

Die Kovarianten $f(z)$ erster Gattung bilden einen linearen Raum A: mit f ist λf eine Kovariante des Raumes A, und zwei Elemente f_1 und f_2 von A ergeben als Summe wieder eine solche. Während der Raum A im Falle einer geschlossenen Fläche R eine endliche Dimensionszahl (gleich dem Geschlecht p der Fläche) hat, wird die Anzahl der linear unabhängigen Elemente f für eine offene Fläche im allgemeinen unendlich sein.

10.43. Sucht man für offene Flächen R eine Lehre der ABELschen Integrale erster Gattung aufzubauen, bei welcher die wesentlichen Eigenschaften der klassischen, für geschlossene Flächen gültigen Theorie beibehalten sind, so ist die obige Erklärung eines ABELschen Integrals offenbar zu allgemein. Als eine natürliche Forderung der erweiterten Theorie wird man nämlich folgende Bedingung aufstellen: Falls eine geschlossene Fläche R durch Entfernen eines beliebigen Punktes $z = \zeta$ zu einer offenen Fläche R' gemacht wird, so soll die zu entwicklende, für offene Flächen geltende Theorie für eine solche Fläche R' mit der klassischen, für R bestehenden Theorie *identisch* sein.

Diese Bedingung ist offensichtlich bei der allgemeinen Erklärung von 10.42. noch nicht erfüllt. Denn sei R z. B. eine geschlossene Fläche vom Geschlecht p $(0 \leq p < \infty)$; dann hat der Raum A die Dimension p: er wird von einer Basis mit p linear unabhängigen Elementen aufgespannt. Betrachten wir nun die *offene*, in einem Punkt $z = \zeta$ punktierte Fläche R. Auf dieser Fläche gibt es *mehr* als p linear unabhängige Kovarianten f, welche (auf R') den Bedingungen von 10.42. genügen. Außer den p linear unabhängigen Kovarianten $f_1, \ldots, f_p$ erster Gattung auf R erklärt ja z. B. jede Kovariante *zweiter* Gattung auf R, die in $z = \zeta$ ihren Pol hat, ein Element des Raumes A auf der punktierten Fläche R'.

Diese elementare Bemerkung zeigt, daß die Erhaltung der Grundzüge der klassischen Theorie nur so ermöglicht wird, daß man den Kovarianten f gewisse einschränkende Bedingungen auferlegt, die so stark das Verhalten von f in der Umgebung des idealen Randes Γ regularisieren, daß der erwünschte Anschluß an die klassische Theorie erzielt wird. Für den Fall einer punktierten Fläche z. B. müßten diese zusätzlichen Bedingungen die Hebbarkeit der Punktierung in $z = \zeta$ implizieren, so daß die Kovarianten f in R regulär fortgesetzt werden können.

10.44. Eine solche natürliche, konform invariante Einschränkung besteht in der Forderung der *quadratischen Integrierbarkeit* der Kovarianten f (vgl. meine Arbeit [3]):

Das über die ganze Fläche R erstreckte DIRICHLET-*Integral*

$$\iint_R |f|^2 \, dx \, dy$$

soll endlich sein.

Die so definierte Unterklasse der Kovarianten A bildet wieder einen linearen Raum.

10.45. Der HILBERTsche Raum H. Wir haben schon an mehreren Stellen der vorhergehenden Untersuchung das konform invariante DIRICHLET-Integral als das Quadrat der *Norm* $\|f\|$ einer Kovarianten f definiert. Diese Idee ist für eine systematische Theorie der ABELschen

Integrale erster Gattung von grundlegender Bedeutung. Wir betrachten also im folgenden den Unterraum der Kovarianten A von *endlicher Norm*, und führen hier als inneres Produkt von zwei Kovarianten das Integral

$$(f_1, f_2) = \iint_R f_1 \overline{f_2}\, dx\, dy$$

ein. Die Norm $\|f\|$ ist dann als die positive Quadratwurzel aus

$$\|f\|^2 = (f, f) = \iint_R |f|^2\, dx\, dy$$

erklärt. Die absolute Konvergenz des inneren Produktes ergibt sich aus der Endlichkeit der Norm der Faktoren mittels der SCHWARZschen Ungleichung

$$|(f_1, f_2)| \leq \|f_1\| \cdot \|f_2\| \,\dagger,$$

welche auch die Gültigkeit der Dreiecksungleichung

$$\|f_1 + f_2\| \leq \|f_1\| + \|f_2\|$$

impliziert.

Den in dieser Weise metrisierten linearen Unterraum von A, der Gegenstand der nachfolgenden Untersuchung sein wird, bezeichnen wir mit H.

10.46. Vollständigkeit des Raumes H. Um zu zeigen, daß H ein HILBERT*scher Raum* ist müssen wir noch beweisen, daß H separabel und vollständig ist.

Die *Vollständigkeit* bedeutet das Bestehen des CAUCHYschen Konvergenzkriteriums „in Norm": Falls $f_1, f_2, \ldots$ eine unendliche Folge von Elementen aus H ist, für welche zu jedem $\varepsilon > 0$ ein $n = n_\varepsilon$ existiert, so daß

$$\|f_{n+p} - f_n\| < \varepsilon \qquad \text{für} \qquad n > n_\varepsilon, \; p > 0, \tag{10.22}$$

so soll daraus die Existenz eines Grenzelements

$$f = \lim f_n$$

von H folgen.

Diese Eigenschaft hat schon bei den Untersuchungen von Kap. IX eine wichtige Rolle gespielt. Wegen ihrer Bedeutung wollen wir den Beweis unter den gegebenen allgemeinen Voraussetzungen noch rekapitulieren.

10.47. Als Hilfsmittel benutzt man den Flächensatz von BIEBERBACH (vgl. 9.25.): Falls $F(z)$ ein reguläres analytisches Funktionselement

† Gleichheit steht hier nur, falls f_1 und f_2 linear abhängig sind.

im Kreise $|z| < 1$ ist, so gilt für die Ableitung $f(z) = F'(z)$ die Ungleichung

$$|f(z)|^2 \leq \frac{1}{\pi(1-r)^2} \iint\limits_{|z| \leq 1} |f(z)|^2 \, dx\, dy$$

für $|z| \leq r < 1$.

Gilt also die Bedingung (10.22), so hat man in einem beliebigen Parameterkreis $|z| \leq r < 1$

$$|f_{n+p}(z) - f_n(z)|^2 < \frac{\varepsilon}{\pi(1-r)^2}.$$

Da man einen beliebigen vorgegebenen kompakten Teil G von R mit endlich vielen Parameterkreisen überdecken kann, so ergibt sich hieraus das Bestehen des *gewöhnlichen* CAUCHYschen Konvergenzkriteriums für die Folge f_n. Sie konvergiert also gegen eine Größe

$$f(z) = \lim_{n \to \infty} f_n(z),$$

die als eine reguläre analytische Kovariante auf der Fläche R erklärt ist.

Es ist ferner[1], für ein festes $n > n_\varepsilon$,

$$\|f\|_G \leq \|f_n\|_G + \|f - f_n\|_G \leq \|f_n\|_G + \lim_{p \to \infty} \|f_{n+p} - f_n\|_G \leq \|f_n\| + \varepsilon$$

und, da dies für jedes $G \subset R$ gilt, auch

$$\|f\| \leq \|f_n\| + \varepsilon.$$

Die Norm von f ist also endlich, und f gehört dem Raum H an. Hiermit ist die Vollständigkeit des Raumes H erwiesen.

10.48. Separabilität. Die Separabilität von H bedeutet, daß dieser Raum mittels *abzählbar* vieler Elemente aufgespannt werden kann. Auch diese Eigenschaft könnte man direkt unter Anwendung der Analyzität der Elemente f beweisen. Wir bemerken aber hier, daß die Separabilität von H eine unmittelbare Folgerung aus dem Satz von FISCHER-RIESZ ist. Nach diesem Satz bildet jedes Funktionensystem, dessen Elemente in einem Gebiet R im LEBESGUEschen Sinn quadratisch integrierbar sind, einen HILBERTschen und deshalb einen separablen Raum. Betrachtet man also, statt der analytischen Kovarianten f, allgemeiner die Menge aller komplexwertigen, im LEBESGUEschen Sinn integrierbaren Kovarianten, die auf R quadratisch integrierbar sind, so ist diese Menge separabel. Nun ist ein Unterraum eines separablen Raumes notwendig selbst separabel.

10.49. Orthogonale Systeme. Nach dem obigen gibt es eine abzählbare Folge von Kovarianten, welche den Raum H aufspannen. Eine

[1] Wie früher, bezeichnen wir das über ein Gebiet G erstreckte DIRICHLET-Integral von f mit $\|f\|_G$.

solche Folge läßt sich nach dem SCHMIDTschen Verfahren orthogonalisieren[1], und man kommt so zu einer orthonormierten Basis

$$f_1, f_2, \ldots, f_n, \ldots$$

des Raumes:

$$(f_i, f_k) = \delta_{ik}.$$

Jede Kovariante f in H läßt sich auf eine und nur eine Weise in eine Orthogonalreihe nach der Basis (f_n) entwickeln:

$$f = \sum_n c_n f_n, \qquad c_n = (f, f_n). \tag{10.23}$$

Hier ist die Reihe nicht nur „in Norm", sondern nach 10.47. sogar im gewöhnlichen Sinn konvergent, und zwar gleichmäßig in jedem kompakten Teil G der Fläche R.

Die Quadratsumme der Beträge der Koeffizienten

$$\sum |c_n|^2$$

ist gleich dem Quadrat $\|f\|^2$ der Norm von f.

Umgekehrt definiert jede Reihe (10.23) mit konvergenter Quadratsumme der Beträge der Koeffizienten ein Element f, dessen Norm gleich der Quadratwurzel aus jener Summe ist. Die Formel (10.23) ergibt also unter der Bedingung

$$\sum |c_n|^2 < \infty$$

die Gesamtheit der Elemente f des Raumes H.

Durch Ausübung einer beliebigen unitären Transformation

$$\varphi_i = \sum_k a_{ik} f_k,$$

wo

$$\sum_h a_{ih} \overline{a_{kh}} = \delta_{ik},$$

erhält man die Gesamtheit aller orthonormierten Basissysteme von H[2].

Wir werden später die Anzahl der Basiselemente in ihrem Zusammenhang mit den topologischen Eigenschaften der Fläche R noch näher untersuchen. Dabei wird sich speziell ergeben, daß diese Anzahl für eine punktierte *geschlossene* Fläche R *endlich* und gleich dem Geschlecht p von R ist. Die oben konstruierte Basis stimmt dann mit dem in Kap. V untersuchten System überein, und der Raum H wird in diesem besonderen Fall tatsächlich mit dem Raum der klassischen ABELschen Kovarianten zusammenfallen, was oben schon als eine Forderung für die erweiterte Theorie gestellt wurde.

[1] Wir setzen voraus, daß der triviale Fall $H \equiv 0$ nicht vorliegt; auf diese Flächenklasse kommen wir später zurück.

[2] Wegen der Beweise dieser bekannten Tatsachen aus der allgemeinen Theorie der Orthogonalsysteme verweisen wir auf die einschlägige Literatur.

10.50. Die BERGMANsche Bilinearform. BERGMAN [1] und BOCHNER [1] haben in die Theorie der analytischen Orthogonalsysteme eine Bilinearform eingeführt, die für die Theorie solcher Systeme von grundlegender Bedeutung ist. Diese Form ergibt sich als Ergebnis folgender Aufgabe.

Es sei ζ ein beliebiger Punkt der Fläche R. Gesucht wird eine Kovariante $\varphi(z, \zeta)$ der Variablen z, die zum Raum H gehört und so beschaffen ist, daß der Wert $f(\zeta)$, für eine feste Wahl des lokalen Parameters zum Punkte ζ, für jede Kovariante f des Raumes H gleich dem skalaren Produkt

(10.23)
$$f(\zeta) = (f, \varphi)$$
ist.

Die Lösung dieser Integralgleichung ergibt sich leicht unter Anwendung folgenden bekannten Satzes aus der allgemeinen Theorie der linearen Operatoren[1]: Wenn $L(f)$ eine beschränkte lineare Operation der Elemente f eines HILBERTschen Raumes ist:

$$|L(f)| \leq M \|f\| \qquad (M \text{ eine endliche Konstante}).$$

so gibt es ein und nur ein Element g in H, so daß[2]

$$L(f) = (f, g).$$

Wählt man nun $L(f) = f(\zeta)$, so ist L eine lineare Operation von f, welche nach dem BIBERBACHschen Flächensatz beschränkt ist. Es gibt also tatsächlich für jedes ζ und für einen entsprechenden lokalen Parameter ein und nur ein Element $\varphi(z, \zeta)$ von H, für welches

$$f(\zeta) = (f, \varphi).$$

Sei nun $f_1(z), f_2(z), \ldots$ ein vollständiges orthonormiertes System in H. Dann sind die FOURIER-Koeffizienten des Elementes $\varphi(z, \zeta)$ nach diesem System gleich

$$c_n = (\varphi, f_n) = \overline{(f_n, \varphi)} = \overline{f_n(\zeta)} \qquad (n = 1, 2, \ldots).$$

Es ist daher

$$\varphi(z, \zeta) = \sum_n f_n(z) \overline{f_n(\zeta)}. \tag{10.24}$$

---

[1] Wir folgen hier dem Vorgang von LEHTO [1]; die Methode führt, wie von ihm gezeigt worden ist, zu der BERGMANschen Form auch unter allgemeineren Bedingungen als den hier vorausgesetzten.

[2] Die Einzigkeit von g ist einleuchtend. Zur Bestimmung von g betrachtet man den Unterraum $L(f) = 0$. Falls dieser den ganzen Raum H umfaßt, so ist $g = 0$; sonst bestimmt man g gemäß

$$g = \frac{\overline{L(h)}}{\|h\|^2} h,$$

wo $h \neq 0$ ein gegen $L(f) = 0$ senkrechtes Element von H ist.

Diese Reihe, der „Kern“[1], ist also in jedem kompakten Teil G von R gleichmäßig konvergent, und es ist

$$\sum_n |f_n(\zeta)|^2 = \|\varphi\|^2 < \infty. \tag{10.25}$$

Die BERGMANsche Form genügt der Symmetrierelation

$$\varphi(z, \zeta) = \overline{\varphi(\zeta, z)}.$$

Es ist also $\varphi(z, \zeta)$ in bezug auf den konjugierten Wert des Parameters ζ eine Kovariante des Raumes H.

Man bemerke, daß die Summen (10.24) und (10.25) wegen der Einzigkeit von φ unabhängig von der Wahl der Basis (f_n) sind.

10.51. Extremaleigenschaft des Kerns. Die BERGMAN-BOCHNERsche Kovariante hat folgende wichtige Minimumeigenschaft:

Unter allen Kovarianten $f(z)$ des Raumes H, die in einem gegebenen Punkt $z = \zeta$ (für eine feste Wahl des lokalen Parameters z) gemäß $f(\zeta) = 1$ normiert sind, hat die Kovariante

$$f_0(z, \zeta) = \frac{\varphi(z, \zeta)}{\varphi(\zeta, \zeta)} = \frac{\varphi(z, \zeta)}{\|\varphi\|^2}$$

die kleinste Norm.

Beweis. Nach der definierenden Eigenschaft des Kerns $\varphi(z, \zeta)$ ergibt sich mittels der SCHWARZschen Ungleichung

$$1 = |f(\zeta)| = |(f, \varphi)| \leq \|f\| \, \|\varphi\| = \frac{\|f\|}{\|f_0\|},$$

also

$$\|f_0\| \leq \|f\|,$$

w.z.b.w.

Die Gleichheit $\|f_0\| = \|f\|$ impliziert die lineare Abhängigkeit von f_0 und f, woraus unter Beachtung der Bedingung $f = f_0 = 1$ für $z = \zeta$ folgt, daß $f \equiv f_0$.

Bemerkung. Das obige Problem setzt offenbar voraus, daß sich der Raum H nicht auf das Nullelement reduziert; dieser Ausnahmefall kann tatsächlich vorkommen: z.B. trifft er für jede geschlossene Fläche vom Geschlecht Null zu. Wir werden später (§ 8) sehen, daß die Klasse der Flächen R vom Geschlecht Null, für welche H der Nullraum ist, identisch mit der Klasse der *schlichtartigen Flächen von verschwindender Randkapazität* ist.

10.52. Die Spanne. Der obige Extremalsatz weist auf einen Zusammenhang mit der für schlichtartige Flächen R geltenden Minimumeigenschaft von 9.37. hin. Tatsächlich ist diese letzte Eigenschaft eine

[1] BERGMAN bezeichnet die Form als die „Kernfunktion“; die obige Terminologie ist mit Rücksicht auf den kovarianten Charakter der Form wohl vorzuziehen.

unmittelbare Folgerung aus dem Satz 10.51. Um dies einzusehen betrachten wir für eine beliebige schlichtartige Fläche R, anstatt des HILBERTschen Raumes *aller* quadratisch integrierbaren Kovarianten, den Unterraum H_1 derjenigen dieser Kovarianten, die *total*, d.h. deren Integrale $F = \int f\,dz$ *eindeutig* auf R sind. Dieser Raum H_1 ist abgeschlossen[1] und deshalb selbst wieder ein HILBERTscher Raum. Die Ergebnisse von 10.51. sind daher ohne weiteres auf H_1 anwendbar. Man findet, daß die von einem vollständigen orthonormierten System $f_1, \ldots, f_n, \ldots$ von H_1 gebildete Bilinearform

$$\varphi(z,\zeta) = \sum_n f_n(z)\,\overline{f_n(\zeta)},$$

dividiert durch $\varphi(\zeta,\zeta)$, unter allen durch die Bedingung $f(\zeta) = 1$ im Punkte $z = \zeta$ normierten Kovarianten f des Raumes H_1 die kleinste Norm hat; dies setzt voraus, daß H_1 nicht der Nullraum ist, d.h. daß H_1 mindestens eine Kovariante $f \not\equiv 0$ enthält. Für das Minimum hat man dann den Wert

$$\|\varphi\|^{-1} = \Big(\sum_n |f_n(\zeta)|^2\Big)^{-\frac{1}{2}}.$$

Der Vergleich mit dem Minimumsatz von 9.37. zeigt, daß die Kovariante $\pi\varphi(z,\zeta)$ mit der Extremalkovariante von 9.37. übereinstimmt und daß die Spanne $s(\zeta)$ der Fläche R den Wert

$$s(\zeta) = \pi \sum_n |f_n(\zeta)|^2$$

hat. Die schlichtartigen Flächen R mit der Spanne Null stimmen also genau mit denjenigen Flächen überein, für welche der Unterraum H_1 der *totalen* Differentiale von endlicher Norm nur das Nullelement $f = 0$ enthält. Die *nullberandeten* schlichtartigen Flächen bilden eine echte Unterklasse der Flächen von der Spanne Null.

10.53. BERGMANsche Metrik. Unter der Voraussetzung, daß der Raum H nicht der Nullraum ist, ist die Norm

$$\|\varphi(z,\zeta)\| = \sqrt{|\varphi(\zeta,\zeta)|} = \sqrt{\sum_n |f_n(\zeta)^2|}$$

als eine nichtnegative und kovariante Größe erklärt; sie eignet sich daher zur Einführung einer RIEMANNschen Metrik auf der Fläche R. Wir definieren mit BERGMAN [1*] das invariante Differential

$$d\tau = |\varphi(z,z)|\,|dz| = \sqrt{\sum_n |f_n(z)|^2}\,|dz|$$

als die „Länge“ des Bogenelements dz.

[1] Denn ist φ_n eine Folge konvergenter totaler Kovarianten, $\varphi_n \to \varphi$, so ist $\int \varphi\,dz = 0$ längs jedes 1-Zyklus und daher φ ebenfalls total; es ist nämlich eine Kovariante genau dann total, wenn ihr Integral längs jedes 1-Zyklus verschwindet.

10.54. Zwischen der BERGMANschen und der in 7.4. betrachteten POINCARÉschen Metrik besteht folgender Zusammenhang (BERGMAN [1]):

Für eine einfach zusammenhängende RIEMANN*sche Fläche R vom hyperbolischen Typus stimmen die Metriken von* POINCARÉ *und* BERGMAN *überein.*

Beweis. Weil sowohl die POINCARÉsche Bogenlänge $d\sigma$ wie die BERGMANsche $d\tau$ gegenüber konformen Abbildungen invariant ist, so genügt es gemäß des RIEMANNschen Abbildungssatzes den Beweis für den Fall zu geben, wo R der Einheitskreis E ($|z|<1$) ist. Die Menge aller analytischen Funktionen in E wird durch die Potenzen z^n ($n=0, 1, \ldots$) aufgespannt. Normiert man diese, indem man

$$f_n(z) = \sqrt{\frac{n+1}{\pi}}\, z^n$$

setzt, so wird f_n ($n=0, 1, \ldots$) eine (im Sinne der Metrik des Raumes H) orthonormierte Basis des Raumes H darstellen:

$$(f_i, f_k) = \delta_{ik}.$$

Der BERGMANsche Kern ist

$$\varphi(z,\zeta) = \frac{1}{\pi}\sum_{n=0}^{\infty}(n+1)\, z^n \bar{\zeta}^n = \frac{1}{\pi}\left(\frac{1}{1-z\bar{\zeta}}\right)^2,$$

und es wird

$$d\tau = \frac{1}{\sqrt{\pi}}\,\frac{|dz|}{1-|z|^2}.$$

Dies ist aber (bis auf den unwesentlichen Faktor $1/\sqrt{\pi}$) das POINCARÉsche Linienelement. Die Krümmung ist in diesem Fall also konstant und negativ ($= -4\pi$).

10.55. Wir betrachten nun eine ganz beliebige RIEMANNsche Fläche R, wofür der Raum H nicht zum Nullraum ausartet (vgl. 10.49. und 10.51.). Für die Krümmung K hat man den Ausdruck

$$K = -\frac{\Delta \log \dfrac{d\tau}{|dz|}}{\left(\dfrac{d\tau}{|dz|}\right)^2}.$$

Schreibt man hier

$$\left(\frac{d\tau}{|dz|}\right)^2 = \sum f_n(z)\, \overline{f_n(z)},$$

so ergibt sich gemäß der Formel (vgl. 3.9.)

$$\Delta u = 4\,\frac{\partial^2 u}{\partial z\, \partial \bar{z}},$$

da $\frac{\partial f}{\partial \bar{z}} = 0$ für eine analytische Funktion von z gilt[1] (BERGMAN [1*]),

$$K = -2 \frac{\sum |f_n|^2 \sum |f_n'|^2 - |\sum f_n \overline{f_n'}|^2}{(\sum |f_n|^2)^3}.$$

Nach der LAGRANGEschen Identität ist aber der Zähler gleich

$$\tfrac{1}{2} \sum_{ik} |f_i f_k' - f_k' f_i|^2,$$

und es wird also

$$K = -\frac{\sum\limits_{ik} |f_i f_k' - f_k f_i'|^2}{\left(\sum\limits_{n} |f_n|^2\right)^3}.$$

Die Krümmung der BERGMAN*schen Metrik ist also nicht positiv.* Null wird sie dann und nur dann, wenn

$$d \log f_i = d \log f_k \qquad (i, k = 1, 2, \ldots);$$

dies trifft aber genau dann zu, falls das Verhältnis $f_1 : f_2 : \ldots$ konstant ist. Da aber die orthonormierten Kovarianten f_n linear unabhängig sind, ergibt sich, daß die Basis (f_n) dann aus einem einzigen Element f_1 besteht und der ganze Raum H von den Kovarianten $f = \lambda f_1$ mit konstantem λ gebildet wird. Dies impliziert, daß das Geschlecht der Fläche R gleich 1 ist, sofern R kompakt ist. Für die Torusfläche hat tatsächlich die BERGMANsche Metrik die Krümmung Null. Ist R offen, so ist, wie wir sehen werden (vgl. 10.86.), das Geschlecht ebenfalls 1 und der ideale Rand ein Nullrand. Die entsprechende Geometrie ist also dann *euklidisch*.

Ein anderer extremer Fall wird von den einfach zusammenhängenden Flächen R vom hyperbolischen Typ dargestellt. Wie in 10.54. gezeigt wurde, fällt die BERGMANsche Metrik in diesem Fall mit der POINCARÉschen zusammen, und die entsprechende Geometrie auf R ist die hyperbolische.

§ 7. Unterräume von quadratisch integrablen Differentialen.

10.56. Zerlegung des Raumes *H*. Der im vorigen Paragraphen betrachtete lineare Raum der quadratisch integrierbaren ABELschen Kovarianten f, der durch Einführung des DIRICHLET-Integrals als

[1] Hier ist $f_n' = df_n/dz$ gesetzt worden. Die absolute Konvergenz der folgenden Summen ergibt sich aus der Konvergenz der Reihe $\sum |f_n|^2$. Ist z ein gegebener Punkt, so betrachte man einen umgebenden Parameterkreis K und bilde das Flächenintegral jener Summe über K. Eine Anwendung des BIEBERBACHschen Flächensatzes auf jedes Glied zeigt dann, daß die mittels der ν-ten Ableitungen $f_n^{(\nu)}$ der Kovarianten f_n gebildeten Summen $\sum\limits_n |f_n^{(\nu)}|^2$ für jedes ν konvergent sind.

Normquadrat zu einem HILBERTschen Raum H gemacht worden ist, soll im folgenden in gewisse beachtenswerte Unterräume zerlegt werden[1].

Als erstes betrachten wir die Menge $[f]$ derjenigen Kovarianten in H, welche *total* sind, d.h. deren Integrale $F = \int f\,dz$ auf der gegebenen Fläche R *eindeutig* sind, so daß also alle Perioden verschwinden. Mit einer unendlichen Menge dieser Kovarianten gehört auch jedes Häufungselement (im Sinne der von der Norm bestimmten Topologie von H) zu der Menge. Wegen dieser Abgeschlossenheit bildet die Menge $[f]$ wieder einen HILBERTschen Raum (vgl. 10.48.).

Zweitens betrachten wir die Menge aller zu $[f]$ orthogonalen Elemente in H; sie bilden ebenfalls einen abgeschlossenen HILBERTschen Unterraum H' von H. Die Kovarianten dieses orthogonalen Komplements von $[f]$ sind, mit Ausnahme des Nullelementes $f \equiv 0$, nicht mehr total.

Wir zerlegen nun das Komplement H' weiter, indem wir die Menge $[\varphi]$ derjenigen Kovarianten in H betrachten, welche zu den totalen Kovarianten $[f]$ orthogonal sind und dazu der zusätzlichen Bedingung genügen, daß das Integral $\Phi = \int \varphi\,dz$ auf den *zerlegenden Wegen der Fläche R verschwindet.* Die Menge $[\varphi]$ ist abgeschlossen und erklärt somit wieder einen HILBERTschen Raum.

Schließlich sei $[\psi]$ die Menge aller Kovarianten von H, die zu $[\varphi]$ und $[f]$ orthogonal sind.

Mit Hilfe dieser drei paarweise zueinander orthogonalen „Achsen" $[f]$, $[\varphi]$, $[\psi]$ des Raumes H, läßt sich jede Kovariante von R eindeutig als Summe $f + \varphi + \psi$ schreiben, wo die Glieder die Projektionen der gegebenen Kovarianten auf die drei Achsen bezeichnen.

Im folgenden wollen wir diese Zerlegung von H konstruktiv herstellen, indem wir die Unterräume $[\varphi]$ und $[\psi]$ durch gewisse Systeme von Normalkovarianten aufspannen.

10.57. Erzeugendensystem der Homologiegruppe. Für das folgende benötigen wir ein Erzeugendensystem (γ_ν) der Homologiegruppe einer RIEMANNschen Fläche R, welches die nachstehende spezielle Eigenschaft hat:

In jeder Homologieklasse (γ_ν) *kommt ein doppelpunktfreier Weg („Rückkehrschnitt")* γ_ν *vor*[2].

[1] Für die folgende Untersuchung verweisen wir an VIRTANEN [2], wo man die Zerlegungssätze in einer etwas abweichenden Darstellung findet. Die Beweise von VIRTANEN gründen sich auf die Anwendung der BERGMANschen Bilinearform. Wegen der Spezialfälle einer nullberandeten oder einer singulären Fläche vgl. meine Arbeit [3] sowie AHLFORS [1].

[2] Es bedeutet keine Einschränkung anzunehmen, daß die Rückkehrschnitte stückweise analytisch sind; dies soll im folgenden vorausgesetzt werden.

Ein solches System ist z.B. die Menge *aller* Homologieklassen (γ) von R, welche einen Rückkehrschnitt γ enthalten. Schöpft man nämlich R durch eine monotone Folge kompakter, berandeter Teilflächen R^ν aus, so gibt es zu jedem Zyklus z eine gewisse Teilfläche R^n, in der z enthalten ist, und z ist somit zu einer Linearkombination der entsprechenden kanonischen Schnitte a_ν^n, b_ν^n und der Ränder c_ν^n homolog. Die Menge der zugeordneten Homologieklassen erzeugen somit bereits die ganze Homologiegruppe.

10.58. Sei nun (γ_ν) ein Erzeugendensystem der oben angegebenen Art. Unter den Klassen (γ_ν) fassen wir jetzt die Menge derjenigen Klassen ins Auge, welche einen Rückkehrschnitt enthalten, der die Fläche R *zerlegt*. Nach dem Hilfssatz der nachfolgenden Nr. 10.59. zerlegt *jeder* Rückkehrschnitt einer solchen Klasse die Fläche R; es ist also sinnvoll, von *zerlegenden Klassen* (γ_ν) zu sprechen. Diese Klassen bezeichnen wir mit (β); zu ihnen gehört jedenfalls die Klasse der nullhomologen Wege. Die restlichen ,,nichtzerlegenden" Klassen (γ_ν) seien mit (α) bezeichnet. Diese Menge ist für die schlichtartigen Flächen R (und nur für diese) leer.

Betrachten wir als einfaches Beispiel eine berandete Fläche vom Geschlecht p, so kann man (nach Entfernen der Ränder) für (β) die Homologieklassen der Ränder und für (α) die Klassen der kanonischen Schnitte nehmen.

10.59. Wir bringen jetzt den oben benutzten

Hilfssatz. *Es seien γ und γ' zwei homologe Rückkehrschnitte auf der Fläche R. Wenn der Weg γ die Fläche nicht zerlegt, so gilt dasselbe für den Weg γ'.*

Zum Beweis zeigen wir zunächst, daß der nichtzerlegende Weg γ jede genügend große, kompakte, berandete Näherungsfläche R^* auch nicht zerlegt. Sei nämlich P ein Punkt auf γ. In einer entsprechenden Parameterumgebung wählen wir zwei Punkte P_1 und P_2 auf verschiedenen Seiten des Weges γ (bezüglich jener Umgebung). Nach Voraussetzung gibt es dann auf R einen Verbindungsweg P_1P_2 von P_1 und P_2, der den Weg γ nicht trifft. Sei dann R^* eine Näherungsfläche, welche die Wege γ und P_1P_2 enthält. Diese Fläche R^* wird dann durch γ nicht zerlegt. Hierzu soll gezeigt werden, daß zwei beliebige Punkte Q_1 und Q_2 von R^*, welche nicht auf γ liegen, durch einen zu γ fremden Weg w auf R^* verbunden werden können. Nun läßt sich jeder Punkt Q von R^* *entweder* mit P_1 *oder* mit P_2 verbinden, ohne γ zu treffen. Wenn z.B. Q_1 mit P_1 in dieser Weise durch den Weg Q_1P_1 verbunden werden kann, und Q_2P_ν ($\nu = 1$ oder 2) ein ähnlicher Weg für das Punktepaar Q_2, P_ν ist, so hat man für $\nu = 1$ mit $Q_1P_1Q_2$, für $\nu = 2$ mit $Q_1P_1P_2Q_2$ einen von Q_1 zu Q_2 führenden Weg auf R^* konstruiert, der den Weg γ nicht trifft, und γ zerlegt also die Fläche R^* nicht.

Um den Beweis des Hilfssatzes jetzt zu erbringen, sei R^* eine Näherungsfläche, welche durch den Weg γ nicht zerlegt wird und überdies so groß ist, daß die Homologie $\gamma \sim \gamma'$ bereits auf R^* gilt. Nach dem Hilfssatz[1] von 10.2. ist der Rückkehrschnitt γ zu *keiner* Linearkombination der Ränder von R^* homolog, und dasselbe gilt somit für den Weg γ'. Dieser Weg kann somit nach dem Hilfssatz von 10.2. die Fläche R^* ebenfalls nicht zerlegen. Dann zerlegt aber γ' auch die umfassendere Fläche R nicht, w. z. b. w.

10.60. Nichtzerlegende Wege. Die Potentiale u_α. Wir wählen jetzt aus jeder nichtzerlegenden Klasse (α) einen stückweise analytischen doppelpunktfreien Weg α und konstruieren gemäß 10.35. das zugehörige Normalpotential u_α erster Gattung, welches durch folgende Bedingungen eindeutig bestimmt ist:

1. u_α ist auf der längs α aufgeschnittenen Fläche R eindeutig und harmonisch.

2. Beim Überschreiten des Rückkehrschnitts α erfährt u_α einen Sprung der Größe 1.

3. Ist R_0 ein kompakter Teil der Fläche R, der den Schnitt α enthält, so genügt u_α in dem komplementären Teil $R - R_0$ der Fläche der Normierungsbedingung (10.1) von 10.14.

Nach 10.23. ist das DIRICHLET-Integral des Differentials du_α endlich; fügen wir also zu du_α das konjugierte Differential du'_α hinzu, so ist $du_\alpha + i\,du'_\alpha$ ein Differential des Raumes H.

10.61. Zerlegende Wege. Es sei jetzt (β) eine zerlegende Klasse und β ein zugehöriger stückweise analytischer, doppelpunktfreier Weg. $R_\beta, \overline{R}_\beta$ mögen die zwei entsprechenden, zueinander komplementären Teile von R bezeichnen. Der uns interessierende Fall ist derjenige, wo beide Teilflächen $R_\beta, \overline{R}_\beta$ *nichtkompakt* sind. Sie haben dann, außer dem gemeinsamen kompakten Randteil β, noch je eine ideale Randkomponente Γ_β bzw. $\overline{\Gamma}_\beta$, welche zusammen den ganzen (idealen) Rand Γ von R bilden. Bei der nachfolgenden Untersuchung wird freilich auch der (triviale) Fall mitberücksichtigt, wo R_β oder $\overline{R}_\beta$ kompakt sind und somit die idealen Ränder Γ_β bzw. $\overline{\Gamma}_\beta$ fehlen.

10.62. Die Potentiale u_β. Jedem zerlegenden Zyklus β ordnen wir eine Potentialfunktion u_β durch folgende Konstruktion zu.

Man approximiere die Teilflächen R_β und $\overline{R}_\beta$ durch zwei Folgen von kompakten Teilflächen $R^n, \overline{R}^n$ $(n = 1, 2, \ldots)$ $(R^n \subset R^{n+1} \to R_\beta$ und $\overline{R}^n \subset \overline{R}^{n+1} \to \overline{R}_\beta)$, die sämtlich die Kurve β als gemeinsame Randkurve haben. Der zu β komplementäre Randteil von R^n sei Γ_n und derjenige von $\overline{R}^n$ sei Γ_{-n} $(n = 1, 2, \ldots)$.

[1] Man kann stets eine Triangulierung der Fläche R angeben, in welcher der (stückweise analytische) Weg als Kantenweg auftritt. Der Hilfssatz von 10.2. ist daher anwendbar.

Es bezeichne dann R_{mn} diejenige (von Γ_m und Γ_{-n} begrenzte) kompakte Teilfläche von R, die als Vereinigungsmenge von R^m und R^{-n} erklärt ist. Wir betrachten das harmonische Maß ω_{mn} von Γ_m in bezug auf die Fläche R_{mn}, d.h. diejenige Potentialfunktion auf R_{mn}, welche durch die Randwerte 1 auf Γ_m und 0 auf Γ_{-n} eindeutig festgelegt wird. Durch Wiederholung eines schon mehrmals vorgenommenen Grenzüberganges (HARNACKsches Prinzip) beweist man zunächst, daß ω_{mn} für $n \to \infty$ gegen eine Grenzfunktion $\omega_m(z)$ strebt, welche nichts anderes als das in 10.8. definierte harmonische Maß der Kurve Γ_m ist, in bezug auf das nichtkompakte, von Γ_m und der idealen Randkomponente $\overline{\Gamma}_\beta$ berandete Teilgebiet $R_m = \lim\limits_{n\to\infty} R_{mn}$. Läßt man dann weiter m unbeschränkt wachsen, so findet man unter nochmaliger Anwendung des HARNACKschen Prinzips, daß ω_m für $m \to \infty$ einen Grenzwert

$$u_\beta(z) = \lim_{m\to\infty} \omega_m = \lim_{m\to\infty} \lim_{n\to\infty} \omega_{mn}$$

hat, der als eine beschränkte Potentialfunktion $(0 \leq u_\beta \leq 1)$ auf der gegebenen Fläche R definiert ist; u_β wird als das harmonische Maß der idealen Randkomponente $\overline{\Gamma}_\beta$ in bezug auf R erklärt.

Nach 10.21. ist jedes ω_n in $R_\nu (\nu \leq n)$ *normiert*, und dasselbe gilt dann auch für die Grenzfunktion u_β auf jedem R_ν und speziell auf der Teilfläche $\overline{R}_\beta$.

10.63. Wir unterscheiden jetzt zwei Hauptfälle, je nachdem das harmonische Maß der idealen Randkomponente $\overline{\Gamma}_\beta$ in bezug auf $\overline{R}_\beta$ Null oder positiv ist.

Im ersteren Fall ist $\omega_m \equiv 1$ in $R_m (m = 1, 2, \ldots)$ und also auch $u_\beta \equiv 1$.

Im zweiten Fall gilt der Satz:

Dann und nur dann, wenn die Randkomponente Γ_β das harmonische Maß Null in bezug auf R_β hat, ist u_β konstant, und dieser konstante Wert ist Null.

Nehmen wir nämlich erstens an, daß Γ_β das harmonische Maß Null hat in bezug auf R_β, so gilt das Maximumprinzip gemäß 10.12. in R_β und, da u_β in $\overline{R}_\beta$ normiert ist, auch in $\overline{R}_\beta$. Das Potential u_β erreicht also auf der Kurve β ein Maximum und ist folglich konstant. Da es auf der Fläche $\overline{R}_\beta$, die durch die Randkomponente $\overline{\Gamma}_\beta$ *positiv* berandet ist, normiert ist, so muß (vgl. 10.28.) $u_\beta \equiv 0$ sein.

Ist dagegen das harmonische Maß ω von Γ_β in bezug auf die Teilfläche R_β *positiv*, so wird nach dem Maximumprinzip $\omega_{mn} > \omega$ im Durchschnitt $R_\beta R_{mn}$, und daraus ergibt sich $u_\beta \geq \omega$ in R_β. Wegen $\omega > 0$ ist also das Potential u_β ebenfalls positiv und dann wegen der Normiertheit in $\overline{R}_\beta$ sicher nicht konstant. Damit ist der Satz bewiesen.

10.64. Zusammenfassend haben wir also das Ergebnis, daß das Potential u_β dann und nur dann konstant ist, wenn von den harmonischen Maßen ω und $\overline{\omega}$ der Randkomponenten Γ_β und $\overline{\Gamma_\beta}$ in bezug auf die Teilfläche R_β bzw. $\overline{R}_\beta$ mindestens das eine verschwindet.

Beide Maße ω und $\overline{\omega}$ verschwinden gleichzeitig dann und nur dann, wenn die ganze Fläche $R = R_\beta + \overline{R}_\beta + \beta$ nullberandet ist.

Hat nämlich die Fläche R diese letzte Eigenschaft, so wird (nach dem Maximumprinzip) sowohl ω als $\overline{\omega}$ majoriert von dem harmonischen Maß ω_0 eines beliebig festgelegten (nicht geschlossenen) Teilbogens β_0 von β in bezug auf die Fläche $R - \beta_0$, und dieses Maß ist $\omega_0 \equiv 0$, woraus $\omega = \overline{\omega} \equiv 0$ folgt.

Umgekehrt, wenn $\omega = \overline{\omega} \equiv 0$, so ergibt sich aus dem erweiterten Maximumprinzip von 10.12., daß *jede* eindeutige, beschränkte Potentialfunktion auf R ein Maximum auf R annimmt und folglich konstant ist. Die Fläche R kann dann keine endliche GREENsche Funktion tragen und ist somit nullberandet.

10.65. Für das folgende ist noch nachstehende Bemerkung wichtig: Durch Vertauschung der Rollen der zwei Teilflächen R_β und $\overline{R}_\beta$ gelangt man zur Konstruktion des „harmonischen Maßes“ $\overline{u}_\beta$ der Randkomponente $\overline{\Gamma_\beta}$ in bezug auf die Fläche $\overline{R}_\beta$. Schließt man den Fall aus, wo R nullberandet ist, so gilt dann

$$u_\beta + \overline{u}_\beta \equiv 1\,. \tag{10.26}$$

Diese Relation besteht nämlich für die in R_{mn} erklärten Näherungsfunktionen, die für $m \to \infty$, $n \to \infty$ die Potentiale u_β und $\overline{u}_\beta$ als Grenzwerte haben. Verfolgt man diesen Grenzübergang in der in 10.62. angegebenen Weise, so ergibt sich, falls nicht R nullberandet ist (in welchem Fall $u_\beta = \overline{u}_\beta \equiv 1$), die Richtigkeit der Beziehung (10.26)[1].

---

[1] Für die Konstruktion des harmonischen Maßes u_β (bzw. $\overline{u}_\beta = 1 - u_\beta$) für eine positivberandete Fläche R gibt es weitere naheliegende Möglichkeiten. Eine Methode besteht in der Anwendung des alternierenden Verfahrens von 10.29., wobei man die Kurve β als den Schnitt γ und $u_0 \equiv 0$ zu wählen hat (vgl. BADER [1]). — Eine dritte Methode ergibt sich aus der Uniformisierungstheorie (vgl. X, § 5). Bildet man die universelle Überlagerungsfläche $\hat{R}$ von R auf den Einheitskreis $|t| < 1$ konform ab, so werden die Randpunkte $|t| = 1$ in zwei (linear) meßbare Punktmengen γ_1 und γ_2 zerlegt, so daß der Punkt $P(t)$ der Fläche R, welcher einem Punkt t ($|t| < 1$) zugeordnet ist, bei radialer Annäherung an einen Punkt γ_1 gegen Γ_β strebt, während die Menge γ_2 in ähnlicher Weise der Randkomponente $\overline{\Gamma_\beta}$ zugeordnet ist. Die zu $\gamma_1 + \gamma_2$ komplementäre Punktmenge auf $|t| = 1$ hat das (lineare) Maß Null. Die Potentiale u_β und $\overline{u}_\beta$ werden nun vermittels der POISSONschen Integrale erklärt ($t = r\,e^{i\varphi}$)

$$u_\beta = \frac{1}{2\pi}\int\limits_{\gamma_1} \frac{1 - r^2}{1 + r^2 - 2r\cos(\vartheta - \varphi)}\,d\vartheta, \qquad \overline{u}_\beta = \frac{1}{2\pi}\int\limits_{\gamma_2} \frac{1 - r^2}{1 + r^2 - 2r\cos(\vartheta - \varphi)}\,d\vartheta.$$

10.66. Die Differentiale $df_\beta = du_\beta + i\,du'_\beta$, wo u'_β zu u_β konjugiert ist, sind quadratisch integrabel auf R. Wegen der Relation (10.26) ist nämlich $d\bar{u}'_\beta = -du'_\beta$, $|\operatorname{grad} u_\beta| = |\operatorname{grad} \bar{u}_\beta|$, und es wird also gemäß der Formel (10.7), da u_β in $\bar{R}_\beta$ und $\bar{u}_\beta$ in R_β normiert ist (man beachte den Umlaufssinn bei den Kurvenintegralen),

$$\iint\limits_R |\operatorname{grad} u_\beta|^2\,dx\,dy = \iint\limits_{\bar{R}_\beta} |\operatorname{grad} u_\beta|^2\,dx\,dy + \iint\limits_{R_\beta} |\operatorname{grad} \bar{u}_\beta|^2\,dx\,dy$$

$$= \int\limits_\beta u_\beta\,du'_\beta - \int\limits_\beta \bar{u}_\beta\,d\bar{u}'_\beta = \int\limits_\beta du'_\beta,$$

womit die Behauptung bewiesen ist.

10.67. Der Raum $[f_\alpha, f_\beta]$. Wir spannen jetzt mit Hilfe der Differentiale

$$f_\alpha\,dz = du_\alpha + i\,du'_\alpha, \qquad f_\beta\,dz = du_\beta + i\,du'_\beta$$

einen (abgeschlossenen) Raum $[f_\alpha, f_\beta]$ auf und beweisen den Satz:

Der Raum $[f_\alpha, f_\beta]$ ist das orthogonale Komplement H' zum Raum $[f]$ der totalen Kovarianten.

Zum Beweis haben wir zu zeigen, daß das Bestehen der Orthogonalitätsbedingungen

$$(f, f_\alpha) = \iint\limits_R f\bar{f}_\alpha\,dx\,dy = 0, \qquad (f, f_\beta) = \iint\limits_R f\bar{f}_\beta\,dx\,dy = 0 \tag{10.27}$$

für jedes α und β notwendig und hinreichend ist, damit die quadratisch integrierbare Kovariante f total sei. Um dies einzusehen, schreiben wir $f\,dz = du + i\,du' = dF$ und haben dann zunächst

$$(f_\alpha, f) = i \int\limits_{\alpha' + \alpha''} u_\alpha\,d\bar{F} \tag{10.28}$$

als Folgerung der Formel (10.8), welche wir in der längs α aufgeschnittenen Fläche R_α auf das eindeutige und normierte Potential u_α anwenden; die Integration ist hierbei über die zwei Ufer α' und α'' von α zu führen, in positiver Richtung in bezug auf die Fläche R_α. Beachtet man, daß sich die Werte von u_α auf diesen Schnittufern um die Konstante 1 unterscheiden, so ergibt sich hieraus weiter

$$(f_\alpha, f) = i \int\limits_\alpha d\bar{F}.$$

Die erste der Orthogonalitätsbedingungen (10.27) ist somit notwendig und hinreichend, damit die Periode von $F = \int f\,dz$ auf α verschwindet:

$$\int\limits_\alpha dF = \int\limits_\alpha f\,dz = 0. \tag{10.29}$$

10.68. Wir wählen dann eine beliebige der Kovarianten f_β und haben, da das Integral $F_\beta = \int f_\beta\,dz = u_\beta + i\,u'_\beta$ als reellen Teil eine auf $\bar{R}_\beta$

eindeutige und normierte Potentialfunktion u_β hat, mit Rücksicht auf (10.8),

$$\iint\limits_{\bar{R}_\beta} f_\beta \bar{f}\, dx\, dy = i \int\limits_\beta u_\beta\, d\bar{F},$$

und durch Wiederholung desselben Schlusses auf $\bar{u}_\beta = 1 - u_\beta$ auf der Fläche R_β:

$$-\iint\limits_{R_\beta} f_\beta \bar{f}\, dx\, dy = i \int\limits_\beta (1 - u_\beta)\, d\bar{F}.$$

Die Linienintegrale sind in positiver Richtung längs β in bezug auf $\bar{R}_\beta$ bzw. R_β, also in entgegengesetzten Richtungen zu nehmen. Die Subtraktion der zwei Formeln ergibt

$$(f_\beta, f) = \iint\limits_R f_\beta \bar{f}\, dx\, dy = i \int\limits_\beta d\bar{F},$$

und die zweite Orthogonalitätsbedingung (10.27) ist also äquivalent mit der Gleichung

$$\int\limits_\beta dF = 0. \tag{10.30}$$

Notwendig und hinreichend, damit die Kovariante f zu den Kovarianten f_α und f_β senkrecht ist, ist somit das Verschwinden sämtlicher Perioden (10.29) und (10.30). Da (α, β) ein erzeugendes System der Homologiegruppe der Fläche R ist, so ist die letzte Bedingung gleichbedeutend damit, daß alle Perioden des Integrals F gleich Null sind. Damit ist gezeigt, daß der von den Kovarianten f_α, f_β erzeugte Raum $[f_\alpha, f_\beta]$ und der Raum $[f]$ der totalen, quadratisch integrierbaren Kovarianten orthogonale Komplemente sind, w. z. b. w.

10.69. Zerlegung des Raumes $[f_\alpha, f_\beta]$. Nach 10.56. haben wir jetzt im Raume $[f_\alpha, f_\beta]$ den Unterraum $[\varphi]$ derjenigen Kovarianten ins Auge zu fassen, welche auf allen *zerlegenden* Wegen der Fläche R verschwindende Perioden haben. Für das orthogonale Komplement $[\psi]$ von $[\varphi]$ in bezug auf $[f_\alpha, f_\beta]$ gilt nun der Satz:

Das orthogonale Komplement $[\psi]$ des Unterraums $[\varphi]$ wird von den Kovarianten f_β aufgespannt.

Beweis. Es sei χ eine *beliebige* Kovariante des Raumes H. Nach 10.68. ist dann das Verschwinden der Periode (10.30) des Integrals $F = \int \chi\, dz$ auf jedem Weg β die notwendige und hinreichende Bedingung dafür, daß χ zu allen Kovarianten f_β orthogonal ist. Da aber die Wege β alle zerlegenden Wege von R erzeugen, ist das damit gleichbedeutend, daß die Periode von χ längs *jedes* zerlegenden Weges verschwindet. Das orthogonale Komplement von (f_β) ist somit der Raum $[f] + [\varphi]$. Das bedeutet aber, daß der Raum $[f_\beta]$ das orthogonale Komplement zu dem von $[\varphi]$ und $[f]$ gebildeten Raum ist.

10.70. Zusammenfassung. Wir haben also folgenden Zusammenhang zwischen den drei komplementären Räumen $[f]$, $[\varphi]$ und $[\psi]$ einerseits und den Kovarianten f_α, f_β andererseits gefunden:

1. Der Raum $[\psi]$ wird von den Kovarianten (f_β) aufgespannt.

2. Das orthogonale Komplement von $[\psi] = [f_\beta]$, das von allen quadratisch integrierbaren Kovarianten gebildet wird, welche auf zerlegenden Rückkehrschnitten der Fläche R verschwindende Perioden haben, zerfällt in zwei orthogonale Komplemente $[f]$ und $[\varphi]$; die ersteren Kovarianten sind total, die letzteren nicht total. Der letzte Raum $[\varphi]$ wird von den „Normalen" der Vektoren f_α auf den Raum $[\psi] = [f_\beta]$ aufgespannt, also von den Kovarianten

$$f_{\alpha\beta} = f_\alpha - \lambda_{\alpha\beta} f_\beta, \tag{10.31}$$

wo

$$\lambda_{\alpha\beta} = \frac{(f_\alpha, f_\beta)}{\|f_\beta\|^2} \quad \text{oder} \quad = 0$$

ist, je nachdem $f_\beta \not\equiv 0$ oder $f_\beta \equiv 0$. Das Glied $\lambda_{\alpha\beta} f_\beta$ gibt hierbei die Projektion von f_α auf f_β an.

10.71. Flächen endlichen Geschlechts. Für eine offene Fläche R von *endlichem* Geschlecht p kann ein Erzeugendensystem (α), (β) in besonders übersichtlicher Weise hergestellt werden. Man wird in diesem Fall so zu gewissen interessanten Ergebnissen über die oben besprochene Zerlegung $[f] + [\varphi] + [\psi]$ geführt, und wir wollen deshalb diese Klasse von Flächen, welche durch die Raummodelle von 10.5. mit endlich vielen „Ringen" und gewissen (im allgemeinen unendlich oft verzweigten) „schlichtartigen Enden" anschaulich dargestellt werden können, einer näheren Untersuchung unterziehen.

10.72. Das System α, β. Um für eine beliebige offene Fläche R von endlichem Geschlecht p ein Erzeugendensystem α, β zu konstruieren, beweisen wir zunächst:

Wenn R durch die monotone Folge kompakter Näherungsflächen R_n ausgeschöpft wird, so wird für genügend großes n jeder Rand c von R_n die ganze Fläche R zerlegen.

Zum Beweise bemerke man, daß (vgl. 10.4.) das Geschlecht p_n von R_n von einem gewissen n an gleich p ist. Sei n so groß, daß diese Gleichheit $p_n = p$ gilt. Um jetzt zu zeigen, daß jeder Rand c von R_n die behauptete Eigenschaft besitzt, genügt es nachzuweisen, daß c jede Fläche R_m $(m > n)$ zerlegt. Das Komplement $R_m - R_n$ besteht aus gewissen kompakten Teilflächen, welche nach dem in 10.74. folgenden Hilfssatz sämtlich vom Geschlecht Null sind und je längs genau eines Randes an die Fläche R_n grenzen. Sei c ein beliebiger dieser Ränder. Da die angrenzende Teilfläche $R_m - R_n$ vom Geschlecht Null ist, so ist c zur Summe ihrer übrigen Ränder homolog. Diese sind aber auch Ränder von R_m; der Rand c ist also zu einer Linearkombination der Ränder von R_m homolog und er zerlegt daher nach dem Hilfssatz von 10.2. die Fläche R_m, w. z. b. w.

10.73. Wir gehen jetzt zur Konstruktion eines Erzeugendensystems α, β über. Dazu beginnen wir die Ausschöpfung von R mit einer Näherungsfläche R_1, die bereits das Geschlecht p hat. Als Kurven α wählen wir dann ein kanonisches System a_ν, b_ν ($\nu = 1, \ldots, p$) der Fläche R_1, als Kurven β die Ränder von R_1, zusammen mit allen Rändern der folgenden Näherungsflächen R_m. Nach 10.72. sind die entsprechenden Klassen (β) *zerlegende* Klassen von R. Die Klassen (α) sind hingegen *nichtzerlegend*, da ja ein kanonischer Schnitt a_ν bzw. b_ν nicht einmal die Fläche R_1 zerlegt.

Ferner erzeugen die Klassen (α) und (β) zusammen die ganze Homologiegruppe von R. Ist nämlich z ein beliebiger Zyklus auf R und liegt erstens z schon auf R_1, so ist er bereits eine Linearkombination der α und der Ränder β von R_1. Wenn hingegen der Zyklus z nicht auf R_1 liegt, so sei m so groß, daß er in R_m enthalten ist. Nach dem Hilfssatz von 10.74. setzt sich $R_m - R_1$ aus punktfremden Teilflächen A_ν vom Geschlecht Null zusammen, die mit R_1 je genau ein Randstück gemeinsam haben. Der Zyklus z kann also in der Form $z = z' + \sum_\nu z_\nu$ geschrieben werden, wobei z' auf R_1 und z_ν auf A_ν liegt. Da A_ν vom Geschlecht Null ist, ist z_ν zu einer Linearkombination der Ränder von A_ν homolog. Jeder Rand von A_ν ist aber Rand von R_1 oder R_m, und hiermit ist der Beweis auf den bereits erledigten Fall zurückgeführt.

10.74. Hilfssatz. Wir haben jetzt den Beweis des oben angewandten Hilfssatzes zu geben:

Seien R und $R' (\supset R)$ berandete kompakte Flächen von demselben Geschlecht p. Falls auch die Ränder von R im Innern von R' liegen, so besteht die Komplementärfläche $R' - R$ aus endlich vielen Teilflächen vom Geschlecht Null, welche je genau ein Randstück mit R gemeinsam haben.

Beweis. Die konstituierenden Teilflächen A_ν ($\nu = 1, \ldots, q$) von $R' - R$ haben je mindestens einen Rand mit R gemeinsam, und es gilt also für die Ränderzahl r von R erstens $r \geq q$. Sei p_ν und r_ν bzw. das Geschlecht und die Ränderzahl der Fläche A_ν; ihre Charakteristik ist also gleich $\chi_\nu = 2p_\nu - 2 + r_\nu$. Die Fläche R' hat $\sum_\nu r_\nu - r$ Ränder, und ihre Charakteristik ist somit $\chi' = 2p - 2 + \sum r_\nu - r$. Bei der Zusammensetzung von R und $R' - R$ addieren sich die Charakteristiken und es wird somit

$$2p - 2 + \sum_\nu r_\nu - r = 2p - 2 + r + \sum_{\nu=1}^{q} (2p_\nu - 2 + r_\nu),$$

und daher hat man

$$q = r + \sum p_\nu .$$

Wegen $r \geq q$, $p_\nu \geq 0$ ist dies nur so möglich, daß $p_\nu = 0$ und $q = r$. Die erste Gleichung besagt, daß A_ν vom Geschlecht Null ist, die zweite, daß jede Fläche A_ν nur längs eines Randes an R grenzen kann, und der Hilfssatz ist bewiesen.

10.75. Harmonische Differentiale. Was im vorhergehenden für quadratisch integrierbare analytische Differentiale ausgeführt worden ist, gilt mit geringen Modifikationen auch für harmonische Differentiale du, die auf einer RIEMANNschen Fläche R quadratisch integrierbar sind, d.h. für welche das DIRICHLET-Integral

$$\iint\limits_R |\operatorname{grad} u|^2 \, dx\, dy$$

endlich ist.

Zunächst wird die Menge (du) zu einem HILBERTschen Raum gemacht durch Einführung des (absolut konvergenten) Flächenintegrals

$$(du, dv) = \iint\limits_R \left(\frac{\partial u}{\partial x}\frac{\partial v}{\partial x} + \frac{\partial u}{\partial y}\frac{\partial v}{\partial y}\right) dx\, dy$$

als skalares Produkt der Differentiale du und dv.

Alsdann betrachtet man wieder die Unterräume $[du^1]$, $[du^2]$ und $[du^3]$ von Differentialen, von denen $[du^1]$ die totalen Differentiale du enthält, $[du^2]$ diejenigen gegen $[du^1]$ orthogonalen Differentiale du, deren Perioden auf allen zerlegenden Wegen verschwinden, und $[du^3]$ schließlich das orthogonale Komplement der zwei ersteren Räume bezeichnet.

Mit Hilfe der Transformationsformel (10.8) beweist man, daß $[du^3]$ von den oben betrachteten Differentialen $[du_\beta]$ aufgespannt wird und daß $[du^2]$ durch Projektion des Normaldifferentials du_α auf den Raum $[du^3] = [du_\beta]$ entsteht; dann wird $[du^2]$ von den „Normalen" von du_α gegen du_β (den Differenzen zwischen du_α und den erwähnten Projektionen) aufgespannt.

§ 8. Besondere Flächenklassen.

10.76. Konform invariante Klassen. Bei dem Problem der konformen Äquivalenz von RIEMANNschen Flächen gilt es, jede Äquivalenzklasse durch ein System von *konformen Invarianten* zu charakterisieren, welches genügt, um die Klasse eindeutig festzulegen. Eine vollständige Lösung dieser Aufgabe ist bis jetzt nur für die einfachsten RIEMANNschen Flächen gelungen. Bei der großen Allgemeinheit des Problems ist es auch kaum zu erwarten, daß man mit den heute bekannten Methoden wesentlich weiter kommen wird. Bei dieser Sachlage muß man sich vorläufig damit begnügen, *einzelne* konforme Invarianten für eine RIEMANNsche Fläche zu bestimmen, welche also notwendig, im allgemeinen aber längst noch nicht hinreichend sind für die konforme Äquivalenz von zwei Flächen. Solche unvollständige Invariantensysteme bestimmen dann nicht *eine* Äquivalenzklasse, sondern grenzen aus der Gesamtheit aller Äquivalenzklassen gewisse charakteristische Untermengen aus. Als konform invariante Eigenschaften, welche solche Klassenmengen bestimmen, kommen vor allem die Existenz oder die Nichtexistenz von gewissen einfachen Klassen von analytischen bzw. Potentialfunktionen in Betracht.

10.77. Die Flächenklassen R_C^0 und R_C^1. Sei C die Menge von analytischen bzw. harmonischen Differentialen, welche eine gewisse vorgegebene konform invariante Eigenschaft besitzen. Gewisse Beispiele von solchen Mengen C haben uns schon im Laufe der vorhergehenden Untersuchungen beschäftigt; wir erinnern hier nur an folgende Klassen:

1. Totale analytische Kovarianten f mit endlicher Norm.
2. Totale harmonische Differentiale du mit endlicher Norm.
3. Totale harmonische Differentiale mit beschränktem (oder halbbeschränktem) Integral.
4. Totale analytische Differentiale mit beschränktem Integral.

Diese Klassen C enthalten alle das identisch verschwindende Differential $dF = 0$ als Element (solche Klassen bilden den Gegenstand der folgenden Betrachtungen). Diese Bedingung ist immer dann erfüllt, wenn C eine lineare Mannigfaltigkeit ist.

In bezug auf eine solche Differentialklasse C kann die Gesamtheit aller RIEMANNschen Flächen R in zwei zueinander komplementäre Untermengen eingeteilt werden: in die Flächenklasse R_C^0, welche alle Flächen R umfaßt, auf denen $dF \equiv 0$ das *einzige* Differential der Klasse C ist, und in die Flächenklasse R_C^1, deren Flächen R außer $dF = 0$ mindestens *ein* Differential $dF \not\equiv 0$ tragen.

10.78. Flächenklasse R_{AD}^0. Für die Klasse C, welche in 10.77. unter der Nummer 1. angegeben wurde, wollen wir (vgl. SARIO [1], AHLFORS [1], ROYDEN [1]) die Bezeichnung $C = AD$ benutzen (totale analytische Kovarianten mit endlichem DIRICHLET-Integral).

Betrachten wir dann die Klasse R_{AD}^0 der Flächen R, welche außer $dF = 0$ kein *totales* quadratisch integrierbares Differential dF tragen können[1]. Sei R eine solche Fläche R_{AD}^0 und H der HILBERTsche Raum

[1] Diese Flächenklasse ist eingehend zuerst von SARIO in seiner Dissertation [1] untersucht worden („Flächen mit hebbarem Rand"). Vgl. auch meine Arbeit [2].

aller quadratisch integrierbarer analytischer Differentiale auf $R = R^0_{AD}$. Wir zerlegen H in der in § 7 angegebenen Art in drei orthogonale Komponenten: $H = [f] \oplus [\varphi] \oplus [\psi]$. In unserem Fall ist $[f] \equiv 0$ und daher $H = [\varphi] \oplus [\psi]$.

10.79. Flächenklassen R^0_{HD}. Wir gehen zu derjenigen Klasse C von Kovarianten über, die in 10.77. unter 2. definiert ist: die Klasse $C = HD$ aller totalen harmonischen, quadratisch integrierbaren Differentiale du. Das entsprechende *analytische* Differential $dF = du + i\,du'$ hat im allgemeinen einen *nichttotalen* Imaginärteil du', und daraus folgt, daß die Klasse AD eine Untermenge von HD ist. Hieraus schließt man weiter, daß die Menge der Flächen $R = R^0_{HD}$, auf welchen sich die Klasse HD auf das Nullelement $du = 0$ reduziert, umgekehrt eine Unterklasse von R^0_{AD} ist.

Ist nun R eine Fläche R^0_{HD}, so verschwindet im entsprechenden HILBERT-Raum H jetzt nicht nur die „Achse" $[f]$, sondern auch $[\psi]$, welche von den in § 7 konstruierten Kovarianten (f_β) aufgespannt wurde. In der Tat ist auf R^0_{HD} jede Kovariante $f_\beta \equiv 0$. Diese Kovarianten wurden nämlich den zerlegenden Rückkehrschnitten β der Fläche R zugeordnet, und zwar ist allgemein $f_\beta \equiv 0$, außer wenn *beide* durch β bestimmte Teilflächen R_β und $\bar{R}_\beta$ nichtkompakt sind und eine ideale Randkomponente Γ_β bzw. $\bar{\Gamma}_\beta$ haben, die in bezug auf die betreffende Teilfläche *positives* harmonisches Maß hat (vgl. 10.63. und 10.64.). Nur in diesem Fall ist f_β von Null verschieden, und das Integral $\int f_\beta\,dz = u_\beta + i\,u'_\beta$ hat dann als reellen Teil u_β eine beschränkte eindeutige Potentialfunktion auf R, deren DIRICHLET-Integral *endlich* ist. Das Differential du_β gehört somit der Klasse HD an; für eine Fläche $R = R^0_{HD}$ ist daher $du_\beta \equiv 0$, $f_\beta \equiv 0$ und also auch $[\psi] \equiv [f_\beta] \equiv 0$, w.z.b.w.

Auf einer Fläche R^0_{HD} reduziert sich also der Raum

$$H = [f] \oplus [\varphi] \oplus (\psi)$$

der quadratisch integrierbaren analytischen Kovarianten auf die mittlere Komponente $[\varphi]$.

Daraus folgt insbesondere eine Umkehrung des Satzes von 10.68.:

Falls $f(z)$ eine eindeutige analytische Kovariante bezeichnet, die auf einer Fläche $R = R^0_{HD}$ quadratisch integrierbar ist, so ist die Periode

$$\int_\gamma f(z)\,dz = 0$$

auf jedem zerlegenden Rückkehrschnitt γ der Fläche[1].

10.80. Flächenklassen R^0_{HB}. Wir bezeichnen mit HB die Klasse der totalen harmonischen Differentiale du, deren Integrale u auf der Fläche R *beschränkt* sind (Fall 3. in 10.77.). Die Klasse R^0_{HB} umfaßt

[1] L. AHLFORS [1], R. NEVANLINNA [2].

dann alle nullberandeten Flächen und dazu die eventuell hinzukommenden „singulären" positivberandeten Flächen (vgl. 10.18.). Aus 10.70. folgt, daß im HILBERTschen Raum H der quadratisch integrierbaren Kovarianten dann jedenfalls die Komponente $[\psi]$ fehlt, denn die aufspannenden Differentiale du_β gehören der Klasse HB an, und es ist $du_\beta \equiv 0$ auf jeder Fläche R^0_{HB}. Wir werden in 10.92. und 10.101. sehen, daß jede Fläche R^0_{HB} auch eine Fläche R^0_{HD} ist. Daraus folgt dann weiter, daß auf R^0_{HB} auch die Komponente $[f]$ verschwindet. Es gilt also für die Flächenklasse R^0_{HB} dasselbe Ergebnis, wie für die Klasse R^0_{HD} (vgl. 10.79.): der Raum H besteht aus den Teilraum $[\varphi]$ allein, der mittels der Normalkovarianten f_α von 10.70. aufgespannt wird.

Dasselbe gilt, wie oben bemerkt wurde, a fortiori für die *nullberandeten* Flächen N, denn es ist nach 10.12.

$$N < R^0_{HB};$$

auf einer Fläche N existiert kein nichtverschwindendes Differential der Klasse HB[1].

10.81. Dimensionszahl des Raumes H von quadratisch integrablen analytischen Differentialen. Für eine *kompakte* RIEMANNsche Fläche R gilt der klassische Satz (Kap. V), daß der Raum H, d. h. der Raum der ABELschen Differentiale erster Gattung, genau die durch das Geschlecht p der Fläche angegebene Dimensionszahl hat. Dieser Satz läßt sich für *offene* Flächen R auf folgende Weise verallgemeinern:

Wenn das Geschlecht p der Fläche R unendlich ist, so ist auch die Dimensionszahl q des Raumes H unendlich.

Ist hingegen p endlich, so ist entweder $q=p$ oder $q=\infty$, und zwar trifft der erste Fall genau dann zu, wenn die Fläche R nullberandet ist.

10.82. Zum Beweis zeigen wir zunächst, daß im Falle $p=\infty$ zu *jeder* natürlichen Zahl n ein System von mindestens n linear unabhängigen Differentialen des Raumes H existiert. Nach der Definition des Geschlechts (vgl. 10.4.) gibt es, falls $p=\infty$, zu jedem n eine kompakte, berandete Näherungsfläche R^*, so daß die Anzahl m der entsprechenden Paare kanonischen Schnitte (a_ν, b_ν) größer als n ist. Konstruiert man nun zu diesen $2m$ Schnitten (α) die Normaldifferentiale du_α von 10.60., so sind diese (reell) linear unabhängig und die entsprechenden analytischen Differentiale $dF_\alpha = du_\alpha + i\, du'_\alpha$ spannen einen Unterraum H_m von H auf, der von der Dimension $m>n$ ist. Da n beliebig groß gewählt werden kann, so hat also H die Dimensionszahl $q=\infty$, w. z. b. w.

Diese Betrachtung zeigt ferner, daß $q \geq p$, auch wenn das Geschlecht p endlich ist. Man braucht nur die obige Konstruktion zu wiederholen

[1] Wegen dieses Resultats vgl. meine Arbeit [2] sowie AHLFORS [1].

mit den kanonischen Schnitten (α) einer so großen Näherungsfläche R^*, daß ihr Geschlecht bereits gleich p ist; eine solche Fläche R^* existiert nach 10.4.

10.83. Wir zeigen alsdann, daß für endliches p die Gleichheit $q = p$ sicher dann gilt, wenn die Fläche R *nullberandet* ist. Zerlegen wir den Raum H in die drei Unterräume $[f]$, $[\varphi]$, $[\psi]$, so verschwinden nach 10.80. jetzt sowohl $[f]$ als $[\psi]$, und es wird $H \equiv [\varphi]$. Da aber das Geschlecht p von R *endlich* ist, so läßt sich dieser Raum $[\varphi]$ nach 10.73. mit Hilfe von genau p linear unabhängigen Kovarianten f_α aufspannen, und es ist mithin $q = p$, wie behauptet wurde.

10.84. Es soll noch bewiesen werden, daß wenn p endlich und R *positiv berandet* ist, dann die Dimension $q = \infty$. Für die Begründung dieser Behauptung müssen wir uns hier auf folgende Hauptmomente beschränken, auf deren genauere Ausführung hier nicht eingegangen werden kann.

Sei der Einfachheit halber zunächst $p = 0$, d.h. die Fläche R ist schlichtartig. Nach Kap. IX läßt sie sich auf ein Teilgebiet R_z der Zahlenebene $|z| \leq \infty$ topologisch und konform abbilden. Der ideale Rand Γ von R erhält eine reelle Darstellung durch die Menge Γ_z der Begrenzungspunkte von R_z in der z-Ebene, und da Γ ein *positives* harmonisches Maß Null hat, so gilt dasselbe für Γ_z. Nach der Theorie des harmonischen Maßes ebener Punktmengen (vgl. meine Monographie [1*], insbesondere S. 205), läßt sich Γ_z dann auf unendlich viele Weisen in zwei komplementäre, punktfremde Teile Γ_z' und Γ_z'' zerlegen, welche *beide* positives harmonisches Maß haben. Die Differentiale dieser Maße (zu analytischen Differentialen ergänzt) gehören zur Klasse H, und da man auf die angegebene Weise beliebig viele linear unabhängige solche Maße herstellen kann, so ist die Dimensionszahl $q = \infty$.

10.85. Ähnlich kann man im Falle $0 < p < \infty$ verfahren. Für eine genügend große kompakte, berandete Näherungsfläche R_0 von R zerfällt das Komplement $R - R_0$ in endlich viele punktfremde Teilflächen $R^1, \ldots, R^m$, die sämtlich *schlichtartig* sind. Durch die Beweismethode von 10.63. zeigt man, daß mindestens eine dieser Teilflächen, z.B. R^1, einen *positiven* idealen Rand Γ^1 hat. Nun bildet man R^1 wieder auf ein Gebiet R_z^1 der z-Ebene topologisch und konform ab. Als Darstellung des Randes Γ^1 hat man dann, wie oben, eine Punktmenge Γ_z^1 von positivem harmonischen Maß in der Ebene, und durch passende Zerlegungen von Γ_z^1 in zwei Untermengen von positivem harmonischen Maß konstruiert man zunächst in R^1 eine unendliche Menge von linear unabhängigen Kovarianten f^1 mit beschränkter Norm. Im vorliegenden Fall ($p > 0$) müssen diese Kovarianten noch auf die ganze Fläche R „fortgesetzt" werden, so daß eine unendliche Menge von linear unabhängigen

Kovarianten des Raumes H entsteht. Die Herstellung eines solchen Systems geschieht, ausgehend vom System f^1, mittels des Konstruktionsprinzips von 10.62. (alternierendes Verfahren)[1], und damit wird die Behauptung $q=\infty$ schließlich begründet.

10.86. Bemerkung über die BERGMANsche Metrik. Wir können jetzt auch den Nachweis für die in 10.55. aufgestellte Behauptung bringen, daß die einzigen RIEMANNschen Flächen R, für welche die BERGMANsche Metrik *euklidisch* ist, konform äquivalent sind mit einem Torus, der höchstens in einer Punktmenge von der Kapazität Null punktiert ist.

Nach 10.55. genügt es zu zeigen, daß der Raum H genau für die genannten Flächen R *eindimensional* ist. Der Satz von 10.81. zeigt aber, daß H genau dann die Dimension $q=1$ hat, wenn R das Geschlecht $p=1$ hat und, falls sie nicht kompakt ist, nullberandet ist. Eine solche offene Fläche ist aber weiter zu einem Torus konform äquivalent, der in einer Punktmenge von der Kapazität Null punktiert ist. Um das einzusehen, zerlege man nach 10.85. die Fläche R in der Form $R=R^0+R^1+\cdots+R^m$, wo R^0 kompakt, R^ν $(\nu>0)$ nichtkompakt, aber schlichtartig ist. Jedes dieser „schlichtartigen Enden" R^ν $(\nu=1,\ldots,m)$ wird auf ein Teilgebiet $R^\nu_{z_\nu}$ einer Zahlenkugel E_ν konform bezogen, und die idealen Randteile Γ^ν von R^ν, welche alle vom harmonischen Maß Null sind, erhalten hierbei „reelle" Darstellungen als Punktmengen $\Gamma^\nu_{z_\nu}$ von der Kapazität Null auf der Kugel E_ν. Löscht man nun diese Punktmengen aus und betrachtet man die erweiterten Teilgebiete $\overline{R^\nu_{z_\nu}}=R^\nu_{z_\nu}+\Gamma^\nu_{z_\nu}$ auf den E_ν, so bildet die Vereinigungsmenge $R^0+\sum_{\nu=1}^{m}\overline{R^\nu_{z_\nu}}$ eine *kompakte* RIEMANNsche Fläche $\bar{R}$ vom Geschlecht $p=1$. Die Fläche R ist zu derjenigen Teilfläche von $\bar{R}$ konform äquivalent, welche aus $\bar{R}$ durch Entfernen der Punktmenge $\sum_{\nu=1}^{m}\Gamma^\nu_{z_\nu}$ entsteht. Da R nullberandet ist, so hat diese Punktmenge das harmonische Maß Null (Kapazität Null), und der Beweis ist erbracht.

10.87. Die zweite Randwertaufgabe. Um die Untersuchung der Beziehungen zwischen den verschiedenen Flächenklassen R^0 weiter zu führen, sollen vorbereitenderweise einige Bemerkungen über die sog. zweite Randwertaufgabe der Potentialtheorie gemacht werden.

Es sei G eine kompakte, von q geschlossenen, stückweise analytischen Jordankurven $\Gamma_1,\ldots,\Gamma_q$ begrenzte Teilfläche einer RIEMANNschen Fläche R. Auf dem Rand $\Gamma=\sum_{i=1}^{q}\Gamma_i$ sei eine stetige reelle Funktion $\varphi(\zeta)$

---

[1] Auch könnte man hier das „Verfahren der universellen Überlagerungsfläche" von § 5 verwenden.

gegeben. Es gilt eine eindeutige Potentialfunktion u auf G so zu bestimmen, daß u auf Γ stetig ist und die innere Normalableitung φ hat.

10.88. Eindeutigkeit. Falls eine Lösung existiert, so ist sie bis auf eine additive Konstante wohlbestimmt. Die Differenz u_0 zweier Lösungen hat nämlich eine verschwindende Normalableitung auf Γ, und das DIRICHLET-Integral muß verschwinden:

$$\iint_G |\operatorname{grad} u_0|^2 \, dx\, dy = \int_\Gamma u_0 \frac{\partial u_0}{\partial n} \, ds = 0.$$

Also ist $\operatorname{grad} u_0 = 0$, $u_0 = \text{const}$, womit die Behauptung nachgewiesen ist.

Eine notwendige Bedingung für die Existenz einer Lösung u ist das Verschwinden des Integrals

$$\int_\Gamma \frac{\partial u}{\partial n} \, ds = \int_\Gamma \varphi \, ds = 0. \tag{10.32}$$

10.89. Existenz. Nehmen wir an, u sei eine Lösung des Problems. Unter den gegebenen Randbedingungen hat sie dann ein endliches DIRICHLET-Integral, und das Differential du gehört also zu der unter 10.75. behandelten Differentialklasse; dasselbe gilt auch für das konjugierte Differential du'. Daher läßt sich aus den zwei zueinander orthogonalen Räumen $[du^1]$ und $[du^2] \oplus [du^3]$ je ein wohlbestimmtes Differential du^1, dU bestimmen, so daß

$$du' = du^1 + dU, \tag{10.33}$$

wo du^1 total ist.

Der Raum $[d\,U^1]$ wird im vorliegenden Fall von endlicher Dimension sein. Stellt man nämlich G in der kanonischen Gestalt von 7.31. dar, so bilden die kanonischen (nichtzerlegenden) Schnitte a_ν, b_ν $(\nu = 1, \ldots, p)$ zusammen mit den q Randkurven $\Gamma_1, \ldots, \Gamma_q$ ein erzeugendes System der Homologiegruppe von G, und der Raum $[dU]$ wird von den folgenden Differentialen aufgespannt:

1. Die harmonischen Differentiale du_{b_ν} $(\nu = 1, \ldots, p)$, deren Integrale u_{b_ν} auf der längs b_ν aufgeschnittenen Fläche G eindeutig und normiert sind und die beim Überschreiten von b_ν einen Sprung der Größe 1 erleiden.

2. Die harmonischen Differentiale du_{a_ν} $(\nu = 1, \ldots, p)$, welche in bezug auf die längs a_ν aufgeschnittene Fläche G die entsprechende Eigenschaft besitzen.

3. Die Differentiale der harmonischen Maße ω_μ $(\mu = 1, \ldots, q)$ der Randkurven Γ_μ in bezug auf G.

Jeder Zweig des Potentials U ist auf den Randkurven Γ_i konstant, und es ist also $\frac{\partial U'}{\partial n} = \frac{\partial U}{\partial s} = 0$ auf Γ. Das Potential u^1 ist in G eindeutig, und für die Normalableitung der konjugierten Funktion $u^{1'}$ in einem Punkt ζ des Randes gilt also wegen

$$-du = du^{1'} + dU'$$

die Gleichheit

$$\frac{\partial u}{\partial n} = -\frac{\partial u^{1'}}{\partial n} = -\frac{\partial u^1}{d s} = \varphi.$$

Wir lassen nun den Punkt ζ, ausgehend von einem Randpunkt ζ_0, die Begrenzung Γ beschreiben. Dann ist auf Γ

$$\frac{\partial u^1}{d s} = -\varphi,$$

also

$$u^1(\zeta) = -\int_{\zeta_0 \zeta} \varphi\, ds + \text{const}.$$

Bezeichnen wir also das letzte Integral mit $f(\zeta)$, so unterscheidet sich jeder Zweig von $u^1(z)$ in G nur um eine Konstante von der Potentialfunktion

$$-\int_\Gamma f(\zeta)\, d\omega(\zeta, z),$$

und es ist also

$$u'(z) = -\int_{\Gamma} f(\zeta)\, d\omega(\zeta, z) + \sum_{i=1}^{p} \lambda_i u_{b_i} + \sum_{i=1}^{p} \mu_i u_{a_i} + \sum_{i=1}^{q} \nu_i \omega_i + \text{const},$$

wo λ_i, μ_i, ν_i reelle Konstanten sind.

Hat also das Problem eine Lösung u, so hat sie die Form[1]

$$u(z) = \int_\Gamma f(\zeta)\, d\omega'(\zeta, z) - \sum_{i=1}^{p} (\lambda_i u'_{b_i} + \mu_i u'_{a_i}) - \sum_{i=1}^{q} \nu_i\, \omega'_1 + \text{const}.$$

Umgekehrt können wir nun diesen Ausdruck direkt bilden und zeigen, daß er die gesuchte Lösung des Problems darstellt. Unmittelbar ist zu sehen, daß u in G harmonisch ist und daß die Randbedingung $\partial u/\partial n = \varphi$ auf Γ erfüllt ist, und zwar gilt dies für jede Wahl der unbestimmten Koeffizienten λ_i, μ_i, ν_i. Es bleibt also nur übrig zu zeigen, daß diese Konstanten so bestimmt werden können, daß u *eindeutig* wird. Hierzu ist notwendig und hinreichend, daß die Perioden von u auf den Kurven a_ν, b_ν, Γ_μ verschwinden. Diese Bedingung führt zu einem linearen Gleichungssystem mit $2p+q$ Gleichungen und ebensovielen Unbekannten. Daß dieses System auflösbar ist, zeigt man unter

[1] ω' bezeichnet hier die Konjugierte von ω in bezug auf die Variable z.

Berücksichtigung der Bedingung (10.32) durch eine Betrachtung, die analog zu den Ausführungen in 9.9. ist, und die hier dem Leser überlassen werden soll.

10.90. Die NEUMANNsche Funktion. Es sei, wie oben, G eine kompakte Teilfläche einer RIEMANNschen Fläche R und $\Gamma = \sum_{i=1}^{q} \Gamma_i$ ihre Begrenzung. Für zwei gegebene Punkte $z = a_1$, a_2 der Fläche G suchen wir eine Funktion $\gamma(z;\, a_1, a_2)$ mit den folgenden Eigenschaften:

1. $\gamma(z;\, a_1, a_2)$ ist in G eindeutig und harmonisch, mit Ausnahme von $z = a_\nu$ $(\nu = 1, 2)$, wo sie die Entwicklung

$$\gamma(z;\, a_1, a_2) = (-1)^\nu \log|z - \zeta| + \text{harmonische Funktion}$$

besitzt.

2. Auf Γ verschwindet die Normalableitung:

$$\frac{\partial \gamma}{\partial n} = 0 .$$

Man nennt $\gamma(z;\, a_1, a_2)$ die NEUMANNsche Funktion der Fläche G. Sie ist bis auf eine additive Konstante eindeutig bestimmt. Ihre Existenz ergibt sich aus 10.89. z.B. so, daß man sie in der Form $\gamma(z;\, a_1, a_2) = g(z, a_1) - g(z, a_2) + u(z)$ schreibt, wo g die GREENsche Funktion von G ist. Die reguläre Potentialfunktion u läßt sich mit Rücksicht auf die gegebenen Randbedingungen gemäß 10.89. konstruieren, wobei zu beachten ist, daß die notwendige Bedingung (10.32) wegen des Residuensatzes erfüllt ist.

10.91. Übergang zu einer offenen Fläche. Wir schöpfen eine gegebene nichtkompakte RIEMANNsche Fläche R durch eine Folge von kompakten, stückweise analytisch berandeten Näherungsflächen R_n aus:

$$R_0 \subset R_1 \subset \cdots R_\nu \subset \cdots;\quad R_\nu \to R,$$

und bilden für ein gegebenes Punktpaar $z = a$, $z = b$ der Fläche R_0 die NEUMANNsche Funktion $\gamma_\nu(z;\, a, b)$ und die GREENschen Funktionen $g_\nu(z, a)$, $g_\nu(z, b)$ der Fläche R_ν.

Der Ausdruck

$$2\pi\, v_\nu(z) = \gamma_\nu(z;\, a, b) - g_\nu(z, a) + g_\nu(z, b)$$

erklärt eine Potentialfunktion, die auf R_ν eindeutig und regulär ist. Um v_ν eindeutig festzulegen, wählen wir hierbei die in γ_ν eingehende additive Konstante gemäß der Bedingung

$$v_\nu(a) = 0 \qquad (\nu = 0, 1, \ldots).$$

Um das Verhalten der Folge v_ν zu untersuchen, zeigen wir zunächst, daß sie „in Norm" konvergiert. Zu diesem Zweck bemerke man zunächst, daß, wenn $u(z)$ eine beliebige auf $R_\nu + \Gamma_\nu$ (Γ_ν ist die Berandung von R_ν) eindeutige harmonische Funktion ist, die GREENsche Transformationsformel ergibt $(z = x + iy)$:

$$\left.\begin{aligned}(du, dv_\nu)_{R_\nu} &\equiv \iint\limits_{R_\nu} \left(\frac{\partial u}{\partial x}\frac{\partial v_\nu}{\partial x} + \frac{\partial u}{\partial y}\frac{\partial v_\nu}{\partial y}\right) dx\,dy = \int\limits_{\Gamma_\nu} u \frac{\partial v_\nu}{\partial n} ds \\ &= -\frac{1}{2\pi}\int\limits_{\Gamma_\nu} u(\zeta)\frac{\partial g_\nu(\zeta, a)}{\partial n} ds + \frac{1}{2\pi}\int\limits_{\Gamma_\nu} u(\zeta)\frac{\partial g_\nu(\zeta, b)}{\partial n} ds = u(b) - u(a).\end{aligned}\right\} \quad (10.34)$$

Für $u = v_\nu$ folgt hieraus insbesondere

$$(dv_\nu, dv_\nu)_{R_\nu} = \iint\limits_{R_\nu} |\operatorname{grad} v_\nu|^2 dx\,dy = v_\nu(b) > 0, \qquad (10.34')$$

und für $u = v_\mu \; (\mu > \nu)$

$$(dv_\mu, dv_\nu)_{R_\nu} = v_\mu(b).$$

Daher wird

$$\left.\begin{aligned}\iint\limits_{R_\nu} |\operatorname{grad}(v_\mu - v_\nu)|^2 dx\,dy &= (dv_\mu, dv_\mu)_{R_\nu} + (dv_\nu, dv_\nu)_{R_\nu} \\ &- 2(dv_\mu, dv_\nu)_{R_\nu} = (dv_\mu, dv_\mu)_{R_\nu} + v_\nu(b) - 2v_\mu(b) \\ &< (dv_\mu, dv_\mu)_{R_\mu} + v_\nu(b) - 2v_\mu(b) = v_\nu(b) - v_\mu(b).\end{aligned}\right\} \quad (10.35)$$

Die Zahlenfolge $v_\nu(b)$ nimmt also mit wachsendem ν monoton ab; es existiert daher der Grenzwert $\lim\limits_{\nu\to\infty} v_\nu(b) \geqq 0$ [vgl. (10.34')], und daraus folgt, daß das Flächenintegral links in (10.35) für $\nu \to \infty$, $\mu \to \infty$ gegen Null strebt. Also konvergiert das harmonische Differential dv_ν „im Mittel" und daher auch im gewöhnlichen Sinne.

Die Grenzfunktion

$$v(z) = \lim_{\nu\to\infty} v_\nu(z)$$

ist eine eindeutige harmonische Funktion auf R. Sie verschwindet in $z = a$ und aus (10.34') folgt für ihr DIRICHLET-Integral

$$(dv, dv)_R = \iint |\operatorname{grad} v|^2 dx\,dy = v(b).$$

Ferner wird gemäß (10.34) für jede eindeutige Potentialfunktion u, deren DIRICHLET-Integral auf R endlich ist,

$$(du, dv)_R = u(b) - u(a). \qquad (10.36)$$

10.92. Die Flächenklassen R^0_{HB} und R^0_{HD} [1]. Es sei nun R eine Fläche der Klasse R^1_{HD}, d.h. es existiert auf R ein nichtkonstantes, eindeutiges

[1] Die nachfolgende Darstellung schließt sich VIRTANEN [3] an. Eine andere Methode benutzt ROYDEN [1]; man vgl. hierzu auch AHLFORS [1].

Potential u mit endlichem DIRICHLET-Integral. Dann gibt es auf R zwei Punkte $z = a$, $z = b$, so daß $u(b) - u(a) \neq 0$. Aus der Relation (10.36) ist zu ersehen, daß die auf R eindeutige und harmonische Funktion $v(z)$ nichtkonstant ist. Wir behaupten, daß sie auch *beschränkt* ist.

Hierzu bemerke man zunächst, daß die Fläche R im vorliegenden Fall positiv berandet ist, denn sonst könnte sie keine nichtkonstante Funktion u der Klasse C_{HD} tragen (Beweis in 10.79.). Daraus folgt aber, daß die Funktionen $g_n(z, a)$, $g_n(z, b)$ für $n \to \infty$ gegen die GREENschen Funktionen $g(z, a)$ bzw. $g(z, b)$ der Fläche R konvergieren, und es existiert also der Grenzwert

$$\lim_{n \to \infty} \gamma_n = \gamma(z; a, b) = 2\pi v(z) + g(z, a) - g(z, b).$$

Betrachten wir nun das nichtkompakte Komplement $R - R_0$ von R_0. Auf dieser Fläche sind $g(z, a)$ und $g(z, b)$ beschränkt. Dasselbe gilt aber auch für $\gamma(z; a, b)$. Denn die Näherungsfunktion γ_n ist auf $R_n - R_0$ regulär und hat auf dem Randteil Γ_n die Normalableitung Null. Sie erreicht ihr Maximum und ihr Minimum auf $(R_n - R_0) + \Gamma_0 + \Gamma_n$ in je einem Punkt der Begrenzung $\Gamma_0 + \Gamma_n$. Wir behaupten, daß diese Punkte notwendig auf Γ_0 liegen. Denn sei ζ ein Punkt von Γ_n wo $|\gamma_n|$ ein Extremum *auf der Kurve* Γ_n erreicht. Dann muß hier $\partial\gamma_n/\partial s = 0$ sein, und da auch die Normalableitung verschwindet, hat die analytische Funktion $\gamma_n + i\gamma_n'$ in ζ eine Nullstelle. Die Umgebung dieses Punktes wird dann auf ein *mehrblättriges* RIEMANNsches Flächenstück abgebildet, und daraus folgt, daß der reelle Teil in der Nähe von ζ innerhalb R_n Werte annimmt, die teils größer, teils kleiner als der Wert $\gamma_n(\zeta)$ sind, was einen Widerspruch bedeutet.

Es nimmt also γ_n ihren größten und kleinsten Wert auf Γ_0 an, und dasselbe gilt somit auch für die Grenzfunktion γ. Damit ist auch v im Gebiete $R - R_0$ beschränkt, und da dasselbe auch in R_0 gilt, so ist die Potentialfunktion v auf ganz R beschränkt.

Damit ist gezeigt, daß die Existenz einer nichtkonstanten eindeutigen harmonischen Funktion u mit endlichem DIRICHLET-Integral auf R die Existenz einer nichtkonstanten *beschränkten* Potentialfunktion v impliziert. *Die Flächenklasse* R^0_{HB} *ist also in der Klasse* R^0_{HD} *enthalten*, ein Ergebnis, von dem wir bereits in 10.80. Gebrauch gemacht haben[1].

[1] *Zusatz während der Korrektur.* Ob es „singuläre Flächen" gibt, die positiv berandet sind (d.h. ob die Klasse R^0_{HB} weiter als die Klasse der nullberandeten R ist), ist bis jetzt unentschieden (vgl. hierzu 10.18.). Herr AHLFORS hat mir mitgeteilt, daß es ihm gelungen ist zu zeigen, daß die nullberandeten Flächen eine echte Unterklasse *der Klasse* R^0_{HD} ist: für die Differentialklasse HD gibt es also „singuläre" Flächen.

§ 9. Metrische Kriterien.

10.93. Problemstellung. Die im Laufe der vorhergehenden Untersuchung zur Sprache gekommenen konform invarianten Eigenschaften einer RIEMANNschen Fläche sind zum größten Teil von sehr allgemeiner Natur und so implizit formuliert, daß sie für die Anwendung auf Flächen, die in irgendwelcher speziellen Darstellung gegeben ist, nicht direkt brauchbar sind. Wenn eine Fläche durch gewisse konkrete Bedingungen erklärt ist, z.B. durch besondere Überlagerungseigenschaften oder als Fundamentalbereich einer Gruppe von analytischen Transformationen, so ist es auf Grund einer solchen Definition im allgemeinen nicht möglich, direkt zu schließen, ob sie zur konformen Klasse R_C^0 oder R_C^1 gehört, falls die Differentialklasse C so allgemeiner Art ist, wie es oben in der Regel der Fall gewesen ist; man denke z.B. an die oben untersuchten Klassen HB, HD usw.

Es ist daher eine wichtige Aufgabe, jene allgemeinen konform invarianten Eigenschaften in Beziehung zu spezielleren, geometrischen oder analytischen Eigenschaften zu setzen, die direkter auf besondere Bestimmungsstücke Bezug nehmen, welche bei einer konkreten Definition einer RIEMANNschen Fläche explizit gegeben sein können. Einige spezielle solcher Kriterien metrischer Natur sollen in diesem letzten Paragraphen angegeben werden.

10.94. Einführung einer Metrik. Für die Untersuchung des jetzt in Betracht gezogenen Problemkreises ist es zweckmäßig, die gegebene Fläche in geeigneter Weise zu metrisieren, wie es in gewissen speziellen Fällen schon vorher geschehen ist.

Es sei auf der RIEMANNschen Fläche R eine kompakte Teilfläche $G+\gamma$ gegeben. Die Begrenzung γ möge aus einer Anzahl $q \geq 2$ geschlossener analytischer Jordankurven zusammengesetzt sein. Wir zerlegen γ in zwei punktfremde geschlossene Teile γ_1 und γ_2 und denken uns auf $G+\gamma$ eine invariante Metrik

$$d\sigma = \mu(z)\,|dz| \tag{10.37}$$

eingeführt mit folgenden Eigenschaften[1].

1°. $\mu(z)$ ist stetig differenzierbar und nichtnegativ.

2°. Die HAMILTON-JACOBIsche Gleichung

$$|\operatorname{grad} \varrho(z)| = \mu(z)$$

[1] Die nachfolgenden Bedingungen sind bekanntlich, falls γ_1 beliebig gewählt wird, im allgemeinen nur *lokal*, bei geeigneter Wahl eines an die Anfangskurve γ_1 grenzenden Feldgebietes G erfüllbar. Bei Anwendungen muß daher das in Betracht gezogene Gesamtfeld im allgemeinen aus mehreren kleinen Parzellen zusammengesetzt werden. Ist die Krümmung der Metrik *dσ negativ*, so konstruiert man sogar ein die ganze Fläche R überdeckendes Feld mittels einer Schar von geodätischen Linien, die von einem beliebig gewählten Anfangspunkt ausgehen.

möge eine Lösung $\varrho(z)$ besitzen, so daß die Niveaukurven $\varrho(z) = \varrho$ ($=$const) das Gebiet $G+\gamma$ schlicht und lückenlos überdecken, wenn ϱ im Intervalle $\alpha_1 \leq \varrho \leq \alpha_2$ variiert, wobei die Niveaulinie $\varrho(z) = \alpha_\nu$ mit γ_ν zusammenfällt ($\nu = 1, 2$).

3°. Die geodätischen Linien, welche Orthogonaltrajektorien der Niveaulinien $\varrho(z) = \varrho$ sind, bilden ein Feld.

Unter diesen Voraussetzungen wird in G

$$\varrho(z) = \int_{z_1}^{z} d\sigma = \int_{z_1}^{z} \mu\,|dz|,$$

wo der Integrationsweg derjenige Teilbogen der durch z bestimmten Feldextremalen ist, der z mit ihrem auf γ_1 gelegenen Schnittpunkt z_1 verbindet.

10.95. Abschätzung des Dirichlet-Integrals. Nach dieser Vorbereitung betrachten wir ein analytisches Differential

$$dw = f\,dz = du + i\,du',$$

welches auf der Teilfläche $G+\gamma$ eindeutig und regulär ist und nicht identisch verschwindet. Wir messen die Länge der oben betrachteten Niveaulinie $\varrho(z) = \varrho\ (\alpha_1 \leq \varrho \leq \alpha_2)$ einmal in der „euklidischen" Maßbestimmung, welche die Länge des Bogens dz in der gewöhnlichen Metrik der w-Ebene bestimmt, das andere Mal in der gegebenen Metrik (10.37), und bezeichnen:

$$L(\varrho) = \int_{\varrho(z)=\varrho} |dw|, \qquad \Lambda(\varrho) = \int_{\varrho(z)=\varrho} d\sigma. \tag{10.37'}$$

Mit Hilfe dieser Längen soll jetzt das Dirichlet-Integral

$$D_G = \iint_G |f|^2\,dx\,dy \qquad (z = x + i\,y)$$

abgeschätzt werden.

Man hat unter Anwendung der Schwarzschen Ungleichung

$$L^2 = \Big(\int_{\varrho(z)=\varrho} |f|\,|dz|\Big)^2 \leq \int d\sigma \cdot \int |f|^2 \frac{d\sigma}{\mu^2} = \Lambda(\varrho)\,\frac{dD(\varrho)}{d\varrho}, \tag{10.38}$$

wo $D(\varrho)$ das Dirichlet-Integral

$$D(\varrho) = \iint |f|^2\,dx\,dy$$

über die Teilfläche $\alpha_1 \leq \varrho(z) \leq \varrho$ bezeichnet.

Damit hat man die gesuchte Abschätzung:

$$D(\varrho) \geq \int_{\alpha_1}^{\varrho} \frac{(L(\varrho))^2}{\Lambda(\varrho)}\,d\varrho. \tag{10.39}$$

10.96. Anwendung auf nullberandete Flächen. Wir wählen in der Ungleichung (10.39) für dw das Differential $d\omega + i\,d\omega'$ des harmonischen Maßes $\omega(z)$ des Randteils $\gamma_2(\varrho(z) = \alpha_2)$ in bezug auf die Fläche G, und haben dann für $\alpha_1 < \varrho \leq \alpha_2$

$$L(\varrho) = \int\limits_{\varrho(z)=\varrho} |dw| \geq \int\limits_{\varrho(z)=\varrho} d\omega' = \int\limits_{\gamma_2} \omega\, d\omega' - \int\limits_{\gamma_1} \omega\, d\omega' = \iint\limits_{\alpha_1 < \varrho(z) < \alpha_2} \left|\frac{dw}{dz}\right|^2 dx\,dy = D_G.$$

Die Ungleichung (10.39) ergibt dann

$$D_G^2 \leq \Lambda(\varrho)\,\frac{dD(\varrho)}{d\varrho}$$

und also

$$\frac{1}{D_G} \geq \int\limits_{\alpha_1}^{\alpha_2} \frac{d\varrho}{\Lambda(\varrho)}\,.$$

Wir denken uns nun den ganzen, außerhalb einer kleinen Kurve γ_1 liegenden, nichtkompakten Teil R_1 von R mit einer Metrik (10.37) versehen[1], und hier ein Extremalfeld gemäß den Bedingungen von 10.94. gegeben, so daß es die Fläche R_1 überdeckt und die Teilfläche $\alpha_1 \leq \varrho(z) \leq \varrho$ mit wachsendem ϱ für $\varrho \to \varrho_\infty (\leq \infty)$ die ganze Fläche R_1 ausschöpft. Dann wird das Integral

$$\int\limits_{\varrho_0}^{\varrho} \frac{d\varrho}{\Lambda(\varrho)} \leq \frac{1}{D(\varrho)} \quad (\alpha_1 < \varrho < \varrho_\infty)$$

für $\varrho \to \varrho_\infty$ sicher dann *endlich* sein, wenn das über $\alpha_1 \leq \varrho(z) < \varrho$ erstreckte DIRICHLET-Integral $D(\varrho)$ des harmonischen Maßes $\omega_\varrho(z)$ von $\gamma_\varrho(\varrho(z) = \varrho)$ in bezug auf die Fläche $\alpha_1 \leq \varrho(z) \leq \varrho$ für $\varrho \to \varrho_\infty$ nicht verschwindet. In der Tat strebt hierbei ω_ϱ gegen das harmonische Maß ω der idealen Berandung Γ der Fläche R in bezug auf die Teilfläche $\varrho(z) > \alpha_1$, und es ist $\omega \equiv 0$ oder $\omega > 0$ je nachdem R nullberandet ist oder nicht. Im ersteren Fall wird $\lim D(\varrho) = 0$, im letzteren $\lim D(\varrho) > 0$, woraus die Behauptung folgt.

Hieraus schließt man[2]:

Falls das Integral

$$\int^{\varrho_\infty} \frac{d\varrho}{\Lambda(\varrho)} \tag{10.40}$$

divergent ist, so ist die Fläche R nullberandet.

10.97. Als Beispiel nehmen wir für $d\sigma$ die euklidische Metrik $d\sigma = |dt|$ des Einheitskreises E ($|t| < 1$), auf welchen die universelle Überlagerungsfläche $\hat{R}$ von R konform bezogen werden kann, falls der (vom Standpunkt

[1] Vgl. hierzu die Fußnote 1 von 10.94.

[2] Vgl. hierzu LAASONEN [1].

des vorliegenden Problems triviale) Fall ausgeschlossen wird, wo $\hat{R}$ vom parabolischen Typ ist. Als Extremalfeld können wir dann die Menge der Radien $\varphi = \text{const}$ nehmen $(t = r e^{i\varphi})$ und die Niveaulinien $\varrho(z) = \text{const}$ werden von den Kreisen $|t| = r$ erklärt. Denken wir uns R im Kreise E durch das metrische Fundamentalpolygon π dargestellt, so ist dann Λ gleich dem Integral.

$$\Lambda(\varrho) = \int d\varphi,$$

erstreckt über die in π fallenden Kreisbögen $|t| = \varrho < 1$. Die Divergenz des Integrals

$$\int^{1} \frac{d\varrho}{\Lambda(\varrho)}$$

ist dann hinreichend dafür, daß die Fläche R nullberandet sei.

10.98. Als zweite Anwendung wählen wir die Metrik $d\sigma$ gemäß

$$d\sigma = M\,|d\omega + i\,d\omega'|,$$

wo $\omega(z)$, wie oben, das harmonische Maß von γ_2 in bezug auf G ist und M die positive Konstante

$$M = \frac{1}{\int\limits_{\gamma_1} d\omega'} \tag{10.41}$$

bezeichnet.

Nach der Ungleichung (10.39) wird dann, wegen $\Lambda(\varrho) = 1$ und $\varrho_2 = M$,

$$\int\limits_0^M L^2\, d\varrho \leq D_G,$$

wo D_G das über G erstreckte Dirichlet-Integral einer eindeutigen analytischen Kovariante f ist.

Nehmen wir nun an, daß f auf der ganzen Fläche R quadratisch integrierbar ist, so ist das linksstehende Integral gleichmäßig beschränkt für alle kompakte Teilbereiche $G \subset R$. Läßt man, bei festgehaltenem γ_1, den Randteil γ_2 gegen den idealen Randteil Γ von R streben, so wird für eine nullberandete Fläche R die Zahl M ins Unendliche wachsen, und daraus schließt man, daß $L(\varrho)$ für große Werte ϱ beliebig klein gemacht werden kann. Wir haben also den Satz:

Falls f eine quadratisch integrierbare, eindeutige analytische Kovariante auf der nullberandeten Fläche R ist, so gibt es zu jedem $\varepsilon > 0$ und zu einem beliebig gewählten kompakten Teil $R_0 \subset R$ stets ein Kurvensystem γ, welches R_0 von der idealen Berandung Γ der Fläche R trennt, so daß die totale Variation

$$\int\limits_{\gamma} |f|\,|dz| < \varepsilon$$

ausfällt[1].

[1] Vgl. meine Arbeit [3].

10.99. Ein Mittelwertsatz. Wir betrachten eine in dem Gebiet $G+\gamma_1+\gamma_2$ (vgl. 10.94.) definierte eindeutige und reguläre Potentialfunktion u und bilden die Hilfsfunktion $\eta+i\eta'=M(\omega+i\,\omega')$ (vgl. 10.98.), wo ω das harmonische Maß von γ_2 ist und M den Wert (10.41) hat, so daß

$$\int\limits_{\eta=\text{const}} d\eta' = 1 .$$

Sei dann $m(\varrho)$ der für $0\leq\varrho\leq M$ definierte Mittelwert

$$m(\varrho) = \sqrt{\int\limits_{\eta=\varrho} u^2\, d\eta'} .$$

Unter diesen Bedingungen ist $m(\varrho)$ eine konvexe Funktion von ϱ.

Beweis. Für das DIRICHLET-Integral

$$D(\varrho) = \int\limits_{0\leqq\eta\leqq\varrho} |\operatorname{grad} u|^2\, d\,x\, d\,y$$

hat man den Ausdruck

$$D(\varrho) = \int\limits_{\eta=\varrho} u\, d\,u' - \int\limits_{\eta=0} u\, d\,u' ,$$

wo die Integrationen in derjenigen Richtung der Kurven $\eta=\varrho$ zu führen sind, die in Bezug auf das Gebiet $u<\varrho$ positiv ist. Da $d\,u' = \pm\frac{\partial u}{\partial n}\, d\,s = \pm\frac{\partial u}{\partial\eta}\, d\eta'$ ist, so läßt sich diese Beziehung in der Form schreiben:

$$D(\varrho) = m(\varrho)\, m'(\varrho) - m(0)\, m'(0) ,$$

wo der Strich die Ableitung nach ϱ angibt.

Nach der SCHWARZschen Ungleichung ist nun

$$m^2\, m'^2 = \left(\int u \frac{\partial u}{\partial\eta}\, d\eta'\right)^2 \leq m^2(\varrho) \int\limits_{\eta=\varrho} \left(\frac{\partial u}{\partial\eta}\right)^2 d\eta' \leq m^2(\varrho) \int |\operatorname{grad} u|^2\, d\eta'$$
$$= m^2(\varrho)\,\frac{d\,D(\varrho)}{d\,\varrho} = m^2(\varrho)\left(m'^2(\varrho) + m(\varrho)\, m''(\varrho)\right),$$

und also $m''(\varrho)\geq 0$, womit die behauptete Konvexitätseigenschaft nachgewiesen ist.

Die Gleichheit $m''\equiv 0$ besteht nur dann, wenn $\partial u/\partial\eta' = 0$ und u also nur von $\eta=\varrho$ abhängig ist: $u=u(\varrho)$. Es ist in diesem Fall nicht nur $m(\varrho)$, sondern auch u selbst eine lineare Funktion von ϱ†.

10.100. Anwendung auf nullberandete Flächen. Wir nehmen wieder an, die Fläche R sei nullberandet und schöpfen sie durch eine Folge $R_n+\Gamma_n$ von kompakten Teilflächen aus ($n=1, 2, \ldots$). Auf der Fläche

† Vgl. meine Arbeit [6], ferner RAUCH [1].

$R_n - R_1 + \Gamma_1$, die von den zwei punktfremden analytischen Kurvensystemen Γ_1 und Γ_n berandet ist, sei eine eindeutige und reguläre Potentialfunktion u gegeben. Es wird dann

$$D_n = \iint_{R_n - R_1} |\operatorname{grad} u|^2 \, dx \, dy = \int_{\Gamma_n} u \, du' - \int_{\Gamma_1} u \, du'. \tag{10.42}$$

Ist nun $R_{n+1} \supset R_n$ $(n = 1, 2, \ldots)$, so nimmt das Linienintegral

$$\int_{\gamma_n} u \, du'$$

mit wachsendem n monoton zu und hat also für $n \to \infty$ einen endlichen Grenzwert, falls das DIRICHLET-Integral

$$D = \iint_{R - R_1} |\operatorname{grad} u|^2 \, dx \, dy$$

endlich ist, was wir jetzt annehmen wollen.

Wir beweisen dann:

Falls D endlich und die Fläche R nullberandet ist, so gilt

$$\int_{\gamma_n} u \, du' \to 0 \qquad \text{für} \qquad n \to \infty. \tag{10.43}$$

Zum Beweise dieser Behauptung führen wir auf der Fläche $R_n - R_1$ die in 10.99. betrachtete Hilfsfunktion

$$\eta_n = \lambda_n \, \omega_n(z)$$

ein, wo ω_n das harmonische Maß von Γ_n in bezug auf $R_n - R_1$ ist und

$$\lambda_n = \frac{1}{\int_{\Gamma_1} d\omega_n}.$$

Es ist dann λ_n mit n zunehmend und $\lambda_n \to \infty$ für $n \to \infty$.

Für den Mittelwert

$$m(\varrho) = \sqrt{\int_{\eta_n = \varrho} u^2 \, d\eta_n'},$$

der eine konvexe Funktion von ϱ im Intervalle $0 \leq \varrho \leq \lambda_n$ ist, hat man dann nach 10.99.

$$D_n = m(\lambda_n)\, m'(\lambda_n) - m(0)\, m'(0). \tag{10.44}$$

Wir behaupten nun, daß

$$\int_{\Gamma_1} u \, du' = m(0)\, m'(0) \leq 0 \tag{10.45}$$

sein muß. Wäre nämlich dieses Integral, und damit $m'(0)$, positiv, so hätte man wegen der Konvexität von $m(\varrho)$

$$m'(\lambda_n) \geq m'(0), \quad m(\lambda_n) \geq m(0) + \lambda_n m'(0),$$

somit

$$\int_{\Gamma_n} u\,du' = m(\lambda_n)\,m'(\lambda_n) \geq m'(0)\,(m(0) + \lambda_n m'(0)),$$

und für $n \to \infty$, $\lambda_n \to \infty$ würde das Linienintegral rechts in (10.42) unendlich werden, was unserer Voraussetzung $D = \lim D_n < \infty$ widerspricht.

Es muß also (10.45) bestehen. Nun ergibt sich aber der analoge Schluß

$$\int_{\Gamma_n} u\,du' \leq 0 \tag{10.46}$$

für jedes $n = 1, 2, \ldots$. Denn würde dieses Integral für einen Wert $n = n_0$ positiv ausfallen, so würde eine Wiederholung des obigen Beweises im Gebiete $R_n - R_{n_0}$ (statt in $R_n - R_1$) zu demselben Widerspruch wie oben führen.

Gehen wir nun zu der Formel (10.44) zurück. Da

$$\int_{\eta=\varrho} u\,du' = m(\varrho)\,m'(\varrho)$$

für $\varrho = \lambda_n$ nichtpositiv ist und die Ableitung $m'(\varrho)$ mit ϱ monoton wächst, so ist $m'(\varrho)$ wegen $m \geq 0$ nicht nur für $\varrho = \lambda_n$ sondern im ganzen Intervall $0 \leq \varrho \leq \lambda_n$ nicht positiv. Der Mittelwert $m(\varrho)$ ist also eine abnehmende Funktion, und es gilt speziell

$$m(\lambda_n) \leq m(0).$$

Wir behaupten, daß die Ableitung $m'(\lambda_n)$ für $n \to \infty$ verschwindet. Sonst würde nämlich eine positive Zahl δ existieren, so daß für beliebig große Werte n

$$m'(\lambda_n) \leq -\delta.$$

Wegen der Konvexität von $m(\varrho)$ im Intervall $(0, \lambda_n)$ hätte man aber dann

$$m(0) \geq m(0) - m(\lambda_n) \geq \delta\lambda_n,$$

was für $\lambda_n \to \infty$ widerspruchsvoll ist. Es muß also

$$m'(\lambda_n) \to 0 \quad \text{für} \quad n \to \infty.$$

Nunmehr folgt, daß auch

$$\int_{\Gamma_n} u\,du' = m(\lambda_n)\,m'(\lambda_n) \to 0 \quad \text{für} \quad n \to \infty,$$

und es gilt mithin gemäß (10.42)

$$D = \iint_{R-R_1} |\operatorname{grad} u|^2\,dx\,dy = -\int_{\Gamma_1} u\,du', \tag{10.47}$$

wo das Linienintegral in negativer Richtung in bezug auf die Fläche R_0 zu nehmen ist.

Dieses Ergebnis bringt eine beachtenswerte Ergänzung zu dem Satz von 10.23. Unter der Voraussetzung, daß R nullberandet ist, wurde dort gezeigt, daß jede *beschränkte* Potentialfunktion u auf $R-R_1$ ein endliches DIRICHLET-Integral D hat, das sich gemäß (10.47) berechnen läßt, während hier diese Formel umgekehrt unter der Voraussetzung hergestellt worden ist, daß u über $R-R_1$ quadratisch integrierbar ist[1].

10.101. In 10.92. haben wir gesehen, daß eine positiv berandete Fläche zu der Klasse R^0_{HD} gehört (d.h. es gibt auf ihr kein nichtverschwindendes quadratisch integrierbares, totales harmonisches Differential du), wenn sie „singulär" ist und zur Klasse R^0_{HB} gehört (d.h. es existiert auf ihr keine nichtkonstante beschränkte harmonische Funktion u). Aus dem obigen Ergebnis folgt nun dasselbe für eine nullberandete Fläche R: auf einer solchen Fläche reduziert sich nach 10.12. jede beschränkte Potentialfunktion auf eine Konstante; dasselbe gilt aber auch für jede eindeutige Potentialfunktion mit endlichem DIRICHLET-Integral. Denn ist u ein solches Potential, so hat man gemäß (10.47) für eine beliebige kompakte Teilfläche $R_0+\Gamma_0$

$$\iint\limits_{R-R_0} |\operatorname{grad} u|^2\, dx\, dy = -\int\limits_{\Gamma_0} u\, du',$$

während offensichtlich

$$\iint\limits_{R_0} |\operatorname{grad} u|^2\, dx\, dy = \int\limits_{\Gamma_0} u\, du'.$$

Die Addition ergibt für das totale DIRICHLET-Integral von u über R den Wert Null und es ist, wie behauptet wurde, $u=\text{const}$.

10.102. Totale Differentiale. Die in 10.95. gegebene Abschätzung des DIRICHLET-Integrals für ein totales harmonisches Differential du läßt sich wesentlich verschärfen, wenn auch das konjugierte Differential du', und damit das ganze analytische Differential $dF=f\,dz=du+i\,du'$ total ist. Eine solche Abschätzung wurde von SARIO [1] gegeben, mit Hilfe einer Beweismethode, die eine Idee von COURANT [1*] verallgemeinerte; die nachfolgende verschärfte Methode rührt von PFLUGER [1] her.

Wir gehen wieder von einem kompakten Teil G aus, wo eine Metrik mit den in 10.94. aufgezählten Eigenschaften definiert ist. Sei nun ϱ ein Wert des Intervalls $\alpha_1 \leq \varrho \leq \alpha_2$. Es wird dann

$$D(\varrho) = \iint\limits_{\alpha_1 \leqq \varrho(z) \leqq \varrho} |f|^2\, dx\, dy = A(\varrho) - A(\alpha_1),$$

[1] Eine nähere Analyse der obigen Beweismethode zeigt, daß die als quadratisch integrierbar vorausgesetzte Potentialfunktion u tatsächlich auch beschränkt ist und also durch ihre Randwerte auf Γ_1 in $R-R_1$ wohlbestimmt ist (vgl. meine Arbeit [5]).

wo $A(\varrho)$ das Linienintegral

$$A(\varrho) = \int\limits_{\varrho(z)=\varrho} u\, du'$$

bezeichnet, genommen in positiver Richtung in bezug auf das Gebiet $\alpha_1 < \varrho(z) < \varrho$. Dieses Integral ist eine monoton wachsende Funktion von ϱ.

Es handelt sich jetzt darum, aus den gegebenen Bedingungen eine möglichst genaue obere Schranke für A herzuleiten. Zu diesem Zweck bemerke man zunächst, daß die Niveaulinie $\varrho(z) = \varrho$ in eine endliche Anzahl $q = q_\varrho$ von geschlossenen Teilkurven γ_i $(i = 1, 2, \ldots, q_\varrho)$ zerfällt. Nach der SCHWARZschen Ungleichung hat man zunächst, wenn

$$a_i = \int\limits_{\gamma_i} u\, d\sigma$$

gesetzt wird, für $u_i = u - a_i$ die Abschätzung

$$\left.\begin{aligned} A_i(\varrho) &\equiv \int\limits_{\gamma_i} u_i\, du' = \int\limits_{\gamma_i} u_i \frac{\partial u}{\partial n}\, ds = \int\limits_{\gamma_i} u_i \frac{\partial u}{\partial n} \frac{d\sigma}{\mu} \\ &\leq \sqrt{\int\limits_{\gamma_i} u_i^2\, d\sigma} \cdot \sqrt{\int\limits_{\gamma_i} \left(\frac{\partial u}{\partial n}\right)^2 \frac{d\sigma}{\mu^2}}\,. \end{aligned}\right\} \tag{10.47'}$$

10.103. Es soll der Betrag des letzten Linienintegrals mit dem Mittelwert

$$\sqrt{\int\limits_{\gamma_i} u_i^2\, d\sigma} \tag{10.48}$$

verglichen werden. Hierzu verwendet man noch folgende allgemeine und elementare Ungleichung (Ungleichung von WIRTINGER):

Falls $y(x)$ eine reelle stetig differenzierbare Funktion von x im Intervall $0 \leq x \leq l$ ist, für welche der Mittelwert

$$\int\limits_0^l y\, dx = 0, \tag{10.49}$$

so gilt

$$\int\limits_0^l y^2\, dx \leq \frac{l^2}{4\pi^2} \int y'^2\, dx, \tag{10.49'}$$

wobei $y' = dy/dx$. Gleichheit gilt hier nur für die Funktionen $y = c \cos \frac{2\pi}{l}(x - x_0)$, wo x_0 und c beliebige Konstanten sind[1].

[1] Der Beweis von (10.49') ergibt sich durch Lösung der Variationsaufgabe, das Integral von y'^2 zu minimisieren, wenn der Wert des Integrals über y^2 als bekannt vorausgesetzt ist und die Nebenbindung (10.49) erfüllt ist. — Noch direkter sieht man die Richtigkeit von (10.49') so ein, daß man von dem Spezialfall $l = 2\pi$ ausgeht; dann ist die Ungleichung gleichbedeutend mit

$$\sum (a_i^2 + b_i^2) \leq \sum i^2 (a_i^2 + b_i^2),$$

wo a_i, b_i die FOURIER-Koeffizienten von y sind.

10.104. Wir wenden die Ungleichung (10.49′) auf die Funktion $u_i = y$ an, die auf der Kurve γ_i als Funktion der Veränderlichen

$$x = \int_{z_0}^{z} d\sigma$$

alle Voraussetzungen von 10.103. erfüllt, wobei z_0 ein beliebiger festgewählter Punkt, z ein variabler Punkt auf γ_i ist. Es wird dann l gleich

$$l_i = \int_{\gamma_i} d\sigma \tag{10.50}$$

und $y' = \frac{du}{d\sigma} = \frac{\partial u}{\partial s}\frac{1}{\mu}$, also

$$\int_{\gamma_i} u_i^2\, d\sigma \leq \frac{l_i^2}{4\pi^2}\int\left(\frac{\partial u}{\partial s}\right)^2 \frac{d\sigma}{\mu^2} \leq \frac{l^2}{4\pi^2}\int\left(\frac{\partial u}{d s}\right)^2 \frac{d\sigma}{\mu^2}, \tag{10.51}$$

wo

$$l = l(\varrho) = \max_i l_i \tag{10.52}$$

die größte der Längen l_i für $i = 1, \ldots, q_\varrho$ bedeutet.

10.105. Gehen wir nun zur Ungleichung (10.47′) zurück, so ergibt sich aus (10.51):

$$A_i(\varrho) = \int_{\gamma_i} u_i\, du' \leq \frac{l(\varrho)}{2\pi}\sqrt{\int\left(\frac{\partial u}{\partial s}\right)^2 \frac{d\sigma}{\mu^2}\cdot\int\left(\frac{\partial u}{\partial n}\right)^2 \frac{d\sigma}{\mu^2}}$$

$$\leq \frac{l(\varrho)}{4\pi}\int\left(\left(\frac{\partial u}{\partial s}\right)^2 + \left(\frac{\partial u}{\partial n}\right)^2\right)\frac{d\sigma}{\mu^2} = \frac{l(\varrho)}{4\pi}\frac{dA_i(\varrho)}{d\varrho}.$$

Summiert man hier für $i = 1, \ldots, q_\varrho$, so wird

$$\sum_i \int_{\gamma_i} u\, du' = A(\varrho) \leq \frac{l(\varrho)}{4\pi}\frac{dA}{d\varrho}.$$

Damit haben wir den Satz von SARIO-PFLUGER:

Falls das analytische Differential $f dz = du + i\, du'$ in G total ist, so gilt für jedes ϱ des Intervalls $\alpha_1 \leq \varrho \leq \alpha_2$

$$\frac{dA(\varrho)}{d\varrho} \geq \frac{4\pi}{l(\varrho)} A(\varrho). \tag{10.53}$$

10.106. Abschätzung der Spanne. Betrachten wir jetzt eine offene RIEMANNsche Fläche R. Wir fixieren einen beliebigen Punkt $z = \zeta$ und betrachten auf R eine Metrik $d\sigma = \mu\, ds$, deren Krümmung nicht positiv ist; ein Beispiel ist die POINCARÉsche oder die BERGMANsche Metrik. Die entsprechende Funktion $\varrho(z)$ wird dann für jedes z auf R erklärt als die untere Grenze

$$\varrho(z) = \inf \int_{\zeta}^{z} d\sigma,$$

wobei alle von ζ zu z führenden Bogen auf R zur Konkurrenz zugelassen werden.

Wir bezeichnen, wie früher, mit $L(\varrho)$ die Länge der geodätischen „Kreislinie" $\varrho(z) = \varrho$:

$$L(\varrho) = \int_{\varrho(z)=\varrho} d\sigma$$

und mit

$$l(\varrho) = \max_i \int_{\gamma_i} d\sigma,$$

wo $\gamma_i\,(i=1,\ldots,q_\varrho)$ die geschlossenen Kurven sind, aus denen die Niveaulinie $\varrho(z)=\varrho$ zusammengesetzt ist. Hierbei wird angenommen, daß diese Linie für jedes endliche $\varrho\ (0<\varrho<\varrho_1\leq\infty)$ im Endlichen liegt; für $\varrho\to\varrho_1$ möge sie gegen den idealen Rand der Fläche R streben.

Sei nun auf R ein totales, analytisches, reguläres Differential $dw = du + i\,du' = f\,dz$ gegeben. Dann wird

$$A(\varrho) = D(\varrho) = \iint |f|^2\,dx\,dy,$$

und durch Integration der Ungleichung (10.53) ergibt sich für $0<\varrho_0<\varrho$:

$$D(\varrho) \geq D(\varrho_0)\, e^{4\pi \int\limits_{\varrho_0}^{\varrho} \frac{dr}{l(r)}} \tag{10.54}$$

10.107. Nehmen wir nun ϱ_0 so klein an, daß die Fläche $\varrho(z)\leq\varrho_0$ in einem Parameterkreis $K_z(|z-\zeta|<1)$ mit dem Mittelpunkt $z=\zeta$ liegt. Dann wird, falls die Kovariante f in $z=\zeta$ von Null verschieden ist und gemäß der Bedingung $f(\zeta)=1$ normiert wird,

$$D(\varrho_0) \geq \pi\varrho_0^2,$$

und man hat

$$D(\varrho) \geq \pi\varrho_0^2\, e^{4\pi \int\limits_{\varrho_0}^{\varrho} \frac{dr}{l(r)}}, \tag{10.54'}$$

eine Ungleichung, die auch für $\varrho_0\to 0$ eine positive Schranke für $D(\varrho)$ gibt. Diese Beziehung kann als eine Verallgemeinerung des für $|z-\zeta|<1$ geltenden BIEBERBACHschen Flächensatzes betrachtet werden: sie geht in diesen Satz über, wenn man R einfach zusammenhängend nimmt und die Metrik $d\sigma$ gemäß

$$d\sigma = |dw|$$

wählt, wo $w=w(z,\zeta)$ die konforme Abbildung von R auf einen Kreis $|w|<d\leq\infty$ vermittelt, so daß $z=\zeta$ in den Nullpunkt $w=0$ übergeht und $|dw/dz|=1$ in diesem Punkt gewählt wird. Hieraus folgt, daß die Konstante 4π im Exponenten der rechten Seite der Ungleichung (10.54) nicht vergrößert werden kann; diese Beziehung geht nämlich in eine Gleichheit über für das Differential $dw(z,\zeta)$.

10.108. Für die *Spanne* $s = s(\zeta)$ der Fläche R hat man nach 9.37. und 10.52. die Definition

$$s(\zeta) = \min \frac{\pi}{D(w)},$$

wo $dw = f\,dz$ ein totales Differential auf R ist, das gemäß $f(\zeta) = 1$ normiert ist, und das Minimum $s(\zeta)$ wird (falls es positiv ist) erreicht von der BERGMANschen Kovarianten

$$f(z, \zeta) = \frac{\sum f_i(z)\,\bar{f}_i(\zeta)}{\sum |f_i(\zeta)|^2},$$

wo $f_i = 1, 2, \ldots$) ein vollständiges Orthogonalsystem des Unterraumes $[f]$ der totalen analytischen Kovarianten von endlicher Norm auf der Fläche R ist. Die Beziehung (10.54′) ergibt nun, falls sie auf diese Extremalkovariante angewandt wird, die Abschätzung

$$\frac{1}{s(\zeta)} \geq \varrho_0^2\, e^{4\pi \int\limits_{\varrho_0}^{\varrho} \frac{dr}{l(r)}}$$

Hieraus folgt das Kriterium von SARIO [1]:

Hinreichend, damit die Fläche R eine verschwindende Spanne hat, ist, daß das Integral

$$\int^{\varrho_1} \frac{dr}{l(r)} \tag{10.55}$$

divergiert[1].

10.109. Ein Vergleich mit dem Satz von 10.95., der eine hinreichende Bedingung für Verschwinden der *Kapazität* enthält, zeigt, daß das Kriterium (10.55) eine wesentliche Verschärfung der letztgenannten Bedingung enthält: in der Tat ist $l(\varrho) \leq \Lambda(\varrho)$, und die Größenordnung von l wird wesentlich kleiner als die von Λ, wenn sich die Kurve $\varrho(z) = \varrho$ mit wachsendem ϱ rapide verzweigt, so daß die Längen der einzelnen Teile γ_i von derselben Wachstumsordnung sind. Einfache Beispiele von solchen Flächen R lassen sich als Teilflächen der Zahlenebene gemäß dem CANTORschen Konstruktionsprinzip angeben. Auf diesem Wege sieht man auch leicht ein, daß es, wie in 10.52. behauptet wurde, Flächen gibt, wofür die Kapazität positiv ausfällt, während die Spanne verschwindet[2].

10.110. Reguläre Überdeckung. Für die Untersuchung der metrischen Struktur einer RIEMANNschen Fläche ist es manchmal zweckmäßig, die Parameterdarstellung der Fläche durch gewisse einschränkende zusätzliche Bedingungen zu regularisieren[3]. Wir sagen, eine Folge von

---

[1] Aus diesem Satz folgt, daß die in 9.58. erwähnten Flächen $\widetilde{R}$ von der Spanne Null sind (SARIO [1], HURWITZ-CAURANT [1*]).

[2] Wegen solcher Beispiele vgl. SARIO [1] und AHLFORS-BEURLING [1].

[3] Wegen der folgenden Nummer 10.110. bis 10.114. vgl. meine Note [2].

Parameterumgebungen der RIEMANNschen Fläche R bilden eine *reguläre Überdeckung* von R, wenn sie die Fläche überdecken, so daß die zugeordneten Parameterkreise $K^1, K^2, \ldots$, folgende zwei Bedingungen erfüllen:

1. Es gibt eine endliche *Überdeckungszahl* m, welche die Höchstzahl der Nachbarkreise jedes beliebigen Parameterkreises K der gegebenen Kreisfolge angibt.

2. Es existiert eine *Überdeckungskonstante* d $(0 < d < 1)$, so daß die Teilscheiben $k^\mu_{z_\mu}$ $(|z_\mu| \leq 1 - d)$ und $k^\nu_{z_\nu}$ $(|z_\nu| \leq 1 - d)$ von zwei Nachbarkreisen k^μ $(|z_\mu| < 1)$ und k^ν $(|z_\nu| < 1)$ des gegebenen Systems stets Punkte enthalten, welche vermöge der betreffenden Nachbarrelation $z_\mu \leftrightarrow z_\nu$ äquivalent sind.

Daß jede RIEMANNsche Fläche R eine solche reguläre Überdeckung gestattet, ergibt sich sofort, wenn man die universelle Überlagerungsfläche $\hat{R}$ von R nach dem RIEMANNschen Hauptsatz abbildet; in der Normaldarstellung E läßt sich dann ein reguläres Überdeckungssystem (K) des metrischen Fundamentalpolygons π ohne weiteres konstruieren. Auch bei anderen Darstellungen, bei denen R etwa als eine mehrblätterige Überlagerungsfläche eines Gebietes der komplexen Zahlenebene gegeben ist, findet man durch „Durchdrücken" im allgemeinen leicht eine reguläre Parameterdarstellung der Fläche.

10.111. Reguläre Streckenkomplexe. Falls die Fläche R in obiger Weise „regulär" dargestellt ist, so kann man dem System (K) einen Streckenkomplex folgendermaßen zuordnen. Man nimmt in jedem Parameterkreis K^μ einen Punkt, etwa den Mittelpunkt $z_\mu = 0$, und verbindet den entsprechenden „Knotenpunkt" P_μ auf R mit den Knotenpunkten P_ν der benachbarten Kreise K_ν vermittels eines Weges $\lambda_{\mu\nu}$, dessen Urbild in $K^\mu_{z_\mu} + K^\nu_{z_\nu}$ verläuft. Das System aller solchen „Strecken" λ nennen wir einen (K) zugeordneten Streckenkomplex.

Der Komplex (λ) heiße *regulär*, wenn folgende Bedingung erfüllt ist: Sei K^μ ein Parameterkreis des Systems (K) und λ_μ ein von dem entsprechenden Knotenpunkt P_μ ausgehende Strecke. Dann soll die Länge $\int |dz_\mu|$ des in K^μ verlaufenden Teils von λ_μ unter einer endlichen, von μ unabhängigen Schranke L liegen.

Zu einer regulären Parameterdarstellung (K) läßt sich stets ein regulärer Komplex (λ) so finden, daß jene Schranke $L < 1$. Sind nämlich $K^\mu_{z_\mu}$ und $K^\nu_{z_\nu}$ benachbart, so suche man in der ersteren Kreisscheibe einen Punkt $z'_\mu(|z'_\mu| \leq 1 - d)$, der in $K^\nu_{z_\nu}$ einen äquivalenten Punkt $z'_\nu(|z'_\nu| \leq 1 - d)$ hat. Setzt man dann die Strecke $\lambda_{\mu\nu}$ aus den geradlinigen Parameterstrecken $(0, z'_\mu)$ und $(0, z'_\nu)$ zusammen, so wird offenbar $L \leq 1 - d < 1$.

10.112. Kriterium für einen Nullrand. Wir beweisen für eine offene RIEMANNsche Fläche R, die durch ein System (K^μ) regulär dargestellt ist, folgenden

Satz. *Sei G_n $(n = 1, 2, \ldots)$ eine Folge von Mengen endlich vieler Parameterkreise (K^μ) mit nachstehenden Eigenschaften:*

1°. *Die Punktmengen G_n trennen einen vorgegebenen Punkt P_0 der Fläche R vom idealen Flächenrand.*

2°. *Es gibt eine endliche Zahl N, so daß jeder Punkt der Fläche höchstens zu N verschiedenen Kreisketten G_n gehören.*

Sei dann Λ_n die Anzahl der in G_n enthaltenen Parameterkreise. Wenn die Reihe

$$\sum \frac{1}{\Lambda_n}$$

divergiert ist, so ist die Fläche R nullberandet.

10.113. Zum Beweis schicken wir einen einfachen Hilfssatz voraus:

Sei G die Vereinigungsmenge gewisser der gegebenen Parameterkreise K^μ. Auf G sei ein eindeutiges analytisches Differential dw gegeben. Sei ferner

$$D = \int \left| \frac{dw}{dz} \right|^2 dx\, dy$$

das über G erstreckte Dirichlet-*Integral von dw.*

Bezeichnet dann q_n das Maximum

$$q_\nu = \max \left| \frac{dw}{dz_\nu} \right|$$

auf K^ν, so gilt

$$D \geqq \frac{\pi d^2}{m} \sum q_\nu^2 ,$$

wo m die Überdeckungszahl, d die Überdeckungskonstante des Systems (K) bezeichnen und die Summation über die Kreise K^ν der Menge G zu erstrecken ist.

Beweis. In jedem Kreis $K_z(|z| \leqq 1 - d)$ der Menge G nehme man einen Punkt $z = z_0$, wo das Maximum q von $\left|\frac{dw}{dz}\right|$ erreicht wird. Wenn $\frac{dw}{dz} = c_1 + 2c_2(z - z_0) + \cdots + n\, c_n (z - z_0)^{n-1} + \cdots$, so ist der Beitrag der Kreisscheibe $|z - z_0| \geqq d$ zum Dirichlet-Integral (nach dem Flächensatz von Bieberbach)

$$\int\limits_{|z-z_0| \geqq d} \left| \frac{dw}{dz} \right|^2 dx\, dy = \pi \sum_{n=1}^{\infty} n\, |c_n|^2 d^{2n} \geqq \pi\, |c_1|^2 d^2 = \pi\, q^2 d^2 ,$$

und es wird also, da jeder Punkt von G höchstens zu m Kreisen K^μ gehört,

$$\pi d^2 \sum q_\nu^2 \leqq m\, D,$$

w. z. b. w.

10.114. Um jetzt das Kriterium von 10.112. zu beweisen, betrachten wir eine Ausschöpfung $R_0 \subset R_1 \subset \cdots \subset R_\nu \subset \rightarrow R$ der Fläche R, wo R_ν von endlich vielen Jordankurven γ_i^ν ($i = 0, 1, \ldots, n_\nu$) begrenzt ist. Für jedes n gibt es dann eine so große Zahl ϱ, daß R_ϱ die Vereinigungsmenge $G_1, \ldots, G_n$ enthält; es bedeutet keine Einschränkung anzunehmen, daß γ^0 durch alle G_ν von Γ getrennt wird.

Wir bilden das harmonische Maß $\omega(\gamma^\varrho, P)$ des Randteils γ^ϱ des Flächenstücks $R_\varrho - R_0$ und betrachten das entsprechende DIRICHLET-Integral

$$D_\varrho = \int\limits_{R_\varrho - R_0} \left|\frac{dw}{dz}\right|^2 dx\,dy = \int\limits_{\gamma^\varrho + \gamma^0} \omega\, \overline{d\omega} = \int\limits_{\gamma^\varrho} \overline{d\omega}.$$

Sei dann (λ) der zum System gehörige reguläre Streckenkomplex, der nach 10.111. konstruiert wird. Wir fassen den zu der Parameterkreismenge G_ν ($\nu \leq n$) gehörigen Teilkomplex L_ν ins Auge und können, da L_ν den Rand γ^0 von γ^ϱ trennt, eine Teilstreckenmenge L'_ν von L_ν finden, die ebenfalls die Ränder γ^0 und γ^ϱ trennt und zusammen mit γ^0 eine Teilfläche F_ν von $R_\varrho - R_0$ begrenzt. Das Differential $d\overline{\omega}$ ist auf $R_\varrho - R_0$ eindeutig und regulär, und sein totaler Zuwachs auf der vollen Berandung von $R_\varrho - R_0$ also gleich Null. Es wird daher

$$\int\limits_{\gamma^0} d\overline{\omega} = \int\limits_{L'_\nu} d\overline{\omega} = \int\limits_{\gamma^\varrho} d\overline{\omega} = D_\varrho,$$

somit

$$D_\varrho \leq \int\limits_{L'_\nu} |d\overline{\omega}| \leq \int\limits_{L_\nu} \left|\frac{dw}{dz}\right| |dz|.$$

Bezeichnet nun λ eine Strecke des Komplexes L_n, welche die zwei benachbarten Kreise K^i und K^j verbindet, so ist mit der Bezeichnung des Hilfssatzes von 10.113.

$$\int\limits_{\lambda} \left|\frac{dw}{dz}\right| |dz| < q_i + q_j,$$

und da von jedem Knotenpunkt höchstens m Strecken λ ausgehen,

$$D_\varrho < m \sum_{G_\nu} q_i,$$

wo die Summation über die Kreise K^i in G_ν zu erstrecken ist. Die Anzahl jener Kreise ist Λ_ν, und es folgt aus dem Hilfssatz, daß

$$\left(\sum q_i\right)^2 \leq \Lambda_\nu \sum q_i^2 \leq \frac{m\,\Lambda_\nu}{\pi\, d^2}\, D'_\nu,$$

wo D'_ν das über G_ν erstreckte DIRICHLET-Integral ist. Es wird also

$$D_\varrho^2 < m^2 \left(\sum q_i\right)^2 < \frac{m^3\,\Lambda_\nu}{\pi\, d^2}\, D'_\nu$$

und, wegen $\sum_{\nu=1}^{n} D'_\nu \leq N D_\varrho$,

$$\sum \frac{1}{\Lambda_\nu} \leq \frac{m^3}{\pi d^2} \frac{1}{D_\varrho^2} \sum_1^n D'_\nu \leq \frac{m^3 N}{\pi d^2} \frac{1}{D_\varrho}.$$

Ist nun die Reihe

$$\sum \frac{1}{\Lambda_\nu}$$

divergent, so ist $D_\varrho \to 0$ für $\varrho \to \infty$, und das harmonische Maß des idealen Randes Γ muß dann verschwinden. Damit ist das Kriterium von 10.112 bewiesen.

10.115. Kriterium für totale Differentiale. Die obige Beweisidee führt zu einem analogen Kriterium dafür, daß die Fläche R *die Spanne Null* hat, d.h. daß auf ihr kein *totales* analytisches Differential dw mit endlichem Dirichlet-Integral existiert, außer $dw \equiv 0$ (vgl. hierzu Sario [1], wo man eine vollständige Begründung findet). Das Kriterium lautet (vgl. hierzu die Sätze in 10.96. und 10.108.).

Man betrachte, unter den Voraussetzungen des Satzes von 10.112. in jeder Kreiskette G_n die Anzahlen $\Lambda_n^1, \Lambda_n^2, \ldots$ der Kreise, welchen *zusammenhängende* Teile des zugehörigen Komplexes L_n entsprechen $\left(\sum_i \Lambda_n^i = \Lambda_n\right)$ und bezeichne mit l_n die maximale Anzahl

$$l_n = \max_i \Lambda_n^i \leq \Lambda_n.$$

Wenn dann die Reihe

$$\sum_n \frac{1}{l_n}$$

divergent ist, so hat die Fläche R die Spanne Null.

Es ist evident, daß die obigen Kriterien nicht voraussetzen, daß die volle Fläche R „regulär" dargestellt sei; es genügt, wenn die Regularitätsbedingung in den Kreisketten G_n erfüllt ist.

10.116. Die Theorie der offenen Riemannschen Flächen hat sich im Laufe der letzten Jahre gewaltig entwickelt, und es war mir deshalb nicht möglich, die teilweise während der Redaktion der vorliegenden Monographie erzielten Fortschritte vollständig zu berücksichtigen. Zum Schluß möchte ich nur auf folgende Untersuchungen kurz hinweisen, die sich eng an die oben erörterten Probleme der Theorie der offenen Flächen anschließen.

Die im Kap. X dargestellte, etwas abstrakte Theorie der Abelschen Integrale auf offenen Riemannschen Flächen wird ergänzt durch eine Reihe von mehr ins konkrete gehenden Untersuchungen über spezielle Flächenklassen. Man vgl. hierzu H. Hornich [1], P. J. Myrberg [3] bis [6], L. Myrberg [1].

Mit dem PAINLEVÉschen Problem betreffs der Existenz von beschränkten analytischen Funktionen auf offenen Flächen beschäftigten sich L. AHLFORS [1], P. J. MYRBERG [7], L. AHLFORS-A. BEURLING [1].

Wegen Versuche die RIEMANNsche Bilinearrelation auf ABELsche Integrale auf offenen Flächen zu übertragen verweise ich auf L. AHLFORS [2], K. J. VIRTANEN [1].

Schließlich erwähne ich die Untersuchungen von H. BEHNKE und K. STEIN über offene RIEMANNsche Mannigfaltigkeiten, die auch in dem Falle einer komplexen Veränderlichen weitgehende Ergebnisse über die Existenz von ABELschen Integralen mit gegebenen Perioden auf offenen Flächen enthalten.

Literatur[1].

AHLFORS, L. V : [1] Open Riemann surfaces and extremal Problems on compact subregions. Comment. Math. Helvet. **24** (1950). — [2] Normalintegrale auf offenen RIEMANNschen Flächen. Ann. Acad. Sci. Fenn., Ser. A, I. **35** (1947).

AHLFORS, L., u. A. BEURLING: [1] Conformal invariants and functions theoretic null-sets. Acta math. **83** (1950).

ALEXANDROFF, P., u. H. HOPF: [1*] Topologie, Bd. I. Berlin: Springer 1935.

APPEL, P., u. E. GOURSAT: [1*] Théorie des fonctions algébriques et de leurs intégrales, Tom. I u. II. Paris: Gauthier-Villars 1929/30.

BADER, R.: [1] La théorie du potentiel sur une surface de Riemann. C. r. **228** (1949).

BERGMAN, S.: [1*] The kernel function and conformal mapping. Math. surveys New York **5** (1950). — [2] Über die Entwicklung der harmonischen Funktionen der Ebene und des Raumes nach Orthogonalfunktionen. Math. Ann. **96** (1922).

BEURLING, A.: Vgl. L. AHLFORS u. A. BEURLING.

BIEBERBACH, L.: [1*] Lehrbuch der Funktionentheorie, 2. Aufl. Bd. II. Berlin: Teubner 1931. — [2] Zur Theorie und Praxis der konformen Abbildung. Rend. circolo mat. Palermo **38** (1914). — [3] Über die Einordnung des Hauptsatzes der Uniformisierung in die Weierstrassische Funktionentheorie. Math. Ann. **78** (1918).

BOCHNER, S.: [1] Über orthogonale Systeme analytischer Funktionen. Math. Z. **14** (1922). — [2] Fortsetzung RIEMANNscher Flächen. Math. Ann. **98** (1928).

BRELOT, M.: [1] Familles de Perron et Problème de Dirichlet. Acta Szeged **9** (1939).

CARATHÉODORY, C.: [1*] Conformal representation. Cambridge Tracts **1932**. — [2] Über die Begrenzung einfach zusammenhängender Gebiete. Math. Ann. **73** (1913).

COURANT, R.: [1*] Vgl. HURWITZ-COURANT. — [2*] Dirichlets principle, conformal mapping, and minimal surfaces. Pure a. appl. math. New York **3** (1950).

FATOU, P.: [1*] Fonctions automorphes. Vgl. APPEL-GOURSAT [1*], t. 2.

FORD, L. R.: [1*] Automorphic functions. New York 1929.

FRICKE-KLEIN: [1*] Vorlesungen über die Theorie der automorphen Funktionen, Bd I u. II. Leipzig u. Berlin 1897.

GARABEDIAN, P., u. M. SCHIFFER: [1] Identities in the theory of conformal mapping. Ann. Math. Soc. **65** (1949).

GOURSAT, E.: Vgl. APPEL-GOURSAT [1*].

GRUNSKY, H.: [1] Neue Abschätzungen zur konformen Abbildung mehrfach-zusammenhängender schlichter Bereiche. Schr. Math. Inst. Univ. Berlin **1** (1932).

HAUSDORFF, F.: [1*] Grundzüge der Mengenlehre, 2. Aufl. Berlin 1927.

HEINS, M.: [1] The conformal mapping of simply-connected Riemann surfaces. Ann. of Math. **50** (1949).

HILBERT, D.: [1*] Grundzüge einer allgemeinen Theorie der linearen Integralgleichungen. Leipzig u. Berlin 1912.

---

[1] Wegen des großen Umfangs der Literatur über die Theorie der konformen Abbildung und der Uniformisierung habe ich mich im folgenden Verzeichnis nur auf diejenigen Schriften beschränkt, auf welche in dieser Monographie direkt Bezug genommen worden ist.

HOPF, H.: [1*] Vgl. ALEXANDROFF-HOPF. — [2] Über die Drehung der Tangenten und Sehnen ebener Kurven. Compositio Math. **2** (1935).

HORNICH, H.: [1] Integrale erster Gattung auf speziellen transzendenten RIEMANNschen Flächen. Mh. Math. Phys. **40** (1933).

HURWITZ, A., u. R. COURANT: [1*] Geometrische Funktionentheorie, 3. Aufl. Berlin: Springer 1929.

JOHANSSON, S.: [1] Beweis der Existenz linear-polymorpher Funktionen vom Grenzkreistypus auf RIEMANNschen Flächen. Math. Ann. **62** (1906). — [2] Zur Theorie der Uniformisierung RIEMANNscher Flächen. Acta. Soc. Sci. Fenn. **40** (1910).

JULIA, G.: [1*] Principes géométriques de l'Analyse, Tom. I u. II. Paris: Gauthier Villars 1930/32.

KERÉKJÁRTÓ, B. v.: [1*] Vorlesungen über Topologie. Berlin: Springer 1923.

KLEIN, F.: [1*] Gesammelte Abhandlungen, Bd. III. Berlin: Springer 1923. — [2] Briefwechsel zwischen KLEIN und POINCARÉ. Vgl. KLEIN [1*], S. 615—18.

KOEBE, P.: [1] Über die Uniformisierung der algebraischen Curven. Math. Ann. **69** (1910). — [2] Über die Uniformisierung beliebiger analytischer Kurven. III. Nachr. Akad. Wiss. Göttingen **1908**. — [3] Abhandlungen zur Theorie der konformen Abbildung. IV. Acta math. **41** (1918). — [4] Abbildung beliebiger mehrfach zusammenhängender schlichter Bereiche auf Kreisbereichen. Math. Z. **7** (1922). — [5] RIEMANNsche Mannigfaltigkeiten und nichteuklidische Raumformen. I. Ber. preuß. Akad. Wiss. **1927**.

LAASONEN, P.: [1] Zum Typenproblem der RIEMANNschen Flächen. Ann. Acad. Sci. Fenn., Ser. I, **52** (1942).

LEHTO, O.: [1] Anwendung orthogonaler Systeme auf gewisse funktionentheoretische Extremal- und Abbildungsprobleme. Ann. Acad. Sci. Fenn., Ser. A, I, **67** (1949). — [2] On Hilbert spaces with a kernel function. Ann. Acad. Sci. Fenn., Ser. A, I. **74** (1950).

LOKKI, O.: [1] Über Existenzbeweise einiger mit Extremaleigenschaft versehenen analytischen Funktionen. Ann. Acad. Sci. Fenn., Ser. A, I. **76** (1950).

MYRBERG, L.: [1] Normalintegrale auf zweiblättrigen RIEMANNschen Flächen mit reellen Verzweigungspunkten. Ann. Acad. Sci. Fenn., Ser. A, I. **71** (1950).

MYRBERG, P. J.: [1] Über die Existenz der GREENschen Funktion auf einer gegebenen RIEMANNschen Fläche. Acta math. **61** (1933). — [2] Über die Bestimmung des Typus einer RIEMANNschen Fläche. Ann. Acad. Sci. Fenn., Ser. A, **45**, 3 (1935). — [3] Über transzendente hyperelliptische Integrale erster Gattung. Ann. Acad. Sci. Fenn., Ser. A, I. **14** (1943). — [4] Über Integrale auf transzendenten Flächen. Ann. Acad. Sci. Fenn., Ser. A, I. **31** (1945). — [5] Über analytische Funktionen auf transzendenten zweiblättrigen RIEMANNschen Flächen mit reellen Verzweigungspunkten. Acta math. **76** (1944). — [6] Über analytische Funktionen auf transzendenten RIEMANNschen Flächen. X. Congr. math. scand., Copenhague 1946. — [7] Über die analytische Fortsetzung von beschränkten Funktionen. Ann. Acad. Sci. Fenn., Ser. A, I. **58** (1949).

NEUMANN, C.: [1*] Vorlesungen über RIEMANNs Theorie der ABELschen Integrale, 2. Aufl. Leipzig: Teubner 1884.

NEVANLINNA, R.: [1*] Eindeutige analytische Funktionen. Berlin: Springer 1936. — [2] Ein Satz über offene RIEMANNsche Flächen. Ann. Acad. Sci. Fenn., Ser. A, I. **54** (1940). — [3] Quadratisch integrierbare Differentiale auf einer RIEMANNschen Mannigfaltigkeit. Ann. Acad. Sci. Fenn., Ser. A, I. **1** (1941). — [4] Eindeutigkeitsfragen in der Theorie der konformen Abbildung. 10. Congr. math. scand., Copenhagne 1946. — [5] Über die Anwendung einer Klasse von Integralgleichungen für Existenzbeweise in der Potentialtheorie. Acta Szeged A **12** (1950). — [6] Über Mittelwerte von Potentialfunktionen [Ann. Acad. Sci. Fenn., Ser. A, I. **57** (1949)].

OSGOOD, W. F.: [1*] Lehrbuch der Funktionentheorie, Bd. II/2. Leipzig u. Berlin: Teubner 1932.

PARREAU, M.: [1] Moyennes des fonctions harmoniques et analytiques. Ann. Inst. Fourier **3** (1951).

PERRON, O.: [1] Über die Behandlung der ersten Randwertaufgabe für $\Delta u = 0$. Math. Z. **18** (1928).

PFLUGER, A.: [1] Über das Anwachsen eindeutiger analytischer Funktionen auf offenen RIEMANNschen Flächen. Ann. Acad. Sci. Fenn., Ser. A, I. **64** (1949).

POINCARÉ, H.: [1*] Oeuvres, Tom. I. Paris: Gauthier-Villars 1916. — [2] Vgl. KLEIN [2].

POSSEL, R. DE: [1] Sur le prolongement des surfaces de Riemann. C. r. **186**, **187** (1928). — [2] Sur les ensembles du type maximum el le prolongement des surfaces de Riemann. C. r. **194** (1932).

RADÓ, T.: [1] Über den Begriff der RIEMANNschen Fläche. Acta Szeged **2** (1925). — [2] Über eine nichtfortsetzbare RIEMANNsche Mannigfaltigkeit. Math. Z. **20** (1924).

RAUCH, H. E.: [1] Generalizations of some theorems of R. Nevanlinna. Ann. Acad. Sci. Fenn., Ser. A, I. **51** (1948).

RIEMANN, B.: [1*] Gesammelte mathematische Werke, 2. Aufl. Leipzig 1892.

ROYDEN, H. L.: [1] Some remarks on open Riemann surfaces. Ann. Acad. Sci. Fenn., Ser. A, I. **85** (1951).

SARIO, L.: [1] Über RIEMANNsche Flächen mit hebbarem Rand. Ann. Acad. Sci. Fenn., Ser. A, I. **50** (1948). — [2] Existence des fonctions d'allure donnée sur une surface de Riemann. C. r. **229** (1949). — [3] Existence des intégrales abéliennes sur les surfaces de Riemann arbitraires. C. r. **230** (1950).

SCHIFFER, M.: [1] Vgl. GARABEDIAN-SCHIFFER. — [2] Appendix, COURANT [2*].

SCHOTTKY, F.: [1] Über die konforme Abbildung mehrfachzusammenhängender ebener Flächen. Crelles J. **83** (1877).

SCHWARZ, H. A.: [1*] Gesammelte mathematische Abhandlungen, Bd. II. Berlin: Springer 1890.

SEIFERT, H., u. W. THRELFALL: [1*] Lehrbuch der Topologie. Leipzig u. Berlin: Teubner 1934.

STEINER, A.: [1] Eine direkte Konstruktion der ABELschen Integrale erster Gattung. Diss., Orell Füssli. Zürich 1950.

STOILOW, S.: [1*] Leçons sur les principes topologiques de la théorie des fonctions analytiques. Paris: Gauthier-Villars 1938.

STREBEL, K.: [1] Über das Kreisnormierungsproblem der konformen Abbildung. Ann. Acad. Sci. Fenn., Ser. A, I. **101** (1951).

THRELFALL, W.: Vgl. SEIFERT-THRELFALL.

VIRTANEN, K. J.: [1] Über ABELsche Integrale auf nullberandeten RIEMANNschen Flächen von unendlichem Geschlecht. Ann. Acad. Sci. Fenn., Ser. A, I. **56** (1949). — [2] Über eine Integraldarstellung von quadratisch integrierbaren analytischen Differentialen. Ann. Acad. Sci. Fenn., Ser. A, I. **69** (1950). — [3] Über die Existenz von beschränkten harmonischen Funktionen auf offenen RIEMANNschen Flächen. Ann. Acad. Sci. Fenn., Ser. A, I. **75** (1950).

WAERDEN, B. L. VAN DER: [1] Topologie und Uniformisierung der RIEMANNschen Flächen. Ber. sächs. Akad. Wiss., Math.-phys. Kl. **93** (1941).

WEYL, H.: [1*] Die Idee der RIEMANNschen Fläche, 2. Aufl. Leipzig u. Berlin: Teubner 1923.

Namen- und Sachverzeichnis.

Die Grundlehren der mathematischen Wissenschaften in Einzeldarstellungen mit besonderer Berücksichtigung der Anwendungsgebiete

---

Lieferbare Bände:

2. Knopp: Theorie und Anwendung der unendlichen Reihen. DM 48,—; US $ 12.00
3. Hurwitz: Vorlesungen über allgemeine Funktionentheorie und elliptische Funktionen. DM 49,—; US $ 12.25
4. Madelung: Die mathematischen Hilfsmittel des Physikers. DM 49,70; US $ 12.45
10. Schouten: Ricci-Calculus. DM 58,60; US $ 14.65
19. Pólya/Szegö: Aufgaben und Lehrsätze aus der Analysis I: Reihen, Integralrechnung, Funktionentheorie. DM 34,—; US $ 8.50
20. Pólya/Szegö: Aufgaben und Lehrsätze aus der Analysis II: Funktionentheorie, Nullstellen, Polynome, Determinanten, Zahlentheorie. DM 38,—; US $ 9.50
27. Hilbert/Ackermann: Grundzüge der theoretischen Logik. Etwa DM 38,—; etwa US $ 9.50
52. Magnus/Oberhettinger/Soni: Formulas and Theorems for the Special Functions of Mathematical Physics. DM 66,—; US $ 16.50
57. Hamel: Theoretische Mechanik. DM 84,—; US $ 21.00
58. Blaschke/Reichardt: Einführung in die Differentialgeometrie. DM 24,—; US $ 6.00
59. Hasse: Vorlesungen uber Zahlentheorie. DM 69,—; US $ 17.25
60. Collatz: The Numerical Treatment of Differential Equations. DM 78,—; US $ 19.50
61. Maak: Fastperiodische Funktionen. DM 38,—; US $ 9.50
62. Sauer: Anfangswertprobleme bei partiellen Differentialgleichungen. DM 41,—; US $ 10.25
64. Nevanlinna: Uniformisierung. DM 49,50; US $ 12.40
65. Tóth: Lagerungen in der Ebene, auf der Kugel und im Raum. DM 27,—; US $ 6.75
66. Bieberbach: Theorie der gewöhnlichen Differentialgleichungen. DM 58,50; US $ 14.60
68. Aumann: Reelle Funktionen. DM 59,60; US $ 14.90
69. Schmidt: Mathematische Gesetze der Logik I. DM 79,—; US $ 19.75
71. Meixner/Schäfke: Mathieusche Funktionen und Sphäroidfunktionen mit Anwendungen auf physikalische und technische Probleme. DM 52,60; US $ 13.15
73. Hermes: Einführung in die Verbandstheorie. Etwa DM 39,—; etwa US $ 9.75
75. Rado/Reichelderfer: Continuous Transformations in Analysis, with an Introduction to Algebraic Topology. DM 59,60; US $ 14.90
76. Tricomi: Vorlesungen über Orthogonalreihen. DM 37,60; US $ 9.40
77. Behnke/Sommer: Theorie der analytischen Funktionen einer komplexen Veränderlichen. DM 79,—; US $ 19.75
79. Saxer: Versicherungsmathematik. 1. Teil. DM 39,60; US $ 9.90
80. Pickert: Projektive Ebenen. DM 48,60; US $ 12.15
81. Schneider: Einführung in die transzendenten Zahlen. DM 24,80; US $ 6.20
82. Specht: Gruppentheorie. DM 69,60; US $ 17.40
83. Bieberbach: Einführung in die Theorie der Differentialgleichungen im reellen Gebiet. DM 32,80; US $ 8.20
84. Conforto: Abelsche Funktionen und algebraische Geometrie. DM 41,80; US $ 10.45
85. Siegel: Vorlesungen über Himmelsmechanik. DM 33,—; US $ 8.25
86. Richter: Wahrscheinlichkeitstheorie. DM 68,—; US $ 17.00
87. van der Waerden: Mathematische Statistik. DM 49,60; US $ 12.40
88. Müller: Grundprobleme der mathematischen Theorie elektromagnetischer Schwingungen. DM 52,80; US $ 13.20
89. Pfluger: Theorie der Riemannschen Flächen. DM 39,20; US $ 9.80
90. Oberhettinger: Tabellen zur Fourier Transformation. DM 39,50; US $ 9.90

91. Prachar: Primzahlverteilung. DM 58,—; US $ 14.50
92. Rehbock: Darstellende Geometrie. DM 29,—; US $ 7.25
93. Hadwiger: Vorlesungen über Inhalt, Oberfläche und Isoperimetrie. DM 49,80; US $ 12.45
94. Funk: Variationsrechnung und ihre Anwendung in Physik und Technik. DM 98,—; US $ 24.50
95. Maeda: Kontinuierliche Geometrien. DM 39,—; US $ 9.75
97. Greub: Linear Algebra. DM 39,20; US $ 9.80
98. Saxer: Versicherungsmathematik. 2. Teil. DM 48,60; US $ 12.15
99. Cassels: An Introduction to the Geometry of Numbers. DM 69,—; US $ 17.25
100. Koppenfels/Stallmann: Praxis der konformen Abbildung. DM 69,—; US $ 17.25
101. Rund: The Differential Geometry of Finsler Spaces. DM 59,60; US $ 14.90
103. Schütte: Beweistheorie. DM 48,—; US $ 12.00
104. Chung: Markov Chains with Stationary Transition Probabilities. DM 56,—; US $ 14.00
105. Rinow: Die innere Geometrie der metrischen Räume. DM 83,—; US $ 20.75
106. Scholz/Hasenjaeger: Grundzüge der mathematischen Logik. DM 98,—; US $ 24.50
107. Köthe: Topologische Lineare Räume I. DM 78,—; US $ 19.50
108. Dynkin: Die Grundlagen der Theorie der Markoffschen Prozesse. DM 33,80; US $ 8.45
109. Hermes: Aufzählbarkeit, Entscheidbarkeit, Berechenbarkeit. DM 49,80; US $ 12.45
110. Dinghas: Vorlesungen über Funktionentheorie. DM 69,—; US $ 17.25
111. Lions: Equations différentielles opérationnelles et problèmes aux limites. DM 64,—; US $ 16.00
112. Morgenstern/Szabó: Vorlesungen über theoretische Mechanik. DM 69,—; US $ 17.25
113. Meschkowski: Hilbertsche Räume mit Kernfunktion. DM 58,—; US $ 14.50
114. MacLane: Homology. DM 62,—; US $ 15.50
115. Hewitt/Ross: Abstract Harmonic Analysis. Vol. 1: Structure of Topological Groups. Integration Theory. Group Representations. DM 76,—; US $ 19.00
116. Hörmander: Linear Partial Differential Operators. DM 42,—; US $ 10.50
117. O'Meara: Introduction to Quadratic Forms. DM 48,—; US $ 12.00
118. Schäfke: Einführung in die Theorie der speziellen Funktionen der mathematischen Physik. DM 49,40; US $ 12.35
119. Harris: The Theory of Branching Processes. DM 36,—; US $ 9.00
120. Collatz: Funktionalanalysis und numerische Mathematik. DM 58,—; US $ 14.50
121./122. Dynkin: Markov Processes. DM 96,—; US $ 24.00
123. Yosida: Functional Analysis. DM 66,—; US $ 16.50
124. Morgenstern: Einführung in die Wahrscheinlichkeitsrechnung und mathematische Statistik. DM 34, 50; US $ 8.60
125. Itô/McKean: Diffusion Processes and Their Sample Paths. DM 58,—; US $ 14.50
126. Lehto/Virtanen: Quasikonforme Abbildungen. DM 38,—; US $ 9.50
127. Hermes: Enumerability, Decidability, Computability. DM 39,—; US $ 9.75
128. Braun/Koecher: Jordan-Algebren. DM 48,—; US $ 12.00
129. Nikodým: The Mathematical Apparatus for Quantum-Theories. DM 144,—; US $ 36.00
130. Morrey: Multiple Integrals in the Calculus of Variations. DM 78,—; US $ 19.50
131. Hirzebruch: Topological Methods in Algebraic Geometry. DM 38,—; US $ 9.50
132. Kato: Perturbation theory for linear operators. DM 79,20; US $ 19.80
133. Haupt/Künneth: Geometrische Ordnungen. DM 68,—; US $ 17.00
136. Greub: Multilinear Algebra. DM 32,—; US $ 8.00
138. Hahn: Stability of Motion. DM 72,—; US $ 18.00
139. Mathematische Hilfsmittel des Ingenieurs. Herausgeber: Sauer/Szabó. 1. Teil. Etwa DM 88,—; etwa US $ 22.00
143. Schur/Grunsky: Vorlesungen über Invariantentheorie. DM 28,—; US $ 7.00
144. Weil: Basic Number-Theory. Approx. DM 46,—; approx. US $ 11.50
146. Treves: Locally Covex Spaces and Linear Partial Differential Equations. Approx. DM 36,—; approx. US $ 9.00

MIX
Papier aus verantwortungsvollen Quellen
Paper from responsible sources
FSC® C105338

If you have any concerns about our products,
you can contact us on
ProductSafety@springernature.com

In case Publisher is established outside the EU,
the EU authorized representative is:
Springer Nature Customer Service Center GmbH
Europaplatz 3, 69115 Heidelberg, Germany

Printed by Libri Plureos GmbH
in Hamburg, Germany